学霸养成笔记

题源探究同步练习

练习

参考答案

高等数学

函数、极限、连续

一、知识梳理

方法比努力重要！学霸不是天生的，养成高效思维，从学会抓重点开始

1. 函数

提要：概念　函数分类　有界性　单调性　奇偶性　周期性

2. 函数极限

提要：定义　无穷小与无穷大　函数极限的性质与定理　计算方法

3. 数列极限

提要:定义　　极限的性质　　证明极限存在的方法　　计算方法

4. 连续与间断

提要:定义　　连续相关定理　　间断点的分类

一元函数微分学

一、知识梳理

方法比努力重要！学霸不是天生的，养成高效思维，从学会抓重点开始

1. 导数与微分

提要：定义　定理　求导法则　导数公式

2. 导数应用

提要：单调性　极值与最值　凹凸性与拐点　渐近线　曲率与曲率半径

3. **中值定理**

提要: 费马定理　罗尔定理　拉格朗日中值定理　柯西中值定理　泰勒定理

4. **证明题**

提要: 不等式的证明　零点的证明

二、常用的结论集合

不用想，直接用，让你看起来真学霸

三、经典例题、错题集

学霸有发现美的眼，也有不犯同类错误的心

一元函数积分学

一、知识梳理

方法比努力重要！学霸不是天生的，养成高效思维，从学会抓重点开始

1. 不定积分

提要：定义　性质　计算方法

2. 定积分

提要：定义　性质　定理　计算方法

3. 反常积分

提要: 无穷区间上的反常积分 — 定义　性质　常用结论　判敛法

无界函数的反常积分 — 定义　性质　常用结论　判敛法

4. **定积分的几何应用**

提要:平面图形面积的计算　旋转体体积和侧面积的计算　其他应用

5. **定积分相关证明题**

提要:变限积分函数　积分不等式　零点问题

二、常用的结论集合

不用想，直接用，让你看起来真学霸

三、经典例题、错题集

学霸有发现美的眼，也有不犯同类错误的心

多元函数微积分学

一、知识梳理

方法比努力重要！学霸不是天生的，养成高效思维，从学会抓重点开始

1. 二元函数的极限与连续、偏导数与微分

提要：极限与连续　　偏导数　　可微性与全微分

2. 二元函数的微分法

提要：复合函数的微分法　　隐函数的微分法

3. **极值**

提要： 无条件极值　条件极值　最值

4. **二重积分**

提要：定义　性质　累次积分　交换积分次序　计算方法

二、常用的结论集合

不用想，直接用，让你看起来真学霸

三、经典例题、错题集

常微分方程

一、知识梳理

方法比努力重要！学霸不是天生的，养成高效思维，从学会抓重点开始

1. 一阶微分方程

提要：可分离变量方程　齐次方程　一阶线性方程

2. 高阶微分方程

提要： 可降阶的微分方程　线性方程解的结构定理　线性常系数齐次微分方程　线性常系数非齐次微分方程

线性代数

行列式

一、知识梳理

方法比努力重要！学霸不是天生的，养成高效思维，从学会抓重点开始

1. 行列式的性质与计算公式

提要：行列式的性质　按行与按列展开　行列式公式

2. 行列式的计算方法

提要：数字型行列式　　分块矩阵的行列式　　抽象矩阵的行列式

三、经典例题、错题集

学霸有发现美的眼，也有不犯同类错误的心

矩　　阵

一、知识梳理

方法比努力重要！学霸不是天生的，养成高效思维，从学会抓重点开始

1.矩阵的概念

提要：矩阵的运算　　特殊矩阵

2.矩阵的变换

提要：伴随矩阵　　可逆矩阵　　初等矩阵与初等变换　　等价

3. 矩阵的秩与分块矩阵

提要：矩阵的秩　　分块矩阵

二、常用的结论集合

不用想，直接用，让你看起来真学霸

三、经典例题、错题集

学霸有发现美的眼，也有不犯同类错误的心

向　　量

一、知识梳理

方法比努力重要！学霸不是天生的，养成高效思维，从学会抓重点开始

1. 向量运算与线性关系

提要：向量的运算　线性表出　线性相关与线性无关

2. 向量组的极大线性无关组与秩

提要：极大线性无关组　向量组的秩

3. **正交化与正交矩阵**

提要: Schmidt 正交化　　正交矩阵

二、常用的结论集合

不用想，直接用，让你看起来真学霸

三、经典例题、错题集

学霸有发现美的眼，也有不犯同类错误的心

线性方程组

一、知识梳理

方法比努力重要！学霸不是天生的，养成高效思维，从学会抓重点开始

1. 有解无解与解的性质

提要：有解无解的判定方法　　解的性质与结构定理

2. 线性方程组解的求法

提要：齐次线性方程组基础解系的求法　　非齐次线性方程组通解的求法　　克拉默法则　　公共解与同解问题

二、常用的结论集合

不用想，直接用，让你看起来真学霸

特征值、特征向量、相似矩阵

一、知识梳理

方法比努力重要！学霸不是天生的，养成高效思维，从学会抓重点开始

1. 特征值与特征向量

2. 相似与相似对角化

提要：相似矩阵　矩阵的相似对角化定理

3. 实对称矩阵的相似对角化方法

三、经典例题、错题集

学霸有发现美的眼，也有不犯同类错误的心

二次型

一、知识梳理

方法比努力重要！学霸不是天生的，养成高效思维，从学会抓重点开始

1. 化二次型为标准形、规范形

提要： 标准形　　规范形

2. 合同

3. 正定矩阵与正定二次型

第一篇　高等数学

第一章　函数、极限、连续

1. $\lim\limits_{n\to\infty}\left[\left(1+\dfrac{1}{n}\right)\left(1+\dfrac{2}{n}\right)\cdot\cdots\cdot\left(1+\dfrac{n}{n}\right)\right]^{\frac{1}{n}}=$ ________.

2. $\lim\limits_{x\to\infty}\left(\sin^2\dfrac{1}{x}+\cos\dfrac{1}{x}\right)^{x^2}=$ ________.

3. 设 $\lim\limits_{x\to x_0}f(x)$ 存在，$\lim\limits_{x\to x_0}g(x)$ 不存在，则

(A) $\lim\limits_{x\to x_0}f(x)g(x)$ 必不存在.　(B) $\lim\limits_{x\to x_0}f(x)g(x)$ 必存在.

(C) $\lim\limits_{x\to x_0}(f(x)+g(x))$ 必不存在.　(D) $\lim\limits_{x\to x_0}(f(x)+g(x))$ 必存在.

4. 下述命题正确的是

(A) 设 $f(x)$ 与 $g(x)$ 均在 x_0 处不连续，则 $f(x)g(x)$ 在 x_0 处必不连续.

(B) 设 $g(x)$ 在 x_0 处连续，$f(x_0)=0$，则 $\lim\limits_{x\to x_0}f(x)g(x)=0$.

(C) 设在 $x=x_0$ 的去心左邻域内 $f(x)<g(x)$，且 $\lim\limits_{x\to x_0^-}f(x)=a$，$\lim\limits_{x\to x_0^-}g(x)=b$，则必有 $a<b$.

(D) 设 $\lim\limits_{x\to x_0^-}f(x)=a$，$\lim\limits_{x\to x_0^-}g(x)=b$，$a<b$，则必存在 $x=x_0$ 的去心左邻域，使 $f(x)<g(x)$.

5. 当 $x\neq 0$ 时，$f(x)=\dfrac{1+e^{\frac{1}{x}}}{1-e^{\frac{1}{x}}}$，且 $f(0)=-1$，则

(A) 有可去间断点.　(B) 有跳跃间断点.　(C) 有无穷间断点.　(D) 连续.

6. 求 $\lim\limits_{n\to\infty}\sum\limits_{k=1}^{n}\dfrac{k}{(n+k)(n+k+1)}$.

7. 求$\lim\limits_{x\to 0}\left(\dfrac{\sqrt{1-\cos^2 x}}{x}+\dfrac{2}{1+e^{\frac{1}{x}}}\right)$.

8. 设$f(x)=\left(\dfrac{a_1^x+a_2^x+\cdots+a_n^x}{n}\right)^{\frac{1}{x}}$，$a_i>0, a_i\neq 1, i=1,2\cdots,n;n\geqslant 2$为确定的整数. 求

① $\lim\limits_{x\to+\infty} f(x)$；　② $\lim\limits_{x\to-\infty} f(x)$；　③ $\lim\limits_{x\to 0} f(x)$.

9. 设$\lim\limits_{x \to 0} \dfrac{e^x(1+bx+cx^2)-1-ax}{x^4}$存在，求常数 a,b,c 的值并求此极限值.

10. 设常数 $a \neq -1$，$f(x)=\lim\limits_{n \to \infty} \dfrac{x^{2n+1}+ax^n-1}{x^{2n}-(a+1)x^n-1}$，讨论 a 的取值，确定 $f(x)$ 的间断点及其类型.

11. 设 $x_1>0$，$x_{n+1}=3+\dfrac{4}{x_n}(n=1,2,\cdots)$，证明$\lim\limits_{n \to \infty} x_n$ 存在，并求此极限值.

第二章　一元函数微分学

1. 设 $x=\int_0^t 2e^{-s^2}ds$，$y=\int_0^t \sin(t-s)^2 ds$，则 $\left.\frac{d^2y}{dx^2}\right|_{t=\sqrt{\pi}}=$ ______.

2. 设曲线 $y=ax^2+bx+c$ 与曲线 $\begin{cases} x=\frac{4}{\pi}\arctan t, \\ y=\frac{2t}{1+t^2} \end{cases}$ 在 $t=1$ 处相切并有相同的曲率圆，则常数 $(a,b,c)=$ ______.

3. 设 $f(x)$ 有任意阶导数，且 $f'(x)=[f(x)]^2$，$f(0)=2$，$n\geqslant 2$，则 $f^{(n)}(0)=$ ______.

4. 下列 4 个命题

① 若 $f(x)$ 在 $x=a$ 处连续，且 $|f(x)|$ 在 $x=a$ 处可导，则 $f(x)$ 在 $x=a$ 处必可导.

② 设 $\varphi(x)$ 在 $x=a$ 的某邻域内有定义，且 $\lim\limits_{x\to a}\varphi(x)$ 存在，则 $f(x)=(x-a)\varphi(x)$ 在 $x=a$ 处必可导.

③ 设 $\varphi(x)$ 在 $x=a$ 的某邻域内有定义，且 $\lim\limits_{x\to a}\varphi(x)$ 存在，则 $f(x)=|(x-a)|\varphi(x)$ 在 $x=a$ 处可导.

④ 若 $f(x)$ 在 $x=a$ 的某邻域内有定义，且 $\lim\limits_{x\to 0}\frac{f(a+x)-f(a-x)}{x}$ 存在，则 $f(x)$ 在 $x=a$ 处必可导.

正确的命题为

(A)① 与 ②.　　(B)③ 与 ④.　　(C)① 与 ③.　　(D)② 与 ④.

5. 下述命题

① 设 $\lim\limits_{x\to x_0^-}f'(x)$ 与 $\lim\limits_{x\to x_0^+}f'(x)$ 均存在，则 $f(x)$ 在 $x=x_0$ 处必连续.

② 设 $f'_-(x_0)$ 与 $f'_+(x_0)$ 均存在，则 $f(x)$ 在 $x=x_0$ 处必连续.

③ 设 $f(x)$ 在 $x=x_0$ 处连续，且 $\lim\limits_{x\to x_0}f'(x)$ 存在等于 A，则 $f'(x_0)$ 存在等于 A.

④ 设 $f(x)$ 在 $x=x_0$ 的某邻域可导，且 $f'(x_0)=A$，则 $\lim\limits_{x\to x_0}f'(x)$ 存在等于 A.

则正确的是

(A)① 与 ②.　　(B)③ 与 ④.

(C)② 与 ③.　　(D)① 与 ④.

6. 设 $f(x)$ 满足 $f''(x)+x[f'(x)]^2=1-e^{-x}$，且 $f'(0)=0$. 则

(A) $x=0$ 是 $f(x)$ 的极小值点.

(B) $x=0$ 是 $f(x)$ 的极大值点.

(C) 曲线 $y=f(x)$ 在点 $(0,f(0))$ 左侧邻近是凹的，右侧邻近是凸的.

(D) 曲线 $y=f(x)$ 在点 $(0,f(0))$ 左侧邻近是凸的，右侧邻近是凹的.

7. $f(x)=-\cos \pi x+(2x-3)^3+\frac{1}{2}(x-1)$ 在区间$(-\infty,+\infty)$上的零点个数

(A) 正好 1 个.　　(B) 正好 2 个.

(C) 正好 3 个.　　(D) 至少 4 个.

8. 在曲线 $y=1-x^2$ 上在第一象限内的点作该曲线的切线，使该切线与两坐标轴围成的三角形面积为最小，求切点坐标.

9. 证明：当 $x>0$ 时，$(x^2-1)\ln x \geqslant (x-1)^2$，且仅当 $x=1$ 时成立等号.

10. 设 $f(x)$ 在区间$(-\infty,+\infty)$内存在二阶导数，且 $f''(x)<0$，$\lim\limits_{x\to 0}\frac{f(x)}{x}=2$，证明：当 $x\in(-\infty,+\infty)$ 时，$f(x)\leqslant 2x$，且仅在 $x=0$ 时成立等号.

11. 设 $f(x)$ 在$[a,b]$ 上连续,在(a,b) 内可导,$0<a<b$.证明:存在 $\xi\in(a,b)$ 使

$$\frac{ab}{b-a}[bf(b)-af(a)]=\xi^2[f(\xi)+\xi f'(\xi)].$$

12. 设 $f(x)$ 在$[0,1]$ 上存在二阶导数,且 $f(0)=f(1)=0$.证明至少存在一点 $\xi\in(0,1)$,使

$$|f''(\xi)|\geqslant 8\max_{0\leqslant x\leqslant 1}|f(x)|.$$

13. 设 $f(x)$ 在$[a,b]$ 上存在二阶导数,$f(a)>0$,$f(b)>0$,$\int_a^b f(x)\mathrm{d}x=0$.证明:存在 $\xi\in(a,b)$,使 $f''(\xi)>0$.

第三章　一元函数积分学

1. 设 $f(x)$ 在 $(-\infty,+\infty)$ 内连续，下述 4 个命题

① 对任意正常数 a，$\int_{-a}^{a} f(x)\mathrm{d}x = 0 \Leftrightarrow f(x)$ 为奇函数；

② 对任意正常数 a，$\int_{-a}^{a} f(x)\mathrm{d}x = 2\int_{0}^{a} f(x)\mathrm{d}x \Leftrightarrow f(x)$ 为偶函数；

③ 对任意正常数 a 及常数 $\omega > 0$，$\int_{a}^{a+\omega} f(x)\mathrm{d}x$ 与 a 无关 $\Leftrightarrow f(x)$ 有周期 ω；

④ $\int_{0}^{x} f(t)\mathrm{d}t$ 对 x 有周期 $\omega \Leftrightarrow \int_{0}^{\omega} f(t)\mathrm{d}t = 0$.

正确的命题个数为

(A)4 个.　　(B)3 个.　　(C)2 个.　　(D)1 个.

2. 设 $M = \int_{-\frac{\pi}{4}}^{\frac{\pi}{4}} \left(\frac{\tan x}{1+x^4} + x^8\right)\mathrm{d}x$，$N = \int_{-\frac{\pi}{4}}^{\frac{\pi}{4}} [\sin^8 x + \ln(x + \sqrt{x^2+1})]\mathrm{d}x$，$P = \int_{-\frac{\pi}{4}}^{\frac{\pi}{4}} (\tan^4 x + \mathrm{e}^x \cos x - \mathrm{e}^{-x}\cos x)\mathrm{d}x$，则有

(A) $P > N > M$.　　(B) $N > P > M$.　　(C) $N > M > P$.　　(D) $P > M > N$.

3. 设 $f(x) = \begin{cases} \mathrm{e}^x, & x \leqslant 0, \\ x^2 + a, & x > 0, \end{cases}$ 则 $F(x) = \int_{-1}^{x} f(t)\mathrm{d}t$ 在 $x = 0$ 处

(A) 极限存在但不连续.　　(B) 连续但不可导.

(C) 可导.　　(D) 是否可导与 a 的取值有关.

4. 求 $\int \frac{1+x^2+x^4}{x^3(1+x^2)}\ln(1+x^2)\mathrm{d}x$.

5. 求$\int_{-\frac{\pi}{4}}^{\frac{\pi}{4}}\frac{\sin^2 x}{1+e^{-x}}dx$.

6. 求$\int_0^{2\pi}x\sin^8 x dx$.

7. 设$G(x)=\int_{x^2}^1\frac{t}{\sqrt{1+t^3}}dt$,求$\int_0^1 xG(x)dx$.

8. 求$\int_{1}^{+\infty} \frac{\mathrm{d}x}{x\sqrt{x-1}}$.

9. 星形线$\begin{cases} x = a\cos^3 t, \\ y = a\sin^3 t, \end{cases}$ $a > 0$. 求 ① 它所围成的图形 D 的面积;② 它的全长;③ 绕 x 轴旋转而成的旋转面的全面积;④D 绕 x 轴旋转成的旋转体体积.

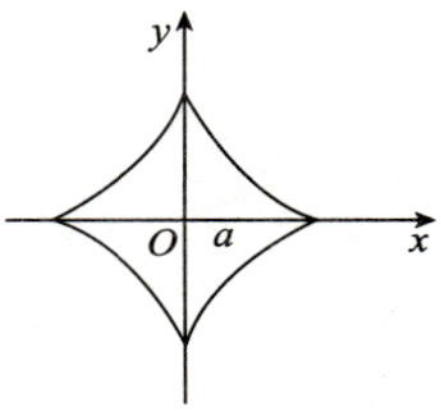

10. 某闸门以 y 轴为对称轴,闸门上部为矩形,下部为抛物线 $y = x^2$ 与$y = 1$(米) 围成的抛物弓形,当水与闸门上部相平时,欲使闸门矩形部分承受的水压力与闸门下部承受的水压力之比为 5 : 4,矩形部分的高 h 应为多少?

11. 设 $f(x)$ 在 $[a,b]$ 上连续且单调增加，证明 $\int_a^b xf(x)\mathrm{d}x \geqslant \frac{a+b}{2}\int_a^b f(x)\mathrm{d}x$.

12. 设 $f(x)$ 在 $[0,1]$ 上连续，$f(0)=\int_0^1 f(x)\mathrm{d}x$. 试证在 $(0,1)$ 内至少存在一点 ξ，使 $\int_0^\xi f(x)\mathrm{d}x=\xi f(\xi)$.

13. 设 $f(x)$ 在 $[a,b]$ 上具有连续的二阶导数，试证：存在 $\xi\in(a,b)$，使

$$\int_a^b f(x)\mathrm{d}x=(b-a)f\left(\frac{a+b}{2}\right)+\frac{1}{24}(b-a)^3 f''(\xi).$$

第四章　多元函数微积分学

1. 设函数 $f(x,y)$ 在点 $(0,0)$ 点某邻域内有定义，且 $\lim\limits_{\substack{x\to 0\\ y\to 0}}\dfrac{f(x,y)-(x^2+y^2)}{\sqrt{x^2+y^2}}=1$，则 $f(x,y)$ 在点 $(0,0)$ 处

(A) 不连续.　　(B) 两个偏导数都不存在.

(C) 两个偏导数存在但不可微.　　(D) 可微.

2. 证明 $f(x,y)=\begin{cases}\dfrac{\sqrt{|xy|}}{x^2+y^2}\sin(x^2+y^2), & (x,y)\neq(0,0),\\ 0, & (x,y)=(0,0)\end{cases}$ 在点 $(0,0)$ 处连续、可导，但不可微.

3. 设 $z=f(x^2-y^2,e^{xy})$，其中 f 具有连续二阶偏导数，求 $\dfrac{\partial z}{\partial x},\dfrac{\partial z}{\partial y},\dfrac{\partial^2 z}{\partial x\partial y}$.

4. 设 $z=z(x,y)$ 由方程 $F(x+y,y+z)=1$ 所确定，其中 F 具有连续二阶偏导数，求 $\frac{\partial^2 z}{\partial x \partial y}$.

5. 设 $u=f(r)$，$r=\sqrt{x^2+y^2}$，其中 f 是二阶可微函数，且 $f(1)=1$，$f'(1)=1$，$\frac{\partial^2 u}{\partial x^2}+\frac{\partial^2 u}{\partial y^2}=0$，求 $f(r)$.

6. 设 $z=z(x,y)$ 是由 $x^2-6xy+10y^2-2yz-z^2+18=0$ 确定的函数，求 $z=z(x,y)$ 的极值点和极值.

7. 求函数 $u=\sqrt{x^2+y^2+z^2}$ 在条件 $x^2+y^2=1, x+y+z=0$ 下的最大值和最小值.

8. 求 $f(x,y)=xy(a-x-y)$ 的极值.

9. 设 a,b,c 为正实数,试证明 $ab^2c^3\leqslant 108\left(\frac{a+b+c}{6}\right)^6$.

10. 计算下列二重积分：

(1) $\iint\limits_D \frac{\sqrt{x^2+y^2}}{\sqrt{4a^2-x^2-y^2}}\mathrm{d}x\mathrm{d}y$，其中 D 由 $y=-a+\sqrt{a^2-x^2}\,(a>0)$ 与 $y=-x\,(x\geqslant 0)$ 围成.

(2) $\iint\limits_D (\sqrt{x^2+y^2}+x)\mathrm{d}\sigma$，其中 D 由不等式 $x^2+y^2\leqslant 4$ 和 $x^2+(y+1)^2\geqslant 1$ 所确定.

(3) $\iint\limits_D y(1+x\mathrm{e}^{\frac{1}{2}(x^2+y^2)})\mathrm{d}x\mathrm{d}y$，其中 D 由 $y=x$，$y=-1$，$x=1$ 围成.

(4) $\iint\limits_{D} |x^2+y^2-1| \mathrm{d}\sigma$,其中 $D=\{(x,y) \mid 0 \leqslant x \leqslant 1, 0 \leqslant y \leqslant 1\}$.

11. 设 $f(x,y)$ 在区域 $D: 0 \leqslant x \leqslant 1, 0 \leqslant y \leqslant 1$ 上可微,且 $f(0,0)=0$,求极限 $\lim\limits_{x \to 0^+} \dfrac{\int_0^{x^2} \mathrm{d}t \int_x^{\sqrt{t}} f(t,u) \mathrm{d}u}{1-\mathrm{e}^{-x^4}}$.

第五章　常微分方程

1. 微分方程 $y\mathrm{d}x+(x^2-4x)\mathrm{d}y=0$ 的通解为__________.

2. 微分方程 $xy''+3y'=0$ 的通解为__________.

3. 方程 $y''(x+y'^2)=y'$ 满足条件 $y(1)=y'(1)=1$ 的特解为__________.

4. 若 $y=xe^x+x$ 是方程 $y''-2y'+ay=bx+c$ 的解，则

   (A) $a=1,b=1,c=0$.
   (B) $a=1,b=1,c=-2$.
   (C) $a=-3,b=-3,c=0$.
   (D) $a=-3,b=1,c=1$.

5. 微分方程 $y''+y=x^2+2x+\cos x$ 的特解可设为

   (A) $y^*=ax^2+bx+c+x(A\sin x+B\cos x)$.
   (B) $y^*=x(ax^2+bx+c+A\sin x+B\cos x)$.
   (C) $y^*=ax^2+bx+c+A\sin x$.
   (D) $y^*=ax^2+bx+c+A\cos x$.

6. 具有特解 $y_1=e^{-x},y_2=2xe^{-x},y_3=3e^x$ 的三阶常系数齐次线性微分方程是

   (A) $y'''-y''-y'-y=0$.
   (B) $y'''+y''-y'-y=0$.
   (C) $y'''-6y''+11y'-6y=0$.
   (D) $y'''-2y''-y'+2y=0$.

7. 求微分方程 $y''-3y'+2y=xe^x$ 的通解.

8. 求微分方程 $y'' + 3y' + 2y = \mathrm{e}^{-x} + \sin x$ 的通解.

9. 设 $f(x) = \mathrm{e}^{x} + \int_0^x tf(x-t)\mathrm{d}t$,其中 $f(x)$ 为连续函数,求 $f(x)$.

10. 设 $z = f(r)(r > 0)$ 有二阶连续导数,$r = \sqrt{x^2 + y^2}$,$\frac{\partial^2 z}{\partial x^2} + \frac{\partial^2 z}{\partial y^2} - \frac{1}{x}\frac{\partial z}{\partial x} - z = x^2 + y^2$,求 $f(r)$.

11. 设 $f(t)$ 为连续函数，且 $f(t)=\iint\limits_{x^2+y^2\leqslant t^2} x\left(1+\frac{f(\sqrt{x^2+y^2})}{x^2+y^2}\right)\mathrm{d}x\mathrm{d}y\ (x\geqslant 0,y\geqslant 0,t>0)$，求 $f(t)$.

12. 设曲线 L 位于 xOy 平面的第一象限内，L 上任一点 M 处的切线与 y 轴总相交，交点记为 A，已知 $|\overline{MA}|=|\overline{OA}|$，且 L 过点 $(\frac{3}{2},\frac{3}{2})$，求 L 的方程.

第二篇　线性代数

第一章　行列式

1. $\begin{vmatrix} 1 & 2 & 3 & 4 \\ 2 & 3 & 4 & 1 \\ 3 & 4 & 1 & 2 \\ 4 & 1 & 2 & 3 \end{vmatrix} =$ ________.

2. $\begin{vmatrix} 0 & 0 & 0 & a & b \\ 0 & 0 & a & b & 0 \\ 0 & a & b & 0 & 0 \\ a & b & 0 & 0 & 0 \\ b & 0 & 0 & 0 & a \end{vmatrix} =$ ________.

3. $\begin{vmatrix} 1 & 3 & 9 \\ 1 & x & x^2 \\ 1 & -2 & 4 \end{vmatrix} = 0$ 则 $x =$ ________.

4. 已知 $\boldsymbol{A}$ 是 3 阶矩阵，$\boldsymbol{B}$ 是 4 阶矩阵，若 $|\boldsymbol{A}| = 3$，$|\boldsymbol{B}| = -36$，则 $|-|\boldsymbol{A}^{\mathrm{T}}|\boldsymbol{B}^{-1}| =$ ________.

5. 设矩阵 $\boldsymbol{A} = \begin{bmatrix} 2 & 1 \\ -1 & 2 \end{bmatrix}$，$\boldsymbol{E}$ 为 2 阶单位矩阵，矩阵 $\boldsymbol{B}$ 满足 $\boldsymbol{BA} = \boldsymbol{B} + 2\boldsymbol{E}$，$\boldsymbol{B}^*$ 是 $\boldsymbol{B}$ 的伴随矩阵，则 $|\boldsymbol{B}^*| =$ ________.

6. 设 $\begin{vmatrix} a_1 & a_2 & a_3 \\ b_1 & b_2 & b_3 \\ c_1 & c_2 & c_3 \end{vmatrix} = m$，则 $\begin{vmatrix} a_2 & b_2 & c_2 \\ 3a_1 & 3b_1 & 3c_1 \\ a_3 - 2a_1 & b_3 - 2b_1 & c_3 - 2c_1 \end{vmatrix} =$

(A) $-2m$.　　(B) $-3m$.

(C) m.　　(D) $6m$.

7. 若 $\boldsymbol{\alpha}_1, \boldsymbol{\alpha}_2, \boldsymbol{\alpha}_3, \boldsymbol{\beta}_1, \boldsymbol{\beta}_2$ 都是 4 维列向量，且 4 阶行列式 $|\boldsymbol{\alpha}_1, \boldsymbol{\alpha}_2, \boldsymbol{\alpha}_3, \boldsymbol{\beta}_1| = m$，$|\boldsymbol{\alpha}_1, \boldsymbol{\alpha}_2, \boldsymbol{\beta}_2, \boldsymbol{\alpha}_3| = n$，则 4 阶行列式 $|\boldsymbol{\alpha}_3, \boldsymbol{\alpha}_2, \boldsymbol{\alpha}_1, \boldsymbol{\beta}_1 + \boldsymbol{\beta}_2| =$

(A) $m + n$.　　(B) $-(m + n)$.

(C) $m - n$.　　(D) $n - m$.

8. 设 $|\boldsymbol{A}_{n\times n}|=a$，$|\boldsymbol{B}_{m\times m}|=b$，则 $\begin{vmatrix} \boldsymbol{O} & 3\boldsymbol{B} \\ -\boldsymbol{A} & \boldsymbol{O} \end{vmatrix}=$

(A) $-3ab$.

(B) $(-1)^n 3^m ab$.

(C) $(-1)^{n(m+1)} 3^m ab$.

(D) $(-1)^{m\times n} 3^m ab$.

9. 设 $\boldsymbol{A}$ 为 n 阶方阵则 $|\boldsymbol{A}|=0$ 的必要条件是

(A) $\boldsymbol{A}$ 中必有两行(列)的元素对应成比例.

(B) $\boldsymbol{A}$ 中任意一行(列)向量是其余各行(列)向量的线性组合.

(C) $\boldsymbol{A}$ 中必有一行(列)向量是其余各行(列)向量的线性组合.

(D) $\boldsymbol{A}$ 中至少有一行(列)的元素全为 0.

10. 已知 $\boldsymbol{\alpha}_1,\boldsymbol{\alpha}_2,\boldsymbol{\alpha}_3,\boldsymbol{\alpha}_4$ 是 4 维列向量. 证明 $|\boldsymbol{\alpha}_1+\boldsymbol{\alpha}_2,\boldsymbol{\alpha}_2+\boldsymbol{\alpha}_3,\boldsymbol{\alpha}_3+\boldsymbol{\alpha}_4,\boldsymbol{\alpha}_4+\boldsymbol{\alpha}_1|=0$.

第二章　矩　阵

1. 设 n 阶矩阵 $\boldsymbol{A}=[a_{ij}]_{n\times n}$，$n$ 维向量 $\boldsymbol{x}=\left(\frac{1}{2},0,\cdots,0,\frac{1}{2}\right)^{\mathrm{T}}$，$\boldsymbol{y}=\left(\frac{1}{2},0,\cdots,0,-\frac{1}{2}\right)^{\mathrm{T}}$，则 $\boldsymbol{x}^{\mathrm{T}}\boldsymbol{A}\boldsymbol{x}+\boldsymbol{x}^{\mathrm{T}}\boldsymbol{A}\boldsymbol{y}-\boldsymbol{y}^{\mathrm{T}}\boldsymbol{A}\boldsymbol{x}-\boldsymbol{y}^{\mathrm{T}}\boldsymbol{A}\boldsymbol{y}=$ ________.

2. 设 $\boldsymbol{A}=\begin{bmatrix}0 & a_1 & 0 & \cdots & 0\\ 0 & 0 & a_2 & \cdots & 0\\ \vdots & \vdots & \vdots & & \vdots\\ 0 & 0 & 0 & \cdots & a_{n-1}\\ a_n & 0 & 0 & \cdots & 0\end{bmatrix}$，其中 $a_i\neq 0(i=1,2,\cdots,n)$，则 $\boldsymbol{A}^{-1}=$ ________.

3. 设 $\boldsymbol{A}$ 是 n 阶矩阵，满足 $\boldsymbol{A}^2+3\boldsymbol{A}-5\boldsymbol{E}=\boldsymbol{O}$，则 $(\boldsymbol{A}+5\boldsymbol{E})^{-1}=$ ________.

4. 已知 $\boldsymbol{AX}=\boldsymbol{B}$，其中 $\boldsymbol{A}=\begin{bmatrix}1 & 2\\ 2 & 4\\ 3 & 5\end{bmatrix}$，$\boldsymbol{B}=\begin{bmatrix}2 & 5 & -1\\ 4 & 10 & -2\\ 7 & 9 & 3\end{bmatrix}$，则 $\boldsymbol{X}=$ ________.

5. (1) 设 $\boldsymbol{A}=\begin{bmatrix}1 & a & -1 & 2\\ 2 & -1 & a & 5\\ 1 & 10 & -6 & 1\end{bmatrix}$，若秩 $r(\boldsymbol{A})=3$，则 a ________.

(2) 已知 $\boldsymbol{A}=\begin{bmatrix}1 & 2 & 5\\ 2 & a & 7\\ 1 & 3 & 2\end{bmatrix}$，$\boldsymbol{B}=\begin{bmatrix}1 & 0 & 4\\ 0 & 2 & 3\\ 6 & 0 & 5\end{bmatrix}$，$r(\boldsymbol{AB})=2$，则 a ________.

6. 已知 $\boldsymbol{A}=\boldsymbol{PBQ}$，其中 $\boldsymbol{A}=\begin{bmatrix}3 & 2 & 1\\ -2 & -1 & 0\\ 5 & 4 & 3\end{bmatrix}$，$\boldsymbol{P}=\begin{bmatrix}1 & 0 & 0\\ -2 & 1 & 0\\ 0 & 0 & 1\end{bmatrix}$，$\boldsymbol{Q}=\begin{bmatrix}0 & 0 & 1\\ 0 & 1 & 0\\ 1 & 0 & 0\end{bmatrix}$，则 $\boldsymbol{B}=$ ________.

7. 若 $\boldsymbol{A}=\begin{bmatrix}1 & 1 & 0 & 0\\ 2 & 2 & 0 & 0\\ 0 & 0 & 3 & 4\\ 0 & 0 & 0 & 3\end{bmatrix}$，则 $\boldsymbol{A}^3=$ ________.

8. 设 $\boldsymbol{A}$ 是 n 阶矩阵，下列命题中错误的是

(A) $\boldsymbol{A}\boldsymbol{A}^{\mathrm{T}}=\boldsymbol{A}^{\mathrm{T}}\boldsymbol{A}$.　　(B) $\boldsymbol{A}^*\boldsymbol{A}=\boldsymbol{A}\boldsymbol{A}^*$.

(C) $(\boldsymbol{A}^2)^n=(\boldsymbol{A}^n)^2$.　　(D) $(\boldsymbol{E}+\boldsymbol{A})(\boldsymbol{E}-\boldsymbol{A})=(\boldsymbol{E}-\boldsymbol{A})(\boldsymbol{E}+\boldsymbol{A})$.

9. 设 $\boldsymbol{A}$ 是 n 阶对称矩阵，$\boldsymbol{B}$ 是 n 阶反对称矩阵，则下列矩阵为反对称阵的是

(A) $\boldsymbol{AB}-\boldsymbol{BA}$.　　(B) $(\boldsymbol{AB})^2$.

(C) $\boldsymbol{AB}+\boldsymbol{BA}$.　　(D) $\boldsymbol{BAB}$.

10. 下列命题中，正确的是

(A) 如果 $\boldsymbol{A},\boldsymbol{B}$ 都是 n 阶可逆矩阵，则 $\boldsymbol{A}+\boldsymbol{B}$ 必可逆.

(B) 如果 $\boldsymbol{A},\boldsymbol{B}$ 都是 n 阶可逆矩阵，则 $\boldsymbol{A}^*\boldsymbol{B}^{\mathrm{T}}$ 必可逆.

(C) 如果 $\boldsymbol{A},\boldsymbol{B}$ 都是 n 阶不可逆矩阵，则 $\boldsymbol{A}-\boldsymbol{B}$ 必不可逆.

(D) 如果 $\boldsymbol{AB}=\boldsymbol{E}$，则 $\boldsymbol{A}$ 可逆，且 $\boldsymbol{A}^{-1}=\boldsymbol{B}$.

11. 设 $\boldsymbol{A}=\boldsymbol{E}-2\boldsymbol{\alpha}^{\mathrm{T}}\boldsymbol{\alpha}$，其中 $\boldsymbol{\alpha}=(\boldsymbol{\alpha}_1,\boldsymbol{\alpha}_2,\cdots,\boldsymbol{\alpha}_n)$，且 $\boldsymbol{\alpha}\boldsymbol{\alpha}^{\mathrm{T}}=1$，则 $\boldsymbol{A}$ 不能满足的结论是

(A) $\boldsymbol{A}^{\mathrm{T}}=\boldsymbol{A}$.　　(B) $\boldsymbol{A}^{\mathrm{T}}=\boldsymbol{A}^{-1}$.　　(C) $\boldsymbol{AA}^{\mathrm{T}}=\boldsymbol{E}$.　　(D) $\boldsymbol{A}^2=\boldsymbol{A}$.

12. 设 $\boldsymbol{A}=\begin{bmatrix}a_{11}&a_{12}&a_{13}\\a_{21}&a_{22}&a_{23}\\a_{31}&a_{32}&a_{33}\end{bmatrix}$，$\boldsymbol{B}=\begin{bmatrix}a_{12}+a_{13}&a_{11}&a_{13}\\a_{22}+a_{23}&a_{21}&a_{23}\\a_{32}+a_{33}&a_{31}&a_{33}\end{bmatrix}$，$\boldsymbol{P}_1=\begin{bmatrix}0&1&0\\1&0&0\\0&0&1\end{bmatrix}$，$\boldsymbol{P}_2=\begin{bmatrix}1&0&0\\0&1&0\\0&1&1\end{bmatrix}$，则 $\boldsymbol{B}$ $=$

(A) $\boldsymbol{P}_1\boldsymbol{AP}_2$.　　(B) $\boldsymbol{AP}_2\boldsymbol{P}_1$.　　(C) $\boldsymbol{AP}_1\boldsymbol{P}_2$.　　(D) $\boldsymbol{P}_2\boldsymbol{AP}_1$.

第三章　向　量

1. 若 $\boldsymbol{\beta}=(1,3,0)^{\mathrm{T}}$ 不能由 $\boldsymbol{\alpha}_1=(1,2,1)^{\mathrm{T}},\boldsymbol{\alpha}_2=(2,3,a)^{\mathrm{T}},\boldsymbol{\alpha}_3=(1,a+2,-2)^{\mathrm{T}}$ 线性表示，则 $a=$________.

2. 任意 3 维向量都可由 $\boldsymbol{\alpha}_1=(1,0,1)^{\mathrm{T}},\boldsymbol{\alpha}_2=(1,-2,3)^{\mathrm{T}},\boldsymbol{\alpha}_3=(a,1,2)^{\mathrm{T}}$ 线性表出，则 a________.

3. 设向量组 $\boldsymbol{\alpha}_1=(2,1,1,1),\boldsymbol{\alpha}_2=(2,1,a,a),\boldsymbol{\alpha}_3=(3,2,1,a),\boldsymbol{\alpha}_4=(4,3,2,1)$ 线性无关，则 a 应满足条件__________.

4. 向量组 $\boldsymbol{\alpha}_1=(1,-1,3,0)^{\mathrm{T}},\boldsymbol{\alpha}_2=(-2,1,a,1)^{\mathrm{T}},\boldsymbol{\alpha}_3=(1,1,-5,-2)^{\mathrm{T}}$ 的秩为 2，则 $a=$________.

5. 下列向量组中 a,b,c,d,e,f 均是常数，则线性无关的向量组是

(A) $\boldsymbol{\alpha}_1=(1,-1,0,2)^{\mathrm{T}},\boldsymbol{\alpha}_2=(0,1,-1,1)^{\mathrm{T}},\boldsymbol{\alpha}_3=(0,0,0,0)^{\mathrm{T}}$.

(B) $\boldsymbol{\beta}_1=(a,b,c)^{\mathrm{T}},\boldsymbol{\beta}_2=(b,c,d)^{\mathrm{T}},\boldsymbol{\beta}_3=(c,d,a)^{\mathrm{T}},\boldsymbol{\beta}_4=(d,a,b)^{\mathrm{T}}$.

(C) $\boldsymbol{\xi}_1=(a,1,b,0,0)^{\mathrm{T}},\boldsymbol{\xi}_2=(c,0,d,1,0)^{\mathrm{T}},\boldsymbol{\xi}_3=(e,0,f,0,1)^{\mathrm{T}}$.

(D) $\boldsymbol{\eta}_1=(1,2,1,5)^{\mathrm{T}},\boldsymbol{\eta}_2=(1,2,3,6)^{\mathrm{T}},\boldsymbol{\eta}_3=(1,2,5,7)^{\mathrm{T}},\boldsymbol{\eta}_4=(0,0,0,1)^{\mathrm{T}}$.

6. 设向量组 $\boldsymbol{\alpha}_1,\boldsymbol{\alpha}_2,\boldsymbol{\alpha}_3$ 线性无关，则下列向量组中线性无关的是

(A) $\boldsymbol{\alpha}_1+\boldsymbol{\alpha}_2,\boldsymbol{\alpha}_2+\boldsymbol{\alpha}_3,\boldsymbol{\alpha}_3-\boldsymbol{\alpha}_1$.

(B) $\boldsymbol{\alpha}_1+\boldsymbol{\alpha}_2,\boldsymbol{\alpha}_2+\boldsymbol{\alpha}_3,\boldsymbol{\alpha}_1+2\boldsymbol{\alpha}_2+\boldsymbol{\alpha}_3$.

(C) $\boldsymbol{\alpha}_1+2\boldsymbol{\alpha}_2,2\boldsymbol{\alpha}_2+3\boldsymbol{\alpha}_3,3\boldsymbol{\alpha}_3+\boldsymbol{\alpha}_1$.

(D) $\boldsymbol{\alpha}_1+\boldsymbol{\alpha}_2+\boldsymbol{\alpha}_3,2\boldsymbol{\alpha}_1-3\boldsymbol{\alpha}_2+22\boldsymbol{\alpha}_3,3\boldsymbol{\alpha}_1+5\boldsymbol{\alpha}_2-5\boldsymbol{\alpha}_3$.

7. 设向量组 Ⅰ:$\boldsymbol{\alpha}_1,\boldsymbol{\alpha}_2,\cdots,\boldsymbol{\alpha}_s$，Ⅱ:$\boldsymbol{\alpha}_1,\boldsymbol{\alpha}_2,\cdots,\boldsymbol{\alpha}_s,\cdots,\boldsymbol{\alpha}_{s+r}$，则必有

(A) Ⅰ 相关 $\Rightarrow$ Ⅱ 相关.　　(B) Ⅰ 无关 $\Rightarrow$ Ⅱ 无关.

(C) Ⅱ 相关 $\Rightarrow$ Ⅰ 相关.　　(D) Ⅱ 相关 $\Rightarrow$ Ⅰ 无关.

8. 设向量组Ⅰ:$\boldsymbol{\alpha}_1=(a_{11},a_{21},\cdots,a_{n1}),\boldsymbol{\alpha}_2=(a_{12},a_{22},\cdots,a_{n2}),\cdots,\boldsymbol{\alpha}_s=(a_{1s},a_{2s},\cdots,a_{ns})$，Ⅱ:$\boldsymbol{\beta}_1=(a_{11},a_{21},\cdots,a_{n1},\cdots,a_{n+r,1}),\boldsymbol{\beta}_2=(a_{12},a_{22},\cdots,a_{n2},\cdots,a_{n+r,2}),\cdots,\boldsymbol{\beta}_s=(a_{1s},a_{2s},\cdots,a_{ns},\cdots,a_{n+r,s})$，则必有

(A) Ⅰ 相关 $\Rightarrow$ Ⅱ 相关.　　(B) Ⅰ 无关 $\Rightarrow$ Ⅱ 无关.

(C) Ⅱ 无关 $\Rightarrow$ Ⅰ 无关.　　(D) Ⅱ 无关 $\Rightarrow$ Ⅰ 相关.

9. 已知向量组 Ⅰ:$\boldsymbol{\alpha}_1,\boldsymbol{\alpha}_2,\boldsymbol{\alpha}_3,\boldsymbol{\alpha}_4$ 线性无关，则与 Ⅰ 等价的向量组是

(A) $\boldsymbol{\alpha}_1+\boldsymbol{\alpha}_2,\boldsymbol{\alpha}_2+\boldsymbol{\alpha}_3,\boldsymbol{\alpha}_3+\boldsymbol{\alpha}_4,\boldsymbol{\alpha}_4+\boldsymbol{\alpha}_1$.　　(B) $\boldsymbol{\alpha}_1-\boldsymbol{\alpha}_2,\boldsymbol{\alpha}_2-\boldsymbol{\alpha}_3,\boldsymbol{\alpha}_3-\boldsymbol{\alpha}_4,\boldsymbol{\alpha}_4-\boldsymbol{\alpha}_1$.

(C) $\boldsymbol{\alpha}_1+\boldsymbol{\alpha}_2,\boldsymbol{\alpha}_2-\boldsymbol{\alpha}_3,\boldsymbol{\alpha}_3+\boldsymbol{\alpha}_4,\boldsymbol{\alpha}_4-\boldsymbol{\alpha}_1$.　　(D) $\boldsymbol{\alpha}_1-\boldsymbol{\alpha}_2,\boldsymbol{\alpha}_2+\boldsymbol{\alpha}_3,\boldsymbol{\alpha}_3+\boldsymbol{\alpha}_4,\boldsymbol{\alpha}_4+\boldsymbol{\alpha}_1$.

10. n 维向量组(Ⅰ):$\boldsymbol{\alpha}_1,\boldsymbol{\alpha}_2,\cdots,\boldsymbol{\alpha}_s$，若秩 r(Ⅰ)$=r$. 则

(A)(Ⅰ)中任意 $r-1$ 个向量都线性无关.　(B)(Ⅰ)中任意 $r+1$ 个向量都线性相关.

(C)(Ⅰ)中任意 r 个向量都线性无关.　　(D)(Ⅰ)中向量个数 s 必大于 r.

11. 设 $\boldsymbol{\alpha}_1=(1,2,0)$，$\boldsymbol{\alpha}_2=(1,a+2,-3a)$，$\boldsymbol{\alpha}_3=(-1,-a-2,3a)$，$\boldsymbol{\beta}=(1,3,-3)$，问 a 为何值时，$\boldsymbol{\beta}$ 不能由 $\boldsymbol{\alpha}_1,\boldsymbol{\alpha}_2,\boldsymbol{\alpha}_3$ 线性表出？a 为何值时，$\boldsymbol{\beta}$ 可由 $\boldsymbol{\alpha}_1,\boldsymbol{\alpha}_2,\boldsymbol{\alpha}_3$ 线性表出？并求其表出式.

12. 设向量组 $\boldsymbol{\alpha}_1=(1,-1,2,4)$，$\boldsymbol{\alpha}_2=(0,3,1,2)$，$\boldsymbol{\alpha}_3=(3,0,7,14)$，$\boldsymbol{\alpha}_4=(1,-1,2,0)$，$\boldsymbol{\alpha}_5=(2,1,5,6)$. 求向量组的秩、极大线性无关组，并将其余向量由极大线性无关组线性表出.

13. 设向量组 $\boldsymbol{\alpha}_1,\boldsymbol{\alpha}_2,\cdots,\boldsymbol{\alpha}_n$ 线性无关，证明向量组

$$\begin{aligned}\boldsymbol{\beta}_1&=\boldsymbol{\alpha}_2+\boldsymbol{\alpha}_3+\cdots+\boldsymbol{\alpha}_n,\\ \boldsymbol{\beta}_2&=\boldsymbol{\alpha}_1+\boldsymbol{\alpha}_3+\cdots+\boldsymbol{\alpha}_n,\\ &\vdots\\ \boldsymbol{\beta}_n&=\boldsymbol{\alpha}_1+\boldsymbol{\alpha}_2+\cdots+\boldsymbol{\alpha}_{n-1}\end{aligned}$$

也线性无关.

14. 设 $\boldsymbol{A}$ 是 n 阶方阵，列向量组 $\boldsymbol{\alpha}_1,\boldsymbol{\alpha}_2,\cdots,\boldsymbol{\alpha}_n$ 线性无关，证明：列向量组 $\boldsymbol{A}\boldsymbol{\alpha}_1,\boldsymbol{A}\boldsymbol{\alpha}_2,\cdots,\boldsymbol{A}\boldsymbol{\alpha}_n$ 线性无关的充要条件是 $\boldsymbol{A}$ 为可逆矩阵.

第四章　线性方程组

1. 已知线性方程组

$$\begin{cases} x_1 + 2x_2 + x_3 = 1, \\ (a+2)x_1 + 3x_2 + 2x_3 = 3, \\ -2x_1 + ax_2 + x_3 = 0 \end{cases}$$

无解，则参数 a 应满足______.

2. 对于 n 元方程组，则下列说法正确的是

(A) 若 $\boldsymbol{Ax}=\boldsymbol{0}$ 只有零解，则 $\boldsymbol{Ax}=\boldsymbol{b}$ 有唯一解.

(B) $\boldsymbol{Ax}=\boldsymbol{0}$ 有非零解的充要条件是 $|\boldsymbol{A}|=0$.

(C) $\boldsymbol{Ax}=\boldsymbol{b}$ 有唯一解的充要条件是 $r(\boldsymbol{A})=n$.

(D) 若 $\boldsymbol{Ax}=\boldsymbol{b}$ 有两个不同的解，则 $\boldsymbol{Ax}=\boldsymbol{0}$ 有无穷多解.

3. 设 $\boldsymbol{A}$ 是 $m\times n$ 矩阵，$\boldsymbol{B}$ 是 $n\times m$ 矩阵，则线性方程组 $(\boldsymbol{AB})\boldsymbol{x}=\boldsymbol{0}$

(A) 当 $n>m$ 时仅有零解.

(B) 当 $n>m$ 时必有非零解.

(C) 当 $m>n$ 时仅有零解.

(D) 当 $m>n$ 时必有非零解.

4. 设 $\boldsymbol{\xi}_1,\boldsymbol{\xi}_2,\boldsymbol{\xi}_3$ 是 $\boldsymbol{Ax}=\boldsymbol{0}$ 的基础解系，则该方程组的基础解系还可表示成

(A) $\boldsymbol{\xi}_1,\boldsymbol{\xi}_2,\boldsymbol{\xi}_3$ 的一个等价向量组.

(B) $\boldsymbol{\xi}_1,\boldsymbol{\xi}_2,\boldsymbol{\xi}_3$ 的一个等秩向量组.

(C) $\boldsymbol{\xi}_1+\boldsymbol{\xi}_2,\boldsymbol{\xi}_2+\boldsymbol{\xi}_3,\boldsymbol{\xi}_3+\boldsymbol{\xi}_1$.

(D) $\boldsymbol{\xi}_1-\boldsymbol{\xi}_2,\boldsymbol{\xi}_2-\boldsymbol{\xi}_3,\boldsymbol{\xi}_3-\boldsymbol{\xi}_1$.

5. 设非齐次线性方程组 $\boldsymbol{A}_{3\times 4}\boldsymbol{x}=\boldsymbol{b}$ 有通解 $k_1\boldsymbol{\xi}_1+k_2\boldsymbol{\xi}_2+\boldsymbol{\eta}=k_1(1,2,0,-2)^{\mathrm{T}}+k_2(4,-1,-1,-1)^{\mathrm{T}}+(1,0,-1,1)^{\mathrm{T}}$，则下列向量中是 $\boldsymbol{Ax}=\boldsymbol{b}$ 的解的是

(A) $\boldsymbol{\alpha}_1=(1,2,0,-2)^{\mathrm{T}}$.

(B) $\boldsymbol{\alpha}_2=(6,1,-2,-2)^{\mathrm{T}}$.

(C) $\boldsymbol{\alpha}_3=(3,1,-2,4)^{\mathrm{T}}$.

(D) $\boldsymbol{\alpha}_4=(5,1,-1,-3)^{\mathrm{T}}$.

6. 设线性方程组

$$\begin{cases} (1+\lambda)x_1 + x_2 + x_3 = 1, \\ x_1 + (1+\lambda)x_2 + x_3 = \lambda, \\ x_1 + x_2 + (1+\lambda)x_3 = \lambda^2, \end{cases}$$

问 λ 为何值时，方程组无解？λ 为何值时，方程组有解？有解时，求方程组的解.

7. 已知3阶矩阵$\boldsymbol{A}$的第1行是(a,b,c)，a,b,c不全为零，矩阵$\boldsymbol{B}=\begin{bmatrix}1&-2&3\\2&-4&6\\3&-6&k\end{bmatrix}$（$k$为常数），且$\boldsymbol{AB}=\boldsymbol{O}$，求线性方程组$\boldsymbol{Ax}=\boldsymbol{0}$的通解.

8. 求线性方程组

$$\begin{cases}x_1-5x_2+2x_3+3x_4=11,\\-3x_1+x_2-4x_3-2x_4=-6,\\-x_1-9x_2+3x_4=15.\end{cases}$$

满足条件$x_1=x_2$的全部解.

9. 已知 $\boldsymbol{A}$ 是 $m \times n$ 矩阵，$\boldsymbol{Ax} = \boldsymbol{b}$ 有唯一解，证明 $\boldsymbol{A}^{\mathrm{T}}\boldsymbol{A}$ 是可逆阵，并求 $\boldsymbol{Ax} = \boldsymbol{b}$ 的唯一解.

10. 设 $\boldsymbol{A},\boldsymbol{B}$ 均是 3×4 矩阵，$\boldsymbol{Ax} = \boldsymbol{0}$ 有基础解系 $\boldsymbol{\xi}_1,\boldsymbol{\xi}_2,\boldsymbol{\xi}_3$，$\boldsymbol{Bx} = \boldsymbol{0}$ 有基础解系 $\boldsymbol{\eta}_1,\boldsymbol{\eta}_2$.

(1) 证明 $\boldsymbol{Ax} = \boldsymbol{0}$ 和 $\boldsymbol{Bx} = \boldsymbol{0}$ 有非零公共解；

(2) 若 $\boldsymbol{Ax} = \boldsymbol{0}$ 的基础解系为 $\boldsymbol{\xi}_1 = (1,-1,2,4)^{\mathrm{T}}$，$\boldsymbol{\xi}_2 = (0,3,1,2)^{\mathrm{T}}$，$\boldsymbol{\xi}_3 = (1,-2,2,0)^{\mathrm{T}}$. $\boldsymbol{Bx} = \boldsymbol{0}$ 的基础解系为 $\boldsymbol{\eta}_1 = (3,0,7,14)^{\mathrm{T}}$，$\boldsymbol{\eta}_2 = (2,1,5,10)^{\mathrm{T}}$，求 $\boldsymbol{Ax} = \boldsymbol{0}$ 和 $\boldsymbol{Bx} = \boldsymbol{0}$ 的非零公共解.

第五章 特征值、特征向量、相似矩阵

1. 已知 $\boldsymbol{\xi}=(1,-1,-1)^{\mathrm{T}}$ 是矩阵 $\boldsymbol{A}=\begin{bmatrix}2&2&-1\\5&3&a\\1&2&0\end{bmatrix}$ 的特征向量，则参数 $a=$ ________.

2. 设 $\boldsymbol{A}$ 是 n 阶实对称阵，$\lambda_1,\lambda_2,\cdots,\lambda_n$ 是 $\boldsymbol{A}$ 的 n 个互不相同的特征值，$\boldsymbol{\xi}_1$ 是 $\boldsymbol{A}$ 的对应于 λ_1 的 1 个单位特征向量，则矩阵 $\boldsymbol{B}=\boldsymbol{A}-\lambda_1\boldsymbol{\xi}_1\boldsymbol{\xi}_1^{\mathrm{T}}$ 的特征值为________.

3. 已知 $\boldsymbol{A}$ 是三阶矩阵，$r(\boldsymbol{A})=1$，则 $\lambda=0$

(A) 必是 $\boldsymbol{A}$ 的二重特征值.
(B) 至少是 $\boldsymbol{A}$ 的二重特征值.
(C) 至多是 $\boldsymbol{A}$ 的二重特征值.
(D) 一重、二重、三重特征值都可能.

4. 下列矩阵中能相似于对角阵的矩阵是

(A) $\begin{bmatrix}1&2&0\\0&1&0\\0&0&2\end{bmatrix}$.
(B) $\begin{bmatrix}1&0&2\\0&2&0\\0&0&1\end{bmatrix}$.
(C) $\begin{bmatrix}1&2&0\\0&2&0\\0&0&1\end{bmatrix}$.
(D) $\begin{bmatrix}1&1&1\\0&1&0\\0&0&2\end{bmatrix}$.

5. $\boldsymbol{A}$ 是三阶矩阵，$\boldsymbol{P}$ 是三阶可逆矩阵，$\boldsymbol{P}^{-1}\boldsymbol{A}\boldsymbol{P}=\begin{bmatrix}1&&\\&1&\\&&0\end{bmatrix}$，且 $\boldsymbol{A}\boldsymbol{\alpha}_1=\boldsymbol{\alpha}_1,\boldsymbol{A}\boldsymbol{\alpha}_2=\boldsymbol{\alpha}_2,\boldsymbol{A}\boldsymbol{\alpha}_3=\boldsymbol{0}$，其中 $\boldsymbol{\alpha}_1,\boldsymbol{\alpha}_2$ 线性无关，则 $\boldsymbol{P}$ 是

(A) $[\boldsymbol{\alpha}_1,\boldsymbol{\alpha}_2,\boldsymbol{\alpha}_1+\boldsymbol{\alpha}_3]$.
(B) $[\boldsymbol{\alpha}_2,\boldsymbol{\alpha}_3,\boldsymbol{\alpha}_1]$.
(C) $[\boldsymbol{\alpha}_1+\boldsymbol{\alpha}_2,-\boldsymbol{\alpha}_2,3\boldsymbol{\alpha}_3]$.
(D) $[\boldsymbol{\alpha}_1+\boldsymbol{\alpha}_2,\boldsymbol{\alpha}_2+\boldsymbol{\alpha}_3,\boldsymbol{\alpha}_3+\boldsymbol{\alpha}_1]$.

6. 设 $\boldsymbol{A}=\begin{bmatrix}2&-2&0\\-2&1&-2\\0&-2&0\end{bmatrix}$，$\boldsymbol{B}=\begin{bmatrix}1&-2&-2\\-2&2&0\\-2&0&0\end{bmatrix}$，问 $\boldsymbol{A}$ 是否相似于 $\boldsymbol{B}$，为什么？

7. 设 $A=\begin{bmatrix}1&2&2\\2&1&2\\2&2&1\end{bmatrix}$，求正交阵 Q，使得 $Q^{-1}AQ=Q^{T}AQ=\Lambda$，其中 Λ 是对角阵.

8. 设 A 是三阶矩阵，有特征值 $\lambda_1=1,\lambda_2=-2,\lambda_3=3$，对应的特征向量分别是 $\xi_1=(1,-2,1)^T$，$\xi_2=(1,0,-1)^T$，$\xi_3=(1,1,1)^T$，$\beta=(3,-1,1)^T$，求 $A^{100}\beta$.

9. 设 A 是三阶实对称阵，有特征值 $\lambda_1=1,\lambda_2=2,\lambda_3=-2$，$\alpha_1=(1,-1,1)^T$ 是 A 的属于 $\lambda_1=1$ 的特征向量，$B=A^5-4A^3+E$，其中 E 是单位阵.

(1) 验证 α_1 也是 B 的特征向量，并求 B 的特征值和特征向量；

(2) 求 B.

第六章　二次型

1. 设二次型 $f(x_1,x_2,x_3)=2x_1^2+4x_2^2+2x_3^2+4x_1x_2+4x_1x_3+4x_2x_3$，则二次型的对应矩阵是______.

2. 设二次型 $f(x_1,x_2,x_3)=(a_1x_1+b_1x_2+c_1x_3)(a_2x_1+b_2x_2+c_2x_3)$，则二次型的对应矩阵是______.

3. $\boldsymbol{A},\boldsymbol{B}$ 都是 n 阶实对称阵，则使 $\boldsymbol{A},\boldsymbol{B}$ 合同的充要条件是

(A) $\boldsymbol{A},\boldsymbol{B}$ 有相同的秩.　　(B) $\boldsymbol{A},\boldsymbol{B}$ 都合同于对角阵.

(C) $\boldsymbol{A},\boldsymbol{B}$ 的全部特征值相同.　　(D) $\boldsymbol{A},\boldsymbol{B}$ 有相同的正负惯性指数.

4. 下列矩阵中与 $\boldsymbol{A}=\begin{bmatrix}1&2&0\\2&1&0\\0&0&-1\end{bmatrix}$ 合同的矩阵是

(A) $\begin{bmatrix}1&0&0\\0&1&0\\0&0&1\end{bmatrix}$.　　(B) $\begin{bmatrix}1&0&0\\0&1&0\\0&0&-1\end{bmatrix}$.

(C) $\begin{bmatrix}1&0&0\\0&-1&0\\0&0&-1\end{bmatrix}$.　　(D) $\begin{bmatrix}-1&0&0\\0&-1&0\\0&0&-1\end{bmatrix}$.

5. 实二次型 $f(x_1,x_2,\cdots,x_n)$ 的秩为 r，符号差为 s，且 f 和 $-f$ 合同，则必有

(A) r 是偶数，$s=1$.　　(B) r 是奇数，$s=1$.

(C) r 是偶数，$s=0$.　　(D) r 是奇数，$s=0$.

6. 下列矩阵中正定矩阵是

(A) $\begin{bmatrix}1&2&0\\2&3&0\\0&0&2\end{bmatrix}$.　　(B) $\begin{bmatrix}2&1&-2\\1&0&2\\-2&2&4\end{bmatrix}$.

(C) $\begin{bmatrix}1&2&-1\\2&5&0\\0&-1&-2\end{bmatrix}$.　　(D) $\begin{bmatrix}2&0&0\\0&1&-2\\0&-2&5\end{bmatrix}$.

7. 已知 $f(x_1,x_2,x_3)=x_1^2+5x_2^2+2x_1x_2-4x_1x_3$，用配方法化二次型为标准形，并求所作的可逆线性变换.

8. 已知二次型 $f(x_1,x_2,x_3)=3x_1^2+3x_3^2+4x_1x_2+8x_1x_3+4x_2x_3$，

(1) 写出二次型的矩阵表达式；

(2) 用正交变换化二次型为标准形，并写出所作的正交变换.

9. 求 a 的值，使二次型

$$f(x_1,x_2,x_3)=x_1^2+x_2^2+5x_3^2+2ax_1x_2-2x_1x_3+4x_2x_3$$

为正定二次型.

10. 设

$$\boldsymbol{A}=\begin{bmatrix} 1 & 1 & \cdots & 1 \\ x_1 & x_2 & \cdots & x_s \\ x_1^2 & x_2^2 & \cdots & x_s^2 \\ \vdots & \vdots & & \vdots \\ x_1^{n-1} & x_2^{n-1} & \cdots & x_s^{n-1} \end{bmatrix}，其中\ x_i \neq x_j\begin{pmatrix} i=1,2,\cdots,n \\ j=1,2,\cdots,n \end{pmatrix},$$

讨论 $\boldsymbol{B}=\boldsymbol{A}^{\mathrm{T}}\boldsymbol{A}$ 的正定性.

参考答案

第一篇　高等数学

第一章　函数、极限、连续

1. $\dfrac{4}{e}$.

【解析】 $\left[\left(1+\dfrac{1}{n}\right)\left(1+\dfrac{2}{n}\right)\cdots\left(1+\dfrac{n}{n}\right)\right]^{\frac{1}{n}}=e^{\frac{1}{n}[\ln(1+\frac{1}{n})+\cdots+\ln(1+\frac{n}{n})]}$.

$$\lim_{n\to\infty}\frac{1}{n}\left[\ln\left(1+\frac{1}{n}\right)+\cdots+\ln\left(1+\frac{n}{n}\right)\right]=\lim_{n\to\infty}\frac{1}{n}\sum_{i=1}^{n}\left[\ln\left(1+\frac{i}{n}\right)\right]=\int_0^1\ln(1+x)dx=2\ln 2-1,$$

所以原式 $=e^{2\ln 2-1}=\dfrac{4}{e}$.

2. $e^{\frac{1}{2}}$.

【解析】 $\left(\sin^2\dfrac{1}{x}+\cos\dfrac{1}{x}\right)^{x^2}=e^{x^2\ln(\sin^2\frac{1}{x}+\cos\frac{1}{x})}$,

$$\lim_{x\to\infty}x^2\ln\left(\sin^2\frac{1}{x}+\cos\frac{1}{x}\right)=\lim_{t\to 0}\frac{\ln(\sin^2 t+\cos t)}{t^2}=\lim_{t\to 0}\frac{\sin^2 t+\cos t-1}{t^2}=\lim_{t\to 0}\frac{\cos t(1-\cos t)}{t^2}=\frac{1}{2},$$

所以原式 $=e^{\frac{1}{2}}$.

3. C.

【解析】 若 $\lim\limits_{x\to x_0}[f(x)+g(x)]$ 存在，而由已知 $\lim\limits_{x\to x_0}f(x)$ 存在，则 $\lim\limits_{x\to x_0}g(x)=\lim\limits_{x\to x_0}[f(x)+g(x)]-\lim\limits_{x\to x_0}f(x)$ 存在，与 $\lim\limits_{x\to x_0}g(x)$ 不存在矛盾，故 $\lim\limits_{x\to x_0}[f(x)+g(x)]$ 必不存在. 选(C).

4. D.

【解析】 由 $\lim\limits_{x\to x_0^-}f(x)=a$，$\lim\limits_{x\to x_0^-}g(x)=b$，$a<b$，所以 $\lim\limits_{x\to x_0^-}(g(x)-f(x))=b-a>0$. 由保号性定理知，存在去心邻域 $\mathring{U}_\delta(x_0)$，当 $x\in\mathring{U}_\delta(x_0)$ 时，有 $g(x)-f(x)>0$. 选(D). 其他均可举出反例.

5. B.

【解析】 考虑 $x=0$ 处. $\lim\limits_{x\to 0^+}f(x)=\lim\limits_{x\to 0^+}\dfrac{1+e^{\frac{1}{x}}}{1-e^{\frac{1}{x}}}\overset{\text{洛}}{=\!=}-1$，$\lim\limits_{x\to 0^-}f(x)=\lim\limits_{x\to 0^-}\dfrac{1+e^{\frac{1}{x}}}{1-e^{\frac{1}{x}}}=1$.

所以 $x=0$ 为 $f(x)$ 的跳跃间断点. 选(B).

6.【解】 $\dfrac{k}{(n+k)(n+k+1)}\leqslant\dfrac{k}{(n+k)^2}=\dfrac{1}{n}\cdot\dfrac{\frac{k}{n}}{(1+\frac{k}{n})^2}$,

$$\sum_{k=1}^{n}\frac{1}{n}\frac{\frac{k}{n}}{(1+\frac{k}{n})^2}=\frac{1}{n}\sum_{k=1}^{n}\frac{\frac{k}{n}}{(1+\frac{k}{n})^2}\xrightarrow{n\to\infty}\int_0^1\frac{x}{(1+x)^2}dx=\ln 2-\frac{1}{2},$$

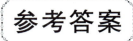

另一方面，

$$\frac{k}{(n+k)(n+k+1)}=\frac{k}{n(n+1)(1+\frac{k}{n})(1+\frac{k}{n+1})}\geqslant\frac{k}{n(n+1)(1+\frac{k}{n})(1+\frac{k}{n})}$$

$$=\frac{n}{n+1}\cdot\frac{1}{n}\cdot\frac{\frac{k}{n}}{(1+\frac{k}{n})^2}\xrightarrow[n\to\infty]{}1\cdot\int_0^1\frac{x}{(1+x)^2}\mathrm{d}x=\ln 2-\frac{1}{2},$$

由夹逼准则知原式 $=\ln 2-\frac{1}{2}$.

7.【解】 $\lim\limits_{x\to0^-}\left(\frac{\sqrt{1-\cos^2 x}}{x}+\frac{2}{1+\mathrm{e}^{\frac{1}{x}}}\right)=\lim\limits_{x\to0^-}\left(\frac{-\sin x}{x}+\frac{2}{1+\mathrm{e}^{\frac{1}{x}}}\right)=-1+2=1,$

$$\lim_{x\to0^+}\left(\frac{\sqrt{1-\cos^2 x}}{x}+\frac{2}{1+\mathrm{e}^{\frac{1}{x}}}\right)=\lim_{x\to0^+}\frac{\sqrt{1-\cos^2 x}}{x}+\lim_{x\to0^+}\frac{2}{1+\mathrm{e}^{\frac{1}{x}}}=\lim_{x\to0^+}\frac{|\sin x|}{x}+0=1.$$

【注】 请注意 $\sqrt{x^2}=|x|$.

8.【解】 ① 设 $a_j=\max\{a_1,a_2,\cdots,a_n\}$，有

$$a_j\left(\frac{1}{n}\right)^{\frac{1}{x}}\leqslant f(x)=a_j\left(\frac{1}{n}\right)^{\frac{1}{x}}\left[\left(\frac{a_1}{a_j}\right)^x+\cdots+\left(\frac{a_n}{a_j}\right)^x\right]^{\frac{1}{x}}\leqslant a_j\left(\frac{1}{n}\right)^{\frac{1}{x}}\cdot n^{\frac{1}{x}}=a_j,$$

因为 $\lim\limits_{x\to+\infty}\left(\frac{1}{n}\right)^{\frac{1}{x}}=1$，由夹逼准则知 $\lim\limits_{x\to+\infty}f(x)=a_j=\max\{a_1,a_2,\cdots,a_n\}$.

② 命 $b_i=a_i^{-1}(i=1,\cdots,n)$，$t=-x$，$\varphi(t)=(f(x))^{-1}$，由 ①，$\lim\limits_{t\to+\infty}\varphi(t)=\max\{b_1,\cdots,b_n\}$，

所以 $\lim\limits_{x\to-\infty}f(x)=(\max\{b_1,\cdots,b_n\})^{-1}=\min\{a_1,\cdots,a_n\}$.

③ 由洛必达法则得：

$$\lim_{x\to0}\ln f(x)=\lim_{x\to0}\frac{\ln(a_1^x+a_2^x+\cdots+a_n^x)-\ln n}{x}=\lim_{x\to0}\frac{a_1^x\ln a_1+a_2^x\ln a_2+\cdots+a_n^x\ln a_n}{a_1^x+a_2^x+\cdots+a_n^x}=\frac{\ln(a_1a_2a_3\cdots a_n)}{n},$$

于是 $\lim\limits_{x\to0}f(x)=\lim\limits_{x\to0}\mathrm{e}^{\ln f(x)}=\mathrm{e}^{\frac{\ln(a_1a_2\cdots a_n)}{n}}=\sqrt[n]{a_1a_2\cdots a_n}$.

9.【解】 **方法一**：$\lim\limits_{x\to0}\frac{\mathrm{e}^x(1+bx+cx^2)-1-ax}{x^4}\overset{洛}{=\!=}\lim\limits_{x\to0}\frac{\mathrm{e}^x(1+bx+cx^2)+\mathrm{e}^x(b+2cx)-a}{4x^3}$.

若 $1+b-a\neq0$，则上式右边趋于 ∞. 与题设矛盾，故 $1+b-a=0$. 再用洛必达法则，

$$原式=\lim_{x\to0}\frac{\mathrm{e}^x(1+bx+cx^2)+2\mathrm{e}^x(b+2cx)+2c\mathrm{e}^x}{12x^2},$$

仿上讨论有 $1+2b+2c=0$. 继续用洛必达法则，

$$原式=\lim_{x\to0}\frac{\mathrm{e}^x(1+bx+cx^2)+3\mathrm{e}^x(b+2cx)+6c\mathrm{e}^x}{24x},$$

仿上讨论有 $1+3b+6c=0$. 综合之，由以上 3 个等式解得 $a=\frac{1}{3}$，$b=-\frac{2}{3}$，$c=\frac{1}{6}$. 以 a,b,c 之值代入，再由洛必达法则，可得原式极限为 $\frac{1}{72}$.

方法二：将 e^x 在 $x_0=0$ 处按佩亚诺余项泰勒公式展开到 $o(x^4)$，有 $\mathrm{e}^x=1+x+\frac{x^2}{2}+\frac{x^3}{6}+\frac{x^4}{24}+o(x^4)$，于是

$$原式=\lim_{x\to0}\frac{(1+b-a)x+(\frac{1}{2}+b+c)x^2+(\frac{1}{6}+\frac{b}{2}+c)x^3+(\frac{1}{24}+\frac{b}{6}+\frac{c}{2})x^4+o(x^4)}{x^4}$$

可见上述极限存在的充要条件是 $1+b-a=0,\frac{1}{2}+b+c=0,\frac{1}{6}+\frac{b}{2}+c=0.$

解之 a,b,c 如方法一. 以 a,b,c 之值代入，立即可得原式极限为 $\frac{1}{72}$.

【注】 若式中有待定系数且用洛必达法则时，必须步步讨论，方法二比方法一方便、快捷.

10.【解】 分 $|x|<1$，$|x|=1$，$|x|>1$ 讨论，得

$$f(x)=\begin{cases}1, & |x|<1,\\ x, & |x|>1,\\ -\dfrac{a}{a+1}, & x=1,\\ \text{无定义}, & x=-1.\end{cases}$$

$\lim\limits_{x\to-1^-}f(x)=\lim\limits_{x\to-1^-}x=-1$，$\lim\limits_{x\to-1^+}f(x)=1$，在 $x=-1$ 处 $f(x)$ 为跳跃间断点，$\lim\limits_{x\to1^-}f(x)=1$，$\lim\limits_{x\to1^+}f(x)=1$，$f(1)=-\dfrac{a}{a+1}$. 当 $-\dfrac{a}{a+1}=1$ 即 $a=-\dfrac{1}{2}$ 时，$f(x)$ 在 $x=1$ 处连续；当 $a\neq-\dfrac{1}{2}$ 时，$f(x)$ 在 $x=1$ 为可去间断点，其他情形其他点处 $f(x)$ 均连续.

11.【解】 由 $x_1>0$，$x_{n+1}=3+\dfrac{4}{x_n}$，可见 $x_{n+1}>3(n=1,2,\cdots)$. 若 $\lim\limits_{n\to\infty}x_n$ 存在，记为 a，则 $a\geqslant3$，对 $x_{n+1}=3+\dfrac{4}{x_n}$ 两边取极限，得 $a=3+\dfrac{4}{a}$，即 $a^2-3a-4=0$，得 $a=4$，($a=-1$ 舍弃).

考虑 $x_{n+1}-4=3+\dfrac{4}{x_n}-4=\dfrac{4-x_n}{x_n}$，$0\leqslant|x_{n+1}-4|=\dfrac{|x_n-4|}{|x_n|}<\dfrac{1}{3}|x_n-4|<\cdots<\dfrac{1}{3^{n-1}}\dfrac{|x_1-4|}{|x_1|}$.

令 $n\to\infty$，由夹逼准则得 $\lim\limits_{n\to\infty}|x_{n+1}-4|=0$，所以 $\lim\limits_{n\to\infty}x_n$ 存在且等于 4.

第二章　一元函数微分学

1. $-\dfrac{\sqrt{\pi}e^{2\pi}}{2}$.

【解析】 设 $u=t-s$，则 $y=\int_0^t\sin u^2\,du$，所以 $\dfrac{dy}{dx}=\dfrac{(\int_0^t\sin u^2\,du)'_t}{(\int_0^t2e^{-s^2}\,ds)'_t}=\dfrac{\sin t^2}{2e^{-t^2}}$，

$$\frac{d^2y}{dx^2}=\frac{d}{dx}\left(\frac{dy}{dx}\right)=\frac{\left(\dfrac{\sin t^2}{2e^{-t^2}}\right)'_t}{\left(\int_0^t2e^{-s^2}\,ds\right)'_t}=\frac{\dfrac{4t\cos t^2e^{-t^2}+\sin t^2\cdot2e^{-t^2}\cdot2t}{(2e^{-t^2})^2}}{2e^{-t^2}}=\frac{4t\cos t^2+4t\sin t^2}{8(e^{-t^2})^2},$$

故 $\left.\dfrac{d^2y}{dx^2}\right|_{t=\sqrt{\pi}}=-\dfrac{\sqrt{\pi}}{2e^{-2\pi}}=-\dfrac{\sqrt{\pi}e^{2\pi}}{2}$.

2. $\left(-\dfrac{\pi^2}{8},\dfrac{\pi^2}{4},1-\dfrac{\pi^2}{8}\right)$.

【解析】 当 $t=1$ 时，$x=\dfrac{4}{\pi}\arctan t=1$，$y=\dfrac{2t}{1+t^2}=1$.

因 $\dfrac{dy}{dt}=\dfrac{2-2t^2}{(1+t^2)^2}$，$\dfrac{dx}{dt}=\dfrac{4}{\pi}\cdot\dfrac{1}{1+t^2}$，所以 $\left.\dfrac{dy}{dx}\right|_{t=1}=\dfrac{\pi}{2}\cdot\dfrac{1-t^2}{1+t^2}=0$.

且 $\dfrac{d^2y}{dx^2}=\dfrac{d}{dx}\left(\dfrac{dy}{dx}\right)=\dfrac{\dfrac{\pi}{2}\cdot\left(\dfrac{1-t^2}{1+t^2}\right)'_t}{\dfrac{4}{\pi}\cdot\dfrac{1}{1+t^2}}=\dfrac{\pi^2}{8}\cdot\dfrac{-4t}{1+t^2}$，所以 $\left.\dfrac{d^2y}{dx^2}\right|_{t=1}=-\dfrac{\pi^2}{4}$.

另一方面 $y=ax^2+bx+c$，所以 $y'|_{x=1}=2a+b$，$y''|_{x=1}=2a$，因 $y=ax^2+bx+c$ 与 $\begin{cases}x=\dfrac{4}{\pi}\arctan t,\\ y=\dfrac{2t}{1+t^2}\end{cases}$ 在点$(1,1)$ 有相同的曲率圆，因此两曲线在点$(1,1)$ 相切，y'' 同号且曲率半径相同，从而有相同的 y''.

所以由 $a+b+c=1, 2a+b=0, 2a=-\dfrac{\pi^2}{4}$，解得 $a=-\dfrac{\pi^2}{8}, b=\dfrac{\pi^2}{4}, c=1-\dfrac{\pi^2}{8}$.

3. $n!2^{n+1}$.

【解析】 因为 $f'(x)=f^2(x)$，所以 $f''(x)=2f(x)f'(x)=2f^3(x)$，

$f'''(x)=3\times 2\times f^2(x)f'(x)=3\times 2\times 1 f^4(x)$，

$f^{(4)}(x)=4\times 3\times 2\times 1\times f^5(x)$，

….

由数学归纳法可证得 $f^{(n)}(x)=n!f^{n+1}(x)$，所以 $f^{(n)}(0)=n!f^{n+1}(0)=n!2^{n+1}$.

4. A.

【解析】 证明 ① 与 ② 是正确的. 对于 ①，设 $f(a)>0$，由连续性知存在 $U_\delta(a)$，当 $x\in U_\delta(a)$ 时 $f(x)>0$，从而知当 $x\in U_\delta(a)$ 时 $f(x)=|f(x)|$. 于是 $f(x)$ 在 $x=a$ 处可导. 设 $f(a)<0$，其证明是类似的.

设 $f(a)=0$，由 $\lim\limits_{x\to a}\dfrac{|f(x)|-|f(a)|}{x-a}$ 存在记为 A，即有 $\lim\limits_{x\to a}\dfrac{|f(x)|}{x-a}=A$. 当 $x<a$ 时，$\dfrac{|f(x)|}{x-a}\leqslant 0$，当 $x>a$ 时，$\dfrac{|f(x)|}{x-a}\geqslant 0$. 由于 $\lim\limits_{x\to a}\dfrac{|f(x)|}{x-a}=A$，所以 $A=0$.

从而 $\lim\limits_{x\to a}\left|\dfrac{f(x)-f(a)}{x-a}\right|=\lim\limits_{x\to a}\left|\dfrac{f(x)}{x-a}\right|=0$. 所以 $\lim\limits_{x\to a}\dfrac{f(x)-f(a)}{x-a}=0$. 说明 $f'(a)$ 存在且等于 0，综上所述，① 正确.

对于 ②，由 $f(a)=0$，$\lim\limits_{x\to a}\dfrac{f(x)-f(a)}{x-a}=\lim\limits_{x\to a}\varphi(x)$ 存在，所以 $f'(a)$ 存在，② 正确.

5. C.

【解析】 因 $f'_-(x_0)$ 与 $f'_+(x_0)$ 均存在，则可推出 $f(x)$ 在 $x=x_0$ 处左连续且右连续，因此 $f(x)$ 在 $x=x_0$ 处连续，所以 ② 正确. 因 $f(x)$ 在 $x=x_0$ 处连续且 $\lim\limits_{x\to x_0}f'(x)=A$，由洛必达法则，$\lim\limits_{x\to x_0}\dfrac{f(x)-f(x_0)}{x-x_0}=\lim\limits_{x\to x_0}f'(x)=A$，即有 $f'(x_0)=A$. ③ 正确. 选(C).

6. D.

【解析】 由题知 $f''(x)=1-e^{-x}-x[f'(x)]^2$，表明 $f''(x)$ 存在，从而知 $f'(x)$ 连续.

从而 $\lim\limits_{x\to 0}\dfrac{f''(x)}{x}=\lim\limits_{x\to 0}\dfrac{1-e^{-x}}{x}-\lim\limits_{x\to 0}[f'(x)]^2=1-0=1$. 由极限的保号性知 $f''(x)$ 在 $x=0$ 的某去心邻域内与 x 同号，从而知当 $x>0$ 时 $f''(x)>0$；当 $x<0$ 时 $f''(x)<0$. 故曲线 $y=f(x)$ 在点 $(0, f(0))$ 左侧邻近是凸的，右侧邻近是凹的，选(D).

7. C.

【解析】 易知 $f(1)=0, f\left(\dfrac{3}{2}\right)=\dfrac{1}{4}>0, f\left(\dfrac{7}{4}\right)=-\dfrac{\sqrt{2}}{2}+\dfrac{1}{8}+\dfrac{3}{8}=\dfrac{1}{2}-\dfrac{\sqrt{2}}{2}<0, f(2)=\dfrac{1}{2}>0$，所以 $f(x)$ 在 $(-\infty,+\infty)$ 上至少有 3 个零点. 又因 $f'(x)=\pi\sin\pi x+6(2x-3)^2+\dfrac{1}{2}$，$f''(x)=\pi^2\cos\pi x+24(2x-3)$，$f'''(x)=-\pi^3\sin\pi x+48>0$，所以 $f(x)$ 在区间 $(-\infty,+\infty)$ 上至多有 3 个零点，结合以上两项知，$f(x)$ 在 $(-\infty,+\infty)$ 上正好有 3 个零点.

【注】 讨论 $f(x)$ 在区间 (a,b) 上正好有几个零点，一般要将 (a,b) 分成相应的几个区间并证明小区间的端点处 $f(x)$ 反号，且区间内 $f'(x)\neq 0$（即每个小区间的内 $f(x)$ 为单调）. 其中第一步通过试算可以达到目的，但划分的区间内不一定单调，本题解法使用了下述定理："设 $f(x)$ 在区间 (a,b) 内存在 n 阶导数，且 $f^{(n)}(x)\neq 0$，则在区间 (a,b) 内 $f(x)$ 至多有几个零点." 你会证明这个定理么？（反复用罗尔定理即得）.

8.【解】 设切点为 (x_0, y_0)，于是在切点处的切线方程为 $y-y_0=-2x_0(x-x_0)$. 此切线与两坐标轴的截距分别为 $X=\dfrac{y_0}{2x_0}+x_0=\dfrac{x_0^2+1}{2x_0}$，$Y=y_0+2x_0^2=x_0^2+1$，$x_0>0$. 所以此切线与两坐标轴围成的三角形面积 $S=\dfrac{(x_0^2+1)^2}{4x_0}$. 令 $S(x)=\dfrac{(x^2+1)^2}{4x}$，$x>0$. 由求最小值的办法可得 $S(x)$ 的唯一驻点 $x=\dfrac{\sqrt{3}}{3}$，验证知它是极小值点，

故为最小值点，相应地 $y=1-x^2=\frac{2}{3}$. 故切点为 $(\frac{\sqrt{3}}{3},\frac{2}{3})$.

9.【证明】 **证法一**：令 $\varphi(x)=(x^2-1)\ln x-(x-1)^2$，易知 $\varphi(1)=0$，由于 $\varphi'(x)=2x\ln x-x+2-\frac{1}{x}$，易见 $\varphi'(1)=0$. 因为 $\varphi''(x)=2\ln x+1+\frac{1}{x^2}$，$\varphi''(1)=2>0$，所以 $\varphi(x)$ 在 $x=1$ 处取得极小值，又 $\varphi'''(x)=\frac{2(x^2-1)}{x^3}$，当 $0<x<1$ 时，$\varphi'''(x)<0$；当 $1<x<+\infty$ 时，$\varphi'''(x)>0$，且 $\varphi''(1)=2>0$. 从而推知当 $x\in(0,+\infty)$ 时 $\varphi''(x)\geqslant 2$（仅在 $x=1$ 时等于 2）. 所以曲线 $y=\varphi(x)$ 是凹的. 所以 $\varphi(x)\geqslant\varphi(1)=0$ 仅在 $x=1$ 处成立等号.

证法二：由证法一已知 $\varphi(1)=0$，$\varphi'(1)=0$，$\varphi''(1)=2$. 当 $0<x<1$ 时，$\varphi'''(x)<0$，当 $1<x<+\infty$ 时，$\varphi'''(x)>0$. 将 $\varphi(x)$ 在 $x=1$ 处展开成泰勒公式

$$\varphi(x)=\varphi(1)+\varphi'(1)(x-1)+\frac{1}{2!}\varphi''(1)(x-1)^2+\frac{\varphi'''(\xi)}{3!}(x-1)^3=(x-1)^2+\frac{1}{6}\varphi'''(\xi)(x-1)^3.$$

当 $0<x<1$ 时，$x<\xi<1$；当 $1<x<+\infty$ 时，$1<\xi<x$. 所以当 $x>0$ 时，$\varphi(x)\geqslant 0$.

证法三：设 $\varphi(x)=\ln x-\frac{x-1}{x+1}$，所以 $\varphi'(x)=\frac{1}{x}-\frac{2}{(x+1)^2}=\frac{x^2+1}{x(x+1)^2}>0$（当 $x>0$），$\varphi(1)=0$，

所以当 $0<x<1$ 时，$\varphi(x)<0$；当 $1<x<+\infty$ 时，$\varphi(x)>0$.

于是当 $x>0$ 时，$(x^2-1)\varphi(x)=(x^2-1)\ln x-(x-1)^2\geqslant 0$，即 $(x^2-1)\ln x\geqslant(x-1)^2$.

10.【证明】 $\lim\limits_{x\to 0}\frac{f(x)}{x}=2$，所以 $\lim\limits_{x\to 0}f(x)=0$. 又因为 $f(x)$ 连续，所以 $f(0)=0$.

$\lim\limits_{x\to 0}\frac{f(x)-f(0)}{x-0}=\lim\limits_{x\to 0}\frac{f(x)}{x}=2$，所以 $f'(0)=2$. 由泰勒公式，

$f(x)=f(0)+f'(0)x+\frac{1}{2}f''(\xi)x^2=2x+\frac{1}{2}f''(\xi)x^2\leqslant 2x$，且仅当 $x=0$ 时成立等号，证毕.

11.【证明】 作 $F(x)=xf(x)$，$G(x)=\frac{1}{x}$，由柯西定理知，存在 $\xi\in(a,b)$ 有 $\frac{F(b)-F(a)}{G(b)-G(a)}=\frac{F'(\xi)}{G'(\xi)}$，

则 $\frac{bf(b)-af(a)}{\frac{1}{b}-\frac{1}{a}}=\frac{f(\xi)+\xi f'(\xi)}{-\frac{1}{\xi^2}}$，即 $\frac{bf(b)-af(a)}{\frac{1}{a}-\frac{1}{b}}=\xi^2[f(\xi)+\xi f'(\xi)]$，

整理得 $\frac{ab}{b-a}[bf(b)-af(a)]=\xi^2[f(\xi)+\xi f'(\xi)]$.

12.【解】 设在 $[0,1]$ 上 $f(x)\equiv$ 某常数，即 $f(x)\equiv 0$，结论自然成立.

设在 $[0,1]$ 上 $f(x)\not\equiv 0$，则在 $(0,1)$ 上 $|f(x)|$ 存在最大值. 设 $x_0\in(0,1)$ 有 $|f(x_0)|=M=\max\limits_{0\leqslant x\leqslant 1}|f(x)|$，所以 $f(x_0)$ 不是 $f(x)$ 的最大值就是 $f(x)$ 的最小值，所以 $f'(x_0)=0$. 将 $f(x)$ 在 x_0 处按泰勒公式展开：

$$0=f(0)=f(x_0)+f'(x_0)(-x_0)+\frac{1}{2}f''(\xi_1)x_0^2=f(x_0)+\frac{1}{2}f''(\xi_1)x_0^2,\ (0<\xi_1<x_0),$$

$$0=f(1)=f(x_0)+f'(x_0)(1-x_0)+\frac{1}{2}f''(\xi_2)(1-x_0)^2=f(x_0)+\frac{1}{2}f''(\xi_2)(1-x_0)^2,\ (x_0<\xi_2<1),$$

所以有 $|f''(\xi_1)|=\frac{2M}{x_0^2}$，及 $|f''(\xi_2)|=\frac{2M}{(1-x_0)^2}$，

① 若 $x_0\in(0,\frac{1}{2})$ 时，则存在 $\xi\in(0,\frac{1}{2})$ 使 $|f''(\xi)|>8M$，

② 若 $x_0\in(\frac{1}{2},1)$ 时，则存在 $\xi\in(\frac{1}{2},1)$ 使 $|f''(\xi)|\geqslant 8M$.

总之，至少存在一点 $\xi\in(0,1)$ 使 $|f''(\xi)|\geqslant 8M=8\max\limits_{0\leqslant x\leqslant 1}|f(x)|$.

13.【证明】 由 $f(a)>0$，$f(b)>0$，$\int_a^b f(x)\mathrm{d}x=0$ 知存在 $c\in(a,b)$ 使 $f(c)<0$，故在 (a,b) 内存在 x_0 使 $f(x_0)$ 为 $f(x)$ 的极小值且为负，故知 $f'(x_0)=0$.

由泰勒公式 $f(x)=f(x_0)+f'(x_0)(x-x_0)+\frac{1}{2}f''(\xi)(x-x_0)^2$，

即 $f(x)-f(x_0)=\frac{1}{2}f''(\xi)(x-x_0)^2$，$\xi$ 介于 x_0 与 x 之间.

以 $x=a$ 代入，左边为正，故知存在 $\xi\in(a,b)$ 使 $f''(\xi)>0$，证毕.

第三章　一元函数积分学

1. B.

【解析】①②③ 正确，④ 不正确. 对于 ①，将 a 看成变量，两边对 a 求导，由

$$\int_{-a}^{a}f(x)\mathrm{d}x=0\Rightarrow f(a)-(-f(-a))=0\Rightarrow f(a)=-f(-a)\Rightarrow f(x)\text{ 为奇函数}.$$

反之，设 $f(x)$ 为奇函数，$f(x)=-f(-x)\Rightarrow\int_{-a}^{a}f(x)\mathrm{d}x=\int_{a}^{-a}f(-x)\mathrm{d}(-x)$

$\Rightarrow\int_{-a}^{a}f(x)\mathrm{d}x=\int_{a}^{-a}f(x)\mathrm{d}x\Rightarrow\int_{-a}^{a}f(x)\mathrm{d}x=0.$

对于 ②，其证明与 ① 类似.

对于 ③，设 $\int_{a}^{a+w}f(x)\mathrm{d}x$ 与 a 无关，于是 $\left(\int_{a}^{a+w}f(x)\mathrm{d}x\right)'_a=0\Rightarrow f(a+w)-f(a)=0\Rightarrow f(x)$ 具有周期 w.

反之，设 $f(a+w)-f(a)=0\Rightarrow\left(\int_{a}^{a+w}f(x)\mathrm{d}x\right)'_a=f(a+w)-f(a)=0\Rightarrow\int_{a}^{a+w}f(x)\mathrm{d}x$ 与 a 无关，顺便可得出

$\int_{a}^{a+w}f(x)\mathrm{d}x=\int_{0}^{w}f(x)\mathrm{d}x=\int_{-\frac{w}{2}}^{\frac{w}{2}}f(x)\mathrm{d}x.$

对于 ④ 可举出反例. 例如 $f(x)=x-1$，$\int_{0}^{2}(x-1)\mathrm{d}x=0$，但 $f(x)$ 并不是周期函数.

2. D.

【解析】$M=\int_{-\frac{\pi}{4}}^{\frac{\pi}{4}}\left(\frac{\tan x}{1+x^4}+x^8\right)\mathrm{d}x=\int_{-\frac{\pi}{4}}^{\frac{\pi}{4}}x^8\mathrm{d}x$，$N=\int_{-\frac{\pi}{4}}^{\frac{\pi}{4}}(\sin^8x+\ln(x+\sqrt{x^2+1}))\mathrm{d}x=\int_{-\frac{\pi}{4}}^{\frac{\pi}{4}}\sin^8x\mathrm{d}x<$ $\int_{-\frac{\pi}{4}}^{\frac{\pi}{4}}x^8\mathrm{d}x=M$，$P=\int_{-\frac{\pi}{4}}^{\frac{\pi}{4}}(\tan^4x+(\mathrm{e}^x-\mathrm{e}^{-x})\cos x)\mathrm{d}x=\int_{-\frac{\pi}{4}}^{\frac{\pi}{4}}\tan^4x\mathrm{d}x>\int_{-\frac{\pi}{4}}^{\frac{\pi}{4}}x^4\mathrm{d}x>\int_{-\frac{\pi}{4}}^{\frac{\pi}{4}}x^8\mathrm{d}x=M.$

所以 $N<M<P$. 选(D).

3. D.

【解析】
$$F(x)=\int_{-1}^{x}f(t)\mathrm{d}t=\begin{cases}\int_{-1}^{x}\mathrm{e}^x\mathrm{d}x, & x\leqslant 0\\ \int_{-1}^{0}\mathrm{e}^x\mathrm{d}x+\int_{0}^{x}(x^2+a)\mathrm{d}x, & x>0\end{cases}=\begin{cases}\mathrm{e}^x-\mathrm{e}^{-1}, & x\leqslant 0\\ 1-\mathrm{e}^{-1}+\frac{1}{3}x^3+ax, & x>0\end{cases}$$

$\lim\limits_{x\to 0^-}F(x)=1-\mathrm{e}^{-1}$，$\lim\limits_{x\to 0^+}F(x)=1-\mathrm{e}^{-1}$，知 $F(x)$ 在 $x=0$ 处连续，

$$F'_-(0)=\lim_{x\to 0}\frac{\mathrm{e}^x-\mathrm{e}^{-1}-1+\mathrm{e}^{-1}}{x}=\lim_{x\to 0}\frac{\mathrm{e}^x-1}{x}=1,$$

$$F'_+(0)=\lim_{x\to 0}\frac{1-\mathrm{e}^{-1}+\frac{1}{3}x^3+ax-1+\mathrm{e}^{-1}}{x}=a,$$

故当且仅当 $a=1$ 时可导，所以选(D).

4.【解】
$$\begin{aligned}\int\frac{1+x^2+x^4}{x^3(1+x^2)}\ln(1+x^2)\mathrm{d}x&=\int\frac{1}{x^3}\ln(1+x^2)\mathrm{d}x+\int\frac{x}{1+x^2}\ln(1+x^2)\mathrm{d}x\\&=-\frac{1}{2}\int\ln(1+x^2)\mathrm{d}x^{-2}+\frac{1}{2}\int\ln(1+x^2)\mathrm{d}\ln(1+x^2)\\&=-\frac{\ln(1+x^2)}{2x^2}+\frac{1}{2}\int\frac{2x}{1+x^2}\cdot\frac{1}{x^2}\mathrm{d}x+\frac{1}{4}\ln^2(1+x^2)\end{aligned}$$

$$= -\frac{\ln(1+x^2)}{2x^2}+\int\frac{1}{(1+x^2)x}dx+\frac{1}{4}\ln^2(1+x^2)$$

$$= -\frac{\ln(1+x^2)}{2x^2}+\int\left(\frac{1}{x}-\frac{x}{1+x^2}\right)dx+\frac{1}{4}\ln^2(1+x^2)$$

$$= -\frac{\ln(1+x^2)}{2x^2}+\ln|x|-\frac{1}{2}\ln(1+x^2)+\frac{1}{4}\ln^2(1+x^2)+C.$$

5.【解】 令 $I=\int_{-\frac{\pi}{4}}^{\frac{\pi}{4}}\frac{\sin^2 x}{1+e^{-x}}dx$，令 $x=-t$ 有 $I=\int_{\frac{\pi}{4}}^{-\frac{\pi}{4}}\frac{\sin^2 t}{1+e^t}(-dt)=\int_{-\frac{\pi}{4}}^{\frac{\pi}{4}}\frac{\sin^2 x}{1+e^x}dx$，

则 $2I=\int_{-\frac{\pi}{4}}^{\frac{\pi}{4}}\sin^2 x dx=\int_{-\frac{\pi}{4}}^{\frac{\pi}{4}}\left(\frac{1}{2}-\frac{1}{2}\cos 2x\right)dx=\frac{\pi}{4}-\frac{2}{4}$. 所以 $I=\frac{\pi}{8}-\frac{1}{4}$.

6.【解】 $\int_0^{2\pi}x\sin^8 x dx \xlongequal{令\ x=2\pi-t}\int_{2\pi}^0(2\pi-t)\sin^8(2\pi-t)(-dt)=\int_0^{2\pi}(2\pi-t)\sin^8 t dt$

$$=2\pi\int_0^{2\pi}\sin^8 t dt-\int_0^{2\pi}t\sin^8 t dt=2\pi\int_0^{2\pi}\sin^8 t dt-\int_0^{2\pi}x\sin^8 x dx,$$

所以 $\int_0^{2\pi}x\sin^8 x dx=\pi\int_0^{2\pi}\sin^8 t dt=4\pi\int_0^{\frac{\pi}{2}}\sin^8 t dt=4\pi\cdot\frac{7}{8}\cdot\frac{5}{6}\cdot\frac{3}{4}\cdot\frac{1}{2}\cdot\frac{\pi}{2}=\frac{35}{64}\pi^2$.

7.【解】 $G(x)=\int_{x^2}^1\frac{t}{\sqrt{1+t^3}}dt$，则 $G'(x)=-2x\frac{x^2}{\sqrt{1+x^6}}$，

$$\int_0^1 xG(x)dx=\int_0^1 G(x)d\left(\frac{x^2}{2}\right)=\frac{x^2}{2}G(x)\Big|_0^1-\int_0^1\frac{x^2}{2}dG(x)=-\int_0^1\frac{x^2}{2}\cdot\left(-\frac{2x\cdot x^2}{\sqrt{1+x^6}}\right)dx$$

$$=\int_0^1\frac{x^5}{\sqrt{1+x^6}}dx=\frac{1}{6}\int_0^1\frac{d(1+x^6)}{\sqrt{1+x^6}}=\frac{1}{6}\times 2\sqrt{1+x^6}\Big|_0^1=\frac{1}{3}(\sqrt{2}-1).$$

8.【解】 令 $\sqrt{x-1}=t, x=t^2+1, dx=2tdt$，则

$$\int_1^{+\infty}\frac{dx}{x\sqrt{x-1}}=\int_0^{+\infty}\frac{2tdt}{(t^2+1)\cdot t}=2\int_0^{+\infty}\frac{1}{t^2+1}dt=2\arctan t\Big|_0^{+\infty}=\pi.$$

9.【解】 由方程 $\begin{cases}x=a\cos^3 t\\ y=a\sin^3 t\end{cases}$ 知该星形线的直角坐标方程为 $x^{\frac{2}{3}}+y^{\frac{2}{3}}=a^{\frac{2}{3}}$，由题中所给图形知，此曲线关于 x 轴，y 轴均对称，于是有：

① 该曲线所围图形面积 $S_D=4S_{D_1}$，其中 S_{D_1} 为曲线所围图形在第一象限的面积.

由 $x=a\cos^3 t\geqslant 0, y=a\sin^3 t\geqslant 0, t=\frac{\pi}{2}$ 时对应于 $x=0, t=0$ 对应于 $x=a$. 故

$$S_{D_1}=\int_0^a y dx=\int_{\frac{\pi}{2}}^0 a\sin^3 t\cdot 3a\cos^2 t\cdot(-\sin t)dt=3a^2\int_0^{\frac{\pi}{2}}\sin^4 t\cdot\cos^2 t dt=3a^2\int_0^{\frac{\pi}{2}}\sin^4 t\cdot(1-\sin^2 t)dt$$

$$=3a^2\int_0^{\frac{\pi}{2}}\sin^4 t dt-3a^2\int_0^{\frac{\pi}{2}}\sin^6 t dt=\frac{3\pi}{32}a^2, S_D=4S_{D_1}=4\cdot\frac{3\pi}{32}a^2=\frac{3\pi}{8}a^2.$$

② 该曲线的全长 $L=4L_1$，其中 L_1 为该曲线在第一象限的长度，弧长

$$L_1=\int_0^{\frac{\pi}{2}}\sqrt{(-a\cdot 3\cos^2 t\cdot\sin t)^2+(a\cdot 3\sin^2 t\cdot\cos t)^2}dt=\int_0^{\frac{\pi}{2}}\sqrt{9a^2\sin^2 t\cdot\cos^2 t}dt$$

$$=\int_0^{\frac{\pi}{2}}3a\cdot\frac{1}{2}\sin 2t dt=\frac{3}{2}a$$，故 $L=4L_1=4\cdot\frac{3}{2}a=6a$.

③ 该曲线绕 x 轴旋转成旋转面的全面积 $S_{全}=2S_{1*}$，其中 S_{1*} 为该曲线在第一象限的全面积. 曲线绕 x 轴旋转而成旋转面面积

$$S_{1*}=2\pi\int_0^{\frac{\pi}{2}}y(t)\sqrt{x'^2(t)+y'^2(t)}dt=2\pi\int_0^{\frac{\pi}{2}}a\sin^3 t\sqrt{(3a\cos^2 t(-\sin t))^2+(3a\sin^2 t\cos t)^2}dt=\frac{6\pi}{5}a^2.$$

$$S_{全}=2S_{1*}=2\times\frac{6\pi}{5}a^2=\frac{12\pi}{5}a^2.$$

④ 所围图形 D 绕 x 轴一周所围立体体积 $V=2V_1$，其中 V_1 为 D 在第一象限部分绕 x 轴所围立体体积.

$V_1=\int_{\frac{\pi}{2}}^{0}\pi y^2\mathrm{d}x=\int_{\frac{\pi}{2}}^{0}\pi\cdot a^2\sin^6 t\cdot 3a\cdot\cos^2 t\cdot(-\sin t)\mathrm{d}t=-\int_{\frac{\pi}{2}}^{0}3\pi a^3\sin^7 t\cos^2 t\mathrm{d}t=\frac{16\pi}{105}a^3$，

故 $V=2V_1=2\cdot\frac{16\pi a^3}{105}=\frac{32\pi}{105}a^3$.

10.【解】 根据题意，如图所示：因已知矩形部分高为 h，则矩形上边为 $y=h+1$，故矩形部分所受水压力

$P_{矩}=2\int_1^{1+h}\rho g(h+1-y)\cdot 1\mathrm{d}y=2\left[\rho g(h+1)\cdot y\Big|_1^{1+h}-\frac{y^2\rho g}{2}\Big|_1^{1+h}\right]=\rho g h^2$，

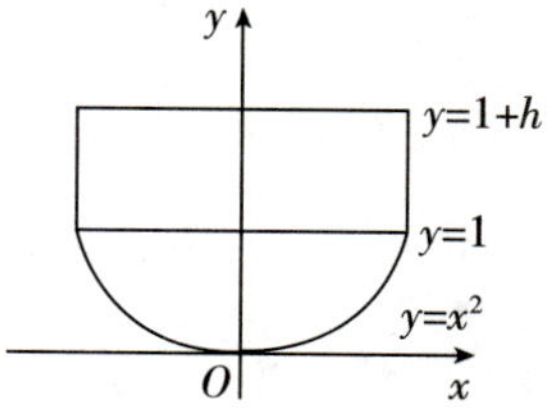

抛物线形部分所受水压力

$P_{线}=2\int_0^1\rho g(h+1-y)\cdot x\mathrm{d}y=2\int_0^1\rho g(h+1-y)\cdot\sqrt{y}\mathrm{d}y=4\rho g(\frac{h}{3}+\frac{2}{15})$.

因 $P_{矩}/P_{线}=5/4$，故：$\frac{\rho g h^2}{4\rho g(\frac{h}{3}+\frac{2}{15})}=\frac{5}{4}\Rightarrow 3h^2-5h-2=0$

得 $h=-\frac{1}{3}$（舍去）或 $h=2$，故矩形部分高 h 为 2 米.

11.【证明】 令 $F(x)=\int_a^x tf(t)\mathrm{d}t-\frac{a+x}{2}\int_a^x f(t)\mathrm{d}t$，有 $F(a)=0$，

$F'(x)=xf(x)-\frac{1}{2}\int_a^x f(t)\mathrm{d}t-\frac{a+x}{2}f(x)=\frac{x-a}{2}f(x)-\frac{1}{2}\int_a^x f(t)\mathrm{d}t=\frac{x-a}{2}f(x)-\frac{x-a}{2}f(\xi),a\leqslant\xi\leqslant x$.

再由 $f(x)$ 单调增加，所以 $F'(x)\geqslant 0$，从而当 $x\geqslant a$ 时 $F(x)\geqslant 0$，$F(b)\geqslant 0$，即$\int_a^b xf(x)\mathrm{d}x\geqslant\frac{a+b}{2}\int_a^b f(x)\mathrm{d}x$.

12.【证明】 令 $\varphi(x)=\begin{cases}\frac{\int_0^x f(t)\mathrm{d}t}{x}, & x\neq 0,\\ f(0), & x=0.\end{cases}$ 因 $\lim\limits_{x\to 0^+}\varphi(x)=\lim\limits_{x\to 0^+}\frac{\int_0^x f(t)\mathrm{d}t}{x}=\lim\limits_{x\to 0^+}f(x)=f(0)$，

所以 $\varphi(x)$ 在$[0,1]$上连续，又在$(0,1)$上可导. $\varphi'(x)=\frac{1}{x^2}(xf(x)-\int_0^x f(t)\mathrm{d}t)$，$x\in(0,1)$，

因 $\varphi(1)=\int_0^1 f(x)\mathrm{d}x=f(0)=\varphi(0)$，由罗尔定理可得 $\varphi'(\xi)=0$ 即 $\xi f(\xi)-\int_0^\xi f(t)\mathrm{d}t=0$，$\xi\in(0,1)$.

故$\int_0^\xi f(x)\mathrm{d}x=\xi f(\xi)$，命题得证.

13.【证明】 令 $F(x)=\int_a^x f(t)\mathrm{d}t$，则有 $F(a)=\int_a^a f(t)\mathrm{d}t=0$，$F'(x)=f(x)$，$F''(x)=f'(x)$，

$F'''(x)=f''(x)$. $F(x)$ 在 $x_0=\frac{a+b}{2}$ 处的二阶泰勒展开式为

$$\begin{aligned}F(x)&=F(\frac{a+b}{2})+F'(\frac{a+b}{2})(x-\frac{a+b}{2})+\frac{1}{2!}F''(\frac{a+b}{2})(x-\frac{a+b}{2})^2+\frac{1}{3!}F'''(\xi)(x-\frac{a+b}{2})^3\\&=F(\frac{a+b}{2})+f(\frac{a+b}{2})(x-\frac{a+b}{2})+\frac{1}{2!}f'(\frac{a+b}{2})(x-\frac{a+b}{2})^2+\frac{1}{3!}f''(\xi)(x-\frac{a+b}{2})^3,\end{aligned}$$

$\xi\in(x,\frac{a+b}{2})$ 或 $\xi\in(\frac{a+b}{2},x)$. 此时分别将 $x=b$，$x=a$ 代入上式，相减得：

$$F(b)-F(a)=(b-a)f(\frac{a+b}{2})+\frac{1}{24}(b-a)^3\frac{f''(\xi_1)+f''(\xi_2)}{2},\xi_1\in(\frac{a+b}{2},b),\xi_2\in(a,\frac{a+b}{2}).$$

若 $f''(\xi_1)\leqslant f''(\xi_2)$，则 $f''(\xi_1)\leqslant\frac{f''(\xi_1)+f''(\xi_2)}{2}\leqslant f''(\xi_2)$，由 $f''(x)$ 的连续性及介值定理可知，在以 ξ_1,ξ_2 为端点的闭区间上至少存在一个 ξ，使 $f''(\xi)=\frac{f''(\xi_1)+f''(\xi_2)}{2}$，当然此 $\xi\in(a,b)$，若 $f''(\xi_1)\geqslant f''(\xi_2)$ 亦类似. 故有$\int_a^b f(x)\mathrm{d}x=F(b)-F(a)=(b-a)f(\frac{a+b}{2})+\frac{1}{24}(b-a)^3f''(\xi)$.

第四章　多元函数微积分学

1. B.

【解析】 由于 $\lim\limits_{\substack{x\to 0\\y\to 0}}\dfrac{f(x,y)-(x^2+y^2)}{\sqrt{x^2+y^2}}=\lim\limits_{\substack{x\to 0\\y\to 0}}\left[\dfrac{f(x,y)}{\sqrt{x^2+y^2}}-\sqrt{x^2+y^2}\right]=1$ 则 $\lim\limits_{\substack{x\to 0\\y\to 0}}\dfrac{f(x,y)}{\sqrt{x^2+y^2}}=1$.

取 $f(x,y)=\sqrt{x^2+y^2}$，显然符合题设条件. 而 $f(x,y)$ 在 $(0,0)$ 点连续，但两个偏导数 $f'_x(0,0)$ 和 $f'_y(0,0)$ 都不存在，故选项(A)(C)(D)均不正确，故应选(B).

2.【证明】 显然 $f(x,y)$ 在 $(0,0)$ 点连续.

$$f'_x(0,0)=\lim_{\Delta x\to 0}\frac{0-0}{\Delta x}=0,f'_y(0,0)=0$$

$$\lim_{\substack{\Delta x\to 0\\\Delta y\to 0}}\frac{f(\Delta x,\Delta y)-f(0,0)-[f'_x(0,0)\Delta x+f'_y(0,0)\Delta y]}{\sqrt{(\Delta x)^2+(\Delta y)^2}}=\lim_{\substack{\Delta x\to 0\\\Delta y\to 0}}\frac{\sqrt{|\Delta x\Delta y|}}{\sqrt{((\Delta x)^2+(\Delta y)^2)^{3/2}}}\sin((\Delta x)^2+(\Delta y)^2)$$

$$=\lim_{\substack{\Delta x\to 0\\\Delta y\to 0}}\frac{\sqrt{|\Delta x\Delta y|}}{\sqrt{(\Delta x)^2+(\Delta y)^2}}\text{ 不存在，}$$

故 $f(x,y)$ 在 $(0,0)$ 点连续、可导，但不可微.

3.【解】 $\dfrac{\partial z}{\partial x}=2xf'_1+ye^{xy}f'_2,\dfrac{\partial z}{\partial y}=-2yf'_1+xe^{xy}f'_2$

$$\frac{\partial^2 z}{\partial x\partial y}=-4xyf''_{11}+2x^2e^{xy}f''_{12}-2y^2e^{xy}f''_{21}+xye^{2xy}f''_{22}+e^{xy}f'_2+xye^{xy}f'_2$$

$$=-4xyf''_{11}+2(x^2-y^2)e^{xy}f''_{12}+xye^{2xy}f''_{22}+e^{xy}(1+xy)f'_2.$$

4.【解】 等式 $F(x+y,y+z)=1$ 两端对 x 求导得 $F'_1+F'_2\dfrac{\partial z}{\partial x}=0,\dfrac{\partial z}{\partial x}=-\dfrac{F'_1}{F'_2}$，

同理 $\dfrac{\partial z}{\partial y}=-\dfrac{F'_1+F'_2}{F'_2}$，

$$\frac{\partial^2 z}{\partial x\partial y}=-\frac{[F''_{11}+F''_{12}(1+\frac{\partial z}{\partial y})]F'_2-[F''_{21}+F''_{22}(1+\frac{\partial z}{\partial y})]F'_1}{(F'_2)^2}$$

$$=\frac{2F'_1F'_2F''_{21}-(F'_1)^2F''_{22}-(F'_2)^2F''_{11}}{(F'_2)^3}$$

5.【解】 由 $u=f(r),r=\sqrt{x^2+y^2}$ 知

$$\frac{\partial u}{\partial x}=f'(r)\frac{x}{\sqrt{x^2+y^2}}=\frac{x}{r}f'(r)$$

$$\frac{\partial^2 u}{\partial x^2}=\frac{x^2}{r^2}f''(r)+f'(r)\frac{r-\frac{x^2}{r}}{r^2}=\frac{x^2}{r^2}f''(r)+f'(r)\left(\frac{1}{r}-\frac{x^2}{r^3}\right)$$

由变量对称性知

$$\frac{\partial^2 u}{\partial y^2}=\frac{y^2}{r^2}f''(r)+f'(r)\left(\frac{1}{r}-\frac{y^2}{r^3}\right)$$

则 $\dfrac{\partial^2 u}{\partial x^2}+\dfrac{\partial^2 u}{\partial y^2}=f''(r)+\dfrac{1}{r}f'(r)=0.$

$$rf''(r)+f'(r)=0$$

$$\frac{d}{dr}(rf'(r))=0$$

即

$$rf'(r)=C_1$$

$$f'(r)=\frac{C_1}{r}$$

$$f(r)=C_1\ln r+C_2$$

由 $f(1)=1, f'(1)=1$ 知 $C_2=1, C_1=1$，则 $f(r)=\ln r+1$.

6.【解】 $\begin{cases}2x-6y-2yz'_x-2zz'_x=0\\-6x+20y-2z-2yz'_y-2zz'_y=0\end{cases}$

令 $z'_x=0, z'_y=0$ 得驻点 $(9,3),(-9,-3)$

容易验证在 $(9,3)$ 点，$AC-B^2>0$，且 $A>0$，则取极小值，$z(9,3)=3$，

在点 $(-9,-3)$ 处，$AC-B^2>0$，且 $A<0$，则取极大值，$z(-9,-3)=-3$.

7.【解】 令 $F(x,y,z,\lambda,\mu)=x^2+y^2+z^2+\lambda(x+y+z)+\mu(x^2+y^2-1)$

由 $x^2+y^2=1$ 知 $F=1+z^2+\lambda(x+y+z)+\mu(x^2+y^2-1)$

$$令\begin{cases}F'_x=\lambda+2\mu x=0 & ①\\F'_y=\lambda+2\mu y=0 & ②\\F'_z=2z+\lambda=0 & ③\\F'_\lambda=x+y+z=0 & ④\\F'_\mu=x^2+y^2-1=0 & ⑤\end{cases}$$

由 ① 式和 ② 式得 $\mu x=\mu y$

(1) 若 $\mu=0$，则由 ① 式得 $\lambda=0$，由 ③ 式得 $z=0$，将 $z=0$ 代入 ④ 式和 ⑤ 式得驻点

$$\left(\frac{1}{\sqrt{2}},-\frac{1}{\sqrt{2}},0\right),\left(-\frac{1}{\sqrt{2}},\frac{1}{\sqrt{2}},0\right).$$

(2) 若 $\mu\neq0$，则 $x=y$，将此代入 ④ 式和 ⑤ 式得

$$\left(\frac{1}{\sqrt{2}},\frac{1}{\sqrt{2}},-\sqrt{2}\right),\left(-\frac{1}{\sqrt{2}},-\frac{1}{\sqrt{2}},\sqrt{2}\right)$$

$$u\left(\frac{1}{\sqrt{2}},-\frac{1}{\sqrt{2}},0\right)=u\left(-\frac{1}{\sqrt{2}},\frac{1}{\sqrt{2}},0\right)=\sqrt{\frac{1}{2}+\frac{1}{2}+0}=1$$

$$u\left(\frac{1}{\sqrt{2}},\frac{1}{\sqrt{2}},-\sqrt{2}\right)=u\left(-\frac{1}{\sqrt{2}},-\frac{1}{\sqrt{2}},\sqrt{2}\right)=\sqrt{\frac{1}{2}+\frac{1}{2}+2}=\sqrt{3}$$

则函数 $u=\sqrt{x^2+y^2+z^2}$ 在条件 $x^2+y^2=1$ 及 $x+y+z=0$ 下的最大值为 $\sqrt{3}$，最小值为 1.

8.【解】 驻点为 $(0,0),(0,a),(a,0),(\frac{a}{3},\frac{a}{3})$，$AC-B^2=4xy-(a-2x-2y)^2$.

(1) 当 $a>0$ 时，$(0,0),(0,a),(a,0)$ 均不是极值点，$(\frac{a}{3},\frac{a}{3})$ 为极大值点，$f(\frac{a}{3},\frac{a}{3})=(\frac{a}{3})^3$.

(2) 当 $a<0$ 时，$(0,0),(0,a),(a,0)$ 均不是极值点，$(\frac{a}{3},\frac{a}{3})$ 为极小值点，$f(\frac{a}{3},\frac{a}{3})=(\frac{a}{3})^3$.

(3) 当 $a=0$ 时，驻点只有一个 $(0,0)$ 点，此时 $AC-B^2=0$，极值充分条件不能判定，此时 $f(x,y)=-xy(x+y)$.

若取 $y=x$，则 $f(x,x)=-2x^3$，显然 $(0,0)$ 点任何邻域内 $f(x,y)$ 可正可负，而 $f(0,0)=0$，则此时 $(0,0)$ 不是极值点.

9.【证明】 只要证明函数 xy^2z^3 在条件 $x+y+z=k$ 下的最大值不超过 $108(\frac{k}{6})^6$ 即可. 过程略.

10.【解】 (1) $\iint\limits_D\frac{\sqrt{x^2+y^2}}{\sqrt{4a^2-x^2-y^2}}\mathrm{d}x\mathrm{d}y=\int_{-\frac{\pi}{4}}^{0}\mathrm{d}\theta\int_0^{-2a\sin\theta}\frac{r^2}{\sqrt{4a^2-r^2}}\mathrm{d}r=(\frac{\pi^2}{16}-\frac{1}{2})a^2$.

(2) $\iint\limits_D(\sqrt{x^2+y^2}+x)\mathrm{d}\sigma=\iint\limits_D\sqrt{x^2+y^2}\mathrm{d}\sigma+\iint\limits_D x\mathrm{d}\sigma$　　利用对称性得 $\iint\limits_D x\mathrm{d}\sigma=0$

$$=\iint\limits_{x^2+y^2\leqslant4}\sqrt{x^2+y^2}\mathrm{d}\sigma-\iint\limits_{x^2+(y+1)^2\leqslant1}\sqrt{x^2+y^2}\mathrm{d}\sigma$$

$$=\int_0^{2\pi}\mathrm{d}\theta\int_0^2 r^2\mathrm{d}r-\int_{-\pi}^{0}\mathrm{d}\theta\int_0^{-2\sin\theta}r^2\mathrm{d}r=\frac{16}{9}(3\pi-2).$$

(3) 积分域如右图 $\triangle ABC$，连结 OB 将积分域分为 $\triangle ABO$（记为 D_1）和 $\triangle BCO$（记为 D_2）

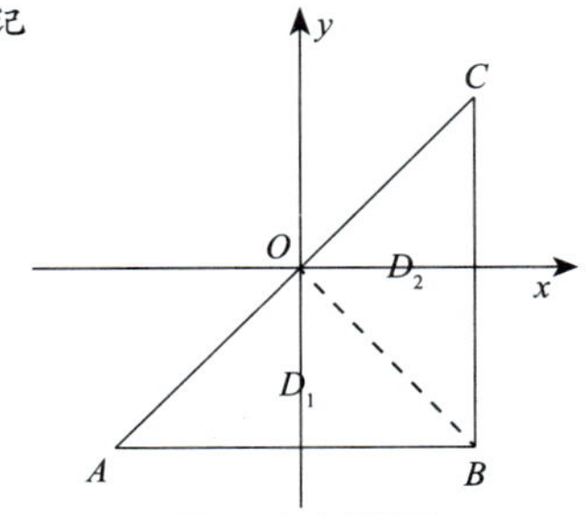

第 10(3) 题图

由奇偶性知

$$\iint\limits_{D_1} xy\mathrm{e}^{\frac{1}{2}(x^2+y^2)}\mathrm{d}x\mathrm{d}y = 0,\iint\limits_{D_2} xy\mathrm{e}^{\frac{1}{2}(x^2+y^2)}\mathrm{d}x\mathrm{d}y = 0$$

则
$$\iint\limits_{D} y\left(1+x\mathrm{e}^{\frac{1}{2}(x^2+y^2)}\right)\mathrm{d}x\mathrm{d}y = \iint\limits_{D} y\mathrm{d}x\mathrm{d}y = \int_{-1}^{1}\mathrm{d}x\int_{-1}^{x} y\mathrm{d}y$$
$$= \frac{1}{2}\int_{-1}^{1}(x^2-1)\mathrm{d}x$$
$$= -\frac{2}{3}.$$

(4)
$$\iint\limits_{D} |x^2+y^2-1|\mathrm{d}\sigma$$
$$= \iint\limits_{D_1}(1-x^2-y^2)\mathrm{d}\sigma + \iint\limits_{D_2}(x^2+y^2-1)\mathrm{d}\sigma$$
$$= \iint\limits_{D_1}(1-x^2-y^2)\mathrm{d}\sigma + \iint\limits_{D}(x^2+y^2-1)\mathrm{d}\sigma - \iint\limits_{D_1}(x^2+y^2-1)\mathrm{d}\sigma$$
$$= \iint\limits_{D}(x^2+y^2-1)\mathrm{d}\sigma + 2\iint\limits_{D_1}(1-x^2-y^2)\mathrm{d}\sigma$$
$$= \int_0^1\mathrm{d}x\int_0^1(x^2+y^2-1)\mathrm{d}y + 2\int_0^{\frac{\pi}{2}}\mathrm{d}\theta\int_0^1(1-r^2)r\mathrm{d}r = \frac{\pi}{4}-\frac{1}{3}.$$

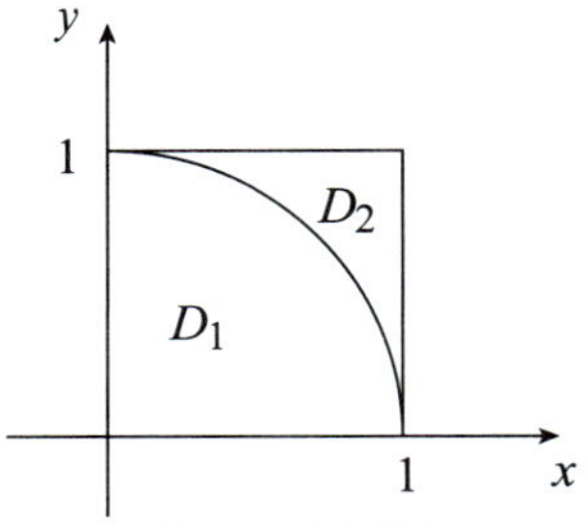

第 10(4) 题图

11.【解】
$$\lim_{x\to0^+}\frac{\int_0^{x^2}\mathrm{d}t\int_x^{\sqrt{t}} f(t,u)\mathrm{d}u}{1-\mathrm{e}^{-x^4}} = \lim_{x\to0^+}\frac{-\int_0^x\mathrm{d}u\int_0^{u^2} f(t,u)\mathrm{d}t}{x^4}$$
$$= -\lim_{x\to0^+}\frac{\int_0^{x^2} f(t,x)\mathrm{d}t}{4x^3} = -\lim_{x\to0^+}\frac{x^2 f(c,x)}{4x^3}\quad(0\leqslant c\leqslant x^2) = -\frac{1}{4}\lim_{x\to0^+}\frac{f(c,x)}{x}$$
$$= -\frac{1}{4}\lim_{x\to0^+}\frac{f'_x(0,0)c+f'_y(0,0)x+o(\sqrt{c^2+x^2})}{x} = -\frac{1}{4}f'_y(0,0).$$

第五章　常微分方程

1. $(x-4)y^4 = Cx$.

【解析】 由 $y\mathrm{d}x+(x^2-4x)\mathrm{d}y = 0$ 知 $\int\frac{\mathrm{d}y}{y} = \int\frac{\mathrm{d}x}{4x-x^2}$，积分得 $(x-4)y^4 = Cx$.

2. $y = \frac{C_1}{x^2}+C_2$.

【解析】 令 $y' = p$，则 $y'' = p'$，$xp'+3p = 0 \Rightarrow p = \frac{C}{x^3} \Rightarrow y = \frac{C_1}{x^2}+C_2$.

3. $y = \frac{2}{3}x^{\frac{3}{2}}+\frac{1}{3}$.

【解析】 令 $y' = p$，则 $y'' = \frac{\mathrm{d}p}{\mathrm{d}x}$

$$\frac{\mathrm{d}p}{\mathrm{d}x}(x+p^2) = p \Rightarrow x+p^2 = p\frac{\mathrm{d}x}{\mathrm{d}p} \Rightarrow \frac{\mathrm{d}x}{\mathrm{d}p}-\frac{x}{p} = p \Rightarrow x = \mathrm{e}^{\int\frac{\mathrm{d}p}{p}}\left[\int p\mathrm{e}^{-\int\frac{\mathrm{d}p}{p}}\mathrm{d}p+C\right] = p(p+C)$$

由 $y'(1) = 1$ 知，$C = 0$，则 $p^2 = x \Rightarrow p = \sqrt{x}$，$y' = \sqrt{x}$，$y = \frac{2}{3}x^{\frac{3}{2}}+C_1$

由 $y(1)=1$ 知，$C_1=\frac{1}{3}$，$y=\frac{2}{3}x^{\frac{3}{2}}+\frac{1}{3}$.

4. B.

【解析】 由 $y=xe^x+x$ 是方程 $y''-2y'+ay=bx+c$ 的解知，xe^x 是齐次方程 $y''-2y'+ay=0$ 的解，且其特征方程有特征根 1，则 $a=1$，x 为非齐次解，代入 $y''-2y'+y=bx+c$，得 $b=1$，$c=-2$.

5. A.

【解析】 齐次方程特征方程为 $r^2+1=0$，$r=\pm i$，则原方程特征为

$$y^*=ax^2+bx+c+x(A\sin x+B\cos x).$$

6. B.

【解析】 由于 $y_1=e^{-x}$，$y_2=2xe^{-x}$，$y_3=3e^x$ 为三阶常系数齐次方程的解，则该齐次方程特征方程根为 $r_1=r_2=-1$，$r_3=1$，方程 $y'''+y''-y'-y=0$ 的特征方程为 $r^3+r^2-r-1=0$，

即 $(r-1)(r^2+2r+1)=0$，故应选(B).

7. $y=C_1e^x+C_2e^{2x}-(\frac{x^2}{2}+x)e^x$.

8.【解】 齐次方程特征方程为 $r^2+3r+2=0$，特征根为 $r_1=-2$，$r_2=-1$.

设 $y''+3y'+2y=e^{-x}$ 特解为 $y_1^*=A_1xe^{-x}$，代入该方程得 $A_1=1$.

设方程 $y''+3y'+2y=\sin x$ 的特解为 $y=A_2\cos x+B\sin x$，

代入该方程得 $A_2=-\frac{3}{10}$，$B=\frac{1}{10}$.

则原方程通解为 $y=C_1e^{-2x}+C_2e^{-x}+xe^{-x}+\frac{1}{10}\sin x-\frac{3}{10}\cos x$.

9.【解】 $\int_0^x tf(x-t)dt \xlongequal{x-t=u} \int_0^x (x-u)f(u)du = x\int_0^x f(u)du-\int_0^x uf(u)du$

$$f(x)=e^x+x\int_0^x f(u)du-\int_0^x uf(u)du$$

上式两端求导得

$$f'(x)=e^x+\int_0^x f(u)du$$

$$f''(x)=e^x+f(x)$$

$$f''(x)-f(x)=e^x$$

特征方程 $r^2-1=0$，$r_1=1$，$r_2=-1$

设非齐次特解为 $y^*=Axe^x$ 代入方程得 $A=\frac{1}{2}$，则 $f(x)=C_1e^x+C_2e^{-x}+\frac{1}{2}xe^x$

由 $f(0)=1$，$f'(0)=1$ 知 $C_1=\frac{3}{4}$，$C_2=\frac{1}{4}$

则 $f(x)=\frac{3}{4}e^x+\frac{1}{4}e^{-x}+\frac{1}{2}xe^x$.

10. $f(r)=C_1e^r+C_2e^{-r}-2-r^2$.

11.【解】 $f(t)=\int_0^{\frac{\pi}{2}}d\theta\int_0^t r\cos\theta\left(1+\frac{f(r)}{r^2}\right)rdr=\int_0^t[r^2+f(r)]dr$

$$f'(t)=t^2+f(t)$$

$$f(t)=e^{\int dt}\left[\int t^2e^{-\int dt}dt+C\right]$$

$$=e^t[-t^2e^{-t}-2te^{-t}-2e^{-t}+C]$$

$$=Ce^t-t^2-2t-2$$

由 $f(0)=0$ 知 $C=2$，$f(t)=2e^t-t^2-2t-2$.

12. $y=\sqrt{3x-x^2}$ $(0<x<3)$.

第二篇　线性代数

第一章　行列式

1. 160.

【解析】 $\begin{vmatrix}1&2&3&4\\2&3&4&1\\3&4&1&2\\4&1&2&3\end{vmatrix}=\begin{vmatrix}10&10&10&10\\2&3&4&1\\3&4&1&2\\4&1&2&3\end{vmatrix}=10\begin{vmatrix}1&1&1&1\\2&3&4&1\\3&4&1&2\\4&1&2&3\end{vmatrix}=10\begin{vmatrix}1&0&0&0\\2&1&2&-1\\3&1&-2&-1\\4&-3&-2&-1\end{vmatrix}$

$$=10\begin{vmatrix}1&2&-1\\1&-2&-1\\-3&-2&-1\end{vmatrix}=20\begin{vmatrix}1&1&0\\1&-1&0\\-3&-1&-4\end{vmatrix}$$

$$=-80\begin{vmatrix}1&1\\1&-1\end{vmatrix}=160.$$

2. a^5+b^5.

【解析】 按第 5 行展开，再用公式(1.5).

$$原式=b(-1)^{5+1}\begin{vmatrix}0&0&a&b\\0&a&b&0\\a&b&0&0\\b&0&0&0\end{vmatrix}+a(-1)^{5+5}\begin{vmatrix}0&0&0&a\\0&0&a&b\\0&a&b&0\\a&b&0&0\end{vmatrix}=a^5+b^5.$$

3. 3 或 -2.

【解析】 由范德蒙行列式(1.7) $\begin{vmatrix}1&3&9\\1&x&x^2\\1&-2&4\end{vmatrix}=(x-3)(-2-3)(-2-x)=0$

故 $x=3$ 或 $x=-2$.

4. $-\dfrac{9}{4}$.

【解析】 由 $|kA|=k^n|A|$，$|A^{\mathrm{T}}|=|A|$，$|A^{-1}|=|A|^{-1}$，有

$$|-|A^{\mathrm{T}}|B^{-1}|=(-|A|)^4|B^{-1}|=(-3)^4\cdot\left(-\frac{1}{36}\right)=-\frac{9}{4}.$$

5. 2.

【解析】 由矩阵方程 $BA=B+2E$ 得 $B(A-E)=2E$，两边取行列式有

$$|B(A-E)|=|2E|\ 即\ |B||A-E|=2^2|E|=4$$

又因 $|A-E|=\begin{vmatrix}1&1\\-1&1\end{vmatrix}=2$，故 $|B|=2$. 利用 $|A^*|=|A|^{n-1}$ 可知 $|B^*|=|B|^{2-1}=2$.

6. B.

【解析】 $\begin{vmatrix} a_2 & b_2 & c_2 \\ 3a_1 & 3b_1 & 3c_1 \\ a_3-2a_1 & b_3-2b_1 & c_3-2c_1 \end{vmatrix} = 3\begin{vmatrix} a_2 & b_2 & c_2 \\ a_1 & b_1 & c_1 \\ a_3-2a_1 & b_3-2b_1 & c_3-2c_1 \end{vmatrix} = 3\begin{vmatrix} a_2 & b_2 & c_2 \\ a_1 & b_1 & c_1 \\ a_3 & b_3 & c_3 \end{vmatrix}$

$$= -3\begin{vmatrix} a_1 & b_1 & c_1 \\ a_2 & b_2 & c_2 \\ a_3 & b_3 & c_3 \end{vmatrix} = -3\begin{vmatrix} a_1 & a_2 & a_3 \\ b_1 & b_2 & b_3 \\ c_1 & c_2 & c_3 \end{vmatrix} = -3m.$$

请说出每一步所用的行列式的性质.

7. D.

【解析】 利用行列式的性质,有

$$\begin{aligned} |\boldsymbol{\alpha}_3,\boldsymbol{\alpha}_2,\boldsymbol{\alpha}_1,\boldsymbol{\beta}_1+\boldsymbol{\beta}_2| &= |\boldsymbol{\alpha}_3,\boldsymbol{\alpha}_2,\boldsymbol{\alpha}_1,\boldsymbol{\beta}_1|+|\boldsymbol{\alpha}_3,\boldsymbol{\alpha}_2,\boldsymbol{\alpha}_1,\boldsymbol{\beta}_2| \\ &= -|\boldsymbol{\alpha}_1,\boldsymbol{\alpha}_2,\boldsymbol{\alpha}_3,\boldsymbol{\beta}_1|-|\boldsymbol{\alpha}_1,\boldsymbol{\alpha}_2,\boldsymbol{\alpha}_3,\boldsymbol{\beta}_2| \\ &= -m+|\boldsymbol{\alpha}_1,\boldsymbol{\alpha}_2,\boldsymbol{\beta}_2,\boldsymbol{\alpha}_3| = n-m. \end{aligned}$$

8. C.

【解析】 利用拉普拉斯(1.6)和 $|k\boldsymbol{A}|=k^n|\boldsymbol{A}|$,有

$$\begin{vmatrix} \boldsymbol{O} & 3\boldsymbol{B} \\ -\boldsymbol{A} & \boldsymbol{O} \end{vmatrix} = (-1)^{mn}\begin{vmatrix} 3\boldsymbol{B} & \boldsymbol{O} \\ \boldsymbol{O} & -\boldsymbol{A} \end{vmatrix} = (-1)^{mn}|-\boldsymbol{A}|\cdot|3\boldsymbol{B}| = (-1)^{mn}(-1)^n\cdot 3^m|\boldsymbol{A}||\boldsymbol{B}| = (-1)^{n(m+1)}3^m ab.$$

9. C.

【解析】 本题考查的是 $|\boldsymbol{A}|=0$ 的必要条件,而选项(A)(B)(D)均是 $|\boldsymbol{A}|=0$ 的充分条件,并不必要.

$|\boldsymbol{A}|=0 \Leftrightarrow \boldsymbol{A}$ 的行(列)向量组线性相关

$\Leftrightarrow$ 有一行(列)向量可由其余的行(列)向量线性表出.

注意 $\begin{vmatrix} 1 & 2 & 3 \\ 2 & 3 & 5 \\ 3 & 5 & 8 \end{vmatrix}=0$,说明(A)(D)均不正确. $\begin{vmatrix} 1 & 2 & 3 \\ 2 & 3 & 5 \\ 0 & 0 & 0 \end{vmatrix}=0$,说明(B)不正确.

10.【证明】 $|\boldsymbol{\alpha}_1+\boldsymbol{\alpha}_2,\boldsymbol{\alpha}_2+\boldsymbol{\alpha}_3,\boldsymbol{\alpha}_3+\boldsymbol{\alpha}_4,\boldsymbol{\alpha}_4+\boldsymbol{\alpha}_1| = |\boldsymbol{\alpha}_1+\boldsymbol{\alpha}_2+\boldsymbol{\alpha}_3+\boldsymbol{\alpha}_4,\boldsymbol{\alpha}_2+\boldsymbol{\alpha}_3+\boldsymbol{\alpha}_4+\boldsymbol{\alpha}_1,\boldsymbol{\alpha}_3+\boldsymbol{\alpha}_4,\boldsymbol{\alpha}_4+\boldsymbol{\alpha}_1|=0.$

第二章 矩 阵

1. a_{n1}.

【解析】 $\boldsymbol{x}^{\mathrm{T}}\boldsymbol{A}\boldsymbol{x}+\boldsymbol{x}^{\mathrm{T}}\boldsymbol{A}\boldsymbol{y}-\boldsymbol{y}^{\mathrm{T}}\boldsymbol{A}\boldsymbol{x}-\boldsymbol{y}^{\mathrm{T}}\boldsymbol{A}\boldsymbol{y} = \boldsymbol{x}^{\mathrm{T}}\boldsymbol{A}(\boldsymbol{x}+\boldsymbol{y})-\boldsymbol{y}^{\mathrm{T}}\boldsymbol{A}(\boldsymbol{x}+\boldsymbol{y}) = (\boldsymbol{x}^{\mathrm{T}}-\boldsymbol{y}^{\mathrm{T}})\boldsymbol{A}(\boldsymbol{x}+\boldsymbol{y})$

$$= (\boldsymbol{x}-\boldsymbol{y})^{\mathrm{T}}\boldsymbol{A}(\boldsymbol{x}+\boldsymbol{y}) = (0,0,\cdots,0,1)\begin{bmatrix} a_{11} & a_{12} & \cdots & a_{1n} \\ a_{21} & a_{22} & \cdots & a_{2n} \\ & & \cdots\cdots & \\ a_{n1} & a_{n2} & \cdots & a_{nn} \end{bmatrix}\begin{bmatrix} 1 \\ 0 \\ \vdots \\ 0 \end{bmatrix} = a_{n1}.$$

2. $\begin{bmatrix} 0 & 0 & \cdots & 0 & \frac{1}{a_n} \\ \frac{1}{a_1} & 0 & \cdots & 0 & 0 \\ 0 & \frac{1}{a_2} & \cdots & 0 & 0 \\ \vdots & \vdots & & \vdots & \vdots \\ 0 & 0 & \cdots & \frac{1}{a_{n-1}} & 0 \end{bmatrix}$.

【解析】 由于 $\begin{bmatrix} O & B \\ C & O \end{bmatrix}^{-1} = \begin{bmatrix} O & C^{-1} \\ B^{-1} & O \end{bmatrix}$,及 $\begin{bmatrix} a_1 & & & \\ & a_2 & & \\ & & \ddots & \\ & & & a_n \end{bmatrix}^{-1} = \begin{bmatrix} \frac{1}{a_1} & & & \\ & \frac{1}{a_2} & & \\ & & \ddots & \\ & & & \frac{1}{a_n} \end{bmatrix}$

那么将 A 分块如下:$A = \left[\begin{array}{c|cccc} 0 & a_1 & 0 & \cdots & 0 \\ 0 & 0 & a_2 & \cdots & 0 \\ \vdots & \vdots & \vdots & & \vdots \\ 0 & 0 & 0 & \cdots & a_{n-1} \\ \hline a_n & 0 & 0 & \cdots & 0 \end{array}\right] \xrightarrow{\text{记}} \begin{bmatrix} O & B \\ C & O \end{bmatrix}$,立即有 $A^{-1} = \begin{bmatrix} 0 & 0 & \cdots & 0 & \frac{1}{a_n} \\ \frac{1}{a_1} & 0 & \cdots & 0 & 0 \\ 0 & \frac{1}{a_2} & \cdots & 0 & 0 \\ \vdots & \vdots & & \vdots & \vdots \\ 0 & 0 & \cdots & \frac{1}{a_{n-1}} & 0 \end{bmatrix}$.

3. $\frac{1}{5}(2E - A)$.

【解析】 因为 $A^2 + 3A - 5E = (A + 5E)(A - 2E) + 5E = O$

所以 $(A + 5E) \cdot \frac{1}{5}(2E - A) = E$ 故 $(A + 5E)^{-1} = \frac{1}{5}(2E - A)$.

4. $\begin{bmatrix} 4 & -7 & 11 \\ -1 & 6 & -6 \end{bmatrix}$.

【解析】 由于 A 不是可逆矩阵,故可设 $X = \begin{bmatrix} x_1 & y_1 & z_1 \\ x_2 & y_2 & z_2 \end{bmatrix}$

则 $\begin{bmatrix} 1 & 2 \\ 2 & 4 \\ 3 & 5 \end{bmatrix} \begin{bmatrix} x_1 & y_1 & z_1 \\ x_2 & y_2 & z_2 \end{bmatrix} = \begin{bmatrix} 2 & 5 & -1 \\ 4 & 10 & -2 \\ 7 & 9 & 3 \end{bmatrix}$ 即 $\begin{cases} x_1 + 2x_2 = 2 \\ 2x_1 + 4x_2 = 4 \\ 3x_1 + 5x_2 = 7 \end{cases}$,$\begin{cases} y_1 + 2y_2 = 5 \\ 2y_1 + 4y_2 = 10 \\ 3y_1 + 5y_2 = 9 \end{cases}$,$\begin{cases} z_1 + 2z_2 = -1 \\ 2z_1 + 4z_2 = -2 \\ 3z_1 + 5z_2 = 3 \end{cases}$

解出 $x_1 = 4, x_2 = -1; y_1 = -7, y_2 = 6; z_1 = 11, z_2 = -6$ 故 $X = \begin{bmatrix} 4 & -7 & 11 \\ -1 & 6 & -6 \end{bmatrix}$.

5. (1)$a \neq 3$ (2)$a = 5$.

【解析】 (1) $\begin{bmatrix} 1 & a & -1 & 2 \\ 2 & -1 & a & 5 \\ 1 & 10 & -6 & 1 \end{bmatrix} \to \begin{bmatrix} 1 & a & -1 & 2 \\ 0 & -1-2a & a+2 & 1 \\ 0 & 10-a & -5 & -1 \end{bmatrix} \to \begin{bmatrix} 1 & a & -1 & 2 \\ 0 & -1-2a & a+2 & 1 \\ 0 & 9-3a & a-3 & 0 \end{bmatrix}$

$\to \begin{bmatrix} 1 & a-3 & -1 & 2 \\ 0 & a+5 & a+2 & 1 \\ 0 & 0 & a-3 & 0 \end{bmatrix}$ 因为秩 $r(A) = 3$,所以 $a \neq 3$.

(2)$a = 5$.因 B 可逆,故 $r(AB) = r(A) = 2$. $A = \begin{bmatrix} 1 & 2 & 5 \\ 2 & a & 7 \\ 1 & 3 & 2 \end{bmatrix} \to \begin{bmatrix} 1 & 2 & 5 \\ 0 & a-4 & -3 \\ 0 & 1 & -3 \end{bmatrix} \to \begin{bmatrix} 1 & 2 & 5 \\ 0 & 1 & -3 \\ 0 & a-5 & 0 \end{bmatrix}$.

$r(A) = 2 \Leftrightarrow a = 5$.

6. $\begin{bmatrix} 1 & 2 & 3 \\ 2 & 3 & 4 \\ 3 & 4 & 5 \end{bmatrix}$.

【解析】 由 $A=PBQ$ 有 $B=P^{-1}AQ^{-1}=\begin{bmatrix}1&0&0\\2&1&0\\0&0&1\end{bmatrix}\begin{bmatrix}3&2&1\\-2&-1&0\\5&4&3\end{bmatrix}\begin{bmatrix}0&0&1\\0&1&0\\1&0&0\end{bmatrix}=\begin{bmatrix}1&2&3\\2&3&4\\3&4&5\end{bmatrix}$.

7. $\begin{bmatrix}9&9&0&0\\18&18&0&0\\0&0&27&108\\0&0&0&27\end{bmatrix}$.

【解析】 因 $\begin{bmatrix}1&1\\2&2\end{bmatrix}^3=3^2\begin{bmatrix}1&1\\2&2\end{bmatrix}=\begin{bmatrix}9&9\\18&18\end{bmatrix}$，$\begin{bmatrix}3&4\\0&3\end{bmatrix}^3=\left(3E+\begin{bmatrix}0&4\\0&0\end{bmatrix}\right)^3=3^3E+3\cdot(3E)^2\begin{bmatrix}0&4\\0&0\end{bmatrix}$

$=\begin{bmatrix}27&108\\0&27\end{bmatrix}$，由 $\begin{bmatrix}A&O\\O&B\end{bmatrix}^n=\begin{bmatrix}A^n&O\\O&B^n\end{bmatrix}$ 故 $A^3=\begin{bmatrix}9&9&0&0\\18&18&0&0\\0&0&27&108\\0&0&0&27\end{bmatrix}$.

8. A.

【解析】 说明命题不成立，只要举出一个特例不成立即可.

设 $A=\begin{bmatrix}0&1\\0&0\end{bmatrix}$，则 $A^T=\begin{bmatrix}0&0\\1&0\end{bmatrix}$，$AA^T=\begin{bmatrix}0&1\\0&0\end{bmatrix}\begin{bmatrix}0&0\\1&0\end{bmatrix}=\begin{bmatrix}1&0\\0&0\end{bmatrix}$，$A^TA=\begin{bmatrix}0&0\\1&0\end{bmatrix}\begin{bmatrix}0&1\\0&0\end{bmatrix}=\begin{bmatrix}0&0\\0&1\end{bmatrix}$，故 $AA^T\neq A^TA$. 故选(A). 举特例越简单越好，只要能说明问题就好.

注意因 $EA=AE$，故 $(E+A)(E-A)=E-A^2=(E-A)(E+A)$. 又 $AA^{-1}=A^{-1}A=E$，$AA^*=A^*A=|A|E$.

9. C.

【解析】 用定义，$A^T=A$，$B^T=-B$，那么

$(AB+BA)^T=(AB)^T+(BA)^T=B^TA^T+A^TB^T=-(AB+BA)$.

注意 $AB-BA$ 与 BAB 是对称矩阵. $(AB)^2$ 既不是对称阵，也不是反对称阵.

10. B.

【解析】 $|A^*B^T|=|A^*|\cdot|B^T|=|A|^{n-1}\cdot|B|\neq0$

注意(A) 中反例 $\begin{bmatrix}1&0\\0&1\end{bmatrix}$ 与 $\begin{bmatrix}0&1\\1&0\end{bmatrix}$，(C) 中反例 $\begin{bmatrix}1&0\\0&0\end{bmatrix}$ 与 $\begin{bmatrix}0&0\\0&1\end{bmatrix}$，(D) 中反例 $\begin{bmatrix}1&0&0\\0&1&0\end{bmatrix}\begin{bmatrix}1&0\\0&1\\0&0\end{bmatrix}=\begin{bmatrix}1&0\\0&1\end{bmatrix}$.

注意(D) 没有方阵的条件.

11. D.

【解析】 注意 $A^2=(E-2\alpha^T\alpha)(E-2\alpha^T\alpha)=E-4\alpha^T\alpha+4\alpha^T\alpha\alpha^T\alpha=E$，

且 $A^T=(E-2\alpha^T\alpha)^T=E^T-2\alpha^T(\alpha^T)^T=A$.

因为 $A^2=E$ 且 $A^T=A$ 所以(A)(B)(C) 均正确.

12. B.

【解析】 观察矩阵 A,B 元素之间的关系，即 A 只作列变换即可得 B. 故(A)(D) 可排除. 把矩阵 A 的第 3 列加到第 2 列，再把 1,2 两列互换就可得到矩阵 B，故应选(B)(或者把 A 的 1,2 两列互换，再把第 3 列加到第 1 列).

即 $B=A\begin{bmatrix}1&0&0\\0&1&0\\0&1&1\end{bmatrix}\begin{bmatrix}0&1&0\\1&0&0\\0&0&1\end{bmatrix}=AP_2P_1$(或 $B=A\begin{bmatrix}0&1&0\\1&0&0\\0&0&1\end{bmatrix}\begin{bmatrix}1&0&0\\0&1&0\\1&0&1\end{bmatrix}$，但选项中没有.)

第三章 向 量

1. -1.

【解析】 向量 β 不能由 $\alpha_1,\alpha_2,\alpha_3$ 线性表示 $\Leftrightarrow$ 方程组 $x_1\alpha_1+x_2\alpha_2+x_3\alpha_3=\beta$ 无解 $\Leftrightarrow r(\alpha_1,\alpha_2,\alpha_3)\neq r(\alpha_1,$

$\boldsymbol{\alpha}_2,\boldsymbol{\alpha}_3,\boldsymbol{\beta})$

$$\begin{bmatrix}1&2&1&\vdots&1\\2&3&a+2&\vdots&3\\1&a&-2&\vdots&0\end{bmatrix}\to\begin{bmatrix}1&2&1&\vdots&1\\0&1&-a&\vdots&-1\\0&0&(a-3)(a+1)&\vdots&a-3\end{bmatrix}$$

所以当 $a=-1$ 时，$r(\boldsymbol{\alpha}_1,\boldsymbol{\alpha}_2,\boldsymbol{\alpha}_3)=2\neq r(\boldsymbol{\alpha}_1,\boldsymbol{\alpha}_2,\boldsymbol{\alpha}_3,\boldsymbol{\beta})=3\Leftrightarrow\boldsymbol{\beta}$ 不能由 $\boldsymbol{\alpha}_1,\boldsymbol{\alpha}_2,\boldsymbol{\alpha}_3$ 线性表出.

2. $a\neq 3$.

【解析】 因为任意的 3 维向量 $\boldsymbol{\beta}$ 都可由 $\boldsymbol{\alpha}_1,\boldsymbol{\alpha}_2,\boldsymbol{\alpha}_3$ 线性表示，则 $\boldsymbol{\alpha}_1,\boldsymbol{\alpha}_2,\boldsymbol{\alpha}_3$ 必线性无关，否则 $r(\boldsymbol{A})=r(\boldsymbol{\alpha}_1,\boldsymbol{\alpha}_2,\boldsymbol{\alpha}_3)<3$. 总可找出适当的 $\boldsymbol{\beta}$ 使 $r(\overline{\boldsymbol{A}})=r(\boldsymbol{\alpha}_1,\boldsymbol{\alpha}_2,\boldsymbol{\alpha}_3,\boldsymbol{\beta})=3$ 即方程组 $x_1\boldsymbol{\alpha}_1+x_2\boldsymbol{\alpha}_2+x_3\boldsymbol{\alpha}_3=\boldsymbol{\beta}$ 可以无解，与题设矛盾.

由 $|\boldsymbol{\alpha}_1,\boldsymbol{\alpha}_2,\boldsymbol{\alpha}_3|=\begin{vmatrix}1&1&a\\0&-2&1\\1&3&2\end{vmatrix}=2(a-3)\neq 0$，知 $a\neq 3$.

3. $a\neq 1$ 且 $a\neq\dfrac{1}{2}$.

4. $a=-2$.

【解析】 经初等变换向量组的秩不变

$$[\boldsymbol{\alpha}_1,\boldsymbol{\alpha}_2,\boldsymbol{\alpha}_3]=\begin{bmatrix}1&-2&1\\-1&1&1\\3&a&-5\\0&1&-2\end{bmatrix}\to\begin{bmatrix}1&-2&1\\0&1&-2\\0&0&2a+4\\0&0&0\end{bmatrix}$$

可见 $a=-2$.

易见 $\boldsymbol{\alpha}_1,\boldsymbol{\alpha}_2$ 线性无关，由秩 $r(\boldsymbol{\alpha}_1,\boldsymbol{\alpha}_2,\boldsymbol{\alpha}_3)=2$ 可知 $\boldsymbol{\alpha}_3$ 必可由 $\boldsymbol{\alpha}_1,\boldsymbol{\alpha}_2$ 线性表示方程组有解亦可求出 a.

5. C.

【解析】 方法一 利用排除法，把显然是线性相关的向量组排除.

(A) 因 $\boldsymbol{\alpha}_3$ 是零向量，故有 $0\boldsymbol{\alpha}_1+0\boldsymbol{\alpha}_2+1\cdot\boldsymbol{\alpha}_3=\boldsymbol{0}$，所以 $\boldsymbol{\alpha}_1,\boldsymbol{\alpha}_2,\boldsymbol{\alpha}_3$ 线性相关.

(B) $\boldsymbol{\beta}_1,\boldsymbol{\beta}_2,\boldsymbol{\beta}_3,\boldsymbol{\beta}_4$ 是 4 个 3 维向量，向量个数超过维数，则 $\boldsymbol{\beta}_1,\boldsymbol{\beta}_2,\boldsymbol{\beta}_3,\boldsymbol{\beta}_4$ 必线性相关.

(D) $\boldsymbol{\eta}_1,\boldsymbol{\eta}_2,\boldsymbol{\eta}_3,\boldsymbol{\eta}_4$ 是 4 个 4 维向量，由其组成的矩阵的行列式为

$$|\boldsymbol{\eta}_1,\boldsymbol{\eta}_2,\boldsymbol{\eta}_3,\boldsymbol{\eta}_4|=\begin{vmatrix}1&1&1&0\\2&2&2&0\\1&3&5&0\\5&6&7&1\end{vmatrix}=0,$$

故 $\boldsymbol{\eta}_1,\boldsymbol{\eta}_2,\boldsymbol{\eta}_3,\boldsymbol{\eta}_4$ 线性相关.（或方程组 $(\boldsymbol{\eta}_1,\boldsymbol{\eta}_2,\boldsymbol{\eta}_3,\boldsymbol{\eta}_4)\boldsymbol{x}=\boldsymbol{0}$ 有解 $(1,-2,1,0)^{\mathrm{T}}$，即有 $\boldsymbol{\eta}_1-2\boldsymbol{\eta}_2+\boldsymbol{\eta}_3+0\boldsymbol{\eta}_4=\boldsymbol{0}$，$\boldsymbol{\eta}_1,\boldsymbol{\eta}_2,\boldsymbol{\eta}_3,\boldsymbol{\eta}_4$ 线性相关.）

由排除法知，应选(C).

方法二 选项(C)中向量 $\boldsymbol{\xi}_1,\boldsymbol{\xi}_2,\boldsymbol{\xi}_3$ 去除第 1,3 个分量，得缩短的向量为 $\boldsymbol{\xi}'_1=(1,0,0)^{\mathrm{T}}$，$\boldsymbol{\xi}'_2=(0,1,0)^{\mathrm{T}}$，$\boldsymbol{\xi}'_3=(0,0,1)^{\mathrm{T}}$ 是线性无关的基本向量，添加分量成 $\boldsymbol{\xi}_1,\boldsymbol{\xi}_2,\boldsymbol{\xi}_3$ 后仍线性无关，故应选(C).

6. C. **7.** A. **8.** B. **9.** D.

10. B.

【解析】 用极大线性无关组的定义判别. 因 $r(\mathrm{I})=r\Leftrightarrow(\mathrm{I})$ 的极大线性无关组中向量个数是 $r\Leftrightarrow(\mathrm{I})$ 中有 r 个向量线性无关，任意 $r+1$ 个必线性相关，所以(B)正确.

由于不要求任何 r 个向量都是极大线性无关组，(C)不正确. (I)中可以有零向量，故(A)不正确，(I)可以是线性无关的，即 $s=r$，(D)不正确.

11.【解】 $a=0$ 时，$\boldsymbol{\beta}$ 不能由 $\boldsymbol{\alpha}_1,\boldsymbol{\alpha}_2,\boldsymbol{\alpha}_3$ 线性表出. $a\neq 0$ 时，$\boldsymbol{\beta}=\left(1-\dfrac{1}{a}\right)\boldsymbol{\alpha}_1+\left(k+\dfrac{1}{a}\right)\boldsymbol{\alpha}_2+k\boldsymbol{\alpha}_3$，$k$ 是任意常数.

12.【解】 极大线性无关组为 $\boldsymbol{\alpha}_1,\boldsymbol{\alpha}_2,\boldsymbol{\alpha}_4$(或 $\boldsymbol{\alpha}_1,\boldsymbol{\alpha}_2,\boldsymbol{\alpha}_5$ 或 $\boldsymbol{\alpha}_1,\boldsymbol{\alpha}_3,\boldsymbol{\alpha}_4$ 或 $\boldsymbol{\alpha}_1,\boldsymbol{\alpha}_3,\boldsymbol{\alpha}_5$),$r[\boldsymbol{\alpha}_1,\boldsymbol{\alpha}_2,\boldsymbol{\alpha}_3,\boldsymbol{\alpha}_4,\boldsymbol{\alpha}_5]=3$.

$\boldsymbol{\alpha}_3=3\boldsymbol{\alpha}_1+\boldsymbol{\alpha}_2+0\boldsymbol{\alpha}_4,\boldsymbol{\alpha}_5=\boldsymbol{\alpha}_1+\boldsymbol{\alpha}_2+\boldsymbol{\alpha}_4$.

13.【解】 提示:利用关系式 $[\boldsymbol{\beta}_1,\boldsymbol{\beta}_2,\cdots,\boldsymbol{\beta}_n]=[\boldsymbol{\alpha}_1,\boldsymbol{\alpha}_2,\cdots,\boldsymbol{\alpha}_n]\begin{bmatrix}0&1&\cdots&1\\1&0&\cdots&1\\\vdots&\vdots&&\vdots\\1&1&\cdots&0\end{bmatrix}=[\boldsymbol{\alpha}_1,\boldsymbol{\alpha}_2,\cdots,\boldsymbol{\alpha}_n]\boldsymbol{C}$.

若 $\boldsymbol{C}$ 可逆,则 $r(\boldsymbol{\alpha}_1,\boldsymbol{\alpha}_2,\cdots,\boldsymbol{\alpha}_n)=r(\boldsymbol{\beta}_1,\boldsymbol{\beta}_2,\cdots,\boldsymbol{\beta}_n)$.

14.【解】 提示:$\boldsymbol{A}$ 可逆 $\Leftrightarrow r[\boldsymbol{A}(\boldsymbol{\alpha}_1,\boldsymbol{\alpha}_2,\cdots,\boldsymbol{\alpha}_n)]=r(\boldsymbol{\alpha}_1,\boldsymbol{\alpha}_2,\cdots,\boldsymbol{\alpha}_n)=n=r[\boldsymbol{A}\boldsymbol{\alpha}_1,\boldsymbol{A}\boldsymbol{\alpha}_2,\cdots,\boldsymbol{A}\boldsymbol{\alpha}_n]$.

第四章　线性方程组

1. $a=-1$.

2. D.

【解析】 注意(B)$\boldsymbol{A}$ 可能不是方阵.(A)$\boldsymbol{Ax}=\boldsymbol{b}$ 可能无解.(C) 可能 $r(\boldsymbol{A}\,\vdots\,\boldsymbol{b})=n+1$.

3. D.

【解析】 当 $n<m$ 时,$\boldsymbol{A}_{m\times n},\boldsymbol{B}_{n\times m}$,$\boldsymbol{AB}$ 是 m 阶方阵,且 $r(\boldsymbol{AB})\leqslant r(\boldsymbol{A})\leqslant n<m$,$\boldsymbol{ABx}=\boldsymbol{0}$ 必有非零解.

4. C.

5. B.

【解析】 $\boldsymbol{\alpha}_i(i=1,2,3,4)$ 是否是方程组的解,可以考查是否属于通解,即是否存在 k_1,k_2,使得 $\boldsymbol{\alpha}_i=k_1\boldsymbol{\xi}_1+k_2\boldsymbol{\xi}_2+\boldsymbol{\eta}$. 即 $\boldsymbol{\alpha}_i-\boldsymbol{\eta}=k_1\boldsymbol{\xi}_1+k_2\boldsymbol{\xi}_2$,$\boldsymbol{\alpha}_i-\boldsymbol{\eta}$ 能否由 $\boldsymbol{\xi}_1,\boldsymbol{\xi}_2$ 线性表出.

6.【解】 $\lambda=0$ 或 $\lambda=-3$ 时,方程组无解;$\lambda\neq0$ 且 $\lambda\neq-3$ 时,方程组有唯一解,其解为

$$\left(\frac{2-\lambda^2}{\lambda(\lambda+3)},\frac{2\lambda-1}{\lambda(\lambda+3)},\frac{\lambda^3+2\lambda^2-\lambda-1}{\lambda(\lambda+3)}\right)^{\mathrm{T}}.$$

7.【解】 $\boldsymbol{AB}=\boldsymbol{O}$,$\boldsymbol{B}$ 的列都是 $\boldsymbol{Ax}=\boldsymbol{0}$ 的解,$k\neq9$ 时,$r(\boldsymbol{B})=2$,必有 $r(\boldsymbol{A})=1$,通解为 $k_1(1,2,3)^{\mathrm{T}}+k_2(3,6,k)^{\mathrm{T}}$;$k=9$ 时,$r(\boldsymbol{B})=1$,当 $r(\boldsymbol{A})=2$ 时,通解为 $k(1,2,3)^{\mathrm{T}}$;当 $r(\boldsymbol{A})=1$ 时,通解为 $k_1(b,-a,0)^{\mathrm{T}}+k_2(c,0,-a)^{\mathrm{T}}$.

8.【解】 将方程组的增广矩阵作初等行变换化成阶梯形矩阵:

$$[\boldsymbol{A}\,\vdots\,\boldsymbol{b}]=\left[\begin{array}{cccc:c}1&-5&2&3&11\\-3&1&-4&-2&-6\\-1&-9&0&3&15\end{array}\right]\longrightarrow\left[\begin{array}{cccc:c}1&-5&2&3&11\\0&-14&2&7&27\\0&-14&2&6&26\end{array}\right]\longrightarrow\left[\begin{array}{cccc:c}1&-5&2&3&11\\0&-14&2&7&27\\0&0&0&1&1\end{array}\right],$$

求得通解为 $k(-9,1,7,0)^{\mathrm{T}}+(-12,0,10,1)^{\mathrm{T}}$,其中 k 为任意常数.

由通解知 $x_1=-9k-12,x_2=k$,令 $x_1=x_2$,即 $-9k-12=k$,得 $k=-\frac{6}{5}$. 故满足方程组且满足 $x_1=x_2$ 的解为

$$-\frac{6}{5}(-9,1,7,0)^{\mathrm{T}}+(-12,0,10,1)^{\mathrm{T}}=\left(-\frac{6}{5},-\frac{6}{5},\frac{8}{5},1\right)^{\mathrm{T}}.$$

或直接求解联立方程 $\begin{cases}\boldsymbol{Ax}=\boldsymbol{0}\\x_1-x_2=0\end{cases}$.

9.【解】 提示:$\boldsymbol{A}_{m\times n}\boldsymbol{x}=\boldsymbol{b}$ 有唯一解 $\Leftrightarrow r(\boldsymbol{A})=r[\boldsymbol{A}\mid\boldsymbol{b}]=n\Leftrightarrow r(\boldsymbol{A}^{\mathrm{T}}\boldsymbol{A})_{n\times n}=r(\boldsymbol{A})=n\Leftrightarrow\boldsymbol{A}^{\mathrm{T}}\boldsymbol{A}$ 可逆. $\boldsymbol{Ax}=\boldsymbol{b}$ 两端左乘 $\boldsymbol{A}^{\mathrm{T}}$ 及 $(\boldsymbol{A}^{\mathrm{T}}\boldsymbol{A})^{-1}$,得唯一解 $\boldsymbol{x}=(\boldsymbol{A}^{\mathrm{T}}\boldsymbol{A})^{-1}\boldsymbol{A}^{\mathrm{T}}\boldsymbol{b}$.

10.【解】 (1) 由题条件知 $r(\boldsymbol{A})=1,r(\boldsymbol{B})=2,r\begin{pmatrix}\boldsymbol{A}\\\boldsymbol{B}\end{pmatrix}\leqslant r(\boldsymbol{A})+r(\boldsymbol{B})<4,\begin{pmatrix}\boldsymbol{A}\\\boldsymbol{B}\end{pmatrix}\boldsymbol{x}=\boldsymbol{0}$ 有非零解,即 $\boldsymbol{Ax}=\boldsymbol{0}$ 和 $\boldsymbol{Bx}=\boldsymbol{0}$ 有非零公共解. 或 $\boldsymbol{\xi}_1,\boldsymbol{\xi}_2,\boldsymbol{\xi}_3,\boldsymbol{\eta}_1,\boldsymbol{\eta}_2$ 五个四维向量必线性相关,存在不全为零的数 $k_1,k_2,k_3,\lambda_1,\lambda_2$ 使 $k_1\boldsymbol{\xi}_1+$

$k_2\boldsymbol{\xi}_2+k_3\boldsymbol{\xi}_3+\lambda_1\boldsymbol{\eta}_1+\lambda_2\boldsymbol{\eta}_2=\mathbf{0}$,则 $k_1\boldsymbol{\xi}_1+k_2\boldsymbol{\xi}_2+k_3\boldsymbol{\xi}_3=-\lambda_1\boldsymbol{\eta}_1-\lambda_2\boldsymbol{\eta}_2\neq\mathbf{0}$.

故 $\boldsymbol{Ax}=\mathbf{0}$ 和 $\boldsymbol{Bx}=\mathbf{0}$ 有非零公共解 $\boldsymbol{\alpha}=k_1\boldsymbol{\xi}_1+k_2\boldsymbol{\xi}_2+k_3\boldsymbol{\xi}_3$(或 $-\lambda_1\boldsymbol{\eta}_1-\lambda_2\boldsymbol{\eta}_2$)

$$(2)[\boldsymbol{\xi}_1,\boldsymbol{\xi}_2,\boldsymbol{\xi}_3\,\vdots\,\boldsymbol{\eta}_1,\boldsymbol{\eta}_2]=\left[\begin{array}{ccc:cc}1&0&1&3&2\\-1&3&-2&0&1\\2&1&2&7&5\\4&2&0&14&10\end{array}\right]\longrightarrow\left[\begin{array}{ccc:cc}1&0&1&3&2\\0&1&0&1&1\\0&0&-1&0&0\\0&0&0&0&0\end{array}\right]$$

因 $\boldsymbol{\eta}_1,\boldsymbol{\eta}_2$ 均可由 $\boldsymbol{\xi}_1,\boldsymbol{\xi}_2,\boldsymbol{\xi}_3$ 线性表出,故 $\mu_1\boldsymbol{\eta}_1+\mu_2\boldsymbol{\eta}_2$ 即是 $\boldsymbol{Ax}=\mathbf{0}$ 和 $\boldsymbol{Bx}=\mathbf{0}$ 的公共解.

第五章　特征值、特征向量、相似矩阵

1. 3.

【解析】 设 $\boldsymbol{A}$ 的特征向量 $\boldsymbol{\xi}$ 所对应的特征值为 λ,则有 $\boldsymbol{A\xi}=\lambda\boldsymbol{\xi}$,即

$$\begin{bmatrix}2&2&-1\\5&3&a\\1&2&0\end{bmatrix}\begin{bmatrix}1\\-1\\-1\end{bmatrix}=\lambda\begin{bmatrix}1\\-1\\-1\end{bmatrix},$$

即
$$\begin{cases}2-2+1=\lambda,\\5-3-a=-\lambda,\text{解得 }a=3.\\1-2+0=-\lambda.\end{cases}$$

2. $0,\lambda_2,\lambda_3\cdots,\lambda_n$.

【解析】 $\boldsymbol{A}$ 是实对称阵,其余的特征向量为 $\boldsymbol{\xi}_2,\boldsymbol{\xi}_3,\cdots,\boldsymbol{\xi}_n$,因不同特征值对应的特征向量相互正交,且有

$$(\boldsymbol{A}-\lambda_1\boldsymbol{\xi}_1\boldsymbol{\xi}_1^{\mathrm{T}})\boldsymbol{\xi}_i=\boldsymbol{A\xi}_i-\lambda_1\boldsymbol{\xi}_1\boldsymbol{\xi}_1^{\mathrm{T}}\boldsymbol{\xi}_i=\begin{cases}0,&i=1,\\\boldsymbol{A\xi}_i=\lambda_i\boldsymbol{\xi}_i,&i\neq1,\end{cases}$$故知 $\boldsymbol{A}-\lambda_1\boldsymbol{\xi}_1\boldsymbol{\xi}_1^{\mathrm{T}}$ 有特征值 $0,\lambda_2,\lambda_3\cdots,\lambda_n$.

3. B.

【解析】 因 $r(\boldsymbol{A})=1$,$\boldsymbol{A}$ 是三阶矩阵(至少二重),也可能三重,如 $\boldsymbol{A}=\begin{bmatrix}0&0&1\\0&0&0\\0&0&0\end{bmatrix}$,一重是不可能的.

4. C.

【解析】 四个三阶矩阵的特征值均是 1,1,2,$\lambda=1$ 是二重特征值,存在多重特征值时,若对应线性无关特征向量个数等于特征值重数,则该矩阵能相似于对角阵.(C) 中 $\lambda=1$ 时,对应有两个线性无关特征向量,故(C) 能相似于对角阵.

5. C.

【解析】 要注意:(1) 特征值和对应的特征向量排列次序应一致,(B) 不是;(2) 不同特征值对应的特征向量之和不再是特征向量,(A)(D) 不是;(3)$\boldsymbol{\alpha}_1,\boldsymbol{\alpha}_2$ 是 $\lambda=1$ 的特征向量,$k_1\boldsymbol{\alpha}_1+k_2\boldsymbol{\alpha}_2$($k_1,k_2$ 不同时为零) 仍是 $\lambda=1$ 的特征向量.

6.【解】 $\boldsymbol{A},\boldsymbol{B}$ 均是实对称阵,它们均可相似于对角阵,而 $|\lambda\boldsymbol{E}-\boldsymbol{A}|=0$ 及 $|\lambda\boldsymbol{E}-\boldsymbol{B}|=0$,解得相同的特征值 4,1,$-2$,故 $\boldsymbol{A},\boldsymbol{B}$ 相似于同一个对角阵,由相似关系的传递性,得 $\boldsymbol{A}\sim\boldsymbol{B}$.

或由观察:将 $\boldsymbol{A}$ 的 1,2 行互换得 $\boldsymbol{C}$,再得 $\boldsymbol{C}$ 的 1,2 列互换得 $\boldsymbol{B}$,即 $\boldsymbol{E}_{12}\boldsymbol{AE}_{12}=\boldsymbol{E}_{12}^{-1}\boldsymbol{AE}_{12}=\boldsymbol{B}$,故 $\boldsymbol{A}\sim\boldsymbol{B}$.

7.【解】 $\lambda_1=5,\lambda_2=\lambda_3=-1$. $\boldsymbol{Q}=\begin{bmatrix}\frac{1}{\sqrt{3}}&\frac{1}{\sqrt{6}}&\frac{1}{\sqrt{2}}\\\frac{1}{\sqrt{3}}&\frac{1}{\sqrt{6}}&-\frac{1}{\sqrt{2}}\\\frac{1}{\sqrt{3}}&\frac{-2}{\sqrt{6}}&0\end{bmatrix}$,$\boldsymbol{\Lambda}=\begin{bmatrix}5&0&0\\0&-1&0\\0&0&-1\end{bmatrix}$.

8.【解】 由 $\boldsymbol{\beta}=x_1\boldsymbol{\xi}_1+x_2\boldsymbol{\xi}_2+x_3\boldsymbol{\xi}_3$，解得 $(x_1,x_2,x_3)=(1,1,1)$.

$$\boldsymbol{\beta}=\boldsymbol{\xi}_1+\boldsymbol{\xi}_2+\boldsymbol{\xi}_3,\boldsymbol{A}^{100}\boldsymbol{\beta}=\boldsymbol{A}^{100}(\boldsymbol{\xi}_1+\boldsymbol{\xi}_2+\boldsymbol{\xi}_3)=\boldsymbol{\xi}_1+(-2)^{100}\boldsymbol{\xi}_2+3^{100}\boldsymbol{\xi}_3=\begin{bmatrix}1+2^{100}+3^{100}\\-2+3^{100}\\1-2^{100}+3^{100}\end{bmatrix}.$$

本题也可先由 $\lambda,\boldsymbol{\xi}$ 求出 $\boldsymbol{A}$，再计算 $\boldsymbol{A}^{100}\boldsymbol{\beta}$，但计算较繁.

9.【解】 (1) 由题设条件知：$\boldsymbol{A}\boldsymbol{\alpha}_1=\lambda_1\boldsymbol{\alpha}_1=\boldsymbol{\alpha}_1$，故 $\boldsymbol{A}^k\boldsymbol{\alpha}_1=\lambda_1^k\boldsymbol{\alpha}_1=\boldsymbol{\alpha}_1$，从而有

$$\boldsymbol{B}\boldsymbol{\alpha}_1=(\boldsymbol{A}^5-4\boldsymbol{A}^3+\boldsymbol{E})\boldsymbol{\alpha}_1=\boldsymbol{\alpha}_1-4\boldsymbol{\alpha}_1+\boldsymbol{\alpha}_1=-2\boldsymbol{\alpha}_1,$$

知 $\boldsymbol{\alpha}_1$ 是 $\boldsymbol{B}$ 的对应于特征值 $\lambda=-2$ 的特征向量.

又 $\boldsymbol{A}$ 有特征值 $\lambda_1=1,\lambda_2=2,\lambda_3=-2$. $\boldsymbol{B}=f(\boldsymbol{A})$，其中 $f(x)=x^5-4x^3+1$，故 $\boldsymbol{B}$ 有特征值 $\mu_i=f(\lambda_i),i=1,2,3$，其中 $\mu_1=-2,\mu_2=f(2)=1,\mu_3=f(-2)=1$，因 $\mu_2=\mu_3=1$，故 $\boldsymbol{B}$ 的对应于 $\mu_2=\mu_3=1$ 的特征向量应与 $\mu_1=-2$ 对应的特征向量 $\boldsymbol{\alpha}_1$ 正交.

设特征向量为 $\boldsymbol{\alpha}=(x_1,x_2,x_3)^{\mathrm{T}}$，则 $\boldsymbol{\alpha}_1^{\mathrm{T}}\boldsymbol{\alpha}=x_1-x_2+x_3=0$，可解得 $\mu_2=\mu_3=1$ 对应的特征向量为

$$\boldsymbol{\alpha}_2=(1,1,0)^{\mathrm{T}},\quad \boldsymbol{\alpha}_3=(1,-1,-2)^{\mathrm{T}}.$$

(2) 方法一 取 $\boldsymbol{P}=[\boldsymbol{\alpha}_1,\boldsymbol{\alpha}_2,\boldsymbol{\alpha}_3]$，则 $\boldsymbol{B}=\boldsymbol{P}\boldsymbol{\Lambda}\boldsymbol{P}^{-1}$

其中 $$\boldsymbol{P}=\begin{bmatrix}1&1&1\\-1&1&-1\\1&0&-2\end{bmatrix},\boldsymbol{\Lambda}=\begin{bmatrix}-2&&\\&1&\\&&1\end{bmatrix},\boldsymbol{P}^{-1}=\frac{1}{6}\begin{bmatrix}2&-2&2\\3&3&0\\1&-1&-2\end{bmatrix}.$$

$$\boldsymbol{B}=\boldsymbol{P}\boldsymbol{\Lambda}\boldsymbol{P}^{-1}=\begin{bmatrix}0&1&-1\\1&0&1\\-1&1&0\end{bmatrix}.$$

方法二 将 $\boldsymbol{\alpha}_1,\boldsymbol{\alpha}_2,\boldsymbol{\alpha}_3$ 单位化($\boldsymbol{\alpha}_2,\boldsymbol{\alpha}_3$ 已正交)

$$\boldsymbol{\alpha}_1^\circ=\frac{1}{\sqrt{3}}(1,-1,1)^{\mathrm{T}},\boldsymbol{\alpha}_2^\circ=\frac{1}{\sqrt{2}}(1,1,0)^{\mathrm{T}},\boldsymbol{\alpha}_3^\circ=\frac{1}{\sqrt{6}}(1,-1,-2)^{\mathrm{T}},$$

得正交阵 $$\boldsymbol{Q}=\begin{bmatrix}\frac{1}{\sqrt{3}}&\frac{1}{\sqrt{2}}&\frac{1}{\sqrt{6}}\\\frac{-1}{\sqrt{3}}&\frac{1}{\sqrt{2}}&\frac{-1}{\sqrt{6}}\\\frac{1}{\sqrt{3}}&0&\frac{-2}{\sqrt{6}}\end{bmatrix}.$$

$$\boldsymbol{B}=\boldsymbol{Q}\boldsymbol{\Lambda}\boldsymbol{Q}^{\mathrm{T}}=\begin{bmatrix}\frac{1}{\sqrt{3}}&\frac{1}{\sqrt{2}}&\frac{1}{\sqrt{6}}\\\frac{-1}{\sqrt{3}}&\frac{1}{\sqrt{2}}&\frac{-1}{\sqrt{6}}\\\frac{1}{\sqrt{3}}&0&\frac{-2}{\sqrt{6}}\end{bmatrix}\begin{bmatrix}-2&0&0\\0&1&0\\0&0&1\end{bmatrix}\begin{bmatrix}\frac{1}{\sqrt{3}}&\frac{-1}{\sqrt{3}}&\frac{1}{\sqrt{3}}\\\frac{1}{\sqrt{2}}&\frac{1}{\sqrt{2}}&0\\\frac{1}{\sqrt{6}}&\frac{-1}{\sqrt{6}}&\frac{-2}{\sqrt{6}}\end{bmatrix}=\begin{bmatrix}0&1&-1\\1&0&1\\-1&1&0\end{bmatrix}.$$

第六章 二次型

1. $\begin{bmatrix}2&2&2\\2&4&2\\2&2&2\end{bmatrix}$.

2. $\boldsymbol{A}=\begin{bmatrix} a_1a_2 & \dfrac{a_1b_2+a_2b_1}{2} & \dfrac{a_1c_2+a_2c_1}{2} \\ \dfrac{a_1b_2+a_2b_1}{2} & b_1b_2 & \dfrac{b_1c_2+b_2c_1}{2} \\ \dfrac{a_1c_2+a_2c_1}{2} & \dfrac{b_1c_2+b_2c_1}{2} & c_1c_2 \end{bmatrix}$. 注意必须是对称阵.

3. D.

【解析】 (A),(B) 是必要条件,但不是充分条件;(C) 是充分条件,但不是必要条件.

4. C.

【解析】 关键是正、负惯性指数一致,且只需讨论$\begin{bmatrix}1 & 2\\2 & 1\end{bmatrix}$的正、负惯性指数即可. $f(x_1,x_2,x_3)=\boldsymbol{x}^{\mathrm{T}}\boldsymbol{A}\boldsymbol{x}=(x_1+2x_2)^2-3x_2^2-x_3^2$,知 $p=1,q=2$,故选(C).

5. C.

【解析】 设 f 的正惯性指数为 p,负惯性指数为 q,则 $-f$ 的正惯性指数为 q,负惯性指数为 p,有 $f\simeq -f$,故 $p=q$,从而知 $r=p+q=2p,s=p-q=0$,故选(C).

6. D.

【解析】 (B) 中 $a_{22}=0$,(C) 中 $a_{33}=-2$. (A) 中 a_{33} 的余子式 $M_{33}=\begin{vmatrix}1 & 2\\2 & 3\end{vmatrix}=-1<0$(二阶顺序主子式),不满足 $\boldsymbol{A}$ 正定的必要条件,应排除. 或直接用顺序主子式全部大于零. 判别(D) 是正定的.

7.**【解】** $f(x_1,x_2,x_3)=(x_1+x_2-2x_3)^2+4(x_2+\dfrac{1}{2}x_3)^2-5x_3^2=y_1^2+4y_2^2-5y_3^2$.

$$\begin{cases} x_1=y_1-y_2+\dfrac{5}{2}y_3, \\ x_2=y_2-\dfrac{1}{2}y_3, \\ x_3=y_3. \end{cases}$$

8. $\boldsymbol{A}=\begin{bmatrix}3 & 2 & 4\\2 & 0 & 2\\4 & 2 & 3\end{bmatrix}$, $\boldsymbol{Q}=\begin{bmatrix} -\dfrac{1}{\sqrt{2}} & -\dfrac{1}{3\sqrt{2}} & \dfrac{2}{3} \\ 0 & \dfrac{4}{3\sqrt{2}} & \dfrac{1}{3} \\ \dfrac{1}{\sqrt{2}} & -\dfrac{1}{3\sqrt{2}} & \dfrac{2}{3} \end{bmatrix}$, $f=-y_1^2-y_2^2+8y_3^2$.

9. $-\dfrac{4}{5}<a<0$.

10. 若 $s>n$,不正定;若 $s=n$ 或 $s<n$,正定.

金榜時代®

GLISTIME 明德·弘毅·惟精

金榜时代考研数学系列

金榜时代考研数学系列 | V研客及全国各大考研培训学校指定用书

数学复习全书

提高篇（数学二）

编著◎李永乐 王式安 武忠祥 刘喜波 宋浩 姜晓千 硕哥(薛威) 申亚男 章纪民 陈默

中国农业出版社
CHINA AGRICULTURE PRESS
·北京·

图书在版编目(CIP)数据

数学复习全书.提高篇.数学二/李永乐等编著
.—北京:中国农业出版社,2023.1
(金榜时代考研数学系列)
ISBN 978-7-109-30409-3

Ⅰ.①数… Ⅱ.①李… Ⅲ.①高等数学—研究生—入学考试—自学参考资料 Ⅳ.①O13

中国国家版本馆 CIP 数据核字(2023)第 024799 号

数学复习全书.提高篇.数学二
SHUXUE FUXI QUANSHU. TIGAOPIAN. SHUXUE ER

中国农业出版社出版
地址:北京市朝阳区麦子店街 18 号楼
邮编:100125
责任编辑:吕 睿
责任校对:吴丽婷
印刷:河北正德印务有限公司
版次:2023 年 1 月第 1 版
印次:2023 年 1 月河北第 1 次印刷
发行:新华书店北京发行所
开本:787mm×1092mm 1/16
印张:19.5
字数:460 千字
定价:108.00 元

金榜时代考研数学系列图书
内容简介及使用说明

考研数学满分150分，数学在考研成绩中所占的比重很大；同时又因数学学科本身的特点，考生的考研数学成绩历年来千差万别，数学成绩好在考研中很占优势，因此有“得数学者考研成”之说。既然数学成绩的高低对考研成功与否如此重要，那么就有必要探讨一下影响数学成绩的主要因素。

本系列图书作者根据多年的命题经验和阅卷经验，发现考研数学命题的灵活性非常大，不仅表现在一个知识点与多个知识点的考查难度不同，更表现在对多个知识点的综合考查上，这些题目在表达上多一个字或多一句话，难度都会变得截然不同。正是这些综合型题目拉开了考试成绩的差距，而构成这些难点的主要因素，实际上是最基础的基本概念、定理和公式的综合。同时，从阅卷反映的情况来看，考生答错题目的主要原因也是对基本概念、定理和公式记忆和掌握得不够熟练。总结为一句话，那就是：要想数学拿高分，就必须熟练掌握、灵活运用基本概念、定理和公式。

基于此，李永乐考研数学辅导团队结合多年来考研辅导和研究的经验，精心编写了本系列图书，目的在于帮助考生有计划、有步骤地完成数学复习，从基本概念、定理和公式的记忆，到对其的熟练运用，循序渐进。以下介绍本系列图书的主要特点和使用说明，供考生复习时参考。

书名	本书特点	本书使用说明
《数学复习全书·基础篇》	**内容基础·提炼精准·易学易懂**（推荐使用时间：2022年7月—2022年12月）	
	本书根据大纲的考试范围将考研所需复习内容提炼出来，形成考研数学的基础内容和复习逻辑，实现大学数学同考研数学之间的顺利过渡，开启考研复习第一篇章。	考生复习过本校大学数学教材后，即可使用本书。如果大学没学过数学或者本校课本是自编教材，与考研大纲差别较大，也可使用本书替代大学数学教材。
《数学基础过关660题》	**题目经典·体系完备·逻辑清晰**（推荐使用时间：2022年7月—2023年4月）	
	本书是主编团队出版20多年的经典之作，一直被模仿，从未被超越。年销量达百万余册，是当之无愧的考研数学头号畅销书，拥有许多甘当“自来水”的粉丝读者，口碑爆棚，考研数学不可不入！“660”也早已成为考研数学的年度关键词。 本书重基础，重概念，重理论，一旦你拥有了《数学复习全书·基础篇》《数学基础过关660题》教你的思维方式、知识逻辑、做题方法，你就能基础稳固、思维灵活，对知识、定理、公式的理解提升到新的高度，避免陷入复习中后期“基础不牢，地动山摇”的窘境。	与《数学复习全书·基础篇》搭配使用，在完成对基础知识的学习后，有针对性地做一些练习。帮助考生熟练掌握定理、公式和解题技巧，加强知识点的前后联系，将之体系化、系统化，分清重难点，让复习周期尽量缩短。 虽说书中都是选择题和填空题，同学们不要轻视，也不要一开始就盲目做题。看到一道题，要能分辨出是考哪个知识点，考什么，然后在做题过程中看看自己是否掌握了这个知识点，应用的定理、公式的条件是否熟悉，这样才算真正做好了一道题。
《数学历年真题全精解析·基础篇》	**分类详解·注重基础·突出重点**（推荐使用时间：2022年7月—2022年12月）	
	本书精选精析1987—2008年考研数学真题，帮助考生提前了解大学水平考试与考研选拔考试的差别，不会盲目自信，也不会妄自菲薄，真正跨入考研的门槛。	与《数学复习全书·基础篇》《数学基础过关660题》搭配使用，复习完一章，即可做相应的章节真题。不会做的题目做好笔记，第二轮复习时继续练习。

书名	本书特点	本书使用说明
《数学复习全书·提高篇》	**系统全面·深入细致·结构科学**（推荐使用时间：2023 年 2 月—2023 年 7 月）	
	本书为作者团队扛鼎之作，常年稳居各大平台考研图书畅销榜前列，主编之一的李永乐老师更是入选 2019 年“当当 20 周年白金作家”，考研界仅两位作者获此称号。 本书从基本理论、基础知识、基本方法出发，全面、深入、细致地讲解考研数学大纲要求的所有考点，不提供花拳绣腿的不实用技巧，也不提倡误人子弟的费时背书法，而是扎扎实实地带同学们深入每一个考点背后，找到它们之间的关联、逻辑，让同学们从知识点零碎、概念不清楚、期末考试过后即忘的“低级”水平，提升到考研必需的高度。	利用《数学复习全书·基础篇》把基本知识“捡”起来之后，再使用本书。本书有知识点的详细讲解和相应的练习题，有利于同学们建立考研知识体系和框架，打好基础。 在《数学基础过关 660 题》中若遇到不会做的题，可以放到这里来做。以章或节为单位，学习新内容前要复习前面的内容，按照一定的规律来复习。基础薄弱或中等偏下的考生，务必要利用考研当年上半年的时间，整体吃透书中的理论知识，摸清例题设置的原理和必要性，特别是对大纲中要求的基本概念、理论、方法要系统理解和掌握。
《数学历年真题全精解析·提高篇》	**真题真练·总结规律·提升技巧**（推荐使用时间：2023 年 7 月—2023 年 11 月）	
	本书完整收录 2009—2023 年考研数学的全部试题，将真题按考点分类，还精选了其他卷的试题作为练习题。力争做到考点全覆盖，题型多样，重点突出，不简单重复。书中的每道题给出的参考答案有常用、典型的解法，也有技巧性强的特殊解法。分析过程逻辑严谨、思路清晰，具有很强的可操作性，通过学习，考生可以独立完成对同类题的解答。	边做题、边总结，遇到“卡壳”的知识点、题目，回到《数学复习全书·提高篇》和之前听过的基础课、强化课中去补，争取把每个真题知识点吃透、搞懂，不留死角。 通过做真题，进一步提高解题能力和技巧，满足实际考试的要求。第一阶段，浏览每年真题，熟悉题型和常考点。第二阶段，进行专项复习。
《高等数学辅导讲义》《线性代数辅导讲义》《概率论与数理统计辅导讲义》	**经典讲义·专项突破·强化提高**（推荐使用时间：2023 年 7 月—2023 年 10 月）	
	三本讲义分别由作者的教学讲稿改编而成，系统阐述了考研数学的基础知识。书中例题都经过严格筛选、归纳，是多年经验的总结，对同学们的重点、难点的把握准确，有针对性。适合认真研读，做到举一反三。	哪科较薄弱，精研哪本。搭配《数学强化通关 330 题》一起使用，先复习讲义上的知识点，做章节例题、练习，再去听相关章节的强化课，做《数学强化通关 330 题》的相关习题，更有利于知识的巩固和提高。
《数学强化通关 330 题》	**综合训练·突破重点·强化提高**（推荐使用时间：2023 年 5 月—2023 年 10 月）	
	强化阶段的练习题，综合训练必备。具有典型性、针对性、技巧性、综合性等特点，可以帮助同学们突破重点、难点，熟悉解题思路和方法，增强应试能力。	与《数学基础过关 660 题》互为补充，包含选择题、填空题和解答题。搭配《高等数学辅导讲义》《线性代数辅导讲义》《概率论与数理统计辅导讲义》使用，效果更佳。
《数学临阵磨枪》	**查漏补缺·问题清零·从容应战**（推荐使用时间：2023 年 10 月—2023 年 12 月）	
	本书是常用定理公式、基础知识的清单。最后阶段，大部分考生缺乏信心，感觉没复习完，本来会做的题目，因为紧张、压力，也容易出错。本书能帮助考生在考前查漏补缺，确保基础知识不丢分。	搭配《数学决胜冲刺 6 套卷》使用。上考场前，可以再次回忆、翻看本书。
《数学决胜冲刺 6 套卷》《考研数学最后 3 套卷》	**冲刺模拟·有的放矢·高效提分**（推荐使用时间：2023 年 11 月—2023 年 12 月）	
	通过整套题的训练，对所学知识进行系统总结和梳理。不同于对重点题型的练习，需要全面的知识，要综合应用。必要时应复习基本概念、公式、定理，准确记忆。	在精研真题之后，用模拟卷练习，找漏洞，保持手感。不要掐时间、估分，遇到不会的题目，回归基础，翻看以前的学习笔记，把每道题吃透。

前言
Preface

为了帮助广大考生能够在较短的时间内，准确理解和熟练掌握考试大纲知识点的内容，全面提高解题能力和应试水平，编写团队依据十余年的命题与阅卷经验，并结合二十多年的考研辅导和研究精华，精心编写了本书，以帮助同学们提高综合分析和综合解题的能力。

一、本书的编排结构

全书分两篇，分别是高等数学、线性代数，各篇按大纲设置章节，每章的编排如下：

1. **考点与要求** 设置本部分的目的是使考生明白考试内容和考试要求，从而在复习时有明确的目标和重点。

2. **内容精讲** 本部分对考试大纲所要求的知识点进行全面阐述，并对考试重点、难点以及常考知识点进行深度剖析，力求搭建起脉络框架、浓缩教材内容。

3. **例题分析** 本部分对历年考题所涉及的题型进行归纳分类，总结各种题型的解题方法，注重对所学知识的应用，以便能够拓宽考生的解题思路，使所学知识融会贯通，并能灵活地解决问题。本部分针对以往考生在解题过程中普遍存在的问题及常犯的错误，给出相应的注意事项，对有难度的例题给出解题思路帮助分析，以便加强考生对基本概念、公式和定理等内容的理解和正确运用。

二、本书的主要特色

1. **权威打造** 命题专家和阅卷专家联袂打造，站在命题专家的角度命题，站在阅卷专家的角度解题，为考生提供最权威的复习指导。

2. **综合复习** 与同类图书相比，本书加强了知识点前后交叉的综合性，对散落于不同章节的知识点进行整理归纳，帮助同学们梳理所学知识，并通过查漏补缺，提升自主学习的能力。

3. **全面提高** 本书既从宏观层面把握考研对知识的要求，又从微观层面对重要知识点进行深入细致的剖析，让考生思路清晰、顺畅。

4. **一题多解** 对于常考热点题型，均给出巧妙、新颖、简便的几种解法，拓展考生思维，锻炼考生知识应用的灵活性。这些解法均来自各位专家多年教学实践总结和长期命题阅卷经验。

三、本书的复习建议

本书随书赠送《学霸养成笔记与题源探究同步练习》，同学们要发挥好笔记本与练习的作用，养成好的学习习惯能让同学们复习效率提高，受益终身。

笔记记下重点难点，为后期复习减轻负担。练习是巩固所学必不可少的环节，因此，在本书的每一章，编写团队的老师都精心编写了部分练习题，供同学们练习。

建议考生在使用本书时不要就题论题，而是要多动脑，通过对题目的练习、比较、思考，总结并发现题目设置和解答的规律性，真正掌握应试解题的金钥匙，从而迅速提高知识水平和应试能力，取得理想分数。

使用本书的同时，也可以配合使用本书作者编写的《数学复习全书 · 基础篇》《数学基础过关660题》《数学历年真题全精解析 · 提高篇》《数学强化通关330题》等，提高复习效率。

另外，为了更好地帮助同学们进行复习，"清华李永乐考研数学"特在新浪微博上开设答疑专区，同学们在考研数学复习中，遇到任何问题，均可在线留言，教师团队将尽心为你解答。

最后，本书的成稿还要感谢考研数学原命题组组长单立波老师在编校过程中所付出的心血。

希望本书能为同学们的复习备考带来帮助。书中的不足和疏漏之处，恳请读者批评指正。

祝同学们复习顺利、心想事成、考研成功！

图书中的疏漏之处会即时更正
微信扫码查看

编 者

2023 年 1 月

目录

Contents

第一篇　高等数学

第二篇　线性代数

第一篇

高等数学

第一章　函数、极限、连续

考点与要求

理解 掌握 函数的概念及其表示法，复合函数与分段函数，基本初等函数的性质及其图形，极限的概念与左、右极限的概念以及它们之间的关系，极限的性质及其运算法则，极限存在的两个准则并用它们判别极限的存在性，两个重要极限，无穷小与无穷大的概念以及它们之间的关系，无穷小的比较的概念并会用等价无穷小替换定理求极限，几个重要的等价无穷小，洛必达法则，佩亚诺余项泰勒公式并用它求某些极限，函数的连续与左、右连续，闭区间上连续函数的性质(有界性，最大最小值定理，介值定理，零点定理).

了解 会用 函数的单调性、奇偶性、周期性与有界性，建立简单应用问题的函数关系，反函数与隐函数的概念，参数方程所表示的函数，初等函数的概念，判别函数的间断点及其类型，基本初等函数的连续性及初等函数的连续性.

内容精讲

§1 函　数

1.1.1 邻域

定义 设 $\delta>0$，实数集 $U_\delta(x_0)=\{x \mid |x-x_0|<\delta\}$ 称为 x_0 的 δ 邻域，如果不必说及邻域半径 δ 的大小，则简记为 $U(x_0)$，称为 x_0 的某邻域.

$\mathring{U}_\delta(x_0)=\{x \mid 0<|x-x_0|<\delta\}$ 称为 x_0 的去心 δ 邻域，类似地有记号 $\mathring{U}(x_0)$ 及相应的名称.

此外还有 x_0 的左(右)半 δ 邻域与 x_0 的左(右)半去心 δ 邻域等概念.

引入 ∞ 的(去心)邻域一词在叙述上会带来一些方便，这是指 $U=\{x \mid |x|>X\}$，其中 X 为充分大的正数.

1.1.2 函数

定义 设有两个变量 x 与 y，X 是一个非空的实数集. 若存在一个对应规则 f，使得对于每一个 $x\in X$，按照这个规则，有唯一确定的实数值 y 与之对应，则称 f 是定义在 X 上的一个函数，x 称为自变量，X 称为函数 f 的定义域，y 称为因变量. 函数 f 在 $x\in X$ 对应的 $y=f(x)$，$x\in X$ 的函数值所成的集合，常记为 Y，$Y=\{y \mid y=f(x), x\in X\}$，称为函数的值域，“实数”的“实”字常省去，习惯上，也称 y 或 $f(x)$ 为 x 的函数.

在定义域的不同部分用不同的解析式表示的函数称为分段函数.

【注】 分段函数是一个函数，不能认为每一段是一个函数，也不是多个函数.

常见的几种分段函数：

绝对值函数(其图像如图 1-1)

$$y=|x|=\begin{cases}x, & x>0,\\ 0, & x=0,\\ -x, & x<0.\end{cases}$$

符号函数(其图像如图 1-2)

$$y=\operatorname{sgn} x=\begin{cases}1, & x>0,\\ 0, & x=0,\\ -1, & x<0.\end{cases}$$

它表示 x 的符号. 显然有

$$|x|=x\operatorname{sgn} x,\quad x\in(-\infty,+\infty).$$

取整函数$[x]$,它表示不超过 x 的最大整数. 例如,$[3.2]=3$,$[4]=4$,$[-\pi]=-4$.

一般地,$[x]=n$,当 $n\leqslant x<n+1$,$n=\cdots,-2,-1,0,1,2,3,\cdots$.

$y=[x]$ 的图像如图 1-3,显然有性质:

对于 $x\in(-\infty,+\infty)$,有$[x]\leqslant x<[x]+1$,且$[x+1]=[x]+1$.

狄里克雷函数

$$D(x)=\begin{cases}1, & x\text{ 为有理数时},\\ 0, & x\text{ 为无理数时},\end{cases}$$

狄里克雷函数无法描绘出它的图像.

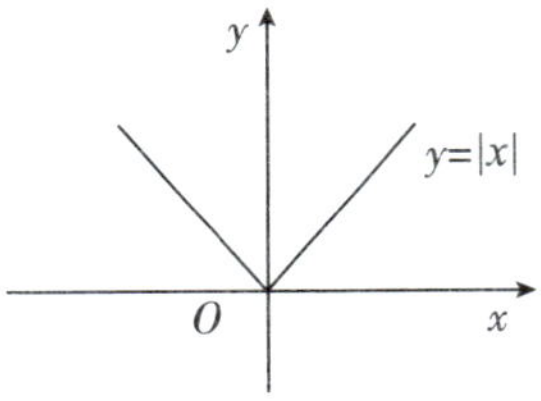

图 1-1

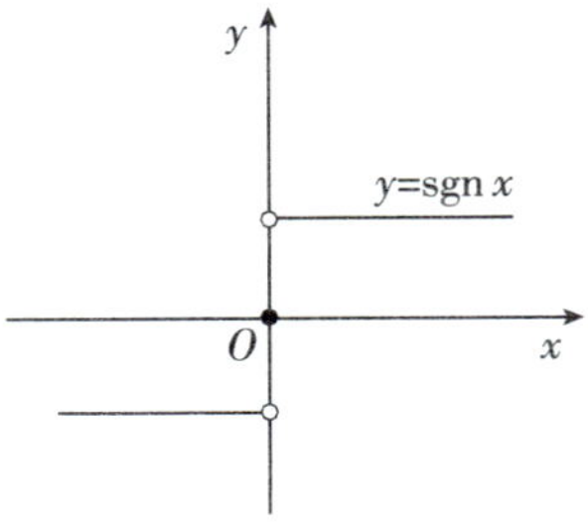

图 1-2

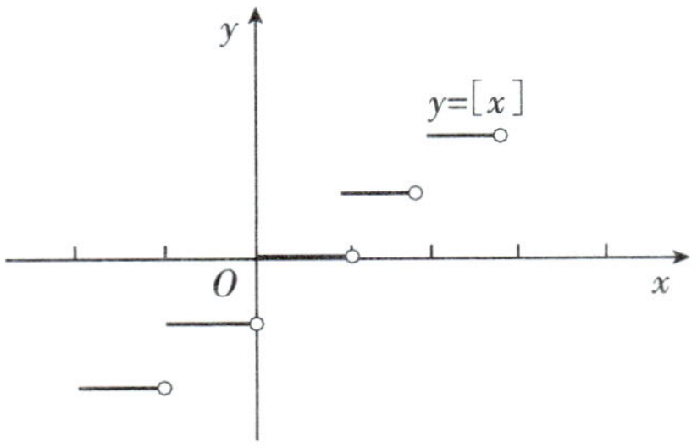

图 1-3

1.1.3 隐函数

定义 设 x 在某数集 X 内每取一个值时,由方程 $F(x,y)=0$ 可唯一确定一个 y 的值,则称由 $F(x,y)=0$ 确定一个隐函数 y,虽然不一定能将 y 明显地解出来.

1.1.4 参数式表示的函数

定义 设 $x=x(t)$,$y=y(t)$. 若 x 在某数集 X 内每取一个值时,由 $x=x(t)$ 可唯一确定一个 t 的值,并且对于此 t,由 $y=y(t)$ 可确定唯一的一个 y 的值,则称由参数式 $x=x(t)$,$y=y(t)$ 确定了 y 为 x 的函数.

1.1.5 函数的单调性

定义 设函数 $f(x)$ 在数集 X 上有定义,如果对于任意的$x_1\in X$,$x_2\in X$,$x_1<x_2$,就一定有

$$f(x_1)\leqslant f(x_2)\quad (f(x_1)\geqslant f(x_2)),$$

则称 $f(x)$ 在 X 上是单调增加(减少)的. 如果一定有

$$f(x_1)<f(x_2)\quad (f(x_1)>f(x_2)),$$

则称 $f(x)$ 在 X 上是严格单调增加(减少)的.

1.1.6　函数的奇、偶性

定义　设函数 $f(x)$ 在关于原点对称的某数集 X 上有定义,并且对于任意 $x\in X$,必有 $f(-x)=f(x)(f(-x)=-f(x))$,则称 $f(x)$ 在 X 上是偶(奇)函数.

在直角坐标系 xOy 中,偶函数的图像关于 y 轴对称,奇函数的图像关于坐标原点 O 对称.

1.1.7　函数的周期性

定义　设 $f(x)$ 的定义域是数集 X,如果存在常数 $T>0$,当 $x\in X$ 时,有 $x\pm T\in X$,并且 $f(x+T)=f(x)$,则称 $f(x)$ 为周期函数,T 称为它的一个周期. 通常所说的周期是指使 $f(x+T)=f(x)$ 成立的最小正数 T(如果存在的话).

1.1.8　函数的有界性

定义　设函数 $f(x)$ 在数集 X 上有定义,如果存在常数 M,当 $x\in X$ 时 $f(x)\leqslant M$,则称 $f(x)$ 在 X 上有上界;如果存在 m,当 $x\in X$ 时 $f(x)\geqslant m$,则称 $f(x)$ 在 X 上有下界;如果 $f(x)$ 在 X 上既有上界又有下界,则称 $f(x)$ 在 X 上有界.

定义中的 m 与 M 分别为 $f(x)$ 在 X 上的下界与上界. 显然,如果 $m(M)$ 是 $f(x)$ 在 X 上的下(上)界,则比 m 小(比 M 大)的任何数,都是 $f(x)$ 在 X 上的下(上)界.

如果不论 M 多么大,总有 $x\in X$ 使 $f(x)>M$,则称 $f(x)$ 在 X 上无上界;类似地可以定义无下界.

1.1.9　反函数

定义　设函数 $y=f(x)$ 的定义域是 X,值域是 Y. 如果对于 Y 内的每一个 y,由 $y=f(x)$ 可以确定唯一的 $x\in X$,这样在 Y 上定义了一个函数,称为 $y=f(x)$ 的反函数,记为 $x=f^{-1}(y)$ 或 $x=\varphi(y)$,$y\in Y$.

由反函数的定义,有 $y\equiv f(f^{-1}(y))$,$y\in Y$;$x\equiv f^{-1}(f(x))$,$x\in X$.

有时,也常将 $y=f(x)$ 的反函数 $x=f^{-1}(y)$ 写成 $y=f^{-1}(x)$.

在同一坐标系中,$y=f(x)$ 与它的反函数 $x=f^{-1}(y)$ 的图形是一致的,而 $y=f(x)$ 与它的反函数 $y=f^{-1}(x)$ 的图形关于直线 $y=x$ 对称.

1.1.10　复合函数

定义　设函数 $y=f(u)$ 的定义域是 D_f,函数 $u=\varphi(x)$ 的定义域是 D_φ,值域是 R_φ. 若 $D_f\cap R_\varphi\neq\varnothing$($\varnothing$ 表示空集),则称函数 $y=f(\varphi(x))$ 为复合函数,它的定义域是 $\{x\mid x\in D_\varphi$ 且 $\varphi(x)\in D_f\}$. u 称为中间变量,x 称为自变量.

1.1.11　基本初等函数

定义　下列一些函数称为基本初等函数:

(1) 常值函数:$y=C$(C 为常数),$x\in\mathbf{R}$.

(2) 幂函数:$y=x^a$(a 为常数),其定义域由 a 确定,但不论 a 如何,在 $(0,+\infty)$ 内总有定义.

(3) 指数函数:$y=a^x$(常数 $a>0$,$a\neq 1$),$x\in\mathbf{R}$.

(4) 对数函数:$y=\log_a x$(常数 $a>0$,$a\neq 1$),$x\in(0,+\infty)$.

(5) 三角函数:$y=\sin x$,$x\in(-\infty,+\infty)$;$y=\cos x$,$x\in(-\infty,+\infty)$;

$$y=\tan x,x\in\left(k\pi-\frac{\pi}{2},k\pi+\frac{\pi}{2}\right),k\in\mathbf{Z};$$

$$y=\cot x,x\in(k\pi,(k+1)\pi),k\in\mathbf{Z}.$$

(6) 反三角函数：$y=\arcsin x, x\in[-1,1]$；$y=\arccos x, x\in[-1,1]$；

$y=\arctan x, x\in\mathbf{R}$；$y=\operatorname{arccot} x, x\in\mathbf{R}$.

1.1.12 初等函数

定义 由基本初等函数经有限次加、减、乘、除及复合而成并用一个式子表示的函数称为初等函数.

1.1.13 关于函数的奇偶性

定理

(1) 奇函数×奇函数为偶函数；

(2) 奇函数×偶函数为奇函数；

(3) 偶函数×偶函数为偶函数；

(4) 奇函数与奇函数复合为奇函数；

(5) 偶函数与偶函数复合为偶函数；

(6) 偶函数与奇函数复合为偶函数；

(7) 任一定义在关于原点对称的数集 X 上的函数 $f(x)$，必可分解成一奇一偶函数之和：

$$f(x)=\frac{1}{2}[f(x)-f(-x)]+\frac{1}{2}[f(x)+f(-x)].$$

1.1.14 关于有界、无界的充分条件

定理

(1) 设 $\lim\limits_{x\to x_0^-}f(x)$ 存在，则存在 $\delta>0$，当 $-\delta<x-x_0<0$ 时，$f(x)$ 有界.

对 $x\to x_0^+, x\to x_0$ 有类似的结论.

(2) 设 $\lim\limits_{x\to\infty}f(x)$ 存在，则存在 $X>0$，当 $|x|>X$ 时，$f(x)$ 有界.

对 $x\to+\infty, x\to-\infty$ 有类似的结论.

(3) 设 $f(x)$ 在 $[a,b]$ 上连续，则 $f(x)$ 在 $[a,b]$ 上有界.

(4) 设 $f(x)$ 在数集 U 上有最大值(最小值)，则 $f(x)$ 在 U 上有上(下)界.

(5) 有界函数与有界函数之和、积均为有界函数.

以上均为充分条件，其逆均不成立.

(6) 设 $\lim\limits_{x\to *}f(x)=\infty$，则 $f(x)$ 在 $*$ 的去心邻域内无界，但其逆不成立.

这里的 $*$ 可以是 $x_0, x_0^-, x_0^+, \infty, -\infty, +\infty$ 中 6 种情形的任一种.

§2 极　　限

1.2.1 数列的极限

定义 数列 $\{u_n\}$ 与常数 A，如果它们之间满足下列关系："对于任意给定的 $\varepsilon>0$，存在正整数 $N>0$，当(序号) $n>N$ 时，就有 $|u_n-A|<\varepsilon$"，则称数列 $\{u_n\}$ 收敛，且收敛于 A，记为 $\lim\limits_{n\to\infty}u_n=A$，也称"当 $n\to\infty$ 时 u_n 的极限为 A".

1.2.2 函数的极限

定义 函数极限的定义有下述一些形式：

序号与记号	定义表述			
	对于任给	存在	当……时	就有
① $\lim\limits_{x\to\infty}f(x)=A$	$\varepsilon>0$	$X>0$	$\|x\|>X$	$\|f(x)-A\|<\varepsilon$
② $\lim\limits_{x\to x_0}f(x)=A$	$\varepsilon>0$	$\delta>0$	$0<\|x-x_0\|<\delta$	$\|f(x)-A\|<\varepsilon$

上面的①中 ∞ 改为 $+\infty$ 或 $-\infty$，$|x|>X$ 分别改为 $x>X$ 或 $-x>X$(即 $x<-X$)，

就分别得到 $\lim\limits_{x\to+\infty} f(x)=A$ 与 $\lim\limits_{x\to-\infty} f(x)=A$ 的定义.

上面的 ② 中 $x\to x_0$ 改为 $x\to x_0^+$ 或 $x\to x_0^-$，$0<|x-x_0|<\delta$ 分别改为 $0<x-x_0<\delta$ 或 $-\delta<x-x_0<0$，就分别得到 $\lim\limits_{x\to x_0^+} f(x)=A$ 与 $\lim\limits_{x\to x_0^-} f(x)=A$ 的定义.

$\lim\limits_{x\to x_0^+} f(x)$ 与 $\lim\limits_{x\to x_0^-} f(x)$ 分别称为 $f(x)$ 在 $x=x_0$ 的右、左极限，这两个极限也可简记为 $f(x_0^+)$ 与 $f(x_0^-)$.

【注】 对于 $\varepsilon>0$，X，$\delta>0$ 等，有类似于 $\lim\limits_{n\to\infty}u_n=A$ 中关于 $\varepsilon>0$，N 等的说明.

1.2.3　无穷小

定义　若 $\lim\limits_{x\to *} f(x)=0$，则称 $x\to *$ 时 $f(x)$ 为无穷小.

1.2.4　无穷大

定义　$\lim\limits_{x\to *} f(x)=\infty$ 的定义有下述一些形式：

序号与记号	定义表述			
	对于任给	存在	当……时	就有
③ $\lim\limits_{x\to x_0} f(x)=\infty$	$M>0$	$\delta>0$	$0<\|x-x_0\|<\delta$	$\|f(x)\|>M$
④ $\lim\limits_{x\to\infty} f(x)=\infty$	$M>0$	$X>0$	$\|x\|>X$	$\|f(x)\|>M$

上面的 ③ 又可分为 $x\to x_0^+$ 与 $x\to x_0^-$；④$x\to\infty$ 又可细分为 $x\to+\infty$ 与 $x\to-\infty$，不再赘述.

【注】 虽然有时也将 $\lim\limits_{x\to *} f(x)=\infty$ 说成 $x\to *$ 时 $f(x)$ 趋于无穷大，但它并不表示 $x\to *$ 时 $f(x)$ 存在极限. 它属于极限不存在的范畴.

这里的 $*$ 可以是 x_0 或 x_0^+，x_0^-，或 ∞，$+\infty$，$-\infty$ 中的某一个(下同).

1.2.5　无穷小的比较

定义　设 $x\to *$ 时 $\alpha(x)$ 与 $\beta(x)$ 为两个无穷小，$\beta(x)\neq0$，$\alpha(x)$ 不恒等于 0. 设 $\lim\limits_{x\to *}\dfrac{\alpha(x)}{\beta(x)}=A$，

(1) 若 $A\neq0$，则称 $x\to *$ 时 $\alpha(x)$ 与 $\beta(x)$ 为同阶无穷小.

(2) 若 $A=1$，则称 $x\to *$ 时 $\alpha(x)$ 与 $\beta(x)$ 为等价无穷小，记成 $x\to *$ 时 $\alpha(x)\sim\beta(x)$.

(3) 若 $A=0$，则称 $x\to *$ 时 $\alpha(x)$ 为 $\beta(x)$ 的高阶无穷小，记成 $x\to *$ 时 $\alpha(x)=o(\beta(x))$.

(4) 如果 $\lim\limits_{x\to *}\dfrac{\alpha(x)}{\beta(x)}=\infty$，则称 $x\to *$ 时 $\alpha(x)$ 为 $\beta(x)$ 的低阶无穷小.

1.2.6　函数极限存在的充要条件

定理　$\lim\limits_{x\to x_0} f(x)=A$ 的充要条件是

$$f(x_0^-)=f(x_0^+)=A.$$

1.2.7　数列极限存在的充要条件

定理　$\lim\limits_{n\to\infty}u_n=A$ 的充要条件是

$$\lim_{n\to\infty}u_{2n}=\lim_{n\to\infty}u_{2n-1}=A.$$

1.2.8　极限的唯一性

定理　若 $\lim\limits_{x\to *} f(x)$ 存在，则此极限值必唯一.

1.2.9 存在极限与无穷小的关系

定理 $\lim\limits_{x\to *} f(x) = A$ 的充要条件是

$$f(x) - A = \alpha(x), \lim_{x\to *}\alpha(x) = 0.$$

1.2.10 极限存在的保号性

定理 设$\lim\limits_{x\to *} f(x) = A, A \neq 0$，则存在 $*$ 的一个去心邻域，在此邻域内$f(x)$与A同号.

1.2.11 保号性的推论

定理 设存在 $*$ 的一个去心邻域，在此邻域内 $f(x) \geqslant 0$（或$\leqslant 0$），且$\lim\limits_{x\to *} f(x)$存在且等于$A$，则$A \geqslant 0(\leqslant 0)$.

【注】 若条件中"$f(x) \geqslant 0$（或$\leqslant 0$）"改为"$f(x) > 0$（或< 0）"，其他不改，则结论仍是"$A \geqslant 0(\leqslant 0)$".

1.2.12 无穷小与无穷大的关系

定理 （1）设$\lim\limits_{x\to *} f(x) = \infty$，则$\lim\limits_{x\to *}\dfrac{1}{f(x)} = 0$.

（2）设$\lim\limits_{x\to *} f(x) = 0$，且$f(x) \neq 0$，则$\lim\limits_{x\to *}\dfrac{1}{f(x)} = \infty$.

1.2.13 夹逼准则

定理 设

（1）在 $*$ 的去心邻域内 $g(x) \leqslant f(x) \leqslant h(x)$；

（2）$\lim\limits_{x\to *} g(x) = \lim\limits_{x\to *} h(x) = A$，则

$$\lim_{x\to *} f(x) = A.$$

【注】 1. 夹逼准则对于数列也成立.

2. 上面的A都换为$+\infty$或$-\infty$，定理也成立.

1.2.14 单调有界定理

定理 设数列$\{u_n\}$单调增加（减少）且有上（下）界$M(m)$，则$\lim\limits_{n\to\infty} u_n$存在且$\lim\limits_{n\to\infty} u_n \leqslant M(\geqslant m)$.

【注】 单调有界定理对函数的极限也成立.

1.2.15 几个重要极限与几个重要的等价无穷小

（1）$\lim\limits_{x\to 0}\dfrac{\sin x}{x} = 1$. **推广**：$\lim\limits_{\varphi(x)\to 0}\dfrac{\sin\varphi(x)}{\varphi(x)} = 1$，其中$\varphi(x) \neq 0$.

（2）$\lim\limits_{x\to 0}(1+x)^{\frac{1}{x}} = \mathrm{e}$. **推广**：$\lim\limits_{\varphi(x)\to 0}(1+\varphi(x))^{\frac{1}{\varphi(x)}} = \mathrm{e}$，其中$\varphi(x) \neq 0$.

（3）$\lim\limits_{n\to\infty}\sqrt[n]{n} = 1, \lim\limits_{n\to\infty}\sqrt[n]{a} = 1$（常数$a > 0$），

$\lim\limits_{x\to 0^+} x^{\delta}(\ln x)^k = 0, \lim\limits_{x\to+\infty} x^k \mathrm{e}^{-\delta x} = 0$（常数$\delta > 0, k > 0$）.

（4）当$x \to 0$时，$\sin x \sim x, \tan x \sim x, 1-\cos x \sim \dfrac{1}{2}x^2, \mathrm{e}^x - 1 \sim x, \ln(1+x) \sim x$,

$(1+x)^a - 1 \sim ax, \arcsin x \sim x, \arctan x \sim x, a^x - 1 \sim x\ln a (a > 0, a \neq 1)$,

$x^m + x^k \sim x^m$（常数$k > m > 0$）.

1.2.16 极限计算的四则运算法则

定理 设$\lim\limits_{x\to *} u(x)$存在且等于$A$，$\lim\limits_{x\to *} v(x)$存在且等于$B$，则下列运算法则成立：

(1) $\lim\limits_{x\to *}(u(x)\pm v(x))=\lim\limits_{x\to *}u(x)\pm\lim\limits_{x\to *}v(x)=A\pm B$.

(2) $\lim\limits_{x\to *}(u(x)v(x))=(\lim\limits_{x\to *}u(x))(\lim\limits_{x\to *}v(x))=AB$.

(3) $\lim\limits_{x\to *}(cu(x))=c\lim\limits_{x\to *}u(x)=cA$($c$ 是常数).

(4) $\lim\limits_{x\to *}\dfrac{u(x)}{v(x)}=\dfrac{\lim\limits_{x\to *}u(x)}{\lim\limits_{x\to *}v(x)}=\dfrac{A}{B}$(设 $B\neq 0$).

(5) $\lim\limits_{x\to *}u(x)=0$,并设在 $*$ 的去心邻域内 $k(x)$ 有界,则$\lim\limits_{x\to *}k(x)u(x)=0$.

【注】 以上诸条对于数列均成立.

如果$\lim\limits_{x\to *}u(x)$ 与 $\lim\limits_{x\to *}v(x)$ 不都存在,那么$\lim\limits_{x\to *}(u(x)\pm v(x))$ 不能写成

$$\lim_{x\to *}u(x)\pm\lim_{x\to *}v(x).$$

例如$\lim\limits_{x\to 0}\dfrac{\tan x-\sin x}{x^3}$ 不能写成$\lim\limits_{x\to 0}\dfrac{\tan x}{x^3}-\lim\limits_{x\to 0}\dfrac{\sin x}{x^3}$. 因为后面这两个极限值都为 ∞.

如果$\lim\limits_{x\to *}u(x)=0$,$\lim\limits_{x\to *}v(x)=0$,那么求$\lim\limits_{x\to *}\dfrac{u(x)}{v(x)}$ 也不能用前面的公式(4). 这正是后面要讲解的.

1.2.17 等价无穷小替换定理

定理 设 $x\to *$ 时 $\alpha(x)\sim a(x)$,$\beta(x)\sim b(x)$,则

$$\lim_{x\to *}\frac{\alpha(x)\gamma(x)}{\beta(x)\delta(x)}=\lim_{x\to *}\frac{a(x)\gamma(x)}{b(x)\delta(x)}. \tag{1.1}$$

【注】 1. 上式的含义是,若上式右边存在,则左边等于右边;若上式右边为 ∞(或其他情形的不存在),则左边亦为 ∞(或其他情形的不存在).

2. 整个式子中的乘除因子可用等价无穷小替换求其极限,加、减时不能用等价无穷小替换,部分式子的乘、除因子也不能用等价无穷小替换. 例如

$$\lim_{x\to 0}\frac{\ln(1+x)-x}{x^2}=\lim_{x\to 0}\left[\frac{\ln(1+x)}{x^2}-\frac{x}{x^2}\right]\overset{☆}{=}\lim_{x\to 0}\left(\frac{x}{x^2}-\frac{x}{x^2}\right)=0$$

是错误的,错在☆这一步不能用 $\ln(1+x)\sim x$ 去替换. 因为它不是整个式子的乘、除用等价无穷小替换,而是局部式子的乘、除用等价无穷小替换.

1.2.18 等价无穷小的充要条件

定理 $x\to *$ 时 $\alpha(x)\sim\beta(x)$ 的充要条件是 $\alpha(x)-\beta(x)=o(\beta(x))$.

例如,$x\to 0$ 时,$x^3+x^4\sim x^3$. 这是因为$(x^3+x^4)-x^3=x^4=o(x^3)$.

1.2.19 洛必达法则

> 近年来,考研经常考到教科书上某些既重要,又不难证明,步骤也很简洁的定理的证明.下述洛必达法则1中的$x\to x_0$的情形,就是这类定理之一,应引起考生注意.出题目的在于让考生重视基础、注意教材.

法则 1 设

(1) $\lim\limits_{x\to *}f(x)=0$,$\lim\limits_{x\to *}g(x)=0$;

(2) $f(x)$ 与 $g(x)$ 在 $*$ 的去心邻域$\mathring{U}$内可导,且 $g'(x)\neq 0$;

(3) $\lim\limits_{x\to *}\dfrac{f'(x)}{g'(x)}=A$(或 ∞),则$\lim\limits_{x\to *}\dfrac{f(x)}{g(x)}=\lim\limits_{x\to *}\dfrac{f'(x)}{g'(x)}$.

法则 2 设

(1) $\lim\limits_{x\to *}f(x)=\infty$,$\lim\limits_{x\to *}g(x)=\infty$;

(2) $f(x)$ 与 $g(x)$ 在 $*$ 的去心邻域 $\mathring{U}$ 内可导,且 $g'(x)\neq 0$;

(3) $\lim\limits_{x\to *}\dfrac{f'(x)}{g'(x)}=A$（或 ∞），则 $\lim\limits_{x\to *}\dfrac{f(x)}{g(x)}=\lim\limits_{x\to *}\dfrac{f'(x)}{g'(x)}$.

【注】 条件(1)是必须检查的，不是 $\dfrac{0}{0}$ 型或 $\dfrac{\infty}{\infty}$ 型就不能用洛必达法则. 如果 $\lim\limits_{x\to *}\dfrac{f'(x)}{g'(x)}$ 也是符合洛必达法则的"$\dfrac{0}{0}$ 型"或"$\dfrac{\infty}{\infty}$ 型"及相应的其他条件，则仍可用此法往下做. 但应注意随时化简，切勿机械重复. 能用等价无穷小替换时应尽量用，它比洛必达法则快捷、方便. $\lim\limits_{x\to *}\dfrac{f'(x)}{g'(x)}$ 不存在(不是 ∞ 的不存在)，并不能说明原极限不存在，应改用它法. 若 $f(x)$ 或 $g(x)$ 是用变限积分表示的函数，应首先想到使用洛必达法则，因为求导正好可消除积分号.

1.2.20 佩亚诺余项泰勒公式

定理 设 $f(x)$ 在 $x=x_0$ 处存在 n 阶导数，则有公式

$$f(x)=f(x_0)+f'(x_0)(x-x_0)+\frac{1}{2!}f''(x_0)(x-x_0)^2+\cdots+\frac{1}{n!}f^{(n)}(x_0)(x-x_0)^n+o((x-x_0)^n),$$

其中 $\lim\limits_{x\to x_0}\dfrac{o((x-x_0)^n)}{(x-x_0)^n}=0$.

上述公式称为在 $x=x_0$ 处展开的具有佩亚诺余项的 n 阶泰勒公式，

$$R_n(x)=o((x-x_0)^n)$$

称为佩亚诺余项.

几个常用函数的 $x=0$ 处展开的佩亚诺余项泰勒公式如下：

(1) $e^x=1+x+\dfrac{1}{2!}x^2+\cdots+\dfrac{1}{n!}x^n+o(x^n)$；

(2) $\sin x=x-\dfrac{1}{3!}x^3+\cdots+\dfrac{(-1)^n}{(2n+1)!}x^{2n+1}+o(x^{2n+2})$；

(3) $\cos x=1-\dfrac{1}{2!}x^2+\cdots+\dfrac{(-1)^n}{(2n)!}x^{2n}+o(x^{2n+1})$；

(4) $\ln(1+x)=x-\dfrac{x^2}{2}+\dfrac{x^3}{3}-\cdots+(-1)^{n-1}\dfrac{x^n}{n}+o(x^n)$；

(5) $(1+x)^m=1+mx+\dfrac{m(m-1)}{2!}x^2+\cdots+\dfrac{m(m-1)\cdots(m-n+1)}{n!}x^n+o(x^n)$.

在求 $x\to x_0$ 的极限时，若条件允许，有时用佩亚诺余项泰勒公式求极限很方便. 在讨论极值、拐点时，如果条件允许，并且计算也方便的话，那么使用佩亚诺泰勒公式展开去讨论，可以收到事半功倍的效果.

1.2.21 利用积分和式求极限

定理 设 $f(x)$ 在 $[0,1]$ 上连续，$u_n=\dfrac{1}{n}\sum\limits_{i=1}^{n}f\left(\dfrac{i}{n}\right)$ 或 $u_n=\dfrac{1}{n}\sum\limits_{i=0}^{n-1}f\left(\dfrac{i}{n}\right)$，则

$$\lim_{n\to\infty}u_n=\lim_{n\to\infty}\frac{1}{n}\sum_{i=1}^{n}f\left(\frac{i}{n}\right)\left(\text{或}\lim_{n\to\infty}\frac{1}{n}\sum_{i=0}^{n-1}f\left(\frac{i}{n}\right)\right)=\int_0^1 f(x)\mathrm{d}x. \tag{1.2}$$

§3　函数的连续与间断

1.3.1　函数在一点处连续

定义　设 $f(x)$ 在 $x=x_0$ 的某邻域 $U(x_0)$ 有定义，且

$$\lim_{x\to x_0} f(x)=f(x_0),$$

则称 $f(x)$ 在 $x=x_0$ 处连续.

1.3.2　函数在一点处左连续

定义　设 $f(x)$ 在 $x=x_0$ 的左侧某邻域$x_0-\delta<x\leqslant x_0$ 有定义，且

$$\lim_{x\to x_0^-} f(x)=f(x_0),$$

则称 $f(x)$ 在 $x=x_0$ 处左连续.类似地可以定义右连续.

1.3.3　函数在(a,b)内、$[a,b]$上连续

定义　设 $f(x)$ 在(a,b)内每一点处都连续，则称$f(x)$在(a,b)内连续.

定义 $f(x)$ 在$[a,b]$上连续，其中在 $x=a$ 处指的是右连续，$x=b$ 处指的是左连续.

1.3.4　第一类间断点

定义　设 $f(x)$ 在 $x=x_0$ 的某去心邻域内有定义，如果$\lim\limits_{x\to x_0} f(x)$存在，但 $f(x_0)$ 无定义，或者虽有定义，但与$\lim\limits_{x\to x_0} f(x)$不相等，称 $x=x_0$ 为 $f(x)$ 的**可去间断点**.

设 $f(x)$ 在 $x=x_0$ 的某去心邻域内有定义，如果 $\lim\limits_{x\to x_0^-} f(x)$ 与 $\lim\limits_{x\to x_0^+} f(x)$ 都存在，但不相等，称$x=x_0$ 为 $f(x)$ 的**跳跃间断点**.此时与 $f(x_0)$ 是否存在，存在时等于什么都无关.

可去间断点与跳跃间断点统称为第一类间断点.

可去间断点是“最好”的间断点，只要补充定义 $f(x_0)$ 或者修改 $f(x)$ 在$x=x_0$处的定义，使得 $f(x_0)=\lim\limits_{x\to x_0} f(x)$，就可将 $x=x_0$“改造”成为 $f(x)$ 的连续点.

例如 $f(x)=\dfrac{\sin x}{x}$ 在 $x=0$ 处无定义，但$\lim\limits_{x\to 0}\dfrac{\sin x}{x}=1$，可见 $x=0$ 为 $f(x)$ 的可去间断点.如果补充定义

$$f(x)=\begin{cases}\dfrac{\sin x}{x}, & x\neq 0,\\ 1, & x=0.\end{cases}$$

此时 $f(x)$ 在 $x=0$ 点连续.

1.3.5　第二类间断点

定义　设 $f(x)$ 在 $x=x_0$ 的某去心邻域内有定义，如果 $\lim\limits_{x\to x_0^-} f(x)$ 与 $\lim\limits_{x\to x_0^+} f(x)$ 至少有一个不存在，称 $x=x_0$ 为 $f(x)$ 的第二类间断点.第二类间断点又可细分为**无穷间断点**，**振荡间断点等**.

例如 $f(x)=\dfrac{1}{x}$ 在 $x=0$ 处为无穷间断点；$g(x)=\sin\dfrac{1}{x}$ 在 $x=0$ 处为振荡间断点.

1.3.6　连续函数的四则运算

定理　设 $u(x)$ 与 $v(x)$ 在 $x=x_0$ 处连续，则四则运算之后所成的函数在 $x=x_0$ 处也连续（除法运算时要求分母不为零）.

1.3.7　复合函数的连续性

定理　设 $f(u)$ 在 $u=u_0$ 处连续，$g(x)$ 在 $x=x_0$ 处连续，且 $g(x_0)=u_0$，则复合函数 $f(g(x))$ 在 $x=x_0$ 处亦连续.

1.3.8　基本初等函数的连续性

定理　基本初等函数在它的定义域上都是连续的.

1.3.9　初等函数的连续性

定理　初等函数在它的定义域的区间内都是连续的.

1.3.10　闭区间上的连续函数的性质

定理　设 $f(x)$ 在闭区间 $[a,b]$ 上连续，则它具有下列性质：

(1) $f(x)$ 在 $[a,b]$ 上有界(称**有界性**定理)；

(2) $f(x)$ 在 $[a,b]$ 上有最大值与最小值(称**最值**定理)；

(3) 设 μ 满足 $m\leqslant\mu\leqslant M$，m 和 M 分别为 $f(x)$ 在 $[a,b]$ 上的最小值与最大值，则至少存在一点 $\xi\in[a,b]$，使 $f(\xi)=\mu$(称**介值**定理)；

(4) 设 $f(a)f(b)<0$，则至少存在一点 $\xi\in(a,b)$，使 $f(\xi)=0$(称**零点**定理).

【注】　若(3)中 μ 满足 $m<\mu<M$，则 $\xi\in(a,b)$.

例题分析

一、求反函数及复合函数的表达式

【例 1】　已知函数 $y=f(x)$ 与 $y=g(x)$ 的图形对称于直线 $y=x$，且 $f(x)=\dfrac{e^x-e^{-x}}{e^x+e^{-x}}$，则 $g(x)=$ ________.

解　因为函数 $y=f(x)$ 与 $y=g(x)$ 的图形对称于直线 $y=x$，所以函数 $y=f(x)$ 与 $y=g(x)$ 互为反函数，本题实质要求函数 $y=f(x)$ 的反函数.

设 $y=\dfrac{e^x-e^{-x}}{e^x+e^{-x}}=\dfrac{e^{2x}-1}{e^{2x}+1}$，因此解得 $x=\dfrac{1}{2}\ln\dfrac{1+y}{1-y}$.

将 x 与 y 互换，即得所求函数的反函数.

【评注】　求反函数的步骤：(1) 由 $y=f(x)$ 解出 x，得到关系式 $x=\varphi(y)$；

(2) 将 x 与 y 互换，即得所求函数的反函数 $y=\varphi(x)$.

【例 2】　设函数 $f(x)=\begin{cases}1-2x^2, & x<-1,\\ x^3, & -1\leqslant x\leqslant 2,\\ 12x-16, & x>2.\end{cases}$ 求 $f(x)$ 的反函数 $g(x)$ 的表达式.

解　由 $y=\begin{cases}1-2x^2, & x<-1,\\ x^3, & -1\leqslant x\leqslant 2,\\ 12x-16, & x>2,\end{cases}$ 得

$$x=\begin{cases}-\sqrt{\dfrac{1-y}{2}}, & y<-1,\\ \sqrt[3]{y}, & -1\leqslant y\leqslant 8,\\ \dfrac{y+16}{12}, & y>8.\end{cases}$$

则 $f(x)$ 的反函数为

$$g(x)=\begin{cases}-\sqrt{\dfrac{1-x}{2}}, & x<-1,\\ \sqrt[3]{x}, & -1\leqslant x\leqslant 8,\\ \dfrac{x+16}{12}, & x>8.\end{cases}$$

【例 3】　设 $f(x)=\begin{cases}(x-1)^2, x\leqslant 1,\\ \dfrac{1}{1-x}, \ x>1,\end{cases}$ $g(x)=\begin{cases}2x, x>0,\\ 3x, x\leqslant 0,\end{cases}$ 则 $f(g(x))=$ ______.

解题思路　求 $f(g(x))$ 时，利用外层函数 f，写出复合函数的表达式，并同时写出中间变量（即内层函数 g）的取值范围；然后按内层函数，即 $g(x)$ 的分段表达式，过渡到自变量的变化范围，得到分段表达式. 若求 $g(f(x))$，亦类似.

解　由 $f(x)$ 与 $g(x)$ 的定义式，有

$$f(g(x))=\begin{cases}(g(x)-1)^2, & g(x)\leqslant 1,\\ \dfrac{1}{1-g(x)}, & g(x)>1.\end{cases}$$

进一步，将中间变量 $g(x)$ 的分段表达式代入，得

$$f(g(x))=\begin{cases}(2x-1)^2, & 2x\leqslant 1 \text{ 且 } x>0,\\ (3x-1)^2, & 3x\leqslant 1 \text{ 且 } x\leqslant 0,\\ \dfrac{1}{1-2x}, & 2x>1 \text{ 且 } x>0,\\ \dfrac{1}{1-3x}, & 3x>1 \text{ 且 } x\leqslant 0.\end{cases}$$

将 $f(g(x))$ 分段表达式的分段定义的区间用它的交集表示，得

$$f(g(x))=\begin{cases}(2x-1)^2, & 0<x\leqslant \dfrac{1}{2},\\ (3x-1)^2, & x\leqslant 0,\\ \dfrac{1}{1-2x}, & x>\dfrac{1}{2}.\end{cases}$$

而第 4 个分段式，$3x>1$ 且 $x\leqslant 0$ 交集为空集，不必写出.

为了某种需要写出分段函数的复合函数的表达式，是件十分重要并且有点困难的事，后面还会遇到这种题，读者应多多练习.

二、关于函数几种特性的讨论

【例 4】　已知 $f(x)$ 在 $[a,+\infty)$ 上连续，且 $\lim\limits_{x\to+\infty}f(x)$ 存在，试证：$f(x)$ 在 $[a,+\infty)$ 上有界.

证明　令 $\lim\limits_{x\to+\infty}f(x)=A$，则对于任意的 $\varepsilon>0$，则存在 $X>a$，当 $x>X$ 时，

$$|f(x)-A|<\varepsilon.$$

由于 $|f(x)|-|A|<|f(x)-A|$，则 $|f(x)|<|A|+\varepsilon$.

由于 $f(x)$ 在 $[a,X]$ 上连续，则 $f(x)$ 在该区间上有界，即存在 $M_1>0$，对一切的 $x\in[a,X]$，恒有 $|f(x)|\leqslant M_1$.

令 $M=\max\{M_1,|A|+\varepsilon\}$，则对一切的 $x\in[a,+\infty)$，恒有 $|f(x)|\leqslant M$. 即 $f(x)$ 在 $[a,+\infty)$ 上有界.

【评注】 类似地，可以证明在区间 $(-\infty,a]$，$(-\infty,+\infty)$，(a,b) 上 $f(x)$ 有界的相应的结论.

【例 5】 设 $f(x)$ 在有限区间 I 上可导，且导函数 $f'(x)$ 在区间 I 上有界，试证 $f(x)$ 在区间 I 上有界.

证明 由于 $f'(x)$ 在 I 上有界，则存在 $M>0$，使得对一切的 $x\in I$，恒有 $|f'(x)|\leqslant M$，由于区间 I 为有限区间，设其长度为 l，则 l 为有限数.

在区间 I 中任意取定一个点 x_0，则对任意 $x\in I$，由拉格朗日中值定理知

$$f(x)-f(x_0)=f'(\xi)(x-x_0),$$

其中 ξ 介于 x_0 与 x 之间，则 $f(x)=f(x_0)+f'(\xi)(x-x_0)$，

$$|f(x)|\leqslant|f(x_0)|+|f'(\xi)||x-x_0|\leqslant|f(x_0)|+Ml.$$

故 $f(x)$ 在区间 I 上有界.

【例 6】 当 $x\neq0$ 时，设 $f(x)=\dfrac{(x^3-1)\sin x}{(x^2+1)x}$，$g(x)=\dfrac{1}{x}\sin\dfrac{1}{x}$. 下述命题

① 对任意 $X>0$，在 $0<|x|<X$ 上 $f(x)$ 有界，但在 $(-\infty,+\infty)(x\neq0)$ 上 $f(x)$ 无界.

② 在 $(-\infty,+\infty)(x\neq0)$ 上 $f(x)$ 有界.

③ $g(x)$ 在 $x=0$ 的去心邻域内无界，但 $\lim\limits_{x\to0}g(x)\neq\infty$.

④ $\lim\limits_{x\to0}g(x)=\infty$.

(A)①③. (B)①④. (C)②③. (D)②④.

解 因为 $\lim\limits_{x\to0}f(x)=-1$，所以存在 $\delta>0$，在 $0<|x|<\delta$ 上 $f(x)$ 有界. 又 $\lim\limits_{x\to\infty}\dfrac{x^3-1}{(x^2+1)x}=1$，所以存在 $X>0$，在 $|x|>X$ 上 $\dfrac{x^3-1}{(x^2+1)x}$ 有界. 而函数 $\sin x$ 是有界的，所以在 $|x|>X$ 上 $f(x)$ 有界. 而在区间 $[-X,-\delta]$，$[\delta,X]$ 上 $f(x)$ 是连续的，所以 $f(x)$ 是有界的，于是知在 $(-\infty,+\infty)$ 上 $f(x)$ 是有界的. ② 正确.

以下证明 ③ 也是正确的. 对于任给的 $M>0$，取 $x_n=\dfrac{1}{2n\pi+\dfrac{\pi}{2}}$，有

$$g(x_n)=\left(2n\pi+\frac{\pi}{2}\right)\sin\left(2n\pi+\frac{\pi}{2}\right)=2n\pi+\frac{\pi}{2},$$

当 $n>\dfrac{M}{2\pi}-\dfrac{1}{4}$ 时，$g(x_n)>M$. 即对于任给的 $M>0$，总存在 x_n，其中 $n>\dfrac{M}{2\pi}-\dfrac{1}{4}$（这种 n 总是有的），使 $g(x_n)>M$，说明 $g(x)$ 在 $x=0$ 的去心邻域内无界. 但另一方面，若取 $x_n'=\dfrac{1}{2n\pi}$，则有 $g(x_n')=0$. 此说明

$$\lim_{x\to0}g(x)\neq\infty.$$

所以 ③ 正确. 选(C).

【例 7】 证明：(1) 若 $f(x)$ 在 (a,b) 内可导，但无界，则其导函数 $f'(x)$ 在 (a,b) 内亦无界；

(2) 设函数 $f(x)$ 在 (a,b) 内可导，并且 $f(x)$ 的导函数 $f'(x)$ 在 (a,b) 内有界，则 $f(x)$ 在 (a,b) 内有界.

证明 (1) 用反证法. 假设 $f'(x)$ 在 (a,b) 内有界，即对于任意 $x\in(a,b)$，均存在 $M>0$，使 $|f'(x)|\leqslant M$. 由拉格朗日中值定理知，对于任意 $x_0\in(a,b)$ 有

$$f(x)=f(x_0)+f'(\xi)(x-x_0)\text{，其中 }\xi\text{ 介于 }x_0\text{ 与 }x\text{ 之间}.$$

于是，

$$\begin{aligned}|f(x)|&=|f(x_0)+f'(\xi)(x-x_0)|\leqslant|f(x_0)|+|f'(\xi)(x-x_0)|\\&\leqslant|f(x_0)|+M|x-x_0|\leqslant|f(x_0)|+M(b-a)=C,\end{aligned}$$

则对于任意 $x\in(a,b)$，均存在 $C>0$，使得 $|f(x)|\leqslant C$，其中 $C=|f(x_0)|+M(b-a)>0$ 为常数，这与 $f(x)$ 在 (a,b) 内无界的题设相矛盾，故 $f'(x)$ 在 (a,b) 内亦无界.

(2) 用反证法，若 $f(x)$ 在 (a,b) 内无界，则由上述(1) 的结论知 $f'(x)$ 在 (a,b) 内亦无界，这与题设矛盾. 实质上命题(1) 和(2) 互为逆否命题.

【例 8】 设 $f(x)$ 为连续函数，试证

(1) 若 $f(x)$ 为奇函数，则 $F(x)=\int_0^x f(t)\mathrm{d}t$ 为偶函数；

(2) 若 $f(x)$ 为偶函数，则 $F(x)=\int_0^x f(t)\mathrm{d}t$ 为奇函数.

证明 (1)

$$\begin{aligned}F(-x)&=\int_0^{-x}f(t)\mathrm{d}t\xlongequal{t=-u}\int_0^x[-f(u)](-\mathrm{d}u)\\&=\int_0^x f(u)\mathrm{d}u=F(x),\end{aligned}$$

则 $F(x)$ 为偶函数.

(2) 同理可证.

【例 9】 设 $f(x+\pi)=f(x)+\sin x$，则在 $(-\infty,+\infty)$ 内，$f(x)$

(A) 是周期函数，周期为 π.　　(B) 是周期函数，周期为 2π.

(C) 是周期函数，周期为 3π.　　(D) 不是周期函数.

解 经计算得

$$\begin{aligned}f(x+2\pi)&=f[(x+\pi)+\pi]=f(x+\pi)+\sin(x+\pi)\\&=f(x)+\sin x-\sin x=f(x),\end{aligned}$$

所以 $f(x)$ 是周期函数，周期为 2π，故选(B).

求极限是考研的一个热点，主要是求函数的极限(包括已知某极限求另一极限，已知某极限求其中某些参数) 和求数列的极限.

三、求函数的极限

求函数的极限主要是求 7 种类型未定式的极限，即 $\frac{0}{0}$、$\frac{\infty}{\infty}$、$0\cdot\infty$、$\infty-\infty$、1^{∞}、∞^0、0^0，这里考查的重点是 $\frac{0}{0}$ 型和 1^{∞} 型.

1. 求“$\frac{0}{0}$”型的极限

常用的方法有四种：

(1) 通过恒等变形约去分子、分母中极限为零的因子，然后用极限的有理运算法则.

(2) 用洛必达法则.

(3) 用等价无穷小代换.

(4) 用泰勒公式.

以上四种方法使用的同时要注意将原式化简，常用的方法有把极限非零因子的极限先求出来、有理化及变量代换等.

【例 10】 求极限$\lim\limits_{x\to 0}\dfrac{x-\ln(x+\sqrt{1+x^2})}{(1-\sqrt[3]{\cos x})\sin x}$.

解 由于当 $x\to 0$ 时，$1-\cos^{\alpha}x\sim\dfrac{\alpha}{2}x^2$，则 $1-\sqrt[3]{\cos x}\sim\dfrac{1}{6}x^2$，从而有

$$\begin{aligned}
\lim_{x\to 0}\frac{x-\ln(x+\sqrt{1+x^2})}{(1-\sqrt[3]{\cos x})\sin x}&=\lim_{x\to 0}\frac{x-\ln(x+\sqrt{1+x^2})}{\frac{1}{6}x^3}\\
&=\lim_{x\to 0}\frac{1-\frac{1}{\sqrt{1+x^2}}}{\frac{1}{2}x^2}\quad(\text{洛必达法则})\\
&=\lim_{x\to 0}\frac{1-(1+x^2)^{-\frac{1}{2}}}{\frac{1}{2}x^2}\\
&=\lim_{x\to 0}\frac{\frac{1}{2}x^2}{\frac{1}{2}x^2}=1.
\end{aligned}$$

【例 11】 求极限 $\lim\limits_{x\to 0}\dfrac{\int_0^x x\ln(1+t)\mathrm{d}t}{x-\arcsin x}$.

解题思路 这是一个 $\dfrac{0}{0}$ 型极限，一种思路是用洛必达法则，另一种思路是利用等价无穷小代换.

解【方法一】 原式

$$\begin{aligned}
&=\lim_{x\to 0}\frac{x\int_0^x\ln(1+t)\mathrm{d}t}{x-\arcsin x}\\
&=\lim_{x\to 0}\frac{\int_0^x\ln(1+t)\mathrm{d}t+x\ln(1+x)}{1-\frac{1}{\sqrt{1-x^2}}}\quad(\text{洛必达法则})\\
&=\lim_{x\to 0}\frac{\int_0^x\ln(1+t)\mathrm{d}t+x\ln(1+x)}{-\frac{1}{2}x^2}\quad\left(1-\frac{1}{\sqrt{1-x^2}}=1-(1-x^2)^{-\frac{1}{2}}\sim-\frac{1}{2}x^2\right)
\end{aligned}$$

$$=\lim_{x\to 0}\frac{2\ln(1+x)+\dfrac{x}{1+x}}{-x}\qquad（洛必达法则）$$

$$=-2-1=-3.$$

【方法二】　由于当 $t\to 0$ 时，$\ln(1+t)\sim t$，则 $\int_0^x \ln(1+t)\mathrm{d}t\sim\int_0^x t\mathrm{d}t=\frac{1}{2}x^2$.

$$原式=\lim_{x\to 0}\frac{x\int_0^x \ln(1+t)\mathrm{d}t}{x-\arcsin x}$$

$$=\lim_{x\to 0}\frac{x\cdot\dfrac{1}{2}x^2}{-\dfrac{1}{6}x^3}\qquad\left(x-\arcsin x\sim-\frac{x^3}{6}\right)$$

$$=-3.$$

【例 12】　设 $f(x)$ 连续，且 $f(0)=0, f'(0)\neq 0$，求极限 $\lim\limits_{x\to 0}\dfrac{\int_0^{x^2} f(x^2-t)\mathrm{d}t}{x^3\int_0^1 f(xt)\mathrm{d}t}$.

解【方法一】　令 $x^2-t=u$，则 $\mathrm{d}t=-\mathrm{d}u$，$\int_0^{x^2} f(x^2-t)\mathrm{d}t=\int_0^{x^2} f(u)\mathrm{d}u$.

令 $xt=u$，则 $x\mathrm{d}t=\mathrm{d}u$，$\int_0^1 f(xt)\mathrm{d}t=\frac{1}{x}\int_0^x f(u)\mathrm{d}u$. 于是有

$$\lim_{x\to 0}\frac{\int_0^{x^2} f(x^2-t)\mathrm{d}t}{x^3\int_0^1 f(xt)\mathrm{d}t}=\lim_{x\to 0}\frac{\int_0^{x^2} f(u)\mathrm{d}u}{x^2\int_0^x f(u)\mathrm{d}u}$$

$$=\lim_{x\to 0}\frac{2xf(x^2)}{2x\int_0^x f(u)\mathrm{d}u+x^2f(x)}\qquad（洛必达法则）$$

$$=\lim_{x\to 0}\frac{\dfrac{2f(x^2)}{x^2}}{\dfrac{2\int_0^x f(u)\mathrm{d}u}{x^2}+\dfrac{f(x)}{x}}.$$

由导数定义可知，$\lim\limits_{x\to 0}\dfrac{f(x)}{x}=f'(0)$，$\lim\limits_{x\to 0}\dfrac{f(x^2)}{x^2}=f'(0)$，又

$$\lim_{x\to 0}\frac{2\int_0^x f(u)\mathrm{d}u}{x^2}=\lim_{x\to 0}\frac{2f(x)}{2x}=\lim_{x\to 0}\frac{f(x)}{x}=f'(0),$$

则 $\lim\limits_{x\to 0}\dfrac{\int_0^{x^2} f(x^2-t)\mathrm{d}t}{x^3\int_0^1 f(xt)\mathrm{d}t}=\dfrac{2f'(0)}{f'(0)+f'(0)}=1.$

【方法二】　同方法一知

$$\lim_{x\to 0}\frac{\int_0^{x^2} f(x^2-t)\mathrm{d}t}{x^3\int_0^1 f(xt)\mathrm{d}t}=\lim_{x\to 0}\frac{\int_0^{x^2} f(u)\mathrm{d}u}{x^2\int_0^x f(u)\mathrm{d}u},$$

又$\lim\limits_{x\to 0}\dfrac{f(x)}{x}=f'(0)\neq 0$，则当$x\to 0$时，$f(x)\sim f'(0)x$，从而有

$$\int_0^{x^2}f(u)\mathrm{d}u\sim\int_0^{x^2}f'(0)u\mathrm{d}u=\frac{f'(0)}{2}x^4,$$

$$\int_0^{x}f(u)\mathrm{d}u\sim\int_0^{x}f'(0)u\mathrm{d}u=\frac{f'(0)}{2}x^2,$$

则$\lim\limits_{x\to 0}\dfrac{\int_0^{x^2}f(x^2-t)\mathrm{d}t}{x^3\int_0^1 f(xt)\mathrm{d}t}=\lim\limits_{x\to 0}\dfrac{\frac{f'(0)}{2}x^4}{x^2\left(\frac{f'(0)}{2}x^2\right)}=1.$

【例 13】 求极限$\lim\limits_{x\to 0}\dfrac{(1+x)^{\frac{2}{x}}-\mathrm{e}^2[1-\ln(1+x)]}{x}$.

解 原式$=\lim\limits_{x\to 0}\dfrac{\mathrm{e}^{\frac{2}{x}\ln(1+x)}-\mathrm{e}^2[1-\ln(1+x)]}{x}$，考虑到$\lim\limits_{x\to 0}\dfrac{\mathrm{e}^2\ln(1+x)}{x}=\mathrm{e}^2$，

$$\lim_{x\to 0}\frac{\mathrm{e}^{\frac{2}{x}\ln(1+x)}-\mathrm{e}^2}{x}=\mathrm{e}^2\lim_{x\to 0}\frac{\mathrm{e}^{\frac{2}{x}\ln(1+x)-2}-1}{x}=\mathrm{e}^2\lim_{x\to 0}\frac{\frac{2}{x}\ln(1+x)-2}{x}$$

$$=2\mathrm{e}^2\lim_{x\to 0}\frac{\ln(1+x)-x}{x^2}=2\mathrm{e}^2\lim_{x\to 0}\frac{\frac{1}{1+x}-1}{2x}=-\mathrm{e}^2,$$

于是原式$=-\mathrm{e}^2+\mathrm{e}^2=0$.

【例 14】 求极限$\lim\limits_{x\to 0}\dfrac{(1+x)^{\frac{1}{x}}-\mathrm{e}+\frac{\mathrm{e}}{2}x}{x^2}$.

解题思路 本题是一个$\dfrac{0}{0}$型极限，由于分子中出现幂指函数，应先改写分子中的幂指函数为指数函数，然后用泰勒公式.

解 原式$=\lim\limits_{x\to 0}\dfrac{\mathrm{e}^{\frac{\ln(1+x)}{x}}-\mathrm{e}+\frac{\mathrm{e}}{2}x}{x^2}$

$$=\lim_{x\to 0}\frac{\mathrm{e}^{1-\frac{x}{2}+\frac{x^2}{3}+o(x^2)}-\mathrm{e}+\frac{\mathrm{e}}{2}x}{x^2}\quad\left(\text{泰勒公式}\ln(1+x)=x-\frac{x^2}{2}+\frac{x^3}{3}+o(x^3)\right)$$

$$=\mathrm{e}\lim_{x\to 0}\frac{\mathrm{e}^{-\frac{x}{2}+\frac{x^2}{3}+o(x^2)}-1+\frac{1}{2}x}{x^2}.$$

由$\mathrm{e}^x=1+x+\dfrac{x^2}{2!}+o(x^2)$知

$$\mathrm{e}^{-\frac{x}{2}+\frac{x^2}{3}+o(x^2)}=1+\left[-\frac{x}{2}+\frac{x^2}{3}+o(x^2)\right]+\frac{1}{2!}\left[-\frac{x}{2}+\frac{x^2}{3}+o(x^2)\right]^2+o(x^2)$$

$$=1-\frac{x}{2}+\frac{x^2}{3}+\frac{1}{2!}\left(-\frac{x}{2}\right)^2+o(x^2)$$

$$=1-\frac{x}{2}+\frac{11x^2}{24}+o(x^2),$$

则$\lim\limits_{x\to 0}\dfrac{e^{-\frac{x}{2}+\frac{x^2}{3}+o(x^2)}-1+\frac{1}{2}x}{x^2}=\lim\limits_{x\to 0}\dfrac{\frac{11x^2}{24}+o(x^2)}{x^2}=\dfrac{11}{24}$,

故原式 $=\dfrac{11e}{24}$.

2. 求"$\frac{\infty}{\infty}$"型极限

常用的方法有两种：

(1) 洛必达法则.

(2) 消去分子分母中的 ∞ 因子或分子分母同除以分子和分母各项中最高阶的无穷大.

【例 15】　求极限 $\lim\limits_{x\to+\infty}\dfrac{\int_1^x (t^2+\ln t)e^{t^2}\,dt}{xe^{x^2}+x^{100}}$.

解题思路　这是一个 $\frac{\infty}{\infty}$ 型极限，首先用洛必达法则去掉分子中的积分号，然后分子分母同除以分子和分母各项中最高阶的无穷大 $x^2e^{x^2}$.

解　原式$=\lim\limits_{x\to+\infty}\dfrac{x^2e^{x^2}+e^{x^2}\ln x}{e^{x^2}+2x^2e^{x^2}+100x^{99}}$　（洛必达法则）

$$=\lim_{x\to+\infty}\frac{1+\frac{\ln x}{x^2}}{\frac{1}{x^2}+2+\frac{100x^{97}}{e^{x^2}}}\quad（分子分母同除以 x^2e^{x^2}）$$

$$=\frac{1+0}{0+2+0}=\frac{1}{2}.$$

【评注】　本题中用到一个常用结论：当 $x\to+\infty$ 时

$$\ln^{\alpha}x \ll x^{\beta} \ll a^x，其中 \alpha>0,\beta>0,a>1.$$

3. 求"$\infty-\infty$"型极限

常用的方法有：

(1) 通分化为$\frac{0}{0}$ 型极限(适用于分式差).

(2) 根式有理化(适用于根式差).

(3) 等价代换、变量代换或泰勒公式.

【例 16】　极限 $\lim\limits_{x\to-\infty}\left[\sqrt{x^2+2x+\sin x}+(x+2)\right]=$ ________.

解题思路　这是一个 $\infty-\infty$ 型极限. 同乘、除 $\sqrt{x^2+2x+\sin x}-(x+2)$ 化原式为 $\frac{\infty}{\infty}$ 型.

解 $\lim\limits_{x\to-\infty}\left[\sqrt{x^2+2x+\sin x}+(x+2)\right]$

$$=\lim_{x\to-\infty}\frac{\left[\sqrt{x^2+2x+\sin x}+(x+2)\right]\left[\sqrt{x^2+2x+\sin x}-(x+2)\right]}{\sqrt{x^2+2x+\sin x}-(x+2)}$$

$$=\lim_{x\to-\infty}\frac{\sin x-2x-4}{-x\sqrt{1+\frac{2}{x}+\frac{\sin x}{x^2}}-x\left(1+\frac{2}{x}\right)}$$

$$=\lim_{x\to-\infty}\frac{\frac{\sin x}{x}-2-\frac{4}{x}}{-\sqrt{1+\frac{2}{x}+\frac{\sin x}{x^2}}-\left(1+\frac{2}{x}\right)}=1.$$

【例 17】 求极限$\lim\limits_{x\to0}\left[\dfrac{1+\int_0^x xe^{t^2}\,dt}{\sin^2 x}-\dfrac{1}{x^2}\right]$.

解 $\lim\limits_{x\to0}\left[\dfrac{1+\int_0^x xe^{t^2}\,dt}{\sin^2 x}-\dfrac{1}{x^2}\right]=\lim\limits_{x\to0}\left[\dfrac{1}{\sin^2 x}-\dfrac{1}{x^2}\right]+\lim\limits_{x\to0}\dfrac{\int_0^x xe^{t^2}\,dt}{\sin^2 x}$

$$\lim_{x\to0}\left[\frac{1}{\sin^2 x}-\frac{1}{x^2}\right]=\lim_{x\to0}\frac{x^2-\sin^2 x}{x^2\sin^2 x}$$

$$=\lim_{x\to0}\frac{(x+\sin x)(x-\sin x)}{x^4}$$

$$=\lim_{x\to0}\frac{(2x)\left(\frac{1}{6}x^3\right)}{x^4}=\frac{1}{3},$$

$$\lim_{x\to0}\frac{\int_0^x xe^{t^2}\,dt}{\sin^2 x}=\lim_{x\to0}\frac{\int_0^x e^{t^2}\,dt}{x}=\lim_{x\to0}\frac{e^{x^2}}{1}=1,$$

则$\lim\limits_{x\to0}\left[\dfrac{1+\int_0^x xe^{t^2}\,dt}{\sin^2 x}-\dfrac{1}{x^2}\right]=\dfrac{1}{3}+1=\dfrac{4}{3}$.

【例 18】 $\lim\limits_{x\to+\infty}\left[\dfrac{x^{1+x}}{(1+x)^x}-\dfrac{x}{e}\right]$.

解题思路 这是一个 $\infty-\infty$ 型极限，通分化为 $0\cdot\infty$ 型.

解 原式$=\lim\limits_{x\to+\infty}\left[\dfrac{x}{\left(1+\frac{1}{x}\right)^x}-\dfrac{x}{e}\right]$

$$=\lim_{x\to+\infty}\frac{x\left[e-\left(1+\frac{1}{x}\right)^x\right]}{e\left(1+\frac{1}{x}\right)^x}$$

$$=\frac{1}{e^2}\lim_{x\to+\infty}\frac{e-\left(1+\frac{1}{x}\right)^x}{\frac{1}{x}}$$

$$=\frac{-1}{e^2}\lim_{t\to0^+}\frac{(1+t)^{\frac{1}{t}}-e}{t}\quad\left(令\frac{1}{x}=t\right)$$

$$=\frac{-1}{e^2}\lim_{t\to0^+}\frac{e^{\frac{\ln(1+t)}{t}}-e}{t}$$

$$=-\frac{1}{e}\lim_{t\to0^+}\frac{e^{\frac{\ln(1+t)-t}{t}}-1}{t}$$

$$=-\frac{1}{e}\lim_{t\to0^+}\frac{\ln(1+t)-t}{t^2}\qquad\left(e^{\frac{\ln(1+t)-t}{t}}-1\sim\frac{\ln(1+t)-t}{t}\right)$$

$$=-\frac{1}{e}\lim_{t\to0^+}\frac{-\frac{1}{2}t^2}{t^2}$$

$$=\frac{1}{2e}.$$

4. 求“$0\cdot\infty$”型极限

常用的方法是化为“$\frac{0}{0}$”型或“$\frac{\infty}{\infty}$”型极限.

【例 19】 求极限 $\lim\limits_{x\to+\infty}x\left(\frac{\pi}{4}-\arctan\frac{x}{1+x}\right)$.

解题思路 这是一个 $0\cdot\infty$ 型极限，一种思路是化为 $\frac{0}{0}$ 型然后用洛必达法则. 另一种思路是用拉格朗日中值定理.

解 【方法一】 原式 $=\lim\limits_{x\to+\infty}\dfrac{\frac{\pi}{4}-\arctan\frac{1}{1+\frac{1}{x}}}{\frac{1}{x}}$

$$\xlongequal{\frac{1}{x}=t}\lim_{t\to0^+}\frac{\frac{\pi}{4}-\arctan\frac{1}{1+t}}{t}$$

$$=\lim_{t\to0^+}\frac{-1}{1+\left(\frac{1}{1+t}\right)^2}\cdot\frac{-1}{(1+t)^2}\qquad（洛必达法则）$$

$$=\left(-\frac{1}{2}\right)\cdot(-1)=\frac{1}{2}.$$

【方法二】 原式 $=\lim\limits_{x\to+\infty}x\left(\arctan 1-\arctan\frac{x}{1+x}\right)$

$$=\lim_{x\to+\infty}\frac{x}{1+\xi^2}\left(1-\frac{x}{1+x}\right)\quad（拉格朗日定理，其中\ \xi\ 介于\ \frac{x}{1+x}\ 与\ 1\ 之间）$$

$$=\lim_{x\to+\infty}\frac{x}{2}\left(1-\frac{x}{1+x}\right)$$

$$=\frac{1}{2}\lim_{x\to+\infty}\frac{x}{1+x}=\frac{1}{2}.$$

【评注】 方法一是一种常用的一般方法，显然方法二简单．当极限式中出现同一函数在两点函数值的差 $f(b)-f(a)$ 时可考虑用拉格朗日中值定理．

5. 求"1^∞"型极限

常用的方法有三种：

(1) 凑基本极限 $\lim[1+\varphi(x)]^{\frac{1}{\varphi(x)}}=\mathrm{e}$，其中 $\lim\varphi(x)=0(\varphi(x)\neq 0)$．

(2) 改写成指数 $\lim[f(x)]^{g(x)}=\lim \mathrm{e}^{g(x)\ln f(x)}$ 或取对数用洛必达法则．

(3) 利用结论：若 $\lim\alpha(x)=0,\lim\beta(x)=\infty$，且 $\lim\alpha(x)\beta(x)=A$，则

$$\lim[1+\alpha(x)]^{\beta(x)}=\mathrm{e}^A.$$

【例 20】 求极限 $\lim\limits_{x\to 0}\left(\dfrac{\sin x}{x}\right)^{\frac{1}{x^2}}$．

解题思路 这是一个 1^∞ 型极限，以上三种方法都可以用．

解 【方法一】 原式 $=\lim\limits_{x\to 0}\left\{\left[1+\left(\dfrac{\sin x-x}{x}\right)\right]^{\frac{x}{\sin x-x}}\right\}^{\frac{\sin x-x}{x^3}}$．

$$\lim_{x\to 0}\frac{\sin x-x}{x^3}=\lim_{x\to 0}\frac{-\frac{1}{6}x^3}{x^3}=-\frac{1}{6},$$

则 $\lim\limits_{x\to 0}\left(\dfrac{\sin x}{x}\right)^{\frac{1}{x^2}}=\mathrm{e}^{-\frac{1}{6}}$．

【方法二】 原式 $=\lim\limits_{x\to 0}\mathrm{e}^{\frac{\ln\left(\frac{\sin x}{x}\right)}{x^2}}$．

$$\lim_{x\to 0}\frac{\ln\frac{\sin x}{x}}{x^2}=\lim_{x\to 0}\frac{\ln\left(1+\frac{\sin x-x}{x}\right)}{x^2}=\lim_{x\to 0}\frac{\sin x-x}{x^3}=-\frac{1}{6},$$

则 $\lim\limits_{x\to 0}\left(\dfrac{\sin x}{x}\right)^{\frac{1}{x^2}}=\mathrm{e}^{-\frac{1}{6}}$．

【方法三】 由于 $\left(\dfrac{\sin x}{x}\right)^{\frac{1}{x^2}}=\left[1+\left(\dfrac{\sin x-x}{x}\right)\right]^{\frac{1}{x^2}}$．

$$\lim_{x\to 0}\frac{\sin x-x}{x^3}=\lim_{x\to 0}\frac{-\frac{1}{6}x^3}{x^3}=-\frac{1}{6},$$

则 $\lim\limits_{x\to 0}\left(\dfrac{\sin x}{x}\right)^{\frac{1}{x^2}}=\mathrm{e}^{-\frac{1}{6}}$．

【注】 以上三种方法中方法三最简单．

【例 21】 求极限 $\lim\limits_{x\to\infty}\left[\dfrac{x^3}{(x+1)(x+2)(x+3)}\right]^{\frac{x}{1-\cos\frac{1}{x}}}$．

解 原式 $=\lim\limits_{x\to\infty}\left[\dfrac{x^3}{(x+1)(x+2)(x+3)}\right]^{x^3\cdot\frac{1}{x^2\left(1-\cos\frac{1}{x}\right)}}$，

$$\lim_{x\to\infty}\left[\frac{x^3}{(x+1)(x+2)(x+3)}\right]^{x^3}=\lim_{x\to\infty}\left[\left(1+\frac{1}{x}\right)\left(1+\frac{2}{x}\right)\left(1+\frac{3}{x}\right)\right]^{-x^3}$$

$$=\lim_{x\to\infty}\left[\left(1+\frac{1}{x}\right)^{-x}\left(1+\frac{2}{x}\right)^{x}\left(1+\frac{3}{x}\right)^{x}\right]$$
$$=e^{-1}\cdot e^{2}\cdot e^{3}=e^{4}$$

$\lim\limits_{x\to\infty}x^2\left(1-\cos\frac{1}{x}\right)=\lim\limits_{x\to\infty}x^2\left(\frac{1}{2x^2}\right)=\frac{1}{2}$,

则 $\lim\limits_{x\to\infty}\left[\frac{x^3}{(x+1)(x+2)(x+3)}\right]^{\frac{x}{1-\cos\frac{1}{x}}}=e^8$.

【例 22】 $\lim\limits_{x\to0^+}\left(\ln\frac{1}{x}\right)^x$.

解 $\lim\limits_{x\to0^+}\left(\ln\frac{1}{x}\right)^x(\infty^0)=\lim\limits_{x\to0^+}e^{x\ln\left(\ln\frac{1}{x}\right)}$,

其中 $\lim\limits_{x\to0^+}x\ln\left(\ln\frac{1}{x}\right)\xlongequal{t=\frac{1}{x}}\lim\limits_{t\to+\infty}\frac{1}{t}\ln(\ln t)=\lim\limits_{t\to+\infty}\frac{\ln(\ln t)}{t}\left(\frac{\infty}{\infty}\right)=\lim\limits_{t\to+\infty}\frac{1}{t\ln t}=0$.

原式 $=e^0=1$.

四、求数列的极限

求数列极限，常见的是三种类型. 即 n 项和、n 项乘积及递推关系 $x_{n+1}=f(x_n)$ 定义的数列极限.

1. 求 n 项和的数列极限

常用方法：

(1) 利用夹逼准则.

(2) 利用定积分定义 $\int_a^b f(x)\mathrm{d}x=\lim\limits_{\lambda\to0}\sum\limits_{k=1}^{n}f(\xi_k)\Delta x_k$.

特别地，如果 $f(x)$ 在 $[0,1]$ 上可积，将 $[0,1]$ 区间 n 等分，取 $\xi_k=\frac{k}{n}$，这里 $\Delta x_k=\frac{1}{n}$，

则 $\int_0^1 f(x)\mathrm{d}x=\lim\limits_{\lambda\to0}\sum\limits_{k=1}^{n}f\left(\frac{k}{n}\right)\cdot\frac{1}{n}=\lim\limits_{\lambda\to0}\frac{1}{n}\sum\limits_{k=1}^{n}f\left(\frac{k}{n}\right)$，即 $\lim\limits_{\lambda\to0}\frac{1}{n}\sum\limits_{k=1}^{n}f\left(\frac{k}{n}\right)=\int_0^1 f(x)\mathrm{d}x$.

因此，用定积分定义求 n 项和极限的一般方法是，先提出"可爱因子" $\frac{1}{n}$，将原和式写成形如 $\frac{1}{n}\sum\limits_{k=1}^{n}f\left(\frac{k}{n}\right)$ 的形式，此时便容易看出被积函数和积分区间.

【例 23】 求极限 $\lim\limits_{n\to\infty}\left(\frac{1}{\sqrt{n^2+1}}+\frac{1}{\sqrt{n^2+2}}+\cdots+\frac{1}{\sqrt{n^2+n}}\right)$.

解题思路 将所有分母分别换为最大的分母 $\sqrt{n^2+n}$ 和最小的分母 $\sqrt{n^2+1}$，然后用夹逼准则.

解 由于 $\frac{n}{\sqrt{n^2+n}}\leqslant\frac{1}{\sqrt{n^2+1}}+\frac{1}{\sqrt{n^2+2}}+\cdots+\frac{1}{\sqrt{n^2+n}}\leqslant\frac{n}{\sqrt{n^2+1}}$,

且 $\lim\limits_{n\to\infty}\frac{n}{\sqrt{n^2+n}}=\lim\limits_{n\to\infty}\frac{n}{\sqrt{n^2+1}}=1$,

则$\lim\limits_{n\to\infty}\left(\dfrac{1}{\sqrt{n^2+1}}+\dfrac{1}{\sqrt{n^2+2}}+\cdots+\dfrac{1}{\sqrt{n^2+n}}\right)=1.$

【例 24】 求极限$\lim\limits_{n\to\infty}\left(\dfrac{1}{\sqrt{n^2+1}}+\dfrac{1}{\sqrt{n^2+2^2}}+\cdots+\dfrac{1}{\sqrt{n^2+n^2}}\right)$.

解题思路 本题用上题方法求不出来，所以用定积分定义．为此，先提出“可爱因子”$\dfrac{1}{n}$，再确定被积函数和积分区间.

解 $\lim\limits_{n\to\infty}\left(\dfrac{1}{\sqrt{n^2+1}}+\dfrac{1}{\sqrt{n^2+2^2}}+\cdots+\dfrac{1}{\sqrt{n^2+n^2}}\right)$

$$=\lim_{n\to\infty}\frac{1}{n}\left[\frac{1}{\sqrt{1+\left(\frac{1}{n}\right)^2}}+\frac{1}{\sqrt{1+\left(\frac{2}{n}\right)^2}}+\cdots+\frac{1}{\sqrt{1+\left(\frac{n}{n}\right)^2}}\right]$$

$$=\int_0^1\frac{1}{\sqrt{1+x^2}}\mathrm{d}x=\ln(x+\sqrt{1+x^2})\Big|_0^1=\ln(1+\sqrt{2}).$$

【评注】 本题中的方法是用定积分定义求极限的一种常用方法，提出“可爱因子”$\dfrac{1}{n}$后，一种常见的极限式$\lim\limits_{n\to\infty}\dfrac{1}{n}\sum\limits_{k=1}^{n}f\left(\dfrac{k}{n}\right)=\int_0^1 f(x)\mathrm{d}x$.

【例 25】 求极限$\lim\limits_{n\to\infty}\left(\dfrac{ne^{\frac{1}{n}}}{n^2+1}+\dfrac{ne^{\frac{2}{n}}}{n^2+2}+\cdots+\dfrac{ne^{\frac{n}{n}}}{n^2+n}\right)$.

解 记$x_n=\dfrac{ne^{\frac{1}{n}}}{n^2+1}+\dfrac{ne^{\frac{2}{n}}}{n^2+2}+\cdots+\dfrac{ne^{\frac{n}{n}}}{n^2+n}$，则

$$\frac{ne^{\frac{1}{n}}}{n^2+n}+\frac{ne^{\frac{2}{n}}}{n^2+n}+\cdots+\frac{ne^{\frac{n}{n}}}{n^2+n}\leqslant x_n\leqslant\frac{ne^{\frac{1}{n}}}{n^2+1}+\frac{ne^{\frac{2}{n}}}{n^2+1}+\cdots+\frac{ne^{\frac{n}{n}}}{n^2+1}$$

$$\leqslant\frac{ne^{\frac{1}{n}}}{n^2}+\frac{ne^{\frac{2}{n}}}{n^2}+\cdots+\frac{ne^{\frac{n}{n}}}{n^2}$$

$$=\frac{1}{n}(e^{\frac{1}{n}}+e^{\frac{2}{n}}+\cdots+e^{\frac{n}{n}}),$$

$$\lim_{n\to\infty}\frac{1}{n}(e^{\frac{1}{n}}+e^{\frac{2}{n}}+\cdots+e^{\frac{n}{n}})=\int_0^1 e^x\mathrm{d}x=e-1,$$

$$\lim_{n\to\infty}\left(\frac{ne^{\frac{1}{n}}}{n^2+n}+\frac{ne^{\frac{2}{n}}}{n^2+n}+\cdots+\frac{ne^{\frac{n}{n}}}{n^2+n}\right)=\lim_{n\to\infty}\frac{n}{n+1}\cdot\lim_{n\to\infty}\frac{1}{n}(e^{\frac{1}{n}}+e^{\frac{2}{n}}+\cdots+e^{\frac{n}{n}})$$

$$=\int_0^1 e^x\mathrm{d}x=e-1,$$

则原式$=e-1$.

2. 求 n 项连乘的数列极限

常用方法：

(1) 消去分子分母的公因子.
(2) 夹逼准则.
(3) 取对数化为 n 项和.

【例 26】 求极限 $\lim\limits_{n\to\infty}\left(1-\dfrac{1}{2^2}\right)\left(1-\dfrac{1}{3^2}\right)\cdots\left(1-\dfrac{1}{n^2}\right)$.

解题思路 消去分子分母的公因子.

解
$$原式=\lim_{n\to\infty}\left(\frac{2^2-1}{2^2}\right)\left(\frac{3^2-1}{3^2}\right)\cdots\left(\frac{n^2-1}{n^2}\right)$$
$$=\lim_{n\to\infty}\left(\frac{3\times1}{2^2}\right)\left(\frac{4\times2}{3^2}\right)\left(\frac{5\times3}{4^2}\right)\cdots\left(\frac{(n+1)(n-1)}{n^2}\right)$$
$$=\lim_{n\to\infty}\frac{1}{2}\cdot\frac{n+1}{n}=\frac{1}{2}.$$

【例 27】 求 $\lim\limits_{n\to\infty}\dfrac{1}{n}\sqrt[n]{(n+1)(n+2)\cdots(n+n)}$.

解题思路 先取对数将 n 项连乘化为 n 项和,然后用定积分定义求极限.

解 令 $y_n=\dfrac{1}{n}\sqrt[n]{(n+1)(n+2)\cdots(2n)}$,则

$$\lim_{n\to\infty}\ln y_n=\lim_{n\to\infty}\left\{\frac{1}{n}[\ln(n+1)+\ln(n+2)+\cdots+\ln(2n)]-\ln n\right\}$$
$$=\lim_{n\to\infty}\frac{1}{n}\{[\ln(n+1)+\ln(n+2)+\cdots+\ln(2n)]-n\ln n\}$$
$$=\lim_{n\to\infty}\frac{1}{n}\left[\ln\left(1+\frac{1}{n}\right)+\ln\left(1+\frac{2}{n}\right)+\cdots+\ln\left(1+\frac{n}{n}\right)\right]$$
$$=\int_0^1\ln(1+x)\mathrm{d}x=\int_0^1\ln(1+x)\mathrm{d}(x+1)$$
$$=[(x+1)\ln(1+x)-x]\Big|_0^1=2\ln2-1,$$

则原式 $=\mathrm{e}^{2\ln2-1}=\dfrac{4}{\mathrm{e}}$.

【注】 同样的方法可求得 $\lim\limits_{n\to\infty}\dfrac{\sqrt[n]{n!}}{n}=\dfrac{1}{\mathrm{e}}$.

【例 28】 设 $A_n=\dfrac{n}{n^2+1}+\dfrac{n}{n^2+2^2}+\cdots+\dfrac{n}{n^2+n^2}$,求 $\lim\limits_{n\to\infty}n\left(\dfrac{\pi}{4}-A_n\right)$.

解 令 $f(x)=\dfrac{1}{1+x^2}$,因为 $A_n=\dfrac{1}{n}\sum\limits_{i=1}^{n}\dfrac{1}{1+\dfrac{i^2}{n^2}}$,故 $\lim\limits_{n\to\infty}A_n=\displaystyle\int_0^1f(x)\mathrm{d}x=\frac{\pi}{4}$.

记 $x_i=\dfrac{i}{n}$,则 $A_n=\sum\limits_{i=1}^{n}\displaystyle\int_{x_{i-1}}^{x_i}f(x_i)\mathrm{d}x$,令 $J_n=n\left(\dfrac{\pi}{4}-A_n\right)$,故 $J_n=n\sum\limits_{i=1}^{n}\displaystyle\int_{x_{i-1}}^{x_i}(f(x)-$

$f(x_i))\mathrm{d}x$，由拉格朗日中值定理，存在 $\xi_i \in (x_{i-1}, x_i)$ 使得 $J_n = n\sum_{i=1}^{n}\int_{x_{i-1}}^{x_i} f'(\xi_i)(x-x_i)\mathrm{d}x$.

令 m_i 和 M_i 分别是 $f'(x)$ 在 $[x_{i-1}, x_i]$ 上的最小值和最大值，则 $m_i \leqslant f'(\xi_i) \leqslant M_i$，故积分 $\int_{x_{i-1}}^{x_i} f'(\xi_i)(x-x_i)\mathrm{d}x$ 介于 $\int_{x_{i-1}}^{x_i} m_i(x-x_i)\mathrm{d}x$ 和 $\int_{x_{i-1}}^{x_i} M_i(x-x_i)\mathrm{d}x$ 之间，所以存在 $\eta_i \in (x_{i-1}, x_i)$ 使得

$$\int_{x_{i-1}}^{x_i} f'(\xi_i)(x-x_i)\mathrm{d}x = \frac{-f'(\eta_i)(x_i-x_{i-1})^2}{2}.$$

于是，$J_n = -\frac{n}{2}\sum_{i=1}^{n} f'(\eta_i)(x_i-x_{i-1})^2 = -\frac{1}{2n}\sum_{i=1}^{n} f'(\eta_i)$，从而

$$\lim_{n\to\infty} n\left(\frac{\pi}{4}-A_n\right) = \lim_{n\to\infty} J_n = -\frac{1}{2}\int_0^1 f'(x)\mathrm{d}x = -\frac{1}{2}[f(1)-f(0)] = \frac{1}{4}.$$

3. 求递推关系 $x_1 = a$ 和 $x_{n+1} = f(x_n)(n=1,2,\cdots)$ 定义的数列

常用方法：

【方法一】 先证数列 $\{x_n\}$ 收敛（常用单调有界准则），然后令 $\lim\limits_{n\to\infty} x_n = A$，等式 $x_{n+1} = f(x_n)$ 两端取极限得 $A = f(A)$，由此求得极限 A.

【方法二】 先令 $\lim\limits_{n\to\infty} x_n = A$，然后等式 $x_{n+1} = f(x_n)$ 两端取极限解得 A，最后证明 $\lim\limits_{n\to\infty} x_n = A$.

一般来说，当数列 $\{x_n\}$ 具有单调性时用方法一，而当数列 $\{x_n\}$ 不具有单调性或单调性很难判定时用方法二.

单调性判定常用三种方法：

(1) 若 $x_{n+1} - x_n \geqslant 0(\leqslant 0)$，则 $\{x_n\}$ 单调增（单调减）.

(2) 设 $\{x_n\}$ 不变号

① 若 $x_n > 0$，则当 $\frac{x_{n+1}}{x_n} \geqslant 1(\leqslant 1)$ 时，$\{x_n\}$ 单调增（单调减）；

② 若 $x_n < 0$，则当 $\frac{x_{n+1}}{x_n} \geqslant 1(\leqslant 1)$ 时，$\{x_n\}$ 单调减（单调增）.

(3) 设数列 $\{x_n\}$ 由 $x_1 = a$ 和 $x_{n+1} = f(x_n)(n=1,2,\cdots)$，$x_n \in I$ 所确定

① 若 $f(x)$ 在 I 上单调增，则

当 $x_1 \leqslant x_2$ 时，$\{x_n\}$ 单调增；当 $x_1 \geqslant x_2$ 时，$\{x_n\}$ 单调减.

② 若 $f(x)$ 在 I 上单调减，则 $\{x_n\}$ 不单调.

【例 29】 设 $a > 0, x_1 > 0, x_{n+1} = \frac{1}{4}\left(3x_n + \frac{a}{x_n^3}\right), n = 1,2,\cdots$，求极限 $\lim\limits_{n\to\infty} x_n$.

解题思路 用方法一.

解 由 $a > 0, x_1 > 0, x_{n+1} = \frac{1}{4}\left(3x_n + \frac{a}{x_n^3}\right), n = 1,2,\cdots$，可知 $x_n > 0(n=1,2,\cdots)$. 根据算数平均值与几何平均值的不等式可得

$$x_{n+1} = \frac{1}{4}\left(x_n + x_n + x_n + \frac{a}{x_n^3}\right) \geqslant \sqrt[4]{x_n x_n x_n \frac{a}{x_n^3}} = \sqrt[4]{a}.$$

所以数列 x_n 有下界，$x_n \geqslant \sqrt[4]{a}(n=1,2,\cdots)$. 又

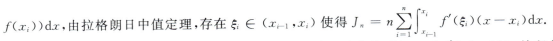

$$\frac{x_{n+1}}{x_n}=\frac{1}{4}\left(3+\frac{a}{x_n^4}\right)\leqslant\frac{1}{4}\left(3+\frac{a}{a}\right)=1.$$

所以 $x_{n+1}\leqslant x_n$，即数列 x_n 单调减，由数列单调有界准则知数列 x_n 有极限，设 $\lim\limits_{n\to\infty}x_n=A$，由极限的保号性知 $A\geqslant\sqrt[4]{a}>0$. 等式 $x_{n+1}=\frac{1}{4}\left(3x_n+\frac{a}{x_n^3}\right)$ 两端取极限得

$$A=\frac{1}{4}\left(3A+\frac{a}{A^3}\right),$$

解得 $A=\sqrt[4]{a}$.

【评注】　本题中利用算数平均值与几何平均值的不等式来证明数列单调有界是一种常用方法.

【例 30】　设 $x_1=2,x_{n+1}=2+\frac{1}{x_n}(n=1,2,\cdots)$，求极限 $\lim\limits_{n\to\infty}x_n$.

解题思路　令 $f(x)=2+\frac{1}{x}$，则 $x_{n+1}=f(x_n)$，显然 $f(x)$ 在 $x>0$ 处单调减，则 $\{x_n\}$ 不具有单调性，因此用方法二.

解　令 $\lim\limits_{n\to\infty}x_n=a$. 则 $\lim\limits_{n\to\infty}x_{n+1}=\lim\limits_{n\to\infty}\left(2+\frac{1}{x_n}\right)$，即 $a=2+\frac{1}{a}$，解得 $a=1\pm\sqrt{2}$，由题设知 $x_n\geqslant 2$，则 $a=1+\sqrt{2}$. 以下证明 $\lim\limits_{n\to\infty}x_n=1+\sqrt{2}$.

$$|x_n-a|=\left|\left(2+\frac{1}{x_{n-1}}\right)-\left(2+\frac{1}{a}\right)\right|=\left|\frac{x_{n-1}-a}{ax_{n-1}}\right|\leqslant\frac{|x_{n-1}-a|}{2a}\leqslant\frac{|x_{n-1}-a|}{2}$$

$$\leqslant\frac{|x_{n-2}-a|}{2^2}\leqslant\cdots\leqslant\frac{|x_1-a|}{2^{n-1}}\to 0,(n\to\infty)$$

故 $\lim\limits_{n\to\infty}x_n=1+\sqrt{2}$.

五、已知极限值求参数，或已知极限求另一极限

1. 已知极限值求参数

【例 31】　已知 $\lim\limits_{x\to+\infty}(3x-\sqrt{ax^2+bx+1})=2$，求 a,b 的值.

解【方法一】　$\lim\limits_{x\to+\infty}(3x-\sqrt{ax^2+bx+1})$

$$=\lim_{x\to+\infty}\frac{9x^2-(ax^2+bx+1)}{3x+\sqrt{ax^2+bx+1}}\qquad(\text{有理化})$$

$$=\lim_{x\to+\infty}\frac{(9-a)x-b-\frac{1}{x}}{3+\sqrt{a+\frac{b}{x}+\frac{1}{x^2}}}=2,\qquad(\text{分子分母同除 }x)$$

则 $a=9,\frac{-b}{6}=2$，由此可得 $b=-12$.

【方法二】 由 $\lim\limits_{x\to+\infty}(3x-\sqrt{ax^2+bx+1})=\lim\limits_{x\to+\infty}x\left(3-\sqrt{a+\dfrac{b}{x}+\dfrac{1}{x^2}}\right)=2$，知 $a=9$.

此时

$$\begin{aligned}2&=\lim_{x\to+\infty}x\left(3-\sqrt{9+\frac{b}{x}+\frac{1}{x^2}}\right)\\&=\lim_{x\to+\infty}3x\left(1-\sqrt{1+\frac{b}{9x}+\frac{1}{9x^2}}\right)\\&=\lim_{x\to+\infty}3x\left[-\frac{1}{2}\left(\frac{b}{9x}+\frac{1}{9x^2}\right)\right]\qquad\text{（等价无穷小代换）}\\&=-\frac{b}{6},\end{aligned}$$

则 $b=-12$.

【例 32】 设 $f(x)=x-(ax+b\sin x)\cos x$，并设极限 $\lim\limits_{x\to 0}\dfrac{f(x)}{x^5}$ 存在且不为零，求常数 a，b 及此极限值.

解题思路 将 $f(x)$ 按佩亚诺余项泰勒公式展开至 $o(x^5)$，由题设 $\lim\limits_{x\to 0}\dfrac{f(x)}{x^5}$ 存在且不为零，立刻可得出 a,b 应满足的等式，然后可求出常数 a,b 及此极限值.

解 用洛必达法则推导，既运算麻烦，又要步步讨论（可否用洛必达法则要讨论）. 若用佩亚诺余项泰勒公式展开分子至 $o(x^5)$，将十分方便. 由

$$\sin x=x-\frac{1}{3!}x^3+\frac{1}{5!}x^5+o_1(x^6),$$

$$\cos x=1-\frac{1}{2!}x^2+\frac{1}{4!}x^4+o_2(x^5),$$

有

$$\begin{aligned}f(x)&=x-\left\{ax+b\left[x-\frac{1}{3!}x^3+\frac{1}{5!}x^5+o_1(x^6)\right]\right\}\left[1-\frac{1}{2!}x^2+\frac{1}{4!}x^4+o_2(x^5)\right]\\&=[1-(a+b)]x+\left(\frac{4b}{3!}+\frac{a}{2!}\right)x^3-\left(\frac{b}{5!}+\frac{b}{3!2!}+\frac{a+b}{4!}\right)x^5+o(x^5),\end{aligned}$$

由题设 $\lim\limits_{x\to 0}\dfrac{f(x)}{x^5}$ 存在且不为零，所以

$$1-(a+b)=0,\ \frac{4b}{3!}+\frac{a}{2!}=0.$$

解得 $a=4,b=-3$，从而

$$\lim_{x\to 0}\frac{f(x)}{x^5}=-\left(\frac{b}{5!}+\frac{b}{3!2!}+\frac{a+b}{4!}\right)=\frac{7}{30}.$$

【评注】 在可以用佩亚诺余项泰勒公式的情况下，用它比用洛必达法则快不少.

【例 33】 当 $a=$ ________，$b=$ ________ 时，有 $\lim\limits_{x\to\infty}\dfrac{ax+2|x|}{bx-|x|}\arctan x=-\dfrac{\pi}{2}$.

解 因为

$$\lim_{x\to+\infty}\frac{ax+2|x|}{bx-|x|}\arctan x=\frac{a+2}{b-1}\cdot\frac{\pi}{2}=-\frac{\pi}{2},$$

所以 $a+2=1-b$，又因为

$$\lim_{x\to-\infty}\frac{ax+2|x|}{bx-|x|}\arctan x=\frac{a-2}{b+1}\left(-\frac{\pi}{2}\right)=-\frac{\pi}{2},$$

所以 $a-2=b+1$.

由上，解得 $a=1,b=-2$.

2. 已知极限求另一极限

【例 34】　已知 $\lim\limits_{x\to 0}\left[1+x+\dfrac{f(x)}{x}\right]^{\frac{1}{x}}=e^3$，求 $\lim\limits_{x\to 0}\dfrac{f(x)}{x^2}$ 及 $\lim\limits_{x\to 0}\left[1+\dfrac{f(x)}{x}\right]^{\frac{1}{e^x-1}}$.

解题思路　由已知极限出发，推导出欲求极限或相关结果，或者将欲求极限凑成用已知极限表示的形式.

解　由 $\lim\limits_{x\to 0}\left[1+x+\dfrac{f(x)}{x}\right]^{\frac{1}{x}}=e^3$ 知

$$\lim_{x\to 0}e^{\frac{1}{x}\ln\left(1+x+\frac{f(x)}{x}\right)}=e^3.$$

从而有

$$\lim_{x\to 0}\frac{\ln\left[1+x+\dfrac{f(x)}{x}\right]}{x}=3,$$

则

$$\lim_{x\to 0}\ln\left[1+x+\frac{f(x)}{x}\right]=0,\lim_{x\to 0}\left[x+\frac{f(x)}{x}\right]=0.$$

当 $x\to 0$ 时

$$\ln\left[1+x+\frac{f(x)}{x}\right]\sim x+\frac{f(x)}{x}.$$

由 $3=\lim\limits_{x\to 0}\dfrac{\ln\left[1+x+\dfrac{f(x)}{x}\right]}{x}=\lim\limits_{x\to 0}\dfrac{x+\dfrac{f(x)}{x}}{x}=1+\lim\limits_{x\to 0}\dfrac{f(x)}{x^2}$ 可知

$$\lim_{x\to 0}\frac{f(x)}{x^2}=2.$$

由以上可知 $\lim\limits_{x\to 0}\dfrac{f(x)}{x}=0$，则 $\lim\limits_{x\to 0}\left[1+\dfrac{f(x)}{x}\right]^{\frac{1}{e^x-1}}$ 是一个 1^∞ 型极限，又

$$\lim_{x\to 0}\frac{f(x)}{x(e^x-1)}=\lim_{x\to 0}\frac{f(x)}{x^2}=2,$$

故 $\lim\limits_{x\to 0}\left[1+\dfrac{f(x)}{x}\right]^{\frac{1}{e^x-1}}=e^2$.

【例 35】　已知 $\lim\limits_{x\to 0}\dfrac{xf(x)+\ln(1-2x)}{x^2}=4$，则 $\lim\limits_{x\to 0}\dfrac{f(x)-2}{x}$ 等于

(A) 2.　　(B) 4.

(C) 6.　　(D) 8.

解　【方法一】　$4=\lim\limits_{x\to 0}\dfrac{xf(x)+\ln(1-2x)}{x^2}=\lim\limits_{x\to 0}\dfrac{xf(x)-2x+2x+\ln(1-2x)}{x^2}$

$$=\lim_{x\to0}\frac{f(x)-2}{x}+\lim_{x\to0}\frac{2x+\ln(1-2x)}{x^2},$$

又 $$\lim_{x\to0}\frac{2x+\ln(1-2x)}{x^2}=\lim_{x\to0}\frac{\ln(1-2x)-(-2x)}{x^2}=\lim_{x\to0}\frac{-\frac{1}{2}(-2x)^2}{x^2}=-2,$$

则 $\lim\limits_{x\to0}\frac{f(x)-2}{x}=6.$

【方法二】 由泰勒公式可知

$$\ln(1-2x)=-2x-\frac{(-2x)^2}{2}+o(x^2)=-2x-2x^2+o(x^2).$$

$$4=\lim_{x\to0}\frac{xf(x)+\ln(1-2x)}{x^2}=\lim_{x\to0}\frac{xf(x)-2x-2x^2+o(x^2)}{x^2}=\lim_{x\to0}\frac{f(x)-2}{x}-2,$$

则 $\lim\limits_{x\to0}\frac{f(x)-2}{x}=6.$

六、无穷小的比较

【例 36】 试确定 α 的值，使下列函数与 x^α 当 $x\to0$ 时为同阶无穷小量：

(1) $\sin 2x-2\sin x$；(2) $\frac{1}{1+x}-(1-x)$；(3) $\sqrt{1+\tan x}-\sqrt{1-\sin x}$；(4) $\sqrt[5]{3x^2-4x^3}$.

解 (1) 因为当 $x\to0$ 时，

$$\sin 2x-2\sin x=2\sin x(\cos x-1)=-4\sin^2\frac{x}{2}\sin x\sim-4x\cdot\left(\frac{x}{2}\right)^2=-x^3(x\to0).$$

从而有 $\lim\limits_{x\to0}\frac{\sin 2x-2\sin x}{x^3}=-1.$

故当 $\alpha=3$ 时，$\sin 2x-2\sin x$ 与 x^3 当 $x\to0$ 时为同阶无穷小量.

(2) 因为 $\frac{1}{1+x}-(1-x)=\frac{x^2}{1+x}\sim x^2(x\to0)$，所以 $\lim\limits_{x\to0}\frac{\frac{1}{1+x}-(1-x)}{x^2}=\lim\limits_{x\to0}\frac{1}{1+x}=1$. 故当 $\alpha=2$ 时，$\frac{1}{1+x}-(1-x)$ 与 x^2 当 $x\to0$ 时为同阶无穷小量.

(3) 因为 $$\sqrt{1+\tan x}-\sqrt{1-\sin x}=\frac{\tan x+\sin x}{\sqrt{1+\tan x}+\sqrt{1-\sin x}}=\frac{1+\cos x}{\sqrt{1+\tan x}+\sqrt{1-\sin x}}\cdot\frac{1}{\cos x}\cdot\sin x\sim x(x\to0).$$

所以，$\lim\limits_{x\to0}\frac{\sqrt{1+\tan x}-\sqrt{1-\sin x}}{x}=1$. 故当 $\alpha=1$ 时，$\sqrt{1+\tan x}-\sqrt{1-\sin x}$ 与 x 当 $x\to0$ 时为同阶无穷小量.

(4) 因为

$$\sqrt[5]{3x^2-4x^3}=x^{\frac{2}{5}}\cdot\sqrt[5]{3-4x}\sim\sqrt[5]{3}x^{\frac{2}{5}}.\qquad(x\to0)$$

所以，$\lim\limits_{x\to 0}\dfrac{\sqrt[5]{3x^2-4x^3}}{x^{\frac{2}{5}}}=\sqrt[5]{3}$. 故当 $\alpha=\dfrac{2}{5}$ 时，$\sqrt[5]{3x^2-4x^3}$ 与 $x^{\frac{2}{5}}$ 当 $x\to 0$ 时为同阶无穷小量.

【例 37】 设 $\alpha(x)=\int_0^{x^2}(e^{t^2}-1)dt,\beta(x)=x^4+x^5,\gamma(x)=\dfrac{\sin x}{x}-1,\delta(x)=\sqrt{1+\tan x}-\sqrt{1+\sin x}$，当 $x\to 0$ 时，按照前面一个比后面一个为高阶无穷小排列的次序为

(A)$\alpha,\beta,\gamma,\delta$.　　(B)$\alpha,\beta,\delta,\gamma$.　　(C)$\beta,\alpha,\delta,\gamma$.　　(D)$\gamma,\delta,\beta,\alpha$.

解题思路 给了两个无穷小，要比较它们是同阶(不等价)、等价、高阶、低阶，一般只要求它们商的极限，可得出相应的结论. 但是多个无穷小要两两相比求其极限就很麻烦了. 如本例，可以将它们分别与 x^k 去比较，其中 k 待定. 确定出极限及相应的常数 k 即可. 至于与 x^k 去比较，在条件允许时，又有多种方法：用洛必达法则，用佩亚诺余项泰勒公式展开，用等价无穷小的充要条件等.

解 应选(B).

分别将 $\alpha(x),\beta(x),\gamma(x),\delta(x)$ 与 x^k 相比较：

$$\lim_{x\to 0}\frac{\alpha(x)}{x^k}=\lim_{x\to 0}\frac{\int_0^{x^2}(e^{t^2}-1)dt}{x^k}=\lim_{x\to 0}\frac{(e^{x^4}-1)\cdot 2x}{kx^{k-1}}$$
$$=\frac{2}{k}\lim_{x\to 0}\frac{x^5}{x^{k-1}}=\frac{2}{k}\lim_{x\to 0}\frac{1}{x^{k-6}}.$$

取 $k=6$，上式为 $\dfrac{1}{3}$，这说明当 $x\to 0$ 时 $\alpha(x)$ 与 x^6 为同阶无穷小$\left(\text{或说 } x\to 0 \text{ 时} \alpha(x)\sim\dfrac{1}{3}x^6\right)$.

对于 $\beta(x)$，可使用上述分析中的③，有 $\beta(x)-x^4=x^5=o(x^4)$，所以 $x\to 0$ 时 $\beta(x)\sim x^4$(取 x^4 与 x^5 中方次低的那一项).

对于 $\gamma(x)$，用佩亚诺余项泰勒公式展开的办法，有

$$\sin x=x-\frac{1}{3!}x^3+o(x^4),$$
$$\gamma(x)=\frac{\sin x}{x}-1=-\frac{1}{6}x^2+o(x^3)\quad(x\neq 0),$$

所以 $\gamma(x)\sim-\dfrac{1}{6}x^2$(当 $x\to 0$ 时).

对于 $\delta(x)$，

$$\delta(x)=\sqrt{1+\tan x}-\sqrt{1+\sin x}=\frac{\tan x-\sin x}{\sqrt{1+\tan x}+\sqrt{1+\sin x}}$$
$$=\frac{\sin x\cdot(1-\cos x)}{\cos x\cdot(\sqrt{1+\tan x}+\sqrt{1+\sin x})}\sim\frac{x\cdot\frac{1}{2}x^2}{2}$$
$$=\frac{1}{4}x^3\quad(\text{当 } x\to 0 \text{ 时}).$$

应选(B).

【评注】 (1) 本例讨论 4 个无穷小的阶时，用了 4 个不同的方法，值得读者借鉴.

(2) 讨论 $\alpha(x)$，对于变限积分所定义函数的无穷小的阶，实际上有下述结论，在做选择题

时可直接应用："设 $f(x)$ 在 $x=0$ 的某邻域内连续，且当 $x\to 0$ 时 $f(x)$ 与 x^m 为同阶无穷小，则当 $x\to 0$ 时 $F(x)=\int_0^{x^n} f(t)\mathrm{d}t$ 与 x^{mn+n} 为同阶无穷小."其正确性请读者自证.

七、讨论函数的连续性及间断点的类型

【例 38】 讨论 $f(x)=\dfrac{x}{1-\mathrm{e}^{\frac{x}{1-x}}}$ 的连续性并指出间断点类型.

解题思路 先找 $f(x)$ 没有定义的点，然后判断间断点类型.

解 函数 $f(x)$ 在 $x=0,1$ 处无定义，其余点都有定义，且 $f(x)$ 是初等函数，则除 $x=0$，1，其余点都连续，$x=0,1$ 是间断点.

由于
$$\lim_{x\to 0}f(x)=\lim_{x\to 0}\frac{x}{1-\mathrm{e}^{\frac{x}{1-x}}}=\lim_{x\to 0}\frac{x}{-\dfrac{x}{1-x}}=-1,$$

则 $x=0$ 为 $f(x)$ 的可去间断点. 又

$$\lim_{x\to 1^-}f(x)=\lim_{x\to 1^-}\frac{x}{1-\mathrm{e}^{\frac{x}{1-x}}}=0,$$

$$\lim_{x\to 1^+}f(x)=\lim_{x\to 1^+}\frac{x}{1-\mathrm{e}^{\frac{x}{1-x}}}=1,$$

则 $x=1$ 为 $f(x)$ 的跳跃间断点.

【评注】 一种"经典错误"$\lim\limits_{x\to 1}f(x)=\lim\limits_{x\to 1}\dfrac{x}{1-\mathrm{e}^{\frac{x}{1-x}}}=0$，则 $x=1$ 为 $f(x)$ 的可去间断点.

【例 39】 函数 $f(x)=\dfrac{(x^2+x)(\ln|x|)\sin\dfrac{1}{x}}{x^2-1}$ 的可去间断点的个数为

(A)0. (B)1. (C)2. (D)3.

解题思路 这是一个初等函数，先找 $f(x)$ 没有定义的点，然后判断间断点类型.

解 $f(x)$ 有三个间断点，$x=0$，$x=\pm 1$.

在 $x=0$ 处，$\lim\limits_{x\to 0}f(x)=-\lim\limits_{x\to 0}x\ln|x|\sin\dfrac{1}{x}$. $\left(\lim\limits_{x\to 0}\dfrac{x+1}{x^2-1}=-1\right)$，

$$\lim_{x\to 0}x\ln|x|=\lim_{x\to 0}\frac{\ln|x|}{\dfrac{1}{x}}=\lim_{x\to 0}\frac{\dfrac{1}{x}}{-\dfrac{1}{x^2}}=0.\text{（无穷小量）}$$

$\sin\dfrac{1}{x}$ 是有界变量，则 $\lim\limits_{x\to 0}f(x)=0$，$x=0$ 为可去间断点.

在 $x=-1$ 处，$\lim\limits_{x\to -1}f(x)=\lim\limits_{x\to -1}\dfrac{x\ln|x|\sin\dfrac{1}{x}}{x-1}=0$，

则 $x=-1$ 为可去间断点.

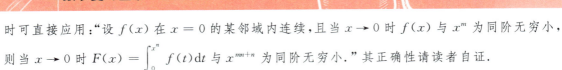

在 $x=1$ 处，

$$\lim_{x\to1}f(x)=\lim_{x\to1}\frac{x\ln|x|\sin\frac{1}{x}}{x-1}=\sin1\lim_{x\to1}\frac{\ln x}{x-1}\quad(x>0)$$

$$=\sin1\lim_{x\to1}\frac{\ln[1+(x-1)]}{x-1}=\sin1\lim_{x\to1}\frac{x-1}{x-1}=\sin1,$$

则 $x=1$ 为可去间断点. 故选(D).

【例 40】 $f(x)=\lim\limits_{n\to\infty}\dfrac{x^{2n-1}+ax^2+bx}{x^{2n}+1}$ 在 $(-\infty,+\infty)$ 上连续的充要条件是常数 $a=$____, $b=$____.

解题思路 先求出 $f(x)$ 的分段表达式，然后讨论 $f(x)$ 的连续性，以此定出 a,b 的值.

解 因为式子中含有 x^{2n-1}, x^{2n} 等，因此应区分 $|x|<1$, $|x|=1$, $|x|>1$ 讨论之.

当 $|x|<1$ 时，$f(x)=ax^2+bx$.

当 $x=1$ 时，$f(x)=\dfrac{1}{2}(1+a+b)$，

当 $x=-1$ 时，$f(x)=\dfrac{1}{2}(-1+a-b)$，

当 $|x|>1$ 时，有 $f(x)=\lim\limits_{n\to\infty}\dfrac{x^{2n-1}(1+ax^{-2n+3}+bx^{-2n+2})}{x^{2n}(1+x^{-2n})}=\dfrac{1}{x}$.

写成分段表达式，$f(x)=\begin{cases}\dfrac{1}{x}, & x<-1,\\ \dfrac{1}{2}(-1+a-b), & x=-1,\\ ax^2+bx, & |x|<1,\\ \dfrac{1}{2}(1+a+b), & x=1,\\ \dfrac{1}{x}, & x>1.\end{cases}$

$f(x)$ 在 $x=-1$ 处连续 $\Leftrightarrow -1=\dfrac{1}{2}(-1+a-b)=a-b$;

$f(x)$ 在 $x=1$ 处连续 $\Leftrightarrow 1=\dfrac{1}{2}(1+a+b)=a+b$. 解得 $a=0$, $b=1$. 如上所填.

八、有关闭区间上连续函数性质的证明题

【例 41】 设 $f(x)$ 在 $[a,b]$ 上连续，$a<c<d<b$. 试证：对任意的正数 p,q，至少存在一个 $\xi\in[c,d]$，使 $pf(c)+qf(d)=(p+q)f(\xi)$.

证明 由题设可知，$f(x)$ 在 $[c,d]$ 上连续，则该区间上必有最小值 m 和最大值 M.

则

$$m=\frac{pm+qm}{p+q}\leqslant\frac{pf(c)+qf(d)}{p+q}\leqslant\frac{pM+qM}{p+q}=M,$$

由连续函数介值定理知，至少存在一个 $\xi\in[c,d]$，使

$$f(\xi)=\frac{pf(c)+qf(d)}{p+q},$$

故
$$pf(c)+qf(d)=(p+q)f(\xi).$$

【例 42】 设 $n>1$ 为整数，$F(x)=\int_0^x e^{-t}\left(1+\frac{t}{1!}+\frac{t^2}{2!}+\cdots+\frac{t^n}{n!}\right)dt$.

证明：方程 $F(x)=\frac{n}{2}$ 在 $\left(\frac{n}{2},n\right)$ 内至少有一个根.

证明 因为对任意的 $t>0$，$e^{-t}\left(1+\frac{t}{1!}+\frac{t^2}{2!}+\cdots+\frac{t^n}{n!}\right)<1$，故有

$$F\left(\frac{n}{2}\right)=\int_0^{\frac{n}{2}} e^{-t}\left(1+\frac{t}{1!}+\frac{t^2}{2!}+\cdots+\frac{t^n}{n!}\right)dt<\frac{n}{2}.$$

下面只需证明 $F(n)>\frac{n}{2}$ 即可.

$$\begin{aligned}F(n)&=\int_0^n e^{-t}\left(1+\frac{t}{1!}+\frac{t^2}{2!}+\cdots+\frac{t^n}{n!}\right)dt=-\int_0^n\left(1+\frac{t}{1!}+\frac{t^2}{2!}+\cdots+\frac{t^n}{n!}\right)de^{-t}\\&=1-e^{-n}\left(1+\frac{n}{1!}+\frac{n^2}{2!}+\cdots+\frac{n^n}{n!}\right)+\int_0^n e^{-t}\left(1+\frac{t}{1!}+\frac{t^2}{2!}+\cdots+\frac{t^{n-1}}{(n-1)!}\right)dt\\&=\cdots\\&=1-e^{-n}\left(1+\frac{n}{1!}+\frac{n^2}{2!}+\cdots+\frac{n^n}{n!}\right)+1-e^{-n}\left(1+\frac{n}{1!}+\frac{n^2}{2!}+\cdots+\frac{n^{n-1}}{(n-1)!}\right)\\&\quad+\cdots+1-e^{-n}\left(1+\frac{n}{1!}\right)+1-e^{-n}.\end{aligned}$$

记 $a_i=\frac{n^i}{i!}$，那么 $a_0=1<a_1<a_2<\cdots<a_n$. 则

$$F(n)>n+1-\frac{(n+2)}{2}\cdot e^{-n}\left(1+\frac{n}{1!}+\frac{n^2}{2!}+\cdots+\frac{n^n}{n!}\right)>n+1-\frac{n+2}{2}=\frac{n}{2}.$$

证毕.

第二章　一元函数微分学

考点与要求

理解 掌握 导数与微分的概念及相互之间的关系，导数的几何意义，可导与连续的关系，求导法则与初等函数求导公式，罗尔定理与拉格朗日中值定理和泰勒定理以及它们的应用，函数的极值与最值，判定极值、最值和单调性的方法以及它们的应用，不等式问题与零点问题.

了解 会用 平面曲线的切线与法线，导数的物理意义，微分的运算法则，一阶微分形式的不变性，高阶导数与简单的 n 阶导数，分段函数的一、二阶导数，隐函数与参数方程的一、二阶导数，柯西中值公式，凹凸性与拐点，渐近线，函数的图形，曲率、曲率圆与曲率半径.

内容精讲

§1　导数与微分，导数的计算

2.1.1　导数

定义　设 $f(x)$ 在 $x=x_0$ 的某邻域 $U(x_0)$ 内有定义，并设 $x_0+\Delta x\in U(x_0)$. 如果

$$\lim_{\Delta x\to 0}\frac{f(x_0+\Delta x)-f(x_0)}{\Delta x}$$

存在，则称 $f(x)$ 在 $x=x_0$ 处可导，并称上述极限为 $f(x)$ 在 $x=x_0$ 处的导数，记为

$$\lim_{\Delta x\to 0}\frac{f(x_0+\Delta x)-f(x_0)}{\Delta x}=f'(x_0)=\left.\frac{\mathrm{d}f(x)}{\mathrm{d}x}\right|_{x=x_0}.$$

若记 $y=f(x)$，则在 x_0 点的导数又可记成 $y'(x_0)$，$\left.\frac{\mathrm{d}y}{\mathrm{d}x}\right|_{x=x_0}$，$\left.\frac{\mathrm{d}y(x)}{\mathrm{d}x}\right|_{x=x_0}$ 等.

如果 $f(x)$ 在区间 (a,b) 内每一点 x 都可导，则称 $f(x)$ 在 (a,b) 内可导，$f'(x)$ 称为 $f(x)$ 在 (a,b) 内的导函数，简称导数.

在定义式中，若记 $x=x_0+\Delta x$，则该式可改写为

$$\lim_{x\to x_0}\frac{f(x)-f(x_0)}{x-x_0}=f'(x_0).$$

用此式时，免去了引入 Δx 的麻烦.

导数的几何意义　$f(x)$ 在 $x=x_0$ 处的导数 $f'(x_0)$ 是曲线 $y=f(x)$ 在点 $(x_0,f(x_0))$ 处的切线斜率. 曲线 $y=f(x)$ 在该点的切线方程为 $y-f(x_0)=f'(x_0)(x-x_0)$. 导数在几

何上的应用最根本之点在于此.

【注】 导数的定义式中,必须要有 $f(x_0)$,并且其中的 $f(x)$ 是 x_0 附近的 x 处的函数值.没有这些,谈不上求导数.将来按定义求导数时,必须抓住这两项!

提醒考生注意,将

$$\lim_{\Delta x\to 0}\frac{f(x_0+\Delta x)-f(x_0)}{\Delta x}$$

随随便便改写成

$$\lim_{u\to 0}\frac{f(x_0+u)-f(x_0)}{u}$$

是不对的.例如,设 $u=(\Delta x)^2$,由

$$\lim_{(\Delta x)^2\to 0}\frac{f(x_0+(\Delta x)^2)-f(x_0)}{(\Delta x)^2}$$

存在,只能推出右导数(见 2.1.2)$f'_+(x_0)$ 存在,推不出 $f'(x_0)$ 存在.

2.1.2 左、右导数

定义 极限

$$\lim_{x\to x_0^-}\frac{f(x)-f(x_0)}{x-x_0} \text{ 与 } \lim_{x\to x_0^+}\frac{f(x)-f(x_0)}{x-x_0}$$

分别称为 $f(x)$ 在 $x=x_0$ 处的左、右导数,分别记为 $f'_-(x_0)$ 及 $f'_+(x_0)$.

求分段函数在分界点处的导数要用定义做,一般还应分左、右导数讨论.

2.1.3 函数的微分

定义 设 $y=f(x)$ 在 $x=x_0$ 的某邻域 $U(x_0)$ 内有定义,并设 $x_0+\Delta x\in U(x_0)$.如果

$$\Delta y=f(x_0+\Delta x)-f(x_0)\xlongequal{\text{可写成}}A\Delta x+o(\Delta x),$$

其中 A 与 Δx 无关,$\lim\limits_{\Delta x\to 0}\dfrac{o(\Delta x)}{\Delta x}=0$,则称 $f(x)$ 在点 $x=x_0$ 处可微,并称 $A\Delta x$ 为 $f(x)$ 在 $x=x_0$ 处的微分,记为 $\mathrm{d}y=A\Delta x$.又因自变量的增量 Δx 等于自变量的微分 $\mathrm{d}x$,于是 $\mathrm{d}y$ 又可写成

$$\mathrm{d}y=A\mathrm{d}x.$$

2.1.4 高阶导数

定义 设

$$\lim_{\Delta x\to 0}\frac{f'(x_0+\Delta x)-f'(x_0)}{\Delta x}\left(\text{即}\lim_{x\to x_0}\frac{f'(x)-f'(x_0)}{x-x_0}\right)$$

存在,则称 $f(x)$ 在 $x=x_0$ 处二阶可导,并称此极限为 $f(x)$ 在 $x=x_0$ 处的二阶导数,记为 $f''(x_0)$,$\left.\dfrac{\mathrm{d}^2f(x)}{\mathrm{d}x^2}\right|_{x=x_0}$ 等.一般,设

$$\lim_{\Delta x\to 0}\frac{f^{(n-1)}(x_0+\Delta x)-f^{(n-1)}(x_0)}{\Delta x}\left(\text{即}\lim_{x\to x_0}\frac{f^{(n-1)}(x)-f^{(n-1)}(x_0)}{x-x_0}\right)$$

存在,则称 $f(x)$ 在 $x=x_0$ 处 n 阶可导,并称此极限为 $f(x)$ 在 $x=x_0$ 处的 n 阶导数,记为 $f^{(n)}(x_0)$,$\left.\dfrac{\mathrm{d}^nf(x)}{\mathrm{d}x^n}\right|_{x=x_0}$ 等.通常约定 $f^{(0)}(x)$ 表示 $f(x)$ 本身.

2.1.5 可导与连续的关系

定理 设 $f(x)$ 在 x 处可导,则 $f(x)$ 在同一点处必连续,但反之不真.

【注】 以后凡说到 $f(x)$ 可导,应立即想到它蕴含着 $f(x)$ 在同一点必连续.连续是可导的前提.

2.1.6　左、右导数与可导的关系

定理　$f(x)$ 在 $x=x_0$ 处可导 $\Leftrightarrow$ $f(x)$ 在 $x=x_0$ 处左、右导数 $f'_-(x_0)$、$f'_+(x_0)$ 都存在，并且 $f'_-(x_0)=f'_+(x_0)$. 当可导时，$f'_-(x_0)=f'_+(x_0)=f'(x_0)$.

函数 $f(x)$ 在闭区间 $[a,b]$ 的端点处的导数是指 $f'_+(a)$ 及 $f'_-(b)$.

2.1.7　可导与可微的关系

定理　$y=f(x)$ 在 $x=x_0$ 处可导 $\Leftrightarrow$ $f(x)$ 在 $x=x_0$ 处可微. 当满足此条件时，有

$$\mathrm{d}y=f'(x_0)\mathrm{d}x.$$

对任意 x，$\mathrm{d}y=f'(x)\mathrm{d}x$.

2.1.8　函数的微分与函数的增量之间的关系

定理　设 $y=f(x)$ 在 x_0 处可导(可微)，则

$$\Delta y=\mathrm{d}y+o(\Delta x)\text{，或写成 }\Delta y=f'(x_0)\Delta x+o(\Delta x).$$

若又设在含有 x_0 的某区间内存在二阶导数，则由拉格朗日余项泰勒公式(见本章 § 3)，有

$$\Delta y-\mathrm{d}y=\frac{1}{2}f''(\xi)(\Delta x)^2,$$

其中 ξ 介于 x_0 与 $x_0+\Delta x$ 之间.

2.1.9　常用的导数(微分)运算法则

以下均设所涉及的函数可导，则有

(1) $(u\pm v)'=u'\pm v'$.　　$\mathrm{d}(u\pm v)=\mathrm{d}u\pm\mathrm{d}v$.

(2) $(uv)'=u'v+uv'$.　　$\mathrm{d}(uv)=u\mathrm{d}v+v\mathrm{d}u$.

$(Cu)'=Cu'$.　　$\mathrm{d}(Cu)=C\mathrm{d}u$.

(3) $\left(\dfrac{u}{v}\right)'=\dfrac{vu'-uv'}{v^2}$，$(v\neq 0)$.　　$\mathrm{d}\left(\dfrac{u}{v}\right)=\dfrac{v\mathrm{d}u-u\mathrm{d}v}{v^2}$，$(v\neq 0)$.

(4) 设 $y=f(u)$，$u=\varphi(x)$，则有

$$\frac{\mathrm{d}y}{\mathrm{d}x}=\frac{\mathrm{d}y}{\mathrm{d}u}\cdot\frac{\mathrm{d}u}{\mathrm{d}x}\text{，即}[f(\varphi(x))]'=f'(\varphi(x))\cdot\varphi'(x).$$

与此相应的微分运算法则，就是微分形式不变性，即不论 u 是自变量还是中间变量，均有

$$\mathrm{d}y=f'(u)\mathrm{d}u.$$

2.1.10　基本初等函数的导数(微分)公式

(1) $C'=0$(C 为常数).　　$\mathrm{d}C=0$(C 为常数).

(2) $(x^\alpha)'=\alpha x^{\alpha-1}$($\alpha$ 为常数).　　$\mathrm{d}x^\alpha=\alpha x^{\alpha-1}\mathrm{d}x$($\alpha$ 为常数).

(3) $(a^x)'=a^x\ln a$(a 为常数，$a>0,a\neq 1$).　　$\mathrm{d}a^x=a^x\ln a\mathrm{d}x$($a$ 为常数，$a>0,a\neq 1$).

$(\mathrm{e}^x)'=\mathrm{e}^x$.　　$\mathrm{d}\mathrm{e}^x=\mathrm{e}^x\mathrm{d}x$.

(4) $(\log_a x)'=\dfrac{1}{x\ln a}(a>0,a\neq 1)$.　　$\mathrm{d}\log_a x=\dfrac{1}{x\ln a}\mathrm{d}x(a>0,a\neq 1)$.

$(\ln x)'=\dfrac{1}{x}$.　　$\mathrm{d}\ln x=\dfrac{1}{x}\mathrm{d}x$.

(5) $(\sin x)'=\cos x$.　　$\mathrm{d}\sin x=\cos x\mathrm{d}x$.

(6) $(\cos x)'=-\sin x$.　　$\mathrm{d}\cos x=-\sin x\mathrm{d}x$.

(7) $(\tan x)'=\sec^2 x$.　　$\mathrm{d}\tan x=\sec^2 x\mathrm{d}x$.

(8) $(\cot x)'=-\csc^2 x$.　　$\mathrm{d}\cot x=-\csc^2 x\mathrm{d}x$.

(9) $(\sec x)'=\sec x\tan x$.　　$\mathrm{d}\sec x=\sec x\tan x\mathrm{d}x$.

(10) $(\csc x)'=-\csc x\cot x$.　　$\mathrm{d}\csc x=-\csc x\cot x\mathrm{d}x$.

(11) $(\arcsin x)' = \dfrac{1}{\sqrt{1-x^2}}$.　　$\mathrm{d}\arcsin x = \dfrac{1}{\sqrt{1-x^2}}\mathrm{d}x$.

(12) $(\arccos x)' = -\dfrac{1}{\sqrt{1-x^2}}$.　　$\mathrm{d}\arccos x = -\dfrac{1}{\sqrt{1-x^2}}\mathrm{d}x$.

(13) $(\arctan x)' = \dfrac{1}{1+x^2}$.　　$\mathrm{d}\arctan x = \dfrac{1}{1+x^2}\mathrm{d}x$.

(14) $(\operatorname{arccot} x)' = -\dfrac{1}{1+x^2}$.　　$\mathrm{d}\operatorname{arccot} x = -\dfrac{1}{1+x^2}\mathrm{d}x$.

2.1.11　变限积分求导公式

设 $f(t)$ 为连续函数，$\varphi_1(x)$ 与 $\varphi_2(x)$ 均可导，则有

$$\left[\int_{\varphi_1(x)}^{\varphi_2(x)} f(t)\mathrm{d}t\right]' = f(\varphi_2(x))\varphi_2'(x) - f(\varphi_1(x))\varphi_1'(x).$$

2.1.12　n 阶导数运算法则

以下均设 u,v 为 n 阶可导，则有

$$(u \pm v)^{(n)} = u^{(n)} \pm v^{(n)},$$

$$(cu)^{(n)} = cu^{(n)},$$

$$(uv)^{(n)} = u^{(n)}v + \mathrm{C}_n^1 u^{(n-1)}v' + \cdots + \mathrm{C}_n^k u^{(n-k)}v^{(k)} + \cdots + uv^{(n)},$$

后一公式称为乘积的高阶导数的**莱布尼茨公式**.

2.1.13　几个常见的初等函数的 n 阶导数公式

(1) $(\mathrm{e}^{ax})^{(n)} = a^n\mathrm{e}^{ax}$.

(2) $(\sin ax)^{(n)} = a^n \sin\left(\dfrac{n\pi}{2} + ax\right)$.

(3) $(\cos ax)^{(n)} = a^n \cos\left(\dfrac{n\pi}{2} + ax\right)$.

(4) $(\ln(1+x))^{(n)} = \dfrac{(-1)^{n-1}(n-1)!}{(1+x)^n}$.

(5) $((1+x)^{\alpha})^{(n)} = \alpha(\alpha-1)\cdots(\alpha-n+1)(1+x)^{\alpha-n}$.

其中(5)中，若 α 为某一正整数 n，则 $((1+x)^n)^{(n)} = n!$，$((1+x)^n)^{(n+j)} = 0, j = 1,2,\cdots$.

2.1.14　参数式所确定的函数的导数公式

设函数 $y = f(x)$ 由参数式 $\begin{cases} x = x(t), \\ y = y(t) \end{cases}$ 确定，并设 $x(t)$ 与 $y(t)$ 均可导，$x'(t) \neq 0$，则

$$y'_x = \frac{y'_t}{x'_t};\ y''_{xx} = \frac{(y'_x)'_t}{x'_t} = \frac{x'_t y''_{tt} - x''_{tt} y'_t}{(x'_t)^3}.$$

设曲线 L 由极坐标方程 $r = r(\theta)$ 给出，由 $x = r\cos\theta, y = r\sin\theta$ 便可得到 L 的参数方程

$$\begin{cases} x = r(\theta)\cos\theta, \\ y = r(\theta)\sin\theta, \end{cases} (\theta \text{ 为参数}).$$

再按参数方程求 y'_x 的办法便得 L 上任意一点处的切线斜率 $\tan\alpha = y'_x$. 例如，极坐标曲线 $r = \mathrm{e}^{\theta}$ 在点 (r,θ) 处的切线斜率

$$\frac{\mathrm{d}y}{\mathrm{d}x} = \frac{y'_\theta}{x'_\theta} = \frac{(\mathrm{e}^{\theta}\sin\theta)'_\theta}{(\mathrm{e}^{\theta}\cos\theta)'_\theta} = \frac{\sin\theta + \cos\theta}{\cos\theta - \sin\theta}.$$

【注】　将来在求曲线的弧长及曲线积分时，如果需要，也可按此办法化极坐标方程为参数方程.

2.1.15　隐函数求导法

设函数 $y=f(x)$ 由方程 $F(x,y)=0$ 确定，视 $F(x,y)$ 中的 y 为 x 的函数 $f(x)$，将 $F(x,y)=0$ 两边对 x 求导，便得到含有 $\frac{\mathrm{d}y}{\mathrm{d}x}$ 的一个式子，从中解出 $\frac{\mathrm{d}y}{\mathrm{d}x}$ 即可（假定其中出现的分母不为 0）.

用已获得的 $\frac{\mathrm{d}y}{\mathrm{d}x}$ 再对 x 求导，并视其中的 y 为 x 的函数 $f(x)$，便得 $\frac{\mathrm{d}^2y}{\mathrm{d}x^2}$.

2.1.16　幂指函数 $u(x)^{v(x)}$ 的求导法则与公式

将幂指函数 $u(x)^{v(x)}$ 化为指数函数

$$u(x)^{v(x)}=\mathrm{e}^{v(x)\ln u(x)},$$

然后再求导得到公式

$$[u(x)^{v(x)}]'_x=u(x)^{v(x)}\left[\frac{v(x)}{u(x)}u'(x)+\ln u(x)\cdot v'(x)\right].$$

2.1.17　反函数的一阶及二阶导数公式

设 $y=f(x)$ 可导且 $f'(x)\neq 0$，则存在反函数 $x=\varphi(y)$，且

$$\frac{\mathrm{d}x}{\mathrm{d}y}=\frac{1}{\frac{\mathrm{d}y}{\mathrm{d}x}},\text{即 }\varphi'(y)=\frac{1}{f'(x)}.$$

若又设 $y=f(x)$ 存在二阶导数，则 $\varphi''(y)=-\frac{f''(x)}{(f'(x))^3}$.

§2　导数的应用

——导数在研究函数性态方面的应用

2.2.1　极值

定义　设 $f(x)$ 在 $x=x_0$ 的某邻域有定义，如果存在一个邻域 $U(x_0)$，当 $x\in U(x_0)$ 时有 $f(x)\geqslant(\leqslant)f(x_0)$，称 $f(x_0)$ 为 $f(x)$ 的一个极小（极大）值，点 $x=x_0$ 称为 $f(x)$ 的一个极小（极大）值点.

极小值与极大值统称为极值，极小值点与极大值点统称为极值点.

2.2.2　最值

定义　设 $f(x)$ 在某区间 I 上有定义，如果存在 $x_0\in I$，使对一切 $x\in I$ 有 $f(x)\geqslant(\leqslant)f(x_0)$，称 $f(x_0)$ 为 $f(x)$ 在 I 上的最小（最大）值.

【注】　极值与最值是既有区别又有联系的. 例如，设 $f(x)=\mathrm{e}^x, x\in(-\infty,0]$. $f(0)=\mathrm{e}^0=1$ 为 $f(x)$ 在 $(-\infty,0]$ 上的最大值：$f(x)\leqslant f(0)$. 但 $f(x)$ 在 $(-\infty,0]$ 上没有极值.

又如 $f(x)=3x-x^3$，$f(1)=2$ 为极大值，$f(-1)=-2$ 为极小值. 但容易看出，此 $f(x)$ 在 $(-\infty,+\infty)$ 上无最大值，也无最小值.

如果 $f(x)$ 在区间 I 上有最值点 x_0，并且此最值点 x_0 不是区间 I 的端点而是 I 内部的点，那么此 x_0 必是 $f(x)$ 的一个极值点.

2.2.3　曲线的凹凸性

定义　设 $y=f(x)$ 在区间 I 上连续，如果对于区间 I 上任意两点 x_1 与 x_2，连接点 $A(x_1,$

$f(x_1))$ 与点 $B(x_2, f(x_2))$ 的弦$\overline{AB}$ 总在弧$\widehat{AB}$ 的上方（下方），称曲线$y = f(x)$ 在 I 上是凹（凸）的.

2.2.4 曲线的拐点

定义 连续曲线 $y = f(x)$ 上的凹、凸弧的分界点称为该曲线的拐点.

2.2.5 曲线的驻点

定义 连续曲线 $y = f(x)$ 上若 $f'(x) = 0$ 的解为 a，则称其为 $f(x)$ 的驻点或称稳定点、临界点.

2.2.6 单调性的判定

定理 设 $f(x)$ 在区间 I 上 $f'(x) \geqslant 0(\leqslant 0)$，且不在任一子区间上取恒等号，则 $f(x)$ 在 I 上是严格单调增加（减少）的.

【注】 (1) 以后凡说到区间 I，可以是开的、闭的或半开半闭的，或无穷区间等.

(2) 上面的 $\geqslant 0(\leqslant 0)$ 如果在某些子区间上成立等号，则 $f(x)$ 只能证明是单调增加（减少）的.

2.2.7 可导点处极值的必要条件

定理 设 $f(x)$ 在 $x = x_0$ 处为极值，且 $f'(x_0)$ 存在，则$f'(x_0) = 0$.

【注】 函数连续但不可导的点 x_0 处，$f(x_0)$ 也可以为极值；另一方面，使 $f'(x_0) = 0$ 的 $x = x_0$ 也未必使 $f(x_0)$ 为极值. 应检查充分条件.

2.2.8 极值的第一充分条件

定理 设 $f(x)$ 在 $x = x_0$ 处连续，在 $x = x_0$ 的去心邻域内可导，

① 若在 $x = x_0$ 的左侧邻域内 $f'(x) > 0$，右侧邻域内 $f'(x) < 0$，则 $f(x_0)$ 为极大值；

② 若在 $x = x_0$ 的左侧邻域内 $f'(x) < 0$，右侧邻域内 $f'(x) > 0$，则 $f(x_0)$ 为极小值.

【注】 (1) 若 $f'(x)$ 在 $x = x_0$ 的左、右邻域内 $f'(x)$ 同号，则 $f(x_0)$ 必不是极值.

(2) 即使函数连续且在左、右侧邻域导数都存在，并且 $f(x_0)$ 为极值，也未必存在某左侧邻域使 $f'(x) > 0(< 0)$ 与某右侧邻域使 $f'(x) < 0(> 0)$. 换言之，左、右侧邻域导数反号是极值的充分条件而不是必要条件.

2.2.9 极值的第二充分条件

定理 设 $f(x)$ 在 $x = x_0$ 处存在二阶导数，

$$f'(x_0) = 0, f''(x_0) \neq 0,$$

① 若 $f''(x_0) < 0$，则 $f(x_0)$ 为极大值；

② 若 $f''(x_0) > 0$，则 $f(x_0)$ 为极小值.

2.2.10 凹凸性的判定

定理 设 $f(x)$ 在区间 I 上 $f''(x) \geqslant 0(\leqslant 0)$，且不在任一子区间上取等号，则曲线 $y = f(x)$ 在区间 I 上是凹（凸）的.

2.2.11 二阶可导点处拐点的必要条件

定理 设点$(x_0, f(x_0))$ 为曲线$y = f(x)$ 的拐点，且$f''(x_0)$ 存在，则 $f''(x_0) = 0$.

2.2.12 拐点的充分条件

定理 设 $f(x)$ 在 $x = x_0$ 处连续，在 $x = x_0$ 的某去心邻域内二阶可导，并且在 $x = x_0$ 的左、右邻域 $f''(x)$ 反号，则点$(x_0, f(x_0))$ 是曲线 $y = f(x)$ 的拐点.

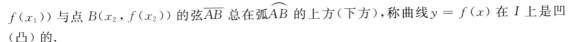

【注】 若 $f''(x_0)=0$ 且 $f'''(x_0)>0(<0)$，则曲线 $y=f(x)$ 在点 $(x_0,f(x_0))$ 的左侧邻近是凸的(凹的)，右侧邻近是凹的(凸的)，从而知点 $(x_0,f(x_0))$ 是曲线 $y=f(x)$ 的拐点.

2.2.13　闭区间上连续函数的最大值、最小值求法

(1) 求出 $f(x)$ 在该区间内部的一切驻点及不可导的点，并计算相应的函数值.

(2) 求出 $f(x)$ 在闭区间两端点处的函数值.

(3) 比较上述(1)(2)中求出的函数值，最大者为最大值，最小者为最小值.

(4) 如果 $f(x)$ 区间内部只有一个可疑极值点，并且是极大(极小)值点，则它必是 $f(x)$ 的最大(最小)值点. 此时的"区间"可以是闭的，也可以是开的、半开半闭的或无穷区间.

实际中遇到的多数是(4).

2.2.14　应用问题的最值的求法

(1) 建模：建立目标函数的表达式 $y=f(x)$，及相应的定义区间 I.

(2) 如果 $f(x)$ 在 I 内可导，则求出 $f(x)$ 在 I 内的一切驻点.

(3) 如果 I 内只有一个驻点，并且经检验，是极大(极小)值点，则在此唯一的驻点处函数必为最大(最小)值.

【注】 这里的(2)(3)中的"如果"，必须认真检查是否真的满足.

2.2.15　渐近线的求法

(1) 水平渐近线　若 $\lim\limits_{x\to+\infty}f(x)=b_1$，则 $y=b_1$ 是一条水平渐近线；若又有 $\lim\limits_{x\to-\infty}f(x)=b_2$，则 $y=b_2$ 也是一条水平渐近线(若 $b_1=b_2$，则当然只能算作一条).

(2) 铅直渐近线　若存在 x_0，使 $\lim\limits_{x\to x_0^-}f(x)=\infty$ (或 $\lim\limits_{x\to x_0^+}f(x)=\infty$)，则 $x=x_0$ 是一条铅直渐近线. 这里的 x_0 先由观察法观得，一般考虑分母为零处、对数的真数为零处等.

(3) 斜渐近线　$y=ax+b$ 是曲线 $y=f(x)$ 的一条斜渐近线的充要条件是 $\lim\limits_{x\to+\infty}\dfrac{f(x)}{x}=a$，$\lim\limits_{x\to+\infty}(f(x)-ax)=b$. 这里 $x\to+\infty$ 也可以改成 $x\to-\infty$. 若 $a=0$ 上式成立，即为水平渐近线.

2.2.16　曲率、曲率圆与曲率半径

设 $f(x)$ 存在二阶导数，曲线 $y=f(x)$ 在其上点 $(x,f(x))$ 处的曲率计算公式为

$$k=\frac{|y''|}{(1+y'^2)^{3/2}}.$$

设在点 $M(x,f(x))$ 处 $y''\neq0$. 经过点 M 在曲线 $y=f(x)$ 的凹向作该曲线的法线，在法线上取点 C. 以 $|\overrightarrow{CM}|=\dfrac{1}{k}$ 为半径，C 为圆心所作的圆周称为曲线 $y=f(x)$ 在点 M 处的曲率圆，它的半径称为该曲线在点 M 处的曲率半径. 曲率半径的计算公式是 $R=\dfrac{1}{k}=\dfrac{(1+y'^2)^{3/2}}{|y''|}$. 曲线 L 上点 M 处的曲率圆位于 L 的凹侧并且此曲率圆在点 M 的切线与曲线 L 在点 M 处的切线一致.

设曲线 L 的方程为 $y=f(x)$，曲线上点 $M(x,y)$ 处的曲率中心的坐标 (α,β) 为

$$\alpha=x-\frac{y'(1+y'^2)}{y''},\beta=y+\frac{1+y'^2}{y''}.$$

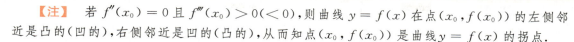

§3 中值定理、不等式与零点问题

本节是考研的重点与热点，个别题有一定的难度. 其中的基本概念在前几节都讲到了，重点在一些定理与方法.

前面曾提到考研中经常会考到教科书上某些既重要、又不难证明、步骤也简洁的定理的证明. 下面几个定理不但要会用，也要会证明. 但千万不要有用拉格朗日定理去证罗尔定理的思维，这是因为拉格朗日定理是用罗尔定理证的. 如果用拉格朗日定理去证罗尔定理，就犯了循环证明的毛病.

2.3.1 费马定理

定理 设 $f(x)$ 在 $x=x_0$ 的某邻域 $U(x_0)$ 内有定义，$f(x_0)$ 是 $f(x)$ 的一个极大(极小)值，又设 $f'(x_0)$ 存在，则 $f'(x_0)=0$.

使 $f'(x)=0$ 的 $x=x_0$ 称为 $f(x)$ 的驻点.

【注】 本定理实际上就是可导条件下极值点的必要条件.

2.3.2 罗尔定理

定理 设 $f(x)$ 在闭区间 $[a,b]$ 上连续，在开区间 (a,b) 内可导，又设 $f(a)=f(b)$，则至少存在一点 $\xi\in(a,b)$ 使 $f'(\xi)=0$.

【注】 罗尔定理中的 ξ，实际上就是 $f(x)$ 的极值点.

2.3.3 拉格朗日中值定理

定理 设 $f(x)$ 在闭区间 $[a,b]$ 上连续，在开区间 (a,b) 内可导，则至少存在一点 $\xi\in(a,b)$ 使 $f(b)-f(a)=f'(\xi)(b-a)$.

【注】 拉格朗日中值定理常用的是下述形式：在定理条件下，设 x_0,x 是 $[a,b]$ 上的任意两点，则至少存在一点 ξ 介于 x_0 与 x 之间，使

$$f(x)=f(x_0)+f'(\xi)(x-x_0),$$

这里可以 $x_0<x$，也可以 $x_0>x$.

命 $\theta=\dfrac{\xi-x_0}{x-x_0}$，则 $0<\theta<1$，拉格朗日中值公式又可写成

$$f(x)=f(x_0)+f'(x_0+\theta(x-x_0))(x-x_0).$$

2.3.4 柯西中值定理

定理 设 $f(x),g(x)$ 在闭区间 $[a,b]$ 上连续，在开区间 (a,b) 内可导，且 $g'(x)\neq 0,x\in(a,b)$，则至少存在一点 $\xi\in(a,b)$ 使

$$\frac{f(b)-f(a)}{g(b)-g(a)}=\frac{f'(\xi)}{g'(\xi)}.$$

【注】 柯西中值定理是拉格朗日中值定理在两个函数情形下的推广.

2.3.5 泰勒定理

定理 设 $f(x)$ 在闭区间 $[a,b]$ 有 n 阶连续的导数，在开区间 (a,b) 内有直到 $n+1$ 阶导数，$x_0\in[a,b]$，$x\in[a,b]$ 是任意两点，则至少存在一点 ξ 介于 x_0 与 x 之间，使

$$f(x)=f(x_0)+\frac{f'(x_0)}{1!}(x-x_0)+\frac{f''(x_0)}{2!}(x-x_0)^2+\cdots+\frac{f^{(n)}(x_0)}{n!}(x-x_0)^n+R_n(x),$$

其中 $R_n(x)=\dfrac{f^{(n+1)}(\xi)}{(n+1)!}(x-x_0)^{n+1}$ 称为拉格朗日余项，整个公式称为**具有拉格朗日余项的 n 阶泰勒公式.**

如果将定理的条件减弱为：设 $f(x)$ 在 $x=x_0$ 具有 n 阶导数(这就意味着 $f(x)$ 在 $x=x_0$ 的某邻域应具有 $n-1$ 阶导数，并且 $f^{(n-1)}(x)$ 在 $x=x_0$ 处连续)，x 为点 x_0 的充分小的邻域内的任意一点，则有

$$f(x)=f(x_0)+\frac{f'(x_0)}{1!}(x-x_0)+\cdots+\frac{f^{(n)}(x_0)}{n!}(x-x_0)^n+R_n(x),$$

其中
$$R_n(x)=o((x-x_0)^n)\left(\lim_{x\to x_0}\frac{o((x-x_0)^n)}{(x-x_0)^n}=0\right),$$

这就是佩亚诺余项泰勒公式.

【注】 (1) 如果泰勒公式中的 $x_0=0$，则称该公式为**麦克劳林公式.**

(2) 具有拉格朗日余项的 0 阶泰勒公式就是拉格朗日中值公式；具有拉格朗日余项的 1 阶泰勒公式，就是函数的微分与增量之间的关系式.

(3) 为加深理解，今将两个泰勒公式的条件、结论和用途比较如下：

	拉格朗日余项泰勒公式	佩亚诺余项泰勒公式
条件	$[a,b]$ 上 n 阶连续导数，(a,b) 内存在 $n+1$ 阶导数，要求高	$x=x_0$ 处存在 n 阶导数，要求低
余项	表达清楚：$R_n(x)=\dfrac{f^{(n+1)}(\xi)}{(n+1)!}(x-x_0)^{n+1}$	仅表达了高阶无穷小：$R_n(x)=o((x-x_0)^n)$
用途	可用于区间 $[a,b]$ 上，例如证明不等式或等式	仅能用于 x_0 邻域，例如讨论极值及求 $x\to x_0$ 时的极限

2.3.6　不等式的证明

这类题是考研的热点，考生应有足够的重视. 用微分学解这类题的常用方法如下：

设 $f(x)$ 与 $g(x)$ 在区间 (a,b) 内可导，欲证在此区间 (a,b) 内 $f(x)\geqslant g(x)$ (或 $f(x)>g(x)$)，先命 $\varphi(x)=f(x)-g(x)$，然后可分别用下述方法之一或联合运用来证明.

(1) 用单调性证的方法

① 如果 $\lim\limits_{x\to a^+}\varphi(x)\geqslant 0$，且当 $x\in(a,b)$ 时 $\varphi'(x)\geqslant 0$，则在 (a,b) 内 $\varphi(x)\geqslant 0$. 若存在 $x=a$ 的右侧一个小邻域有 $\varphi'(x)>0$，则结论中的不等式是严格的(即 $\varphi(x)>0$). 若在 $x=a$ 处 $\varphi(x)$ 右连续，则可用 $\varphi(a)\geqslant 0$ 代替 $\lim\limits_{x\to a^+}\varphi(x)\geqslant 0$.

② 如果 $\lim\limits_{x\to b^-}\varphi(x)\geqslant 0$ 且当 $x\in(a,b)$ 时 $\varphi'(x)\leqslant 0$，则在 (a,b) 内 $\varphi(x)\geqslant 0$. 若存在 $x=b$ 的左侧一个小邻域有 $\varphi'(x)<0$，则结论中的不等式是严格的(即 $\varphi(x)>0$). 若在 $x=b$ 处 $\varphi(x)$ 左连续，则可用 $\varphi(b)\geqslant 0$ 代替 $\lim\limits_{x\to b^-}\varphi(x)\geqslant 0$.

③ 如果区间 (a,b) 可分成两个，左边一个满足上述 ①，右边一个满足上述 ②，则在 (a,b) 内就有 $\varphi(x)\geqslant 0$. 如果 ①② 两个结论都是严格不等式，则就有 $\varphi(x)>0$.

上面讲的区间 (a,b) 可改为半开区间、闭区间、无穷区间、半无穷区间，结论仍成立.

(2) 用最值证的方法

如果在 (a,b) 内 $f(x)$ 有最小值，且此最小值 >0，则在 (a,b) 内 $f(x)>0$. 如果此最小

值 $=0$，则在 (a,b) 内，除这些最小值点外，均有 $f(x)>0$.

类似可用 $f(x)$ 的最大值证明 $f(x)<0$.

(3) 用拉格朗日中值公式证的方法

如果所给题为求证

$$f(b)-f(a)>A(b-a)(\text{或 } f(b)-f(a)<A(b-a)),$$

常想到用拉格朗日中值公式去证. 在满足定理条件的前提下，已知 $f(b)-f(a)=f'(\xi)(b-a)$，只要去证

$$f'(\xi)>A(\text{或 } f'(\xi)<A)，\text{当 } \xi\in(a,b).$$

(4) 用拉格朗日余项泰勒公式证的方法

如果所给(或能推导出)条件 $f''(x)$ 存在且 >0(或 <0)，那么常想到用拉格朗日余项泰勒公式证，将 $f(x)$ 在适当的 $x=x_0$ 处展开，有

$$f(x)=f(x_0)+\frac{1}{1!}f'(x_0)(x-x_0)+\frac{1}{2!}f''(\xi)(x-x_0)^2,$$

证明的关键是 $x_0=?$.

也可以用两次拉格朗日中值定理去证.

如果所给(或能推导出)条件为更高阶导数存在且 >0(或 <0)，那么要想到将 $f(x)$ 展至更高阶. 但实际考试中未见这种题，难度也更大.

以上方法的可行性，在于相应的"**如果**"是否实现.

2.3.7 零点问题存在性的证明方法

(1) 由连续函数介值定理或连续函数零点定理证.

(2) 由罗尔定理证.

2.3.8 导函数的零点的存在性

设所提到的导数存在，则有结论：如果 $f(x)$ 有 $k(k\geqslant 2)$ 个零点，则 $f'(x)$ 至少有 $(k-1)$ 个零点；…；$f^{(k-1)}(x)$ 至少有 1 个零点.

2.3.9 至多有几个零点的证明方法

定理 设以下所提到的导数存在，则有结论：

如果 $f'(x)$ 没有零点，则 $f(x)$ 至多有 1 个零点；

如果 $f'(x)$ 至多有 1 个零点，则 $f(x)$ 至多有 2 个零点；

…

如果 $f'(x)$ 至多有 k 个零点，则 $f(x)$ 至多有 $k+1$ 个零点；

如果 $f''(x)$ 没有零点，则 $f'(x)$ 至多有 1 个零点，$f(x)$ 至多有 2 个零点，…，依此类推.

例题分析

一、按定义求一点处的导数

这是一类常考题.

【例 1】 设 $f(x)=\begin{cases}x^2\ln|x|, & x\neq 0,\\ 0, & x=0,\end{cases}$ 则 $f(x)$ 在 $x=0$ 处

(A) 极限不存在.　　(B) 极限存在但不连续.

(C) 连续但不可导.　　(D) 可导.

解题思路 (A)(B)(C)(D) 逐个考察.

解 $$\lim_{x\to0}f(x)=\lim_{x\to0}x^2\ln|x|=\lim_{x\to0}\frac{\ln|x|}{\frac{1}{x^2}}=\lim_{x\to0}\frac{\frac{1}{x}}{\frac{-2}{x^3}}$$

$$=-\frac{1}{2}\lim_{x\to0}x^2=0=f(0),$$

所以不选(A),也不选(B).下面考察 $f(x)$ 在 $x=0$ 处的可导性.

$$\lim_{x\to0}\frac{f(x)-f(0)}{x-0}=\lim_{x\to0}\frac{x^2\ln|x|}{x}=\lim_{x\to0}x\ln|x|$$

$$=\lim_{x\to0}\frac{\ln|x|}{\frac{1}{x}}=\lim_{x\to0}\frac{\frac{1}{x}}{-\frac{1}{x^2}}=0,$$

则 $f(x)$ 在 $x=0$ 处可导,且 $f'(0)=0$,故选(D).

【例 2】 设 $f(x)$ 在 $x=0$ 处连续,且 $\lim\limits_{x\to0}\frac{x-\sin x}{\ln[f(x)+2]}=1$,求 $f'(0)$.

解题思路 已知极限求导数,用定义 $f'(0)=\lim\limits_{x\to0}\frac{f(x)-f(0)}{x}$,必须先由已知条件求出 $f(0)$,再进行讨论.

解 因 $\lim\limits_{x\to0}\frac{x-\sin x}{\ln[f(x)+2]}=1$,所以 $\lim\limits_{x\to0}\ln[f(x)+2]=\ln[f(0)+2]=0$,即

$$f(0)+2=1,f(0)=-1.$$

当 $x\to0$ 时,$\ln[f(x)+2]=\ln[1+f(x)+1]\sim f(x)+1$,所以,

$$\lim_{x\to0}\frac{\ln[f(x)+2]}{x-\sin x}=\lim_{x\to0}\frac{f(x)+1}{x-\sin x}=\lim_{x\to0}\frac{\frac{f(x)+1}{x}}{\frac{x-\sin x}{x}}=1.$$

因为 $\lim\limits_{x\to0}\frac{x-\sin x}{x}=0$,所以 $\lim\limits_{x\to0}\frac{f(x)+1}{x}=0$,即

$$f'(0)=\lim_{x\to0}\frac{f(x)-f(0)}{x}=\lim_{x\to0}\frac{f(x)+1}{x}=0.$$

【例 3】 设 $g(x)$ 在 $x=0$ 处存在二阶导数,且 $g(0)=1,g'(0)=2,g''(0)=1$,并设

$$f(x)=\begin{cases}\frac{g(x)-e^{2x}}{x}, & x\neq0,\\ 0, & x=0,\end{cases}$$

求 $f'(0)$,并讨论 $f'(x)$ 在 $x=0$ 处的连续性.

解题思路 $g(x)$ 在 $x=0$ 处存在二阶导数 $g''(0)$,故存在 $x=0$ 的某邻域,在此邻域内 $g'(x)$ 存在,因此在该邻域内当 $x\neq0$ 时,$f'(x)$ 存在,而 $f'(0)$ 应按定义做.然后讨论是否有 $\lim\limits_{x\to0}f'(x)=f'(0)$.

解 当 $x \neq 0$ 时，有

$$f'(x)=\frac{x(g'(x)-2e^{2x})-(g(x)-e^{2x})}{x^2},$$

而

$$f'(0)=\lim_{x\to 0}\frac{f(x)-f(0)}{x-0}=\lim_{x\to 0}\frac{g(x)-e^{2x}}{x^2}\qquad\left(\frac{0}{0}\text{型}\right)$$

$$\overset{\text{洛}}{=}\lim_{x\to 0}\frac{g'(x)-2e^{2x}}{2x}.\tag{2-1}$$

因为 $g'(x)$ 在 $x=0$ 处连续，所以 $\lim\limits_{x\to 0}g'(x)=g'(0)=2$，式(2-1)为 $\frac{0}{0}$ 型. 但题中未设在 $x=0$ 的某邻域当 $x\neq 0$ 时 $g''(x)$ 存在，故式(2-1)不能再用洛必达法则，此时应采用凑成导数的形式去求极限，现在实际上要去凑成 $g''(0)$ 的形式：

$$f'(0)=\lim_{x\to 0}\frac{g'(x)-2e^{2x}}{2x}=\lim_{x\to 0}\left(\frac{g'(x)-g'(0)}{2x}-\frac{2e^{2x}-2}{2x}\right)\tag{2-2}$$

$$=\lim_{x\to 0}\frac{g'(x)-g'(0)}{2x}-\lim_{x\to 0}\frac{2e^{2x}-2}{2x}$$

$$=\lim_{x\to 0}\frac{1}{2}\frac{g'(x)-g'(0)}{x-0}-\lim_{x\to 0}\frac{4e^{2x}}{2}$$

$$=\frac{1}{2}g''(0)-2=-\frac{3}{2}.$$

再计算

$$\lim_{x\to 0}f'(x)=\lim_{x\to 0}\frac{x(g'(x)-2e^{2x})-(g(x)-e^{2x})}{x^2}$$

$$=\lim_{x\to 0}\left(\frac{g'(x)-g'(0)}{x}-\frac{2e^{2x}-2}{x}-\frac{g(x)-e^{2x}}{x^2}\right)$$

$$=g''(0)-4-\left(-\frac{3}{2}\right)=-\frac{3}{2}=f'(0),$$

所以 $f'(x)$ 在 $x=0$ 处连续.

【评注】 对于 $\lim\limits_{x\to x_0}\frac{f(x)}{g(x)}$ 的"$\frac{0}{0}$ 型"，如果条件中仅设 $f'(x_0)$ 与 $g'(x_0)$ 存在，而未设在 $x=x_0$ 的某去心邻域内 $f'(x)$ 与 $g'(x)$ 存在，那么不能用洛必达法则，而应采用凑成导数的形式(如式(2-2)).

二、已知 $f(x)$ 在某点可导，求与此有关的极限或参数，或已知某极限求某点的导数

【例 4】 设 $f(x)$ 在 $x=1$ 点某邻域内有定义，且在点 $x=1$ 处可导，$f(1)=0$，$f'(1)=2$，求 $\lim\limits_{x\to 0}\frac{f(\sin^2x+\cos x)}{x^2+x\tan x}$.

解 由题意 $\lim\limits_{h\to 1}\frac{f(h)-f(1)}{h-1}=\lim\limits_{h\to 1}\frac{f(h)}{h-1}=f'(1)=2$，故 $\lim\limits_{x\to 0}\frac{f(\sin^2x+\cos x)}{\sin^2x+\cos x-1}=2$，

$$\text{故}\lim_{x\to 0}\frac{f(\sin^2x+\cos x)}{x^2+x\tan x}=\lim_{x\to 0}\frac{f(\sin^2x+\cos x)}{\sin^2x+\cos x-1}\cdot\frac{\sin^2x+\cos x-1}{x^2+x\tan x}$$

$$=2\lim_{x\to 0}\frac{\sin^2x+\cos x-1}{x^2+x\tan x}=2\lim_{x\to 0}\frac{\frac{\sin^2x}{x^2}+\frac{\cos x-1}{x^2}}{1+\frac{x\tan x}{x^2}}$$

$$=\frac{1}{2}.$$

【例 5】 设 $f(x)$ 在 $x=x_0$ 的某邻域内有定义，在 $x=x_0$ 的某去心邻域内可导. 下述论断正确的是

(A) 若 $\lim\limits_{x\to x_0} f'(x)=A$，则 $f'(x_0)$ 存在也等于 A.

(B) 若 $f'(x_0)$ 存在等于 A，则 $\lim\limits_{x\to x_0} f'(x)=A$.

(C) 若 $\lim\limits_{x\to x_0} f'(x)=\infty$，则 $f'(x_0)$ 不存在.

(D) 若 $f'(x_0)$ 不存在，则 $\lim\limits_{x\to x_0} f'(x)=\infty$.

解题思路 处理本题的关键是将 $f'(x_0)$ 的定义式 $\lim\limits_{x\to x_0}\frac{f(x)-f(x_0)}{x-x_0}$ 与 $\lim\limits_{x\to x_0} f'(x)$ 联系来考虑.

如果增设 $f(x)$ 在 $x=x_0$ 处连续，那么在 $\lim\limits_{x\to x_0} f'(x)=A$(或 ∞) 的条件下，由洛必达法则有

$$\lim_{x\to x_0}\frac{f(x)-f(x_0)}{x-x_0}=\lim_{x\to x_0} f'(x)=A(\text{或 }\infty),$$

所以 $f'(x_0)=A$(或 ∞).

但现在未设 $f(x)$ 在 $x=x_0$ 处连续，故(A) 未必正确(事实上有反例，见解).

讲洛必达法则时曾经指出，由上式左边 $f'(x_0)$ 存在，推不出右边 $\lim\limits_{x\to x_0} f'(x)$ 存在(反例见解)，故(B) 也不正确.

(C) 是正确的，见解中证明.

解 用反证法，设 $f'(x_0)$ 存在，则 $f(x)$ 在 $x=x_0$ 处连续，那么在 $\lim\limits_{x\to x_0} f'(x)=\infty$ 条件下，由洛必达法则有

$$f'(x_0)=\lim_{x\to x_0}\frac{f(x)-f(x_0)}{x-x_0}=\lim_{x\to x_0} f'(x)=\infty,$$

矛盾，所以 $f'(x_0)$ 不存在.

(A) 的反例

$$f(x)=\begin{cases}1, & x\neq x_0,\\ 0, & x=x_0,\end{cases}\quad f'(x)=0\quad(\text{当 } x\neq x_0 \text{ 时}),$$

$\lim\limits_{x\to x_0} f'(x)=\lim\limits_{x\to x_0} 0=0$，但 $f'(x_0)$ 不存在.

(B) 的反例

$$f(x)=\begin{cases}x^2\sin\frac{1}{x}, & x\neq 0,\\ 0, & x=0,\end{cases}$$

$$f'(x)=\begin{cases}2x\sin\frac{1}{x}-\cos\frac{1}{x}, & x\neq 0,\\ 0, & x=0,\end{cases}$$

$f'(0)$ 存在，但 $\lim\limits_{x\to 0} f'(x)$ 不存在.

(D) 的反例见(A) 的反例.

【评注】 请读者务必理解并记住(A)(B)(D) 的反例以及(C) 的证明.设 $f(x)$ 在 $x=x_0$ 的某邻域内有定义的前提下,只有(C)是正确的.同时也请注意,如增设 $f(x)$ 在 $x=x_0$ 连续的条件,则(A) 也是正确的.什么条件下得到什么结论要记准确.

【例 6】 已知 $f(0)=0$,$f'(0)$ 存在,求 $\lim\limits_{n\to\infty}\left[f\left(\frac{1}{n^2}\right)+f\left(\frac{2}{n^2}\right)+\cdots+f\left(\frac{n}{n^2}\right)\right]$.

解 因为 $f(0)=0$,$f'(0)$ 存在,所以

$$\lim_{n\to\infty}\frac{f\left(\frac{k}{n^2}\right)-f(0)}{\frac{1}{n^2}}=\lim_{n\to\infty}k\cdot\frac{f\left(\frac{k}{n^2}\right)-f(0)}{\frac{k}{n^2}}=kf'(0),$$

这里 $k=1,2,\cdots,n$.于是 $n\to\infty$ 时

$$f\left(\frac{k}{n^2}\right)=kf'(0)\frac{1}{n^2}+o\left(\frac{1}{n^2}\right),$$

$$\begin{aligned}原式&=\lim_{n\to\infty}\left[f'(0)\left(\frac{1}{n^2}+\frac{2}{n^2}+\cdots+\frac{n}{n^2}\right)+n\cdot o\left(\frac{1}{n^2}\right)\right]\\&=\lim_{n\to\infty}\left[f'(0)\cdot\frac{\frac{1}{2}n(n+1)}{n^2}+o\left(\frac{1}{n}\right)\right]=\frac{1}{2}f'(0).\end{aligned}$$

【例 7】 设 $f(x)$ 在 $x=0$ 的某邻域内连续,且

$$\lim_{x\to0}\frac{xf(x)-\ln(1+x)}{x^2}=2. \tag{2-3}$$

(1) 求 $f(0)$,并证明 $f'(0)$ 存在并求之;

(2) 设 $F(x)=\int_0^x tf(x-t)\mathrm{d}t$,且当 $x\to0$ 时 $F(x)-\frac{1}{2}x^2\sim bx^k$,求常数 b 与 k 的值.

解题思路 由式(2-3)利用极限与无穷小的关系解出 $\lim\limits_{x\to0}\frac{f(x)-1}{x}$,即可求得 $f(0)$ 和 $f'(0)$.步骤规范,无难点.对于(2),由

$$\lim_{x\to0}\frac{\int_0^x tf(x-t)\mathrm{d}t-\frac{1}{2}x^2}{bx^k}=1,$$

用洛必达法则求出常数 b 与 k 的值.

解 (1)

$$\begin{aligned}2&=\lim_{x\to0}\frac{xf(x)-\ln(1+x)}{x^2}\\&=\lim_{x\to0}\frac{xf(x)-x}{x^2}+\lim_{x\to0}\frac{x-\ln(1+x)}{x^2}\\&=\lim_{x\to0}\frac{f(x)-1}{x}+\lim_{x\to0}\frac{\frac{1}{2}x^2}{x^2}\quad\left(x-\ln(1+x)\sim\frac{1}{2}x^2\right)\\&=\lim_{x\to0}\frac{f(x)-1}{x}+\frac{1}{2},\end{aligned}$$

则 $\lim\limits_{x\to 0}\dfrac{f(x)-1}{x}=\dfrac{3}{2}$，由此可知 $f(0)=1, f'(0)=\dfrac{3}{2}$.

$$(2)\ \lim_{x\to 0}\frac{F(x)-\frac{1}{2}x^2}{bx^k}=\lim_{x\to 0}\frac{\int_0^x tf(x-t)\mathrm{d}t-\frac{1}{2}x^2}{bx^k}$$

$$=\lim_{x\to 0}\frac{\int_0^x (x-t)f(t)\mathrm{d}t-\frac{1}{2}x^2}{bx^k}$$

$$\overset{\text{洛}}{=}\lim_{x\to 0}\frac{\int_0^x f(t)\mathrm{d}t-x}{bkx^{k-1}}\overset{\text{洛}}{=}\lim_{x\to 0}\frac{f(x)-1}{bk(k-1)x^{k-2}},$$

取 $k=3$，由 $f'(0)$ 的定义式，有上式右边 $=\dfrac{1}{6b}f'(0)=\dfrac{1}{4b}$，按题设它应等于1，所以 $b=\dfrac{1}{4}, k=3$.

【评注】 如果一开始题中就增设 $f'(0)$ 存在，那么本题(1)也可用佩亚诺余项泰勒公式处理，如下：

将 $f(x)$ 展开至 $n=1$，$f(x)=f(0)+f'(0)x+o(x)$，代入式(2-3)得

$$2=\lim_{x\to 0}\frac{f(0)x+f'(0)x^2+o_1(x^2)-\left(x-\frac{x^2}{2}+o_2(x^2)\right)}{x^2}$$

$$=\lim_{x\to 0}\frac{(f(0)-1)x+\left(f'(0)+\frac{1}{2}\right)x^2+o_3(x^2)}{x^2},$$

所以 $f(0)=1, f'(0)+\dfrac{1}{2}=2, f'(0)=\dfrac{3}{2}$. 比原解(1)要快.

三、绝对值函数的导数

【例 8】 设 $f(x)$ 在 $x=a$ 处可导，证明：

(1) 若 $f(a)\neq 0$，则 $|f(x)|$ 在 $x=a$ 处必可导；

(2) 若 $f(a)=0$，则 $|f(x)|$ 在 $x=a$ 处可导的充要条件是 $f'(a)=0$.

解题思路 带绝对值号的函数讨论其导数时，原则上是按定义去掉绝对值号讨论之. 但当 $f(a)=0$ 时，$|f(a)|=f(a)=0$，因此

$$|f(x)|-|f(a)|=|f(x)|=|f(x)-f(a)|,$$

用上式来讨论 $|f(x)|$ 在 $x=a$ 处的可导性很方便.

证明 (1) $f(a)\neq 0$，设 $f(a)>0$，由保号性，存在 $x=a$ 的某邻域 U，当 $x\in U$ 时 $f(x)>0$. 从而 $|f(x)|=f(x), x\in U$，

则
$$\lim_{x\to a}\frac{|f(x)|-|f(a)|}{x-a}=\lim_{x\to a}\frac{f(x)-f(a)}{x-a}=f'(a).$$

因此
$$|f(x)|'\Big|_{x=a}=f'(a).$$

若 $f(x)<0$，则可得

$$|f(x)|'\Big|_{x=a}=-f'(a).$$

总之，当 $f'(a)$ 存在且 $f(a)\neq 0$ 时，$|f(x)|'\Big|_{x=a}$ 必存在.

(2) 若 $f(a)=0$，则

$$\lim_{x\to a}\frac{|f(x)|-|f(a)|}{x-a}=\lim_{x\to a}\frac{|f(x)|}{x-a}=\lim_{x\to a}\frac{|f(x)-f(a)|}{x-a},$$

$$\lim_{x\to a^-}\frac{|f(x)|-|f(a)|}{x-a}=\lim_{x\to a^-}\left[-\frac{|f(x)-f(a)|}{|x-a|}\right]$$

$$=-\lim_{x\to a^-}\left|\frac{f(x)-f(a)}{x-a}\right|=-|f'(a)|;$$

仿上，$\lim\limits_{x\to a^+}\dfrac{|f(x)|-|f(a)|}{x-a}=\lim\limits_{x\to a^+}\left|\dfrac{f(x)-f(a)}{x-a}\right|=|f'(a)|$.

所以 $|f(x)|$ 在 $x=a$ 处可导 $\Leftrightarrow |f'(a)|=-|f'(a)|$

$\Leftrightarrow |f'(a)|=0$

$\Leftrightarrow f'(a)=0$.

当满足上述充要条件时，$|f(x)|'_{x=a}=0$.

【评注】 做选择题时，可以用例 8 的现成结论. 例如下述选择题：

设 $f(x)$ 在 $x=a$ 处可导，则 $|f(x)|$ 在 $x=a$ 处不可导的充要条件是

(A) $f(a)\neq 0$，$f'(a)\neq 0$. (B) $f(a)\neq 0$，$f'(a)=0$.

(C) $f(a)=0$，$f'(a)\neq 0$. (D) $f(a)=0$，$f'(a)=0$. (C)

【例 9】 设 $f(x)=|x-x_0|g(x)$，$g(x)$ 在 $x=x_0$ 的某邻域有定义，$f(x)$ 在 $x=x_0$ 处可导的充要条件是

(A) $g(x_0^-)$ 与 $g(x_0^+)$ 分别存在且 $g(x_0^-)=-g(x_0^+)$.

(B) $\lim\limits_{x\to x_0}g(x)$ 存在.

(C) $g(x)$ 在 $x=x_0$ 处连续.

(D) $g(x)$ 在 $x=x_0$ 处可导.

解题思路 按 $f(x)$ 在 $x=x_0$ 处的导数定义式去做即可.

解 $$\lim_{x\to x_0}\frac{f(x)-f(x_0)}{x-x_0}=\lim_{x\to x_0}\frac{|x-x_0|g(x)}{x-x_0}=\pm\lim_{x\to x_0^{\pm}}g(x),$$

所以 $f(x)$ 在 $x=x_0$ 处可导的充要条件为

$$\lim_{x\to x_0^-}g(x) \text{ 与 } \lim_{x\to x_0^+}g(x) \text{ 分别存在且 } \lim_{x\to x_0^-}g(x)=-\lim_{x\to x_0^+}g(x).$$

选(A).

【评注】 如果假设 $g(x)$ 在 $x=x_0$ 处连续，则 $g(x_0^-)=g(x_0^+)$. 再连同(A)，推得："设 $f(x)=|x-x_0|g(x)$，并且 $g(x)$ 在 $x=x_0$ 处连续，则 $f(x)$ 在 $x=x_0$ 处可导的充要条件是 $g(x_0)=0$." 这个推论请记住.

四、由极限式表示的函数的可导性

【例 10】 设 $f(x)=\lim\limits_{t\to x}F(x,t)$，其中 $F(x,t)=\left(\dfrac{x-1}{t-1}\right)^{\frac{1}{x-t}}$ $((x-1)(t-1)>0,x\neq t)$，求 $f(x)$ 的间断点，并判别其类型.

解 先求极限，有

$$f(x)=\lim_{t\to x}F(x,t)=\lim_{t\to x}\left(\frac{x-1}{t-1}\right)^{\frac{1}{x-t}}=\lim_{t\to x}\left(1+\frac{x-t}{t-1}\right)^{\frac{1}{x-t}}$$

$$=\lim_{t\to x}\left(1+\frac{x-t}{t-1}\right)^{\frac{t-1}{x-t}\cdot\frac{1}{t-1}}=\mathrm{e}^{\frac{1}{x-1}}.$$

显然 $x=1$ 是 $f(x)$ 的间断点,注意到

$$\lim_{x\to1^-}f(x)=\lim_{x\to1^-}\mathrm{e}^{\frac{1}{x-1}}=0,\lim_{x\to1^+}f(x)=\lim_{x\to1^+}\mathrm{e}^{\frac{1}{x-1}}=+\infty.$$

所以 $x=1$ 是第二类间断点.

五、导数与微分、增量的关系

【例 11】 设 $f(x)$ 可导,曲线 $y=f(x)$ 在点 $(a,f(a))$ 的切线与直线 $x+y=3$ 垂直,则在 $x=a$ 处 $\mathrm{d}y$ 是 Δy 的

(A) 高阶无穷小.　　(B) 低阶无穷小.

(C) 同阶但非等价无穷小.　　(D) 等价无穷小.

解 由于曲线 $y=f(x)$ 在点 $(a,f(a))$ 的切线斜率等于 1,故 $f'(a)=1$.

而 $\mathrm{d}y\Big|_{x=a}=f'(a)\Delta x=\Delta x$,于是 $\lim\limits_{\Delta x\to0}\dfrac{\mathrm{d}y}{\Delta x}=1$,故在 $x=a$ 处 $\mathrm{d}y$ 是 Δy 的等价无穷小,应选(D).

【例 12】 设函数 $f(x)$ 在 $x=2$ 处可微,且满足

$$2f(2+x)+f(2-x)=3+2x+o(x),\tag{2-4}$$

这里 $o(x)$ 表示比 x 高阶的无穷小(当 $x\to0$ 时),试求微分 $\mathrm{d}f(x)\Big|_{x=2}$,并求曲线 $y=f(x)$ 在点 $(2,f(2))$ 处的切线方程.

解 因为函数 $f(x)$ 在 $x=2$ 处可微即可导,所以 $f(x)$ 在 $x=2$ 处连续,又函数

$$\varphi(x)=2+x,\psi(x)=2-x$$

在 $x=0$ 处连续,在(2-4)式中令 $x\to0$ 得 $2f(2)+f(2)=3$,因此 $f(2)=1$.

将(2-4)式化为

$$\frac{2(f(2+x)-f(2))}{x}-\frac{f(2-x)-f(2)}{-x}=2+\frac{o(x)}{x}.\tag{2-5}$$

因 $f(x)$ 在 $x=2$ 处可导,应用导数的定义得

$$\lim_{x\to0}\frac{f(2+x)-f(2)}{x}=f'(2),\lim_{x\to0}\frac{f(2-x)-f(2)}{-x}=f'(2).$$

又 $\lim\limits_{x\to0}\left(2+\dfrac{o(x)}{x}\right)=2$,故在(2-4)式两边求极限得 $f'(2)=2$,即

$$\mathrm{d}f(x)\Big|_{x=2}=f'(2)\mathrm{d}x=2\mathrm{d}x.$$

且曲线 $y=f(x)$ 在点 $(2,1)$ 处的切线方程为

$$y-1=f'(2)(x-2),\text{即 }2x-y=3.$$

六、求导数的计算题

【例 13】 设 $y=y(x)$ 是由方程 $y^3+xy+x^2-2x+1=0$ 确定并且满足 $y(1)=0$ 的连

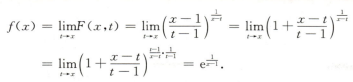

续函数，则$\lim\limits_{x\to 1}\dfrac{(x-1)^3}{\int_1^x y(t)\mathrm{d}t}=$______.

解题思路 此为“$\dfrac{0}{0}$ 型”，分母为变限积分，想到用洛必达法则，一次次用下去，为此要计算$y'(x)$及$y''(x)$，这就要从$y^3+xy+x^2-2x+1=0$去求隐函数的导数.

解 应填-3.

$$\lim_{x\to 1}\frac{(x-1)^3}{\int_1^x y(t)\mathrm{d}t}\overset{洛}{=}\lim_{x\to 1}\frac{3(x-1)^2}{y(x)}\left(\frac{0}{0}\text{型}\right)\overset{洛}{=}\lim_{x\to 1}\frac{6(x-1)}{y'(x)}.\tag{2-6}$$

由隐函数求导，有$3y^2\dfrac{\mathrm{d}y}{\mathrm{d}x}+x\dfrac{\mathrm{d}y}{\mathrm{d}x}+y+2x-2=0$，

得
$$\frac{\mathrm{d}y}{\mathrm{d}x}=-\frac{y+2x-2}{3y^2+x}.\tag{2-7}$$

有
$$\lim_{x\to 1}y'(x)=0.$$

对式(2-6)再用洛必达法则：$\lim\limits_{x\to 1}\dfrac{(x-1)^3}{\int_1^x y(t)\mathrm{d}t}=\lim\limits_{x\to 1}\dfrac{6}{y''(x)}$.

将式(2-7)对x再求导，有

$$y''(x)=-\frac{(3y^2+x)(y'+2)-(y+2x-2)(6yy'+1)}{(3y^2+x)^2},\tag{2-8}$$

$x\to 1$时已知$y(x)\to 0,y'(x)\to 0$. 经计算$y''(x)\to -2$. 于是$\lim\limits_{x\to 1}\dfrac{(x-1)^3}{\int_1^x y(t)\mathrm{d}t}=-3$.

【评注】 求隐函数的导数时，常常是给出$x=x_0$，要求$y'(x_0)$. 此时，一般应从$F(x,y)=0$中计算出当$x=x_0$时y的值，代入已计算出的$y'(x)$便得$y'(x_0)$. 在求$y''(x)$时，应将$y'(x)$中的y看成x的函数求之，如式(2-8)那样.

【例 14】 设$x=\int_0^t e^{-s^2}\mathrm{d}s,y=\int_0^t\sin(t-s)^2\mathrm{d}s$，则$\dfrac{\mathrm{d}^2y}{\mathrm{d}x^2}=$______.

解题思路 按参数式确定的函数求导数的办法做，特别要注意如何正确求$\dfrac{\mathrm{d}^2y}{\mathrm{d}x^2}$.

解 应填$2te^{2t^2}(\sin t^2+\cos t^2)$.

$x_t'=e^{-t^2},y=\int_0^t\sin(t-s)^2\mathrm{d}s\xlongequal{t-s=u}\int_t^0\sin u^2(-\mathrm{d}u)=\int_0^t\sin u^2\mathrm{d}u,y_t'=\sin t^2$，

$\dfrac{\mathrm{d}y}{\mathrm{d}x}=e^{t^2}\sin t^2$，

$\dfrac{\mathrm{d}^2y}{\mathrm{d}x^2}=\dfrac{\mathrm{d}}{\mathrm{d}x}\left(\dfrac{\mathrm{d}y}{\mathrm{d}x}\right)=\dfrac{2te^{t^2}\sin t^2+2te^{t^2}\cos t^2}{e^{-t^2}}=2te^{2t^2}(\sin t^2+\cos t^2)$.

【例 15】　设函数 $y=y(x)$ 由方程 $xe^{f(y)}=e^y\ln 5$ 确定，其中 f 具有二阶导数，且 $f'\neq 1$，则 $\dfrac{d^2y}{dx^2}=$ ________.

解　方程 $xe^{f(y)}=e^y\ln 5$ 的两边对 x 求导，得

$$e^{f(y)}+xe^{f(y)}y'f'(y)=y'e^y\ln 5.$$

因 $xe^{f(y)}=e^y\ln 5$，故 $\dfrac{1}{x}+f'(y)y'=y'$，即 $y'=\dfrac{1}{x[1-f'(y)]}$，因此

$$\frac{d^2y}{dx^2}=y''=-\frac{1}{x^2[1-f'(y)]}+\frac{f''(y)y'}{x[1-f'(y)]^2}$$

$$=\frac{f''(y)}{x^2[1-f'(y)]^3}-\frac{1}{x^2[1-f'(y)]}=\frac{f''(y)-[1-f'(y)]^2}{x^2[1-f'(y)]^3}.$$

【例 16】　设 $f(x)=(x^2-1)^n$，则 $f^{(n+1)}(-1)=$ ________.

解题思路　分解 $f(x)=(x+1)^n(x-1)^n$，然后用乘积 (uv) 的高阶导数的莱布尼茨公式.

解
$$f(x)=(x^2-1)^n=(x+1)^n(x-1)^n,$$

$$f^{(n+1)}(x)=[(x+1)^n]^{(n+1)}(x-1)^n+C_{n+1}^1[(x+1)^n]^{(n)}[(x-1)^n]'+C_{n+1}^2[(x+1)^n]^{(n-1)}[(x-1)^n]''+\cdots+C_{n+1}^{n+1}(x+1)^n[(x-1)^n]^{(n+1)}.$$

将 $x=-1$ 代入，只有第 2 项不为零，所以

$$f^{(n+1)}(-1)=(n+1)\cdot n!n(-2)^{n-1}=(n+1)!n(-2)^{n-1}.$$

【例 17】　设 $y=f(x)$ 具有二阶导数，且 $f'(x)\neq 0$，$x=\varphi(y)$ 是 $y=f(x)$ 的反函数，则 $\varphi''(y)=$ ______.

解题思路　反函数的一阶导数公式为 $\dfrac{dx}{dy}=\dfrac{1}{\frac{dy}{dx}}$. 在此基础上，计算 $\varphi''(y)=\dfrac{d}{dy}\left(\dfrac{dx}{dy}\right)$.

解　由 $\varphi'(y)=\dfrac{1}{f'(x)}$，有

$$\varphi''(y)=\frac{d}{dy}\left(\frac{1}{f'(x)}\right)=\frac{d}{dx}\left(\frac{1}{f'(x)}\right)\cdot\frac{dx}{dy}$$

$$=-\frac{f''(x)}{(f'(x))^2}\cdot\frac{1}{f'(x)}=-\frac{f''(x)}{(f'(x))^3}.\tag{2-9}$$

【评注】　反函数的二阶导数 $\varphi''(y)$ 怎么计算，应弄清楚.

七、增减性、极值、凹凸性、拐点的讨论

【例 18】　设函数 $y=f(x)$ 连续，除 $x=a$ 外 $f''(x)$ 均存在. 一阶导函数 $y'=f'(x)$ 的图形如图2-1 所示，则 $y=f(x)$

(A) 有两个极大值点，一个极小值点，一个拐点.

(B) 有一个极大值点，一个极小值点，两个拐点.

(C) 有一个极大值点，一个极小值点，一个拐点.

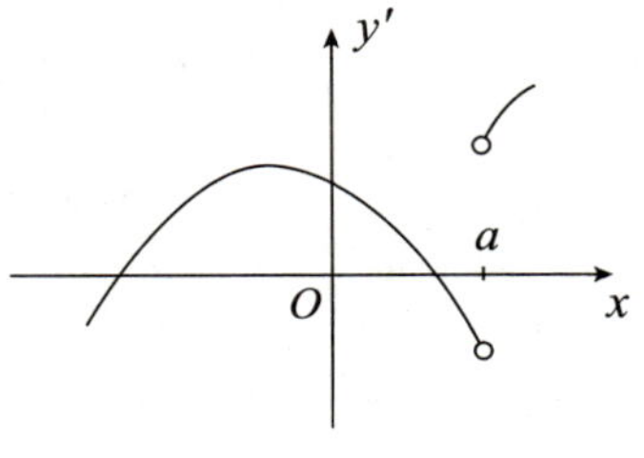

图 2-1

(D) 有一个极大值点，两个极小值点，两个拐点.

解题思路 本题讨论极大(极小)值点及拐点. 步骤如下:(1) 求出(或看出)使$f'(x)=0$的点以及函数连续但$f'(x)$不存在的点，这种点称为可疑极值点;(2) 再由定理 2.2.8 或定理 2.2.9 判别点$x=x_0$是否为极值点以及是极大值点还是极小值点;(3) 考虑$f''(x)=0$即$(y')'=0$的点以及函数连续但$f''(x)$不存在的点，类似于(1)(2)对$f'(x)$的讨论，可推得$y=f(x)$的图形的拐点.

解 如图2-2，$f'(x_1)=0$，当x从小于x_1经过x_1至大于x_1，$f'(x)$由负变正，故$x=x_1$为极小值点.

经类似地讨论，$x=x_3$为极大值点.

$f(x)$在$x=a$处连续，左侧邻域$f'(x)<0$，右侧邻域$f'(x)>0$，故$x=a$为$f(x)$的极小值点.

又$f''(x_2)=0$，左侧邻域$f''(x)>0$，右侧邻域$f''(x)<0$，故点$(x_2,f(x_2))$为图形$y=f(x)$的拐点.

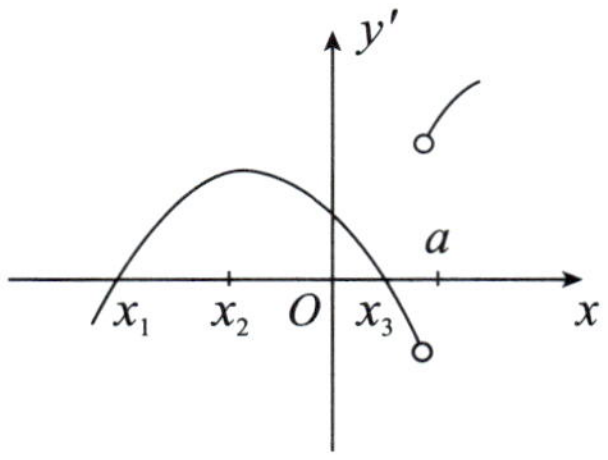

图 2-2

$f(x)$在$x=a$处连续，左侧邻域$f''(x)<0$，图形$y=f(x)$凸，右侧邻域$f''(x)>0$，图形$y=f(x)$凹，故点$(a,f(a))$为该图形的拐点.

选(D).

【例 19】 设$f(x)$在$x=x_0$处存在三阶导数，且$f'(x_0)=f''(x_0)=0$，$f'''(x_0)=a>0$，则

(A) $f(x_0)$是$f(x)$的极小值.

(B) $f(x_0)$是$f(x)$的极大值.

(C) 在点$(x_0,f(x_0))$左侧邻近曲线$y=f(x)$是凹的，右侧邻近曲线$y=f(x)$是凸的.

(D) 在点$(x_0,f(x_0))$左侧邻近曲线$y=f(x)$是凸的，右侧邻近曲线$y=f(x)$是凹的.

解题思路 由三阶导数的定义式入手，推导出$f''(x)$的符号.

解 由
$$a=f'''(x_0)=\lim_{x\to x_0}\frac{f''(x)-f''(x_0)}{x-x_0}=\lim_{x\to x_0}\frac{f''(x)}{x-x_0}$$
及极限的保号性定理知，当$x<x_0$且x很接近于x_0时，$f''(x)<0$，从而知图形$y=f(x)$是凸的;当$x>x_0$且x很接近于x_0时，$f''(x)>0$，图形是凹的. 选(D).

【评注】 ① 本题的前提条件也可改为:设$f(x)$在$x=x_0$的某邻域内二阶导数存在，且设$f''(x_0)=0$，$\lim\limits_{x\to x_0}\dfrac{f''(x)}{x-x_0}=a>0$，则选项仍为(D).

② 本题的前提条件如果改为:设$f(x)$在$x=x_0$处连续，在$x=x_0$的某去心邻域内可导，且$\lim\limits_{x\to x_0}\dfrac{f'(x)}{x-x_0}=a>0$，则选项应是(A). 为什么?请读者思考.

【例 20】 设函数$g(x)$在$x=0$的某邻域内连续，且当$x\neq 0$时$\dfrac{g(x)}{x}>0$，$\lim\limits_{x\to 0}\dfrac{g(x)}{x}=1$，又设$f(x)$在该邻域内存在二阶导数且满足

$$x^2f''(x)-(f'(x))^2=\frac{1}{4}xg(x),$$

则 $x=0$ 是 $f(x)$ 的

(A) 驻点，但不是极值点.

(B) 极小值点.

(C) 极大值点.

(D) 极值点或仅是驻点，要由具体的 $g(x)$ 确定.

解题思路 给了一个函数，已知它满足某微分方程，要讨论该函数的某些性质，一个方法是求出解，再去讨论解的性质. 但这不是最好的办法，因为求解并不方便，或者甚至无法按常规方法去求解. 另一个方法是直接去讨论所要的论断，要什么讨论什么.

解 由题设知，$g(0)=\lim\limits_{x\to 0}g(x)=\lim\limits_{x\to 0}\left(x\cdot\dfrac{g(x)}{x}\right)=0$，

$$(f'(0))^2=0^2f''(0)-\frac{1}{4}0\cdot g(0)=0,$$

所以 $f'(0)=0$.

$$f''(0)=\lim_{x\to 0}\frac{f'(x)-f'(0)}{x-0}.$$

对上式右端试用洛必达法则，

$$\begin{aligned}\lim_{x\to 0}\frac{f'(x)-f'(0)}{x-0}&=\lim_{x\to 0}f''(x)\xlongequal{\text{由所给方程}}\lim_{x\to 0}\left(\frac{f'(x)}{x}\right)^2+\frac{1}{4}\lim_{x\to 0}\frac{g(x)}{x}\\&=\lim_{x\to 0}\left(\frac{f'(x)-f'(0)}{x-0}\right)^2+\frac{1}{4}\\&=(f''(0))^2+\frac{1}{4}(\text{存在}).\end{aligned}$$

所以 $f''(0)=(f''(0))^2+\dfrac{1}{4}$，即 $(f''(0))^2-f''(0)+\dfrac{1}{4}=0$，从而

$$\left(f''(0)-\frac{1}{2}\right)^2=0,\ f''(0)=\frac{1}{2}>0.$$

由 $f'(0)=0$，$f''(0)=\dfrac{1}{2}>0$，推知 $f(0)$ 为极小值. 选(B).

【例 21】 若 $f(x)$ 在点 x_0 处有直到 n 阶导数，且 $f'(x_0)=f''(x_0)=\cdots=f^{(n-1)}(x_0)=0$，$f^{(n)}(x_0)\neq 0(n>2)$，证明

(1) 当 n 为偶数时，x_0 必为 $f(x)$ 的极值点；

(2) 当 n 为奇数时，x_0 不为 $f(x)$ 的极值点；

(3) 当 n 为奇数时，点 $(x_0,f(x_0))$ 为曲线 $y=f(x)$ 的拐点.

证明 由题设及泰勒公式可得，当 $x\to x_0$ 时，

$$\begin{aligned}f(x)=f(x_0)+f'(x_0)(x-x_0)+\frac{f''(x_0)}{2!}(x-x_0)^2+\cdots\\+\frac{f^{(n)}(x_0)}{n!}(x-x_0)^n+o((x-x_0)^n).\end{aligned}$$

因为 $f'(x_0)=f''(x_0)=\cdots=f^{(n-1)}(x_0)=0$，所以

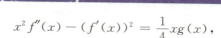

$$f(x)=f(x_0)+\frac{1}{n!}f^{(n)}(x_0)(x-x_0)^n+o((x-x_0)^n).$$

上式右端第二项与第三项之和的符号，在 $x\to x_0$ 时，取决于第二项 $\frac{1}{n!}f^{(n)}(x_0)(x-x_0)^n$ 的符号.

(1) 当 n 为偶数时，

若 $f^{(n)}(x_0)>0$，则在点 x_0 的某个空心邻域内，有 $\frac{1}{n!}f^{(n)}(x_0)(x-x_0)^n>0$，从而 $f(x)>f(x_0)$，此时 x_0 为 $f(x)$ 的极小值点；若 $f^{(n)}(x_0)<0$，则 $\frac{1}{n!}f^{(n)}(x_0)(x-x_0)^n<0$，从而 $f(x)<f(x_0)$，此时 x_0 为 $f(x)$ 的极大值点.

(2) 当 n 为奇数时，$(x-x_0)^n$ 在 x_0 的两侧异号，因此 $\frac{1}{n!}f^{(n)}(x_0)(x-x_0)^n$ 在 x_0 的两侧异号，可知 $f(x)$ 在点 x_0 附近的两侧，总有一侧 $f(x)>f(x_0)$，而另一侧 $f(x)<f(x_0)$，因此 x_0 不为 $f(x)$ 的极值点.

(3) 由于 $f(x)$ 在点 x_0 处有直到 n 阶导数，且 $n>2$，因此 $f''(x)$ 在点 x_0 处连续，$f''(x)$ 在点 x_0 的某个邻域内存在，将 $f''(x)$ 在点 x_0 处进行 $n-2$ 阶泰勒展开可得

$$f''(x)=f''(x_0)+f'''(x_0)(x-x_0)+\frac{1}{2!}f^{(4)}(x_0)(x-x_0)^2+\cdots$$
$$+\frac{1}{(n-2)!}f^{(n)}(x_0)(x-x_0)^{n-2}+o((x-x_0)^{n-2}).$$

因为 $f''(x_0)=\cdots=f^{(n-1)}(x_0)=0$，所以有

$$f''(x)=\frac{1}{(n-2)!}f^{(n)}(x_0)(x-x_0)^{n-2}+o((x-x_0)^{n-2}).$$

上式右端的符号取决于第一项. 当 n 为奇数时，$\frac{1}{(n-2)!}f^{(n)}(x_0)(x-x_0)^{n-2}$ 的符号在 x_0 的两侧相反，因此在点 x_0 的两侧 $f''(x)$ 异号，可知点 $(x_0,f(x_0))$ 为曲线 $y=f(x)$ 的拐点.

【例 22】 已知函数 $y=f(x)$ 对一切 x 满足 $xf''(x)+3x[f'(x)]^2=1-e^{-x}$，若 $f'(x_0)=0$，则

(A) $f(x_0)$ 是 $f(x)$ 的极大值.

(B) $(x_0,f(x_0))$ 是曲线 $y=f(x)$ 的拐点.

(C) $f(x_0)$ 是 $f(x)$ 的极小值.

(D) $f(x_0)$ 不是 $f(x)$ 的极值，$(x_0,f(x_0))$ 不是 $y=f(x)$ 的拐点.

解 在方程 $xf''(x)+3x[f'(x)]^2=1-e^{-x}$ 中，取 $x=x_0$ 得

$$f''(x_0)=\frac{1-e^{-x_0}}{x_0}.$$

当 $x_0>0$ 时，因为 $1-e^{-x_0}>0$，所以 $f''(x_0)>0$；当 $x_0<0$ 时，因为 $1-e^{-x_0}<0$，所以 $f''(x_0)>0$. 即 $\forall x_0\neq 0$ 有 $f''(x_0)>0$，所以 $f(x_0)$ 是 $f(x)$ 的极小值. 故选(C).

【例 23】 设 $y=f(x)=\begin{cases}\sqrt[x]{x}, & x>0,\\ 0, & x=0,\end{cases}$ 讨论 $f(x)$ 的连续性，并求单调区间、极值与渐近线.

解 因为 $\lim\limits_{x\to 0^+}\frac{\ln x}{x}=-\infty$，所以

$$\lim_{x\to 0^+}\sqrt[x]{x}=e^{\lim\limits_{x\to 0^+}\frac{\ln x}{x}}=0,$$

而 $f(0)=0$，所以 $f(x)$ 在 $x=0$ 处右连续；$x>0$ 时 $f(x)$ 为初等函数，所以连续. 因此 $f(x)$ 在$[0,+\infty)$ 上连续.

因为 $x>0$ 时 $f'(x)=\sqrt[x]{x}\left(\dfrac{\ln x}{x}\right)'=\sqrt[x]{x}\cdot\dfrac{1-\ln x}{x^2}$，令 $f'(x)=0$，解得驻点为 $x=\mathrm{e}$. 因为$\sqrt[x]{x}>0$，且当 $0<x<\mathrm{e}$ 时 $f'(x)>0$，当 $x>\mathrm{e}$ 时 $f'(x)<0$，所以 $f(x)$ 在$(0,\mathrm{e})$ 上严格增，在$(\mathrm{e},+\infty)$ 上严格减.

由上述 $f(x)$ 的单调性得 $f(\mathrm{e})=\mathrm{e}^{\frac{1}{\mathrm{e}}}$ 为极大值，无极小值.

由于

$$\lim_{x\to+\infty}f(x)=\lim_{x\to+\infty}\mathrm{e}^{\frac{\ln x}{x}}=\mathrm{e}^{\lim\limits_{x\to+\infty}\frac{\frac{1}{x}}{1}}=\mathrm{e}^0=1,$$

所以 $y=f(x)$ 有水平渐近线 $y=1$.

【例 24】 设 $y=y(x)$ 是由 $2y^3-2y^2+2xy-x^2=1$ 确定的连续的可以求导的函数，求 $y=y(x)$ 的驻点，并判别它是否为极值点.

> **解题思路** 这是由方程确定的隐函数求其驻点、极值点的题. 第一步按隐函数的求导法则，求出导数 y' 并命其为0，由此一般不能立即得出驻点坐标，而只能得出含有 x,y 的一个关系式；第二步，将上述关系式与原方程联立解出(x,y)，并验算在此点处 y' 的分母(一般来说，由隐函数求得的 y' 含有分母)不为0，从而推知此 x 就是$y=y(x)$ 的驻点；第三步，求出 $y''(x)$，并以驻点坐标 x 及相应的 y,y' 的值代入，由$y''(x)$ 的符号确定是否为极大(极小)值或不能确定(例如当 $y''=0$ 时).

解 由隐函数求导法有

$$y'(x)=\frac{x-y}{3y^2-2y+x},$$

命 $y'=0$，得 $x-y=0$，再与原方程 $2y^3-2y^2+2xy-x^2=1$ 联立解得 $x=1,y=1$. 在$x=1$，$y=1$ 处，y' 的分母不为零，故 $x=1$ 为 $y=y(x)$ 的驻点. 再求 y'' 得

$$y''(x)=\frac{(3y^2-2y+x)(1-y')-(x-y)(6yy'-2y'+1)}{(3y^2-2y+x)^2},$$

以 $x=1,y=1,y'=0$ 代入上式，得 $y''(1)=\dfrac{1}{2}>0$，所以 $y(1)=1$ 为极小值.

【评注】 在二元函数中也有这一类问题，处理方法类似.

【例 25】 讨论由参数式 $x=t^2+2t,y=t-\ln(1+t)$ 确定的曲线 $y=y(x)$ 的单调区间、极值、凹凸区间、拐点及渐近线方程.

> **解题思路** 曲线 $y=y(x)$ 由参数方程给出，单调性等仍应归结到用参数式讨论 $y'(x)$、$y''(x)$ 等.

解 $\dfrac{\mathrm{d}x}{\mathrm{d}t}=2(t+1),\dfrac{\mathrm{d}y}{\mathrm{d}t}=\dfrac{t}{t+1}$，由 $y=t-\ln(1+t)$ 知，$t>-1$. 所以$\dfrac{\mathrm{d}x}{\mathrm{d}t}\neq 0$，因此由参数

式可以确定 y 为 x 的函数，且有

$$y'(x)=\frac{\mathrm{d}y}{\mathrm{d}t}\Big/\frac{\mathrm{d}x}{\mathrm{d}t}=\frac{t}{2(t+1)^2}.$$

当 $-1<t<0$ 时，$-1<x<0$，$y'(x)<0$，曲线严格单调下降；当 $0<t<+\infty$，$0<x<+\infty$，$y'(x)>0$，曲线严格单调上升，$x=0$ 为 $y=y(x)$ 的极小值点，$y(0)=0$ 为极小值.

再讨论曲线 $y=y(x)$ 的凹凸区间与拐点.

$$y''(x)=\frac{(y'(x))'_t}{x'_t}=\frac{1-t}{4(t+1)^4}.$$

当 $-1<t<1$ 时，$-1<x<3$，$y''(x)>0$，曲线凹；当 $1<t<+\infty$ 时，$3<x<+\infty$，$y''(x)<0$，曲线凸，点 $(3,1-\ln 2)$ 为拐点.

再看渐近线.

$$\lim_{t\to -1^+}y=+\infty,$$

$t=-1$ 时 $x=-1$，所以 $x=-1$ 为铅直渐近线. 又 $t\to+\infty$ 对应于 $x\to+\infty$.

$$\lim_{t\to+\infty}\frac{y}{x}=\lim_{t\to+\infty}\frac{t-\ln(1+t)}{t^2+2t}\overset{\text{洛}}{=}\lim_{t\to+\infty}\frac{t}{2(t+1)^2}=0,$$

$$\lim_{t\to+\infty}(y-0x)=\lim_{t\to+\infty}(t-\ln(1+t))=+\infty.$$

所以无水平渐近线，也无斜渐近线.

八、渐近线

【例 26】 曲线 $y=\dfrac{1}{x(x-1)}+\ln(1+e^x)$ 的渐近线的条数为

(A) 1. (B) 2. (C) 3. (D) 4.

解题思路 按求渐近线的办法具体计算即可.

解 先看铅直渐近线.

因为 $\lim\limits_{x\to 0}y=\infty$，$\lim\limits_{x\to 1}y=\infty$，所以 $x=0$，$x=1$ 分别是该曲线的铅直渐近线.

再看水平渐近线.

$$\lim_{x\to+\infty}\left[\frac{1}{x(x-1)}+\ln(1+e^x)\right]=+\infty,$$

所以沿 $x\to+\infty$ 方向无水平渐近线.

$$\lim_{x\to-\infty}\left[\frac{1}{x(x-1)}+\ln(1+e^x)\right]=0,$$

所以沿 $x\to-\infty$ 方向有水平渐近线 $y=0$.

再看斜渐近线.

$$\begin{aligned}\lim_{x\to+\infty}\frac{y}{x}&=\lim_{x\to+\infty}\left[\frac{1}{x^2(x-1)}+\frac{1}{x}\ln(1+e^x)\right]\\&=0+\lim_{x\to+\infty}\frac{1}{x}\ln[e^x(e^{-x}+1)]\\&=\lim_{x\to+\infty}\left[1+\frac{1}{x}\ln(e^{-x}+1)\right]=1,\end{aligned}$$

$$\lim_{x\to+\infty}(y-x)=\lim_{x\to+\infty}\left[\frac{1}{x(x-1)}+\ln(1+e^x)-x\right]$$

$$=0+\lim_{x\to+\infty}\ln\frac{1+e^x}{e^x}=0,$$

所以沿 $x\to+\infty$ 方向有一条斜渐近线 $y=x$. 因沿 $x\to-\infty$ 方向有水平渐近线，当然就没有斜渐近线. 所以共有 4 条，选(D).

【评注】 沿 $x\to+\infty$ 方向的斜渐近线也可用下面方法求得.

由于 $y=\dfrac{1}{x(x-1)}+\ln(1+e^x)=\dfrac{1}{x(x-1)}+\ln[e^x(1+e^{-x})]$

$$=x+\left[\frac{1}{x(x-1)}+\ln(1+e^{-x})\right],$$

且 $\lim\limits_{x\to+\infty}\left[\dfrac{1}{x(x-1)}+\ln(1+e^{-x})\right]=0$，则沿 $x\to+\infty$ 方向的斜渐近线为 $y=x$.

九、曲率与曲率圆

【例 27】 已知抛物线 $y=ax^2+bx+c$ 在点 $M(1,2)$ 处的曲率圆的方程为 $\left(x-\dfrac{1}{2}\right)^2+\left(y-\dfrac{5}{2}\right)^2=\dfrac{1}{2}$，则常数 $a=$ ____，$b=$ ____，$c=$ ____.

解题思路 根据曲线 $L:y=f(x)$ 在其上点 $M(x,y)$ 处的曲率计算公式，半径为 R 的圆周上任意一点处的曲率均相等，即 $k=\dfrac{1}{R}$.

曲线 L 上点 $M(x,y)$ 处的曲率圆 C 是这样一个圆(周)：(1) 它通过点 M，并且在此点与 L 有公共的切线，即 L 与 C 在点 M 处有相同的 y 与相同的 y'；(2) 在点 M 处 C 与 L 有相同的 k(设 $k\neq0$) 及相同的凹向，从而有相同的 y''.

由此，由曲率圆 C 在点 $M(1,2)$ 处的 y,y',y''，立即可推得该抛物线 $y=ax^2+bx+c$ 应满足的关系式.

解 由 $x=1$ 时 $y=2$，所以 $2=a+b+c$.

在点 $M(1,2)$ 处曲率圆 $\left(x-\dfrac{1}{2}\right)^2+\left(y-\dfrac{5}{2}\right)^2=\dfrac{1}{2}$ 的

$$y'=-\left.\frac{x-\frac{1}{2}}{y-\frac{5}{2}}\right|_{(1,2)}=1.$$

从而知 L 的 $y'|_{x=1}=2a+b=1$.

在点 $M(1,2)$ 处曲率圆的

$$y''=-\left.\frac{y-\frac{5}{2}-\left(x-\frac{1}{2}\right)y'}{\left(y-\frac{5}{2}\right)^2}\right|_{(1,2)}=4,$$

所以 L 的 $y''=2a=4$，于是推知 $a=2,b=-3,c=3$.

【例 28】 若 $f''(x)$ 不变号，且曲线 $y=f(x)$ 在点 $(1,1)$ 上的曲率圆为 $x^2+y^2=2$，则 $f(x)$ 在区间 $(1,2)$ 内

(A) 有极值点，无零点.　　　　(B) 无极值点，有零点.

(C) 有极值点，有零点.　　　　(D) 无极值点，无零点.

解 由题意可知，$f(x)$ 是一个凸函数，即 $f''(x)<0$，且在点 $(1,1)$ 处的曲率

$$k=\frac{|y''|}{[1+(y')^2]^{\frac{3}{2}}}=\frac{1}{\sqrt{2}}.$$

而 $f'(1)=-1$，由此可得，$f''(1)=-2$.

在 $[1,2]$ 上，$f'(x)\leqslant f'(1)=-1<0$，即 $f(x)$ 单调减少，没有极值点.

对于 $f(2)-f(1)=f'(\xi)<-1,\xi\in(1,2)$（拉格朗日中值定理），

又 $f(1)=1>0$，故 $f(2)<0$，由零点定理知，在 $[1,2]$ 上，$f(x)$ 有零点. 故应选(B).

十、最大值、最小值问题

【例 29】 在椭圆 $\frac{x^2}{a^2}+\frac{y^2}{b^2}=1$ 上的第一象限中，求点 (ξ,η)，使过此点的切线与两坐标轴正向围成的图形绕 x 轴旋转的旋转体体积为最小.

解题思路 求最值的应用题的步骤见本章内容精讲 2.2.14.

解 椭圆 $\frac{x^2}{a^2}+\frac{y^2}{b^2}=1$ 在其上点 (ξ,η) 处的切线斜率 $y'=-\frac{b^2\xi}{a^2\eta}$，切线方程为

$$\frac{\xi}{a^2}x+\frac{\eta}{b^2}y=1.$$

在两坐标轴正向的截距分别为 $X=\frac{a^2}{\xi},Y=\frac{b^2}{\eta}$，切线与两坐标轴围成的三角形绕 x 轴旋转一周所成旋转体体积

$$V_1=\pi\int_0^{\frac{a^2}{\xi}}\left[\frac{b^2}{\eta}\left(1-\frac{\xi}{a^2}x\right)\right]^2\mathrm{d}x=\frac{\pi}{3}\frac{a^2b^4}{\xi\eta^2},$$

要求 (ξ,η) 使 V_1 为最小值，就是求 (ξ,η) 使 $u=\xi\eta^2$ 为最大值 $\left(\text{其中}\frac{\xi^2}{a^2}+\frac{\eta^2}{b^2}=1\right)$. 改写上式为

$$u=b^2\left(1-\frac{\xi^2}{a^2}\right)\xi,\quad 0<\xi<a,$$

有 $\frac{\mathrm{d}u}{\mathrm{d}\xi}=b^2\left(1-\frac{3\xi^2}{a^2}\right)$，命 $\frac{\mathrm{d}u}{\mathrm{d}\xi}=0$，得 $\xi=\frac{a}{\sqrt{3}}$.

当 $0<\xi<\frac{a}{\sqrt{3}}$ 时，$\frac{\mathrm{d}u}{\mathrm{d}\xi}>0$；当 $\frac{a}{\sqrt{3}}<\xi<a$ 时，$\frac{\mathrm{d}u}{\mathrm{d}\xi}<0$.

所以当 $\xi=\frac{a}{\sqrt{3}}$ 时 u 有唯一极大值，即最大值. 对应的 $\eta=\sqrt{\frac{2}{3}}b$，此时 V_1 最小.

【例 30】 设 $a>0$，$f(x)=\frac{1}{3}ax^3-x,x\in\left[0,\frac{1}{a}\right]$. $f(x)$ 的最大值

(A) 当 $0<a<1$ 时是 $f\left(\frac{1}{a}\right)$.　　　　(B) 当 $0<a<1$ 时是 $f(0)$.

(C) 当 $a\geqslant1$ 时是 $f\left(\frac{1}{a}\right)$.　　　　(D) 当 $a\geqslant1$ 时是 $f(0)$.

> **解题思路** 闭区间上的连续函数必存在最值. 如果该函数在此区间上严格单调增(减),则最大值点必在该区间的右(左)端点. 如果该函数在此区间内部存在唯一可疑极值点,且是极大值点,则该点就是最大值点. 如果该函数在此区间内部存在唯一可疑极值点,且是极小值点,则应该比较两端点的函数值,大者为最大值.

解 应选(D).

$f'(x)=ax^2-1, f''(x)=2ax>0$. 命 $f'(x)=0$,得 $x=\sqrt{\frac{1}{a}}$.

当 $0<a<1$ 时,$0<\sqrt{\frac{1}{a}}<\frac{1}{a}, x=\sqrt{\frac{1}{a}}$ 为最小值点.

最大值点在区间 $\left[0,\frac{1}{a}\right]$ 的端点. $f(0)=0, f\left(\frac{1}{a}\right)=\frac{1}{a}\left(\frac{1}{3a}-1\right)$. 当 $0<a<\frac{1}{3}$ 时,$f\left(\frac{1}{a}\right)>f(0)$;当 $\frac{1}{3}<a<1$ 时,$f\left(\frac{1}{a}\right)<f(0)$;当 $a=\frac{1}{3}$ 时,$f\left(\frac{1}{a}\right)=f(0)=0$. 所以(A)(B)都不正确.

当 $a\geqslant 1$ 时,$\sqrt{\frac{1}{a}}\geqslant\frac{1}{a}$,

$$\begin{aligned}f'(x)&=a\left(x^2-\frac{1}{a}\right)=a\left(x-\sqrt{\frac{1}{a}}\right)\left(x+\sqrt{\frac{1}{a}}\right)\\&\leqslant a\left(x-\frac{1}{a}\right)\left(x+\sqrt{\frac{1}{a}}\right)\leqslant 0\left(\text{当 } 0\leqslant x\leqslant\frac{1}{a}\right),\end{aligned}$$

所以 $f(x)$ 在区间 $\left[0,\frac{1}{a}\right]$ 单调减少,最大值为 $f(0)=0$,应选(D).

十一、不等式

【例 31】 设 $x>a>0$,证明:$\ln x-\ln a<\frac{x-a}{\sqrt{ax}}$.

> **解题思路** 命 $\varphi(x)=\ln x-\ln a-\frac{x-a}{\sqrt{ax}}$,有 $\varphi(a)=0$,想到用单调性证,取区间 $(a,+\infty)$.

证明 命 $\varphi(x)=\ln x-\ln a-\frac{x-a}{\sqrt{ax}}, a<x<+\infty$. 有 $\varphi(a)=0$,且

$$\begin{aligned}\varphi'(x)&=\frac{1}{x}-\frac{1}{2\sqrt{ax}}-\frac{a}{2x\sqrt{ax}}=\frac{2\sqrt{ax}-x-a}{2x\sqrt{ax}}\\&=-\frac{(\sqrt{a}-\sqrt{x})^2}{2x\sqrt{ax}}<0,\end{aligned}$$

这就证得当 $a<x<+\infty$ 时,$\varphi(x)<0$,即 $\ln x-\ln a<\frac{x-a}{\sqrt{ax}}$.

【例 32】 设 $x\in\left(0,\frac{\pi}{2}\right)$,证明:$\sin x>\frac{2}{\pi}x$.

> **解题思路** 命 $\varphi(x)=\sin x-\frac{2}{\pi}x$ 之后,立刻发现:$\varphi(0)=0, \varphi\left(\frac{\pi}{2}\right)=0, \varphi(x)$ 不单调. 似乎宜采用分区间单调性证.

证明 命 $\varphi(x)=\sin x-\frac{2}{\pi}x, x\in\left(0,\frac{\pi}{2}\right)$，有 $\varphi'(x)=\cos x-\frac{2}{\pi}$，

命 $\varphi'(x)=0$，得 $x=\arccos\frac{2}{\pi}\xlongequal{\text{记为}}x_0$，有

$$\varphi(0)=0,\varphi'(x)=\cos x-\frac{2}{\pi}\geqslant 0\quad(\text{当 } x\in(0,x_0]),$$

所以当 $x\in(0,x_0]$ 时 $\varphi(x)>0$. 又

$$\varphi\left(\frac{\pi}{2}\right)=0,\varphi'(x)\leqslant 0\quad\left(\text{当 } x\in\left[x_0,\frac{\pi}{2}\right)\right),$$

所以当 $x\in\left[x_0,\frac{\pi}{2}\right)$ 时 $\varphi(x)>0$. 所以当 $x\in\left(0,\frac{\pi}{2}\right)$ 时 $\varphi(x)>0$，即 $\sin x>\frac{2}{\pi}x$.

【例 33】 设 $0<x<1$，证明：$\left(1+\frac{1}{x}\right)^x(1+x)^{\frac{1}{x}}<4$.

解题思路 由于幂指函数又是乘积形式，直接求导会带来复杂的运算，应取对数变形，再用单调性考虑.

证明 两边取对数，等价于证明

$$x\ln\left(1+\frac{1}{x}\right)+\frac{1}{x}\ln(1+x)<\ln 4.$$

命
$$\varphi(x)=x\ln\left(1+\frac{1}{x}\right)+\frac{1}{x}\ln(1+x)-\ln 4,\quad 0<x<1.$$

有 $\varphi(1)=0,\varphi'(x)=\ln\left(1+\frac{1}{x}\right)-\frac{1}{x+1}-\frac{1}{x^2}\ln(1+x)+\frac{1}{x(x+1)}$，

一时看不出它的符号. 将 $\varphi'(x)$ 看作一个新的函数，用单调性来讨论它在 $0<x<1$ 时的符号. 易见

$$\varphi'(1)=0,$$
$$\varphi''(x)=\frac{2}{x^3}\left[\ln(1+x)-\frac{x(2x+1)}{(x+1)^2}\right].$$

还是看不出当 $0<x<1$ 时 $\varphi''(x)$ 的符号. 再命

$$\psi(x)=\ln(1+x)-\frac{x(2x+1)}{(x+1)^2},$$

有 $\psi(0)=0,\psi'(x)=\frac{x(x-1)}{(x+1)^3}<0$，当 $0<x<1$. 于是推得，当 $0<x<1$ 时，$\psi(x)<0$，从而 $\varphi''(x)<0$（当 $0<x<1$）. 连同 $\varphi'(1)=0$ 推知，当 $0<x<1$ 时，$\varphi'(x)>0$.

再连同 $\varphi(1)=0$ 推知，当 $0<x<1$ 时 $\varphi(x)<0$，即

$$x\ln\left(1+\frac{1}{x}\right)+\frac{1}{x}\ln(1+x)<\ln 4.$$

【评注】 (1) 由本例可见，为弄清楚符号，有时要求多次求导数. 但必须注意，并不是说多求几次导数一定可解决问题.

(2) 本例中由 $\psi'(x)<0$ 推知 $\varphi''(x)<0$，再层层倒推非常麻烦. 下面介绍一个办法避免层层倒推. 事实上，由已推知的 $\varphi(1)=0,\varphi'(1)=0,\varphi''(x)<0$（当 $0<x<1$），将 $\varphi(x)$ 在 $x=1$ 处按拉格朗日余项泰勒公式展开，有

$$\varphi(x)=\varphi(1)+\varphi'(1)(x-1)+\frac{1}{2!}\varphi''(\xi)(x-1)^2$$

$$=\frac{1}{2}\varphi''(\xi)(x-1)^2<0,\quad (0<x<1).$$

即有 $x\ln\left(1+\frac{1}{x}\right)+\frac{1}{x}\ln(1+x)<\ln 4$.

【例 34】 设 $0<x<y<1$,则下列不等式成立的是

(A) $\frac{e^y-1}{e^x-1}>\frac{y}{x}$.　　(B) $\frac{e^y-1}{e^x-1}<\frac{y}{x}$.

(C) $\frac{e^y-1}{e^x-1}\leqslant\frac{y}{x}$.　　(D) $\frac{e^y-1}{e^x-1}\geqslant\frac{y}{x}$.

解 在(0,1)内 $e^x-1>0$,则$\frac{e^y-1}{e^x-1}$与$\frac{y}{x}$大小的比较等价于$\frac{e^y-1}{y}$与$\frac{e^x-1}{x}$大小的比较,因此,令 $f(x)=\frac{e^x-1}{x}(0<x<1)$,则

$$f'(x)=\frac{xe^x-e^x+1}{x^2}.$$

令 $g(x)=xe^x-e^x+1$,则

$$g'(x)=e^x+xe^x-e^x=xe^x>0,$$

则 $g(x)$ 在$[0,1)$上单调增,又 $g(0)=0$,则当 $0<x<1$ 时,$g(x)>0$,$f'(x)>0$,由此可知,$f(x)$ 在(0,1)上单调增,故

$$\frac{e^x-1}{x}<\frac{e^y-1}{y}.$$

即$\frac{e^y-1}{e^x-1}>\frac{y}{x}$,故应选(A).

【例 35】 设 $f(x)$ 在$[0,+\infty)$上二阶可导,且 $f(0)=0$,$f''(x)<0$,则当 $0<a<x<b$ 时

(A)$af(x)>xf(a)$.　　(B)$bf(x)>xf(b)$.

(C)$xf(x)<bf(b)$.　　(D)$xf(x)>af(a)$.

解 **【方法一】** 直接法

$af(x)>xf(a)$ 等价于$\frac{f(x)}{x}>\frac{f(a)}{a}$,$bf(x)>xf(b)$ 等价于$\frac{f(x)}{x}>\frac{f(b)}{b}$,

其问题的核心是$\frac{f(x)}{x}$的单调性,因此,令 $F(x)=\frac{f(x)}{x}$,$(x>0)$. 则

$$F'(x)=\frac{xf'(x)-f(x)}{x^2}=\frac{xf'(x)-[f(x)-f(0)]}{x^2}$$

$$=\frac{xf'(x)-xf'(\xi)}{x^2}.\qquad (0<\xi<x)$$

由于 $f''(x)<0$,则 $f'(x)$ 单调减,从而有 $f'(x)<f'(\xi)$,则 $F'(x)<0$,$F(x)$ 在$(0,+\infty)$上单调减,又 $0<a<x<b$,则$\frac{f(x)}{x}>\frac{f(b)}{b}$,即 $bf(x)>xf(b)$,故应选(B).

【方法二】 排除法

令 $f(x)=-x^2$,显然 $f(x)$ 满足题设条件,由此可排除(A)(C)(D),故应选(B).

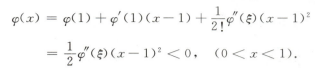

十二、$f(x)$ 的零点与 $f'(x)$ 的零点问题

【例 36】 设函数 $f(x)$ 在$[0,1]$上二阶可导，且 $f(0)=0, f(1)=1$. 求证：存在 $\xi\in(0,1)$，使得 $\xi f''(\xi)+(1+\xi)f'(\xi)=1+\xi$.

证明 因为 $f(x)$ 在$[0,1]$上连续，在$(0,1)$内可导，$f(0)=0, f(1)=1$，应用拉格朗日中值定理，可知存在 $c\in(0,1)$，使得 $f'(c)=\dfrac{f(1)-f(0)}{1-0}=1$.

令 $F(x)=e^x x(f'(x)-1)$，则 $F(0)=0, F(c)=0$. 因 $F(x)$ 在区间$[0,c]$上可导，应用罗尔定理，可知存在 $\xi\in(0,c)\subset(0,1)$，使得 $F'(\xi)=0$. 由于

$$\begin{aligned}F'(x)&=e^x[x(f'(x)-1)+(f'(x)-1)+xf''(x)]\\&=e^x[xf''(x)+(1+x)f'(x)-(1+x)],\end{aligned}$$

即

$$F'(\xi)=e^\xi[\xi f''(\xi)+(1+\xi)f'(\xi)-(1+\xi)],$$

于是 $\xi f''(\xi)+(1+\xi)f'(\xi)=1+\xi$.

【例 37】 设 $f(x)$ 满足 ① 在$[0,1]$上连续，② 在$(0,1)$内可导，③ 有点 $x_i\in(0,1)$ 及常数 p_i 满足$0<p_i<1(i=1,\cdots,n)$，并且 $\sum\limits_{i=1}^{n}p_i=1$，$\sum\limits_{i=1}^{n}p_if(x_i)=1$，$f(1)=1$. 试证明：至少存在一点 $\xi\in(0,1)$ 使 $f'(\xi)=0$.

> **解题思路** 看到条件“$f(x)$ 在$[0,1]$上连续，在$(0,1)$内可导”要证明“至少存在一点 $\xi\in(0,1)$ 使 $f'(\xi)=0$”，想到去使用罗尔定理.
>
> 将本题与罗尔定理对照，要从题目所给的条件去挖掘出相当于 $f(a)=f(b)$ 的条件.

证明 如果 $f(x_i)(i=1,\cdots,n)$ 中至少有一个等于 1. 例如 $f(x_1)=1$，那么由$f(1)=1$以及 $f(x)$ 在$[0,1]$上连续，在$(0,1)$内可导，可以推知至少存在一点 $\xi\in(x_1,1)\subset(0,1)$ 使 $f'(\xi)=0$.

如果 $f(x_i)(i=1,\cdots,n)$ 均不等于1，那么一切 $f(x_i)$ 不可能都大于1. 因若 $f(x_i)>1(i=1,2,\cdots,n)$，则

$$\sum_{i=1}^{n}p_i f(x_i)>\sum_{i=1}^{n}p_i=1,$$

与条件 $\sum\limits_{i=1}^{n}p_i f(x_i)=1$ 矛盾. 也不可能一切 $f(x_i)<1(i=1,\cdots,n)$，所以 $f(x_i)(i=1,\cdots,n)$ 中至少有一个大于 1，至少有一个小于 1. 由连续函数介值定理知，介于此两 x_i 之间，至少有某 η 使$f(\eta)=1$.

在区间$[\eta,1]$上用罗尔定理知，至少存在 $\xi\in(\eta,1)\subset(0,1)$ 使 $f'(\xi)=0$. 证毕.

【评注】 (1) 本题的前半段用到连续函数介值定理，证明了存在 $\eta\in(0,1)$ 使$f(\eta)=f(1)$(这里没有出现导数，也没有用到罗尔定理). 后半段用到罗尔定理，证明了存在 $\xi\in(0,1)$ 使 $f'(\xi)=0$.

(2) 如将本题的条件 ③ 改为 ③′：设 $3\int_0^{\frac{1}{3}}f(x)dx=f(1)$，结论仍一样，你会证吗？

【例 38】 设 $f(x)$ 在 $[0,1]$ 上连续，在 $(0,1)$ 内可导，$f(0)=0$，$f(1)=1$，$\int_0^1 f(x)\mathrm{d}x = 2$. 证明：至少存在一点 $\xi \in (0,1)$，使 $f'(\xi)=0$.

解题思路 如果仍用罗尔定理，那么要从所给条件中去挖掘出相当于 $f(a)=f(b)$ 这一条件，这也不是不可能，但有点麻烦. 现改用另一条思路，如果能在区间 $(0,1)$ 内证明必存在极值，那么在可导条件下，极值点 ξ 处必有 $f'(\xi)=0$，即证明了至少存在一点 $\xi \in (0,1)$ 使 $f'(\xi)=0$. 此题用极值必要条件证明 $f'(x)$ 的零点存在性.

证明 由 $\int_0^1 f(x)\mathrm{d}x = 2$ 及积分中值定理知，存在 $\eta \in [0,1]$ 使

$$f(\eta)(1-0)=2,$$

即 $f(\eta)=2$（实际上 $\eta \in (0,1)$. 因 $f(0)=0$，$f(1)=1$，均不等于 2）. 由于 $f(x)$ 在 $[0,1]$ 上连续，故存在最大值，但 $f(\eta)=2$，所以 $f(0)=0$，$f(1)=1$ 都不是最大值，最大值点必在 $(0,1)$ 内部，故该点 ξ 必是 $f(x)$ 的极大值点，从而证明了存在 $\xi \in (0,1)$ 使 $f'(\xi)=0$.

【例 39】 设 $f(x)$ 在 $[a,b]$ 上可导，且 $f'(a)f'(b)<0$. 证明：至少存在一点 $\xi \in (a,b)$ 使 $f'(\xi)=0$.

解题思路 这里有条件 $f'(a)f'(b)<0$，要去证存在 ξ 使 $f'(\xi)=0$，似乎很容易. 但实则不然，这里并未假定 $f'(x)$ 在 $[a,b]$ 上连续，不能对 $f'(x)$ 用零点定理. 应该从 $f'(a)$ 与 $f'(b)$ 反号入手，去证在开区间 (a,b) 内部必存在 $f(x)$ 的极值点.

证明 不妨认为 $f'(a)<0$，$f'(b)>0$. 从而有

$$\lim_{x\to a^+}\frac{f(x)-f(a)}{x-a}=f'(a)<0,\ \lim_{x\to b^-}\frac{f(x)-f(b)}{x-b}=f'(b)>0.$$

由保号性知，存在 $\delta_1>0$，当 $0<x-a<\delta_1$ 时，$f(x)-f(a)<0$. 同理，存在 $\delta_2>0$，当 $-\delta_2<x-b<0$ 时，$f(x)-f(b)<0$. 从而知 $f(a)$ 与 $f(b)$ 都不是 $f(x)$ 在 $[a,b]$ 上的最小值，$f(x)$ 的最小值点必在 (a,b) 的内部，它必是 $f(x)$ 的极小值点，从而知至少存在一点 $\xi \in (a,b)$ 使 $f'(\xi)=0$. 证毕.

【评注】 建议读者弄清楚本题的条件以及证明的方法，透彻理解“解题思路”中所作的说明.

【例 40】 设 $f(x)$ 与 $g(x)$ 在区间 $[a,b]$ 上连续，并设

$$\varphi(x)=g(x)\int_a^b f(x)\mathrm{d}x - f(x)\int_a^b g(x)\mathrm{d}x.$$

证明：存在 $\xi \in (a,b)$ 使 $\varphi(\xi)=0$.

解题思路 因为 $g(a)$、$g(b)$ 与 $f(a)$、$f(b)$ 无法比大小，所以无法用连续函数介值定理. 转而想到构造一个函数 $\Phi(x)$，使 $\Phi'(x)=\varphi(x)$，对 $\Phi(x)$ 用罗尔定理.

证明 命 $\Phi(x)=\int_a^x g(t)\mathrm{d}t\int_a^b f(x)\mathrm{d}x - \int_a^x f(t)\mathrm{d}t\int_a^b g(x)\mathrm{d}x$，有 $\Phi(a)=0$，$\Phi(b)=0$.

于是知存在 $\xi \in (a,b)$ 使 $\Phi'(\xi)=0$，

即 $\varphi(\xi)=g(\xi)\int_a^b f(x)\mathrm{d}x - f(\xi)\int_a^b g(x)\mathrm{d}x$. 证毕.

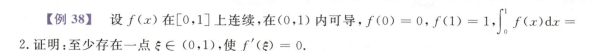

十三、复合函数 $\psi(x, f(x), f'(x))$ 的零点

【例 41】 设 $f(x)$ 在 $[0,1]$ 上连续，在 $(0,1)$ 内可导，$f(1)=2f(0)$. 试证明：至少存在一点 $\xi\in(0,1)$ 使 $(1+\xi)f'(\xi)=f(\xi)$.

解题思路 要证的是 $(1+x)f'(x)-f(x)$ 存在零点，其中含有导数，看来要用罗尔定理. 关键的一步是作一个函数 $\varphi(x)$，使

$$\varphi'(x)=(1+x)f'(x)-f(x),$$

或者

$$\varphi'(x)=[(1+x)f'(x)-f(x)]g(x), \tag{2-10}$$

其中 $g(x)\neq 0$. 这样使得 $\varphi'(x)$ 的零点与 $(1+x)f'(x)-f(x)$ 的零点一致. 接下来的一步是验证 $\varphi(x)$ 是否满足罗尔定理的一切条件. 若是，则由罗尔定理便可获证.

现在介绍由 $(1+x)f'(x)-f(x)$ 找 $\varphi(x)$ 的所谓"微分方程法". 将

$$(1+x)f'(x)-f(x)=0$$

看成一个微分方程. 分离变量改写为

$$\frac{\mathrm{d}f(x)}{\mathrm{d}x}=\frac{f(x)}{1+x},\quad \frac{\mathrm{d}f(x)}{f(x)}=\frac{\mathrm{d}x}{1+x},$$

两边积分，得

$$\ln|f(x)|=\ln|1+x|+C_1,$$

改写为

$$|f(x)|=C|1+x|,\quad \frac{f(x)}{1+x}=C.$$

证明 命

$$\varphi(x)=\frac{f(x)}{1+x},$$

有 $\varphi(0)=f(0)$，$\varphi(1)=\frac{1}{2}f(1)$，满足 $\varphi(0)=\varphi(1)$，并且 $\varphi(x)$ 在 $[0,1]$ 上连续，$(0,1)$ 内可导，

$$\varphi'(x)=\frac{(1+x)f'(x)-f(x)}{(1+x)^2},$$

由罗尔定理知，存在 $\xi\in(0,1)$ 使 $\varphi'(\xi)=0$，即 $(1+\xi)f'(\xi)=f(\xi)$. 证毕.

【评注】 上述用"微分方程法"由 $(1+x)f'(x)-f(x)$ 找 $\varphi(x)$，还可以做得更快一些，如下：

$$(1+x)f'(x)-f(x)=\frac{(1+x)f'(x)-f(x)}{(1+x)^2}\cdot(1+x)^2=\left(\frac{f(x)}{1+x}\right)'(1+x)^2.$$

取 $\varphi(x)=\frac{f(x)}{1+x}$，有 $\varphi'(x)=\frac{(1+x)f'(x)-f(x)}{(1+x)^2}$. 这就相当于 (2-10) 中 $g(x)=\frac{1}{(1+x)^2}$. 此法是由观察找 $\varphi(x)$，用得好的话是很快的.

【例 42】 设 $f(x)$ 在区间 $[0,1]$ 上连续，在 $(0,1)$ 内可导，并设 $f(0)=0$. 试证：至少存在一点 $\xi\in(0,1)$ 使 $(1+\xi)f'(\xi)=\frac{f(1)}{\ln 2}$.

解题思路 题中出现了 $\ln 2$，是否还有某对数函数？将欲证的等式改写为

$$\frac{f'(\xi)}{\dfrac{1}{1+\xi}}=\frac{f(1)}{\ln 2},$$

很自然会引入 $\ln(1+x)$，对于两个函数去用柯西中值公式就好了.

证明 命 $g(x)=\ln(1+x),0\leqslant x\leqslant 1$. 由柯西中值公式：

$$\frac{f(1)}{g(1)}=\frac{f(1)-f(0)}{g(1)-g(0)}=\frac{f'(\xi)}{g'(\xi)}=\frac{f'(\xi)}{\dfrac{1}{1+\xi}}=(1+\xi)f'(\xi),0<\xi<1,$$

即证明了存在 $\xi\in(0,1)$ 使 $(1+\xi)f'(\xi)=\dfrac{f(1)}{\ln 2}$.

十四、复合函数 $\psi(x,\ f(x),\ f'(x),\ f''(x))$ 的零点

【例 43】 设 $f(x)$ 在 $[a,b]$ 上非负且三阶可导，方程 $f(x)=0$ 在 (a,b) 内有两个不同实根，证明：存在 $\xi\in(a,b)$，使 $f'''(\xi)=0$.

证明 设 $f(x)$ 在 (a,b) 内两个不同实根为 x_1,x_2，且 $x_1<x_2$，即 $f(x_1)=f(x_2)=0$.

由罗尔定理，存在 $c\in(x_1,x_2)$，使 $f'(c)=0$. (2-11)

因为 $f(x)\geqslant 0$，从而 x_1,x_2 为 $f(x)$ 的极小值点，由费马定理知

$$f'(x_1)=f'(x_2)=0. \qquad (2-12)$$

由(2-11)(2-12)对 $f'(x)$ 在 $[x_1,c]$ 和 $[c,x_2]$ 上用罗尔定理，则存在

$x_3\in(x_1,c),x_4\in(c,x_2)$ 使 $f''(x_3)=f''(x_4)=0$.

再一次对 $f''(x)$ 在 $[x_3,x_4]$ 上用罗尔定理，$\exists\,\xi\in(x_3,x_4)\subset(a,b)$，使

$$f'''(\xi)=0.$$

【例 44】 设 $f(x)$ 在 $[0,1]$ 上连续，在 $(0,1)$ 内二阶可导，$\lim\limits_{x\to0^+}\dfrac{f(x)}{x}=a,\lim\limits_{x\to1^-}\dfrac{f(x)}{x-1}=b$，且 $ab>0$.

试证：(1) 方程 $f'(x)+f(x)=0$ 在 $(0,1)$ 内至少有两个实根；

(2) 存在 $\eta\in(0,1)$，使 $f''(\eta)=f'(\eta)+2f(\eta)$.

解 (1) 不妨设 $a>0,b>0$，由 $\lim\limits_{x\to0^+}\dfrac{f(x)}{x}=a,\lim\limits_{x\to1^-}\dfrac{f(x)}{x-1}=b$ 知

$$f(0)=f(1)=0$$

且存在 $\alpha,\beta,(0<\alpha<\beta<1)$，使得 $f(\alpha)>0,f(\beta)<0$.

由连续函数零点定理可知存在 $c\in(\alpha,\beta)$，使得 $f(c)=0$.

令 $g(x)=\mathrm{e}^x f(x)$，则 $g(0)=g(c)=g(1)=0$，则由罗尔定理可知存在 $\xi_1\in(0,c),\xi_2\in(c,1)$，使得 $g'(\xi_1)=g'(\xi_2)=0$，由此可得

$$f'(\xi_1)+f(\xi_1)=0,f'(\xi_2)+f(\xi_2)=0$$

即方程 $f'(x)+f(x)=0$ 在 $(0,1)$ 内至少有两个实根；

(2) 要证 $f''(\eta)=f'(\eta)+2f(\eta)$，只要证 $[f''(\eta)+f'(\eta)]-2[f'(\eta)+f(\eta)]=0$，

令 $F(x)=\mathrm{e}^{-2x}[f'(x)+f(x)]$，

则 $F(\xi_1)=F(\xi_2)=0$，由罗尔定理可知存在 $\eta\in(\xi_1,\xi_2)$，使得

$$F'(\eta)=0.$$

又　$F'(\eta)=\mathrm{e}^{-2\eta}[f''(\eta)+f'(\eta)]-2\mathrm{e}^{-2\eta}[f'(\eta)+f(\eta)]$

则　$[f''(\eta)+f'(\eta)]-2[f'(\eta)+f(\eta)]=0$，

即　$f''(\eta)=f'(\eta)+2f(\eta)$.

【例 45】 设 $f(x)$ 在 $x=x_0$ 的某邻域 $U(x_0)$ 内具有 $n+1$ 阶导数 $(n\geqslant 1)$.

(1) 写出 $f(x)$ 展开成 $x-x_0$ 的具有拉格朗日余项的 $n-1$ 阶泰勒公式，其中“中值”记为 ξ；

(2) 再设 $f^{(n+1)}(x_0) \neq 0$，求 $\lim\limits_{x \to x_0} \dfrac{\xi - x_0}{x - x_0}$.

解题思路 本题不能用解出 ξ 的办法处理，而应该用拉格朗日余项泰勒公式与佩亚诺余项泰勒公式比较而求出 $f^{(n)}(\xi)$ 处理之.

解 (1) $n-1$ 阶拉格朗日余项泰勒公式为

$$f(x) = f(x_0) + f'(x_0)(x - x_0) + \cdots + \frac{1}{n!} f^{(n)}(\xi)(x - x_0)^n.$$

(2) 再由 $n+1$ 阶佩亚诺余项泰勒公式：

$$f(x) = f(x_0) + f'(x_0)(x - x_0) + \cdots + \frac{1}{n!} f^{(n)}(x_0)(x - x_0)^n$$

$$+ \frac{1}{(n+1)!} f^{(n+1)}(x_0)(x - x_0)^{n+1} + o((x - x_0)^{n+1}),$$

两式相减，得

$$f^{(n)}(\xi) - f^{(n)}(x_0) = \frac{1}{n+1} f^{(n+1)}(x_0)(x - x_0) + o_1(x - x_0),$$

$$\frac{f^{(n)}(\xi) - f^{(n)}(x_0)}{x - x_0} = \frac{1}{n+1} f^{(n+1)}(x_0) + \frac{o_1(x - x_0)}{x - x_0},$$

$$\frac{\xi - x_0}{x - x_0} \cdot \frac{f^{(n)}(\xi) - f^{(n)}(x_0)}{\xi - x_0} = \frac{1}{n+1} f^{(n+1)}(x_0) + \frac{o_1(x - x_0)}{x - x_0}.$$

令 $x \to x_0$，并注意到 $f^{(n+1)}(x_0)$ 存在且不为 0，于是有

$$\lim_{x \to x_0} \frac{\xi - x_0}{x - x_0} = \frac{1}{n+1}.$$

十五、“双中值”问题

【例 46】 设 $f(x)$ 在 $[a,b]$ 上有三阶导数，证明：必存在 $\xi \in (a,b)$，使得

$$f(b) = f(a) + \frac{1}{2}(b - a)[f'(a) + f'(b)] - \frac{1}{12}(b - a)^3 f'''(\xi).$$

证明 令 M 满足

$$f(b) = f(a) + \frac{1}{2}(b - a)[f'(a) + f'(b)] - \frac{1}{12}(b - a)^3 M. \tag{2-13}$$

再作辅助函数

$$F(x) = f(x) - f(a) - \frac{1}{2}(x - a)[f'(x) + f'(a)] + \frac{1}{12}(x - a)^3 M. \tag{2-14}$$

则 $F(a) = F(b) = 0$，由罗尔定理存在 $x_1 \in (a,b)$，使得

$$0 = F'(x_1) = \frac{1}{2}[f'(x_1) - f'(a) - (x_1 - a) f''(x_1)] + \frac{1}{4}(x_1 - a)^2 M,$$

所以

$$f'(a) = f'(x_1) + f''(x_1)(a - x_1) + \frac{1}{2}(x_1 - a)^2 M. \tag{2-15}$$

再由泰勒公式 $\exists\, \xi \in (a, x_1) \subset (a,b)$，使得

$$f'(a) = f'(x_1) + f''(x_1)(a - x_1) + \frac{1}{2}(x_1 - a)^2 f'''(\xi). \tag{2-16}$$

比较(2-15)(2-16)可得 $M = f'''(\xi)$. (2-17)

将(2-17)代入(2-13)即证.

【例 47】 设函数 $f(x)$ 在闭区间 $[0,1]$ 上连续，且 $I=\int_0^1 f(x)\mathrm{d}x\neq 0$，证明：在 $(0,1)$ 内存在不同的两点 x_1,x_2，使得 $\frac{1}{f(x_1)}+\frac{1}{f(x_2)}=\frac{2}{I}$.

证明 设 $F(x)=\frac{1}{I}\int_0^x f(t)\mathrm{d}t$，则 $F(0)=0,F(1)=1$.

由介值定理，存在 $\xi\in(0,1)$，使得 $F(\xi)=\frac{1}{2}$，

在两个子区间 $(0,\xi),(\xi,1)$ 上分别应用拉格朗日中值定理：

$$F'(x_1)=\frac{f(x_1)}{I}=\frac{F(\xi)-F(0)}{\xi-0}=\frac{1}{2\xi},x_1\in(0,\xi),$$

$$F'(x_2)=\frac{f(x_2)}{I}=\frac{F(1)-F(\xi)}{1-\xi}=\frac{1}{2(1-\xi)},x_2\in(\xi,1),$$

$$\frac{I}{f(x_1)}+\frac{I}{f(x_2)}=2\xi+2(1-\xi)=2.$$

$$\frac{1}{f(x_1)}+\frac{1}{f(x_2)}=\frac{2}{I}.$$

十六、零点的个数问题

【例 48】 设 $f(x)$ 在 $(-\infty,+\infty)$ 内存在一阶导数，下列论断正确的是

(A) 若 $f(x)$ 只有一个零点，则 $f'(x)$ 必定无零点.

(B) 若 $f'(x)$ 至少有一个零点，则 $f(x)$ 必至少有两个零点.

(C) 若 $f(x)$ 没有零点，则 $f'(x)$ 至多有一个零点.

(D) 若 $f'(x)$ 没有零点，则 $f(x)$ 至多有一个零点.

解题思路 由 $f(x)$ 的零点个数讨论其高阶导数至少有几个零点的定理见 2.3.8. 本题的 (A)(C) 是由 $f(x)$ 的零点去推 $f'(x)$ 至多有几个零点，所以不能套那个定理.

由 $f'(x)$ 至多有几个零点去推 $f(x)$ 至多有几个零点的定理，见定理 2.3.9.

由以上定理，立刻可知正确选项.

解【方法一】 用反证法. 设 $f(x)$ 有 2 个或 2 个以上零点，则由定理 2.3.8 知，$f'(x)$ 有 1 个或 1 个以上零点，矛盾. 故 $f(x)$ 至多有 1 个零点.

【方法二】 也可举反例排除(A)(B)(C).

(A) 的反例：$f(x)=(x+3)(x^2-3x+6)=x^3-3x+18$，$f'(x)=3(x^2-1)$，$f(x)$ 只有 1 个零点 $x=-3$，但 $f'(x)$ 却有 2 个零点.

(B) 的反例同(A) 的反例：$f'(x)$ 有 2 个零点(至少 1 个)，但 $f(x)$ 却只有 1 个零点.

(C) 的反例：$f(x)=2+\sin x$ 没有零点，而 $f'(x)=\cos x$ 却有无穷多个零点.

【例 49】 设常数 $a>0$，讨论 a 的值，确定曲线 $y=\mathrm{e}^{ax}$ 与曲线 $y=x^2$ 在第一象限中公共点的个数.

解题思路 由题可见，要讨论当 $a>0$ 且 $x>0$ 时，方程 $\mathrm{e}^{ax}=x^2$ 的根的个数，不免要求导数，但 e^{ax} 求导，其形式不变，讨论起来不方便，应变形. 对 $\mathrm{e}^{ax}=x^2$ 两边取对数，化为讨论 $ax=2\ln x$ 的正根就方便了.

解 命 $f(x)=ax-2\ln x$，有 $f'(x)=a-\dfrac{2}{x}$，$f''(x)=\dfrac{2}{x^2}$. 命 $f'(x)=0$，得 $x=\dfrac{2}{a}$. 由于 $f''(x)>0$，所以 $f\left(\dfrac{2}{a}\right)=2-2\ln\dfrac{2}{a}$ 为 $f(x)$ 的唯一极小值，为最小值.

以下讨论此最小值的符号.

① 若 $2-2\ln\dfrac{2}{a}>0$，即 $a>\dfrac{2}{\mathrm{e}}$ 时，$f(x)>0$，$f(x)$ 无零点，两曲线在第一象限中无公共点.

② 若 $a=\dfrac{2}{\mathrm{e}}$，则当且仅当 $x=\mathrm{e}$ 时，$f(x)=0$，$f(x)$ 有唯一零点，两曲线在第一象限中相切.

③ 若 $0<a<\dfrac{2}{\mathrm{e}}$，有 $f\left(\dfrac{2}{a}\right)<0$，又因 $\lim\limits_{x\to0^+}f(x)=+\infty$，$\lim\limits_{x\to+\infty}f(x)=\lim\limits_{x\to+\infty}(\ln \mathrm{e}^{ax}-\ln x^2)=\lim\limits_{x\to+\infty}\ln\dfrac{\mathrm{e}^{ax}}{x^2}=+\infty$，所以在区间 $\left(0,\dfrac{2}{a}\right)$ 与 $\left(\dfrac{2}{a},+\infty\right)$ 内 $f(x)$ 各至少有 1 个零点，但因 $f(x)$ 在这两个区间内分别是严格单调的，所以 $f(x)$ 在这两区间内各恰好有 1 个零点，一共恰有 2 个零点，即两曲线恰好有两个公共点，讨论完毕.

【评注】 本题的解题步骤具有典型性，请读者讨论下题：

讨论曲线 $y=4\ln x+k$ 与曲线 $y=4x+\ln^4 x$ 的交点个数.

【例 50】 设 $f(x)=x\mathrm{e}^{2x}-2x-\cos x$，讨论它在区间 $(-\infty,+\infty)$ 上零点的个数.

> **解题思路** 划分区间，将区间分小，用连续函数介值定理讨论 $f(x)$ 至少有几个零点. 再利用定理："设当 $x\in(a,b)$ 时 $f^{(k)}(x)\neq0$，则在区间 (a,b) 内 $f(x)$ 至多有 k 个零点."

解 $f(-1)=-\mathrm{e}^{-2}+2-\cos 1>0$，$f(0)=-1<0$，$f(1)=\mathrm{e}^2-2-\cos 1>0$，所以在区间 $(-1,0)$ 与 $(0,1)$ 上分别至少有 1 个零点.

$f'(x)=\mathrm{e}^{2x}+2x\mathrm{e}^{2x}-2+\sin x=(1+2x)\mathrm{e}^{2x}-(2-\sin x)$. 易见，在区间 $(-\infty,-1)$ 内 $f'(x)<0$，又因 $f(-1)>0$，所以在 $(-\infty,-1)$ 内 $f(x)$ 没有零点.

$$
\begin{aligned}
f''(x)&=4\mathrm{e}^{2x}+4x\mathrm{e}^{2x}+\cos x=4(1+x)\mathrm{e}^{2x}+\cos x\\
&=(4\mathrm{e}^{2x}+\cos x)+4x\mathrm{e}^{2x}.
\end{aligned}
$$

可见无论在区间 $(-1,0)$ 上还是在区间 $[0,+\infty)$ 上，有 $f''(x)>0$. 所以在区间 $(-1,+\infty)$ 上 $f(x)$ 至多有 2 个零点.

总之，$f(x)$ 有且仅有 2 个零点，分别在区间 $(-1,0)$ 与 $(0,1)$ 内.

十七、证明存在某 ξ 满足某不等式

【例 51】 设 $f(x)$ 在 $[a,b]$ 上连续，在 (a,b) 内可导，并且不是一次式，证明：至少存在一点 $\xi\in(a,b)$ 使

$$
|f'(\xi)|>\left|\frac{f(b)-f(a)}{b-a}\right|. \tag{2-18}
$$

> **解题思路** 这类题与证明不等式不一样，证明不等式是要证明对于某区间内的一切都满足，而此题只要证存在某 ξ 满足某不等式. 也与零点问题不一样，零点问题是要证明存在某 ξ 使某等式成立，而此题是证存在某 ξ 成立某不等式，所以罗尔定理、极值必要条件肯定不能用，单调性也不能用. 似乎能用的是拉格朗日中值定理. 如果题中出现 $f''(\xi)$，似乎应该用拉格朗日余项泰勒公式. 就本题外表看，与拉格朗日中值公式十分接近.

证明 设 $f(b) \geqslant f(a)$，则 $\left|\dfrac{f(b)-f(a)}{b-a}\right| = \dfrac{f(b)-f(a)}{b-a}$，只要证明存在 $\xi \in (a,b)$ 使

$$f'(\xi) > \frac{f(b)-f(a)}{b-a} (\geqslant 0), \tag{2-19}$$

那么就有式(2-18)，今证式(2-19)成立.

设点 $A(a,f(a))$，$B(b,f(b))$，考虑曲线 $y=f(x)$ 的弧 $\overset{\frown}{AB}$ 的纵坐标与弦 $\overline{AB}$ 的纵坐标的差

$$\varphi(x) = f(x) - \left[f(a) + \frac{f(b)-f(a)}{b-a}(x-a)\right], \tag{2-20}$$

因为 $f(x)$ 不是一次式，所以 $\varphi(x) \not\equiv 0$. 又因 $\varphi(a)=0$，$\varphi(b)=0$，所以至少有一点 $x_1 \in (a,b)$ 使 $\varphi(x_1) > 0$ 或至少有一点 $x_2 \in (a,b)$ 使 $\varphi(x_2) < 0$. 不妨设前者成立，则有 $\xi \in (a,x_1) \subset (a,b)$ 使

$$\varphi'(\xi) = \frac{\varphi(x_1)-\varphi(a)}{x_1-a} > 0.$$

于是由式(2-20)得

$$\varphi'(\xi) = f'(\xi) - \frac{f(b)-f(a)}{b-a} > 0,$$

即式(2-19)成立. 对于其他情形类似可证.

【评注】 请读者画个图，看看本题解法的几何意义.

【例 52】 设 $f(x)$ 在 $[0,1]$ 上连续，在 $(0,1)$ 内存在二阶导数，并设 $f(0)=f(1)=0$，$\max\limits_{x\in[0,1]} f(x) = 2$. 证明存在 $\xi \in (0,1)$，使 $f''(\xi) \leqslant -16$.

> **解题思路** 题中要证存在 $\xi \in (0,1)$ 使 $f''(\xi) \leqslant -16$. 出现二阶导数，拟用拉格朗日余项泰勒公式，也许该公式中的 ξ 就是要求的.

证明 由 $f(0)=f(1)=0$，$\max\limits_{[0,1]} f(x) = 2$ 知最大值点 $x=x_0$ 在区间 $(0,1)$ 内部，为极大值点，在此点展开.

$$f(x) = f(x_0) + f'(x_0)(x-x_0) + \frac{1}{2}f''(\xi)(x-x_0)^2.$$

分别以 $x=0$，$x=1$，$f(x_0)=2$，$f'(x_0)=0$ 代入，得

$$0 = 2 + \frac{1}{2}f''(\xi_1)x_0^2, \tag{2-21}$$

$$0 = 2 + \frac{1}{2}f''(\xi_2)(1-x_0)^2. \tag{2-22}$$

设 $0 < x_0 < \dfrac{1}{2}$，由式(2-21)得 $f''(\xi_1) = -\dfrac{4}{x_0^2} < -16$；

设 $\dfrac{1}{2} \leqslant x_0 < 1$，由式(2-22)得 $f''(\xi_2) = -\dfrac{4}{(1-x_0)^2} \leqslant -16$.

无论哪种情形均得证.

十八、利用中值定理求极限、$f'(x)$ 与 $f(x)$ 的极限关系

【例 53】 设 $f(x)$ 在 $(0,+\infty)$ 内可导，下述论断正确的是

(A) 设存在 $X>0$，在区间 $(X,+\infty)$ 内 $f'(x)$ 有界，则 $f(x)$ 在 $(X,+\infty)$ 内亦必有界.

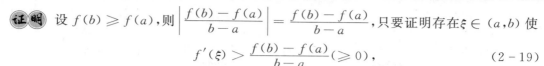

(B) 设存在 $X>0$,在区间$(X,+\infty)$内 $f(x)$ 有界,则 $f'(x)$ 在$(X,+\infty)$内亦必有界.

(C) 设存在 $\delta>0$,在$(0,\delta)$内 $f'(x)$ 有界,则 $f(x)$ 在$(0,\delta)$内亦必有界.

(D) 设存在 $\delta>0$,在$(0,\delta)$内 $f(x)$ 有界,则 $f'(x)$ 在$(0,\delta)$内亦必有界.

解题思路 $f'(x)$ 表示 $f(x)$ 的变化率,$f(x)$ 可以有界,但它可以变化得很剧烈,$f'(x)$ 不见得有界,(B)(D) 不见得正确. $f'(x)$ 有界($f(x)$ 变化得不很剧烈),但若区间为$(X,+\infty)$, $f(x)$ 也可能无界.看来只有(C)正确.下面证明(C)的确正确,(A)(B)(D)均可举出反例.

解 要讨论 $f'(x)$ 与 $f(x)$ 的关系,用拉格朗日中值定理.取 $x_0\in(0,\delta)$, $x\in(0,\delta)$,有 $f(x)=f(x_0)+f'(\xi)(x-x_0)$,则

$$|f(x)|\leqslant|f(x_0)|+|f'(\xi)||x-x_0|\leqslant|f(x_0)|+M\cdot\delta,$$

所以 $f(x)$ 在$(0,\delta)$内有界,其中 $|f'(x)|\leqslant M$, $x\in(0,\delta)$.

(A) 的反例: $f(x)=x$, $f'(x)=1$,在区间$(1,+\infty)$内 $f'(x)$ 有界,但 $f(x)$ 在$(1,+\infty)$内无界.

(B) 的反例: $f(x)=\dfrac{1}{x}\sin x^3$, $f'(x)=-\dfrac{1}{x^2}\sin x^3+3x\cos x^3$,在区间$(1,+\infty)$内 $f(x)$ 有界,在$(1,+\infty)$内 $f'(x)$ 无界.

(D) 的反例: $f(x)=x\sin\dfrac{1}{x}$, $f'(x)=\sin\dfrac{1}{x}-\dfrac{1}{x}\cos\dfrac{1}{x}$,在区间$(0,1)$内 $f(x)$ 有界,在$(0,1)$内 $f'(x)$ 无界.

【评注】 (1) 在有限区间上,以 $f(x)$ 或 $f'(x)$ 有界为条件,只有下述命题是正确的:"设 $f'(x)$ 在(a,b)上有界,则 $f(x)$ 在(a,b)上有界."

(2) 在有限区间上,以 $f(x)$ 或 $f'(x)$ 无界为条件,只有下述命题是正确的:"设 $f(x)$ 在(a,b)上无界,则 $f'(x)$ 在(a,b)必无界."

(3) 在无穷区间上,以 $f(x)$ 或 $f'(x)$ 无界为条件,推不出 $f'(x)$ 或 $f(x)$ 关于有界无界的结论.

【例 54】 求 $\lim\limits_{x\to0}\dfrac{\tan(\tan x)-\tan(\sin x)}{x-\sin x}$.

解题思路 立刻用洛必达法则,求导十分麻烦,先利用拉格朗日中值定理化简.

解 $\dfrac{\tan(\tan x)-\tan(\sin x)}{x-\sin x}=\dfrac{\sec^2\xi\cdot(\tan x-\sin x)}{x-\sin x}=\dfrac{\sec^2\xi\cdot\sin x\cdot(1-\cos x)}{\cos x(x-\sin x)}$,其中 $\sin x<\xi<\tan x$ 来自对 $\tan(\tan x)-\tan(\sin x)$ 用拉格朗日中值定理.

$$\text{原式}=\lim_{x\to0}\frac{\sec^2\xi\cdot\sin x\cdot(1-\cos x)}{\cos x(x-\sin x)}=\frac{1}{1}\cdot\lim_{x\to0}\frac{x\cdot\frac{1}{2}x^2}{x-\sin x}$$

$$=\lim_{x\to0}\frac{\frac{3}{2}x^2}{1-\cos x}=3.$$

第三章　一元函数积分学

考点与要求

理解　掌握　原函数、不定积分与定积分的概念，不定积分的基本公式，不定积分与定积分的性质及积分中值定理，换元法与分部积分法，积分上限的函数及其导数，牛顿 - 莱布尼茨公式，反常积分的概念，定积分在几何上(平面图形的面积、平面曲线的弧长、旋转体的体积及侧面积、平行截面面积为已知的立体体积)和物理上(功、引力、侧压力)的应用，函数的平均值，微元法.

了解　会用　有理函数、三角函数有理式和简单无理式的积分，反常积分收敛的比较判别法及计算.

内容精讲

§1　不定积分与定积分的概念、性质、理论

3.1.1　原函数与不定积分

定义　设 $F'(x)=f(x), x\in(a,b)$，则称 $F(x)$ 为 $f(x)$ 在 (a,b) 上的一个原函数. 一般地，“在区间 (a,b) 上”几个字省去.

若 $F(x)$ 是 $f(x)$ 的一个原函数，则 $F(x)+C$ 也是 $f(x)$ 的原函数，并且 $f(x)$ 的原函数必定是 $F(x)+C$ 的形式.

$f(x)$ 的原函数的一般表达式 $F(x)+C$ 称为 $f(x)$ 的不定积分，记成

$$\int f(x)\mathrm{d}x=F(x)+C. \tag{3.1}$$

其中 $F(x)$ 是 $f(x)$ 的任意一个确定的原函数，C 是任意常数.

3.1.2　定积分

定义　设 $f(x)$ 在 $[a,b]$ 上有定义且有界，进行下面 4 步：

(1) 分割. 用 $n-1$ 个分点分割区间 $[a,b]$

$$a=x_0<x_1<x_2<\cdots<x_{i-1}<x_i<\cdots<x_n=b.$$

(2) 作乘积. $f(\xi_i)\Delta x_i$，其中 $x_{i-1}\leqslant\xi_i\leqslant x_i, \Delta x_i=x_i-x_{i-1}$.

(3) 求和. $\sum\limits_{i=1}^{n} f(\xi_i)\Delta x_i$.

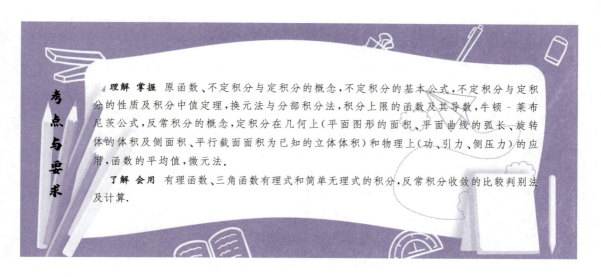

(4) 取极限. $\lim\limits_{\lambda\to 0}\sum\limits_{i=1}^{n} f(\xi_i)\Delta x_i$，其中 $\lambda=\max\limits_{1\leqslant i\leqslant n}|\Delta x_i|$.

如果上述极限存在(与分法无关，与 ξ_i 的取法无关)，则称 $f(x)$ 在 $[a,b]$ 上可积，并称上述极限为 $f(x)$ 在 $[a,b]$ 上的定积分，记为

$$\lim_{\lambda\to 0}\sum_{i=1}^{n} f(\xi_i)\Delta x_i=\int_a^b f(x)\mathrm{d}x.$$

3.1.3 定积分存在定理

定理 (1) 设 $f(x)$ 在 $[a,b]$ 上连续，则 $\int_a^b f(x)\mathrm{d}x$ 存在.

(2) 设 $f(x)$ 在 $[a,b]$ 上有界，且只有有限个间断点，则 $\int_a^b f(x)\mathrm{d}x$ 存在.

【注】 还有其他一些条件可保证定积分存在，但这些不在考试大纲范围之内.

3.1.4 原函数存在定理

定理 设 $f(x)$ 在 $[a,b]$ 上连续，则在 $[a,b]$ 上必存在原函数.

【注】 (1) 如果 $f(x)$ 在 $[a,b]$ 上有定义，但不连续，那么 $f(x)$ 在 $[a,b]$ 上就不一定保证存在原函数. 定理 3.1.3(2) 保证定积分存在，并不一定保证原函数存在，事实上有下述结论：

如果 $f(x)$ 在 $[a,b]$ 上有跳跃间断点 $x_0\in(a,b)$，则 $f(x)$ 在 $[a,b]$ 上一定不存在原函数.

(2) 设 $f(x)$ 不连续，则原函数存在与否和定积分存在与否可以各不相干(例略).

3.1.5 变上限函数对上限变量求导，或称不定积分与定积分的关系

定理 设 $f(x)$ 在 $[a,b]$ 上连续，则 $\left[\int_a^x f(t)\mathrm{d}t\right]_x'=f(x),x\in[a,b]$.

由此可知，$\int_a^x f(t)\mathrm{d}t$ 是 $f(x)$ 的一个原函数，从而 $\int f(x)\mathrm{d}x=\int_a^x f(t)\mathrm{d}t+C$.

【注】 如果 $f(x)$ 在 $[a,b]$ 上除点 $x=x_0\in(a,b)$ 外均连续，而在 $x=x_0$ 处 $f(x)$ 有跳跃间断点：

$$\lim_{x\to x_0^-} f(x)=f(x_0^-),\quad \lim_{x\to x_0^+} f(x)=f(x_0^+),\quad f(x_0^-)\neq f(x_0^+).$$

记

$$F(x)=\int_c^x f(t)\mathrm{d}t,$$

不论 c 是否等于 x_0，均有结论：

①$F(x)$ 在 $[a,b]$ 上连续.

②$F'(x)=f(x)$，当 $x\in[a,b]$，但 $x\neq x_0$.

③$F'_-(x_0)=f(x_0^-),F'_+(x_0)=f(x_0^+)$.

例如，设 $f(x)=\begin{cases}\sin x, & x\leqslant 0,\\ \mathrm{e}^x, & x>0,\end{cases}$ 记 $F(x)=\int_{-\pi}^x f(t)\mathrm{d}t$，由分段函数积分，

当 $x\leqslant 0$ 时，$F(x)=\int_{-\pi}^x \sin t\mathrm{d}t=-\cos x-1$；

当 $x>0$ 时，$F(x)=\int_{-\pi}^0 \sin t\mathrm{d}t+\int_0^x \mathrm{e}^t\mathrm{d}t=-2+\mathrm{e}^x-1=\mathrm{e}^x-3$.

此 $F(x)$ 满足上述所指出的三条结论.

将来在考试中做选择题时若遇到这种情形，可直接套用本结论.

3.1.6 牛顿-莱布尼茨定理

定理 设 $f(x)$ 在 $[a,b]$ 上连续，$F(x)$ 是 $f(x)$ 的一个原函数，则

$$\int_a^b f(x)\mathrm{d}x = F(x)\Big|_a^b = F(b) - F(a). \tag{3.2}$$

【注】 计算定积分一般用此公式.

3.1.7 不定积分的性质

定理 以下均设被积函数 $f(x)$(或相应地 $f'(x)$) 与 $g(x)$ 在所讨论的区间上连续，则有

(1) $\left[\int f(x)\mathrm{d}x\right]' = f(x)$；$\mathrm{d}\int f(x)\mathrm{d}x = f(x)\mathrm{d}x$.

(2) $\int f'(x)\mathrm{d}x = f(x) + C$；$\int \mathrm{d}f(x) = f(x) + C$.

(3) $\int [f(x) \pm g(x)]\mathrm{d}x = \int f(x)\mathrm{d}x \pm \int g(x)\mathrm{d}x$.

(4) $\int kf(x)\mathrm{d}x = k\int f(x)\mathrm{d}x$，常数 $k \neq 0$.

3.1.8 定积分的性质

定理 以下除特别声明者外，均设 $f(x)$ 与 $g(x)$ 在所讨论的区间上可积，则

(1) $\int_a^b f(x)\mathrm{d}x = -\int_b^a f(x)\mathrm{d}x$.

(2) $\int_a^a f(x)\mathrm{d}x = 0$.

(3) $\int_a^b [f(x) \pm g(x)]\mathrm{d}x = \int_a^b f(x)\mathrm{d}x \pm \int_a^b g(x)\mathrm{d}x$.

(4) $\int_a^b kf(x)\mathrm{d}x = k\int_a^b f(x)\mathrm{d}x$，$k$ 为常数.

(5) $\int_a^b f(x)\mathrm{d}x = \int_a^c f(x)\mathrm{d}x + \int_c^b f(x)\mathrm{d}x$.

(6) 若 $f(x) \leqslant g(x)$，$a \leqslant b$，则 $\int_a^b f(x)\mathrm{d}x \leqslant \int_a^b g(x)\mathrm{d}x$.

(7) 若 $f(x)$ 与 $g(x)$ 在区间 $[a,b]$ 上连续，$f(x) \leqslant g(x)$，且至少存在点 x_1，$a \leqslant x_1 \leqslant b$，使 $f(x_1) < g(x_1)$，则

$$\int_a^b f(x)\mathrm{d}x < \int_a^b g(x)\mathrm{d}x.$$

(8) 积分中值定理：设 $f(x)$ 在 $[a,b]$ 上连续，则至少存在一点 $\xi \in (a,b)$ 使

$$\int_a^b f(x)\mathrm{d}x = f(\xi)(b-a).$$

【注】 性质(6)与(7)称为定积分的不等式性质，常用的是(7).(8)是强化了的积分中值定理，参见同济大学《高等数学》(第七版，上册 235 页).

§2 不定积分与定积分的计算

3.2.1 基本积分公式

以下公式中，α 与 a 均为常数，除声明者外，$a > 0$.

(1) $\int x^{\alpha}\mathrm{d}x = \dfrac{1}{\alpha+1}x^{\alpha+1} + C(\alpha \neq -1)$，　　(2) $\int \dfrac{1}{x}\mathrm{d}x = \ln|x| + C$，

(3) $\int a^x \mathrm{d}x = \frac{a^x}{\ln a} + C(a>0, a\neq 1)$，　(4) $\int \mathrm{e}^x \mathrm{d}x = \mathrm{e}^x + C$，

(5) $\int \sin x \mathrm{d}x = -\cos x + C$，　(6) $\int \cos x \mathrm{d}x = \sin x + C$，

(7) $\int \tan x \mathrm{d}x = -\ln|\cos x| + C$，　(8) $\int \cot x \mathrm{d}x = \ln|\sin x| + C$，

(9) $\int \sec x \mathrm{d}x = \ln|\sec x + \tan x| + C$，　(10) $\int \csc x \mathrm{d}x = \ln|\csc x - \cot x| + C$，

(11) $\int \sec^2 x \mathrm{d}x = \tan x + C$，　(12) $\int \csc^2 x \mathrm{d}x = -\cot x + C$，

(13) $\int \frac{1}{a^2+x^2}\mathrm{d}x = \frac{1}{a}\arctan\frac{x}{a} + C$，　(14) $\int \frac{1}{a^2-x^2}\mathrm{d}x = \frac{1}{2a}\ln\left|\frac{a+x}{a-x}\right| + C$，

(15) $\int \frac{1}{\sqrt{a^2-x^2}}\mathrm{d}x = \arcsin\frac{x}{a} + C$，　(16) $\int \frac{\mathrm{d}x}{\sqrt{x^2\pm a^2}} = \ln\left|x+\sqrt{x^2\pm a^2}\right| + C.$

3.2.2 不定积分的凑微分求积分法（也称第一换元法）

设 $f(u)$ 连续，$\varphi(x)$ 具有连续的一阶导数，则有公式：

$$\int f(\varphi(x))\varphi'(x)\mathrm{d}x = \int f(\varphi(x))\mathrm{d}\varphi(x) \xlongequal{\text{命 }\varphi(x)=u} \int f(u)\mathrm{d}u$$

$$\xlongequal{\text{如果}} F(u)+C \xlongequal{\text{则}} F(\varphi(x))+C.$$

3.2.3 不定积分的换元积分法（也称第二换元法）

设 $f(x)$ 连续，$x=\varphi(t)$ 具有连续导数 $\varphi'(t)$，且 $\varphi'(t)\neq 0$，则

$$\int f(x)\mathrm{d}x \xlongequal{x=\varphi(t)} \left(\int f(\varphi(t))\varphi'(t)\mathrm{d}t\right)_{t=\psi(x)}, \tag{3.3}$$

其中右边表示对 t 积分之后再以 $x=\varphi(t)$ 的反函数 $t=\psi(x)$ 代回成 x 的函数.

3.2.4 常见的几种典型类型的换元法

以下式子中，$R(u,v)$ 表示 u,v 的有理函数.

(1) $\int R(x,\sqrt{a^2-x^2})\mathrm{d}x$，$\int R(x,\sqrt{x^2\pm a^2})\mathrm{d}x$ 型，$a>0$.

含 $\sqrt{a^2-x^2}$，命 $x=a\sin t$，$\mathrm{d}x=a\cos t\mathrm{d}t$，

含 $\sqrt{x^2+a^2}$，命 $x=a\tan t$，$\mathrm{d}x=a\sec^2 t\mathrm{d}t$，

含 $\sqrt{x^2-a^2}$，命 $x=a\sec t$，$\mathrm{d}x=a\sec t\tan t\mathrm{d}t$.

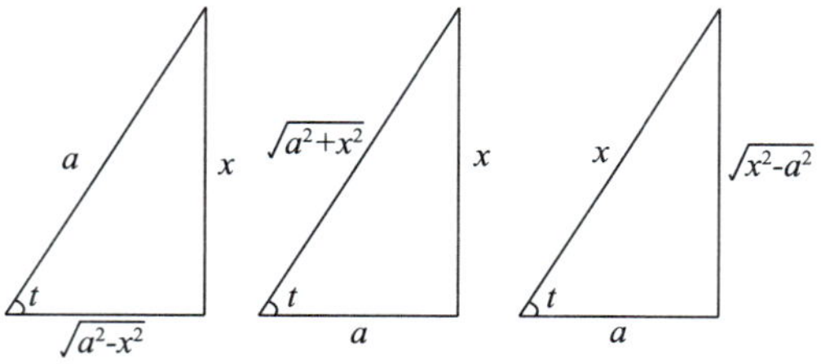

图 3-1

(2) $\int R(x,\sqrt[n]{ax+b},\sqrt[m]{ax+b})\mathrm{d}x$ 型，$a\neq 0$.

命 $\sqrt[mn]{ax+b}=t$，$x=\frac{t^{mn}-b}{a}$，$\mathrm{d}x=\frac{mn}{a}t^{mn-1}\mathrm{d}t$.

(3) $\int R\left(x,\sqrt{\frac{ax+b}{cx+d}}\right)\mathrm{d}x$ 型

命 $\sqrt{\frac{ax+b}{cx+d}}=t$，$x=\frac{dt^2-b}{a-ct^2}$，$\mathrm{d}x=\frac{2(ad-bc)t}{(a-ct^2)^2}\mathrm{d}t$，其中设 $ad-bc\neq 0$.

(4) $\int R(\sin x,\cos x)\mathrm{d}x$ 型

命 $\tan\frac{x}{2}=t$，则 $\sin x=\frac{2t}{1+t^2}$，$\cos x=\frac{1-t^2}{1+t^2}$，$\mathrm{d}x=\frac{2}{1+t^2}\mathrm{d}t$. 此称万能代换，非到不得已时不用.

3.2.5　定积分的换元积分法

定积分换元积分法的定理和方法与不定积分的不一样.

【公式】 设(1) $f(x)$ 在 $[a,b]$ 上连续；(2) $x=\varphi(t)$ 满足条件：$a=\varphi(\alpha)$，$b=\varphi(\beta)$，并且当 t 在以 α,β 为端点的闭区间 I 上变动时，$a\leqslant\varphi(t)\leqslant b$，$\varphi'(t)$ 连续，则有定积分的换元积分公式

$$\int_a^b f(x)\mathrm{d}x=\int_\alpha^\beta f(\varphi(t))\varphi'(t)\mathrm{d}t. \tag{3.4}$$

【注】 (1) 这里 $t=\alpha$，$t=\beta$ 由关系 $x=\varphi(t)$ 分别与 $x=a$，$x=b$ 对应，α 可能小于 β，也可能大于 β.

(2) 换元时，积分上、下限应跟着换，而不必像不定积分那样求出原函数后代回成原变量 x.

3.2.6　不定积分与定积分的分部积分法

【公式】 设 $u(x)$，$v(x)$ 均有连续导数，则

$$\int u(x)v'(x)\mathrm{d}x=u(x)v(x)-\int v(x)u'(x)\mathrm{d}x, \tag{3.5}$$

或

$$\int u(x)\mathrm{d}v(x)=u(x)v(x)-\int v(x)\mathrm{d}u(x). \tag{3.6}$$

以及

$$\int_a^b u(x)v'(x)\mathrm{d}x=u(x)v(x)\Big|_a^b-\int_a^b v(x)u'(x)\mathrm{d}x, \tag{3.7}$$

或

$$\int_a^b u(x)\mathrm{d}v(x)=u(x)v(x)\Big|_a^b-\int_a^b v(x)\mathrm{d}u(x). \tag{3.8}$$

分部积分法的关键与特点是，将被积函数写成两函数之积，一为 $u(x)$，一为已求导的形式 $v'(x)$. **使用此公式后，将 $u(x)$ 转化为求导形式 $u'(x)$，而将 $v'(x)$ 转化为其原函数 $v(x)$. 可见选取 $v'(x)$（或 $\mathrm{d}v(x)$）应能积分，这是原则.**

3.2.7　常见的用分部积分的几种题型

(1) $\int x^n\mathrm{e}^x\mathrm{d}x$，$\int x^n\sin x\mathrm{d}x$，$\int x^n\cos x\mathrm{d}x$ 型，分别改写为 $\int x^n\mathrm{e}^x\mathrm{d}x=\int x^n\mathrm{d}\mathrm{e}^x$，$\int x^n\sin x\mathrm{d}x=-\int x^n\mathrm{d}\cos x$，$\int x^n\cos x\mathrm{d}x=\int x^n\mathrm{d}\sin x$，使用分部积分公式即可.

(2) $\int x^n\ln x\mathrm{d}x$，$\int x^n\arctan x\mathrm{d}x$，$\int x^n\arcsin x\mathrm{d}x$ 型，分别改写为 $\int x^n\ln x\mathrm{d}x=\frac{1}{n+1}\int\ln x\mathrm{d}x^{n+1}$，$\int x^n\arctan x\mathrm{d}x=\frac{1}{n+1}\int\arctan x\mathrm{d}x^{n+1}$，$\int x^n\arcsin x\mathrm{d}x=\frac{1}{n+1}\int\arcsin x\mathrm{d}x^{n+1}$，使用分部积分公式即可. 以上(1)(2)中 n 均为正整数.

(3) $\int\mathrm{e}^x\sin x\mathrm{d}x$，$\int\mathrm{e}^x\cos x\mathrm{d}x$ 型，应连用两次，移项解方程可得.

必须指出，分部积分法的使用对象，远远不止这几种.

3.2.8　几个十分有用的定积分公式

(1) 设 $f(x)$ 在 $[-a,a]$ $(a>0)$ 上是个连续的偶函数，则

$$\int_{-a}^a f(x)\mathrm{d}x=2\int_0^a f(x)\mathrm{d}x. \tag{3.9}$$

(2) 设 $f(x)$ 在 $[-a,a]$ $(a>0)$ 上是个连续的奇函数，则 $\int_{-a}^a f(x)\mathrm{d}x=0$. (3.10)

(3) 设 $f(x)$ 在 $(-\infty,+\infty)$ 内是以 T 为周期的连续函数，则对于任意的常数 a，恒有

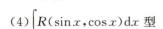

$$\int_a^{a+T} f(x)\mathrm{d}x = \int_0^T f(x)\mathrm{d}x. \tag{3.11}$$

（4）华里士公式：

$$\int_0^{\frac{\pi}{2}} \sin^n x\mathrm{d}x = \int_0^{\frac{\pi}{2}} \cos^n x\mathrm{d}x = \begin{cases} \dfrac{n-1}{n}\cdot\dfrac{n-3}{n-2}\cdot\cdots\cdot\dfrac{1}{2}\cdot\dfrac{\pi}{2}, & \text{当 } n \text{ 为正偶数；} \\ \dfrac{n-1}{n}\cdot\dfrac{n-3}{n-2}\cdot\cdots\cdot\dfrac{2}{3}, & \text{当 } n \text{ 为大于 1 的正奇数.} \end{cases} \tag{3.12}$$

【注】 要求读者会用分部积分推导出华里士公式.

§3 反常积分及其计算与判敛

3.3.1 无穷区间上的反常积分

定义 设 $f(x)$ 在 $[a,+\infty)$ 上连续，称

$$\int_a^{+\infty} f(x)\mathrm{d}x = \lim_{b\to+\infty}\int_a^b f(x)\mathrm{d}x \tag{3.13}$$

为 $f(x)$ 在 $[a,+\infty)$ 上的反常积分. 若右边极限存在，称此反常积分收敛；若该极限不存在，称此反常积分发散.

类似地可以定义 $$\int_{-\infty}^b f(x)\mathrm{d}x = \lim_{a\to-\infty}\int_a^b f(x)\mathrm{d}x$$

及 $$\int_{-\infty}^{+\infty} f(x)\mathrm{d}x = \int_{-\infty}^c f(x)\mathrm{d}x + \int_c^{+\infty} f(x)\mathrm{d}x. \tag{3.14}$$

在后一式中，只要右边两个反常积分至少有一个不存在，就说反常积分 $\int_{-\infty}^{+\infty} f(x)\mathrm{d}x$ 发散.

3.3.2 无界函数的反常积分

定义 设 $f(x)$ 在区间 $[a,b)$ 上连续，且 $\lim\limits_{x\to b^-} f(x) = \infty$，称

$$\int_a^b f(x)\mathrm{d}x = \lim_{\beta\to b^-}\int_a^\beta f(x)\mathrm{d}x \tag{3.15}$$

为 $f(x)$ 在区间 $[a,b)$ 上的反常积分（也称瑕积分），使 $f(x)\to\infty$ 的点 $x=b$ 称为 $f(x)$ 的奇点（也称瑕点）.

若点 $x=a$ 为 $f(x)$ 的奇点，类似地可以定义

$$\int_a^b f(x)\mathrm{d}x = \lim_{\alpha\to a^+}\int_\alpha^b f(x)\mathrm{d}x.$$

若点 $x=a$ 与 $x=b$ 都是奇点，则应分成

$$\int_a^b f(x)\mathrm{d}x = \int_a^{x_0} f(x)\mathrm{d}x + \int_{x_0}^b f(x)\mathrm{d}x, a < x_0 < b \tag{3.16}$$

若两个反常积分中至少有一个不存在，就说反常积分 $\int_a^b f(x)\mathrm{d}x$ 不存在（发散）.

若在开区间 (a,b) 内部点 $x=c$ 为奇点，则反常积分定义为

$$\int_a^b f(x)\mathrm{d}x = \int_a^c f(x)\mathrm{d}x + \int_c^b f(x)\mathrm{d}x.$$

若右边两个反常积分中至少有一个不存在，则称此反常积分发散.

3.3.3 对称区间上奇、偶函数的反常积分

定理 （1）设 $f(x)$ 在 $(-\infty,+\infty)$ 上连续，且为奇函数，又设 $\int_0^{+\infty} f(x)\mathrm{d}x$ 收敛，则 $\int_{-\infty}^{+\infty} f(x)\mathrm{d}x = 0$.

（2）设 $f(x)$ 在 $(-\infty,+\infty)$ 上连续，且为偶函数，又设 $\int_0^{+\infty} f(x)\mathrm{d}x$ 收敛，则

$$\int_{-\infty}^{+\infty} f(x)\mathrm{d}x = 2\int_{0}^{+\infty} f(x)\mathrm{d}x.$$

(3) 设 $f(x)$ 在 $[-a,a]$ 上除 $x=\pm c$ 外均连续，$x=\pm c$ 为 $f(x)$ 的奇点，$0\leqslant c\leqslant a$. 又设 $f(x)$ 为奇函数，且 $\int_0^a f(x)\mathrm{d}x$ 收敛，则 $\int_{-a}^{a} f(x)\mathrm{d}x = 0$.

(4) 设 $f(x)$ 在 $[-a,a]$ 上除 $x=\pm c$ 外均连续，$x=\pm c$ 为 $f(x)$ 的奇点，$0\leqslant c\leqslant a$. 又设 $f(x)$ 为偶函数，且 $\int_0^a f(x)\mathrm{d}x$ 收敛，则 $\int_{-a}^{a} f(x)\mathrm{d}x = 2\int_0^a f(x)\mathrm{d}x$.

【注】 这里的(1)～(4)中，与通常的奇偶函数在对称区间上的定积分相比较，**多了一个要求"收敛"的条件**. 如果在对称区间的半个区间上该反常积分发散，则在整个区间上该反常积分亦发散. 例如，按照定义

$$\int_{-\infty}^{+\infty} \frac{x}{1+x^2}\mathrm{d}x = \int_{-\infty}^{0} \frac{x}{1+x^2}\mathrm{d}x + \int_{0}^{+\infty} \frac{x}{1+x^2}\mathrm{d}x,$$

而

$$\int_{0}^{+\infty} \frac{x}{1+x^2}\mathrm{d}x = \frac{1}{2}\lim_{b\to+\infty}\ln(1+x^2)\Big|_0^b = \frac{1}{2}\lim_{b\to+\infty}\ln(1+b^2) = +\infty,$$

是发散的，所以 $\int_{-\infty}^{+\infty} \frac{x}{1+x^2}\mathrm{d}x$ 发散，而不能认为被积函数是奇函数，该积分为 0.

概率论中经常用到这里的(1)与(2)，实际上都应先验算 $\int_0^{+\infty} f(x)\mathrm{d}x$ 收敛.

3.3.4　两个重要的反常积分

(1) $\int_{-\infty}^{+\infty} \mathrm{e}^{-x^2}\mathrm{d}x = 2\int_{0}^{+\infty} \mathrm{e}^{-x^2}\mathrm{d}x = \sqrt{\pi}$.　　(3.17)

(2) 设 a 与 p 都是常数，且 $a>1$，则 $\int_a^{+\infty} \frac{\mathrm{d}x}{x\ln^p x}\begin{cases}\text{收敛}, & \text{当 } p>1,\\ \text{发散}, & \text{当 } p\leqslant 1.\end{cases}$

3.3.5　瑕积分的判敛定理

定理　(1) 设 $f(x)$ 在区间 $[a,b)$ 上连续，$x=b$ 为瑕点，且 $f(x)\geqslant 0$. 并设

$$\lim_{x\to b^-}(b-x)^p f(x) = A,$$

若 $0\leqslant A<+\infty$ 且 $p<1$，则 $\int_a^b f(x)\mathrm{d}x$ 收敛；

若 $0<A\leqslant+\infty$ 且 $p\geqslant 1$，则 $\int_a^b f(x)\mathrm{d}x$ 发散.

对于下限 $x=a$ 为瑕点时，有类似的定理：

(2) 设 $f(x)$ 在区间 $(a,b]$ 上连续，且 $f(x)\geqslant 0$，并设

$$\lim_{x\to a^+}(x-a)^p f(x) = A,$$

若 $0\leqslant A<+\infty$ 且 $p<1$，则 $\int_a^b f(x)\mathrm{d}x$ 收敛；

若 $0<A\leqslant+\infty$ 且 $p\geqslant 1$，则 $\int_a^b f(x)\mathrm{d}x$ 发散.

3.3.6　无穷区间上的反常积分的判敛定理

定理　(1) 设 $f(x)$ 在区间 $[a,+\infty)$ 上连续，且 $f(x)\geqslant 0$，并设

$$\lim_{x\to+\infty} x^p f(x) = A,$$

若 $0\leqslant A<+\infty$ 且 $p>1$，则 $\int_a^{+\infty} f(x)\mathrm{d}x$ 收敛；

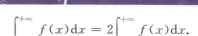

若 $0 < A \leqslant +\infty$ 且 $p \leqslant 1$，则 $\int_a^{+\infty} f(x)\mathrm{d}x$ 发散.

(2) 设 $f(x)$ 在区间 $(-\infty, b]$ 上连续，且 $f(x) \geqslant 0$，并设

$$\lim_{x \to -\infty} x^p f(x) = A,$$

若 $0 \leqslant A < +\infty$ 且 $p > 1$，则 $\int_{-\infty}^{b} f(x)\mathrm{d}x$ 收敛；

若 $0 < A \leqslant +\infty$ 且 $p \leqslant 1$，则 $\int_{-\infty}^{b} f(x)\mathrm{d}x$ 发散.

§4 定积分的应用

3.4.1 基本方法（微元法）

定积分（包括以后的二重积分）应用的关键在于微元法.

设所求的量 F 依赖于某区间 $[a,b]$ 以及在此区间上定义的某函数 $f(x)$，且满足：

(1) 当 $f(x)$ 为常数 f 时，$F = f \cdot (b-a)$；

(2) 当将区间 $[a,b]$ 分为一些 Δx 之和时，量 F 也被分割为相应的一些 ΔF 之和，即 F 具有可加性.

将 $f(x)$ 在小区间 $[x, x+\Delta x]$ 上视为常量，于是

$$\Delta F \approx f(x)\Delta x. \tag{3.18}$$

这个近似式严格地说是

$$\Delta F = f(x)\Delta x + o(\Delta x). \tag{3.19}$$

于是

$$\mathrm{d}F = f(x)\mathrm{d}x, \tag{3.20}$$

$$F = \int_a^b f(x)\mathrm{d}x.$$

建立式(3.20)或式(3.18)常称为取微元，式(3.20)称为 F 的微元，这是关键. 取好微元，再自 a 到 b 积分便得 F.

3.4.2 平面图形面积

(1) 曲线 $y = y_2(x)$ 与 $y = y_1(x)\,(y_2(x) \geqslant y_1(x))$ 及 $x = a, x = b$ 围成的平面图形的面积

$$A = \int_a^b [y_2(x) - y_1(x)]\mathrm{d}x. \tag{3.21}$$

(2) 曲线 $x = x_2(y)$ 与 $x = x_1(y)\,[x_2(y) \geqslant x_1(y)]$ 及 $y = c, y = d$ 围成的平面图形的面积

$$A = \int_c^d (x_2(y) - x_1(y))\mathrm{d}y. \tag{3.22}$$

(3) 极坐标曲线 $r = r(\theta)$ 介于两射线 $\theta = \alpha$ 与 $\theta = \beta\,(0 < \beta - \alpha \leqslant 2\pi)$ 之间的曲边扇形的面积

$$A = \frac{1}{2}\int_\alpha^\beta r^2(\theta)\mathrm{d}\theta. \tag{3.23}$$

3.4.3 平面曲线的弧长

(1) 参数方程曲线 $\begin{cases} x = x(t), \\ y = y(t), \end{cases}$ $\alpha \leqslant t \leqslant \beta$ 的弧长（其中 $x'(t)$ 与 $y'(t)$ 均连续，且不同时为零）

$$s = \int_\alpha^\beta \sqrt{x'^2(t) + y'^2(t)}\,\mathrm{d}t. \tag{3.24}$$

(2) 直角坐标 $y = y(x), a \leqslant x \leqslant b$ 的弧长（其中 $y'(x)$ 连续）

$$s = \int_a^b \sqrt{1 + y'^2(x)}\,\mathrm{d}x. \tag{3.25}$$

(3) 极坐标曲线 $r=r(\theta),\alpha\leqslant\theta\leqslant\beta$ 的弧长(其中 $r(\theta),r'(\theta)$ 连续,且不同时为零)

$$s=\int_{\alpha}^{\beta}\sqrt{r^2(\theta)+r'^2(\theta)}\,\mathrm{d}\theta. \tag{3.26}$$

3.4.4　旋转体体积

(1) 曲线 $y=y(x)$ 与 $x=a,x=b,x$ 轴围成的曲边梯形绕 x 轴旋转一周所成的旋转体体积

$$V=\pi\int_a^b y^2(x)\,\mathrm{d}x,a<b. \tag{3.27}$$

(2) 曲线 $y=y_2(x),y=y_1(x),x=a,x=b(y_2(x)\geqslant y_1(x)\geqslant 0)$ 围成的图形绕 x 轴旋转一周所成的旋转体体积

$$V=\pi\int_a^b[y_2^2(x)-y_1^2(x)]\,\mathrm{d}x,a<b. \tag{3.28}$$

(3) 曲线 $y=y_2(x),y=y_1(x),x=a,x=b(b>a\geqslant 0,y_2(x)\geqslant y_1(x))$ 围成的图形绕 y 轴旋转一周所成的旋转体体积

$$V=2\pi\int_a^b x(y_2(x)-y_1(x))\,\mathrm{d}x. \tag{3.29}$$

3.4.5　旋转曲面面积

在区间 $[a,b]$ 上的曲线 $y=f(x)$ 的弧段绕 x 轴旋转一周所成的旋转曲面面积

$$S=2\pi\int_a^b|y|\sqrt{1+f'^2(x)}\,\mathrm{d}x,a<b. \tag{3.30}$$

【注】 若该曲线由参数方程 $x=x(t),y=y(t),\alpha\leqslant t\leqslant\beta$ 给出,且 $x'(t)\neq 0$. 则将式(3.30)中的 y 用 $y(t)$ 代替,$\sqrt{1+f'^2(x)}\mathrm{d}x$ 用 $\sqrt{x'^2(t)+y'^2(t)}\mathrm{d}t$ 代替,上、下限为 t 的上、下限:从 $t=\alpha$ 至 $t=\beta$ 即可,

$$S=2\pi\int_{\alpha}^{\beta}|y(t)|\sqrt{x'^2(t)+y'^2(t)}\,\mathrm{d}t. \tag{3.30$'$}$$

3.4.6　在区间 $[a,b]$ 上平行截面面积 $A(x)$ 为已知的立体体积

$$V=\int_a^b A(x)\,\mathrm{d}x,a<b. \tag{3.31}$$

3.4.7　函数的平均值

设 $x\in[a,b]$,函数 $f(x)$ 在 $[a,b]$ 上的平均值为

$$\bar{f}=\frac{1}{b-a}\int_a^b f(x)\,\mathrm{d}x. \tag{3.32}$$

3.4.8　物理应用公式的建立原则

根据考试大纲,定积分在物理上的应用有功、引力、压力、形心、质心,解题步骤是:(1) 建立坐标系;(2) 根据物理原始公式,建立所求量的微元;(3) 确定上、下限;(4) 计算定积分.

§5　定积分的证明题

本节的基本概念及重要定理、方法和公式,在前面都已介绍过了,而涉及的考题范围十分广泛,有

1. 讨论变限积分所定义的函数的极限、导数、奇偶性、周期性、单调性,或求被积函数.

2. 讨论定积分或变限积分的不等式,或者定积分、变限积分的零点问题.

解决这类问题的方法见后面的例子. 考生对下面所讲到的内容要有足够的重视,熟练掌握有关的方法.

例题分析

一、不定积分与定积分的概念及性质

【例 1】 设 $f(x)=\begin{cases}e^x, x\geqslant 0,\\ x, x<0,\end{cases}$ $g(x)=\begin{cases}x\sin\dfrac{1}{x}, x\neq 0,\\ 0, \quad x=0,\end{cases}$ 下述 4 个命题

① 在 $[-1,1]$ 上 $f(x)$ 存在原函数.

② 存在定积分 $\int_{-1}^{1} f(x)\mathrm{d}x$.

③ 存在 $g'(0)$.

④ 在 $[-1,1]$ 上 $g(x)$ 存在原函数.

正确的是

(A)①②. (B)③④. (C)②④. (D)①③.

解题思路 本章涉及几个基本定理：定理 3.1.3，定理 3.1.4 及其注，以及第二章中关于分段函数如何求分界处的导数，用它们就可解决本题.

解 由定理 3.1.3(2) 知 ② 正确，又由定理 3.1.4 知 ④ 正确. 选(C).

由定理 3.1.4 的注知 ① 不正确. 由按定义求导知 ③ 不正确.

【例 2】 设 $M=\int_{-1}^{1}\dfrac{\sin x}{1+x^2}\cos^4 x\mathrm{d}x$，$N=\int_{-1}^{1}(\sin^3 x+\cos^4 x)\mathrm{d}x$，

$P=\int_{-1}^{1}(x^2\sin^3 x-\cos^4 x)\mathrm{d}x$，则

(A) $M<N<P$. (B) $N<M<P$.

(C) $P<M<N$. (D) $P<N<M$.

解题思路 直接计算三个定积分不容易，考虑利用对称区间上定积分的性质.

解 因为 $\dfrac{\sin x}{1+x^2}\cos^4 x$ 为奇函数，则 $M=0$.

又 $\sin^3 x$，$x^2\sin^3 x$ 也为奇函数，有 $N=\int_{-1}^{1}\cos^4 x\mathrm{d}x>0$，$P=-\int_{-1}^{1}\cos^4 x\mathrm{d}x<0$.

答案应选(C).

【例 3】 设 $f(x)=x^2-x\int_0^2 f(t)\mathrm{d}t+2\int_0^1 f(t)\mathrm{d}t$，则 $f(x)=$ ________

解 令 $A=\int_0^2 f(t)\mathrm{d}t$，$B=\int_0^1 f(t)\mathrm{d}t$，则 $f(x)=x^2-Ax+2B$，

等式两边分别从 0 到 1，从 0 到 2 积分得

$$A=\int_0^2 f(x)\mathrm{d}x=\frac{8}{3}-2A+4B,\quad B=\int_0^1 f(x)\mathrm{d}x=\frac{1}{3}-\frac{A}{2}+2B.$$

解得 $A=\frac{4}{3}, B=\frac{1}{3}$，所以 $f(x)=x^2-\frac{4}{3}x+\frac{2}{3}$.

【评注】 一般地，如果 $f(x)=g(x)+\varphi(x)\int_a^b P(x)f(x)\mathrm{d}x+\psi(x)\int_c^d Q(x)f(x)\mathrm{d}x$，求 $f(x)$. 可用如下方法求解：

令 $A=\int_a^b P(x)f(x)\mathrm{d}x, B=\int_c^d Q(x)f(x)\mathrm{d}x$，有 $f(x)=g(x)+A\varphi(x)+B\psi(x)$，所以

$$\begin{cases} A=\int_a^b P(x)f(x)\mathrm{d}x=\int_a^b P(x)[g(x)+A\varphi(x)+B\psi(x)]\mathrm{d}x \\ B=\int_c^d Q(x)f(x)\mathrm{d}x=\int_c^d Q(x)[g(x)+A\varphi(x)+B\psi(x)]\mathrm{d}x \end{cases}$$

解得 A, B，即得 $f(x)$.

【例 4】 求极限 $\lim\limits_{n\to\infty}\frac{[1+3^7+5^7+\cdots+(2n-1)^7]^5}{[2^4+4^4+6^4+\cdots+(2n)^4]^8}$.

解题思路 直接求分子及分母的和很困难，但分子及分母同除以 n^{40} 后，可考虑用定积分的定义.

解 分子及分母同除以 n^{40}，有

$$\lim_{n\to\infty}\frac{[1+3^7+5^7+\cdots+(2n-1)^7]^5}{[2^4+4^4+6^4+\cdots+(2n)^4]^8}=2^3\lim_{n\to\infty}\frac{\left\{\frac{2}{n}\left[\left(\frac{1}{n}\right)^7+\left(\frac{3}{n}\right)^7+\left(\frac{5}{n}\right)^7+\cdots+\left(\frac{2n-1}{n}\right)^7\right]\right\}^5}{\left\{\frac{2}{n}\left[\left(\frac{2}{n}\right)^4+\left(\frac{4}{n}\right)^4+\left(\frac{6}{n}\right)^4+\cdots+\left(\frac{2n}{n}\right)^4\right]\right\}^8}$$

把区间 $[0,2]$ n 等分，第 i 个小区间为 $\left[\frac{2(i-1)}{n},\frac{2i}{n}\right](i=1,2,\cdots,n)$，其中点为 $\frac{2i-1}{n}$，小区间长度为 $\frac{2}{n}$，用定积分的定义

$$\lim_{n\to\infty}\frac{2}{n}\left[\left(\frac{1}{n}\right)^7+\left(\frac{3}{n}\right)^7+\left(\frac{5}{n}\right)^7+\cdots+\left(\frac{2n-1}{n}\right)^7\right]=\int_0^2 x^7\mathrm{d}x=2^5,$$

$$\lim_{n\to\infty}\frac{2}{n}\left[\left(\frac{2}{n}\right)^4+\left(\frac{4}{n}\right)^4+\left(\frac{6}{n}\right)^4+\cdots+\left(\frac{2n}{n}\right)^4\right]=\int_0^2 x^4\mathrm{d}x=\frac{2^5}{5},$$

所以，原式 $=2^3\frac{\left(\int_0^2 x^7\mathrm{d}x\right)^5}{\left(\int_0^2 x^4\mathrm{d}x\right)^8}=2^3\frac{2^{25}}{\frac{2^{40}}{5^8}}=\frac{5^8}{2^{12}}$.

二、奇、偶函数，周期函数的原函数及变限积分

【例 5】 设 $f(x)$ 在 $(-\infty,+\infty)$ 上是连续函数，$F(x)$ 是 $f(x)$ 的一个原函数，则

(A) $F(x)$ 是奇函数 $\Leftrightarrow f(x)$ 是偶函数.

(B) $F(x)$ 是偶函数 $\Leftrightarrow f(x)$ 是奇函数.

(C) $F(x)$ 是 T 周期函数 $\Leftrightarrow f(x)$ 是 T 周期函数.

(D) $F(x)$ 是严格单调函数 $\Leftrightarrow f(x)$ 是严格单调函数.

解题思路 由 $F(x)$ 的奇偶性、周期性推断 $f(x)$ 的相应性质，用到微分学的性质；反过来，由 $f(x)$ 的奇偶性、周期性推断 $F(x)$ 的相应性质，读者可能会想到用不定积分，但是不定积分只能用来作为运算，不能用来讨论性质，应该用变上限函数 $\int_a^x f(t)\mathrm{d}t$ 来表示 $f(x)$ 的某一个原函数，用它来讨论原函数的性质.

解 【方法一】 论证法.

先讨论"⇒"，以下证明(A)(B)(C)的"⇒"都正确.

(A)"⇒". 设 $F(x)$ 是奇函数，即 $F(x)=-F(-x)$. 两边对 x 求导，有

$$F'(x)=-(F(-x))'=-F'(-x)(-1)=F'(-x),$$

即 $f(x)=f(-x)$，所以 $f(x)$ 是一个偶函数.

类似可证(B)"⇒"，(C)"⇒"都正确.

至于(D)，例如 $F(x)=x^3$ 是严格单调增函数. $f(x)=F'(x)=3x^2$ 不是严格单调函数，故(D)的"⇒"不正确.

再讨论"⇐". 命

$$\Phi(x)=\int_0^x f(t)\mathrm{d}t.$$

对于(A)，设 $f(x)$ 为偶函数，有

$$\Phi(-x)=\int_0^{-x} f(t)\mathrm{d}t \xlongequal{t=-u} \int_0^x f(-u)(-\mathrm{d}u)$$

$$=-\int_0^x f(u)\mathrm{d}u=-\Phi(x),$$

所以 $\int_0^x f(t)\mathrm{d}t$ 为奇函数. 既然 $F(x)$ 为 $f(x)$ 的一个原函数，故可设 $F(x)=\int_0^x f(t)\mathrm{d}t+C_0$，只有 $C_0=0$ 时 $F(x)$ 才是奇函数，故结论"⇐"不正确.

对于(B)，设 $f(x)$ 为奇函数，类似可证 $\Phi(-x)=\Phi(x)$，所以 $\int_0^x f(t)\mathrm{d}t$ 为偶函数，从而知 $f(x)$ 的一切原函数 $\int_0^x f(t)\mathrm{d}t+C$ 均是偶函数，所以(B)的"⇐"正确.

对于(C)，设 $f(x)$ 为 T 周期函数，有

$$\Phi(x+T)=\int_0^{x+T} f(t)\mathrm{d}t=\int_0^x f(t)\mathrm{d}t+\int_x^{x+T} f(t)\mathrm{d}t, \tag{3-1}$$

以下证明

$$\int_x^{x+T} f(t)\mathrm{d}t=\int_0^T f(t)\mathrm{d}t \quad (\text{与 } x \text{ 无关}). \tag{3-2}$$

事实上，由 $f(x+T)\equiv f(x)$，所以

$$\left(\int_x^{x+T} f(t)\mathrm{d}t\right)_x'=f(x+T)-f(x)\equiv 0,$$

所以 $\int_x^{x+T} f(t)\mathrm{d}t$ 与 x 无关，命 $x=0$，于是证得式(3-2)成立. 将式(3-2)代入式(3-1)，得

$$\Phi(x+T)-\Phi(x)=\int_0^T f(t)\mathrm{d}t.$$

从而推知，若 $f(x)$ 为连续的 T 周期函数，则 $\int_0^x f(t)\mathrm{d}t$ 为 T 周期函数的充要条件是

$$\int_0^T f(t)\mathrm{d}t = 0.$$

无此条件时,(C) 的 "⇐" 不正确.

(D) 的"⇐" 也不正确. 例如设 $f(x) = x$ 是严格单调增函数,$F(x) = \frac{1}{2}x^2 + C$,不论 C 是什么常数,$F(x)$ 都不是单调函数.

由以上分析可知"⇒" 与 "⇐" 都正确的只有(B).

【方法二】 排除法.

(A) 的反例:$f(x) = x^2$,取其原函数 $F(x) = \frac{1}{3}x^3 + 1$,$F(x)$ 不是奇函数,故(A) 的"⇐"不正确.

(C) 的反例:$f(x) = \cos^2 x$ 以 π 为周期,它的一切原函数 $F(x) = \frac{1}{2}x + \frac{1}{4}\sin 2x + C$ 都不是周期函数. 故(C) 的"⇐" 不正确.

(D) 的反例见方法一.

【评注】 总结本题结论如下:设 $f(x)$ 在$(-\infty, +\infty)$ 上连续,则(A)(B)(C) 的"⇒" 都正确,(D) 的"⇒" 不正确.

反过来,由 $f(x)$ 推 $F(x)$,

(A) 若 $f(x)$ 为偶函数,则有且仅有一个原函数 $\int_0^x f(t)\mathrm{d}t$ 为奇函数. 故(A) 的"⇐" 不正确.

(B) 若 $f(x)$ 为奇函数,则一切原函数 $\int_0^x f(t)\mathrm{d}t + C$ 都是偶函数. 由于 $\int_a^x f(t)\mathrm{d}t = \int_a^0 f(t)\mathrm{d}t + \int_0^x f(t)\mathrm{d}t = \int_0^x f(t)\mathrm{d}t + C_0$,所以 $\int_a^x f(t)\mathrm{d}t$ 也是偶函数. 故(B) 的"⇐" 正确.

(C) 若 $f(x)$ 为 T 周期函数,则 ①(3-2) 式成立;②$f(x)$ 的原函数 $\int_0^x f(t)\mathrm{d}t$ 是 T 周期函数的充要条件是 $\int_0^T f(t)\mathrm{d}t = 0$;③$f(x)$ 的一切原函数为 T 周期函数的充要条件也是 $\int_0^T f(t)\mathrm{d}t = 0$;④ 当 $\int_0^T f(t)\mathrm{d}t \neq 0$ 时,$f(x)$ 没有一个原函数是 T 周期的. 所以(C) 的"⇐" 不正确.

(D) 的"⇐" 是不正确的.

【例 6】 设 $f(u)$ 为连续函数,a 是常数,则为奇函数的是

(A) $\int_a^x \left[\int_0^u tf(t^2)\mathrm{d}t\right]\mathrm{d}u$.　　(B) $\int_0^x \left[\int_a^u f(t^3)\mathrm{d}t\right]\mathrm{d}u$.

(C) $\int_0^x \left[\int_a^u tf(t^2)\mathrm{d}t\right]\mathrm{d}u$.　　(D) $\int_a^x \left[\int_0^u (f(t))^2\mathrm{d}t\right]\mathrm{d}u$.

解题思路 首先看清楚被积函数的奇偶性,再按例 5 的结论讨论即可.

解 (A):$tf(t^2)$ 为 t 的奇函数,$\int_0^u tf(t^2)\mathrm{d}t$ 为 u 的偶函数,$\int_a^x \left[\int_0^u tf(t^2)\mathrm{d}t\right]\mathrm{d}u$ 不见得是奇函数,(A) 不正确.

(B):$f(t^3)$ 不一定是 t 的奇函数,所以无法讨论(B) 的奇偶性.

(C)：$tf(t^2)$ 是 t 的奇函数，$\int_a^u tf(t^2)\mathrm{d}t$ 为 u 的偶函数，$\int_0^x\left[\int_a^u tf(t^2)\mathrm{d}t\right]\mathrm{d}u$ 为 x 的奇函数，(C) 正确.

(D)：$(f(t))^2$ 的奇偶性并不清楚，所以无法知道(D) 的奇偶性.

【例 7】 设 $f(x)$ 为奇函数，且在$(-\infty,+\infty)$ 上除 $x=0$ 外均连续，在 $x=0$ 处 $f(x)$ 有跳跃间断点. $F(x)=\int_0^x f(t)\mathrm{d}t$，则 $F(x)$

(A) 为连续的偶函数.　　(B) 为连续的奇函数.

(C) 为在 $x=0$ 处间断的偶函数.　　(D) 为在 $x=0$ 处间断的奇函数.

解题思路 由定理 3.1.4 的注知，$F(x)$ 在 $x=0$ 处连续，故不选(C) 与(D). 粗粗一看，由例 5 的评注似乎立即可知 $F(x)$ 为偶函数. 但有一个细节应注意，该处的 $f(x)$ 为连续函数，而今 $f(x)$ 在 $x=0$ 处不连续，是否仍可用例 5 的结论呢？下面有两个办法，一是举例排除掉(B)；二是论证(A) 正确.

解 **【方法一】** 排除法.

举例 $f(x)=\begin{cases}1, & x>0,\\ 0, & x=0,\\ -1, & x<0,\end{cases}$ 满足题设一切条件，

$$F(x)=\int_0^x f(t)\mathrm{d}t=\begin{cases}x, & x>0,\\ 0, & x=0,\\ -x, & x<0,\end{cases}\text{即 } F(x)=|x|.$$

不选(B)(由此也可看出不选(C)(D))，所以选(A).

【方法二】 论证法.

设 $$\lim_{x\to0^+}f(x)=A,\quad (A\neq0)$$

由于 $f(x)$ 为奇函数，所以 $$\lim_{x\to0^-}f(x)=-A.$$

作 $$\varphi(x)=\begin{cases}f(x)-A, & x>0,\\ 0, & x=0,\\ f(x)+A, & x<0,\end{cases}$$

易见 $\varphi(x)$ 为连续的奇函数.

$$\int_0^x\varphi(t)\mathrm{d}t=\begin{cases}\int_0^x f(t)\mathrm{d}t-Ax, & x>0\\ 0, & x=0\\ \int_0^x f(t)\mathrm{d}t+Ax, & x<0\end{cases}$$
$$=\int_0^x f(t)\mathrm{d}t-A|x|,$$

所以 $F(x)=\int_0^x f(t)\mathrm{d}t=\int_0^x\varphi(t)\mathrm{d}t+A|x|$ 为连续的偶函数.

选(A).

【例 8】 已知 $g(x)$ 是以 T 为周期的连续函数，且 $g(0)=1$，$f(x)=\int_0^{2x}|x-t|g(t)\mathrm{d}t$，求 $f'(T)$.

解 因为

$$f(x)=\int_0^x(x-t)g(t)\mathrm{d}t+\int_x^{2x}(t-x)g(t)\mathrm{d}t$$
$$=x\int_0^x g(t)\mathrm{d}t-\int_0^x tg(t)\mathrm{d}t+\int_x^{2x}tg(t)\mathrm{d}t-x\int_x^{2x}g(t)\mathrm{d}t,$$
$$f'(x)=\int_0^x g(t)\mathrm{d}t+xg(x)-xg(x)+4xg(2x)-xg(x)-\int_x^{2x}g(t)\mathrm{d}t-2xg(2x)+xg(x)$$
$$=\int_0^x g(t)\mathrm{d}t-\int_x^{2x}g(t)\mathrm{d}t+2xg(2x),$$

所以

$$f'(T)=\int_0^T g(t)\mathrm{d}t-\int_T^{2T}g(t)\mathrm{d}t+2Tg(2T).$$

因 $g(t)$ 以 T 为周期，故 $\int_0^T g(t)\mathrm{d}t=\int_T^{2T}g(t)\mathrm{d}t$，$g(2T)=g(0)=1$，得 $f'(T)=2T$.

【例 9】 设 $g(x)$ 在 $(-\infty,+\infty)$ 上连续，$g(1)=1$，$\int_0^1 g(x)\mathrm{d}x=\frac{1}{2}$，令 $f(x)=\int_0^x g(x-t)t^2\mathrm{d}t$，求 $f''(1)$，$f'''(1)$.

> **解题思路** 在被积函数中含有 x，可作变换 $u=x-t$，把 x 变到积分号外或积分限上，再利用变限积分的求导公式.

解 令 $x-t=u$，则 $t=x-u$，$t^2=x^2-2xu+u^2$，

$$f(x)=\int_0^x g(u)(x^2-2xu+u^2)\mathrm{d}u$$
$$=x^2\int_0^x g(u)\mathrm{d}u-2x\int_0^x ug(u)\mathrm{d}u+\int_0^x u^2g(u)\mathrm{d}u.$$

所以

$$f'(x)=2x\int_0^x g(u)\mathrm{d}u+x^2g(x)-2\int_0^x ug(u)\mathrm{d}u-2x^2g(x)+x^2g(x)$$
$$=2x\int_0^x g(u)\mathrm{d}u-2\int_0^x ug(u)\mathrm{d}u.$$
$$f''(x)=2\int_0^x g(u)\mathrm{d}u+2xg(x)-2xg(x)=2\int_0^x g(u)\mathrm{d}u.$$
$$f'''(x)=2g(x).$$

从而 $f''(1)=2\int_0^1 g(u)\mathrm{d}u=1$，$f'''(1)=2g(1)=2$.

【评注】 不要犯如下错误 $\left(\int_0^x g(x-t)t^2\mathrm{d}t\right)'=g(0)x^2$.

三、分段函数的不定积分与定积分

【例 10】 $\int |1-|x||\,\mathrm{d}x=$ ______.

解题思路 本题的被积函数为绝对值所表示，第一步，应将它写成分段表达式，可知它是连续的；第二步，将此分段函数按分段求其原函数，并使在分界点处接成连续，这样得到的原函数在分界点处不但连续，并且是可导的，所以它是原函数，再加 C 便可得不定积分.

解
$$|1-|x||=\begin{cases}-x-1, & x\leqslant -1,\\ x+1, & -1<x\leqslant 0,\\ 1-x, & 0<x\leqslant 1,\\ x-1, & x>1.\end{cases}$$

$$\int |1-|x||\,\mathrm{d}x=\begin{cases}-\dfrac{x^2}{2}-x+C_1, & x\leqslant -1,\\ \dfrac{x^2}{2}+x+C_2, & -1<x\leqslant 0,\\ x-\dfrac{x^2}{2}+C_3, & 0<x\leqslant 1,\\ \dfrac{x^2}{2}-x+C_4, & x>1.\end{cases}$$

在 $x=-1,0,1$ 处分别拼接成连续点，令 $f(x)=\int |1-|x||\,\mathrm{d}x$，则 $\lim\limits_{x\to -1^-}f(x)=\lim\limits_{x\to -1^+}f(x)$，$\lim\limits_{x\to 0^+}f(x)=\lim\limits_{x\to 0^-}f(x)$，$\lim\limits_{x\to 1^+}f(x)=\lim\limits_{x\to 1^-}f(x)$，推得 $C_1=-1+C_2$，$C_2=C_3$，$C_3=-1+C_4$，
或写成：
$$C_1=-1+C,\quad C_2=C,\quad C_3=C,\quad C_4=1+C,$$

代入得
$$\int |1-|x||\,\mathrm{d}x=\begin{cases}-\dfrac{x^2}{2}-x-1+C, & x\leqslant -1,\\ \dfrac{x^2}{2}+x+C, & -1<x\leqslant 0,\\ x-\dfrac{x^2}{2}+C, & 0<x\leqslant 1,\\ \dfrac{x^2}{2}-x+1+C, & x>1.\end{cases}$$

【例 11】 设 $f(x)=\begin{cases}\sin x, & x\leqslant\dfrac{\pi}{2},\\ x-\dfrac{\pi}{2}, & x>\dfrac{\pi}{2},\end{cases}$ 求 $I=\int_0^x tf(x-t)\,\mathrm{d}t$.

解题思路 (1) 应将 $f(x-t)$ 写成 $f(u)$ 的形式，便于写出积分式；(2) 原给 $f(x)$ 为分段表达式，应按 $f(x)$ 分段做定积分；(3) 由于积分的上限为 x，所以应对 x 的范围作讨论才能选取分段.

解 $I=\int_0^x tf(x-t)\,\mathrm{d}t\xlongequal{x-t=u}\int_x^0(x-u)f(u)(-\mathrm{d}u)$

$$=x\int_0^x f(u)\mathrm{d}u-\int_0^x uf(u)\mathrm{d}u.$$

当 $x\leqslant\frac{\pi}{2}$ 时，

$$\begin{aligned}I&=x\int_0^x\sin u\mathrm{d}u-\int_0^x u\sin u\mathrm{d}u\\&=-x\cos u\Big|_0^x+\int_0^x u\mathrm{d}\cos u\\&=-x(\cos x-1)+u\cos u\Big|_0^x-\int_0^x\cos u\mathrm{d}u\\&=-x\cos x+x+x\cos x-\sin u\Big|_0^x\\&=x-\sin x;\end{aligned}$$

当 $x>\frac{\pi}{2}$ 时，

$$\begin{aligned}I&=x\left(\int_0^{\frac{\pi}{2}}f(u)\mathrm{d}u+\int_{\frac{\pi}{2}}^x f(u)\mathrm{d}u\right)-\left(\int_0^{\frac{\pi}{2}}uf(u)\mathrm{d}u+\int_{\frac{\pi}{2}}^x uf(u)\mathrm{d}u\right)\\&=x\left[\int_0^{\frac{\pi}{2}}\sin u\mathrm{d}u+\int_{\frac{\pi}{2}}^x\left(u-\frac{\pi}{2}\right)\mathrm{d}u\right]-\left[\int_0^{\frac{\pi}{2}}u\sin u\mathrm{d}u+\int_{\frac{\pi}{2}}^x u\left(u-\frac{\pi}{2}\right)\mathrm{d}u\right]\\&=x\left[-\cos u\Big|_0^{\frac{\pi}{2}}+\left(\frac{u^2}{2}-\frac{\pi u}{2}\right)\Big|_{\frac{\pi}{2}}^x\right]-\left[-u\cos u\Big|_0^{\frac{\pi}{2}}+\sin u\Big|_0^{\frac{\pi}{2}}+\frac{u^3}{3}\Big|_{\frac{\pi}{2}}^x-\frac{\pi}{2}\cdot\frac{u^2}{2}\Big|_{\frac{\pi}{2}}^x\right]\\&=x\left(1+\frac{x^2}{2}-\frac{\pi}{2}x-\frac{\pi^2}{8}+\frac{\pi^2}{4}\right)-\left(1+\frac{x^3}{3}-\frac{\pi^3}{24}-\frac{\pi}{4}x^2+\frac{\pi^3}{16}\right)\\&=-1-\frac{1}{48}\pi^3+\left(1+\frac{\pi^2}{8}\right)x-\frac{\pi}{4}x^2+\frac{1}{6}x^3.\end{aligned}$$

【评注】 当 $x>\frac{\pi}{2}$ 做积分 $x\int_0^x f(u)\mathrm{d}u$ 时，$\int_0^x f(u)\mathrm{d}u$ 是个累计量，所以应分段积分，将区间 $[0,x]$ 划分：

$$x\int_0^x f(u)\mathrm{d}u=x\left[\int_0^{\frac{\pi}{2}}f(u)\mathrm{d}u+\int_{\frac{\pi}{2}}^x f(u)\mathrm{d}u\right].$$

而对于积分 $\int_0^x f(u)\mathrm{d}u$ 前的因子 x 是不应分区间的.

【例 12】 设 $f(x)=\begin{cases}\mathrm{e}^x, x<0,\\x,\ x\geqslant 0,\end{cases}$ $F(x)=\int_1^x f(t)\mathrm{d}t$，则 $F(x)$ 在 $x=0$ 处

(A) 极限不存在.　　(B) 极限存在但不连续.

(C) 连续但不可导.　　(D) 可导，且 $F'(0)=0$.

解题思路 由定理 3.1.4 的注便知.

解 应选(C). 另一方法，按分段积分，得到 $F(x)$ 的表达式，然后再讨论 $F(x)$ 在 $x=0$ 处的连续性、可导性(参见第二章)，略.

【例 13】 求 $I=\int_{-2}^{2}\min(2,x^2)\mathrm{d}x$.

解题思路 先把被积函数写成分段函数的形式，然后再分区间求定积分.

解 令 $f(x)=\min(2,x^2)$，则有 $f(x)=\begin{cases}x^2, & |x|\leqslant\sqrt{2},\\ 2, & |x|>\sqrt{2}.\end{cases}$

于是

$$\begin{aligned}\int_{-2}^{2}f(x)\mathrm{d}x&=\int_{-2}^{-\sqrt{2}}f(x)\mathrm{d}x+\int_{-\sqrt{2}}^{\sqrt{2}}f(x)\mathrm{d}x+\int_{\sqrt{2}}^{2}f(x)\mathrm{d}x\\&=\int_{-2}^{-\sqrt{2}}2\mathrm{d}x+\int_{-\sqrt{2}}^{\sqrt{2}}x^2\mathrm{d}x+\int_{\sqrt{2}}^{2}2\mathrm{d}x=8-\frac{8}{3}\sqrt{2}.\end{aligned}$$

【评注】 若被积函数为分段函数，利用定积分的可加性，要把积分区间分为对应的若干部分再积分.

四、有理函数的积分

【例 14】 $\int\frac{x+5}{x^2-6x+13}\mathrm{d}x=$ ________.

解题思路 将被积函数拆成两项，一项的分子为分母的导数，并且使得第二项的分子中只含常数，就可积分.

解

$$\begin{aligned}\int\frac{x+5}{x^2-6x+13}\mathrm{d}x&=\frac{1}{2}\int\frac{2x-6}{x^2-6x+13}\mathrm{d}x+8\int\frac{\mathrm{d}x}{x^2-6x+13}\\&=\frac{1}{2}\ln(x^2-6x+13)+8\int\frac{\mathrm{d}x}{(x-3)^2+2^2}\\&=\frac{1}{2}\ln(x^2-6x+13)+4\arctan\frac{x-3}{2}+C.\end{aligned}$$

【评注】 无论分母二次式可不可以因式分解，上述办法都能使用，只是最后用的积分公式不同而已.若分母可以因式分解，则也可以将该分式拆成分母为一次式的两个分式去积分.

【例 15】 求 $\int\frac{x^3+x^2+1}{x^2-1}\mathrm{d}x$.

解题思路 本题被积函数为假分式，$\frac{x^3+x^2+1}{x^2-1}=(x+1)+\frac{x+2}{x^2-1}$.

解

$$\begin{aligned}\int\frac{x^3+x^2+1}{x^2-1}\mathrm{d}x&=\int\left[(x+1)+\frac{x+2}{x^2-1}\right]\mathrm{d}x\\&=\int(x+1)\mathrm{d}x+\int\frac{x}{x^2-1}\mathrm{d}x+\int\frac{2}{x^2-1}\mathrm{d}x\\&=\frac{1}{2}x^2+x+\frac{1}{2}\ln|x^2-1|+\ln\left|\frac{x-1}{x+1}\right|+C.\end{aligned}$$

【例 16】 求定积分 $\int_0^1\frac{30x^2+40x-50}{(x^2+2x+2)(x-2)^2}\mathrm{d}x$.

解题思路　当分母为不能因式分解的二次式时，相应的分子应设为一次式.

解　$\dfrac{30x^2+40x-50}{(x^2+2x+2)(x-2)^2}=\dfrac{Ax+B}{x^2+2x+2}+\dfrac{C}{(x-2)^2}+\dfrac{D}{x-2}$.

$$30x^2+40x-50=(Ax+B)(x-2)^2+C(x^2+2x+2)+D(x^2+2x+2)(x-2). \tag{3-3}$$

命 $x=2$，立即可得

$$120+80-50=10C, C=15.$$

再将(3-3)式两边展开，令左、右两边同次幂系数相等，即得

$$A+D=0, -4A+B+15=30, 4A-4B+30-2D=40.$$

解得 $A=-7, B=-13, D=7$. 于是

$$\int_0^1\frac{30x^2+40x-50}{(x^2+2x+2)(x-2)^2}dx=\int_0^1\frac{-7x-13}{x^2+2x+2}dx+\int_0^1\frac{15}{(x-2)^2}dx+\int_0^1\frac{7}{x-2}dx.$$

逐个计算积分：

$$I_1=\int_0^1\frac{-7x-13}{x^2+2x+2}dx=-\int_0^1\frac{\frac{7}{2}(2x+2)}{x^2+2x+2}dx-\int_0^1\frac{6}{x^2+2x+2}dx$$

$$=-\frac{7}{2}\ln(x^2+2x+2)\Big|_0^1-6\arctan(x+1)\Big|_0^1=-\frac{7}{2}\ln\frac{5}{2}-6\arctan 2+\frac{3\pi}{2},$$

$$I_2=\int_0^1\frac{15}{(x-2)^2}dx=-\frac{15}{x-2}\Big|_0^1=\frac{15}{2},$$

$$I_3=\int_0^1\frac{7}{x-2}dx=7\ln|x-2|\Big|_0^1=-7\ln 2,$$

所以

$$\int_0^1\frac{30x^2+40x-50}{(x^2+2x+2)(x-2)^2}dx=I_1+I_2+I_3$$

$$=-\frac{7}{2}\ln\frac{5}{2}-6\arctan 2+\frac{3\pi}{2}+\frac{15}{2}-7\ln 2$$

$$=-\frac{7}{2}\ln 5-\frac{7}{2}\ln 2-6\arctan 2+\frac{3\pi}{2}+\frac{15}{2}.$$

【例 17】　求不定积分 $I=\displaystyle\int\frac{x^7-2x^6+4x^5-5x^4+4x^3-5x^2-x}{(x-1)^2(x^2+1)^2}dx$.

解题思路　先把被积函数化为多项式＋真分式，真分式化为部分分式的和，下面介绍两种用待定系数的方法.

解　**【方法一】**　利用多项式除法，被积函数 $=x+\dfrac{x^5-x^4+x^3-3x^2-2x}{(x-1)^2(x^2+1)^2}$.

令 $\dfrac{x^5-x^4+x^3-3x^2-2x}{(x-1)^2(x^2+1)^2}=\dfrac{A}{(x-1)^2}+\dfrac{B}{x-1}+\dfrac{Cx+D}{(x^2+1)^2}+\dfrac{Ex+F}{x^2+1}$,

两边同乘 $(x-1)^2$ 后令 $x=1$，得 $A=-1$，又两边同乘 $(x-1)^2$ 后，求在 $x=1$ 处的导数值，可用求导法则计算 $B=1$.

再在两边同乘 $(x^2+1)^2$，令 $x=i$，得 $Ci+D=1+i$，有 $C=D=1$.

令 $x=0$ 还可得 $A-B+D+F=0$，因此 $F=1$.
再在两边同乘 x，令 $x\to+\infty$，得 $1=B+E$，因此 $E=0$.
所以，

$$\begin{aligned}I&=\int x\mathrm{d}x-\int\frac{1}{(x-1)^2}\mathrm{d}x+\int\frac{1}{x-1}\mathrm{d}x+\int\frac{x+1}{(x^2+1)^2}\mathrm{d}x+\int\frac{1}{1+x^2}\mathrm{d}x\\&=\frac{1}{2}x^2+\frac{1}{x-1}+\ln|x-1|+\frac{x-1}{2(x^2+1)}+\frac{3}{2}\arctan x+C.\end{aligned}$$

【方法二】 方法一中解得 $A=-1$ 后，可变为

$$\begin{aligned}\frac{x^5-x^4+x^3-3x^2-2x}{(x-1)^2(x^2+1)^2}-\frac{-1}{(x-1)^2}&=\frac{x^5+x^3-x^2-2x+1}{(x-1)^2(x^2+1)^2}\\&=\frac{x^4+x^3+2x^2+x-1}{(x-1)(x^2+1)^2}\end{aligned}$$

令 $\dfrac{x^4+x^3+2x^2+x-1}{(x-1)(x^2+1)^2}=\dfrac{B}{x-1}+\cdots$，另求 $B=1$.

有 $\dfrac{x^4+x^3+2x^2+x-1}{(x-1)(x^2+1)^2}-\dfrac{1}{x-1}=\dfrac{x^3+x-2}{(x-1)(x^2+1)^2}=\dfrac{x^2+x+2}{(x^2+1)^2}$

$$=\frac{x+1}{(x^2+1)^2}+\frac{1}{x^2+1}.\text{（下略）}$$

【评注】 本题可以通过解方程组求出待定系数，但计算较复杂.

五、三角函数有理式的积分

【例 18】 求 $\displaystyle\int\frac{\cos 2x-\sin 2x}{\cos x+\sin x}\mathrm{d}x$.

解题思路 这是关于 $\sin x,\cos x$ 的有理分式的积分，"万能代换"可解决这类问题. 但随之而来的是一串复杂的计算. 考研至今未见到过非要用它才能求这种不定积分的题.

对于这类题，一般采用下列办法处理：① 化成同角；② 尽量约分；③ 分母化成单项式；④ 利用 $1=\sin^2x+\cos^2x$ 或 $1=(\sin^2x+\cos^2x)^2$ 等. 由于三角公式众多，化简时有些技巧，考研中这类题出得很少，但也曾考过.

解
$$\begin{aligned}\frac{\cos 2x-\sin 2x}{\cos x+\sin x}&=\frac{\cos^2x-\sin^2x-2\sin x\cos x}{\cos x+\sin x}\\&=\cos x-\sin x-\frac{2\sin x\cos x+1-1}{\cos x+\sin x}\\&=\cos x-\sin x-\frac{(\cos x+\sin x)^2}{\cos x+\sin x}+\frac{1}{\cos x+\sin x}\\&=-2\sin x+\sqrt{2}\,\frac{1}{\sin\left(x+\frac{\pi}{4}\right)},\end{aligned}$$

所以

$$\int\frac{\cos 2x-\sin 2x}{\cos x+\sin x}\mathrm{d}x=2\cos x+\sqrt{2}\ln\left|\csc\left(x+\frac{\pi}{4}\right)-\cot\left(x+\frac{\pi}{4}\right)\right|+C.$$

【例 19】 求 $I=\displaystyle\int\frac{\mathrm{d}x}{\sin x\cos^4x}$.

解题思路 此题用万能代换可求解，但鉴于被积函数的特点，变形分子 $1=\sin^2 x+\cos^2 x$.

解 【方法一】 $I=\int\frac{\sin^2 x+\cos^2 x}{\sin x\cos^4 x}\mathrm{d}x=\int\frac{\sin x}{\cos^4 x}\mathrm{d}x+\int\frac{\sin^2 x+\cos^2 x}{\sin x\cos^2 x}\mathrm{d}x$

$$=-\int\frac{\mathrm{d}\cos x}{\cos^4 x}-\int\frac{\mathrm{d}\cos x}{\cos^2 x}+\int\frac{\mathrm{d}x}{\sin x}$$

$$=\frac{1}{3\cos^3 x}+\frac{1}{\cos x}+\ln|\csc x-\cot x|+C.$$

【方法二】 $I=\int\frac{\sin x}{(1-\cos^2 x)\cos^4 x}\mathrm{d}x=\int\frac{\mathrm{d}(\cos x)}{(\cos^2 x-1)\cdot\cos^4 x}\xlongequal{u=\cos x}\int\frac{\mathrm{d}u}{(u^2-1)u^4}$

$$=\int\left(\frac{1}{u^2\cdot(u^2-1)}-\frac{1}{u^4}\right)\mathrm{d}u=\int\left(\frac{1}{u^2-1}-\frac{1}{u^2}\right)\mathrm{d}u+\frac{1}{3}\cdot\frac{1}{u^3}+C$$

$$=\frac{1}{2}\ln\left|\frac{u-1}{u+1}\right|+\frac{1}{u}+\frac{1}{3}\cdot\frac{1}{u^3}+C$$

$$=\frac{1}{2}\ln\frac{1-\cos x}{1+\cos x}+\frac{1}{\cos x}+\frac{1}{3}\cdot\frac{1}{\cos^3 x}+C.$$

【评注】 在涉及三角有理函数的不定积分中，时刻注意诸如 $1=\sin^2 x+\cos^2 x$，及 $\cos^2 x=1-\sin^2 x$，$\sin^2 x=1-\cos^2 x$ 等一些三角变形，此类题目较灵活，需在平时积累. 有些三角函数的题目，不对被积函数作巧妙变换，难以求解.

【例 20】 求 $I=\int_0^{\frac{\pi}{2}}\frac{\sin^3 x}{\sin x+\cos x}\mathrm{d}x$.

解题思路 令 $x=0+\frac{\pi}{2}-t=\frac{\pi}{2}-t$.

解 令 $x=\frac{\pi}{2}-t$，则

$$I=-\int_{\frac{\pi}{2}}^{0}\frac{\cos^3 t}{\sin t+\cos t}\mathrm{d}t=\int_0^{\frac{\pi}{2}}\frac{\cos^3 t}{\sin t+\cos t}\mathrm{d}t,$$

从而 $I=\frac{1}{2}\int_0^{\frac{\pi}{2}}\frac{\sin^3 x+\cos^3 x}{\sin x+\cos x}\mathrm{d}x=\frac{1}{2}\int_0^{\frac{\pi}{2}}(\sin^2 x-\sin x\cos x+\cos^2 x)\mathrm{d}x$

$$=\frac{1}{2}\int_0^{\frac{\pi}{2}}\left(1-\frac{1}{2}\sin 2x\right)\mathrm{d}x=\frac{\pi}{4}+\frac{1}{8}\cos 2x\Big|_0^{\frac{\pi}{2}}=\frac{\pi-1}{4}.$$

【评注】 要求 $I=\int_0^{\frac{\pi}{2}}f(\sin x,\cos x)\mathrm{d}x$，可作变换 $x=\frac{\pi}{2}-t$，则 $I=\int_0^{\frac{\pi}{2}}f(\cos t,\sin t)\mathrm{d}t$，有 $I=\frac{1}{2}\int_0^{\frac{\pi}{2}}[f(\sin x,\cos x)+f(\cos x,\sin x)]\mathrm{d}x$.

六、简单无理函数的积分

【例 21】 求 $\int\frac{\mathrm{d}x}{\sqrt{x+1}-\sqrt[3]{x+1}}$.

解题思路 含有 $\sqrt[n]{ax+b}$，$\sqrt[m]{ax+b}$ 的简单分式的积分，一般命 $\sqrt[k]{ax+b}=t$（其中 k 为 n，m 的最小公倍数）以去掉根式.

解 命 $\sqrt[6]{x+1}=t, x=t^6-1, dx=6t^5dt$,

$$原式=\int\frac{6t^5}{t^3-t^2}dt=6\int\frac{t^3}{t-1}dt$$
$$=6\int\frac{t^3-1+1}{t-1}dt=6\int\left(t^2+t+1+\frac{1}{t-1}\right)dt$$
$$=2\sqrt{x+1}+3\sqrt[3]{x+1}+6\sqrt[6]{x+1}+6\ln\left|\sqrt[6]{x+1}-1\right|+C.$$

【例 22】 设常数 $a>0$,求 $\int\frac{dx}{x+\sqrt{a^2-x^2}}$.

解 命 $x=a\sin t$,从而 $\sqrt{a^2-x^2}=a\cos t, dx=a\cos t dt$,

$$\int\frac{dx}{x+\sqrt{a^2-x^2}}=\int\frac{\cos t}{\sin t+\cos t}dt$$
$$=\frac{1}{2}\int\left(\frac{\cos t-\sin t}{\sin t+\cos t}+\frac{\sin t+\cos t}{\sin t+\cos t}\right)dt$$
$$=\frac{1}{2}\ln|\sin t+\cos t|+\frac{1}{2}t+C_1$$
$$=\frac{1}{2}\ln\left|\frac{x}{a}+\frac{\sqrt{a^2-x^2}}{a}\right|+\frac{1}{2}\arcsin\frac{x}{a}+C_1$$
$$=\frac{1}{2}\ln\left|x+\sqrt{a^2-x^2}\right|+\frac{1}{2}\arcsin\frac{x}{a}+C.$$

【评注】 (1) 拆项的一般步骤为

$$\frac{C\sin x+D\cos x}{A\sin x+B\cos x}=\frac{h(A\cos x-B\sin x)}{A\sin x+B\cos x}+\frac{k(A\sin x+B\cos x)}{A\sin x+B\cos x},$$

由

$$\begin{cases}-Bh+Ak=C,\\ Ah+Bk=D,\end{cases}$$

定出 h 与 k.从而

$$\int\frac{C\sin x+D\cos x}{A\sin x+B\cos x}dx=h\ln|A\sin x+B\cos x|+kx+C_1.$$

(2) 如果将本题改为定积分,求

$$I=\int_0^a\frac{dx}{x+\sqrt{a^2-x^2}},$$

可以做得很快,当然这是特殊技巧,是一个特例,是用定积分处理问题的魅力.

命 $x=a\sin t$,则当 $x=0$ 时取 $t=0$,$x=a$ 时取 $t=\frac{\pi}{2}$. 则 $\sqrt{a^2-x^2}=\sqrt{a^2(1-\sin^2 t)}=a\cos t$,于是

$$I=\int_0^{\frac{\pi}{2}}\frac{a\cos t}{a\sin t+a\cos t}dt=\int_0^{\frac{\pi}{2}}\frac{\cos t}{\sin t+\cos t}dt,$$

再用变量变换,命 $t=\frac{\pi}{2}-u$,$t=0\leftrightarrow u=\frac{\pi}{2}$,$t=\frac{\pi}{2}\leftrightarrow u=0$. 于是

$$I=\int_{\frac{\pi}{2}}^0\frac{\sin u}{\cos u+\sin u}(-du)=\int_0^{\frac{\pi}{2}}\frac{\sin u}{\cos u+\sin u}du,$$

所以

$$2I=\int_0^{\frac{\pi}{2}}\frac{\cos t+\sin t}{\cos t+\sin t}\mathrm{d}t=\frac{\pi}{2}.$$

$$I=\frac{\pi}{4}.$$

【例 23】　求$\int_0^{\ln 2}\sqrt{1-\mathrm{e}^{-2x}}\mathrm{d}x$.

解题思路　被积函数含有根式$\sqrt{1-\mathrm{e}^{-2x}}$，可考虑作变换：$\sqrt{1-\mathrm{e}^{-2x}}=t$，或 $\mathrm{e}^{-x}=t$，$\mathrm{e}^{-x}=\sin t$.

解　令 $\mathrm{e}^{-x}=\sin t$，则

$$\int_0^{\ln 2}\sqrt{1-\mathrm{e}^{-2x}}\mathrm{d}x=\int_{\frac{\pi}{6}}^{\frac{\pi}{2}}\cos t\cdot\frac{\cos t}{\sin t}\mathrm{d}t=\int_{\frac{\pi}{6}}^{\frac{\pi}{2}}\frac{1}{\sin t}\mathrm{d}t-\int_{\frac{\pi}{6}}^{\frac{\pi}{2}}\sin t\mathrm{d}t$$

$$=-\ln(\csc t+\cot t)\Big|_{\frac{\pi}{6}}^{\frac{\pi}{2}}-\frac{\sqrt{3}}{2}=\ln(2+\sqrt{3})-\frac{\sqrt{3}}{2}.$$

七、一般可用分部积分法处理的几种题型

两种不同类型的函数相乘的积分，是考研中常考的类型.

【例 24】　求$\int\frac{x^2+1}{x(x-1)^2}\ln x\mathrm{d}x$.

解题思路　用分部积分法，$\ln x$ 应放在分部积分的 u 中，而另一因式$\frac{x^2+1}{x(x-1)^2}$较繁，宜先拆项化简之.

解　$\frac{x^2+1}{x(x-1)^2}=\frac{1}{x}+\frac{2}{(x-1)^2}$，

$$\int\frac{x^2+1}{x(x-1)^2}\ln x\mathrm{d}x=\int\frac{\ln x}{x}\mathrm{d}x+\int\frac{2\ln x}{(x-1)^2}\mathrm{d}x$$

$$=\frac{1}{2}(\ln x)^2-2\int\ln x\cdot\mathrm{d}\left(\frac{1}{x-1}\right)$$

$$=\frac{1}{2}(\ln x)^2-2\left[\frac{\ln x}{x-1}-\int\frac{1}{x(x-1)}\mathrm{d}x\right]$$

$$=\frac{1}{2}(\ln x)^2-\frac{2\ln x}{x-1}+2\int\left(\frac{1}{x-1}-\frac{1}{x}\right)\mathrm{d}x$$

$$=\frac{1}{2}(\ln x)^2-\frac{2\ln x}{x-1}+2\ln|x-1|-2\ln x+C.$$

【例 25】　求$\int\frac{x\mathrm{e}^{\arctan x}}{(1+x^2)^{\frac{3}{2}}}\mathrm{d}x$.

解　用分部积分法

$$\int\frac{x\mathrm{e}^{\arctan x}}{(1+x^2)^{\frac{3}{2}}}\mathrm{d}x=\int\frac{x}{\sqrt{1+x^2}}\mathrm{d}\mathrm{e}^{\arctan x}$$

$$=\frac{x\mathrm{e}^{\arctan x}}{\sqrt{1+x^2}}-\int\frac{\mathrm{e}^{\arctan x}}{(1+x^2)^{\frac{3}{2}}}\mathrm{d}x$$

$$=\frac{x\mathrm{e}^{\arctan x}}{\sqrt{1+x^2}}-\int\frac{1}{\sqrt{1+x^2}}\mathrm{d}\mathrm{e}^{\arctan x}$$

$$=\frac{x\mathrm{e}^{\arctan x}}{\sqrt{1+x^2}}-\frac{\mathrm{e}^{\arctan x}}{\sqrt{1+x^2}}-\int\frac{x\mathrm{e}^{\arctan x}}{(1+x^2)^{\frac{3}{2}}}\mathrm{d}x,$$

移项整理得

$$\int\frac{x\mathrm{e}^{\arctan x}}{(1+x^2)^{\frac{3}{2}}}\mathrm{d}x=\frac{(x-1)\mathrm{e}^{\arctan x}}{2\sqrt{1+x^2}}+C.$$

【评注】 1. 被积函数含有根号 $\sqrt{1+x^2}$，典型地应作代换：$x=\tan t$，或被积函数含有反三角函数 $\arctan x$，同样可考虑作变换：$\arctan x=t$，即 $x=\tan t$. 此法留给同学们练习.

2. 本题计算过程中，用了所谓的"循环积分法"：为了求不定积分 I，经过一系列的运算，没有直接求出 I，而是得到了关于 I 的方程，解方程求出 I. 类似的例子如：

求不定积分 $I=\int\mathrm{e}^x\sin x\mathrm{d}x$.

一定形式的积分，将其中的某一因式分解成两式相乘，也许可用分部积分.

【例 26】 求定积分 $\int_0^1\frac{x^2}{(x^2+3)^3}\mathrm{d}x$.

解 【方法一】 用三角函数代换. 命 $x=\sqrt{3}\tan\theta$，$x=0$ 时 $\theta=0$；$x=1$ 时 $\theta=\frac{\pi}{6}$. 于是

$$I=\int_0^1\frac{x^2}{(x^2+3)^3}\mathrm{d}x=\int_0^{\frac{\pi}{6}}\frac{3\tan^2\theta}{3^3\sec^6\theta}\cdot\sqrt{3}\sec^2\theta\mathrm{d}\theta=\frac{\sqrt{3}}{9}\int_0^{\frac{\pi}{6}}\sin^2\theta\cos^2\theta\mathrm{d}\theta$$

$$=\frac{\sqrt{3}}{36}\int_0^{\frac{\pi}{6}}\sin^2 2\theta\mathrm{d}\theta=\frac{\sqrt{3}}{72}\int_0^{\frac{\pi}{6}}(1-\cos 4\theta)\mathrm{d}\theta=\frac{\sqrt{3}}{72}\left(\theta-\frac{1}{4}\sin 4\theta\right)\Big|_0^{\frac{\pi}{6}}$$

$$=\frac{\sqrt{3}}{72}\left(\frac{\pi}{6}-\frac{1}{4}\times\frac{\sqrt{3}}{2}\right)=\frac{\sqrt{3}\pi}{432}-\frac{1}{192}.$$

【方法二】 用分部积分

$$I=\int_0^1\frac{x^2}{(x^2+3)^3}\mathrm{d}x=-\frac{1}{4}\int_0^1 x\mathrm{d}\frac{1}{(x^2+3)^2}$$

$$=-\frac{1}{4}\left[\frac{x}{(x^2+3)^2}\Big|_0^1-\int_0^1\frac{1}{(x^2+3)^2}\mathrm{d}x\right]=-\frac{1}{4}\left[\frac{1}{16}-\int_0^1\frac{1}{(x^2+3)^2}\mathrm{d}x\right]$$

$$\overset{*}{=}-\frac{1}{64}+\frac{1}{12}\int_0^1\frac{x^2+3-x^2}{(x^2+3)^2}\mathrm{d}x$$

$$=-\frac{1}{64}+\frac{1}{12}\left[\int_0^1\frac{1}{x^2+3}\mathrm{d}x-\int_0^1\frac{x\cdot x}{(x^2+3)^2}\mathrm{d}x\right]$$

$$\overset{*}{=}-\frac{1}{64}+\frac{1}{12}\cdot\frac{1}{\sqrt{3}}\arctan\frac{x}{\sqrt{3}}\Big|_0^1-\frac{1}{12}\int_0^1\left(-\frac{1}{2}\right)x\mathrm{d}\frac{1}{x^2+3}$$

$$\overset{*}{=}-\frac{1}{64}+\frac{1}{72}\cdot\frac{\pi}{\sqrt{3}}+\frac{1}{24}\left(\frac{x}{x^2+3}\Big|_0^1-\int_0^1\frac{1}{x^2+3}\mathrm{d}x\right)$$

$$=-\frac{1}{64}+\frac{\pi}{72\sqrt{3}}+\frac{1}{96}-\frac{1}{24\sqrt{3}}\times\frac{\pi}{6}=\frac{\sqrt{3}\pi}{432}-\frac{1}{192}.$$

【注】 不要以为分部积分只用于两个不同类型函数相乘的情形，上面打 * 的 3 步很重要.

若被积函数里有变限积分，经常考虑用分部积分法.

【例 27】 设 $G'(x)=\arcsin(x-1)^2$，$G(0)=0$，求$\int_0^1 G(x)\mathrm{d}x$.

解题思路 $G'(x)=\arcsin(x-1)^2$，$G(0)=0$，即 $G(x)=\int_0^x \arcsin(t-1)^2\mathrm{d}t$.

积分$\int_0^1 G(x)\mathrm{d}x$ 中的被积函数含有变限积分. 解决这类题通常有两个办法，其一是用二重积分的方法，将$\int_0^1 G(x)\mathrm{d}x=\int_0^1\left[\int_0^x \arcsin(t-1)^2\mathrm{d}t\right]\mathrm{d}x$ 交换积分次序；其二是用分部积分，将 $G(x)$ 放在 u 中. 现在用第二个方法.

解 用分部积分，有

$$
\begin{aligned}
\int_0^1 G(x)\mathrm{d}x &= xG(x)\Big|_0^1-\int_0^1 xG'(x)\mathrm{d}x\\
&=G(1)-\int_0^1 x\arcsin(x-1)^2\mathrm{d}x\\
&=\int_0^1 \arcsin(x-1)^2\mathrm{d}x-\int_0^1 x\arcsin(x-1)^2\mathrm{d}x\\
&=-\int_0^1 (x-1)\arcsin(x-1)^2\mathrm{d}x\\
&=-\frac{1}{2}\int_0^1 \arcsin(x-1)^2\mathrm{d}(x-1)^2\\
&=\frac{1}{2}\int_0^1 \arcsin w\mathrm{d}w \quad (w=(x-1)^2)\\
&=\frac{1}{2}\left(w\arcsin w\Big|_0^1-\int_0^1 \frac{w}{\sqrt{1-w^2}}\mathrm{d}w\right)\\
&=\frac{1}{2}\left(\frac{\pi}{2}-1\right)=\frac{\pi}{4}-\frac{1}{2}.
\end{aligned}
$$

【评注】 也可以由

$$
\begin{aligned}
\int_0^1 G(x)\mathrm{d}x &= \int_0^1 G(x)\mathrm{d}(x-1)\\
&=(x-1)G(x)\Big|_0^1-\int_0^1 (x-1)\arcsin(x-1)^2\mathrm{d}x\\
&=-\int_0^1 (x-1)\arcsin(x-1)^2\mathrm{d}x,
\end{aligned}
$$

以下与原解法相同.

八、对称区间上的定积分，周期函数的定积分

【例 28】 求$\int_{-\frac{\pi}{4}}^{\frac{\pi}{4}}\frac{x}{1+\sin x}\mathrm{d}x$.

解题思路 对称区间上的定积分$\int_{-a}^{a}f(x)\mathrm{d}x$，常拆成两项之和，然后并项处理，如下面的做法.

解 $\int_{-\frac{\pi}{4}}^{\frac{\pi}{4}}\frac{x}{1+\sin x}\mathrm{d}x=\int_{-\frac{\pi}{4}}^{0}\frac{x}{1+\sin x}\mathrm{d}x+\int_{0}^{\frac{\pi}{4}}\frac{x}{1+\sin x}\mathrm{d}x$

$$=\int_{\frac{\pi}{4}}^{0}\frac{-t}{1-\sin t}(-\mathrm{d}t)+\int_{0}^{\frac{\pi}{4}}\frac{x}{1+\sin x}\mathrm{d}x$$

$$=\int_{0}^{\frac{\pi}{4}}\left(\frac{x}{1+\sin x}-\frac{x}{1-\sin x}\right)\mathrm{d}x=\int_{0}^{\frac{\pi}{4}}\frac{-2x\sin x}{1-\sin^2 x}\mathrm{d}x$$

$$=-2\int_{0}^{\frac{\pi}{4}}\frac{x\sin x}{\cos^2 x}\mathrm{d}x=-2\int_{0}^{\frac{\pi}{4}}x\mathrm{d}\left(\frac{1}{\cos x}\right)$$

$$=-2\left(\frac{x}{\cos x}\Big|_{0}^{\frac{\pi}{4}}-\int_{0}^{\frac{\pi}{4}}\frac{1}{\cos x}\mathrm{d}x\right)$$

$$=-2\left[\frac{\sqrt{2}}{4}\pi-\ln(\sqrt{2}+1)\right]=-\frac{\sqrt{2}}{2}\pi+2\ln(\sqrt{2}+1).$$

【例 29】 计算定积分 $I=\int_{-\pi}^{\pi}\frac{x\sin x\cdot\arctan \mathrm{e}^{x}}{1+\cos^2 x}\mathrm{d}x.$

解 $I=\int_{-\pi}^{0}\frac{x\sin x\cdot\arctan \mathrm{e}^{x}}{1+\cos^2 x}\mathrm{d}x+\int_{0}^{\pi}\frac{x\sin x\cdot\arctan \mathrm{e}^{x}}{1+\cos^2 x}\mathrm{d}x$

$$=\int_{0}^{\pi}\frac{x\sin x\cdot\arctan \mathrm{e}^{-x}}{1+\cos^2 x}\mathrm{d}x+\int_{0}^{\pi}\frac{x\sin x\cdot\arctan \mathrm{e}^{x}}{1+\cos^2 x}\mathrm{d}x$$

$$=\int_{0}^{\pi}\frac{x\sin x}{1+\cos^2 x}(\arctan \mathrm{e}^{-x}+\arctan \mathrm{e}^{x})\mathrm{d}x=\frac{\pi}{2}\int_{0}^{\pi}\frac{x\sin x}{1+\cos^2 x}\mathrm{d}x$$

$$=\left(\frac{\pi}{2}\right)^2\int_{0}^{\pi}\frac{\sin x}{1+\cos^2 x}\mathrm{d}x=-\left(\frac{\pi}{2}\right)^2\arctan\cos x\Big|_{0}^{\pi}=\frac{\pi^3}{8}.$$

【例 30】 求 $I=\int_{-1}^{1}x(1+x^{2023})(\mathrm{e}^{x}-\mathrm{e}^{-x})\mathrm{d}x.$

解题思路 拆分被积函数，可看出 $x^{2024}(\mathrm{e}^{x}-\mathrm{e}^{-x})$ 为奇函数，其积分为 0.

解 因为 $x^{2024}(\mathrm{e}^{x}-\mathrm{e}^{-x})$ 为奇函数，所以 $\int_{-1}^{1}x^{2024}(\mathrm{e}^{x}-\mathrm{e}^{-x})\mathrm{d}x=0.$

因而
$$I=\int_{-1}^{1}x(\mathrm{e}^{x}-\mathrm{e}^{-x})\mathrm{d}x=\int_{-1}^{1}x\mathrm{d}(\mathrm{e}^{x}+\mathrm{e}^{-x})$$

$$=x(\mathrm{e}^{x}+\mathrm{e}^{-x})\Big|_{-1}^{1}-\int_{-1}^{1}(\mathrm{e}^{x}+\mathrm{e}^{-x})\mathrm{d}x=\frac{4}{\mathrm{e}}.$$

【评注】 若积分区间为对称区间，即使被积函数不具备奇偶性，也可考虑拆分函数，使其一部分具有奇偶性. 甚至积分区间不是对称区间，而被积函数（或部分）具备奇偶性，也可考虑拆分区间，使其部分区间是对称的.

【例 31】 求 $I=\int_{-\frac{\pi}{4}}^{\frac{\pi}{4}}\frac{\cos^2 x}{1+\mathrm{e}^{-x}}\mathrm{d}x.$

解题思路 本题被积函数可以理解为两类不同函数的乘积，但是利用分部积分法无法求解；若从积分区间来看，具有对称性，可是被积函数不具备奇偶性，也无法拆分. 我们可尝试变换 $x=-t$，得到 $I=I_1$，有 $I=\frac{1}{2}(I+I_1)$，而合并后的定积分 $I+I_1$ 可计算.

解 令 $x=-t$，则 $I=\int_{-\frac{\pi}{4}}^{\frac{\pi}{4}}\frac{\cos^2 t}{1+e^t}dt$，

从而 $$I=\frac{1}{2}\int_{-\frac{\pi}{4}}^{\frac{\pi}{4}}\left(\frac{\cos^2 x}{1+e^{-x}}+\frac{\cos^2 x}{1+e^x}\right)dx=\int_0^{\frac{\pi}{4}}\left[\frac{1+e^{-x}+1+e^x}{(1+e^{-x})(1+e^x)}\right]\cos^2 x dx$$

$$=\int_0^{\frac{\pi}{4}}\cos^2 x dx=\int_0^{\frac{\pi}{4}}\frac{1+\cos 2x}{2}dx=\frac{\pi}{8}+\frac{1}{4}\sin 2x\Big|_0^{\frac{\pi}{4}}=\frac{\pi}{8}+\frac{1}{4}.$$

【评注】 一般地，有如下结论：变换 $x=a+b-t$，则

$$I=\int_a^b f(x)dx=\int_a^b f(a+b-t)dt,$$

因而，$I=\frac{1}{2}\int_a^b[f(x)+f(a+b-x)]dx$. 用此方法可以方便地求一些定积分.

【例 32】 设 $f(x)$ 是以 T 为周期的连续函数，

(1) 试证明：可适当选取常数 k，使 $\int_0^x f(t)dt-kx$ 为 T 周期函数，并求出此 k；

(2) 求 $\lim\limits_{x\to\infty}\frac{1}{x}\int_0^x f(t)dt$.

解 (1) 命 $\varphi(x)=\int_0^x f(t)dt-kx$，

$$\varphi(x+T)-\varphi(x)=\int_0^{x+T}f(t)dt-k(x+T)-\left[\int_0^x f(t)dt-kx\right]$$
$$=\int_x^{x+T}f(t)dt-kT=\int_0^T f(t)dt-kT,$$

$\varphi(x)$ 为 T 周期函数 $\Leftrightarrow \varphi(x+T)-\varphi(x)=0\Leftrightarrow k=\frac{1}{T}\int_0^T f(t)dt$.

(2) $\lim\limits_{x\to\infty}\frac{1}{x}\int_0^x f(t)dt=\lim\limits_{x\to\infty}\frac{1}{x}[\varphi(x)+kx]=\lim\limits_{x\to\infty}\frac{\varphi(x)}{x}+k$.

因为 $\varphi(x)$ 是连续的周期函数，所以 $\varphi(x)$ 在一个周期段（例如 $[0,T]$）上有界，从而在 $(-\infty,+\infty)$ 上 $\varphi(x)$ 有界，所以

$$\lim_{x\to\infty}\frac{\varphi(x)}{x}=\lim_{x\to\infty}\frac{1}{x}\varphi(x)=0,$$

所以 $$\lim_{x\to\infty}\frac{1}{x}\int_0^x f(t)dt=k=\frac{1}{T}\int_0^T f(t)dt.$$

九、含参变量带绝对值的定积分

【例 33】 设 $F(x)=\int_0^1 t\,|\,e^t-x\,|\,dt$，(1) 求 $F(x)$ 的分段表达式；(2) 求 $\int_0^{2e}F(x)dx$.

解题思路 如果仅是带绝对值号的定积分，那么按定积分的上、下限去掉绝对值号. 现在含有参变量 x（积分是对 t 的，x 作为参变量），要讨论 x 相对于上、下限所决定的绝对值号内的符号以去掉绝对值号，有一定的麻烦. 如果仅要解(2)，二重积分还有一个方法比本题下面做的要方便不少.

解 (1) 先作变量代换令 $e^t=u$，得

$$F(x)=\int_1^{e}|u-x|\frac{\ln u}{u}du,$$

这样，在 $1\leqslant u\leqslant e$ 范围内就很容易比较 u 与 x 的大小而去掉绝对值号. 由上式看，u 的变化范围为$[1,e]$，因此要分 $x\leqslant 1$，$1<x<e$，$x\geqslant e$ 三种情形讨论.

当 $x\leqslant 1$ 时，$F(x)=\int_1^{e}(u-x)\frac{\ln u}{u}du=\int_1^{e}\ln u du-x\int_1^{e}\frac{\ln u}{u}du$

$$=(u\ln u-u)\Big|_1^{e}-x\cdot\frac{\ln^2 u}{2}\Big|_1^{e}=1-\frac{x}{2},$$

当 $1<x<e$ 时，$F(x)=\int_1^{x}|u-x|\frac{\ln u}{u}du+\int_x^{e}|u-x|\frac{\ln u}{u}du$

$$=\int_1^{x}(x-u)\frac{\ln u}{u}du+\int_x^{e}(u-x)\frac{\ln u}{u}du$$

$$=\left(x\cdot\frac{\ln^2 u}{2}-u\ln u+u\right)\Big|_1^{x}+\left(u\ln u-u-x\cdot\frac{\ln^2 u}{2}\right)\Big|_x^{e}$$

$$=x\ln^2 x-2x\ln x+\frac{3}{2}x-1.$$

当 $x\geqslant e$ 时，$F(x)=\int_1^{e}(x-u)\frac{\ln u}{u}du=\frac{x}{2}-1.$

所以

$$F(x)=\begin{cases}1-\dfrac{x}{2}, & x\leqslant 1,\\ x\ln^2 x-2x\ln x+\dfrac{3}{2}x-1, & 1<x<e,\\ \dfrac{x}{2}-1, & x\geqslant e.\end{cases}$$

(2) $\int_0^{2e}F(x)dx=\int_0^{1}\left(1-\frac{x}{2}\right)dx+\int_1^{e}\left(x\ln^2 x-2x\ln x+\frac{3}{2}x-1\right)dx+\int_e^{2e}\left(\frac{x}{2}-1\right)dx$

$$=\left(x-\frac{x^2}{4}\right)\Big|_0^{1}+\frac{1}{2}\int_1^{e}\ln^2 x dx^2-2\int_1^{e}x\ln x dx+\left(\frac{3}{4}x^2-x\right)\Big|_1^{e}+\left(\frac{x^2}{4}-x\right)\Big|_e^{2e}$$

$$=\frac{3}{4}+\frac{1}{2}x^2\ln^2 x\Big|_1^{e}-\int_1^{e}x\ln x dx-2\int_1^{e}x\ln x dx+\frac{3}{2}e^2-2e+\frac{1}{4}$$

$$=\frac{3}{4}+\frac{1}{2}e^2-\frac{3}{2}\int_1^{e}\ln x dx^2+\frac{3}{2}e^2-2e+\frac{1}{4}$$

$$=1+2e^2-2e-\frac{3}{2}\left(x^2\ln x\Big|_1^{e}-\frac{x^2}{2}\Big|_1^{e}\right)=\frac{1}{4}+\frac{5}{4}e^2-2e.$$

十、积分计算杂例

【例 34】 求$\int\frac{1+2x^4}{x^3(1+x^4)^2}dx.$

解题思路 若按照部分分式的标准程序去分解，将是件十分烦琐的事. 用凑的办法去拆项，可以收到事半功倍的效果.

解 $\frac{1+2x^4}{x^3(1+x^4)^2}=\frac{1+x^4}{x^3(1+x^4)^2}+\frac{x^4}{x^3(1+x^4)^2}$

$$=\frac{1}{x^3(1+x^4)}+\frac{x}{(1+x^4)^2}$$

$$=\frac{1}{x^3}-\frac{x}{1+x^4}+\frac{x}{(1+x^4)^2},$$

$$\int\frac{1+2x^4}{x^3(1+x^4)^2}dx=\int\frac{1}{x^3}dx-\int\frac{x}{1+x^4}dx+\int\frac{x}{(1+x^4)^2}dx$$

$$=-\frac{1}{2x^2}-\frac{1}{2}\arctan x^2+\frac{1}{2}\int\frac{1}{[1+(x^2)^2]^2}d(x^2).$$

对于第 3 个积分，命 $x^2=\tan t$，有

$$\frac{1}{2}\int\frac{1}{[1+(x^2)^2]^2}d(x^2)=\frac{1}{2}\int\frac{\sec^2 t}{\sec^4 t}dt=\frac{1}{2}\int\cos^2 t\,dt=\frac{1}{4}\int(1+\cos 2t)dt$$

$$=\frac{1}{4}\left(t+\frac{1}{2}\sin 2t\right)+C=\frac{1}{4}\left(t+\frac{\tan t}{\sec^2 t}\right)+C$$

$$=\frac{1}{4}\left(\arctan x^2+\frac{x^2}{1+x^4}\right)+C,$$

于是 $\int\frac{1+2x^4}{x^3(1+x^4)^2}dx=-\frac{1}{2x^2}-\frac{1}{4}\arctan x^2+\frac{x^2}{4(1+x^4)}+C.$

【例 35】 求不定积分 $\int\frac{1}{1+x^4}dx.$

解题思路 直接按照有理函数的积分方法计算，计算量较大，故本题可考虑用所谓的配对积分法.

解 令 $I_1=\int\frac{1}{1+x^4}dx,I_2=\int\frac{x^2}{1+x^4}dx,$

则 $I_1+I_2=\int\frac{1+x^2}{1+x^4}dx=\int\frac{1+\frac{1}{x^2}}{x^2+\frac{1}{x^2}}dx$

$$=\int\frac{d\left(x-\frac{1}{x}\right)}{\left(x-\frac{1}{x}\right)^2+2}$$

$$=\frac{1}{\sqrt{2}}\arctan\frac{x-\frac{1}{x}}{\sqrt{2}}=\frac{1}{\sqrt{2}}\arctan\frac{x^2-1}{\sqrt{2}x}+C_1,$$

$$I_1-I_2=\int\frac{1-x^2}{1+x^4}dx=\int\frac{\frac{1}{x^2}-1}{x^2+\frac{1}{x^2}}dx$$

$$=-\int\frac{d\left(x+\frac{1}{x}\right)}{\left(x+\frac{1}{x}\right)^2-2}$$

$$=-\frac{1}{2\sqrt{2}}\ln\frac{x^2-\sqrt{2}x+1}{x^2+\sqrt{2}x+1}+C_2,$$

所以 $I_1=\frac{1}{2}(I_1+I_2+I_1-I_2)$

$$=-\frac{1}{4\sqrt{2}}\ln\frac{x^2-\sqrt{2}x+1}{x^2+\sqrt{2}x+1}+\frac{1}{2\sqrt{2}}\arctan\frac{x^2-1}{\sqrt{2}x}+C.$$

【例 36】 求 $I=\int_0^{\pi}\frac{x\sin x}{1+\cos^2 x}\mathrm{d}x$.

解 令 $x=\pi-t$，则

$$I=\int_0^{\pi}\frac{(\pi-t)\sin t}{1+\cos^2 t}\mathrm{d}t=\pi\int_0^{\pi}\frac{\sin t}{1+\cos^2 t}\mathrm{d}t-\int_0^{\pi}\frac{t\sin t}{1+\cos^2 t}\mathrm{d}t$$

$$=\pi\int_0^{\pi}\frac{\sin t}{1+\cos^2 t}\mathrm{d}t-I.$$

解关于 I 的方程得

$$I=\frac{\pi}{2}\int_0^{\pi}\frac{\sin x}{1+\cos^2 x}\mathrm{d}x=-\frac{\pi}{2}\arctan\cos x\Big|_0^{\pi}=\frac{\pi^2}{4}.$$

【评注】 一般地，$I=\int_0^{\pi}xf(\sin x)\mathrm{d}x\xlongequal{x=\pi-t}\int_0^{\pi}(\pi-t)f(\sin t)\mathrm{d}t$

$$=\pi\int_0^{\pi}f(\sin t)\mathrm{d}t-I.$$

解方程得 $I=\frac{\pi}{2}\int_0^{\pi}f(\sin t)\mathrm{d}t$，转化为三角函数的积分.

【例 37】 求 $\lim\limits_{x\to+\infty}\frac{1}{x^2}\int_0^x t\mid\sin t\mid\mathrm{d}t$.

解题思路 积分中有绝对值号，要脱去才能积分，对于一般的 x 是不容易脱去的. 先考虑

$$n\pi\leqslant x<(n+1)\pi,$$

就容易脱去了.

解 $\int_0^{n\pi}t\mid\sin t\mid\mathrm{d}t=\sum\limits_{k=0}^{n-1}\int_{k\pi}^{(k+1)\pi}t\mid\sin t\mid\mathrm{d}t=\sum\limits_{k=0}^{n-1}(-1)^k\int_{k\pi}^{(k+1)\pi}t\sin t\mathrm{d}t$

$$=\sum_{k=0}^{n-1}(-1)^k(-t\cos t+\sin t)\Big|_{k\pi}^{(k+1)\pi}$$

$$=\sum_{k=0}^{n-1}(-1)^k[(k+1)\pi(-1)^{k+2}+k\pi(-1)^k]$$

$$=\sum_{k=0}^{n-1}(2k+1)\pi=\frac{1}{2}(1+2n-1)n\pi=n^2\pi.$$

当 $n\pi\leqslant x<(n+1)\pi$，有

$$\frac{1}{\pi^2(n+1)^2}\int_0^{n\pi}t\mid\sin t\mid\mathrm{d}t<\frac{1}{x^2}\int_0^x t\mid\sin t\mid\mathrm{d}t<\frac{1}{\pi^2n^2}\int_0^{(n+1)\pi}t\mid\sin t\mid\mathrm{d}t,$$

即

$$\frac{n^2\pi}{\pi^2(n+1)^2}<\frac{1}{x^2}\int_0^x t\mid\sin t\mid\mathrm{d}t<\frac{(n+1)^2\pi}{\pi^2n^2}.$$

命 $x\to+\infty$ 有 $n\to\infty$，由夹逼准则，得

$$\lim_{x\to+\infty}\frac{1}{x^2}\int_0^x t\,|\sin t|\,\mathrm{d}t=\frac{1}{\pi}.$$

【例 38】 设 $f(x)=\int_x^{x+\frac{\pi}{2}}|\sin t|\,\mathrm{d}t$，

(1) 证明：$f(x)$ 为周期函数；

(2) 求 $f(x)$ 的最大值和最小值.

解 (1) $f(x+\pi)=\int_{x+\pi}^{x+\frac{3\pi}{2}}|\sin t|\,\mathrm{d}t\xlongequal{t-\pi=u}\int_x^{x+\frac{\pi}{2}}|\sin u|\,\mathrm{d}u=f(x)$，

所以 $f(x)$ 具有周期 π.

(2) 求周期函数的最大、最小值，只要求它在一个周期内的最大、最小值即可.

$$f'(x)=\left|\sin\left(x+\frac{\pi}{2}\right)\right|-|\sin x|=|\cos x|-|\sin x|=0$$

得 $x=\frac{\pi}{4},\frac{3\pi}{4}$. 考虑在 $x=\frac{\pi}{4},\frac{3\pi}{4}$ 处的 $f''(x)$.

在 $x=\frac{\pi}{4}$ 邻域，$f'(x)=\cos x-\sin x$，$f''(x)=-\sin x-\cos x$，

$$f''\left(\frac{\pi}{4}\right)=-\frac{\sqrt{2}}{2}-\frac{\sqrt{2}}{2}=-\sqrt{2}<0,$$

所以 $f\left(\frac{\pi}{4}\right)$ 为 $f(x)$ 的最大值，

$$\max f(x)=f\left(\frac{\pi}{4}\right)=\int_{\frac{\pi}{4}}^{\frac{3\pi}{4}}\sin t\mathrm{d}t=-\cos t\Big|_{\frac{\pi}{4}}^{\frac{3\pi}{4}}=\frac{\sqrt{2}}{2}+\frac{\sqrt{2}}{2}=\sqrt{2}.$$

在 $x=\frac{3\pi}{4}$ 邻域，$f'(x)=-\cos x-\sin x$，$f''(x)=\sin x-\cos x$.

$$f''\left(\frac{3\pi}{4}\right)=\frac{\sqrt{2}}{2}-\left(-\frac{\sqrt{2}}{2}\right)=\sqrt{2}>0,$$

所以 $f\left(\frac{3\pi}{4}\right)$ 为 $f(x)$ 的最小值.

$$\min f(x)=f\left(\frac{3\pi}{4}\right)=\int_{\frac{3\pi}{4}}^{\frac{5\pi}{4}}|\sin t|\,\mathrm{d}t=\int_{\frac{3\pi}{4}}^{\pi}\sin t\mathrm{d}t-\int_{\pi}^{\frac{5\pi}{4}}\sin t\mathrm{d}t$$

$$=-\cos t\Big|_{\frac{3\pi}{4}}^{\pi}+\cos t\Big|_{\pi}^{\frac{5\pi}{4}}=1-\frac{\sqrt{2}}{2}-\frac{\sqrt{2}}{2}+1=2-\sqrt{2}.$$

十一、反常积分的计算与敛散性

【例 39】 求 $\int_{\frac{1}{2}}^{\frac{3}{2}}\frac{\mathrm{d}x}{\sqrt{|x-x^2|}}$.

解题思路 奇点 $x=1\in\left(\frac{1}{2},\frac{3}{2}\right)$，所以该积分应拆开考虑.

解 $\int_{\frac{1}{2}}^{\frac{3}{2}}\frac{\mathrm{d}x}{\sqrt{|x-x^2|}}=\int_{\frac{1}{2}}^{1}\frac{\mathrm{d}x}{\sqrt{|x-x^2|}}+\int_{1}^{\frac{3}{2}}\frac{\mathrm{d}x}{\sqrt{|x-x^2|}}$.

$$\int_{\frac{1}{2}}^{1}\frac{\mathrm{d}x}{\sqrt{|x-x^2|}}=\int_{\frac{1}{2}}^{1}\frac{\mathrm{d}x}{\sqrt{x-x^2}}=\int_{\frac{1}{2}}^{1}\frac{\mathrm{d}x}{\sqrt{\frac{1}{4}-\left(x-\frac{1}{2}\right)^2}}$$

$$\overset{注}{=}\arcsin(2x-1)\Big|_{\frac{1}{2}}^{1}=\arcsin 1-0=\frac{\pi}{2},$$

$$\int_{1}^{\frac{3}{2}}\frac{\mathrm{d}x}{\sqrt{|x-x^2|}}=\int_{1}^{\frac{3}{2}}\frac{1}{\sqrt{x^2-x}}\mathrm{d}x=\int_{1}^{\frac{3}{2}}\frac{\mathrm{d}x}{\sqrt{\left(x-\frac{1}{2}\right)^2-\frac{1}{4}}}$$

$$\overset{注}{=}\ln\left[\left(x-\frac{1}{2}\right)+\sqrt{\left(x-\frac{1}{2}\right)^2-\frac{1}{4}}\right]\Big|_{1}^{\frac{3}{2}}$$

$$=\ln(2+\sqrt{3}).$$

原式 $=\frac{\pi}{2}+\ln(2+\sqrt{3})$.

【评注】 有“注”的这两个等式，是一种简单的写法，例如对于第一个注，实际上它应写成：

$$\lim_{b\to 1^-}\arcsin(2x-1)\Big|_{\frac{1}{2}}^{b}=\lim_{b\to 1^-}\arcsin(2b-1)-0=\arcsin 1=\frac{\pi}{2}.$$

由于 $\arcsin(2b-1)$ 在 $b=1$ 处（左）连续，可以直接按“注”的等式那么写.

【例 40】 求 $\int_0^1\frac{x\mathrm{d}x}{(2-x^2)\sqrt{1-x^2}}$.

解题思路 本题是无界函数的反常积分，作三角代换即可.

解 【方法一】 令 $x=\sin t$，则 $\mathrm{d}x=\cos t\mathrm{d}t$. 当 $x=0$ 时，$t=0$；当 $x=1$ 时，$t=\frac{\pi}{2}$. 因此

$$\int_0^1\frac{x\mathrm{d}x}{(2-x^2)\sqrt{1-x^2}}=\int_0^{\frac{\pi}{2}}\frac{\sin t\cos t}{(2-\sin^2 t)\cos t}\mathrm{d}t=-\int_0^{\frac{\pi}{2}}\frac{\mathrm{d}(\cos t)}{1+\cos^2 t}$$

$$=-\arctan(\cos t)\Big|_0^{\frac{\pi}{2}}=\frac{\pi}{4}.$$

【方法二】 令 $\sqrt{1-x^2}=u$，则 $\mathrm{d}u=-\frac{x}{\sqrt{1-x^2}}\mathrm{d}x$.

当 $x=0$ 时，$u=1$；当 $x=1$ 时，$u=0$. 因此

$$\int_0^1\frac{x\mathrm{d}x}{(2-x^2)\sqrt{1-x^2}}=-\int_1^0\frac{1}{2-(1-u^2)}\mathrm{d}u=\int_0^1\frac{1}{1+u^2}\mathrm{d}u=\arctan u\Big|_0^1=\frac{\pi}{4}.$$

【例 41】 求 $\int_1^{+\infty}\frac{\mathrm{d}x}{x\sqrt{x^2-1}}$.

解题思路 本题既是一个无限区间上的反常积分，也是无界函数的反常积分，此称为混合型的反常积分. 利用变量代换和牛顿—莱布尼茨公式仍可得所求的反常积分值.

解 【方法一】 令 $x=\sec t$，则 $\mathrm{d}x=\sec t\cdot\tan t\mathrm{d}t$，且当 $x=1$ 时，$t=0$；当 $x\to+\infty$ 时，

$t \to \frac{\pi}{2}$，所以

$$\int_1^{+\infty} \frac{\mathrm{d}x}{x\sqrt{x^2-1}} = \int_0^{\frac{\pi}{2}} \frac{\sec t\tan t}{\sec t\tan t}\mathrm{d}t = \int_0^{\frac{\pi}{2}} \mathrm{d}t = \frac{\pi}{2}.$$

【方法二】　令 $x=\frac{1}{t}$，则 $\mathrm{d}x=-\frac{1}{t^2}\mathrm{d}t$，且当 $x=1$ 时，$t=1$；当 $x\to+\infty$ 时，$t\to 0$，所以

$$\int_1^{+\infty} \frac{\mathrm{d}x}{x\sqrt{x^2-1}} = \int_1^0 \frac{1}{\frac{1}{t}\sqrt{\frac{1}{t^2}-1}}\left(-\frac{1}{t^2}\right)\mathrm{d}t$$

$$= \int_0^1 \frac{1}{\sqrt{1-t^2}}\mathrm{d}t = \arcsin t\Big|_0^1 = \frac{\pi}{2}.$$

【例 42】　下列反常积分收敛的是

(A) $\int_{-\infty}^{+\infty} \frac{1}{x^2}\mathrm{d}x$.　　(B) $\int_{-\infty}^{+\infty} \frac{x+x^3}{1+x^4}\mathrm{d}x$.

(C) $\int_0^1 \frac{1}{e^x-1}\mathrm{d}x$.　　(D) $\int_0^1 (\ln x)^2\mathrm{d}x$.

解　通过直接计算知(D) 是收敛的，由分部积分

$$\int_0^1 (\ln x)^2\mathrm{d}x = [x(\ln x)^2]\Big|_0^1 - \int_0^1 x[(\ln x)^2]'\mathrm{d}x = -\lim_{x\to 0^+} x(\ln x)^2 - \int_0^1 2x\cdot\frac{\ln x}{x}\mathrm{d}x$$

$$= -0 - \int_0^1 2\ln x\mathrm{d}x = -2[x\ln x]\Big|_0^1 + 2\int_0^1 \frac{x}{x}\mathrm{d}x$$

$$= -2(0-\lim_{x\to 0^+} x\ln x) + 2\int_0^1 1\mathrm{d}x$$

$$= 0+2 = 2(\text{收敛}).$$

【注】　上述积分 $\int_0^1$ 是 $\lim\limits_{a\to 0^+}\int_a^1$ 的简写.

也可以通过计算说明(A)(B)(C) 都发散.

(A) $\int_{-\infty}^{+\infty} \frac{1}{x^2}\mathrm{d}x$ 的上、下限分别为 $+\infty$ 与 $-\infty$，是个无穷区间上的积分，但不要忘记，$x=0$ 是个瑕点，所以这个积分应分成 4 项：

$$\int_{-\infty}^{+\infty} \frac{1}{x^2}\mathrm{d}x = \int_{-\infty}^0 \frac{1}{x^2}\mathrm{d}x + \int_0^{+\infty} \frac{1}{x^2}\mathrm{d}x$$

$$= \int_{-\infty}^{-1} \frac{1}{x^2}\mathrm{d}x + \lim_{\delta_1\to 0^-}\int_{-1}^{\delta_1} \frac{1}{x^2}\mathrm{d}x + \lim_{\delta_2\to 0^+}\int_{\delta_2}^1 \frac{1}{x^2}\mathrm{d}x + \int_1^{+\infty} \frac{1}{x^2}\mathrm{d}x,$$

其中只要有 1 个积分不存在，则整个积分就发散. 其中

$$\lim_{\delta_1\to 0^-}\int_{-1}^{\delta_1} \frac{1}{x^2}\mathrm{d}x = \lim_{\delta_1\to 0^-}\left(-\frac{1}{x}\right)\Big|_{-1}^{\delta_1} = \lim_{\delta_1\to 0^-}\left(-\frac{1}{\delta_1}+1\right) = \infty,$$

所以(A) 发散.

(B) $\int_{-\infty}^{+\infty} \frac{x+x^3}{1+x^4}\mathrm{d}x$，不要认为被积函数为奇函数，$(-\infty,+\infty)$ 是个对称区间，误认为积分为零，这是错误的，应将 $\int_{-\infty}^{+\infty} \frac{x+x^3}{1+x^4}\mathrm{d}x$ 分成两项相加：

$$\int_{-\infty}^{+\infty} \frac{x+x^3}{1+x^4}\mathrm{d}x = \int_{-\infty}^0 \frac{x+x^3}{1+x^4}\mathrm{d}x + \int_0^{+\infty} \frac{x+x^3}{1+x^4}\mathrm{d}x.$$

若两个积分都收敛，原积分才收敛，以$\int_0^{+\infty}\frac{x+x^3}{1+x^4}dx$为例，

$$\begin{aligned}\int_0^{+\infty}\frac{x+x^3}{1+x^4}dx&=\int_0^{+\infty}\frac{x}{1+x^4}dx+\int_0^{+\infty}\frac{x^3}{1+x^4}dx\\&=\frac{1}{2}\int_0^{+\infty}\frac{1}{1+x^4}dx^2+\int_0^{+\infty}\frac{\frac{1}{4}}{1+x^4}d(1+x^4)\\&=\frac{1}{2}\arctan x^2\Big|_0^{+\infty}+\frac{1}{4}\ln(1+x^4)\Big|_0^{+\infty}\\&=\frac{1}{2}\left(\frac{\pi}{2}-0\right)+\frac{1}{4}\lim_{x\to+\infty}(1+x^4)-0=+\infty,\end{aligned}$$

所以$\int_{-\infty}^{+\infty}\frac{x+x^3}{1+x^4}dx$发散.(B)发散.

(C)$\int_0^1\frac{dx}{e^x-1}$，下限0是瑕点.

$$\begin{aligned}\int_0^1\frac{dx}{e^x-1}&=\lim_{a\to0^+}\int_a^1\frac{dx}{e^x-1}=\lim_{a\to0^+}\int_a^1\frac{e^{-x}}{1-e^{-x}}dx\\&=\lim_{a\to0^+}[\ln|1-e^{-x}|]\Big|_a^1\\&=\ln(1-e^{-1})-\lim_{a\to0^+}\ln|1-e^{-a}|=+\infty,\end{aligned}$$

所以(C)发散.

【例 43】 下列积分其结论不正确的是

(A)$\int_{-\infty}^{+\infty}x^2e^{-x^2}dx=\frac{\sqrt{\pi}}{2}$.　　(B)$\int_{-1}^{1}\frac{\sin x^2}{x}dx=0$.

(C)$\int_{-\infty}^{+\infty}\frac{x^3}{1+x^4}dx=0$.　　(D)$\int_{-\infty}^{+\infty}\frac{x}{(1+x^2)^2}dx=0$.

解题思路 这四个选项关系到奇、偶函数在“对称”区间上的积分，应该按照定理3.3.3判断. 对于(A)，要用分部积分法处理.

解 由
$$\begin{aligned}\int_0^{+\infty}\frac{x^3}{1+x^4}dx&=\frac{1}{4}\ln(1+x^4)\Big|_0^{+\infty}=\lim_{b\to+\infty}\frac{1}{4}\ln(1+x^4)\Big|_0^b\\&=\frac{1}{4}\lim_{b\to+\infty}\ln(1+b^4)=+\infty(\text{发散}),\end{aligned}$$

所以$\int_{-\infty}^{+\infty}\frac{x^3}{1+x^4}dx$发散，(C)不正确，选(C).

【评注】 下面来说一下为什么(A)(B)(D)都是正确的.

由于

$$\int_0^{+\infty}\frac{x}{(1+x^2)^2}dx=-\frac{1}{2}\left[\frac{1}{1+x^2}\right]\Big|_0^{+\infty}=-\frac{1}{2}\lim_{b\to+\infty}\left(\frac{1}{1+b^2}\right)+\frac{1}{2}=\frac{1}{2}(\text{收敛}),$$

所以$\int_{-\infty}^{+\infty}\frac{x}{(1+x^2)^2}dx$可以用定理3.3.3(1)，$\int_{-\infty}^{+\infty}\frac{x}{(1+x^2)^2}dx=0$，(D)正确.

对于(B)，因为$\lim_{x\to0}\frac{\sin x^2}{x}=0$，而在其他点处均连续，所以(B)不是反常积分，命

$$f(x)=\begin{cases}\dfrac{\sin x^2}{x}, & x\neq 0,\\ 0, & x=0.\end{cases}$$

它是一个连续的奇函数，且$\int_{-1}^{1}\frac{\sin x^2}{x}dx=\int_{-1}^{1}f(x)dx=0$. (B) 正确.

由分部积分，

$$\int_{-\infty}^{+\infty}x^2e^{-x^2}dx=-\frac{1}{2}\int_{-\infty}^{+\infty}xde^{-x^2}=-\frac{1}{2}\left[xe^{-x^2}\Big|_{-\infty}^{+\infty}-\int_{-\infty}^{+\infty}e^{-x^2}dx\right],$$

而$\lim\limits_{b\to\pm\infty}be^{-b^2}=0$，并且由于$\int_0^{+\infty}e^{-x^2}dx=\frac{\sqrt{\pi}}{2}$(收敛)，由定理 3.3.3(2)，$\int_{-\infty}^{+\infty}e^{-x^2}dx=2\int_0^{+\infty}e^{-x^2}dx=\sqrt{\pi}$，所以

$$\int_{-\infty}^{+\infty}x^2e^{-x^2}dx=\frac{1}{2}\int_{-\infty}^{+\infty}e^{-x^2}dx=\int_0^{+\infty}e^{-x^2}dx=\frac{\sqrt{\pi}}{2}.$$ (A) 正确.

【例 44】 已知$\int_0^{+\infty}\frac{\sin x}{x}dx=\frac{\pi}{2}$，则$\int_0^{+\infty}\left(\frac{\sin x}{x}\right)^2dx=$ ________.

解 由分部积分，

$$\begin{aligned}I&=\int_0^{+\infty}\left(\frac{\sin x}{x}\right)^2dx=\left[\left(\frac{\sin x}{x}\right)^2\cdot x\right]\Bigg|_0^{+\infty}-\int_0^{+\infty}x\left[\left(\frac{\sin x}{x}\right)^2\right]'dx\\&=\frac{(\sin x)^2}{x}\Bigg|_0^{+\infty}-\int_0^{+\infty}x\cdot 2\left(\frac{\sin x}{x}\right)\cdot\frac{x\cos x-\sin x}{x^2}dx\\&=0-0+\int_0^{+\infty}2\left(\frac{\sin x}{x}\right)^2dx-\int_0^{+\infty}\frac{\sin 2x}{x}dx,\end{aligned}$$

所以

$$\int_0^{+\infty}\left(\frac{\sin x}{x}\right)^2dx=\int_0^{+\infty}\frac{\sin 2x}{2x}d(2x)=\frac{\pi}{2}.$$

十二、利用比较判别法判断反常积分的敛散性

【例 45】 判定下列积分的敛散性.

(1)$\int_1^{+\infty}\frac{dx}{x\sqrt{1+x^2}}$；　　(2)$\int_1^{+\infty}\frac{x^{\frac{3}{2}}}{1+x^2}dx$；

(3)$\int_1^{+\infty}\frac{\arctan x}{\sqrt[3]{1+x^4}}dx$；　　(4)$\int_1^{+\infty}e^{-x^2}dx$.

解 (1) 由于$\lim\limits_{x\to+\infty}\dfrac{\frac{1}{x\sqrt{1+x^2}}}{\frac{1}{x^2}}=\lim\limits_{x\to+\infty}\dfrac{x}{\sqrt{1+x^2}}=1$，

又$\int_1^{+\infty}\frac{dx}{x^2}$收敛，则$\int_1^{+\infty}\frac{dx}{x\sqrt{1+x^2}}$收敛.

(2) 由于$\lim\limits_{x\to+\infty}\dfrac{\frac{x^{\frac{3}{2}}}{1+x^2}}{\frac{1}{x^{\frac{1}{2}}}}=\lim\limits_{x\to+\infty}\dfrac{x^2}{1+x^2}=1$，又$\int_1^{+\infty}\frac{dx}{x^{\frac{1}{2}}}$发散，则$\int_1^{+\infty}\frac{x^{\frac{3}{2}}}{1+x^2}dx$发散.

(3) 由于 $\lim\limits_{x\to+\infty}\dfrac{\dfrac{\arctan x}{\sqrt[3]{1+x^4}}}{\dfrac{1}{x^{\frac{4}{3}}}}=\dfrac{\pi}{2}$，又 $\int_1^{+\infty}\dfrac{\mathrm{d}x}{x^{\frac{4}{3}}}$ 收敛，则 $\int_1^{+\infty}\dfrac{\arctan x}{\sqrt[3]{1+x^4}}\mathrm{d}x$ 收敛.

(4) 由于 $\mathrm{e}^{-x^2}=\dfrac{1}{\mathrm{e}^{x^2}}<\dfrac{1}{x^2}(x\geqslant 1)$，又 $\int_1^{+\infty}\dfrac{\mathrm{d}x}{x^2}$ 收敛，则 $\int_1^{+\infty}\mathrm{e}^{-x^2}\mathrm{d}x$ 收敛.

【例 46】 判定下列积分的敛散性.

(1) $\int_0^1\dfrac{1}{\sqrt{x-x^2}}\mathrm{d}x$；

(2) $\int_0^1\dfrac{\mathrm{d}x}{\sqrt{(1-x^2)(1-k^2x^2)}}(k^2<1)$；

(3) $\int_0^1\dfrac{\sin x}{x^\alpha}\mathrm{d}x(\alpha>0)$；

(4) $\int_0^1\dfrac{\ln x}{x^\alpha}\mathrm{d}x(\alpha>0)$.

解 (1) $\int_0^1\dfrac{1}{\sqrt{x-x^2}}\mathrm{d}x=\int_0^{\frac{1}{2}}\dfrac{1}{\sqrt{x}\sqrt{1-x}}\mathrm{d}x+\int_{\frac{1}{2}}^1\dfrac{1}{\sqrt{x}\sqrt{1-x}}\mathrm{d}x$，

$$\text{又}\lim_{x\to0^+}\frac{\dfrac{1}{\sqrt{x}\sqrt{1-x}}}{\dfrac{1}{\sqrt{x}}}=1,\lim_{x\to1^-}\frac{\dfrac{1}{\sqrt{x}\sqrt{1-x}}}{\dfrac{1}{\sqrt{1-x}}}=1,$$

$\int_0^{\frac{1}{2}}\dfrac{1}{\sqrt{x}}\mathrm{d}x$ 和 $\int_{\frac{1}{2}}^1\dfrac{1}{\sqrt{1-x}}\mathrm{d}x$ 都收敛，则 $\int_0^{\frac{1}{2}}\dfrac{1}{\sqrt{x}\sqrt{1-x}}\mathrm{d}x$ 和 $\int_{\frac{1}{2}}^1\dfrac{1}{\sqrt{x}\sqrt{1-x}}\mathrm{d}x$ 都收敛，

故 $\int_0^1\dfrac{1}{\sqrt{x-x^2}}\mathrm{d}x$ 收敛.

(2) $\lim\limits_{x\to1^-}\dfrac{\dfrac{1}{\sqrt{(1-x^2)(1-k^2x^2)}}}{\dfrac{1}{\sqrt{1-x}}}=\dfrac{1}{\sqrt{2(1-k^2)}}\neq0$，

又 $\int_0^1\dfrac{\mathrm{d}x}{\sqrt{1-x}}$ 收敛，则 $\int_0^1\dfrac{\mathrm{d}x}{\sqrt{(1-x^2)(1-k^2x^2)}}$ 收敛.

(3) 当 $x\to0$ 时，$\sin x\sim x$，则 $\int_0^1\dfrac{\sin x}{x^\alpha}\mathrm{d}x$ 与 $\int_0^1\dfrac{x}{x^\alpha}\mathrm{d}x=\int_0^1\dfrac{\mathrm{d}x}{x^{\alpha-1}}$ 同敛散，而 $\int_0^1\dfrac{\mathrm{d}x}{x^{\alpha-1}}$ 在 $\alpha-1<1$ 时收敛，在 $\alpha-1\geqslant1$ 时发散，则原积分在 $\alpha<2$ 时收敛，在 $\alpha\geqslant2$ 时发散.

(4) 当 $\alpha\geqslant1$ 时，积分 $\int_0^1\dfrac{1}{x^\alpha}\mathrm{d}x$ 发散，又当 $x\to0^+$ 时有 $\dfrac{-\ln x}{x^\alpha}\geqslant\dfrac{1}{x^\alpha}$，

则 $\int_0^1\dfrac{-\ln x}{x^\alpha}\mathrm{d}x$ 发散，从而 $\int_0^1\dfrac{\ln x}{x^\alpha}\mathrm{d}x$ 发散.

当 $\alpha<1$ 时，存在足够小的 $\varepsilon>0$，使得 $\alpha+\varepsilon<1$，又

$$\lim_{x\to0^+}\frac{\dfrac{\ln x}{x^\alpha}}{\dfrac{1}{x^{\alpha+\varepsilon}}}=\lim_{x\to0^+}x^\varepsilon\ln x=0,$$

而 $\int_0^1\dfrac{1}{x^{\alpha+\varepsilon}}\mathrm{d}x$ 收敛，则 $\int_0^1\dfrac{\ln x}{x^\alpha}\mathrm{d}x$ 收敛.

【例 47】 判定积分$\int_0^{+\infty}\dfrac{\arctan x}{x^\alpha}dx$ （$\alpha>0$）的敛散性.

解 $\int_0^{+\infty}\dfrac{\arctan x}{x^\alpha}dx=\int_0^1\dfrac{\arctan x}{x^\alpha}dx+\int_1^{+\infty}\dfrac{\arctan x}{x^\alpha}dx$.

当 $x\to 0$ 时，$\arctan x\sim x$，则$\int_0^1\dfrac{\arctan x}{x^\alpha}dx$ 与$\int_0^1\dfrac{x}{x^\alpha}dx=\int_0^1\dfrac{dx}{x^{\alpha-1}}$同敛散，则在 $\alpha<2$ 时收敛，在 $\alpha\geqslant 2$ 时发散.

$$\lim_{x\to+\infty}\frac{\dfrac{\arctan x}{x^\alpha}}{\dfrac{1}{x^\alpha}}=\frac{\pi}{2}$$，则$\int_1^{+\infty}\dfrac{\arctan x}{x^\alpha}dx$ 与$\int_1^{+\infty}\dfrac{1}{x^\alpha}dx$ 同敛散.

从而$\int_1^{+\infty}\dfrac{\arctan x}{x^\alpha}dx$ 在 $\alpha>1$ 时收敛，在 $\alpha\leqslant 1$ 时发散.

则积分$\int_0^{+\infty}\dfrac{\arctan x}{x^\alpha}dx$ （$\alpha>0$）在 $1<\alpha<2$ 时收敛，其余都发散.

【例 48】 讨论下列反常积分的敛散性.

(1)$\int_0^1|\ln x|^p dx$；　　(2)$\int_0^{+\infty}\dfrac{dx}{x^p(1+x^2)}(p>0)$.

解题思路 用比较判别法，讨论 p 的取值.

解 (1) 当 $p=0$ 时，这是定积分，只讨论 $p\neq 0$，

当 $p>0$ 时，由 $\lim\limits_{x\to0^+}x^{\frac{1}{2}}|\ln x|^p=0$，反常积分收敛.

当 $p<0$ 时，由于 $\lim\limits_{x\to0^+}|\ln x|^p=0$，所以 $x=1$ 是瑕点.

而 $|\ln x|^p\sim(1-x)^p=\dfrac{1}{(1-x)^{-p}}(x\to1^-)$，

可知 $-1<p<0$ 收敛，$p\leqslant -1$ 发散.

(2)$\int_0^{+\infty}\dfrac{dx}{x^p(1+x^2)}=\int_0^1\dfrac{dx}{x^p(1+x^2)}+\int_1^{+\infty}\dfrac{dx}{x^p(1+x^2)}$，

$\lim\limits_{x\to0^+}x^p\dfrac{1}{x^p(1+x^2)}=1$，因此 $p<1$ 时$\int_0^1\dfrac{dx}{x^p(1+x^2)}$ 收敛，$p\geqslant 1$ 时$\int_0^1\dfrac{dx}{x^p(1+x^2)}$ 发散，

$\lim\limits_{x\to+\infty}x^{p+2}\dfrac{1}{x^p(1+x^2)}=1$，

而由 $p>0$ 知，$p+2>1$，因此$\int_1^{+\infty}\dfrac{dx}{x^p(1+x^2)}$ 收敛.

综合以上讨论，知原反常积分在 $p\geqslant 1$ 时发散，在 $0<p<1$ 时收敛.

十三、定积分的几何应用

【例 49】 求曲线 $y=-2x^3+x^2+3x$ 与 x 轴所围图形的面积.

解题思路 大致画出曲线，找到与 x 轴的三个交点即可求面积.

解 所求面积的图形如图 3-2 所示，所求面积为

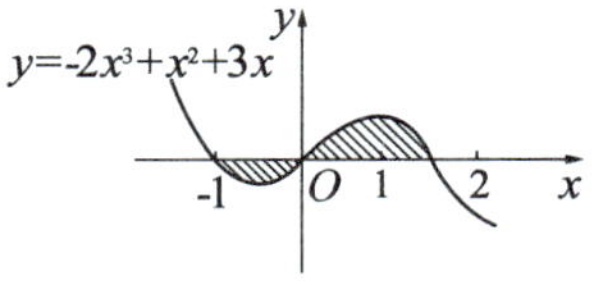

图 3-2

$$S=-\int_{-1}^{0}(-2x^3+x^2+3x)\mathrm{d}x+\int_{0}^{\frac{3}{2}}(-2x^3+x^2+3x)\mathrm{d}x$$

$$=\left(\frac{1}{2}x^4-\frac{x^3}{3}-\frac{3x^2}{2}\right)\Big|_{-1}^{0}+\left(-\frac{1}{2}x^4+\frac{x^3}{3}+\frac{3x^2}{2}\right)\Big|_{0}^{\frac{3}{2}}$$

$$=\frac{253}{96}.$$

定积分在几何上的应用，有的可以套用现成公式，但更重要的是会用微元法建立微元.

【例 50】 过点(0,0)作曲线 $\Gamma: y=\mathrm{e}^{-x}$ 的切线 L，设 D 是以曲线 Γ、切线 L 及 x 轴为边界的无界区域(如下图 3-3 所示). (1) 求切线 L 的方程；(2) 求区域 D 的面积；(3) 求区域 D 绕 x 轴旋转一周所得旋转体的体积.

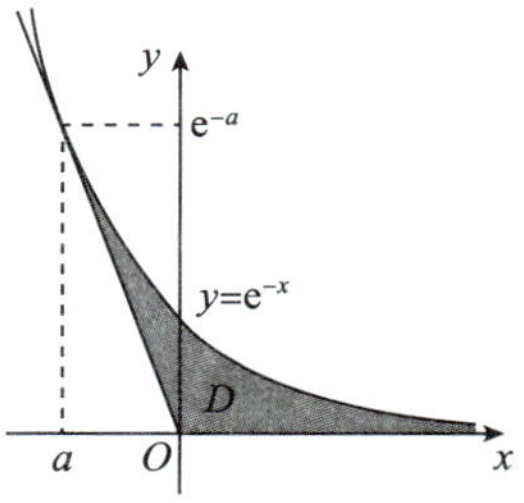

图 3-3

解 (1) 设切点为(a,e^{-a})，则

$$L: y-\mathrm{e}^{-a}=-\mathrm{e}^{-a}(x-a),$$

用(0,0)代入，得 $a=-1$，于是切线 L 的方程为

$$y=-\mathrm{e}x.$$

(2) 因切点为$(-1,\mathrm{e})$，故区域 D 的面积为

$$S=\int_{-1}^{+\infty}\mathrm{e}^{-x}\mathrm{d}x-\frac{1}{2}\mathrm{e}=-\mathrm{e}^{-x}\Big|_{-1}^{+\infty}-\frac{1}{2}\mathrm{e}=\frac{1}{2}\mathrm{e}.$$

(3) $V=\pi\int_{-1}^{+\infty}\mathrm{e}^{-2x}\mathrm{d}x-\frac{1}{3}\pi\mathrm{e}^2=-\frac{\pi}{2}\mathrm{e}^{-2x}\Big|_{-1}^{+\infty}-\frac{1}{3}\pi\mathrm{e}^2=\frac{1}{2}\pi\mathrm{e}^2-\frac{1}{3}\pi\mathrm{e}^2=\frac{1}{6}\pi\mathrm{e}^2.$

【例 51】 设 $x\geqslant 0$，$f(x)=\lim\limits_{t\to+\infty}\left(1-\frac{x}{t}\right)^{xt}$，$g(x)=\int_0^x f(u)\mathrm{d}u$.

(1) 求 $y=g(x)$ 在 $x\geqslant 0$ 部分的水平渐近线；

(2) 求 $y=g(x)$ 与其水平渐近线及 y 轴在 $x\geqslant 0$ 部分所围成的图形的面积 A.

解 (1) $f(0)=1$，当 $x>0$ 时

$$f(x)=\lim_{t\to+\infty}\left(1-\frac{x}{t}\right)^{xt}=\lim_{t\to+\infty}\left(1-\frac{x}{t}\right)^{(-\frac{t}{x})(-x^2)}=\mathrm{e}^{-x^2},$$

$$g(x)=\int_0^x\mathrm{e}^{-u^2}\mathrm{d}u,$$

在 $x\geqslant 0$ 部分曲线 $y=g(x)$ 的水平渐近线为

$$y=\lim_{x\to+\infty}g(x)=\lim_{x\to+\infty}\int_0^x f(u)\mathrm{d}u=\int_0^{+\infty}\mathrm{e}^{-x^2}\mathrm{d}x=\frac{\sqrt{\pi}}{2}.$$

(2)
$$A=\int_0^{+\infty}\left(\frac{\sqrt{\pi}}{2}-g(x)\right)\mathrm{d}x=\int_0^{+\infty}\left(\frac{\sqrt{\pi}}{2}-\int_0^x\mathrm{e}^{-u^2}\mathrm{d}u\right)\mathrm{d}x$$

$$=\lim_{z\to+\infty}\left[\int_0^z\left(\frac{\sqrt{\pi}}{2}-\int_0^x\mathrm{e}^{-u^2}\mathrm{d}u\right)\mathrm{d}x\right]=\lim_{z\to+\infty}\left[\frac{\sqrt{\pi}}{2}z-\int_0^z\left[\int_0^x\mathrm{e}^{-u^2}\mathrm{d}u\right]\mathrm{d}x\right].$$

以下计算方括号内的积分. 有两个办法：一是用分部积分，二是交换二次积分的次序. 今用前者，有

$$\int_0^z\left[\int_0^x\mathrm{e}^{-u^2}\mathrm{d}u\right]\mathrm{d}x=\left(x\int_0^x\mathrm{e}^{-u^2}\mathrm{d}u\right)\Big|_0^z-\int_0^z x\mathrm{e}^{-x^2}\mathrm{d}x$$

$$=z\int_0^z\mathrm{e}^{-u^2}\mathrm{d}u+\frac{1}{2}\mathrm{e}^{-z^2}-\frac{1}{2},$$

从而

$$A=\lim_{z\to+\infty}\left(\frac{\sqrt{\pi}}{2}z-z\int_0^z e^{-u^2}du-\frac{1}{2}e^{-z^2}+\frac{1}{2}\right)=\frac{1}{2}+\lim_{z\to+\infty}\frac{\frac{\sqrt{\pi}}{2}-\int_0^z e^{-u^2}du}{\frac{1}{z}}$$

$$\overset{\text{洛}}{=\!=}\frac{1}{2}+\lim_{z\to+\infty}\frac{z^2}{e^{z^2}}=\frac{1}{2}.$$

【评注】 请读者用交换二次积分次序的方法计算$\int_0^z\left[\int_0^x e^{-u^2}du\right]dx$.

定积分在几何上的应用，有的可以套用现成公式，但更重要的是会用微元法建立微元.

【例 52】 摆线的参数方程为 $x=a(t-\sin t),y=a(1-\cos t),0\leqslant t\leqslant 2\pi$，常数$a>0$. 求

(1) 该弧段的长；

(2) 该弧段绕 x 轴旋转一周所成的旋转曲面的面积；

(3) 该弧段绕 y 轴旋转一周所成的旋转曲面的面积.

解题思路 分别用公式(3.24)(3.30)′就可求得(1)与(2). 对于(3)，只要将公式(3.30)′中的 $y(t)$ 改为 $x(t)$，$x(t)$ 改为 $y(t)$，并要求 $y'(t)\neq 0$ 即可.

解 (1) 由公式(3.24)，有

$$s=\int_0^{2\pi}\sqrt{a^2(1-\cos t)^2+a^2\sin^2 t}\,dt$$
$$=a\int_0^{2\pi}(2-2\cos t)^{\frac{1}{2}}dt=2a\int_0^{2\pi}\sin\frac{t}{2}dt=8a.$$

(2) 由公式(3.30)′，有

$$S=2\pi\int_0^{2\pi}a(1-\cos t)\sqrt{a^2(1-\cos t)^2+a^2\sin^2 t}\,dt$$
$$=8\pi a^2\int_0^{2\pi}\sin^3\frac{t}{2}dt=\frac{64}{3}\pi a^2.$$

(3) 将公式(3.30)′按“解题思路”中说的修改，有

$$S=2\pi\int_0^{2\pi}a(t-\sin t)\sqrt{a^2(1-\cos t)^2+a^2\sin^2 t}\,dt$$
$$=4\pi a^2\int_0^{2\pi}(t-\sin t)\sin\frac{t}{2}dt\quad\left(\text{令 } u=\frac{t}{2}\right)$$
$$=16\pi a^2\int_0^{\pi}(u-\sin u\cos u)\sin u\,du=16\pi^2a^2.$$

【例 53】 心形线 $r=a(1+\cos\theta)$（常数 $a>0$）的全长是________.

解

$$\text{弧长}=2\int_0^{\pi}\sqrt{r^2+(r')^2}\,d\theta=2\int_0^{\pi}\sqrt{a^2(1+\cos\theta)^2+a^2\sin^2\theta}\,d\theta$$
$$=2a\int_0^{\pi}\sqrt{2+2\cos\theta}\,d\theta=4a\int_0^{\pi}\cos\frac{\theta}{2}d\theta=8a.$$

十四、定积分的物理应用

【例 54】 (1) 设 D 是半径为 R 的圆形薄片，L 为 D 的一条切线. D 上任意一点 P 的点密度

与 P 到 L 的距离 d 的平方成正比，比例系数 $k>0$. 求该薄片的质量中心的位置.

(2) 由摆线 $\begin{cases}x=a(t-\sin t),\\ y=a(1-\cos t)\end{cases}(0\leqslant t\leqslant 2\pi)$ 一拱与 x 轴所围成的图形记为 D. 设其点密度为 $\mu=$ 常数. 求该图形的质心的坐标 $(\bar{x},\bar{y})$，其中 $a>0$ 是常数.

解题思路 用定积分处理平面图形的质心问题，若要列出一个统一公式，形式上可以很简单. 设 D 为平面上的一个有界薄片，取 $\mathrm{d}\sigma$ 为该 D 的一个微元，在该微元上，密度可以看成不变，为 μ. $\mathrm{d}\sigma$ 对该平面上某指定轴 L 的"距"也可以看成不变，为 r，则该微元对 L 的"质量矩"为 $r\mu\mathrm{d}\sigma$，整个薄片 D 对 L 的"质量矩"为

$$\int_D r\mu\mathrm{d}\sigma,$$

而 D 的质量为

$$\int_D \mu\mathrm{d}\sigma,$$

从而 D 的质心相对于 L 的"矩"为

$$\bar{r}=\frac{\int_D r\mu\mathrm{d}\sigma}{\int_D \mu\mathrm{d}\sigma},(*)$$

它是质心相对于 L 的"坐标".

但具体用公式(*)，如何取 $\mathrm{d}\sigma$，常因题而异，技巧性很大. 详见下面解法.

解 (1) 以切点为坐标原点 O，L 向上的为 y 轴正向. 点 O 与圆心的连线向右为 x 轴正向. 于是 D 的边界的方程为

$$(x-R)^2+y^2=R^2,$$

即

$$y^2=R^2-(R-x)^2=2Rx-x^2.$$

D 关于 x 轴对称，且 D 的点密度仅与 x 有关，故 D 的质心在 x 轴上，为此，只要求质心的横坐标 $\bar{x}$. 由质心公式(*)，得(如图 3-4)

$$\bar{x}=\frac{\int_0^{2R}x\cdot kx^2\cdot 2y\mathrm{d}x}{\int_0^{2R}kx^2\cdot 2y\mathrm{d}x},$$

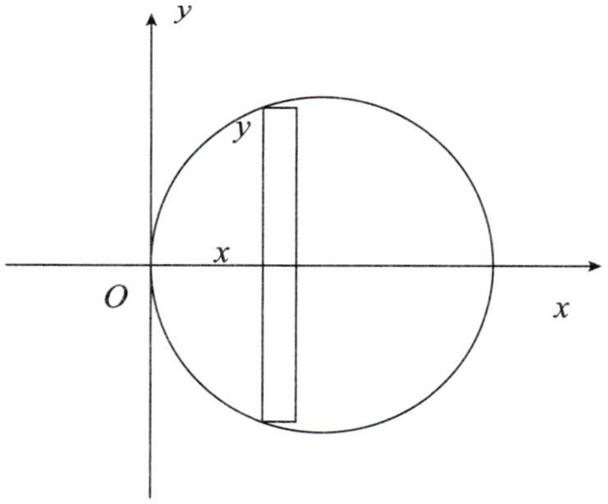

图 3-4

其中 $2y\mathrm{d}x$ 为竖条面积微元，kx^2 为质点的密度，$kx^2\cdot 2y\mathrm{d}x$ 为竖条面积微元的质量，x 为该面积微元对 y 轴的"距". 下面来具体计算.

$$\begin{aligned}\int_0^{2R}x\cdot kx^2\cdot 2y\mathrm{d}x&=2k\int_0^{2R}x^3\sqrt{2Rx-x^2}\mathrm{d}x\\&=2k\int_{-R}^{R}(R-t)^3\sqrt{R^2-t^2}\mathrm{d}t\quad(R-x=t)\\&=4k\int_0^{R}(R^3+3Rt^2)\sqrt{R^2-t^2}\mathrm{d}t\quad(\text{用到奇、偶性})\end{aligned}$$

$$= 4kR^5\int_0^{\frac{\pi}{2}}(1+3\sin^2\theta)\cos^2\theta \mathrm{d}\theta \qquad (t=R\sin\theta)$$

$$= 4kR^5\int_0^{\frac{\pi}{2}}(4-3\cos^2\theta)\cos^2\theta \mathrm{d}\theta$$

$$= 4kR^5\left(4\times\frac{1}{2}\times\frac{\pi}{2}-3\times\frac{3}{4}\times\frac{1}{2}\times\frac{\pi}{2}\right) \qquad \text{（用华里士公式）}$$

$$= \frac{7}{4}k\pi R^5.$$

$$\int_0^{2R}kx^2\cdot 2y\mathrm{d}x = 4kR^4\int_0^{\frac{\pi}{2}}(1+\sin^2\theta)\cos^2\theta \mathrm{d}\theta$$

$$= 4kR^4\int_0^{\frac{\pi}{2}}(2-\cos^2\theta)\cos^2\theta \mathrm{d}\theta$$

$$= 4kR^4\left(2\times\frac{1}{2}\times\frac{\pi}{2}-\frac{3}{4}\times\frac{1}{2}\times\frac{\pi}{2}\right)=\frac{5k\pi R^4}{4}.$$

所以 $\overline{x}=\frac{7}{5}R$. 质心坐标为 $\left(\frac{7}{5}R,0\right)$. (1) 解毕.

(2) 显然，图形对称于直线 $x=\pi a$. 由于密度为常数，所以质心在直线 $x=a\pi$ 上，即质心坐标为 $(a\pi,\overline{y})$. 以下是如何用公式来求 $\overline{y}$.

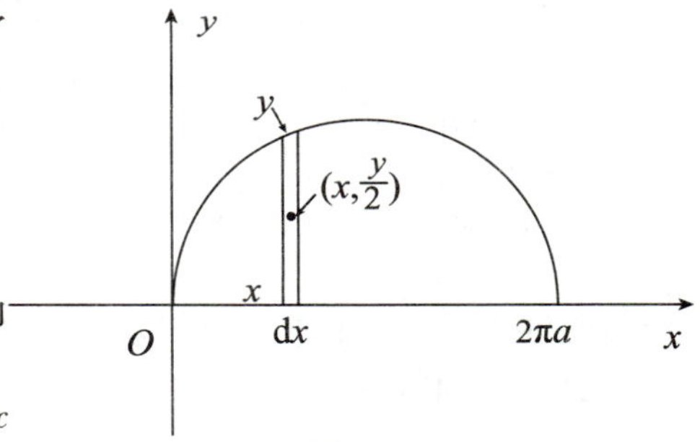

图 3-5

如图 3-5 取细竖长条，面积元素

$$\mathrm{d}\sigma = y\mathrm{d}x.$$

它的质量为 $\mu y\mathrm{d}x$，它的质心的纵坐标可看成为 $\frac{y}{2}$，即 $\mathrm{d}\sigma$ 的质量可看成集中于点 $\left(x,\frac{y}{2}\right)$ 处. 于是该细条对 x 轴的"质量矩"为

$$\frac{y}{2}\cdot\mu y\mathrm{d}x.$$

D 对 x 轴的"质量矩"为

$$\int_0^{2\pi a}\frac{y}{2}\cdot\mu y\mathrm{d}x.$$

于是

$$\overline{y}=\frac{\int_0^{2\pi a}\frac{y}{2}\cdot\mu y\mathrm{d}x}{\int_0^{2\pi a}\mu y\mathrm{d}x}.$$

上述积分用摆线的参数方程计算，相当于作积分变量代换 $x=a(t-\sin t)$ 将 x,y 化为 t，于是

$$\int_0^{2\pi a}\frac{y}{2}\cdot\mu y\mathrm{d}x=\frac{\mu}{2}\int_0^{2\pi}a^2(1-\cos t)^2a(1-\cos t)\mathrm{d}t$$

$$=4\mu a^3\int_0^{2\pi}\left(\sin^2\frac{t}{2}\right)^3\mathrm{d}t=4\mu a^3\int_0^{2\pi}\sin^6\frac{t}{2}\mathrm{d}t$$

$$=8\mu a^3\int_0^{\pi}\sin^6u\mathrm{d}u=16\mu a^3\int_0^{\frac{\pi}{2}}\sin^6u\mathrm{d}u$$

$$=16\mu a^3\times\frac{5}{6}\times\frac{3}{4}\times\frac{1}{2}\times\frac{\pi}{2}=\frac{5}{2}\mu a^3\pi.$$

$$\int_0^{2\pi a}\mu y\,\mathrm{d}x=\mu a^2\int_0^{2\pi}(1-\cos t)^2\mathrm{d}t=\cdots=16\mu a^2\cdot\frac{3}{4}\cdot\frac{1}{2}\cdot\frac{\pi}{2}=3a^2\mu\pi.$$

所以 $\overline{y}=\dfrac{\frac{5}{2}\mu a^3\pi}{3\mu a^2\pi}=\dfrac{5}{6}a$. 即质心坐标为 $\left(a\pi,\dfrac{5}{6}a\right)$.

【例 55】 在平面上，有一条从点 $(a,0)$ 向右的射线，线密度为 ρ，在点 $(0,h)$ 处(其中 $h>0$) 有一质量为 m 的质点，求射线对该点的引力.

解 在 x 轴的 x 处取一小段 $\mathrm{d}x$，其质量是 $\rho\mathrm{d}x$，到质点的距离为 $\sqrt{h^2+x^2}$，这一小段与质点的引力是 $\mathrm{d}F=\dfrac{Gm\rho\mathrm{d}x}{h^2+x^2}$(其中 G 为引力常数).

这个引力在水平方向的分量为 $\mathrm{d}F_x=\dfrac{Gm\rho x\,\mathrm{d}x}{(h^2+x^2)^{\frac{3}{2}}}$，从而

$$F_x=\int_a^{+\infty}\frac{Gm\rho x\,\mathrm{d}x}{(h^2+x^2)^{\frac{3}{2}}}=\frac{Gm\rho}{2}\int_a^{+\infty}\frac{\mathrm{d}(h^2+x^2)}{(h^2+x^2)^{\frac{3}{2}}}=-Gm\rho(h^2+x^2)^{-\frac{1}{2}}\Big|_a^{+\infty}=\frac{Gm\rho}{\sqrt{h^2+a^2}}.$$

在竖直方向的分量为 $\mathrm{d}F_y=\dfrac{Gm\rho h\,\mathrm{d}x}{(h^2+x^2)^{\frac{3}{2}}}$，故

$$F_y=\int_a^{+\infty}\frac{Gm\rho h\,\mathrm{d}x}{(h^2+x^2)^{\frac{3}{2}}}=\int_{\arctan\frac{a}{h}}^{\frac{\pi}{2}}\frac{Gm\rho h^2\sec^2t\mathrm{d}t}{h^3\sec^3t}=\frac{Gm\rho}{h}\int_{\arctan\frac{a}{h}}^{\frac{\pi}{2}}\cos t\mathrm{d}t=\frac{Gm\rho}{h}\left(1-\sin\arctan\frac{a}{h}\right).$$

所求引力向量为 $\boldsymbol{F}=(F_x,F_y)$.

【例 56】 一涵洞最高点在水面下 5m 处，涵洞为圆形，直径 80cm，有一与涵洞一样大小的铅直闸门将涵洞口挡住，求闸门上所受的水的静压力.

解题思路 液面下深 h 处面积为 A 的水平板上所受该液体的静压力 $p=\mu ghA$，其中 μ 为该液体的比重. 现在闸门是铅直的，在闸门上不同水平面上 h 不同，所以应剖分深度，建立微元.

解 建立坐标系. 为方便起见，以闸门的圆心为坐标原点，向上为 y 轴正向. 如图 3-6，将 y 轴上的区间 $[-0.4,0.4]$ 划分成 $[y,y+\mathrm{d}y]$，在此区间上对应的闸门部分被分成水平细横条，此细横条的面积微元 $\mathrm{d}A=2x\mathrm{d}y$，从而此细横条上所受压力微元

$$\mathrm{d}p=\mu g(5.4-y)2x\mathrm{d}y,$$

其中 x 与 y 由圆的方程 $x^2+y^2=(0.4)^2$ 联系着，且 $x>0$. 于是有

$$\mathrm{d}p=2\mu g(5.4-y)\sqrt{0.16-y^2}\mathrm{d}y,$$

$$p=\int_{-0.4}^{0.4}2\mu g(5.4-y)\sqrt{0.16-y^2}\mathrm{d}y$$

$$=10.8\mu g\int_{-0.4}^{0.4}\sqrt{0.16-y^2}\mathrm{d}y$$

$$=10.8\times\mu g\pi\frac{(0.4)^2}{2}$$

$$=8467.2\pi(\mathrm{N}).$$

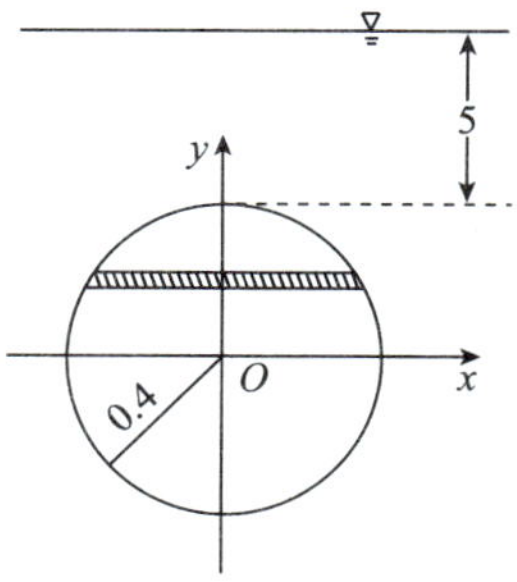

图 3-6

其中 $\mu=1.0\times10^3\text{kg/m}^3, g=9.8\text{N/kg}, \int_{-0.4}^{0.4}\sqrt{0.16-y^2}\,dy$ 为以 0.4 为半径的半个圆的面积.

【例 57】 有一半径为 4m 的半球形水池蓄满了水，现在要将水全部抽到距水池原水面 6m 高的水箱内，问至少要做多少功？

解题思路 功 = 力 × 距离. 但是不同水平面上的水抽至同一高度时，提升的距离不一样，用上述公式建立微元，应将水剖分成"一片片"，使得每一片水提升的距离一样，以此建立微元.

解 建立坐标系，以球心为坐标原点，向上作为 y 轴正向，同一水平面上的水提升的距离一样，取区间 $[y, y+dy]$，在此区间上，体积微元 $dV=\pi x^2dy$，其中 x 与 y 的关系由如图 3-7 所示圆的方程联系着：$x^2=4^2-y^2$. 提升此体积微元的水需力

$$df=\rho g\pi x^2dy.$$

提升到原水面 6m 高处，提升距离可视为常数 $(6-y)$，从而提升此微元的水需做的微功为 $dW=(6-y)\rho g\pi x^2dy$.

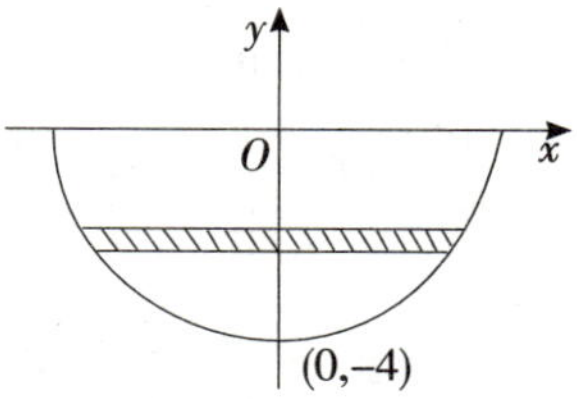

图 3-7

所以将水全部提升至原水面上方 6m 处，需做功

$$\begin{aligned}W&=\int_{-4}^{0}(6-y)\rho g\pi x^2dy\\&=\int_{-4}^{0}(6-y)\rho g\pi(16-y^2)dy\\&=320\pi\rho g(\text{J}),\end{aligned}$$

其中 $\rho=1000\text{kg/m}^3, g=9.8\text{m/s}^2$.

十五、由定积分定义的函数（数列）的极限

【例 58】 $\lim\limits_{n\to\infty}\int_0^1\frac{x^n}{1+x}dx=$ ______.

解题思路 作变量代换 $1+x=u$ 去积分，虽然可将积分做出来，但很麻烦，此法不可取. 将 $\frac{x^n}{1+x}$ 放大、缩小，再用夹逼准则处理较方便.

解

$$0\leqslant\frac{x^n}{1+x}\leqslant x^n,\quad 0\leqslant x\leqslant1,$$

从而有

$$0\leqslant\int_0^1\frac{x^n}{1+x}dx\leqslant\int_0^1x^ndx=\frac{1}{n+1}.$$

令 $n\to\infty$，由夹逼准则知 $\lim\limits_{n\to\infty}\int_0^1\frac{x^n}{1+x}dx=0$.

【评注】 **下面这个做法是错误的**：由积分中值定理，有

$$\int_0^1\frac{x^n}{1+x}dx=\frac{\xi^n}{1+\xi},\quad 0<\xi<1.$$

于是

$$\lim_{n\to\infty}\int_0^1 \frac{x^n}{1+x}\mathrm{d}x = \lim_{n\to\infty}\frac{\xi^n}{1+\xi} = 0.$$

错误的原因 这里的 ξ 与 n 有关，应写成 ξ_n，虽然 $0<\xi_n<1$，但 $\lim\limits_{n\to\infty}\xi_n^n$ 是否为 0，要确定它正确是麻烦的，因为也许 $\lim\limits_{n\to\infty}\xi_n = 1$. 做填空题时阅卷人虽然见不到考生是如何做的，但是这种做法是错的，应该指正.

【例 59】 设 $f(x)$ 在 $[0,+\infty)$ 上连续，无穷积分 $\int_0^{+\infty} f(x)\mathrm{d}x$ 收敛. 求 $\lim\limits_{y\to+\infty}\frac{1}{y}\int_0^y xf(x)\mathrm{d}x$.

解 设 $l=\int_0^{+\infty} f(x)\mathrm{d}x$，并令 $F(x)=\int_0^x f(t)\mathrm{d}t$，此时 $F'(x)=f(x)$，且 $\lim\limits_{x\to+\infty}F(x)=l$.

对于任意的 $y>0$，

$$\frac{1}{y}\int_0^y xf(x)\mathrm{d}x = \frac{1}{y}\int_0^y x\mathrm{d}F(x) = \frac{1}{y}xF(x)\Big|_0^y - \frac{1}{y}\int_0^y F(x)\mathrm{d}x = F(y)-\frac{1}{y}\int_0^y F(x)\mathrm{d}x.$$

故 $$\lim_{y\to+\infty}\frac{1}{y}\int_0^y xf(x)\mathrm{d}x = \lim_{y\to+\infty}\left[F(y)-\frac{1}{y}\int_0^y F(x)\mathrm{d}x\right] = l-\lim_{y\to+\infty}\frac{\int_0^y F(x)\mathrm{d}x}{y}$$

$$= l-\lim_{y\to+\infty}\frac{\int_0^y F(x)\mathrm{d}x}{y}\text{（洛必达法则）}$$

$$= l-\lim_{y\to+\infty}F(y) = l-l = 0.$$

【例 60】 设 f 在 $[a,b]$ 上非负连续，严格单增，且存在 $x_n\in[a,b]$ 使得 $[f(x_n)]^n = \frac{1}{b-a}\int_a^b [f(x)]^n\mathrm{d}x$，求 $\lim\limits_{n\to\infty}x_n$.

解 由于 f 在 $[a,b]$ 上非负连续，严格单增，故 $f(x)<f(b)$，$f^n(x)<f^n(b)$，则

$$\int_a^b [f(x)]^n\mathrm{d}x < (b-a)f^n(b)\text{，即}\frac{1}{b-a}\int_a^b [f(x)]^n\mathrm{d}x < f^n(b).$$

同时 $\int_{b-\frac{1}{n}}^b [f(x)]^n\mathrm{d}x < \int_a^b [f(x)]^n\mathrm{d}x$，由积分中值定理得，存在 $\xi_n\in\left(b-\frac{1}{n},b\right)$，使得

$$[f(\xi_n)]^n\cdot\frac{1}{n} = \int_{b-\frac{1}{n}}^b [f(x)]^n\mathrm{d}x,$$

则

$$\frac{1}{n(b-a)}[f(\xi_n)]^n \leqslant \frac{1}{b-a}\int_a^b [f(x)]^n\mathrm{d}x \leqslant f^n(b).$$

因此 $\frac{f(\xi_n)}{\sqrt[n]{n(b-a)}}\leqslant f(x_n)\leqslant f(b)$，由极限的保号性得：$\lim\limits_{n\to\infty}\frac{f(\xi_n)}{\sqrt[n]{n(b-a)}}\leqslant\lim\limits_{n\to\infty}f(x_n)\leqslant f(b)$，由 $\xi_n\in\left(b-\frac{1}{n},b\right)$ 知，$\lim\limits_{n\to\infty}\frac{f(\xi_n)}{\sqrt[n]{n(b-a)}} = f(b)$，由夹逼准则得 $\lim\limits_{n\to\infty}f(x_n)=f(b)$，又由 $f(x)$ 在 $[a,b]$ 上严格单增知 $\lim\limits_{n\to\infty}x_n = b$.

十六、定积分等式及不等式的证明

【例 61】 证明：$\int_1^a f\left(x^2+\frac{a^2}{x^2}\right)\frac{\mathrm{d}x}{x} = \int_1^a f\left(x+\frac{a^2}{x}\right)\cdot\frac{\mathrm{d}x}{x}$.

解题思路　比较等式左右两边被积函数的特点，可在左式中作变换 $x^2=t$.

证明　令 $x^2=t$，则 $2x\mathrm{d}x=\mathrm{d}t$，

$$\text{左边}=\frac{1}{2}\int_1^a f\left(x^2+\frac{a^2}{x^2}\right)\frac{\mathrm{d}x^2}{x^2}=\frac{1}{2}\int_1^{a^2} f\left(t+\frac{a^2}{t}\right)\frac{\mathrm{d}t}{t}$$

$$=\frac{1}{2}\int_1^a f\left(t+\frac{a^2}{t}\right)\frac{\mathrm{d}t}{t}+\frac{1}{2}\int_a^{a^2} f\left(t+\frac{a^2}{t}\right)\cdot\frac{\mathrm{d}t}{t}.$$

在上式第二项中，令 $t=\dfrac{a^2}{u}$，则

$$\int_a^{a^2} f\left(t+\frac{a^2}{t}\right)\cdot\frac{1}{t}\mathrm{d}t=\int_a^1 f\left(\frac{a^2}{u}+u\right)\cdot\frac{u}{a^2}\left(-\frac{a^2}{u^2}\right)\mathrm{d}u=\int_1^a f\left(u+\frac{a^2}{u}\right)\cdot\frac{1}{u}\mathrm{d}u,$$

左边 $=$ 右边. 从而等式得证.

【评注】 1. 注意两次变换的特点. 2. 把积分区间分解成若干小区间是定积分中常用的手法.

【例 62】　设 $f(x)$ 在 $[a,b]$ 上有二阶连续导数，又 $f(a)=f'(a)=0$，求证：

$$\int_a^b f(x)\mathrm{d}x=\frac{1}{2}\int_a^b f''(x)(x-b)^2\mathrm{d}x.$$

解题思路　从等式两边被积函数看，右边涉及二阶导数，左边为 0 阶导数，因而想到用分部积分法 $\int_a^b f(x)\mathrm{d}x=\int_a^b f(x)\mathrm{d}(x-b)$. 这样分部积分的首项 $f(x)(x-b)\Big|_a^b=0$，这一点应熟练掌握.

证明　连续利用分部积分法

$$\int_a^b f(x)\mathrm{d}x=\int_a^b f(x)\mathrm{d}(x-b)=-\int_a^b f'(x)(x-b)\mathrm{d}(x-b)$$

$$=-\frac{1}{2}\int_a^b f'(x)\mathrm{d}(x-b)^2=\frac{1}{2}\int_a^b f''(x)(x-b)^2\mathrm{d}x.$$

【评注】　也可用分部积分法从右向左降低导数的阶数.

【例 63】　设 $f(x)$ 在 $[0,1]$ 上连续且严格单调减少，试证明：当 $0<\lambda<1$ 时，

$$\int_0^\lambda f(x)\mathrm{d}x>\lambda\int_0^1 f(x)\mathrm{d}x.$$

解题思路　将 $\lambda\in(0,1)$ 看成变量，引入变限函数

$$\varphi(\lambda)=\int_0^\lambda f(x)\mathrm{d}x-\lambda\int_0^1 f(x)\mathrm{d}x,$$

将微分学中证不等式的办法用过来，称之为“变限法”，是一个比较容易掌握的方法. 这就是下面的方法一. 此外方法二与方法三也可解决本题.

证明 【方法一】 （变限法）命

$$\varphi(\lambda)=\int_0^\lambda f(x)\mathrm{d}x-\lambda\int_0^1 f(x)\mathrm{d}x,\lambda\in(0,1).$$

有 $\varphi(0)=0,\varphi(1)=0,\varphi'(\lambda)=f(\lambda)-\int_0^1 f(x)\mathrm{d}x=f(\lambda)-f(\xi)$，其中 $\xi\in(0,1)$.

当 $0<\lambda<\xi$ 时，$f(\lambda)>f(\xi),\varphi'(\lambda)>0$. 又因 $\varphi(0)=0$，所以当 $0<\lambda\leqslant\xi$ 时，$\varphi(\lambda)>0$；当 $\xi<\lambda<1$ 时，$f(\lambda)<f(\xi),\varphi'(\lambda)<0$. 又因 $\varphi(1)=0$，所以当 $\xi\leqslant\lambda<1$ 时，$\varphi(\lambda)>0$. 合并之，所以当 $\lambda\in(0,1)$ 时 $\varphi(\lambda)>0$，即

$$\int_0^\lambda f(x)\mathrm{d}x>\lambda\int_0^1 f(x)\mathrm{d}x.$$

【方法二】 $\int_0^\lambda f(x)\mathrm{d}x$ 与 $\lambda\int_0^1 f(x)\mathrm{d}x$ 的积分限不一样，不便于比较，能否使之成为一样. 采用积分换元使之变成一样：

$$\varphi(\lambda)=\int_0^\lambda f(x)\mathrm{d}x-\lambda\int_0^1 f(x)\mathrm{d}x=\int_0^1 f(\lambda t)\lambda\mathrm{d}t-\lambda\int_0^1 f(t)\mathrm{d}t$$
$$=\lambda\int_0^1(f(\lambda t)-f(t))\mathrm{d}t.$$

因为 $0<\lambda<1,t\in[0,1]$，所以 $\lambda t\leqslant t$（仅当 $t=0$ 时成立等号），由函数的严格单调性知，$f(\lambda t)\geqslant f(t)$（仅当 $t=0$ 时成立等号），于是推知 $\varphi(\lambda)>0$. 证毕.

【方法三】 $\int_0^\lambda f(x)\mathrm{d}x$ 与 $\lambda\int_0^1 f(x)\mathrm{d}x$ 的积分限不一样，将 $\int_0^1 f(x)\mathrm{d}x$ 拆成两个积分：

$$\lambda\int_0^1 f(x)\mathrm{d}x=\lambda\left[\int_0^\lambda f(x)\mathrm{d}x+\int_\lambda^1 f(x)\mathrm{d}x\right].$$

于是

$$\varphi(\lambda)=\int_0^\lambda f(x)\mathrm{d}x-\lambda\left[\int_0^\lambda f(x)\mathrm{d}x+\int_\lambda^1 f(x)\mathrm{d}x\right]$$
$$=(1-\lambda)\int_0^\lambda f(x)\mathrm{d}x-\lambda\int_\lambda^1 f(x)\mathrm{d}x$$
$$\xlongequal{\text{积分中值定理}}(1-\lambda)\lambda f(\xi_1)-\lambda(1-\lambda)f(\xi_2),$$

其中 $0<\xi_1<\lambda<\xi_2<1$，由函数的严格单调性知，$f(\xi_1)>f(\xi_2)$，所以 $\varphi(\lambda)>0$. 证毕.

【评注】 方法三中如果按照下面方式用积分中值定理，是无法得出结论的：

$$\varphi(\lambda)=\int_0^\lambda f(x)\mathrm{d}x-\lambda\int_0^1 f(x)\mathrm{d}x=\lambda f(\xi_1)-\lambda f(\xi_2),$$

其中 $0<\xi_1<\lambda,0<\xi_2<1$，弄不清楚 ξ_1 与 ξ_2 谁大谁小，这是在使用中值定理要比较大小时必须注意的一件事.

【例 64】 设 $f(x)$ 在闭区间 $[0,1]$ 上连续，证明：

$$\left[\int_0^1 f(x)\mathrm{d}x\right]^2\leqslant\int_0^1 f^2(x)\mathrm{d}x.$$

解题思路 如果能想到柯西-施瓦茨不等式，那么立刻可证. 也可以单独去证此不等式，不过要有点技巧.

解【方法一】 命 $f(x)$ 及 $g(x)\equiv 1,x\in[0,1]$. 由柯西-施瓦茨不等式，有

$$\left[\int_0^1 f(x)\cdot 1\mathrm{d}x\right]^2\leqslant\int_0^1 f^2(x)\mathrm{d}x\cdot\int_0^1 1^2\mathrm{d}x$$

即

$$\left(\int_0^1 f(x)\mathrm{d}x\right)^2\leqslant\int_0^1 f^2(x)\mathrm{d}x.$$

证毕.

【方法二】　命

$$\varphi(x)=\left[\int_0^x f(t)\mathrm{d}t\right]^2-x\int_0^x f^2(t)\mathrm{d}t, \tag{3-4}$$

有 $\varphi(0)=0$ 及

$$\begin{aligned}\varphi'(x)&=2\int_0^x f(t)\mathrm{d}t\cdot f(x)-\int_0^x f^2(t)\mathrm{d}t-xf^2(x), \quad (3-5)\\&=2\int_0^x f(t)f(x)\mathrm{d}t-\int_0^x f^2(t)\mathrm{d}t-\int_0^x f^2(x)\mathrm{d}t\\&=-\int_0^x[f(t)-f(x)]^2\mathrm{d}t\leqslant 0,当\ x\geqslant 0.\end{aligned}$$

所以当 $x\geqslant 0$ 时 $\varphi(x)\leqslant 0$，命 $x=1$ 代入，得 $\varphi(1)\leqslant 0$，即

$$\left[\int_0^1 f(x)\mathrm{d}x\right]^2\leqslant\int_0^1 f^2(x)\mathrm{d}x.$$

证毕.

【注】　(3-4) 这一步，设 $\varphi(x)$ 时在 $\int_0^x f^2(t)\mathrm{d}t$ 前添了个 x，如果只是命

$$\varphi(x)=\left[\int_0^x f(t)\mathrm{d}t\right]^2-\int_0^x f^2(t)\mathrm{d}t,$$

读者不妨一试：求 $\varphi'(x)$ 之后达不到证明 $\varphi'(x)\leqslant 0$ 的目的.

(3-5) 这一步，将没有积分号的式子 $xf^2(x)$ 写成：

$$xf^2(x)=\int_0^x f^2(x)\mathrm{d}t,$$

使得三个带积分号的式子可以合并，这是常用的手法. 所以说，本例的方法二中技术含量较高！

【例 65】　设 $a_n=\int_0^{\frac{\pi}{4}}\tan^n x\mathrm{d}x$，证明：$\dfrac{1}{2(n+1)}<a_n<\dfrac{1}{2(n-1)}$，当 $n\geqslant 2$.

解题思路　直接计算 a_n 有困难，应想到去建立一个递推公式.

解　$a_0=\int_0^{\frac{\pi}{4}}1\mathrm{d}x=\dfrac{\pi}{4}.$

$$\begin{aligned}a_n&=\int_0^{\frac{\pi}{4}}\tan^{n-2}x\tan^2x\mathrm{d}x=\int_0^{\frac{\pi}{4}}(\sec^2x-1)\tan^{n-2}x\mathrm{d}x\\&=\int_0^{\frac{\pi}{4}}\tan^{n-2}x\mathrm{d}\tan x-\int_0^{\frac{\pi}{4}}\tan^{n-2}x\mathrm{d}x\\&=\frac{1}{n-1}-a_{n-2},n\geqslant 2.\end{aligned}$$

所以 $a_n+a_{n-2}=\dfrac{1}{n-1}$.

但因 $a_n<a_{n-2}$，所以 $\dfrac{1}{n-1}=a_n+a_{n-2}>2a_n$，$a_n<\dfrac{1}{2(n-1)}$.

又由 $a_n<a_{n-2}$ 及 $\dfrac{1}{n-1}=a_n+a_{n-2}$，所以 $2a_{n-2}>a_n+a_{n-2}=\dfrac{1}{n-1}$，$a_{n-2}>\dfrac{1}{2(n-1)}$，$a_n>$

$\frac{1}{2(n+1)}$. 从而有

$$\frac{1}{2(n+1)} < a_n < \frac{1}{2(n-1)}, n \geqslant 2.$$

【评注】 对于数学二的考生，可以进一步要求证明：级数 $\sum_{n=1}^{\infty}(-1)^n a_n$ 条件收敛，你会证么？

【例 66】 设 $f(x)$ 在 $[a,b]$ 上有二阶连续导数且 $f(a)=f(b)=0$，$M=\max\limits_{[a,b]}|f''(x)|$，证明：$\left|\int_a^b f(x)\mathrm{d}x\right| \leqslant \frac{(b-a)^3}{12}M$.

解题思路 用分部积分法导出 $\int_a^b f(x)\mathrm{d}x$ 与 $f''(x)$ 的有关积分的关系.

证明

$$\begin{aligned}\int_a^b f(x)\mathrm{d}x &= \int_a^b f(x)\mathrm{d}(x-a) = -\int_a^b f'(x)(x-a)\mathrm{d}(x-b)\\ &= \int_a^b f''(x)(x-a)(x-b)\mathrm{d}x + \int_a^b f'(x)(x-b)\mathrm{d}x\\ &= \int_a^b f''(x)(x-a)(x-b)\mathrm{d}x + \int_a^b (x-b)\mathrm{d}f(x)\\ &= \int_a^b f''(x)(x-a)(x-b)\mathrm{d}x - \int_a^b f(x)\mathrm{d}x.\end{aligned}$$

则 $\int_a^b f(x)\mathrm{d}x = \frac{1}{2}\int_a^b f''(x)(x-a)(x-b)\mathrm{d}x$，因此

$$\begin{aligned}\left|\int_a^b f(x)\mathrm{d}x\right| &\leqslant \frac{1}{2}M\int_a^b (x-a)(b-x)\mathrm{d}x = \frac{1}{4}M\int_a^b (b-x)\mathrm{d}(x-a)^2\\ &= \frac{1}{4}M\int_a^b (x-a)^2\mathrm{d}x = \frac{(b-a)^3}{12}M.\end{aligned}$$

【评注】 1. 注意分部积分方法的技巧(凑 $\mathrm{d}(x-a)$).

2. 本题还可用泰勒公式来证，留作练习.

【例 67】 设 $y=f(x)$ 在 $[0,+\infty)$ 上有连续的导数，$f(x)$ 的值域为 $[0,+\infty)$，且 $f'(x)>0$，$f(0)=0$. $x=\varphi(y)$ 为 $y=f(x)$ 的反函数. 设常数 $a>0$，$b>0$，试证明：

$$\int_0^a f(x)\mathrm{d}x + \int_0^b \varphi(y)\mathrm{d}y - ab \begin{cases} =0, & \text{当 } a=\varphi(b),\\ >0, & \text{当 } a\neq\varphi(b).\end{cases}$$

解题思路 由要证明的结论看，将 $\int_0^a f(x)\mathrm{d}x + \int_0^b \varphi(y)\mathrm{d}y - ab$ 看成 a 的函数 $g(a)$，去证当 $a=\varphi(b)$ 时，$g(a)$ 达到最小值，为 0；当 $a\neq\varphi(b)$ 时，$g(a)>0$. 按这条思路去做，就是用变限法(将 a 看成变量)去讨论 $g(a)$ 的最小值(或参照最小值证不等式)，这是下面用的方法一. 由于 $x=\varphi(y)$ 是 $y=f(x)$ 的反函数，因此，通过变量代换可以将 $\int_0^a f(x)\mathrm{d}x+\int_0^b \varphi(y)\mathrm{d}y$ 合并成一个积分而化简(这种出现反函数的积分也是常考题)，这是下面要讲的方法二.

证明【方法一】 命 $g(a) = \int_0^a f(x)\mathrm{d}x + \int_0^b \varphi(y)\mathrm{d}y - ab$，

$$g'(a)=f(a)-b.$$

命 $g'(a)=0$，得 $b=f(a)$，即 $a=\varphi(b)$. 当 $0<a<\varphi(b)$ 时，由 $f'(x)>0$ 有 $f(a)<f(\varphi(b))=b$，从而知 $g'(a)<0$；当 $0<\varphi(b)<a$ 时，有 $f(\varphi(b))=b<f(a)$，从而知 $g'(a)>0$，所以 $g(\varphi(b))$ 为最小值.

为证明对任意 $b>0$，$g(\varphi(b))=\int_0^{\varphi(b)}f(x)\mathrm{d}x+\int_0^b\varphi(y)\mathrm{d}y-\varphi(b)b\equiv 0$，今采取一个巧妙的办法证之. 对 b 求导数，有

$$\begin{aligned}(g(\varphi(b)))'_b&=f(\varphi(b))\varphi'(b)+\varphi(b)-\varphi(b)-\varphi'(b)b\\&=b\varphi'(b)+\varphi(b)-\varphi(b)-\varphi'(b)b\equiv 0,\end{aligned}$$

且

$$g(\varphi(0))=\int_0^{\varphi(0)}f(x)\mathrm{d}x+\int_0^0\varphi(y)\mathrm{d}y-\varphi(0)0=0,$$

(因 $\varphi(0)=0$). 所以 $g(\varphi(b))\equiv 0$. 从而推知

$$g(a)=\int_0^a f(x)\mathrm{d}x+\int_0^b\varphi(y)\mathrm{d}y-ab\begin{cases}=0, & 当\ a=\varphi(b),\\>0, & 当\ a\neq\varphi(b).\end{cases}$$

【方法二】 对积分 $\int_0^b\varphi(y)\mathrm{d}y$ 用变量代换，之后再分部积分，有

$$\begin{aligned}&\int_0^a f(x)\mathrm{d}x+\int_0^b\varphi(y)\mathrm{d}y-ab=\int_0^a f(x)\mathrm{d}x+\int_0^{\varphi(b)}\varphi(f(x))\mathrm{d}f(x)-ab\\&=\int_0^a f(x)\mathrm{d}x+\int_0^{\varphi(b)}x\mathrm{d}f(x)-ab\\&=\int_0^a f(x)\mathrm{d}x+xf(x)\Big|_0^{\varphi(b)}-\int_0^{\varphi(b)}f(x)\mathrm{d}x-ab\\&=\int_{\varphi(b)}^a f(x)\mathrm{d}x+b\varphi(b)-ab\\&=\int_{\varphi(b)}^a f(x)\mathrm{d}x-\int_{\varphi(b)}^a b\mathrm{d}x\\&=\int_{\varphi(b)}^a(f(x)-b)\mathrm{d}x.\end{aligned}$$

若 $a>\varphi(b)$，则当 $a>x>\varphi(b)$ 时，

$f(a)>f(x)>f(\varphi(b))=b$，推知 $\int_{\varphi(b)}^a(f(x)-b)\mathrm{d}x>0$.

若 $a<\varphi(b)$，则当 $a<x<\varphi(b)$ 时，

$f(a)<f(x)<f(\varphi(b))=b$，推知 $\int_{\varphi(b)}^a(f(x)-b)\mathrm{d}x=\int_a^{\varphi(b)}(b-f(x))\mathrm{d}x>0$.

若 $a=\varphi(b)$，则 $\int_{\varphi(b)}^a(f(x)-b)\mathrm{d}x=0$，证毕.

【评注】 方法二属于用变量代换计算反函数的积分，是考研中经常见到的题型，应引起足够的重视.

【例 68】 设 $f(x)$ 在 $[a,b]$ 上存在一阶导数，$|f'(x)|\leqslant M$，且 $\int_a^b f(x)\mathrm{d}x=0$.

证明：当 $x\in[a,b]$ 时 $\left|\int_a^x f(t)\mathrm{d}t\right|\leqslant\frac{1}{8}(b-a)^2M$.

解题思路 命 $\varphi(x)=\int_a^x f(t)\mathrm{d}t$ 之后，就要证明 $|\varphi(x)|$ 的最大值 $\leqslant \frac{1}{8}(b-a)^2M$. 而

$$M\geqslant |f'(x)|=|\varphi''(x)|,$$

所以想到证明 $|\varphi(x)|$ 的最大值 $\leqslant \frac{1}{8}(b-a)^2\max\{|\varphi''(x)|\}$ 即可. $\varphi(x)$ 要与 $\varphi''(x)$ 建立关系，应想到泰勒公式(拉格朗日余项).

证明 命 $\varphi(x)=\int_a^x f(t)\mathrm{d}t$，有 $\varphi(a)=0,\varphi(b)=\int_a^b f(t)\mathrm{d}t=0$，如果 $\varphi(x)\equiv 0$，则显然有 $|\varphi(x)|\leqslant \frac{1}{8}(b-a)^2M$.

设 $\varphi(x)\not\equiv 0$，则 $|\varphi(x)|$ 在 (a,b) 内必存在最大值(>0)，设

$$\max|\varphi(x)|=|\varphi(x_0)|,x_0\in(a,b).$$

则 $\varphi(x_0)$ 必是 $\varphi(x)$ 的极大值或极小值，从而 $\varphi'(x_0)=0$. 由泰勒公式，有

$$\varphi(x)=\varphi(x_0)+\varphi'(x_0)(x-x_0)+\frac{1}{2}\varphi''(\xi)(x-x_0)^2.$$ 其中 ξ 在 x 和 x_0 之间

以 $x=a,x=b$ 分别代入，得

$$0=\varphi(x_0)+\frac{1}{2}\varphi''(\xi_1)(a-x_0)^2,\xi_1\in(a,x_0), \tag{3-6}$$

$$0=\varphi(x_0)+\frac{1}{2}\varphi''(\xi_2)(b-x_0)^2.\ \xi_2\in(x_0,b). \tag{3-7}$$

若 $a<x_0\leqslant\frac{1}{2}(a+b)$，则由式(3-6)有

$$\begin{aligned}|\varphi(x_0)|&\leqslant\left|-\frac{1}{2}\varphi''(\xi_1)\left(a-\frac{a+b}{2}\right)^2\right|\\&=\frac{1}{8}(b-a)^2|\varphi''(\xi_1)|\leqslant\frac{1}{8}(b-a)^2M,\end{aligned}$$

(其中 $|\varphi''(\xi_1)|=|f'(\xi_1)|\leqslant M$). 于是

$$\max|\varphi(x)|\leqslant\frac{1}{8}(b-a)^2M,$$

这就证明了
$$\left|\int_a^x f(t)\mathrm{d}t\right|\leqslant\frac{1}{8}(b-a)^2M.$$

若 $\frac{1}{2}(a+b)<x_0<b$，则由式(3-7)类似可证上式也成立. 证毕.

【评注】 本题实际上证明了下述命题：

设 $\varphi(x)$ 在 $[a,b]$ 上存在二阶导数，且 $\varphi(a)=0,\varphi(b)=0$，$|\varphi''(x)|\leqslant M$，则

$$|\varphi(x)|\leqslant\frac{1}{8}(b-a)^2M.$$

由二阶导数的估值证明函数的估值，想到用泰勒公式(拉格朗日余项).

【例 69】 设函数 $f(x)$ 在闭区间 $[0,1]$ 上具有连续导数，$f(0)=0,f(1)=1$.

证明：$\lim\limits_{n\to\infty}n\left(\int_0^1 f(x)\mathrm{d}x-\frac{1}{n}\sum\limits_{k=1}^{n}f\left(\frac{k}{n}\right)\right)=-\frac{1}{2}$.

证明 将区间 $[0,1]$ 分成 n 等份，设分点 $x_k=\frac{k}{n}$，则 $\Delta x_k=\frac{1}{n}$，且

$$
\begin{aligned}
&\lim_{n\to\infty} n\left(\int_0^1 f(x)\mathrm{d}x - \frac{1}{n}\sum_{k=1}^{n} f\left(\frac{k}{n}\right)\right)\\
=&\lim_{n\to\infty} n\left(\int_0^1 f(x)\mathrm{d}x - \sum_{k=1}^{n} f(x_k)\Delta x_k\right)\\
=&\lim_{n\to\infty} n\left(\sum_{k=1}^{n}\int_{x_{k-1}}^{x_k}[f(x)-f(x_k)]\mathrm{d}x\right)\\
=&\lim_{n\to\infty} n\left(\sum_{k=1}^{n}\int_{x_{k-1}}^{x_k}\frac{f(x)-f(x_k)}{x-x_k}(x-x_k)\mathrm{d}x\right)\\
=&\lim_{n\to\infty} n\left(\sum_{k=1}^{n}\frac{f(\xi_k)-f(x_k)}{\xi_k-x_k}\int_{x_{k-1}}^{x_k}(x-x_k)\mathrm{d}x\right)，其中\ \xi_k\in(x_{k-1},x_k)\\
=&\lim_{n\to\infty} n\left(\sum_{k=1}^{n}f'(\eta_k)\int_{x_{k-1}}^{x_k}(x-x_k)\mathrm{d}x\right)，其中\ \eta_k\in(\xi_k,x_k)\\
=&\lim_{n\to\infty} n\left(\sum_{k=1}^{n}f'(\eta_k)\left[-\frac{1}{2}(x_{k-1}-x_k)^2\right]\right)\\
=&-\frac{1}{2}\lim_{n\to\infty}\left(\sum_{k=1}^{n}f'(\eta_k)(x_{k-1}-x_k)\right)\\
=&-\frac{1}{2}\int_0^1 f'(x)\mathrm{d}x=-\frac{1}{2}.
\end{aligned}
$$

十七、零点问题

与微分学中类似，定积分与变限积分中也有零点问题. 处理的办法，一是化成变限积分看成变限的函数，用微分学中的办法(参见第二章 §3)，二是利用积分中值定理.

【例 70】 设 $f(x)$ 在$[0,1]$上连续，$\int_0^1 f(x)\mathrm{d}x=0$. 试证明：至少存在一点 $\xi\in(0,1)$，使 $\int_0^{\xi} f(t)\mathrm{d}t=f(\xi)$.

解题思路 即欲证 $\int_0^x f(t)\mathrm{d}t-f(x)$ 在 $(0,1)$ 内存在零点. 引入 $F(x)=\int_0^x f(t)\mathrm{d}t$ 之后，可用微分学办法处理.

证明 命 $F(x)=\int_0^x f(t)\mathrm{d}t$，问题成为证明存在 $\xi\in(0,1)$ 使 $F(\xi)-F'(\xi)=0$. 按第二章中“微分方程法”作 $\varphi(x)$ 用罗尔定理，命(作法见题后的评注)

$$\varphi(x)=\mathrm{e}^{-x}F(x),$$

有 $\varphi(0)=F(0)=0,\varphi(1)=\mathrm{e}^{-1}F(1)=\mathrm{e}^{-1}\int_0^1 f(t)\mathrm{d}t=0$，$\varphi(x)$ 在$[0,1]$上连续，在$(0,1)$内可导，由罗尔定理知，存在 $\xi\in(0,1)$ 使 $\varphi'(\xi)=0$，即

$$\mathrm{e}^{-\xi}F'(\xi)-\mathrm{e}^{-\xi}F(\xi)=0,$$

即

$$F'(\xi)-F(\xi)=0,$$

亦即 $\int_0^{\xi} f(t)\mathrm{d}t=f(\xi)$. 证毕.

【评注】 将 $F(x)-F'(x)=0$ 看成一个微分方程 $\frac{\mathrm{d}F(x)}{\mathrm{d}x}=F(x)$，分离变量解之，得

$\ln(F(x))=x+C_1, F(x)=Ce^x, e^{-x}F(x)=C$，命 $\varphi(x)=e^{-x}F(x)$ 便可.

【例 71】 设 $f(x)$ 在区间 $[0,1]$ 上连续，且 $\int_0^1 f(x)dx=c\neq 0$. 证明：在开区间 $(0,1)$ 内至少存在不同的两点 $\xi_1\in(0,1)$ 与 $\xi_2\in(0,1)$，$\xi_1\neq\xi_2$，使

$$\frac{1}{f(\xi_1)}+\frac{1}{f(\xi_2)}=\frac{2}{c}.$$

解题思路 由 $\int_0^1 f(x)dx=c$，对 $\int_0^1 f(x)dx$ 用积分中值定理，存在 $\xi_1\in(0,1)$ 使 $c=\int_0^1 f(x)dx=f(\xi_1)(1-0)=f(\xi_1)$. 需另有 $\xi_2\in(0,1)$ 使 $\int_0^1 f(x)dx=f(\xi_2)(1-0)=f(\xi_2)$. 于是

$$\frac{1}{f(\xi_1)}+\frac{1}{f(\xi_2)}=\frac{1}{c}+\frac{1}{c}=\frac{2}{c}.$$

但题中要求 $\xi_1\neq\xi_2$，而按上面证明的过程，看不出 $\xi_1\neq\xi_2$. 所以得另想办法.

证明 命 $F(x)=\frac{1}{c}\int_0^x f(t)dt, x\in(0,1]$. $F(0)=0, F(1)=1$. $F(x)$ 是 $x\in[0,1]$ 上的可导函数，由连续函数介值定理知，存在 $\xi\in(0,1)$ 使 $F(\xi)=\frac{1}{2}$，即

$$F(\xi)=\frac{1}{c}\int_0^{\xi} f(t)dt=\frac{1}{2}, \xi\in(0,1).$$

对 $F(x)$ 在区间 $[0,\xi]$ 上及区间 $[\xi,1]$ 上分别用拉格朗日中值定理，有

$$F'(\xi_1)(\xi-0)=F(\xi)-F(0)=\frac{1}{2}-0=\frac{1}{2}, \xi_1\in(0,\xi),$$

$$F'(\xi_2)(1-\xi)=F(1)-F(\xi)=1-\frac{1}{2}=\frac{1}{2}, \xi_2\in(\xi,1).$$

即

$$\frac{1}{c}f(\xi_1)\xi=\frac{1}{2}, \frac{1}{c}f(\xi_2)(1-\xi)=\frac{1}{2},$$

$$\frac{1}{f(\xi_1)}=\frac{2\xi}{c}, \frac{1}{f(\xi_2)}=\frac{2(1-\xi)}{c},$$

$$\frac{1}{f(\xi_1)}+\frac{1}{f(\xi_2)}=\frac{2}{c}, 0<\xi_1<\xi<\xi_2<1, \text{证毕}.$$

【注】 这种问题有人称之为双中值问题. 微分学中的"双中值"问题曾考过.

【例 72】 设 $F(x)=\int_{-1}^1 |x-t|e^{-t^2}dt-\frac{1}{2}(1+e^{-1})$，讨论 $F(x)$ 在区间 $(-\infty,+\infty)$ 上零点的个数问题.

解题思路 先证 $F(x)$ 为偶函数（一般情况下，设 $f(x)$ 连续，使 $F(x)=\int_{-a}^a |x-t|f(t)dt$ 有与 $f(x)$ 相同的奇、偶性），然后讨论 $F(x)$ 在 $0\leqslant x<+\infty$ 上的单调性，划分单调区间，再讨论单调区间两端处 $F(x)$ 的符号，便可得到 $F(x)$ 的零点个数.

解 记 $\varphi(x)=\int_{-1}^{1}|x-t|e^{-t^2}dt$，有

$$\varphi(-x)=\int_{-1}^{1}|-x-t|e^{-t^2}dt=\int_{-1}^{1}|x+t|e^{-t^2}dt$$
$$=\int_{1}^{-1}|x-u|e^{-u^2}(-du)=\int_{-1}^{1}|x-u|e^{-u^2}du=\varphi(x),$$

所以 $\varphi(x)$ 及 $F(x)$ 为偶函数. 以下只需讨论 $0\leqslant x<+\infty$ 上的 $F(x)$ 的性态即可.

当 $0\leqslant x<1$ 时，

$$F(x)=\int_{-1}^{x}|x-t|e^{-t^2}dt+\int_{x}^{1}|x-t|e^{-t^2}dt-\frac{1}{2}(1+e^{-1})$$
$$=\int_{-1}^{x}(x-t)e^{-t^2}dt+\int_{x}^{1}(t-x)e^{-t^2}dt-\frac{1}{2}(1+e^{-1})$$
$$=x\int_{-1}^{x}e^{-t^2}dt-\int_{-1}^{x}te^{-t^2}dt+\int_{x}^{1}te^{-t^2}dt-x\int_{x}^{1}e^{-t^2}dt-\frac{1}{2}(1+e^{-1}),$$
$$F'(x)=\int_{-1}^{x}e^{-t^2}dt-\int_{x}^{1}e^{-t^2}dt=\int_{-1}^{x}e^{-t^2}dt+\int_{-x}^{-1}e^{-t^2}dt$$
$$=\int_{-x}^{x}e^{-t^2}dt=2\int_{0}^{x}e^{-t^2}dt>0.$$

当 $1\leqslant x<+\infty$ 时，

$$F(x)=\int_{-1}^{1}(x-t)e^{-t^2}dt-\frac{1}{2}(1+e^{-1})=2x\int_{0}^{1}e^{-t^2}dt-\frac{1}{2}(1+e^{-1}),$$
$$F'(x)=2\int_{0}^{1}e^{-t^2}dt>0.$$

并且

$$F(1)=2\int_{0}^{1}e^{-t^2}dt-\frac{1}{2}(1+e^{-1})=\lim_{x\to1^+}F(x),$$
$$\lim_{x\to1^-}F(x)=2\int_{0}^{1}e^{-t^2}dt-\frac{1}{2}(1+e^{-1}),$$

$F(x)$ 在 $x=1$ 处连续，所以在 $0\leqslant x<+\infty$ 上 $F(x)$ 严格单调增加. 又

$$F(0)=-\int_{-1}^{0}te^{-t^2}dt+\int_{0}^{1}te^{-t^2}dt-\frac{1}{2}(1+e^{-1})=\frac{1}{2}-\frac{3}{2}e^{-1}<0,$$
$$F(1)=2\int_{0}^{1}e^{-t^2}dt-\frac{1}{2}(1+e^{-1})>2\int_{0}^{1}e^{-t}dt-\frac{1}{2}(1+e^{-1})$$
$$=\frac{3}{2}-\frac{5}{2}e^{-1}>0,$$

所以 $F(x)$ 在 $(0,+\infty)$ 内有且仅有 1 个零点，在 $(-\infty,+\infty)$ 内有且仅有 2 个零点.

【例 73】　设 $f(x)$ 在 $[a,b]$ 上存在二阶导数. 试证明：存在 $\xi,\eta\in(a,b)$，使

(1) $\int_{a}^{b}f(t)dt=f\left(\frac{a+b}{2}\right)(b-a)+\frac{1}{24}f''(\xi)(b-a)^3$；

(2) $\int_{a}^{b}f(t)dt=\frac{1}{2}(f(a)+f(b))(b-a)-\frac{1}{12}f''(\eta)(b-a)^3$.

解题思路 将 $\int_{a}^{b}f(t)dt$ 看成变限函数，用泰勒公式，设法消去式中不出现的项即可.

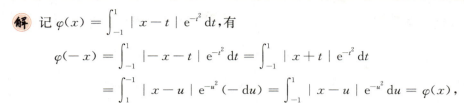

证明 (1) 命 $\varphi(x)=\int_{x_0}^{x}f(t)\mathrm{d}t$，将 $\varphi(x)$ 在 $x=x_0$ 处展开成泰勒公式至 $n=2$，有

$$\varphi(x)=\varphi(x_0)+\varphi'(x_0)(x-x_0)+\frac{1}{2}\varphi''(x_0)(x-x_0)^2+\frac{1}{3!}\varphi'''(\xi)(x-x_0)^3.$$

$\varphi(x_0)=0,\varphi'(x_0)=f(x_0),\varphi''(x_0)=f'(x_0),\varphi'''(\xi)=f''(\xi)$，其中 $\xi\in(x_0,x)$ 或 $\xi\in(x,x_0)$. 以 $\varphi(x)=\int_{x_0}^{x}f(t)\mathrm{d}t$ 代入得

$$\int_{x_0}^{x}f(t)\mathrm{d}t=f(x_0)(x-x_0)+\frac{1}{2}f'(x_0)(x-x_0)^2+\frac{1}{6}f''(\xi)(x-x_0)^3.$$

对照欲证的式子，命 $x_0=\frac{a+b}{2}$，再分别以 $x=a,x=b$ 代入，两式相减，得

$$\int_a^b f(t)\mathrm{d}t=f\left(\frac{a+b}{2}\right)(b-a)+\frac{1}{48}[f''(\xi_1)+f''(\xi_2)](b-a)^3.$$

因 $f(x)$ 在$[a,b]$上存在二阶导数，$\frac{1}{2}(f''(\xi_1)+f''(\xi_2))$ 介于 $f''(\xi_1)$ 与 $f''(\xi_2)$ 之间，存在 $\xi\in[\xi_1,\xi_2]$（或 $\xi\in[\xi_2,\xi_1]$）使

$$f''(\xi)=\frac{1}{2}[f''(\xi_1)+f''(\xi_2)],$$

于是知存在 $\xi\in(a,b)$ 使

$$\int_a^b f(t)\mathrm{d}t=f\left(\frac{a+b}{2}\right)(b-a)+\frac{1}{24}f''(\xi)(b-a)^3,a<\xi<b.$$

(2) 用常数 k 值法，命

$$\frac{\int_a^b f(t)\mathrm{d}t-\frac{1}{2}(f(a)+f(b))(b-a)}{(b-a)^3}=K,$$

作函数

$$F(x)=\int_a^x f(t)\mathrm{d}t-\frac{1}{2}(f(x)+f(a))(x-a)-K(x-a)^3,$$

有 $F(a)=0,F(b)=0$，所以存在 $\eta_1\in(a,b)$ 使 $F'(\eta_1)=0$，即

$$f(\eta_1)-\frac{1}{2}f'(\eta_1)(\eta_1-a)-\frac{1}{2}(f(\eta_1)+f(a))-3K(\eta_1-a)^2=0.$$

化简为

$$f(\eta_1)-f(a)-f'(\eta_1)(\eta_1-a)-6K(\eta_1-a)^2=0.$$

又由泰勒公式有

$$f(a)=f(\eta_1)+f'(\eta_1)(a-\eta_1)+\frac{1}{2}f''(\eta)(a-\eta_1)^2,a<\eta<\eta_1.$$

由上述两式即可得，存在 $\eta\in(a,b)$ 使

$$f''(\eta)=-12K=-12\left(\frac{\int_a^b f(t)\mathrm{d}t-\frac{1}{2}(f(a)+f(b))(b-a)}{(b-a)^3}\right),$$

即(2)成立.

【例 74】 设 k 为正整数，$F(x)=\int_0^x \mathrm{e}^{-t^4}\mathrm{d}t+\int_2^{\mathrm{e}^{kx}}\sqrt{t^4+1}\mathrm{d}t$.

(1) 证明：$F(x)$ 存在唯一的零点，记为 x_k；

(2) 证明$\lim\limits_{n\to\infty}\sum\limits_{k=1}^{n}x_k^2$ 存在，且其极限值小于 2.

解题思路 (1) 的两个积分都无法计算，所以只能先用估值的办法，再使用连续函数介值定理，估出零点的位置，然后在(2) 中用适当的方法求出极限.

证明 (1)$F(0)=\int_2^1\sqrt{t^4+1}\,\mathrm{d}t<0$，$F\left(\frac{1}{k}\right)=\int_0^{\frac{1}{k}}\mathrm{e}^{-t^4}\,\mathrm{d}t+\int_2^{\mathrm{e}}\sqrt{t^4+1}\,\mathrm{d}t>0$，故至少存在一个零点. 又 $F'(x)=\mathrm{e}^{-x^4}+\sqrt{\mathrm{e}^{4kx}+1}\cdot k\mathrm{e}^{kx}>0$，故至多存在一个零点，所以 $F(x)$ 有且仅有一个零点，记为 x_k，且 $0<x_k<\frac{1}{k}$.

$$
\begin{aligned}
(2)\ \sum_{k=1}^{n}x_k^2&<\sum_{k=1}^{n}\frac{1}{k^2}=1+\sum_{k=2}^{n}\frac{1}{k^2}<1+\sum_{k=2}^{n}\frac{1}{k(k-1)}\\
&=1+\left(1-\frac{1}{2}\right)+\left(\frac{1}{2}-\frac{1}{3}\right)+\cdots+\left(\frac{1}{n-1}-\frac{1}{n}\right)=2-\frac{1}{n},
\end{aligned}
$$

所以$\lim\limits_{n\to\infty}\sum\limits_{k=1}^{n}x_k^2$ 存在且该极限值 <2.

扫码看专属视频课

第四章　多元函数微积分学

考点与要求

理解　掌握　多元函数的极值和极值存在的必要条件，条件极值的概念和拉格朗日乘数法求条件极值，二重积分的概念，二重积分的计算方法（直角坐标，极坐标）.

了解　会用　多元函数的概念，二元函数的几何意义，二元函数极限与连续的概念，有界闭区域上连续函数的性质，偏导数和全微分的概念，多元复合函数一阶、二阶偏导数的求法，全微分的求法，隐函数存在定理，隐函数的偏导数，二元函数极值存在的充分条件，简单多元函数的最大值和最小值及其简单应用，二重积分的性质及中值定理.

内容精讲

§1　多元函数的极限、连续、偏导数与全微分（概念）

4.1.1　二元函数的概念

定义　设 D 是平面上的一个点集，如果对每一个点 $P(x,y)\in D$，变量 z 按照一定法则总有确定的值和它对应，则称 z 是变量 x,y 的二元函数，记为 $z=f(x,y)$，其中点集 D 称为函数 $f(x,y)$ 的定义域，x,y 称为自变量，z 称为因变量，数集 $\{z\mid z=f(x,y),(x,y)\in D\}$ 称为函数 $z=f(x,y)$ 的值域.

类似地，可以定义三元函数 $u=f(x,y,z)$ 及三元以上的函数.

4.1.2　二元函数的几何意义

定义　空间点集 $\{(x,y,z)\mid z=f(x,y),(x,y)\in D\}$ 称为二元函数 $z=f(x,y)$ 的图形.通常情况下，二元函数 $z=f(x,y)$ 的图形是一张曲面.

4.1.3　重极限的概念

定义　设函数 $f(x,y)$ 在开区域（或闭区域）D 内有定义，$P_0(x_0,y_0)$ 是 D 的内点或边界点，如果对任意给定的 $\varepsilon>0$，$\exists\delta>0$，使得对适合不等式

$$0<\sqrt{(x-x_0)^2+(y-y_0)^2}<\delta$$

且 $P(x,y)\in D$ 的一切 $P(x,y)$ 都有 $|f(x,y)-A|<\varepsilon$，则称 A 为 $f(x,y)$ 当 $x\to x_0,y\to y_0$ 时的极限，记为 $\lim\limits_{\substack{x\to x_0\\y\to y_0}}f(x,y)=A$.

【注】　(1) 二元函数的重极限是指定义域 D 中的点 $P(x,y)$ 以任何方式趋于点 $P_0(x_0,y_0)$

时，函数 $f(x,y)$ 都无限趋近于同一常数 A. 换言之，若点 $P(x,y)$ 沿两种不同路径趋向于点 $P_0(x_0,y_0)$ 时，$f(x,y)$ 趋于不同常数，或点 $P(x,y)$ 沿某一路径趋于 $P_0(x_0,y_0)$ 时，$f(x,y)$ 的极限不存在，则重极限 $\lim\limits_{\substack{x\to x_0\\ y\to y_0}} f(x,y)$ 不存在. 这是证明重极限不存在常用的有效方法.

(2) 重极限的极限运算(有理运算，复合运算)和性质(保号性，夹逼性，局部有界性，极限与无穷小的关系)与一元函数完全类似.

4.1.4　二元函数连续的概念

定义　设函数 $f(x,y)$ 在开区域(或闭区域)D 内有定义，$P_0(x_0,y_0)$ 是 D 的内点或边界点，且 $P_0\in D$，如果 $\lim\limits_{\substack{x\to x_0\\ y\to y_0}} f(x,y)=f(x_0,y_0)$，则称函数 $f(x,y)$ 在点 $P_0(x_0,y_0)$ 连续.

4.1.5　连续函数的性质

定义　多元函数有与一元函数完全类似的性质.

(1) 连续函数的和、差、积、商(分母不为零)均是连续函数，连续函数的复合函数仍为连续函数.

(2)(最大最小值定理)在有界闭区域 D 上连续的函数，在该区域 D 上有最大值和最小值.

(3)(介值定理)在有界闭区域 D 上连续的函数，可取到它在该区域上的最小值与最大值之间的任何值.

一切多元初等函数在其定义区域内处处连续. 这里的定义区域是指包含在定义域内的区域或闭区域.

4.1.6　偏导数的概念

定义　设函数 $z=f(x,y)$ 在点 (x_0,y_0) 的某一邻域内有定义，如果

$$\lim_{\Delta x\to 0}\frac{f(x_0+\Delta x,y_0)-f(x_0,y_0)}{\Delta x}$$

存在，则称此极限为函数 $z=f(x,y)$ 在点 (x_0,y_0) 处对 x 的偏导数，记为 $f'_x(x_0,y_0)$.

类似地可定义

$$f'_y(x_0,y_0)=\lim_{\Delta y\to 0}\frac{f(x_0,y_0+\Delta y)-f(x_0,y_0)}{\Delta y}.$$

【注】　由以上定义不难看出偏导数本质上是一元函数的导数. 事实上偏导数 $f'_x(x_0,y_0)$ 就是一元函数 $\varphi(x)=f(x,y_0)$ 在 $x=x_0$ 处的导数，即

$$f'_x(x_0,y_0)=\varphi'(x_0)=\frac{\mathrm{d}}{\mathrm{d}x}f(x,y_0)\Big|_{x=x_0}.$$

而偏导数 $f'_y(x_0,y_0)$ 就是一元函数 $\psi(y)=f(x_0,y)$ 在 $y=y_0$ 处的导数，即 $f'_y(x_0,y_0)=\psi'(y_0)=\dfrac{\mathrm{d}}{\mathrm{d}y}f(x_0,y)\Big|_{y=y_0}$.

4.1.7　偏导数的几何意义

定义　偏导数 $f'_x(x_0,y_0)$ 在几何上表示曲面 $z=f(x,y)$ 与平面 $y=y_0$ 的交线在点 $M_0(x_0,y_0,f(x_0,y_0))$ 处的切线 T_x 对 x 轴的斜率(如图 4-1)，$f'_x(x_0,y_0)=\tan\alpha$.

偏导数 $f'_y(x_0,y_0)$ 在几何上表示曲面 $z=f(x,y)$ 与平面 $x=x_0$ 的交线在点 $M_0(x_0,y_0,f(x_0,y_0))$ 处的切线 T_y 对 y 轴的斜率(如图 4-1)，$f'_y(x_0,y_0)=\tan\beta$.

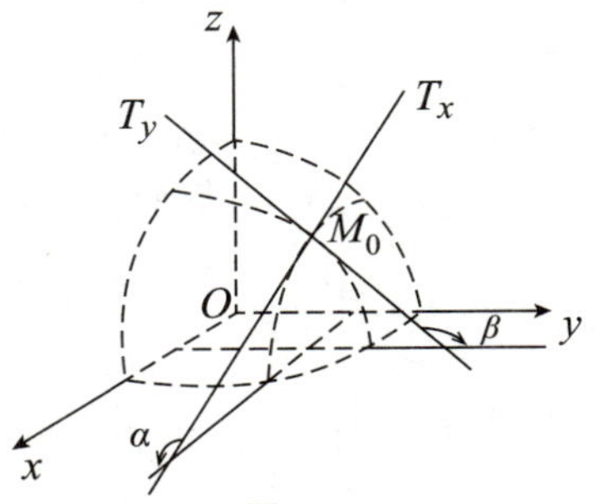

图 4-1

4.1.8 全微分的概念

定义 如果函数 $z=f(x,y)$ 在点 (x,y) 处的全增量 $\Delta z=f(x+\Delta x,y+\Delta y)-f(x,y)$ 可表示为

$$\Delta z=A\Delta x+B\Delta y+o(\rho),$$

其中 A,B 不依赖于 $\Delta x,\Delta y$，而仅与 x,y 有关，$\rho=\sqrt{(\Delta x)^2+(\Delta y)^2}$，则称函数 $z=f(x,y)$ 在点 (x,y) 可微. 而 $A\Delta x+B\Delta y$ 称为函数 $z=f(x,y)$ 在点 (x,y) 的微分，记为

$$\mathrm{d}z=A\Delta x+B\Delta y.$$

4.1.9 可微的必要条件

定理 如果函数 $z=f(x,y)$ 在点 (x,y) 处可微，则该函数在点 (x,y) 处的偏导数 $\frac{\partial z}{\partial x},\frac{\partial z}{\partial y}$ 必定存在，且

$$\mathrm{d}z=\frac{\partial z}{\partial x}\mathrm{d}x+\frac{\partial z}{\partial y}\mathrm{d}y.$$

4.1.10 可微的充分条件

定理 如果函数 $z=f(x,y)$ 的偏导数 $\frac{\partial z}{\partial x}$ 和 $\frac{\partial z}{\partial y}$ 在点 (x,y) 处连续，则函数 $z=f(x,y)$ 在该点可微.

4.1.11 多元函数连续、可导、可微之间的关系

对二元函数 $z=f(x,y)$，我们称它在点 (x,y) 可导是指它在点 (x,y) 处两个一阶偏导数 $\frac{\partial z}{\partial x},\frac{\partial z}{\partial y}$ 都存在，则二元函数的连续、可导及可微的关系是

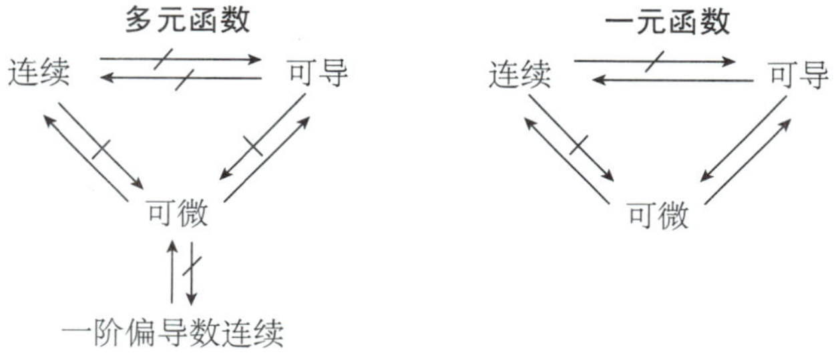

由上图可以看出一元函数和多元函数的连续、可导、可微之间的关系主要不同在于，一元函数可导能推得连续，也能推得可微；而多元函数的可导既不能推得连续，也不能推得可微. 其主要原因在于多元的可导是指一阶偏导数存在，而偏导数是用一元函数极限定义的 $\left(f'_x(x_0,y_0)=\lim\limits_{x\to x_0}\frac{f(x,y_0)-f(x_0,y_0)}{x-x_0},f'_y(x_0,y_0)=\lim\limits_{y\to y_0}\frac{f(x_0,y)-f(x_0,y_0)}{y-y_0}\right)$，其动点 (x,y_0)（或 (x_0,y)）沿 x（或 y）轴方向趋于 (x_0,y_0)，它只与点 (x_0,y_0) 邻域内过该点且平行于两坐标轴的十字架方向函数值有关；而连续（$\lim\limits_{(x,y)\to(x_0,y_0)}f(x,y)=f(x_0,y_0)$）和可微（$f(x,y)-f(x_0,y_0)=A(x-x_0)+B(y-y_0)+o(\rho)$）都是用重极限定义的，其动点 (x,y) 是以任意方式趋于 (x_0,y_0)，它与点 (x_0,y_0) 邻域内函数值有关.

§2 多元函数的微分法

本节内容主要是多元函数微分法，其核心是复合函数求导法和隐函数求导法. 本节内容是多元函数微分学部分方法性的内容，是考研的一个重点，要通过一定量的练习，掌握复合函数

求导法和隐函数求导法.

4.2.1　多元函数与一元函数的复合求导法则

定理　如果函数 $u=\varphi(t), v=\psi(t)$ 都在点 t 可导，函数 $z=f(u,v)$ 在对应点(u,v) 具有连续一阶偏导数，则复合函数$z=f[\varphi(t),\psi(t)]$ 在点 t 可导，且

$$\frac{\mathrm{d}z}{\mathrm{d}t}=\frac{\partial z}{\partial u}\frac{\mathrm{d}u}{\mathrm{d}t}+\frac{\partial z}{\partial v}\frac{\mathrm{d}v}{\mathrm{d}t}.$$

【注】　由于上面的函数 $z=f[\varphi(t),\psi(t)]$ 仅是 t 的一元函数，这里的$\frac{\mathrm{d}z}{\mathrm{d}t}$称为全导数.

4.2.2　多元函数与多元函数的复合求导法则

定理　如果函数 $u=\varphi(x,y), v=\psi(x,y)$ 在点(x,y) 有对 x,y 的偏导数，函数 $z=f(u,v)$ 在对应点有连续一阶偏导数，则复合函数 $z=f[\varphi(x,y),\psi(x,y)]$ 在点(x,y) 有对 x,y 的偏导数，且

$$\frac{\partial z}{\partial x}=\frac{\partial z}{\partial u}\frac{\partial u}{\partial x}+\frac{\partial z}{\partial v}\frac{\partial v}{\partial x},\frac{\partial z}{\partial y}=\frac{\partial z}{\partial u}\frac{\partial u}{\partial y}+\frac{\partial z}{\partial v}\frac{\partial v}{\partial y}.$$

【注】　定理 4.2.1 和定理 4.2.2 所给出的复合函数求导法则是常用的重要法则，两个定理中给出的求导公式不必硬背，关键是要理解并掌握复合函数求导法则. 通常先通过“树形图”分析清楚变量之间的关系，然后利用“树形图”就可写出导数公式，这种方法在解题时可自如地应用.

(1) 变量之间的树形图.

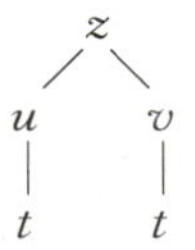

(定理 4.2.1)

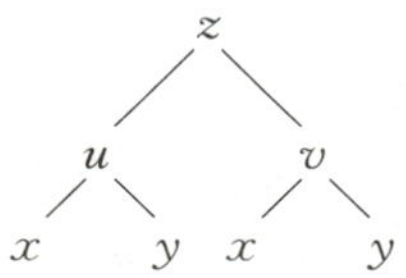

(定理 4.2.2)

通过“树形图”可清楚看出，谁是自变量，谁是中间变量，谁是谁的函数. 出现在“树形图”各个树枝末端的变量为自变量. 如由定理 4.2.1 的“树形图”可以看出，出现在树枝末端的变量只有一个，那就是 t，则 t 是自变量，z 是 t 的一元函数；由定理 4.2.2 的“树形图”可以看出，出现在“树形图”各个树枝末端是 x 和 y，所以 x 和 y 是自变量，z 是 x 和 y 的二元函数. 通过“树形图”也可清楚地看出中间变量，出现在树枝之间的变量为中间变量，由上图不难看出，对定理 4.2.1 和定理 4.2.2 所讨论的复合函数，中间变量均为 u 和 v.

(2) 偏导数计算公式的结构.

由定理 4.2.1 和定理 4.2.2 中给出的导数公式不难看出，等式右端往往是若干项之和，而每一项都是若干个导数之积，并且有以下规律：

① 对某自变量导数的项数 = “树形图”中各树枝末端出现该自变量的个数.

② 各项中偏导乘积的因子数 = 因变量与树枝末端该自变量之间的树枝数.

4.2.3　全微分形式不变性

设函数 $z=f(u,v)$ 和 $u=\varphi(x,y), v=\psi(x,y)$ 都具有连续一阶偏导数，则复合函数 $z=f[\varphi(x,y),\psi(x,y)]$ 可微，且

$$\mathrm{d}z=\frac{\partial z}{\partial x}\mathrm{d}x+\frac{\partial z}{\partial y}\mathrm{d}y.$$

由以上定理 4.2.2 知，$\frac{\partial z}{\partial x}=\frac{\partial z}{\partial u}\frac{\partial u}{\partial x}+\frac{\partial z}{\partial v}\frac{\partial v}{\partial x},\frac{\partial z}{\partial y}=\frac{\partial z}{\partial u}\frac{\partial u}{\partial y}+\frac{\partial z}{\partial v}\frac{\partial v}{\partial y}$. 将$\frac{\partial z}{\partial x}$ 和$\frac{\partial z}{\partial y}$ 代入上式得

$$\begin{aligned}\mathrm{d}z &= \left(\frac{\partial z}{\partial u}\frac{\partial u}{\partial x}+\frac{\partial z}{\partial v}\frac{\partial v}{\partial x}\right)\mathrm{d}x+\left(\frac{\partial z}{\partial u}\frac{\partial u}{\partial y}+\frac{\partial z}{\partial v}\frac{\partial v}{\partial y}\right)\mathrm{d}y\\ &= \frac{\partial z}{\partial u}\left(\frac{\partial u}{\partial x}\mathrm{d}x+\frac{\partial u}{\partial y}\mathrm{d}y\right)+\frac{\partial z}{\partial v}\left(\frac{\partial v}{\partial x}\mathrm{d}x+\frac{\partial v}{\partial y}\mathrm{d}y\right)\\ &= \frac{\partial z}{\partial u}\mathrm{d}u+\frac{\partial z}{\partial v}\mathrm{d}v.\end{aligned}$$

由此可见，无论是把 z 看作自变量 x 和 y 的函数，还是把 z 看作中间变量 u 和 v 的函数，它的微分 $\mathrm{d}z=\frac{\partial z}{\partial x}\mathrm{d}x+\frac{\partial z}{\partial y}\mathrm{d}y$ 和 $\mathrm{d}z=\frac{\partial z}{\partial u}\mathrm{d}u+\frac{\partial z}{\partial v}\mathrm{d}v$ 具有同样的形式. 这个性质叫全微分形式不变性.

4.2.4 高阶偏导数的概念

设函数 $z=f(x,y)$ 在区域 D 内具有偏导数，

$$\frac{\partial z}{\partial x}=f'_x(x,y),\frac{\partial z}{\partial y}=f'_y(x,y),$$

如果 $f'_x(x,y)$ 和 $f'_y(x,y)$ 的偏导数也存在，则称它们是函数 $z=f(x,y)$ 的二阶导数. 二阶导数有以下四个

$$\frac{\partial^2 z}{\partial x^2}=\frac{\partial}{\partial x}\left(\frac{\partial z}{\partial x}\right)=f''_{xx}(x,y),\frac{\partial^2 z}{\partial x\partial y}=\frac{\partial}{\partial y}\left(\frac{\partial z}{\partial x}\right)=f''_{xy}(x,y),$$

$$\frac{\partial^2 z}{\partial y\partial x}=\frac{\partial}{\partial x}\left(\frac{\partial z}{\partial y}\right)=f''_{yx}(x,y),\frac{\partial^2 z}{\partial y^2}=\frac{\partial}{\partial y}\left(\frac{\partial z}{\partial y}\right)=f''_{yy}(x,y),$$

其中 $\frac{\partial^2 z}{\partial x\partial y}$ 和 $\frac{\partial^2 z}{\partial y\partial x}$ 称为混合偏导数. 类似地可得到三阶、四阶、…、n 阶偏导数，二阶及二阶以上的偏导数统称为高阶偏导数.

4.2.5 混合偏导数与求导次序无关问题

定理 若函数 $z=f(x,y)$ 的两个混合偏导数 $\frac{\partial^2 z}{\partial x\partial y}$ 和 $\frac{\partial^2 z}{\partial y\partial x}$ 在点 (x_0,y_0) 都连续，则在 (x_0,y_0) 点 $\frac{\partial^2 z}{\partial x\partial y}=\frac{\partial^2 z}{\partial y\partial x}$.

4.2.6 由一个方程式确定的隐函数（一元函数）求导法

设 $F(x,y)$ 有连续一阶偏导数，且 $F'_y\neq 0$，则由方程 $F(x,y)=0$ 确定的函数 $y=y(x)$ 可导，且

$$\frac{\mathrm{d}y}{\mathrm{d}x}=-\frac{F'_x}{F'_y}.$$

4.2.7 由一个方程式确定的隐函数（二元函数）求导法

设 $F(x,y,z)$ 有连续一阶偏导数，且 $F'_z\neq 0$，$z=z(x,y)$ 由方程 $F(x,y,z)=0$ 所确定，则

$$\frac{\partial z}{\partial x}=-\frac{F'_x}{F'_z},\quad \frac{\partial z}{\partial y}=-\frac{F'_y}{F'_z}.$$

4.2.8 由方程组所确定的隐函数（一元函数）求导法

设 $u=u(x)$，$v=v(x)$ 由方程组 $\begin{cases}F(x,u,v)=0,\\ G(x,u,v)=0\end{cases}$ 所确定，要求 $\frac{\mathrm{d}u}{\mathrm{d}x}$ 和 $\frac{\mathrm{d}v}{\mathrm{d}x}$，可通过原方程组两端对 x 求导，即

$$\begin{cases}F'_x+F'_u\frac{\mathrm{d}u}{\mathrm{d}x}+F'_v\frac{\mathrm{d}v}{\mathrm{d}x}=0,\\ G'_x+G'_u\frac{\mathrm{d}u}{\mathrm{d}x}+G'_v\frac{\mathrm{d}v}{\mathrm{d}x}=0.\end{cases}$$

然后从以上方程组中解出$\frac{\mathrm{d}u}{\mathrm{d}x}$和$\frac{\mathrm{d}v}{\mathrm{d}x}$，这里假设由上式解出的$\frac{\mathrm{d}u}{\mathrm{d}x}$与$\frac{\mathrm{d}v}{\mathrm{d}x}$中的分母不为零.

4.2.9 由方程组所确定的隐函数(二元函数)求导法

设 $u=u(x,y),v=v(x,y)$ 由方程组$\begin{cases}F(x,y,u,v)=0,\\G(x,y,u,v)=0\end{cases}$所确定，若要求$\frac{\partial u}{\partial x}$和$\frac{\partial v}{\partial x}$，可先对原方程组两端对 x 求偏导，即

$$\begin{cases}F'_x+F'_u\frac{\partial u}{\partial x}+F'_v\frac{\partial v}{\partial x}=0,\\ G'_x+G'_u\frac{\partial u}{\partial x}+G'_v\frac{\partial v}{\partial x}=0.\end{cases}$$

然后从中解出$\frac{\partial u}{\partial x}$和$\frac{\partial v}{\partial x}$. 同理可求得$\frac{\partial u}{\partial y}$和$\frac{\partial v}{\partial y}$，这里假设由上式解出的式子中的分母不为零.

§3 极值与最值

多元函数的极值和最值与一元函数有很多类似的地方，但也有不同之处，因此我们不仅要注意到它们的共同之处，还要注意不同点.

4.3.1 多元函数极值和极值点的定义

定义 若存在 $M_0(x_0,y_0)$ 点的某邻域 $U_\delta(M_0)$，使得 $f(x,y)\leqslant f(x_0,y_0)$(或 $f(x,y)\geqslant f(x_0,y_0)$)，$\forall(x,y)\in U_\delta(M_0)$，则称 $f(x,y)$ 在点 $M_0(x_0,y_0)$ 取得极大值(极小值) $f(x_0,y_0)$，极大值与极小值统称为极值. 点 $M_0(x_0,y_0)$ 称为 $f(x,y)$ 的极值点.

4.3.2 多元函数驻点的定义

定义 凡能使 $f'_x(x,y)=0,f'_y(x,y)=0$ 同时成立的点 (x,y) 称为函数 $f(x,y)$ 的驻点.

【注】 驻点 $\not\Leftrightarrow$ 极值点.

4.3.3 多元函数取得极值的必要条件

定理 设函数 $f(x,y)$ 在点 $M_0(x_0,y_0)$ 的一阶偏导数存在，且在 (x_0,y_0) 取得极值，则

$$f'_x(x_0,y_0)=0,\quad f'_y(x_0,y_0)=0.$$

由此可见具有一阶偏导数的函数的极值点一定是驻点，但驻点不一定是极值点.

4.3.4 二元函数取得极值的充分条件(下述定理仅适用于二元函数)

定理 设函数 $z=f(x,y)$ 在点 (x_0,y_0) 的某邻域内有连续的二阶偏导数，且 $f'_x(x_0,y_0)=0,f'_y(x_0,y_0)=0$. 令 $f''_{xx}(x_0,y_0)=A,f''_{xy}(x_0,y_0)=B,f''_{yy}(x_0,y_0)=C$，则

(1) $AC-B^2>0$ 时，$f(x,y)$ 在点 (x_0,y_0) 取极值，且$\begin{cases}\text{当 } A>0 \text{ 时取极小值},\\ \text{当 } A<0 \text{ 时取极大值}.\end{cases}$

(2) $AC-B^2<0$ 时，$f(x,y)$ 在点 (x_0,y_0) 无极值.

(3) $AC-B^2=0$ 时，不能确定 $f(x,y)$ 在点 (x_0,y_0) 是否有极值，还需进一步讨论(一般用极值定义).

4.3.5 函数 $f(x,y)$ 在条件 $\varphi(x,y)=0$ 下的极值的必要条件

解决此类问题的一般方法是拉格朗日乘数法：

先构造拉格朗日函数 $F(x,y,\lambda)=f(x,y)+\lambda\varphi(x,y)$，然后解方程组

$$\begin{cases}\frac{\partial F}{\partial x}=\frac{\partial f}{\partial x}+\lambda\frac{\partial \varphi}{\partial x}=0,\\ \frac{\partial F}{\partial y}=\frac{\partial f}{\partial y}+\lambda\frac{\partial \varphi}{\partial y}=0,\\ \frac{\partial F}{\partial \lambda}=\varphi(x,y)=0,\end{cases}$$

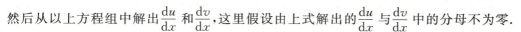

所有满足此方程组的解 (x,y,λ) 中 (x,y) 是函数 $f(x,y)$ 在条件 $\varphi(x,y)=0$ 下的可能的极值点.

4.3.6　函数 $f(x,y,z)$ 在条件 $\varphi(x,y,z)=0,\psi(x,y,z)=0$ 下的极值的必要条件

与上一条情况类似，构造拉格朗日函数

$$F(x,y,z,\lambda,\mu)=f(x,y,z)+\lambda\varphi(x,y,z)+\mu\psi(x,y,z),$$

以下与上一条情况类似（略）.

§4　二重积分

4.4.1　二重积分定义

设 $z=f(x,y)$ 是平面上有界闭区域 D 上的有界函数

$$\iint_D f(x,y)\mathrm{d}\sigma \xlongequal{\Delta} \lim_{d\to 0}\sum_{k=1}^{n} f(\xi_k,\eta_k)\Delta\sigma_k,$$

其中 d 为 n 个小区域直径的最大值，$\Delta\sigma_k$ 为第 k 个小区域的面积.

如果 $f(x,y)$ 在 D 上连续，则 $\iint_D f(x,y)\mathrm{d}\sigma$ 总存在，以后总在此假定下讨论.

4.4.2　二重积分的几何意义

若函数 $f(x,y)$ 在区域 D 上连续且非负，则二重积分 $\iint_D f(x,y)\mathrm{d}\sigma$ 在几何上表示以区域 D 为底，曲面 $z=f(x,y)$ 为顶，侧面以 D 的边界为准线，母线平行于 z 轴的柱面的曲顶柱体的体积.

4.4.3　比较定理

如果在 D 上，$f(x,y)\leqslant g(x,y)$，则

$$\iint_D f(x,y)\mathrm{d}\sigma \leqslant \iint_D g(x,y)\mathrm{d}\sigma.$$

4.4.4　估值定理

设 M,m 分别为连续函数 $f(x,y)$ 在闭区域 D 上的最大值和最小值，S 表示 D 的面积，则

$$mS\leqslant \iint_D f(x,y)\mathrm{d}\sigma \leqslant MS.$$

4.4.5　中值定理

设函数 $f(x,y)$ 在闭区域 D 上连续，S 为 D 的面积，则在 D 上至少存在一点 (ξ,η)，使

$$\iint_D f(x,y)\mathrm{d}\sigma = f(\xi,\eta)S.$$

4.4.6　计算二重积分常用的有以下三种方法：

▶ 方法 1　在直角坐标下计算

在直角坐标下计算二重积分的关键是将二重积分化为累次积分，累次积分有两种次序，累次积分的次序往往根据积分域和被积函数来确定.

(1) 适合先 y 后 x 的积分域.

若积分域 D 由不等式 $\begin{cases}\varphi_1(x)\leqslant y\leqslant \varphi_2(x),\\ a\leqslant x\leqslant b\end{cases}$ 确定，如图 4-2 所示，则该区域 D 上的二重积分适合化成先 y 后 x 的累次积分，且

$$\iint_D f(x,y)\mathrm{d}\sigma = \int_a^b \mathrm{d}x \int_{\varphi_1(x)}^{\varphi_2(x)} f(x,y)\mathrm{d}y.$$

(2) 适合先 x 后 y 的积分域.

若积分域 D 由不等式 $\begin{cases}\psi_1(y)\leqslant x\leqslant \psi_2(y),\\ c\leqslant y\leqslant d\end{cases}$ 确定,如图 4-3 所示,则该区域 D 上的二重积分适合化成先 x 后 y 的累次积分,且

$$\iint_D f(x,y)\mathrm{d}\sigma = \int_c^d \mathrm{d}y \int_{\psi_1(y)}^{\psi_2(y)} f(x,y)\mathrm{d}x.$$

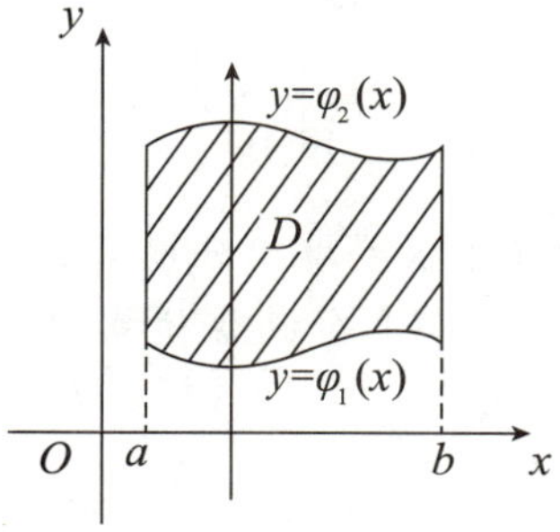

图 4-2

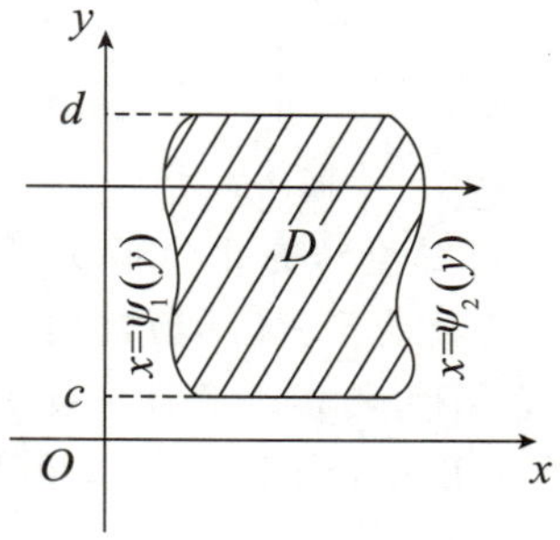

图 4-3

如果遇到更复杂的积分区域,总可利用分别平行于两个坐标轴的直线将其化分成若干个上述两种区域进行计算.

▶ 方法 2 在极坐标下计算

在极坐标(r,θ) 中,一般是将二重积分化为先 r 后 θ 的累次积分,常见的有以下四种情况:

(1) 极点 O 在区域 D 之外,如图 4-4 所示,则

$$\iint_D f(x,y)\mathrm{d}\sigma = \int_\alpha^\beta \mathrm{d}\theta \int_{r_1(\theta)}^{r_2(\theta)} f(r\cos\theta, r\sin\theta) r\mathrm{d}r.$$

(2) 极点 O 在区域 D 的边界上,如图 4-5 所示,则

$$\iint_D f(x,y)\mathrm{d}\sigma = \int_\alpha^\beta \mathrm{d}\theta \int_0^{r(\theta)} f(r\cos\theta, r\sin\theta) r\mathrm{d}r.$$

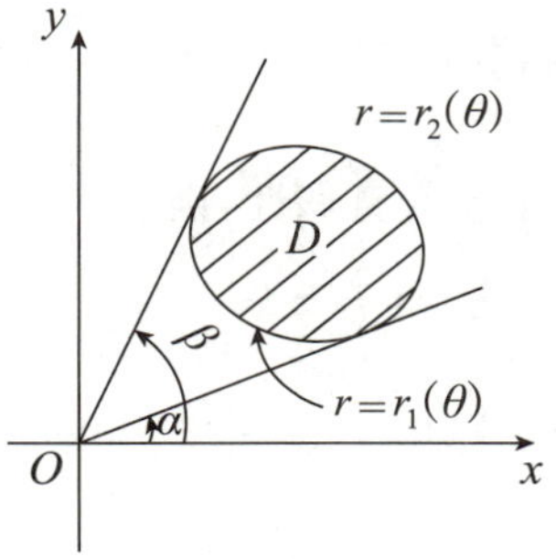

图 4-4

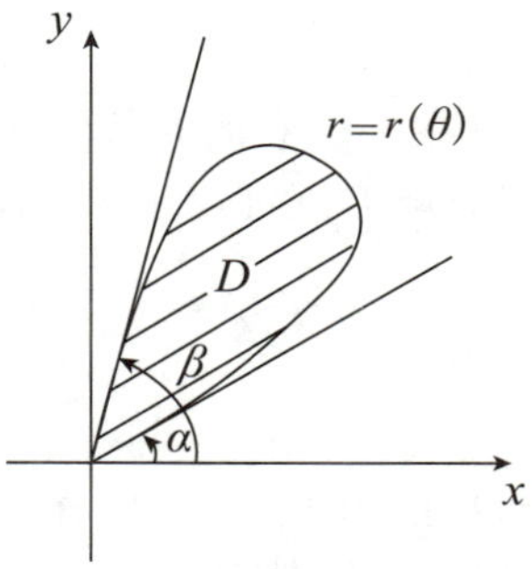

图 4-5

(3) 极点 O 在区域 D 的内部,如图 4-6 所示,则

$$\iint_D f(x,y)\mathrm{d}\sigma = \int_0^{2\pi} \mathrm{d}\theta \int_0^{r(\theta)} f(r\cos\theta, r\sin\theta) r\mathrm{d}r.$$

(4) 环形域,且极点 O 在环形域内部,如图 4-7,则

$$\iint_D f(x,y)\mathrm{d}\sigma=\int_0^{2\pi}\mathrm{d}\theta\int_{r_1(\theta)}^{r_2(\theta)}f(r\cos\theta,r\sin\theta)r\mathrm{d}r.$$

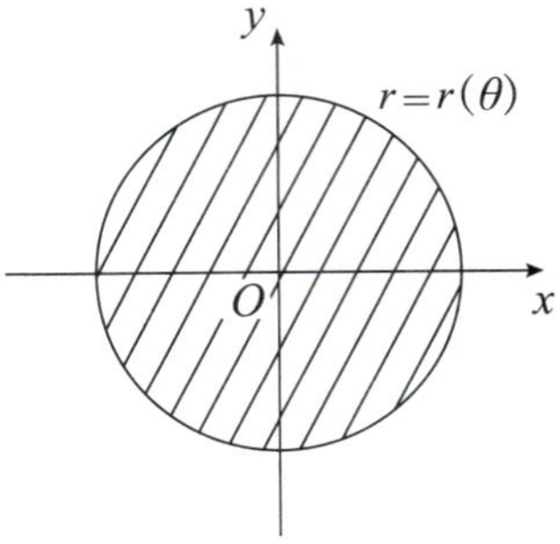

图 4-6

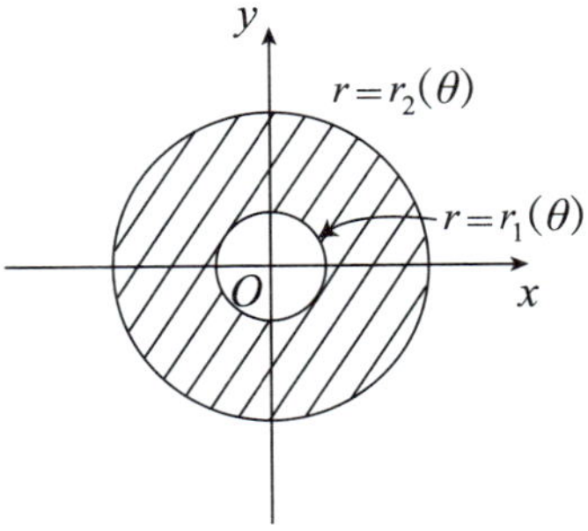

图 4-7

【注】 将二重积分化为累次积分计算时，坐标系的选择不仅要看积分域 D 的形状，而且还要看被积函数的形式. 下面我们给出适合用极坐标计算的二重积分其积分域和被积函数的特点，不适合用极坐标计算的一般用直角坐标计算.

(1) 适合用极坐标计算的二重积分被积函数一般应具有以下形式：

$$f(\sqrt{x^2+y^2}),\quad f\left(\frac{y}{x}\right),\quad f\left(\frac{x}{y}\right),$$

之所以适合用极坐标，是由于它们在极坐标下都可化为 r 或 θ 的一元函数.

(2) 适合用极坐标计算的二重积分的积分域一般应具有以下形状：

中心在原点的圆域，圆环域或它们的一部分(如扇形)；中心在坐标轴上且边界圆过原点的圆域(如由 $x^2+y^2=2ax$ 或 $x^2+y^2=2by$ 所围成)或者它们的一部分.

▶ 方法 3 利用对称性和奇偶性进行计算

常用的结论有以下两条：

(1) 利用积分域的对称性和被积函数的奇偶性.

① 若积分域 D 关于 y 轴对称，且被积函数 $f(x,y)$ 关于 x 有奇偶性，则

$$\iint_D f(x,y)\mathrm{d}\sigma=\begin{cases}2\iint_{D_1}f(x,y)\mathrm{d}\sigma, & f(x,y)\text{ 关于 }x\text{ 为偶函数，即 }f(-x,y)=f(x,y),\\ 0, & f(x,y)\text{ 关于 }x\text{ 为奇函数，即 }f(-x,y)=-f(x,y),\end{cases}$$

其中 D_1 为 D 在 y 轴右侧的部分.

② 若积分域 D 关于 x 轴对称，且被积函数 $f(x,y)$ 关于 y 有奇偶性，则

$$\iint_D f(x,y)\mathrm{d}\sigma=\begin{cases}2\iint_{D_1}f(x,y)\mathrm{d}\sigma, & f(x,y)\text{ 关于 }y\text{ 为偶函数，即 }f(x,-y)=f(x,y),\\ 0, & f(x,y)\text{ 关于 }y\text{ 为奇函数，即 }f(x,-y)=-f(x,y),\end{cases}$$

其中 D_1 为 D 在 x 轴上方的部分.

(2) 利用变量的对称性.

若积分域 D 关于直线 $y=x$ 对称，换言之，表示积分域 D 的等式或不等式中将 x 与 y 对调后原等式或不等式不变. 如，圆域 $x^2+y^2\leqslant R^2$，正方形域 $\begin{cases}0\leqslant x\leqslant 1,\\ 0\leqslant y\leqslant 1,\end{cases}$ 则

$$\iint_D f(x,y)\mathrm{d}\sigma=\iint_D f(y,x)\mathrm{d}\sigma.$$

即：被积函数中 x 和 y 对调积分值不变.

例题分析

一、讨论二重极限

1. 证明二重极限不存在

证明重极限不存在的常用方法是，取两种不同的路径，极限 $\lim\limits_{\substack{x\to x_0\\y\to y_0}} f(x,y)$ 不相等或取某一路径极限 $\lim\limits_{\substack{x\to x_0\\y\to y_0}} f(x,y)$ 不存在，均可证明重极限 $\lim\limits_{\substack{x\to x_0\\y\to y_0}} f(x,y)$ 不存在.

【例 1】 证明下列重极限不存在：

(1) $\lim\limits_{\substack{x\to 0\\y\to 0}} \dfrac{xy}{x^2+y^2}$；　　(2) $\lim\limits_{\substack{x\to 0\\y\to 0}} \dfrac{xy^2}{x^2+y^4}$；　　(3) $\lim\limits_{\substack{x\to 0\\y\to 0}} \dfrac{xy}{x+y}$.

证明 (1) 取直线 $y=kx$，让点 (x,y) 沿直线 $y=kx$ 趋于 $(0,0)$ 点，此时有

$$\lim_{\substack{y=kx\\x\to 0}} \frac{xy}{x^2+y^2} = \lim_{x\to 0} \frac{kx^2}{x^2+k^2x^2} = \frac{k}{1+k^2}.$$

显然，点 (x,y) 沿不同直线 $y=kx$ 趋于点 $(0,0)$ 时，极限值不相同，则重极限 $\lim\limits_{\substack{x\to 0\\y\to 0}} \dfrac{xy}{x^2+y^2}$ 不存在.

【评注】 利用沿不同直线趋向于点 (x_0,y_0) 时极限不相等是一种证明重极限不存在的常用方法.

(2) 取直线 $y=kx$，则

$$\lim_{\substack{y=kx\\x\to 0}} \frac{xy^2}{x^2+y^4} = \lim_{x\to 0} \frac{k^2x^3}{x^2+k^4x^4} = \lim_{x\to 0} \frac{k^2x}{1+k^4x^2} = 0.$$

这说明沿任何一条过原点的直线 $y=kx$（不包括 y 轴）趋于 $(0,0)$ 点时，极限存在且都为零，并且若沿 y 轴趋于 $(0,0)$ 点极限也为零，事实上

$$\lim_{\substack{x=0\\y\to 0}} \frac{xy^2}{x^2+y^4} = 0.$$

这能否说明重极限 $\lim\limits_{\substack{x\to 0\\y\to 0}} \dfrac{xy^2}{x^2+y^4}$ 存在且为零呢？不能！事实上若沿过原点的抛物线 $x=y^2$ 趋于 $(0,0)$ 点时，就有

$$\lim_{\substack{x=y^2\\y\to 0}} \frac{xy^2}{x^2+y^4} = \lim_{y\to 0} \frac{y^4}{y^4+y^4} = \frac{1}{2}.$$

故重极限 $\lim\limits_{\substack{x\to 0\\y\to 0}} \dfrac{xy^2}{x^2+y^4}$ 不存在.

(3) 当点 $P(x,y)$ 沿曲线 $y=-x+x^3$ 趋于点 $(0,0)$ 时有

$$\lim_{\substack{y=-x+x^3\\x\to 0}} \frac{xy}{x+y} = \lim_{x\to 0} \frac{x(x^3-x)}{x^3} = \lim_{x\to 0} \frac{x^4-x^2}{x^3} = \infty\text{（不存在）},$$

故重极限 $\lim\limits_{\substack{x\to 0\\y\to 0}} \dfrac{xy}{x+y}$ 不存在.

2. 求二重极限

求二重极限常用的有以下四种方法：

(1) 利用极限的性质(如四则运算法则，夹逼准则).

(2) 消去分母中极限为零的因子(通常采用有理化，等价无穷小代换等).

(3) 转化为一元函数极限，利用一元函数求极限方法求解.

(4) 利用无穷小量与有界变量之积为无穷小量.

【例 2】 试求下列二重极限：

(1) $\lim\limits_{\substack{x\to 0\\ y\to 0}}\dfrac{x^2+y^2}{|x|+|y|}$；　　(2) $\lim\limits_{\substack{x\to 0\\ y\to 1}}\dfrac{\sin(xy)+xy^2\cos x-2x^2y}{x}$；

(3) $\lim\limits_{\substack{x\to 0\\ y\to 0}}\dfrac{\sqrt{1+x^2+y^2}-1}{x^2+y^2}$；

(4) 设 $f(x,y)=\begin{cases}\dfrac{\sin xy}{x}, & x\neq 0,\\ y, & x=0,y\neq 0,\end{cases}$ 求 $\lim\limits_{\substack{x\to 0\\ y\to 0}}f(x,y)$；

(5) 求 $\lim\limits_{\substack{x\to +\infty\\ y\to +\infty}}\left(\dfrac{xy}{x^2+y^2}\right)^{x^2}$.

解 (1) 由于 $0\leqslant\dfrac{x^2+y^2}{|x|+|y|}=\dfrac{x^2}{|x|+|y|}+\dfrac{y^2}{|x|+|y|}$

$$\leqslant\frac{x^2}{|x|}+\frac{y^2}{|y|}=|x|+|y|,$$

而 $\lim\limits_{\substack{x\to 0\\ y\to 0}}(|x|+|y|)=0$，由夹逼准则知 $\lim\limits_{\substack{x\to 0\\ y\to 0}}\dfrac{x^2+y^2}{|x|+|y|}=0$.

(2) 由于 $\lim\limits_{\substack{x\to 0\\ y\to 1}}\dfrac{\sin(xy)}{x}=\lim\limits_{\substack{x\to 0\\ y\to 1}}\dfrac{\sin(xy)}{xy}y=1$，则

$$\lim_{\substack{x\to 0\\ y\to 1}}\frac{\sin(xy)+xy^2\cos x-2x^2y}{x}=\lim_{\substack{x\to 0\\ y\to 1}}\frac{\sin(xy)}{x}+\lim_{\substack{x\to 0\\ y\to 1}}y^2\cos x-2\lim_{\substack{x\to 0\\ y\to 1}}xy=1+1=2.$$

(3)【方法一】 将分子有理化得

$$原式=\lim_{\substack{x\to 0\\ y\to 0}}\frac{x^2+y^2}{(x^2+y^2)(\sqrt{1+x^2+y^2}+1)}=\lim_{\substack{x\to 0\\ y\to 0}}\frac{1}{\sqrt{1+x^2+y^2}+1}=\frac{1}{2}.$$

【方法二】 化为一元函数极限，令 $x^2+y^2=t$，则

$$原式=\lim_{t\to 0^+}\frac{\sqrt{1+t}-1}{t}=\frac{1}{2},\left(\sqrt{1+t}-1\sim\frac{1}{2}t\right).$$

【方法三】 利用等价无穷小代换，当 $x\to 0,y\to 0$ 时，$\sqrt{1+x^2+y^2}-1\sim\dfrac{1}{2}(x^2+y^2)$，则

$$原式=\lim_{\substack{x\to 0\\ y\to 0}}\frac{\frac{1}{2}(x^2+y^2)}{x^2+y^2}=\frac{1}{2}.$$

(4) $f(x,y)$ 在 $(0,0)$ 处没有意义，但可考虑该点的极限.

由于 $|f(x,y)|=\begin{cases}\left|\dfrac{\sin xy}{x}\right|\leqslant|y|, & x\neq 0,\\ |y|, & x=0,y\neq 0.\end{cases}$

即 $0\leqslant|f(x,y)|\leqslant|y|$，所以 $\lim\limits_{\substack{x\to0\\y\to0}}f(x,y)=0$.

(5) 当 $x>0,y>0$ 时，

$$0<\frac{xy}{x^2+y^2}\leqslant\frac{1}{2},$$

所以 $0<\left(\frac{xy}{x^2+y^2}\right)^{x^2}\leqslant\left(\frac{1}{2}\right)^{x^2}$，由夹逼准则知，$\lim\limits_{\substack{x\to+\infty\\y\to+\infty}}\left(\frac{xy}{x^2+y^2}\right)^{x^2}=0$.

二、讨论二元函数的连续性、偏导数存在性

【例 3】 设常数 $a>0$，讨论函数 $f(x,y)=\begin{cases}\dfrac{\sqrt{a+x^2y^2}-1}{x^2+y^2}, & (x,y)\neq(0,0),\\ 0, & (x,y)=(0,0)\end{cases}$ 在 $(0,0)$ 点的连续性.

解题思路 根据连续的定义知，若 $\lim\limits_{\substack{x\to0\\y\to0}}f(x,y)$ 存在且等于 $f(0,0)$，则 $f(x,y)$ 在 $(0,0)$ 点连续.

解 若 $a\neq1(a>0)$，则 $\lim\limits_{\substack{x\to0\\y\to0}}\dfrac{\sqrt{a+x^2y^2}-1}{x^2+y^2}=\infty$，故 $f(x,y)$ 在 $(0,0)$ 点不连续.

若 $a=1$，则

$$\lim_{\substack{x\to0\\y\to0}}\frac{\sqrt{1+x^2y^2}-1}{x^2+y^2}=\lim_{\substack{x\to0\\y\to0}}\frac{\frac{1}{2}x^2y^2}{x^2+y^2}\qquad\left(\sqrt{1+x^2y^2}-1\sim\frac{1}{2}x^2y^2\right)$$

$$=\frac{1}{2}\lim_{\substack{x\to0\\y\to0}}\left(\frac{x^2}{x^2+y^2}\cdot y^2\right)=0.$$

由于 $\left|\dfrac{x^2}{x^2+y^2}\right|\leqslant1$，即有界量，$\lim\limits_{y\to0}y^2=0$，即为无穷小，而 $f(0,0)=0$，则 $f(x,y)$ 在 $(0,0)$ 连续.

综上所述，当 $a=1$ 时 $f(x,y)$ 在 $(0,0)$ 点连续；当 $a\neq1(a>0)$ 时，$f(x,y)$ 在 $(0,0)$ 点不连续.

【例 4】 讨论函数 $f(x,y)=\begin{cases}\dfrac{xy(x^2-y^2)}{x^2+y^2}, & (x,y)\neq(0,0),\\ 0, & (x,y)=(0,0)\end{cases}$ 在 $(0,0)$ 处的连续性.

解题思路 实际上，只需验证 $\lim\limits_{\substack{x\to0\\y\to0}}f(x,y)$ 是否存在，且为 $f(0,0)$.

解 令 $x=r\cos\theta,y=r\sin\theta$，则有

$$0\leqslant|f(x,y)|=\left|\frac{xy(x^2-y^2)}{x^2+y^2}\right|=\left|\frac{r^2\sin4\theta}{4}\right|\leqslant\frac{r^2}{4},$$

所以当 $(x,y)\to(0,0)$ 时，即 $r\to0$ 时，$\dfrac{r^2}{4}\to0$.

故 $\lim\limits_{\substack{x\to0\\y\to0}}f(x,y)=0=f(0,0)$，可见 $f(x,y)$ 在点 $(0,0)$ 处连续.

【例 5】 试证明函数 $f(x,y)=\begin{cases}\dfrac{xy}{x^2+y^2}, & (x,y)\neq(0,0),\\ 0, & (x,y)=(0,0)\end{cases}$ 在 $(0,0)$ 点可导，但在 $(0,0)$ 点不连续.

证明 由本章例 1 的 (1) 知 $f(x,y)$ 在 $(0,0)$ 点不连续，但

$$f'_x(0,0)=\lim_{\Delta x\to 0}\frac{f(\Delta x,0)-f(0,0)}{\Delta x}=\lim_{\Delta x\to 0}\frac{0-0}{\Delta x}=0.$$

由 x 和 y 的对称性知 $f'_y(0,0)=0$，即 $f(x,y)$ 在 $(0,0)$ 点可导.

【评注】 这是一个可导而不连续的典型例子.

【例 6】 设 $z=(\sin y^3+x^3)(x+y^4)^{\frac{y}{x}+e^{x^3y^2}}$，求 $\left.\dfrac{\partial z}{\partial x}\right|_{(1,0)}$.

解题思路 直接求 $\dfrac{\partial z}{\partial x}$，再代入 $(1,0)$，但运算较复杂且易出错，可计算 $\left.\dfrac{\mathrm{d}z(x,0)}{\mathrm{d}x}\right|_{x=1}$

解 $\left.\dfrac{\partial z}{\partial x}\right|_{(1,0)}=\left.\dfrac{\mathrm{d}z(x,0)}{\mathrm{d}x}\right|_{x=1}=\left.(x^4)'\right|_{x=1}=4.$

【评注】 在可微的情况下，求一点处的偏导数转化为一元函数求导数要更方便一些.

【例 7】 设 $f(x,y)=\begin{cases}\dfrac{\sqrt{|x|}}{x^2+y^2}\sin(x^2+y^2), & (x,y)\neq(0,0),\\ 0, & (x,y)=(0,0)\end{cases}$ 求 $f(x,y)$ 在 $(0,0)$ 点处一阶偏导数 $f'_x(0,0)$ 和 $f'_y(0,0)$.

解题思路 本题是要求分段函数在分界点处的导数，一般要利用偏导数的定义.

解 由于

$$\lim_{\Delta x\to 0}\frac{f(\Delta x,0)-f(0,0)}{\Delta x}=\lim_{\Delta x\to 0}\frac{\dfrac{\sqrt{|\Delta x|}}{(\Delta x)^2}\sin(\Delta x)^2}{\Delta x}=\lim_{\Delta x\to 0}\frac{\sqrt{|\Delta x|}}{\Delta x}=\infty,$$

则 $f'_x(0,0)$ 不存在. 而

$$f'_y(0,0)=\lim_{\Delta y\to 0}\frac{f(0,\Delta y)-f(0,0)}{\Delta y}=\lim_{\Delta y\to 0}\frac{0-0}{\Delta y}=0.$$

【例 8】 讨论函数 $f(x,y)=\begin{cases}y\ln(x^2+y^2), & (x,y)\neq(0,0)\\ 0, & (x,y)=(0,0)\end{cases}$ 在 $(0,0)$ 处的偏导数.

解 由于 $\displaystyle\lim_{\Delta x\to 0}\frac{f(\Delta x,0)-f(0,0)}{\Delta x}=\lim_{\Delta x\to 0}\frac{0-0}{\Delta x}=0,$

$$\lim_{\Delta y\to 0}\frac{f(0,\Delta y)-f(0,0)}{\Delta y}=\lim_{\Delta y\to 0}\frac{\Delta y\ln(\Delta y)^2}{\Delta y}=-\infty,$$

所以 $\left.\dfrac{\partial f}{\partial x}\right|_{(0,0)}=0$，$\left.\dfrac{\partial f}{\partial y}\right|_{(0,0)}$ 不存在.

【评注】 1. 可以证明此函数在 $(0,0)$ 处是连续的.

2. 函数 $f(x,y)=\begin{cases}1, & xy\neq 0,\\ 0, & xy=0,\end{cases}$ $f'_x(0,0)=f'_y(0,0)=0$，但 $f(x,y)$ 在 $(0,0)$ 处不连续，甚至极限也不存在.

3. 有如下结论：若 $\dfrac{\partial f}{\partial x},\dfrac{\partial f}{\partial y}$ 在 (x_0,y_0) 的某邻域内有界，则 $f(x,y)$ 在 (x_0,y_0) 处连续.

三、讨论二元函数的可微性

讨论函数的可微性常用以下三种方法：

(1) 利用可微的定义.

(2) 利用可微的必要条件：可微函数必可导，换言之，不可导的函数一定不可微.

(3) 利用可微的充分条件：有连续一阶偏导数的函数一定可微.

以上三种方法中，方法(1) 利用可微的定义判定可微性最常用，此时分以下两步进行：

考察 $f'_x(x_0,y_0)$ 和 $f'_y(x_0,y_0)$ 是否都存在，如果 $f'_x(x_0,y_0)$ 和 $f'_y(x_0,y_0)$ 中至少有一个不存在，则函数 $f(x,y)$ 在 (x_0,y_0) 不可微；如果 $f'_x(x_0,y_0)$ 和 $f'_y(x_0,y_0)$ 都存在，进行第二步.

考察 $\lim\limits_{\substack{\Delta x\to 0\\ \Delta y\to 0}}\dfrac{[f(x_0+\Delta x,y_0+\Delta y)-f(x_0,y_0)]-[f'_x(x_0,y_0)\Delta x+f'_y(x_0,y_0)\Delta y]}{\rho}=0$ 是否成立，其中 $\rho=\sqrt{(\Delta x)^2+(\Delta y)^2}$. 如果该式成立，则 $f(x,y)$ 在 (x_0,y_0) 可微，否则就不可微.

【例 9】 设 $z=f(x,y)=\begin{cases}\dfrac{x^2y}{x^2+y^2}, & (x,y)\neq(0,0),\\ 0, & (x,y)=(0,0),\end{cases}$ 则在点 $(0,0)$ 处函数 $z=f(x,y)$

(A) 不连续.　　(B) 连续但偏导数 $\dfrac{\partial z}{\partial x}$ 和 $\dfrac{\partial z}{\partial y}$ 不存在.

(C) 连续且偏导数 $\dfrac{\partial z}{\partial x}$ 和 $\dfrac{\partial z}{\partial y}$ 都存在，但不可微.　(D) 可微.

解题思路 利用定义讨论 $f(x,y)$ 在 $(0,0)$ 点的连续性、偏导数 $\dfrac{\partial z}{\partial x}$ 和 $\dfrac{\partial z}{\partial y}$ 的存在性及可微性.

解 由于 $\lim\limits_{\substack{x\to 0\\ y\to 0}}f(x,y)=\lim\limits_{\substack{x\to 0\\ y\to 0}}\dfrac{x^2y}{x^2+y^2}=0=f(0,0)$，则 $f(x,y)$ 在 $(0,0)$ 连续，事实上，当 $x\to 0,y\to 0$ 时，$\dfrac{x^2}{x^2+y^2}$ 为有界量，y 为无穷小，则 $\lim\limits_{\substack{x\to 0\\ y\to 0}}\dfrac{x^2y}{x^2+y^2}=0$. 故(A) 不正确.

由偏导数定义知

$$\left.\frac{\partial z}{\partial x}\right|_{(0,0)}=f'_x(0,0)=\lim_{\Delta x\to 0}\frac{f(\Delta x,0)-f(0,0)}{\Delta x}=\lim_{\Delta x\to 0}\frac{0-0}{\Delta x}=0,$$

$$\left.\frac{\partial z}{\partial y}\right|_{(0,0)}=f'_y(0,0)=\lim_{\Delta y\to 0}\frac{f(0,\Delta y)-f(0,0)}{\Delta y}=\lim_{\Delta y\to 0}\frac{0-0}{\Delta y}=0,$$

但 $\lim\limits_{\substack{\Delta x\to 0\\ \Delta y\to 0}}\dfrac{[f(\Delta x,\Delta y)-f(0,0)]-[f'_x(0,0)\Delta x+f'_y(0,0)\Delta y]}{\rho}=\lim\limits_{\substack{\Delta x\to 0\\ \Delta y\to 0}}\dfrac{\Delta y(\Delta x)^2}{[(\Delta x)^2+(\Delta y)^2]^{\frac{3}{2}}}$ 不存在，因为 $\lim\limits_{\substack{\Delta x\to 0^+\\ \Delta y\to k\Delta x}}\dfrac{\Delta y(\Delta x)^2}{[(\Delta x)^2+(\Delta y)^2]^{\frac{3}{2}}}=\lim\limits_{\Delta x\to 0^+}\dfrac{k(\Delta x)^3}{[(\Delta x)^2+k^2(\Delta x)^2]^{\frac{3}{2}}}=\dfrac{k}{(1+k^2)^{\frac{3}{2}}}$ 与 k 有关，

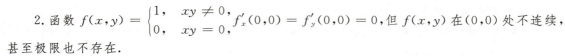

故 $f(x,y)$ 在 $(0,0)$ 点不可微，应选(C).

【评注】 讨论分段函数在分界点处的连续性、偏导数的存在性及可微性一般都是用定义.

【例 10】 设 $f(x,y)=\begin{cases}(x^2+y^2)\sin\dfrac{1}{x^2+y^2}, & (x,y)\neq(0,0),\\ 0, & (x,y)=(0,0),\end{cases}$ 试证 $f(x,y)$ 的两个一阶偏导数 $f'_x(x,y)$ 和 $f'_y(x,y)$ 在 $(0,0)$ 点处都不连续，但 $f(x,y)$ 在 $(0,0)$ 点可微.

证明
$$f'_x(0,0)=\lim_{\Delta x\to 0}\frac{f(\Delta x,0)-f(0,0)}{\Delta x}=\lim_{\Delta x\to 0}\frac{(\Delta x)^2\sin\dfrac{1}{(\Delta x)^2}}{\Delta x}$$
$$=\lim_{\Delta x\to 0}\Delta x\sin\frac{1}{(\Delta x)^2}=0,$$

则
$$f'_x(x,y)=\begin{cases}2x\sin\dfrac{1}{x^2+y^2}-\dfrac{2x}{x^2+y^2}\cos\dfrac{1}{x^2+y^2}, & (x,y)\neq(0,0),\\ 0, & (x,y)=(0,0).\end{cases}$$

由于 $\lim\limits_{\substack{x\to 0\\ y=x}}f'_x(x,y)=\lim\limits_{x\to 0}\left(2x\sin\dfrac{1}{2x^2}-\dfrac{1}{x}\cos\dfrac{1}{2x^2}\right)$ 不存在，事实上 $\lim\limits_{x\to 0}2x\sin\dfrac{1}{2x^2}=0$，$\lim\limits_{x\to 0}\dfrac{1}{x}\cos\dfrac{1}{2x^2}$ 不存在. 则 $f'_x(x,y)$ 在 $(0,0)$ 点不连续，由变量 x 与 y 的对称性知 $f'_y(x,y)$ 在 $(0,0)$ 点不连续. 而

$$\lim_{\substack{\Delta x\to 0\\ \Delta y\to 0}}\frac{f(\Delta x,\Delta y)-f(0,0)-f'_x(0,0)\Delta x-f'_y(0,0)\Delta y}{\sqrt{(\Delta x)^2+(\Delta y)^2}}$$
$$=\lim_{\substack{\Delta x\to 0\\ \Delta y\to 0}}\frac{[(\Delta x)^2+(\Delta y)^2]\sin\dfrac{1}{(\Delta x)^2+(\Delta y)^2}}{\sqrt{(\Delta x)^2+(\Delta y)^2}}$$
$$=\lim_{\substack{\Delta x\to 0\\ \Delta y\to 0}}\sqrt{(\Delta x)^2+(\Delta y)^2}\sin\frac{1}{(\Delta x)^2+(\Delta y)^2}=0,$$

故 $f(x,y)$ 在 $(0,0)$ 点可微.

【评注】 本例给出了两个一阶偏导数都不连续但函数可微的例子.

【例 11】 设 $z=\begin{cases}\dfrac{x^2y^2}{x^2+y^2}, & x^2+y^2\neq 0,\\ 0, & x^2+y^2=0.\end{cases}$ 在 $(0,0)$ 点，函数是否连续？是否偏导数存在？是否可微？一阶偏导数是否连续？

解题思路 (0,0) 点是分段二元函数的分界点，在此点处的连续、偏导数、可微等用定义处理即可.

解 令 $x=r\cos\theta, y=r\sin\theta$，则

$$\lim_{\substack{x\to 0\\ y\to 0}}z(x,y)=\lim_{r\to 0}\frac{r^4\cos^2\theta\sin^2\theta}{r^2}=\frac{1}{4}\lim_{r\to 0}r^2\sin^2 2\theta=0=z(0,0),$$

所以 $z(x,y)$ 在 $(0,0)$ 连续.

由偏导数的定义 $\left.\dfrac{\partial z}{\partial x}\right|_{(0,0)}=\lim\limits_{\Delta x\to 0}\dfrac{z(0+\Delta x,0)-z(0,0)}{\Delta x}=0$，同理 $\left.\dfrac{\partial z}{\partial y}\right|_{(0,0)}=0$.

又因为$\lim\limits_{\rho\to 0}\dfrac{\Delta z-[z'_x(0,0)\Delta x+z'_y(0,0)\Delta y]}{\rho}=\lim\limits_{\rho\to 0}\dfrac{(\Delta x)^2(\Delta y)^2}{[(\Delta x)^2+(\Delta y)^2]^{\frac{3}{2}}}=0$，

其中$\rho=[(\Delta x)^2+(\Delta y)^2]^{\frac{1}{2}}$，故$z(x,y)$在$(0,0)$处可微.

而当$(x,y)\neq(0,0)$时，

$$\frac{\partial z}{\partial x}=\frac{2xy^4}{(x^2+y^2)^2},\frac{\partial z}{\partial y}=\frac{2yx^4}{(x^2+y^2)^2},$$

$$\lim_{\substack{x\to 0\\y\to 0}}\frac{\partial z}{\partial x}=\left.\frac{\partial z}{\partial x}\right|_{(0,0)},\lim_{\substack{x\to 0\\y\to 0}}\frac{\partial z}{\partial y}=\left.\frac{\partial z}{\partial y}\right|_{(0,0)},$$

所以在$(0,0)$处一阶偏导数连续.

【评注】 一阶偏导数在某点连续，则函数在此点一定可微. 一阶偏导数在某点不连续，函数在此点也可能可微. 如

$$f(x,y)=\begin{cases}(x^2+y^2)\sin\dfrac{1}{x^2+y^2}, & x^2+y^2\neq 0,\\ 0, & x^2+y^2=0.\end{cases}$$

有如下结论：设$f'_x(x_0,y_0)$存在，$f'_y(x,y)$在点(x_0,y_0)处连续，则$f(x,y)$在点(x_0,y_0)处可微.

【例 12】 设$f(x,y)=|x-y|\varphi(x,y)$，其中$\varphi(x,y)$在点$(0,0)$的邻域内连续，问：

(1)$\varphi(x,y)$应满足什么条件，才能使偏导数$f'_x(0,0)$和$f'_y(0,0)$都存在？

(2)在上述条件下，$f(x,y)$在$(0,0)$点是否可微？

解题思路 利用定义讨论$f'_x(0,0)$和$f'_y(0,0)$的存在性和$f(x,y)$的可微性.

解 (1)由于

$$\lim_{\Delta x\to 0}\frac{f(\Delta x,0)-f(0,0)}{\Delta x}=\lim_{\Delta x\to 0}\frac{|\Delta x|\varphi(\Delta x,0)}{\Delta x}=\begin{cases}\varphi(0,0), & \Delta x\to 0^+,\\ -\varphi(0,0), & \Delta x\to 0^-,\end{cases}$$

由此可知，当$\varphi(0,0)=0$时，$f'_x(0,0)$和$f'_y(0,0)$都存在，且

$$f'_x(0,0)=f'_y(0,0)=0.$$

(2)当$\varphi(0,0)=0$时，

$$\lim_{\substack{\Delta x\to 0\\ \Delta y\to 0}}\frac{[f(\Delta x,\Delta y)-f(0,0)]-[f'_x(0,0)\Delta x+f'_y(0,0)\Delta y]}{\rho}$$

$$=\lim_{\substack{\Delta x\to 0\\ \Delta y\to 0}}\frac{|\Delta x-\Delta y|\varphi(\Delta x,\Delta y)}{\sqrt{(\Delta x)^2+(\Delta y)^2}}=0.$$

这是由于$\dfrac{|\Delta x-\Delta y|}{\sqrt{(\Delta x)^2+(\Delta y)^2}}\leqslant\dfrac{|\Delta x|}{\sqrt{(\Delta x)^2+(\Delta y)^2}}+\dfrac{|\Delta y|}{\sqrt{(\Delta x)^2+(\Delta y)^2}}\leqslant 2$，即为有界变量，而$\lim\limits_{\substack{\Delta x\to 0\\ \Delta y\to 0}}\varphi(\Delta x,\Delta y)=\varphi(0,0)=0$为无穷小量.

故当$\varphi(0,0)=0$时，$f(x,y)$在$(0,0)$点可微.

【例 13】 已知函数$f(x,y)$在点$(0,0)$的某邻域内有定义，且$f(0,0)=0$，$\lim\limits_{\substack{x\to 0\\y\to 0}}\dfrac{f(x,y)}{x^2+y^2}=1$，则$f(x,y)$在点$(0,0)$处

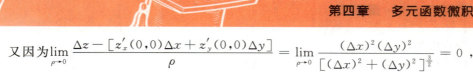

（A）极限存在但不连续.　　（B）连续但偏导数不存在.

（C）偏导数存在但不可微.　　（D）可微.

解题思路 已知抽象函数 $f(x,y)$ 的有关极限存在，考察其极限、连续性、偏导数及可微性，一般利用定义来分析.

解 由于 $\lim\limits_{\substack{x\to 0\\y\to 0}}\dfrac{f(x,y)}{x^2+y^2}=1$，$\lim\limits_{\substack{x\to 0\\y\to 0}}(x^2+y^2)=0$，于是，$\lim\limits_{\substack{x\to 0\\y\to 0}}f(x,y)=0$，又 $f(0,0)=0$，所以，$f(x,y)$ 在 $(0,0)$ 处极限存在且连续. 又由 $\lim\limits_{\substack{x\to 0\\y\to 0}}\dfrac{f(x,y)}{x^2+y^2}=1$ 得

$$\lim_{x\to 0}\frac{f(x,0)}{x^2}=1,\lim_{y\to 0}\frac{f(0,y)}{y^2}=1,$$

所以
$$f'_x(0,0)=\lim_{x\to 0}\frac{f(x,0)-f(0,0)}{x}=\lim_{x\to 0}\frac{f(x,0)}{x}=\lim_{x\to 0}\frac{f(x,0)}{x^2}x=0.$$

同理，$f'_y(0,0)=0$. 故 $f(x,y)$ 在 $(0,0)$ 处偏导数存在.

因为

$$\begin{aligned}\lim_{\rho\to 0}\frac{\Delta z-[f'_x(0,0)\Delta x+f'_y(0,0)\Delta y]}{\rho}&=\lim_{\substack{x\to 0\\y\to 0}}\frac{f(x,y)-f(0,0)}{\sqrt{x^2+y^2}}(\rho=\sqrt{x^2+y^2})\\&=\lim_{\substack{x\to 0\\y\to 0}}\frac{f(x,y)}{x^2+y^2}\sqrt{x^2+y^2}=0,\end{aligned}$$

所以 $f(x,y)$ 在 $(0,0)$ 处可微.

【评注】 一般地，若 $\lim\limits_{\substack{x\to x_0\\y\to y_0}}f(x,y)=A$，则 $\lim\limits_{x\to x_0}f(x,y_0)=A$，且 $\lim\limits_{y\to y_0}f(x_0,y)=A$，但反之不然. 这里 $f(x,y)$ 在 (x_0,y_0) 的某邻域内有定义.

四、求复合函数的偏导数与全微分

1. 求具体函数的偏导数与全微分

基本思路：1. 一般来说，求具体函数的偏导数完全可以用一元函数求导数的方法，只不过是对一个变量求偏导数时，把其他变量看作常数而已.

2. 当具体函数表达式较复杂，而只需求一点处的偏导数，此时可利用结果

$$f'_x(x_0,y_0)=\left.\frac{\mathrm{d}f(x,y_0)}{\mathrm{d}x}\right|_{x=x_0},f'_y(x_0,y_0)=\left.\frac{\mathrm{d}f(x_0,y)}{\mathrm{d}y}\right|_{y=y_0}.$$

3. 求具体函数的全微分有两种方法：一是求出各个偏导数后写出全微分，二是利用全微分形式不变性.

【例 14】 设 $f(x,y,z)=\sqrt[z]{\dfrac{x}{y}}$，则 $\mathrm{d}f(1,1,1)=$ ________.

解题思路 先求出 $f'_x(1,1,1)$、$f'_y(1,1,1)$ 和 $f'_z(1,1,1)$，再求 $\mathrm{d}f(1,1,1)$.

解
$$f'_x(1,1,1)=\left.\frac{\mathrm{d}}{\mathrm{d}x}f(x,1,1)\right|_{x=1}=\left.\frac{\mathrm{d}}{\mathrm{d}x}(x)\right|_{x=1}=1,$$

$$f'_y(1,1,1)=\frac{\mathrm{d}}{\mathrm{d}y}f(1,y,1)\bigg|_{y=1}=\frac{\mathrm{d}}{\mathrm{d}y}\left(\frac{1}{y}\right)\bigg|_{y=1}=-\frac{1}{y^2}\bigg|_{y=1}=-1,$$

$$f'_z(1,1,1)=\frac{\mathrm{d}}{\mathrm{d}z}f(1,1,z)\bigg|_{z=1}=\frac{\mathrm{d}}{\mathrm{d}z}(1)\bigg|_{z=1}=0,$$

则 $\mathrm{d}f(1,1,1)=\mathrm{d}x-\mathrm{d}y$.

【例 15】　设 $z=(1+x^2+y^2)^{xy}$，求$\frac{\partial z}{\partial x}$和$\frac{\partial z}{\partial y}$.

解题思路　这是一个幂指函数求偏导的问题.

第一种思路是将其改写成指数函数 $z=\mathrm{e}^{xy\ln(1+x^2+y^2)}$ 的形式求导数.

第二种思路是等式两端取对数得，$\ln z=xy\ln(1+x^2+y^2)$，然后用隐函数求导法求解.

第三种思路是令 $u=1+x^2+y^2$，$v=xy$，则 $z=u^v$，利用多元复合函数求导法直接求解.

解【方法一】　由原题设可知 $z=\mathrm{e}^{xy\ln(1+x^2+y^2)}$，则

$$\begin{aligned}\frac{\partial z}{\partial x}&=\mathrm{e}^{xy\ln(1+x^2+y^2)}\left[y\ln(1+x^2+y^2)+\frac{2x^2y}{1+x^2+y^2}\right]\\&=(1+x^2+y^2)^{xy}\left[y\ln(1+x^2+y^2)+\frac{2x^2y}{1+x^2+y^2}\right],\end{aligned}$$

$$\frac{\partial z}{\partial y}=(1+x^2+y^2)^{xy}\left[x\ln(1+x^2+y^2)+\frac{2xy^2}{1+x^2+y^2}\right].$$

【方法二】　由原题设知 $\ln z=xy\ln(1+x^2+y^2)$，两端对 x 求导得

$$\frac{1}{z}\frac{\partial z}{\partial x}=y\ln(1+x^2+y^2)+\frac{2x^2y}{1+x^2+y^2}.$$

则$\frac{\partial z}{\partial x}=(1+x^2+y^2)^{xy}\left[y\ln(1+x^2+y^2)+\frac{2x^2y}{1+x^2+y^2}\right]$.

同理求得

$$\frac{\partial z}{\partial y}=(1+x^2+y^2)^{xy}\left[x\ln(1+x^2+y^2)+\frac{2xy^2}{1+x^2+y^2}\right].$$

【方法三】　令 $u=1+x^2+y^2$，$v=xy$，则函数可看作 $z=u^v$ 和 $u=1+x^2+y^2$，$v=xy$ 的复合，由复合函数求导法可知

$$\begin{aligned}\frac{\partial z}{\partial x}&=\frac{\partial z}{\partial u}\frac{\partial u}{\partial x}+\frac{\partial z}{\partial v}\frac{\partial v}{\partial x}=vu^{v-1}2x+u^v\ln u\cdot y\\&=(1+x^2+y^2)^{xy}\left[\frac{2x^2y}{1+x^2+y^2}+y\ln(1+x^2+y^2)\right].\end{aligned}$$

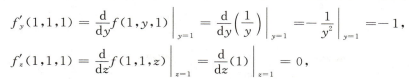

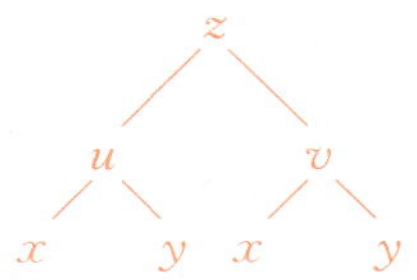

同理可得

$$\frac{\partial z}{\partial y}=(1+x^2+y^2)^{xy}\left[\frac{2xy^2}{1+x^2+y^2}+x\ln(1+x^2+y^2)\right].$$

【评注】　不难看出方法三较简单，事实上这种方法也可用在一元函数的幂指函数的导数，如 $y=(1+x^2)^{\sin x}$，要求 y'，可令 $1+x^2=u$，$\sin x=v$，则 $y=u^v$，

$$y'=\frac{\partial y}{\partial u}\frac{\mathrm{d}u}{\mathrm{d}x}+\frac{\partial y}{\partial v}\frac{\mathrm{d}v}{\mathrm{d}x}=vu^{v-1}\cdot 2x+u^v\ln u\cdot\cos x$$

$$=(1+x^2)^{\sin x}\left[\frac{2x\sin x}{1+x^2}+\cos x\cdot\ln(1+x^2)\right].$$

【例 16】 设 $u=\dfrac{1}{\sqrt{x^2+y^2+z^2}}$，求 $\dfrac{\partial^2 u}{\partial x^2}+\dfrac{\partial^2 u}{\partial y^2}+\dfrac{\partial^2 u}{\partial z^2}$.

解题思路 此题是复合函数求偏导. 注意利用对称性，只要求出 $\dfrac{\partial^2 u}{\partial x^2}$，其他同理可得.

解 $\dfrac{\partial u}{\partial x}=-\dfrac{1}{2}(x^2+y^2+z^2)^{-\frac{3}{2}}\cdot 2x=-\dfrac{x}{(x^2+y^2+z^2)^{\frac{3}{2}}}$，

同理 $\dfrac{\partial u}{\partial y}=-\dfrac{y}{(x^2+y^2+z^2)^{\frac{3}{2}}}$，$\dfrac{\partial u}{\partial z}=-\dfrac{z}{(x^2+y^2+z^2)^{\frac{3}{2}}}$.

$$\frac{\partial^2 u}{\partial x^2}=-\frac{1}{(x^2+y^2+z^2)^{\frac{3}{2}}}+\frac{3x^2}{(x^2+y^2+z^2)^{\frac{5}{2}}}=\frac{2x^2-y^2-z^2}{(x^2+y^2+z^2)^{\frac{5}{2}}},$$

同理可得 $\dfrac{\partial^2 u}{\partial y^2}=\dfrac{2y^2-x^2-z^2}{(x^2+y^2+z^2)^{\frac{5}{2}}}$，$\dfrac{\partial^2 u}{\partial z^2}=\dfrac{2z^2-x^2-y^2}{(x^2+y^2+z^2)^{\frac{5}{2}}}$，

所以 $\dfrac{\partial^2 u}{\partial x^2}+\dfrac{\partial^2 u}{\partial y^2}+\dfrac{\partial^2 u}{\partial z^2}=0.$

【例 17】 设 $f(x,y)=\begin{cases} xy\dfrac{x^2-y^2}{x^2+y^2}, & (x,y)\neq(0,0),\\ 0, & (x,y)=(0,0).\end{cases}$ 求 $\dfrac{\partial^2 f(0,0)}{\partial x\partial y}$，$\dfrac{\partial^2 f(0,0)}{\partial y\partial x}$.

解 可计算 $\dfrac{\partial f}{\partial x}=\begin{cases} y\dfrac{x^4+4x^2y^2-y^4}{(x^2+y^2)^2}, & (x,y)\neq(0,0),\\ 0, & (x,y)=(0,0).\end{cases}$

$$\frac{\partial f}{\partial y}=\begin{cases} x\dfrac{x^4-4x^2y^2-y^4}{(x^2+y^2)^2}, & (x,y)\neq(0,0),\\ 0, & (x,y)=(0,0).\end{cases}$$

利用偏导数的定义

$$\left.\frac{\partial^2 f(x,y)}{\partial x\partial y}\right|_{(0,0)}=\lim_{\Delta y\to 0}\frac{f'_x(0,\Delta y)-f'_x(0,0)}{\Delta y}=-1,$$

$$\left.\frac{\partial^2 f(x,y)}{\partial y\partial x}\right|_{(0,0)}=\lim_{\Delta x\to 0}\frac{f'_y(\Delta x,0)-f'_y(0,0)}{\Delta x}=1.$$

【评注】 本题可看到 $\left.\dfrac{\partial^2 f(x,y)}{\partial x\partial y}\right|_{(0,0)}\neq\left.\dfrac{\partial^2 f(x,y)}{\partial y\partial x}\right|_{(0,0)}$.

2. 求含有抽象函数的偏导数与全微分

基本思路：1. 求抽象函数的偏导数与全微分，从方法上来说同求具体函数的偏导数与全微分完全一样，但运算要复杂一些. 特别是当函数复合所涉及的变量较多且关系复杂时，一定要画出复合关系的链导图. 若对某一变量求偏导数，要看有几条路径从因变量到此变量，则求导后就有几项的和，每一条路径有几步，对应该条路径的项就是几项的乘积.

2. 注意运用合适的符号简化表达式的表示，如 $z=f(x+y,xy)$，则 $\dfrac{\partial z}{\partial x}=f'_1+yf'_2$，需注意

的是，f'_1，f'_2的复合关系仍同 f 一样.

3. 大纲中明确指出会求二阶偏导数.

【例 18】　设 $z=f(xy,x^2+y^2)$，求$\dfrac{\partial z}{\partial x}$，$\dfrac{\partial^2 z}{\partial x\partial y}$，其中 $f(u,v)$ 有二阶连续偏导数.

解【方法一】　令 $xy=u$，$x^2+y^2=v$，则 $z=f(u,v)$. 于是

$$\frac{\partial z}{\partial x}=\frac{\partial f}{\partial u}y+2x\frac{\partial f}{\partial v},$$

$$\frac{\partial^2 z}{\partial x\partial y}=\frac{\partial f}{\partial u}+y\left(x\frac{\partial^2 f}{\partial u^2}+\frac{\partial^2 f}{\partial u\partial v}2y\right)+2x\left(\frac{\partial^2 f}{\partial v\partial u}x+\frac{\partial^2 f}{\partial v^2}2y\right)$$

$$=\frac{\partial f}{\partial u}+xy\left(\frac{\partial^2 f}{\partial u^2}+4\frac{\partial^2 f}{\partial v^2}\right)+2(x^2+y^2)\frac{\partial^2 f}{\partial u\partial v}.$$

【方法二】　不设中间变量 u 和 v，直接求导，即

$$\frac{\partial z}{\partial x}=yf'_1+2xf'_2,$$

$$\frac{\partial^2 z}{\partial x\partial y}=f'_1+y(xf''_{11}+2yf''_{12})+2x(f''_{21}x+f''_{22}\cdot 2y)$$

$$=f'_1+xy(f''_{11}+4f''_{22})+2(x^2+y^2)f''_{12}.$$

【评注】　方法二更方便，通常用方法二. 这里有一种典型的错误是求得$\dfrac{\partial z}{\partial x}=yf'_1+2xf'_2$，进一步得$\dfrac{\partial^2 z}{\partial x\partial y}=f'_1+xyf''_{11}+4xyf''_{22}$. 这里应特别注意 f'_1 和 f'_2 仍然是复合函数 $f'_1(xy,x^2+y^2)$ 和 $f'_2(xy,x^2+y^2)$，则$\dfrac{\partial f'_1}{\partial y}=xf''_{11}+2yf''_{12}$，$\dfrac{\partial f'_2}{\partial y}=xf''_{21}+2yf''_{22}$.

【例 19】　设 $u=f(x,y,z)$，其中 $z=\ln\sqrt{x^2+y^2}$，求$\dfrac{\partial u}{\partial x}$，$\dfrac{\partial^2 u}{\partial x^2}$，其中 f 有二阶连续偏导数.

解题思路　首先分析变量之间关系，画出树形图(如下图)，然后利用树形图求偏导.

解　$$\frac{\partial u}{\partial x}=f'_1+f'_3\frac{x}{x^2+y^2},$$

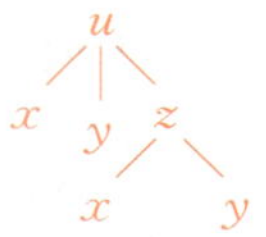

$$\frac{\partial^2 u}{\partial x^2}=f''_{11}+f''_{13}\frac{x}{x^2+y^2}+\left(f''_{31}+f''_{33}\frac{x}{x^2+y^2}\right)\frac{x}{x^2+y^2}+f'_3\frac{x^2+y^2-2x^2}{(x^2+y^2)^2}$$

$$=f''_{11}+\frac{2x}{x^2+y^2}f''_{13}+\frac{x^2}{(x^2+y^2)^2}f''_{33}+\frac{y^2-x^2}{(x^2+y^2)^2}f'_3.$$

【例 20】　设 $f(x,y)$ 可微，又 $f(0,0)=0$，$f'_x(0,0)=a$，$f'_y(0,0)=b$，且 $g(t)=f[t,f(t,t^2)]$，求 $g'(0)$.

解　$g'(t)=f'_1[t,f(t,t^2)]+f'_2[t,f(t,t^2)]\cdot[f'_1(t,t^2)+f'_2(t,t^2)\cdot 2t]$，

$g'(0)=a+b[a+0\times b]=a(1+b)$.

【例 21】　设 $u=f\left(\dfrac{x}{y},\dfrac{y}{z}\right)$，$u=f(s,t)$ 有二阶连续偏导数，求 $\mathrm{d}u$，$\dfrac{\partial^2 u}{\partial y\partial z}$.

解题思路 $u=f(\frac{x}{y},\frac{y}{z})$ 是 $u=f(s,t)$ 与 $s=\frac{x}{y},t=\frac{y}{z}$ 复合而成的 x,y,z 的三元函数. 先求 du（从而也就求得 $\frac{\partial u}{\partial x},\frac{\partial u}{\partial y},\frac{\partial u}{\partial z}$），或者先求 $\frac{\partial u}{\partial x},\frac{\partial u}{\partial y},\frac{\partial u}{\partial z}$，也就可求得 du，然后再由 $\frac{\partial u}{\partial y}$（或 $\frac{\partial u}{\partial z}$）求 $\frac{\partial^2 u}{\partial y\partial z}$（$\frac{\partial^2 u}{\partial z\partial y}$）.

解 由一阶全微分形式的不变性及全微分的四则运算法则，得

$$du=f'_1d(\frac{x}{y})+f'_2d(\frac{y}{z})=f'_1\frac{ydx-xdy}{y^2}+f'_2\frac{zdy-ydz}{z^2}$$

$$=\frac{1}{y}f'_1dx+(-\frac{x}{y^2}f'_1+\frac{1}{z}f'_2)dy-\frac{y}{z^2}f'_2dz$$

$$\frac{\partial u}{\partial y}=-\frac{x}{y^2}f'_1+\frac{1}{z}f'_2,$$

所以 $$\frac{\partial^2 u}{\partial y\partial z}=\frac{\partial^2 u}{\partial z\partial y}=-\frac{x}{y^2}f''_{12}\frac{\partial}{\partial z}(\frac{y}{z})+\frac{1}{z}f''_{22}\frac{\partial}{\partial z}(\frac{y}{z})-\frac{f'_2}{z^2}$$

$$=\frac{x}{yz^2}f''_{12}-\frac{y}{z^3}f''_{22}-\frac{1}{z^2}f'_2.$$

【评注】 注意记号 f'_1,f''_{12} 的含义及应用，特别是 f'_1 仍是以“1”“2”为中间变量的复合函数.

【例 22】 设 $x=f(u,v),y=g(u,v),f(u,v),g(u,v)$ 具有二阶连续偏导数，且 $\frac{\partial f}{\partial u}=\frac{\partial g}{\partial v}$，$\frac{\partial f}{\partial v}=-\frac{\partial g}{\partial u}$，试证明函数 $z=z(x,y)$ 满足：$\frac{\partial^2 z}{\partial u^2}+\frac{\partial^2 z}{\partial v^2}=\left(\frac{\partial^2 z}{\partial x^2}+\frac{\partial^2 z}{\partial y^2}\right)\left[\left(\frac{\partial f}{\partial u}\right)^2+\left(\frac{\partial f}{\partial v}\right)^2\right]$，其中 z 具有连续的二阶偏导数.

解题思路 本题主要考查对抽象复合函数求偏导的熟练程度，x,y 为中间变量，u,v 为自变量，但运算较复杂，要耐着性子认真做下去.

证明 由复合函数的求导法则 $\frac{\partial z}{\partial u}=\frac{\partial z}{\partial x}\frac{\partial x}{\partial u}+\frac{\partial z}{\partial y}\frac{\partial y}{\partial u}$，进一步有

$$\frac{\partial^2 z}{\partial u^2}=\left(\frac{\partial^2 z}{\partial x^2}\frac{\partial x}{\partial u}+\frac{\partial^2 z}{\partial x\partial y}\frac{\partial y}{\partial u}\right)\frac{\partial x}{\partial u}+\frac{\partial z}{\partial x}\frac{\partial^2 x}{\partial u^2}+\left(\frac{\partial^2 z}{\partial y^2}\frac{\partial y}{\partial u}+\frac{\partial^2 z}{\partial y\partial x}\frac{\partial x}{\partial u}\right)\frac{\partial y}{\partial u}+\frac{\partial z}{\partial y}\frac{\partial^2 y}{\partial u^2}$$

$$=\frac{\partial^2 z}{\partial x^2}\left(\frac{\partial x}{\partial u}\right)^2+2\frac{\partial^2 z}{\partial x\partial y}\frac{\partial x}{\partial u}\frac{\partial y}{\partial u}+\frac{\partial^2 z}{\partial y^2}\left(\frac{\partial y}{\partial u}\right)^2+\frac{\partial z}{\partial x}\frac{\partial^2 x}{\partial u^2}+\frac{\partial z}{\partial y}\frac{\partial^2 y}{\partial u^2},$$

同样有

$$\frac{\partial^2 z}{\partial v^2}=\frac{\partial^2 z}{\partial x^2}\left(\frac{\partial x}{\partial v}\right)^2+2\frac{\partial^2 z}{\partial x\partial y}\frac{\partial x}{\partial v}\frac{\partial y}{\partial v}+\frac{\partial^2 z}{\partial y^2}\left(\frac{\partial y}{\partial v}\right)^2+\frac{\partial z}{\partial x}\frac{\partial^2 x}{\partial v^2}+\frac{\partial z}{\partial y}\frac{\partial^2 y}{\partial v^2}.$$

所以

$$\frac{\partial^2 z}{\partial u^2}+\frac{\partial^2 z}{\partial v^2}=\frac{\partial^2 z}{\partial x^2}\left[\left(\frac{\partial x}{\partial u}\right)^2+\left(\frac{\partial x}{\partial v}\right)^2\right]+2\frac{\partial^2 z}{\partial x\partial y}\left(\frac{\partial x}{\partial u}\frac{\partial y}{\partial u}+\frac{\partial x}{\partial v}\frac{\partial y}{\partial v}\right)+$$

$$\frac{\partial^2 z}{\partial y^2}\left[\left(\frac{\partial y}{\partial u}\right)^2+\left(\frac{\partial y}{\partial v}\right)^2\right]+\frac{\partial z}{\partial x}\left(\frac{\partial^2 x}{\partial u^2}+\frac{\partial^2 x}{\partial v^2}\right)+\frac{\partial z}{\partial y}\left(\frac{\partial^2 y}{\partial u^2}+\frac{\partial^2 y}{\partial v^2}\right).$$

又因为$\frac{\partial x}{\partial u}=\frac{\partial f}{\partial u}=\frac{\partial g}{\partial v}=\frac{\partial y}{\partial v},\frac{\partial x}{\partial v}=\frac{\partial f}{\partial v}=-\frac{\partial g}{\partial u}=-\frac{\partial y}{\partial u}$,故

$$\frac{\partial x}{\partial u}\frac{\partial y}{\partial u}+\frac{\partial x}{\partial v}\frac{\partial y}{\partial v}=\frac{\partial y}{\partial v}\frac{\partial y}{\partial u}-\frac{\partial y}{\partial u}\frac{\partial y}{\partial v}=0,$$

$$\frac{\partial^2 x}{\partial u^2}+\frac{\partial^2 x}{\partial v^2}=\frac{\partial}{\partial u}\left(\frac{\partial x}{\partial u}\right)+\frac{\partial}{\partial v}\left(\frac{\partial x}{\partial v}\right)=\frac{\partial}{\partial u}\left(\frac{\partial y}{\partial v}\right)+\frac{\partial}{\partial v}\left(-\frac{\partial y}{\partial u}\right)=\frac{\partial^2 y}{\partial u\partial v}-\frac{\partial^2 y}{\partial u\partial v}=0,$$

$$\frac{\partial^2 y}{\partial u^2}+\frac{\partial^2 y}{\partial v^2}=\frac{\partial}{\partial u}\left(\frac{\partial y}{\partial u}\right)+\frac{\partial}{\partial v}\left(\frac{\partial y}{\partial v}\right)=\frac{\partial}{\partial u}\left(-\frac{\partial x}{\partial v}\right)+\frac{\partial}{\partial v}\left(\frac{\partial x}{\partial u}\right)$$

$$=-\frac{\partial^2 x}{\partial u\partial v}+\frac{\partial^2 x}{\partial u\partial v}=0.$$

从而 $$\frac{\partial^2 z}{\partial u^2}+\frac{\partial^2 z}{\partial v^2}=\left(\frac{\partial^2 z}{\partial x^2}+\frac{\partial^2 z}{\partial y^2}\right)\left[\left(\frac{\partial x}{\partial u}\right)^2+\left(\frac{\partial x}{\partial v}\right)^2\right]=\left(\frac{\partial^2 z}{\partial x^2}+\frac{\partial^2 z}{\partial y^2}\right)\left[\left(\frac{\partial f}{\partial u}\right)^2+\left(\frac{\partial f}{\partial v}\right)^2\right].$$

【评注】 对复杂内容的运算能力是研究生数学考试中的一个重要的测试点.

五、求隐函数的偏导数与全微分

基本思路:1.若由方程确定的隐函数可以显化,即能表示成一个显函数的形式,则按前文讲的方法求偏导数及全微分.

2.若由方程确定的隐函数不能显化或不必要显化,可用下面三种方法来求:

(1) 方程两边对某变量求偏导数.

(2) 方程两边求全微分.

(3) 公式法:设 $F'_z\neq 0$,则由方程 $F(x,y,z)=0$ 确定 z 是 x,y 的可微函数,则

$$\frac{\partial z}{\partial x}=-\frac{F'_x}{F'_z},\frac{\partial z}{\partial y}=-\frac{F'_y}{F'_z}.$$

【例 23】 设 $z=z(x,y)$ 是由方程 $z+\mathrm{e}^z=xy$ 所确定的二元函数,求$\frac{\partial z}{\partial x}$和$\frac{\partial z}{\partial y}$.

解【方法一】 由 $z+\mathrm{e}^z=xy$ 知,$F=z+\mathrm{e}^z-xy=0$.由隐函数求导公式可得

$$\frac{\partial z}{\partial x}=-\frac{F'_x}{F'_z}=-\frac{-y}{1+\mathrm{e}^z}=\frac{y}{1+\mathrm{e}^z},\quad \frac{\partial z}{\partial y}=-\frac{F'_y}{F'_z}=-\frac{-x}{1+\mathrm{e}^z}=\frac{x}{1+\mathrm{e}^z}.$$

【方法二】 等式 $z+\mathrm{e}^z=xy$ 两端分别对 x,y 求偏导得

$$(1+\mathrm{e}^z)\frac{\partial z}{\partial x}=y,\quad (1+\mathrm{e}^z)\frac{\partial z}{\partial y}=x.$$

由以上两式解得 $$\frac{\partial z}{\partial x}=\frac{y}{1+\mathrm{e}^z},\quad \frac{\partial z}{\partial y}=\frac{x}{1+\mathrm{e}^z}.$$

【方法三】 等式 $z+\mathrm{e}^z=xy$ 两端求微分得

$$\mathrm{d}z+\mathrm{e}^z\mathrm{d}z=y\mathrm{d}x+x\mathrm{d}y.$$

则 $$\mathrm{d}z=\frac{y}{1+\mathrm{e}^z}\mathrm{d}x+\frac{x}{1+\mathrm{e}^z}\mathrm{d}y.$$

从而有 $$\frac{\partial z}{\partial x}=\frac{y}{1+\mathrm{e}^z},\quad \frac{\partial z}{\partial y}=\frac{x}{1+\mathrm{e}^z}.$$

【评注】 由本例可看出此类隐函数求导常用的是以下三种方法:

(1) 利用隐函数求导公式(方法一).

(2) 方程两端求导,解出所求偏导数(方法二).

(3) 利用微分形式不变性,方程两端求微分(方法三).

【例 24】 设 $u=f(x,y,z)$ 有连续一阶偏导数，$z=z(x,y)$ 由方程 $xe^x-ye^y=ze^z$ 所确定，并设 $z\neq-1$，求 du.

解题思路 本题有两种解题思路，第一种思路是由题设知 $u=f(x,y,z(x,y))$，则 $du=\frac{\partial u}{\partial x}dx+\frac{\partial u}{\partial y}dy$，先求得 $\frac{\partial u}{\partial x}$ 和 $\frac{\partial u}{\partial y}$ 便可求得 du；第二种思路是利用微分形式不变性，等式 $u=f(x,y,z)$，$xe^x-ye^y=ze^z$ 两端求微分，然后消去 dz 便可求得 du.

解 【方法一】 由以上分析知变量之间的树形图如右图，从而有

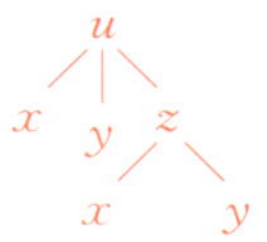

$$\frac{\partial u}{\partial x}=\frac{\partial f}{\partial x}+\frac{\partial f}{\partial z}\frac{\partial z}{\partial x}.$$

而该式中的 $\frac{\partial z}{\partial x}$ 表示由方程 $xe^x-ye^y=ze^z$ 所确定的函数 $z=z(x,y)$ 对 x 的偏导数，

因此，等式 $xe^x-ye^y=ze^z$ 两端对 x 求偏导得

$$e^x+xe^x=(e^z+ze^z)\frac{\partial z}{\partial x}.$$

由此可得
$$\frac{\partial z}{\partial x}=\frac{e^x(1+x)}{e^z(1+z)}=\frac{1+x}{1+z}e^{x-z}.$$

则
$$\frac{\partial u}{\partial x}=\frac{\partial f}{\partial x}+\frac{\partial f}{\partial z}\frac{1+x}{1+z}e^{x-z}.$$

同理可求得
$$\frac{\partial u}{\partial y}=\frac{\partial f}{\partial y}-\frac{\partial f}{\partial z}\frac{1+y}{1+z}e^{y-z}.$$

故
$$du=(\frac{\partial f}{\partial x}+\frac{\partial f}{\partial z}\frac{1+x}{1+z}e^{x-z})dx+(\frac{\partial f}{\partial y}-\frac{\partial f}{\partial z}\frac{1+y}{1+z}e^{y-z})dy.$$

【方法二】 由 $u=f(x,y,z)$ 知，$du=\frac{\partial f}{\partial x}dx+\frac{\partial f}{\partial y}dy+\frac{\partial f}{\partial z}dz$.

等式 $xe^x-ye^y=ze^z$ 两端求微分得

$$(e^x+xe^x)dx-(e^y+ye^y)dy=(e^z+ze^z)dz.$$

解得 $dz=\frac{1+x}{1+z}e^{x-z}dx-\frac{1+y}{1+z}e^{y-z}dy$.

将 dz 代入 $du=\frac{\partial f}{\partial x}dx+\frac{\partial f}{\partial y}dy+\frac{\partial f}{\partial z}dz$ 得

$$du=\left(\frac{\partial f}{\partial x}+\frac{\partial f}{\partial z}\frac{1+x}{1+z}e^{x-z}\right)dx+\left(\frac{\partial f}{\partial y}-\frac{\partial f}{\partial z}\frac{1+y}{1+z}e^{y-z}\right)dy.$$

【评注】 本题是一道复合函数与隐函数求微分的综合题. 本题中所给的两种方法是解决此类问题常用的两种方法.

【例 25】 设 $u=f(x,y,z)$，$\varphi(x^2,e^y,z)=0$，$y=\sin x$ 确定了函数 $u=u(x)$，其中 f,φ 都有一阶连续偏导数，且 $\frac{\partial\varphi}{\partial z}\neq0$，求 $\frac{du}{dx}$.

解题思路 第一种解题思路是将 $y=\sin x$ 代入 $\varphi(x^2,e^y,z)=0$ 得 $\varphi(x^2,e^{\sin x},z)=0$，该式可确定 z 是 x 的函数，即 $z=z(x)$，因此，u 是 x 的一元函数，变量之间的树形图如下图，然后按复合函数求导法求解；第二种方法是利用微分形式不变性.

解【方法一】　由复合函数求导法知

$$\frac{\mathrm{d}u}{\mathrm{d}x}=\frac{\partial f}{\partial x}+\frac{\partial f}{\partial y}\cos x+\frac{\partial f}{\partial z}\frac{\mathrm{d}z}{\mathrm{d}x},$$

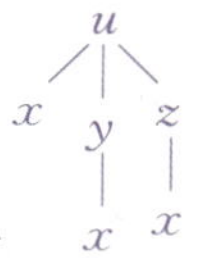

其中上式中的$\frac{\mathrm{d}z}{\mathrm{d}x}$表示由方程$\varphi(x^2,\mathrm{e}^{\sin x},z)=0$所确定的函数$z=z(x)$对$x$的导数.

$\varphi(x^2,\mathrm{e}^{\sin x},z)=0$两端对$x$求导得

$$\varphi_1'2x+\varphi_2'\mathrm{e}^{\sin x}\cos x+\varphi_3'\frac{\mathrm{d}z}{\mathrm{d}x}=0.$$

解得

$$\frac{\mathrm{d}z}{\mathrm{d}x}=-\frac{1}{\varphi_3'}(2x\varphi_1'+\varphi_2'\mathrm{e}^{\sin x}\cos x).$$

将$\frac{\mathrm{d}z}{\mathrm{d}x}$代入$\frac{\mathrm{d}u}{\mathrm{d}x}=\frac{\partial f}{\partial x}+\frac{\partial f}{\partial y}\cos x+\frac{\partial f}{\partial z}\frac{\mathrm{d}z}{\mathrm{d}x}$得

$$\frac{\mathrm{d}u}{\mathrm{d}x}=\frac{\partial f}{\partial x}+\frac{\partial f}{\partial y}\cos x-\frac{\frac{\partial f}{\partial z}}{\varphi_3'}(2x\varphi_1'+\varphi_2'\mathrm{e}^y\cos x).$$

【方法二】　由$u=f(x,y,z)$知

$$\mathrm{d}u=\frac{\partial f}{\partial x}\mathrm{d}x+\frac{\partial f}{\partial y}\mathrm{d}y+\frac{\partial f}{\partial z}\mathrm{d}z. \tag{4-1}$$

等式$\varphi(x^2,\mathrm{e}^y,z)=0$两端求微分得

$$\varphi_1'2x\mathrm{d}x+\varphi_2'\mathrm{e}^y\mathrm{d}y+\varphi_3'\mathrm{d}z=0. \tag{4-2}$$

由$y=\sin x$知$\mathrm{d}y=\cos x\mathrm{d}x$,将$\mathrm{d}y=\cos x\mathrm{d}x$代入(4-2)式得

$$\mathrm{d}z=-\frac{1}{\varphi_3'}(\varphi_1'2x+\varphi_2'\mathrm{e}^y\cos x)\mathrm{d}x.$$

将该式中的$\mathrm{d}z$和$\mathrm{d}y=\cos x\mathrm{d}x$代入(4-1)式得

$$\mathrm{d}u=\left[\frac{\partial f}{\partial x}+\frac{\partial f}{\partial y}\cos x-\frac{\frac{\partial f}{\partial z}}{\varphi_3'}(2x\varphi_1'+\varphi_2'\mathrm{e}^y\cos x)\right]\mathrm{d}x.$$

故

$$\frac{\mathrm{d}u}{\mathrm{d}x}=\frac{\partial f}{\partial x}+\frac{\partial f}{\partial y}\cos x-\frac{\frac{\partial f}{\partial z}}{\varphi_3'}(2x\varphi_1'+\varphi_2'\mathrm{e}^y\cos x).$$

【例 26】　设$y=f(x,t)$,且方程$F(x,y,t)=0$确定了函数$t=t(x,y)$,求$\frac{\mathrm{d}y}{\mathrm{d}x}$.

解题思路　由本题要求的$\frac{\mathrm{d}y}{\mathrm{d}x}$知,$y$应该是$x$的一元函数,为什么$y$是$x$的一元函数呢?分析清楚这一点是解本题的关键.由题设知$F(x,y,t)=0$确定了$t=t(x,y)$,将$t=t(x,y)$代入$y=f(x,t)$得$y=f(x,t(x,y))$,这是关于x和y的方程,它可确定y是x的一元函数.另一种思路是用微分形式不变性.

解【方法一】　等式$y=f(x,t(x,y))$两端对x求导得

$$\frac{\mathrm{d}y}{\mathrm{d}x}=\frac{\partial f}{\partial x}+\frac{\partial f}{\partial t}\left(\frac{\partial t}{\partial x}+\frac{\partial t}{\partial y}\frac{\mathrm{d}y}{\mathrm{d}x}\right).$$

而$t=t(x,y)$由$F(x,y,t)=0$所确定,则

$$\frac{\partial t}{\partial x}=-\frac{\frac{\partial F}{\partial x}}{\frac{\partial F}{\partial t}},\quad \frac{\partial t}{\partial y}=-\frac{\frac{\partial F}{\partial y}}{\frac{\partial F}{\partial t}}.$$

于是$\frac{\mathrm{d}y}{\mathrm{d}x}=\frac{\partial f}{\partial x}-\frac{\partial f}{\partial t}\left(\frac{\frac{\partial F}{\partial x}}{\frac{\partial F}{\partial t}}+\frac{\frac{\partial F}{\partial y}}{\frac{\partial F}{\partial t}}\frac{\mathrm{d}y}{\mathrm{d}x}\right)\Rightarrow\frac{\mathrm{d}y}{\mathrm{d}x}=\frac{\frac{\partial F}{\partial t}\frac{\partial f}{\partial x}-\frac{\partial F}{\partial x}\frac{\partial f}{\partial t}}{\frac{\partial F}{\partial t}+\frac{\partial F}{\partial y}\frac{\partial f}{\partial t}}$，这里设左式中的分母 $\neq 0$.

【方法二】 由 $y=f(x,t)$ 知 $\mathrm{d}y=\frac{\partial f}{\partial x}\mathrm{d}x+\frac{\partial f}{\partial t}\mathrm{d}t.$

由 $F(x,y,t)=0$ 知，$\frac{\partial F}{\partial x}\mathrm{d}x+\frac{\partial F}{\partial y}\mathrm{d}y+\frac{\partial F}{\partial t}\mathrm{d}t=0.$

解得

$$\mathrm{d}t=-\frac{1}{\frac{\partial F}{\partial t}}\left(\frac{\partial F}{\partial x}\mathrm{d}x+\frac{\partial F}{\partial y}\mathrm{d}y\right).$$

将 $\mathrm{d}t$ 的表达式代入 $\mathrm{d}y=\frac{\partial f}{\partial x}\mathrm{d}x+\frac{\partial f}{\partial t}\mathrm{d}t$ 并整理可得

$$\frac{\mathrm{d}y}{\mathrm{d}x}=\frac{\frac{\partial F}{\partial t}\frac{\partial f}{\partial x}-\frac{\partial F}{\partial x}\frac{\partial f}{\partial t}}{\frac{\partial F}{\partial t}+\frac{\partial F}{\partial y}\frac{\partial f}{\partial t}}.$$

【例 27】 设 $u=f(x,y,xyz)$，函数 $z=z(x,y)$ 由方程$\int_{xy}^{z}g(xy+z-t)\mathrm{d}t=\mathrm{e}^{xyz}$ 确定，其中 f 可微，g 连续，并设运算中出现的分母 $\neq 0$，求 $x\frac{\partial u}{\partial x}-y\frac{\partial u}{\partial y}$.

解题思路 由变限函数的求导法则及隐函数求偏导法则求出$\frac{\partial z}{\partial x},\frac{\partial z}{\partial y}$，再用抽象复合函数求偏导法则求$\frac{\partial u}{\partial x},\frac{\partial u}{\partial y}$.

解 令 $v=xy+z-t$，则$\int_{xy}^{z}g(xy+z-t)\mathrm{d}t=\int_{xy}^{z}g(v)\mathrm{d}v$，得方程$\int_{xy}^{z}g(v)\mathrm{d}v=\mathrm{e}^{xyz}$.

两边对 x 求偏导 $g(z)\frac{\partial z}{\partial x}-yg(xy)=\mathrm{e}^{xyz}\cdot y(z+x\frac{\partial z}{\partial x})$，

可得$\frac{\partial z}{\partial x}=\frac{yg(xy)+yz\mathrm{e}^{xyz}}{g(z)-xy\mathrm{e}^{xyz}}$，类似$\frac{\partial z}{\partial y}=\frac{xg(xy)+xz\mathrm{e}^{xyz}}{g(z)-xy\mathrm{e}^{xyz}}$.

又 $$\frac{\partial u}{\partial x}=f'_1+f'_3\cdot y\left(z+x\frac{\partial z}{\partial x}\right),\frac{\partial u}{\partial y}=f'_2+f'_3\cdot x\left(z+y\frac{\partial z}{\partial y}\right),$$

代入整理得 $x\frac{\partial u}{\partial x}-y\frac{\partial u}{\partial y}=xf'_1-yf'_2$.

【评注】 对于方程所确定的隐函数求偏导，可以采用两边微分的方法，熟练掌握后有很大的优越性，不用去考虑对谁求偏导.

【例 28】 设 $f(x,y)$ 有二阶连续偏导数，且 $f'_y\neq 0$，证明：对任给的常数 C，$f(x,y)=C$ 为一条直线的充要条件是 $f'^2_2f''_{11}-2f'_1f'_2f''_{12}+f'^2_1f''_{22}=0$.

解题思路　由原题设条件知 $f(x,y)=C$ 可确定隐函数 $y=y(x)$，从而 $f(x,y)=C$ 为一条直线的充要条件是 $y=y(x)$ 是线性函数（即 $y=ax+b$），而 $y=y(x)$ 是线性函数的充要条件是 $y''=0$.

证明　设 $f(x,y)=C$ 确定的隐函数为 $y=y(x)$，等式 $f(x,y)=C$ 两端对 x 求导得

$$f_1'+f_2'\frac{\mathrm{d}y}{\mathrm{d}x}=0 \quad\Rightarrow\quad \frac{\mathrm{d}y}{\mathrm{d}x}=-\frac{f_1'}{f_2'}.$$

从而有

$$\frac{\mathrm{d}^2y}{\mathrm{d}x^2}=-\frac{\mathrm{d}}{\mathrm{d}x}\left(\frac{f_1'}{f_2'}\right)=-\frac{\left(f_{11}''+f_{12}''\frac{\mathrm{d}y}{\mathrm{d}x}\right)f_2'-\left(f_{21}''+f_{22}''\frac{\mathrm{d}y}{\mathrm{d}x}\right)f_1'}{f_2'^2}$$

$$=-\frac{f_2'^2f_{11}''-2f_1'f_2'f_{12}''+f_1'^2f_{22}''}{f_2'^3}.$$

必要性：若 $f(x,y)=C$ 是一条直线，则由 $f(x,y)=C$ 所确定的函数 $y=y(x)$ 应为线性函数（即 $y=ax+b$），则 $\dfrac{\mathrm{d}^2y}{\mathrm{d}x^2}=0$，从而有 $f_2'^2f_{11}''-2f_1'f_2'f_{12}''+f_1'^2f_{22}''=0$.

充分性：若 $f_2'^2f_{11}''-2f_1'f_2'f_{12}''+f_1'^2f_{22}''=0$，则 $\dfrac{\mathrm{d}^2y}{\mathrm{d}x^2}=0$.

从而有 $y=ax+b$，即 $f(x,y)=C$ 所确定的隐函数 $y=y(x)$ 为线性函数. 故 $f(x,y)=C$ 表示直线.

【例 29】　设 $f(u,v)$ 具有二阶连续偏导数，且满足 $\dfrac{\partial^2 f}{\partial u^2}+\dfrac{\partial^2 f}{\partial v^2}=1$，又 $g(x,y)=f\left[xy,\dfrac{1}{2}(x^2-y^2)\right]$，求 $\dfrac{\partial^2 g}{\partial x^2}+\dfrac{\partial^2 g}{\partial y^2}$.

解题思路　令 $xy=u,\dfrac{1}{2}(x^2-y^2)=v$，则 $g(x,y)=f(u,v)$，求出 $\dfrac{\partial^2 g}{\partial x^2}+\dfrac{\partial^2 g}{\partial y^2}$，再利用 $\dfrac{\partial^2 f}{\partial u^2}+\dfrac{\partial^2 f}{\partial v^2}=1$ 化简.

解　令 $xy=u,\dfrac{1}{2}(x^2-y^2)=v$，则

$$\frac{\partial g}{\partial x}=\frac{\partial f}{\partial u}\cdot y+\frac{\partial f}{\partial v}x,$$

$$\frac{\partial^2 g}{\partial x^2}=y\left(\frac{\partial^2 f}{\partial u^2}y+\frac{\partial^2 f}{\partial u\partial v}x\right)+x\left(\frac{\partial^2 f}{\partial v\partial u}y+\frac{\partial^2 f}{\partial v^2}x\right)+\frac{\partial f}{\partial v};$$

$$\frac{\partial g}{\partial y}=\frac{\partial f}{\partial u}x-\frac{\partial f}{\partial v}y,$$

$$\frac{\partial^2 g}{\partial y^2}=x\left(\frac{\partial^2 f}{\partial u^2}x-\frac{\partial^2 f}{\partial u\partial v}y\right)-y\left(\frac{\partial^2 f}{\partial v\partial u}x-\frac{\partial^2 f}{\partial v^2}y\right)-\frac{\partial f}{\partial v}.$$

故

$$\frac{\partial^2 g}{\partial x^2}+\frac{\partial^2 g}{\partial y^2}=(x^2+y^2)\left(\frac{\partial^2 f}{\partial u^2}+\frac{\partial^2 f}{\partial v^2}\right)=x^2+y^2.$$

【例 30】 若对任意 $t>0$，有 $f(tx,ty)=t^n f(x,y)$，则称函数 $f(x,y)$ 是 n 次齐次函数. 试证：若 $f(x,y)$ 可微，则 $f(x,y)$ 是 n 次齐次函数的充要条件是 $x\dfrac{\partial f}{\partial x}+y\dfrac{\partial f}{\partial y}=nf(x,y)$.

证明 必要性：由于 $f(x,y)$ 为 n 次齐次函数，则对任意 $t>0$，有 $f(tx,ty)=t^n f(x,y)$. 该式两端对 t 求导得

$$xf'_1(tx,ty)+yf'_2(tx,ty)=nt^{n-1}f(x,y).$$

令 $t=1$ 得

$$xf'_1(x,y)+yf'_2(x,y)=nf(x,y).$$

即有

$$x\frac{\partial f}{\partial x}+y\frac{\partial f}{\partial y}=nf(x,y).$$

充分性：令 $F(t)=f(tx,ty)(t>0)$，则

$$\frac{\mathrm{d}F}{\mathrm{d}t}=xf'_1(tx,ty)+yf'_2(tx,ty),$$

两边乘以 t 得

$$t\frac{\mathrm{d}F}{\mathrm{d}t}=txf'_1(tx,ty)+tyf'_2(tx,ty)=nf(tx,ty)=nF(t).$$

于是 $\dfrac{\mathrm{d}F}{F}=\dfrac{n}{t}\mathrm{d}t.$

解得 $F(t)=Ct^n$，令 $t=1$ 得，$F(1)=C$，

而由 $F(t)=f(tx,ty)$ 知 $F(1)=f(x,y)$，则 $C=f(x,y)$.

于是 $F(t)=t^n f(x,y)$，即 $f(tx,ty)=t^n f(x,y)$.

六、多元函数微分学的反问题

基本思路：由已知满足的关系式或条件，利用多元函数微分学的方法和结论，求出待定的函数、参数等. 特别是已知偏导数或偏导数所满足的关系式（方程）求函数，主要有两种题型：

1. 已知偏导数，通过不定积分求函数.

设 $f(x,y)$ 有连续偏导数，且 $f'_x(x,y)=g(x,y)$，$f'_y(x,y)=h(x,y)$，则有

$$f(x,y)=\int f'_x(x,y)\mathrm{d}x+\varphi(y)=\int g(x,y)\mathrm{d}x+\varphi(y),$$

$$f(x,y)=\int f'_y(x,y)\mathrm{d}y+\psi(x)=\int h(x,y)\mathrm{d}y+\psi(x).$$

2. 已知多元函数的偏导数所满足的方程，通过变量代换，化为一元函数的导数所满足的方程，即常微分方程，求解微分方程得到函数.

【例 31】 若函数 $z=f(x,y)$ 满足 $\dfrac{\partial^2 z}{\partial y^2}=2$，且 $f(x,1)=x+2$，又 $f'_y(x,1)=x+1$，则 $f(x,y)$ 等于

(A) $y^2+(x-1)y-2$. (B) $y^2+(x+1)y+2$.

(C) $y^2+(x-1)y+2$. (D) $y^2+(x+1)y^{-2}$.

解题思路 此类问题有两种思路：一种是利用题设条件求 $f(x,y)$；另一种是对四个选项中的函数进行验证，看谁符合原题设条件.

解【方法一】 由 $\dfrac{\partial^2 z}{\partial y^2}=2$ 知 $\dfrac{\partial z}{\partial y}=\int 2\mathrm{d}y=2y+\varphi(x)$. 由题设条件 $f'_y(x,1)=1+x$ 知

$$1+x=2+\varphi(x)\Rightarrow\varphi(x)=x-1\Rightarrow\frac{\partial z}{\partial y}=2y+x-1.$$

于是 $$z=\int(2y+x-1)\mathrm{d}y=y^2+y(x-1)+\psi(x).$$

由 $f(x,1)=x+2$ 知 $x+2=1+(x-1)+\psi(x)\Rightarrow\psi(x)=2$.

则 $z=y^2+y(x-1)+2$. 故应选(C).

【方法二】 容易验证,只有(C)选项中的函数同时满足题设中的三个条件 $\frac{\partial^2 z}{\partial y^2}=2$, $f'_y(x,1)=x+1$, $f(x,1)=x+2$. 故应选(C).

【例 32】 设 $\frac{\partial^2 z}{\partial x\partial y}=1$,且当 $x=0$ 时,$z=\sin y$;当 $y=0$ 时,$z=\sin x$,则 $z(x,y)=$ ______.

解 **【方法一】** 由 $\frac{\partial^2 z}{\partial x\partial y}=1$ 知 $\frac{\partial z}{\partial x}=\int 1\mathrm{d}y=y+\varphi(x)$. 于是

$$z=\int[y+\varphi(x)]\mathrm{d}x=xy+\int\varphi(x)\mathrm{d}x+\psi(y)=xy+g(x)+\psi(y),$$

其中 $g(x)=\int\varphi(x)\mathrm{d}x$.

由 $x=0$ 时,$z=\sin y$ 可知 $\sin y=g(0)+\psi(y)\Rightarrow\psi(y)=\sin y-g(0)$.

由 $y=0$ 时,$z=\sin x$ 可知

$$\sin x=g(x)+\psi(0), \tag{4-3}$$
$$g(x)=\sin x-\psi(0).$$

从而有 $$z=xy+\sin x+\sin y-(g(0)+\psi(0)).$$

在(4-3)式中令 $x=0$ 得 $g(0)+\psi(0)=0$.

故 $z(x,y)=xy+\sin x+\sin y$.

【方法二】 由 $\frac{\partial^2 z}{\partial x\partial y}=1$ 知 $\frac{\partial z}{\partial x}=\int 1\mathrm{d}y=y+\varphi(x)$.

由于 $y=0$ 时,$z=\sin x$,即 $z(x,0)=\sin x$,则 $z'_x(x,0)=\cos x$.

在 $\frac{\partial z}{\partial x}=y+\varphi(x)$ 中令 $y=0$,得 $z'_x(x,0)=\varphi(x)$,

$$\varphi(x)=\cos x,$$
$$\frac{\partial z}{\partial x}=y+\cos x,$$
$$z=\int(y+\cos x)\mathrm{d}x=xy+\sin x+\psi(y),$$

由 $x=0$ 时,$z=\sin y$ 知,$\psi(y)=\sin y$,

故 $z=xy+\sin x+\sin y$.

【例 33】 已知 $(axy^3-y^2\cos x)\mathrm{d}x+(1+by\sin x+3x^2y^2)\mathrm{d}y$ 是某一函数的全微分,则 a,b 取值分别为

(A) -2 和 2.　　(B) 2 和 -2.　　(C) -3 和 3.　　(D) 3 和 -3.

解 由题设可知,存在可微函数 $f(x,y)$,使

$$\mathrm{d}f(x,y)=\frac{\partial f}{\partial x}\mathrm{d}x+\frac{\partial f}{\partial y}\mathrm{d}y=(axy^3-y^2\cos x)\mathrm{d}x+(1+by\sin x+3x^2y^2)\mathrm{d}y,$$

则 $$\frac{\partial f}{\partial x}=axy^3-y^2\cos x,\frac{\partial f}{\partial y}=1+by\sin x+3x^2y^2.$$

从而有 $$\frac{\partial^2 f}{\partial x\partial y}=3axy^2-2y\cos x,\frac{\partial^2 f}{\partial y\partial x}=by\cos x+6xy^2.$$

由以上$\frac{\partial^2 f}{\partial x\partial y}$和$\frac{\partial^2 f}{\partial y\partial x}$的表达式可知它们都连续，从而有$\frac{\partial^2 f}{\partial x\partial y}\equiv\frac{\partial^2 f}{\partial y\partial x}$，即

$$3axy^2-2y\cos x\equiv by\cos x+6xy^2.$$

则$\begin{cases}3a=6,\\b=-2,\end{cases}$即$\begin{cases}a=2,\\b=-2.\end{cases}$故应选(B).

【评注】 若$\frac{\partial P}{\partial y}$和$\frac{\partial Q}{\partial x}$在区域$D$上连续，且$P(x,y)\mathrm{d}x+Q(x,y)\mathrm{d}y$在$D$上是某二元函数的全微分，则在$D$上$\frac{\partial P}{\partial y}\equiv\frac{\partial Q}{\partial x}$. 这个结论可直接用.

【例 34】 设$z=z(x,y)$具有二阶连续偏导数，又变换$\begin{cases}u=x+\lambda y,\\v=x+\mu y\end{cases}$可把方程$3\frac{\partial^2 z}{\partial x^2}-4\frac{\partial^2 z}{\partial x\partial y}+\frac{\partial^2 z}{\partial y^2}=0$化简为$\frac{\partial^2 z}{\partial u\partial v}=0$，求$\lambda,\mu$的值.

解题思路 在变换$\begin{cases}u=x+\lambda y,\\v=x+\mu y\end{cases}$下，$z$可看作是通过$u,v$依赖于$x,y$的复合函数，利用复合函数求导法则，将$z$关于$x,y$的偏导数转化为$z$关于$u,v$的偏导数，从而将$z$关于$x,y$的偏导数方程转化为$z$关于$u,v$的偏导数方程，进而求出$\lambda,\mu$的值.

解
$$\frac{\partial z}{\partial x}=\frac{\partial z}{\partial u}\cdot\frac{\partial u}{\partial x}+\frac{\partial z}{\partial v}\cdot\frac{\partial v}{\partial x}=\frac{\partial z}{\partial u}+\frac{\partial z}{\partial v},$$
$$\frac{\partial z}{\partial y}=\frac{\partial z}{\partial u}\cdot\frac{\partial u}{\partial y}+\frac{\partial z}{\partial v}\cdot\frac{\partial v}{\partial y}=\lambda\frac{\partial z}{\partial u}+\mu\frac{\partial z}{\partial v},$$
$$\frac{\partial^2 z}{\partial x^2}=\frac{\partial^2 z}{\partial u^2}\cdot\frac{\partial u}{\partial x}+\frac{\partial^2 z}{\partial u\partial v}\cdot\frac{\partial v}{\partial x}+\frac{\partial^2 z}{\partial v\partial u}\cdot\frac{\partial u}{\partial x}+\frac{\partial^2 z}{\partial v^2}\cdot\frac{\partial v}{\partial x}$$
$$=\frac{\partial^2 z}{\partial u^2}+2\frac{\partial^2 z}{\partial u\partial v}+\frac{\partial^2 z}{\partial v^2},$$
$$\frac{\partial^2 z}{\partial x\partial y}=\frac{\partial^2 z}{\partial u^2}\cdot\frac{\partial u}{\partial y}+\frac{\partial^2 z}{\partial u\partial v}\cdot\frac{\partial v}{\partial y}+\frac{\partial^2 z}{\partial v\partial u}\cdot\frac{\partial u}{\partial y}+\frac{\partial^2 z}{\partial v^2}\cdot\frac{\partial v}{\partial y}$$
$$=\lambda\frac{\partial^2 z}{\partial u^2}+(\lambda+\mu)\frac{\partial^2 z}{\partial u\partial v}+\mu\frac{\partial^2 z}{\partial v^2},$$
$$\frac{\partial^2 z}{\partial y^2}=\lambda\left(\frac{\partial^2 z}{\partial u^2}\cdot\frac{\partial u}{\partial y}+\frac{\partial^2 z}{\partial u\partial v}\cdot\frac{\partial v}{\partial y}\right)+\mu\left(\frac{\partial^2 z}{\partial v\partial u}\cdot\frac{\partial u}{\partial y}+\frac{\partial^2 z}{\partial v^2}\cdot\frac{\partial v}{\partial y}\right)$$
$$=\lambda^2\frac{\partial^2 z}{\partial u^2}+2\lambda\mu\frac{\partial^2 z}{\partial u\partial v}+\mu^2\frac{\partial^2 z}{\partial v^2},$$

因此

$$3\frac{\partial^2 z}{\partial x^2}-4\frac{\partial^2 z}{\partial x\partial y}+\frac{\partial^2 z}{\partial y^2}$$
$$=(3-4\lambda+\lambda^2)\frac{\partial^2 z}{\partial u^2}+[6-4(\lambda+\mu)+2\lambda\mu]\frac{\partial^2 z}{\partial u\partial v}+(3-4\mu+\mu^2)\frac{\partial^2 z}{\partial v^2}$$

$= 0.$

于是

$$3-4\lambda+\lambda^2=0,3-4\mu+\mu^2=0,6-4(\lambda+\mu)+2\lambda\mu\neq 0.$$

当 $\lambda=1,\mu=3$ 或 $\lambda=3,\mu=1$ 时，$6-4(\lambda+\mu)+2\lambda\mu=-4$；

当 $\lambda=\mu=1$ 或 $\lambda=\mu=3$ 时，$6-4(\lambda+\mu)+2\lambda\mu=0$.

所以，当 $\lambda=1,\mu=3$ 或 $\lambda=3,\mu=1$ 时，方程 $3\dfrac{\partial^2 z}{\partial x^2}-4\dfrac{\partial^2 z}{\partial x\partial y}+\dfrac{\partial^2 z}{\partial y^2}=0$ 可化简为 $\dfrac{\partial^2 z}{\partial u\partial v}=0$.

【例 35】 已知函数 $u=u(x,y)$ 满足方程 $\dfrac{\partial^2 u}{\partial x^2}-\dfrac{\partial^2 u}{\partial y^2}+\dfrac{\partial u}{\partial x}+\dfrac{\partial u}{\partial y}=0$. 试确定参数 a,b，使得原方程在变换 $u(x,y)=v(x,y)e^{ax+by}$ 下不出现一阶偏导数项.

解 由 $u(x,y)=v(x,y)e^{ax+by}$，得

$$\begin{cases}\dfrac{\partial u}{\partial x}=\dfrac{\partial v}{\partial x}e^{ax+by}+ave^{ax+by}=\left(\dfrac{\partial v}{\partial x}+av\right)e^{ax+by},\\ \dfrac{\partial u}{\partial y}=\dfrac{\partial v}{\partial y}e^{ax+by}+bve^{ax+by}=\left(\dfrac{\partial v}{\partial y}+bv\right)e^{ax+by}.\end{cases}$$

且

$$\begin{cases}\dfrac{\partial^2 u}{\partial x^2}=\left(\dfrac{\partial^2 v}{\partial x^2}+a\dfrac{\partial v}{\partial x}\right)e^{ax+by}+a\left(\dfrac{\partial v}{\partial x}+av\right)e^{ax+by}=\left(\dfrac{\partial^2 v}{\partial x^2}+2a\dfrac{\partial v}{\partial x}+a^2v\right)e^{ax+by},\\ \dfrac{\partial^2 u}{\partial y^2}=\left(\dfrac{\partial^2 v}{\partial y^2}+2b\dfrac{\partial v}{\partial y}+b^2v\right)e^{ax+by}.\end{cases}$$

将上面各式代入原方程中，并消去 e^{ax+by}，得

$$\frac{\partial^2 v}{\partial x^2}-\frac{\partial^2 v}{\partial y^2}+(2a+1)\frac{\partial v}{\partial x}+(-2b+1)\frac{\partial v}{\partial y}+(a^2-b^2+a+b)v=0.$$

由题意可知，$2a+1=0,-2b+1=0$，即有 $a=-\dfrac{1}{2},b=\dfrac{1}{2}$，此时方程就化为

$$\frac{\partial^2 v}{\partial x^2}-\frac{\partial^2 v}{\partial y^2}=0.$$

【例 36】 设函数 $u=f(\sqrt{x^2+y^2})$，满足 $\dfrac{\partial^2 u}{\partial x^2}+\dfrac{\partial^2 u}{\partial y^2}=0$，试求函数 f 的表达式.

解 设 $t=\sqrt{x^2+y^2}$，则 $x^2+y^2=t^2$，可求得

$$\frac{\partial u}{\partial x}=f'(t)\frac{x}{\sqrt{x^2+y^2}},\frac{\partial u}{\partial y}=f'(t)\frac{y}{\sqrt{x^2+y^2}},$$

进而

$$\frac{\partial^2 u}{\partial x^2}=f''(t)\frac{x^2}{x^2+y^2}+f'(t)\frac{y^2}{(x^2+y^2)^{\frac{3}{2}}},$$

$$\frac{\partial^2 u}{\partial y^2}=f''(t)\frac{y^2}{x^2+y^2}+f'(t)\frac{x^2}{(x^2+y^2)^{\frac{3}{2}}},$$

代入已知等式有 $f''(t)+\dfrac{1}{t}f'(t)=0$，

解微分方程得 $f'(t)=\dfrac{C_1}{t},f(t)=C_1\ln t+C_2$，其中 C_1,C_2 为任意常数.

【例 37】 设 $a,b\neq 0$，f 具有二阶连续偏导数，且 $a^2\dfrac{\partial^2 f}{\partial x^2}+b^2\dfrac{\partial^2 f}{\partial y^2}=0$，$f(ax,bx)=ax$，$f'_x(ax,bx)=bx^2$，求 $f''_{xx}(ax,bx)$，$f''_{xy}(ax,bx)$，$f''_{yy}(ax,bx)$.

解 $f(ax,bx)=ax$ 两边对 x 求偏导数，得

$$af'_x(ax,bx)+bf'_y(ax,bx)=a,$$

上式两边对 x 求偏导数，得

$$a^2f''_{xx}(ax,bx)+2abf''_{xy}(ax,bx)+b^2f''_{yy}(ax,bx)=0,$$

$f'_x(ax,bx)=bx^2$ 两边对 x 求偏导数，得

$$af''_{xx}(ax,bx)+bf''_{xy}(ax,bx)=2bx,$$

由已知 $a^2\dfrac{\partial^2 f}{\partial x^2}+b^2\dfrac{\partial^2 f}{\partial y^2}=0$，有

$$f''_{xy}(ax,bx)=0,\ f''_{xx}(ax,bx)=\frac{2b}{a}x,\ f''_{yy}(ax,bx)=-\frac{2a}{b}x.$$

七、无条件极值问题

若二元函数 $z=f(x,y)$ 有连续二阶偏导数，则可按以下方法求它的极值：

第一步：令 $f'_x(x,y)=0$，$f'_y(x,y)=0$ 求得所有驻点.

第二步：对每个驻点求出二阶偏导数

$$A=f''_{xx}(x_0,y_0),B=f''_{xy}(x_0,y_0),C=f''_{yy}(x_0,y_0).$$

第三步：利用极值充分条件，通过 $AC-B^2$ 的正负对驻点 (x_0,y_0) 作判定.

【例 38】 已知函数 $z=z(x,y)$ 由方程 $(x^2+y^2)z+\ln z+2(x+y+1)=0$ 确定，求 $z=z(x,y)$ 的极值.

解 等式 $(x^2+y^2)z+\ln z+2(x+y+1)=0$ 两端分别对 x 和 y 求偏导数，得

$$\begin{cases}2xz+(x^2+y^2)\dfrac{\partial z}{\partial x}+\dfrac{1}{z}\dfrac{\partial z}{\partial x}+2=0,\\[2ex] 2yz+(x^2+y^2)\dfrac{\partial z}{\partial y}+\dfrac{1}{z}\dfrac{\partial z}{\partial y}+2=0.\end{cases}\tag{4-4}$$

令 $\dfrac{\partial z}{\partial x}=0$，$\dfrac{\partial z}{\partial y}=0$，解得 $x=y=-\dfrac{1}{z}$. 将 $x=y=-\dfrac{1}{z}$ 代入方程

$$(x^2+y^2)z+\ln z+2(x+y+1)=0$$

得 $\ln z-\dfrac{2}{z}+2=0$，可知 $z=1$，从而得函数 $z=z(x,y)$ 的驻点 $(-1,-1)$.

在(4-4)中两式两边分别对 x 和 y 求偏导数，得

$$\begin{cases}2z+4x\dfrac{\partial z}{\partial x}+(x^2+y^2)\dfrac{\partial^2 z}{\partial x^2}-\dfrac{1}{z^2}\left(\dfrac{\partial z}{\partial x}\right)^2+\dfrac{1}{z}\dfrac{\partial^2 z}{\partial x^2}=0,\\[2ex] 2x\dfrac{\partial z}{\partial y}+2y\dfrac{\partial z}{\partial x}+(x^2+y^2)\dfrac{\partial^2 z}{\partial x\partial y}-\dfrac{1}{z^2}\dfrac{\partial z}{\partial x}\dfrac{\partial z}{\partial y}+\dfrac{1}{z}\dfrac{\partial^2 z}{\partial x\partial y}=0,\\[2ex] 2z+4y\dfrac{\partial z}{\partial y}+(x^2+y^2)\dfrac{\partial^2 z}{\partial y^2}-\dfrac{1}{z^2}\left(\dfrac{\partial z}{\partial y}\right)^2+\dfrac{1}{z}\dfrac{\partial^2 z}{\partial y^2}=0.\end{cases}\tag{4-5}$$

把 $x=y=-1$，$z=1$ 以及 $\dfrac{\partial z}{\partial x}=\dfrac{\partial z}{\partial y}=0$ 代入(4-5)中各式，得

$$\begin{cases} 2+3\dfrac{\partial^2 z}{\partial x^2}=0, \\ 3\dfrac{\partial^2 z}{\partial x\partial y}=0, \\ 2+3\dfrac{\partial^2 z}{\partial y^2}=0. \end{cases}$$

从而 $A=\left.\dfrac{\partial^2 z}{\partial x^2}\right|_{(-1,-1)}=-\dfrac{2}{3}$，$B=\left.\dfrac{\partial^2 z}{\partial x\partial y}\right|_{(-1,-1)}=0$，$C=\left.\dfrac{\partial^2 z}{\partial y^2}\right|_{(-1,-1)}=-\dfrac{2}{3}$，

由于 $AC-B^2>0$，$A<0$，所以 $z(-1,-1)=1$ 是 $z(x,y)$ 的极大值.

【例 39】 讨论函数 $f(x,y)=x^2-2xy^2+y^4-y^5$ 的极值.

解 令 $\begin{cases} f'_x(x,y)=2x-2y^2=0 \\ f'_y(x,y)=-4xy+4y^3-5y^4=0 \end{cases}$，得驻点 $(0,0)$，

又 $f''_{xx}(x,y)=2$，$f''_{xy}(x,y)=-4y$，$f''_{yy}(x,y)=-4x+12y^2-20y^3$，

在点 $(0,0)$ 处，判别式 $\Delta=AC-B^2=0$，利用充分条件无法判断是否取得极值.

但取 $x=y^2$ 时，$f(x,y)=-y^5$，

因此，当 $y>0$ 时，$f(x,y)<0$，当 $y<0$ 时，$f(x,y)>0$.

不存在点 $(0,0)$ 的邻域，使得在该邻域内恒有

$$f(x,y)>0=f(0,0) \text{ 或 } f(x,y)<0=f(0,0)$$

所以函数 $f(x,y)$ 在点 $(0,0)$ 处不取得极值，因而函数 $f(x,y)$ 不存在极值.

【例 40】 设 $z=z(x,y)$ 是由 $x^2-6xy+10y^2-2yz-z^2+18=0$ 确定的函数，求 $z=z(x,y)$ 的极值点与极值.

解 $x^2-6xy+10y^2-2yz-z^2+18=0$ 两边分别对 x,y 求偏导得

$$2x-6y-2y\frac{\partial z}{\partial x}-2z\frac{\partial z}{\partial x}=0, \tag{4-6}$$

$$-6x+20y-2z-2y\frac{\partial z}{\partial y}-2z\frac{\partial z}{\partial y}=0. \tag{4-7}$$

令 $\begin{cases} \dfrac{\partial z}{\partial x}=0, \\ \dfrac{\partial z}{\partial y}=0, \end{cases}$ 得 $\begin{cases} x-3y=0, \\ -3x+10y-z=0. \end{cases}$ 故

$$\begin{cases} x=3y, \\ z=y. \end{cases}$$

将上式代入 $x^2-6xy+10y^2-2yz-z^2+18=0$，可得

$$\begin{cases} x=9, \\ y=3, \\ z=3, \end{cases} \text{ 或 } \begin{cases} x=-9, \\ y=-3, \\ z=-3. \end{cases}$$

方程(4-6)(4-7)两边分别对 x 求偏导得

$$2-2y\frac{\partial^2 z}{\partial x^2}-2\left(\frac{\partial z}{\partial x}\right)^2-2z\frac{\partial^2 z}{\partial x^2}=0,$$

$$-6-2\frac{\partial z}{\partial x}-2y\frac{\partial^2 z}{\partial x\partial y}-2\frac{\partial z}{\partial x}\cdot\frac{\partial z}{\partial y}-2z\frac{\partial^2 z}{\partial x\partial y}=0.$$

方程(4-7)两边对 y 求偏导得

$$20-2\frac{\partial z}{\partial y}-2\frac{\partial z}{\partial y}-2y\frac{\partial^2 z}{\partial y^2}-2\left(\frac{\partial z}{\partial y}\right)^2-2z\frac{\partial^2 z}{\partial y^2}=0.$$

所以 $A=\frac{\partial^2 z}{\partial x^2}\Big|_{(9,3,3)}=\frac{1}{6}$, $B=\frac{\partial^2 z}{\partial x\partial y}\Big|_{(9,3,3)}=-\frac{1}{2}$, $C=\frac{\partial^2 z}{\partial y^2}\Big|_{(9,3,3)}=\frac{5}{3}$.

又 $AC-B^2=\frac{1}{36}>0, A=\frac{1}{6}>0$，从而点(9,3)是 $z(x,y)$ 的极小值点，极小值为3.

类似地，由

$A=\frac{\partial^2 z}{\partial x^2}\Big|_{(-9,-3,-3)}=-\frac{1}{6}, B=\frac{\partial^2 z}{\partial x\partial y}\Big|_{(-9,-3,-3)}=\frac{1}{2}, C=\frac{\partial^2 z}{\partial y^2}\Big|_{(-9,-3,-3)}=-\frac{5}{3}$,

可知 $AC-B^2=\frac{1}{36}>0, A=-\frac{1}{6}<0$，所以点(-9,-3)是 $z(x,y)$ 的极大值点，极大值为-3.

【例41】 已知函数 $f(x,y)$ 满足 $f''_{xy}(x,y)=4xy, f'_x(x,0)=4x, f(0,y)=y\ln y$，求 $f(x,y)$ 的极值.

解 由 $f''_{xy}(x,y)=4xy$ 得 $f'_x(x,y)=2xy^2+c(x)$.

利用 $f'_x(x,0)=4x$，有 $f'_x(x,y)=2xy^2+4x$，进而 $f(x,y)=x^2y^2+2x^2+h(y)$，

再由 $f(0,y)=y\ln y$，得 $h(y)=y\ln y$，求得 $f(x,y)=x^2(2+y^2)+y\ln y$.

由 $\begin{cases} f'_x(x,y)=2x(2+y^2)=0 \\ f'_y(x,y)=2x^2y+\ln y+1=0 \end{cases}$ 得驻点 $(0,e^{-1})$.

而 $f''_{xx}=2(2+y^2), f''_{yy}=2x^2+\frac{1}{y}, f''_{xy}=4xy$，则

$$f''_{xx}\Big|_{(0,\frac{1}{e})}=2\left(2+\frac{1}{e^2}\right), f''_{xy}\Big|_{(0,\frac{1}{e})}=0, f''_{yy}\Big|_{(0,\frac{1}{e})}=e.$$

因 $f''_{xx}>0$, $f''_{xx}f''_{yy}-(f''_{xy})^2>0$，所以二元函数存在极小值 $f\left(0,\frac{1}{e}\right)=-\frac{1}{e}$.

【例42】 设 $f(x,y)$ 有二阶连续导数，$g(x,y)=f(e^{xy},x^2+y^2)$，且

$$\lim_{\substack{x\to 1\\ y\to 0}}\frac{f(x,y)+x+y-1}{\sqrt{(x-1)^2+y^2}}=0,$$

证明 $g(x,y)$ 在(0,0)取得极值，判断此极值是极大值还是极小值，并求出此极值.

解题思路 首先利用条件 $\lim\limits_{\substack{x\to 1\\ y\to 0}}\frac{f(x,y)+x+y-1}{\sqrt{(x-1)^2+y^2}}=0$ 求出 $g(x,y)$ 在(0,0)点的极值必要条件，然后再用极值充分条件证明 $g(x,y)$ 在(0,0)取得极值，进一步由 A 的正负号确定是极大值还是极小值.

解 由题设 $\lim\limits_{\substack{x\to 1\\ y\to 0}}\frac{f(x,y)+x+y-1}{\sqrt{(x-1)^2+y^2}}=0$ 知

$$f(x,y)=-(x-1)-y+o(\rho)\text{，其中 }\rho=\sqrt{(x-1)^2+y^2}$$

则

$$f(1,0)=0, f'_1(1,0)=f'_2(1,0)=-1.$$

$g'_x = f'_1 \cdot e^{xy}y + f'_2 \cdot 2x, g'_y = f'_1 \cdot e^{xy}x + f'_2 \cdot 2y, g'_x(0,0) = 0, g'_y(0,0) = 0.$

$g''_{xx} = (f''_{11} \cdot e^{xy}y + f''_{12} \cdot 2x)e^{xy}y + f'_1 \cdot e^{xy}y^2 + (f''_{21} \cdot e^{xy}y + f''_{22} \cdot 2x)2x + 2f'_2,$

$g''_{xy} = (f''_{11} \cdot e^{xy}x + f''_{12} \cdot 2y)e^{xy}y + f'_1 \cdot (e^{xy}xy + e^{xy}) + (f''_{21} \cdot e^{xy}x + f''_{22} \cdot 2y)2x,$

$g''_{yy} = (f''_{11} \cdot e^{xy}x + f''_{12} \cdot 2y)e^{xy}x + f'_1 \cdot e^{xy}x^2 + (f''_{21} \cdot e^{xy}x + f''_{22} \cdot 2y)2y + 2f'_2,$

$A = g''_{xx}(0,0) = 2f'_2(1,0) = -2, B = g''_{xy}(0,0) = f'_1(1,0) = -1,$

$C = g''_{yy}(0,0) = 2f'_2(1,0) = -2, AC - B^2 = 3 > 0$，且 $A < 0$，故 $g(x,y)$ 在 $(0,0)$ 取得极值，且 $g(0,0) = f(1,0) = 0$ 是极大值.

【评注】 (1) 求 $A = g''_{xx}(0,0), B = g''_{xy}(0,0), C = g''_{yy}(0,0)$ 有更简单的方法.

由 $g'_x = f'_1 \cdot e^{xy}y + f'_2 \cdot 2x$ 知，$g'_x(x,0) = 2xf'_2(1,x^2), g'_x(0,y) = yf'_1(1,y^2)$，则

$$g''_{xx}(0,0) = 2f'_2(1,0) = -2, g''_{xy}(0,0) = f'_1(1,0) = -1.$$

同理 $g'_y(0,y) = 2yf'_2(1,y^2)$，则 $g''_{yy}(0,0) = 2f'_2(1,0) = -2.$

(2) 本题综合了本章的几个重点内容及方法，是一道很好的综合题，请读者重视.

【例 43】 设 $z = f(x,y)$ 在点 $(0,0)$ 处连续，且 $\lim\limits_{\substack{x\to 0\\ y\to 0}} \dfrac{f(x,y)}{\sin(x^2+y^2)} = -1$，则

(A) $f'_x(0,0)$ 不存在.　　(B) $f'_x(0,0)$ 存在但不为零.

(C) $f(x,y)$ 在点 $(0,0)$ 处取极小值.　　(D) $f(x,y)$ 在点 $(0,0)$ 处取极大值.

解题思路 本题有两种解题思路，第一种思路是用极限的保号性和极值的定义；第二种思路是用排除法.

解 **【方法一】** (直接法) 由于 $\lim\limits_{\substack{x\to 0\\ y\to 0}} \dfrac{f(x,y)}{\sin(x^2+y^2)} = -1 < 0$，由极限的保号性知，存在 $(0,0)$ 点的去心邻域，在该去心邻域内 $\dfrac{f(x,y)}{\sin(x^2+y^2)} < 0.$

而在该去心邻域内 $\sin(x^2+y^2) > 0$，则 $f(x,y) < 0.$

再由 $\lim\limits_{\substack{x\to 0\\ y\to 0}} \dfrac{f(x,y)}{\sin(x^2+y^2)} = -1$ 及 $f(x,y)$ 在 $(0,0)$ 的连续性知 $f(0,0) = 0.$

由极值定义知 $f(x,y)$ 在 $(0,0)$ 点取极大值，故应选(D).

【方法二】 (排除法) 取 $f(x,y) = -(x^2+y^2)$，显然满足原题条件，但 $f'_x(0,0) = 0$，$f(x,y) = -(x^2+y^2)$ 在 $(0,0)$ 取极大值，因此选项(A)(B)(C) 均不正确. 故应选(D).

【例 44】 已知函数 $f(x,y)$ 在点 $(0,0)$ 的某个邻域内连续，且 $\lim\limits_{\substack{x\to 0\\ y\to 0}} \dfrac{f(x,y) - xy}{(x^2+y^2)^2} = 1$，则

(A) 点 $(0,0)$ 不是 $f(x,y)$ 的极值点.

(B) 点 $(0,0)$ 是 $f(x,y)$ 的极大值点.

(C) 点 $(0,0)$ 是 $f(x,y)$ 的极小值点.

(D) 根据所给条件无法判断点 $(0,0)$ 是否为 $f(x,y)$ 的极值点.

解题思路 $f(x,y)$ 未具体给出，只给出一个极限关系，利用极限与无穷小的关系及极值的定义进行讨论.

解 由 $f(x,y)$ 在点 $(0,0)$ 连续及 $\lim\limits_{\substack{x\to 0\\ y\to 0}}\dfrac{f(x,y)-xy}{(x^2+y^2)^2}=1$ 知 $f(0,0)=0$，且

$$\frac{f(x,y)-xy}{(x^2+y^2)^2}=1+\alpha,\text{其中}\lim_{\substack{x\to 0\\ y\to 0}}\alpha=0.$$

则 $f(x,y)=xy+(x^2+y^2)^2+\alpha\cdot(x^2+y^2)^2$.

令 $y=x$ 得：$f(x,x)=x^2+4x^4+4\alpha x^4=x^2+o(x^2)$.

令 $y=-x$ 得：$f(x,-x)=-x^2+4x^4+4\alpha x^4=-x^2+o(x^2)$.

从而可知 $f(x,y)$ 在 $(0,0)$ 点的任何去心邻域内始终可正可负，而 $f(0,0)=0$，由极值定义知 $(0,0)$ 点不是 $f(x,y)$ 的极值点，故应选(A).

【评注】 一种"经典错误"是：从以上解答的第三行之后.

则 $\quad f(x,y)=xy+(1+\alpha)(x^2+y^2)^2$.

从而，$f(x,y)$ 在 $(0,0)$ 点的某去心邻域内的函数值的正负由 xy 所确定，而 xy 在 $(0,0)$ 点的去心邻域内可正可负，则 $f(x,y)$ 也可正可负，又 $f(0,0)=0$，则 $f(x,y)$ 在 $(0,0)$ 点不取得极值.

以上解法的依据是当 $(x,y)\to(0,0)$ 时 $(x^2+y^2)^2$ 是 xy 的高阶无穷小，即

$$\lim_{\substack{x\to 0\\ y\to 0}}\frac{(x^2+y^2)^2}{xy}=0,$$

但事实上极限 $\lim\limits_{\substack{x\to 0\\ y\to 0}}\dfrac{(x^2+y^2)^2}{xy}$ 不存在！这是由于

$$\lim_{\substack{x\to 0\\ y=x^4}}\frac{(x^2+y^2)^2}{xy}=\lim_{x\to 0}\frac{(x^2+x^8)^2}{x^5}=\lim_{x\to 0}\frac{x^4+2x^{10}+x^{16}}{x^5}=\infty.$$

八、条件极值(最值)问题

求条件极值(最值)常用的有两种方法，以求函数 $f(x,y)$ 在条件 $\varphi(x,y)=0$ 下的极值为例.

(1) 化为无条件极值(最值).

若从条件 $\varphi(x,y)=0$ 中可解出 $y=y(x)$(或 $x=x(y)$)，再代入 $z=f(x,y)$，则可化为无条件极值.

(2) 拉格朗日乘数法. 见下面例 45.

【例 45】 求椭圆 $x^2+2xy+3y^2-8y=0$ 与直线 $x+y=8$ 之间的最短距离.

解题思路 这是一个条件极值问题，椭圆上任意一点 $P(x,y)$ 到直线 $x+y=8$ 的距离为 $d=\left|\dfrac{x+y-8}{\sqrt{2}}\right|$，利用等效性构造函数 $F(x,y)=d^2+\lambda(x^2+2xy+3y^2-8y)$，若用 d 的话，问题将变得很复杂.

解 椭圆上任意一点 $P(x,y)$ 到直线 $x+y=8$ 的距离的平方为

$$d^2=\frac{(x+y-8)^2}{2}.$$

令 $F(x,y)=\dfrac{1}{2}(x+y-8)^2+\lambda(x^2+2xy+3y^2-8y)$，

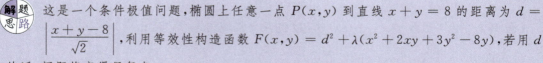

则有方程组$\begin{cases} F'_x = x + y - 8 + (2\lambda x + 2\lambda y) = 0, \\ F'_y = x + y - 8 + \lambda(2x + 6y - 8) = 0, \\ F'_\lambda = x^2 + 2xy + 3y^2 - 8y = 0. \end{cases}$

解得$\begin{cases} x = -2 + 2\sqrt{2} \\ y = 2 \end{cases}$或者$\begin{cases} x = -2 - 2\sqrt{2} \\ y = 2 \end{cases}$，且 $d_1 = 4\sqrt{2} - 2, d_2 = 4\sqrt{2} + 2$.

所以，所求的最短距离为 $4\sqrt{2} - 2$.

【例 46】 求函数 $u = x^2 + y^2 + z^2$ 在约束条件 $z = x^2 + y^2$ 和 $x + y + z = 4$ 下的最大值和最小值.

解题思路 先用拉格朗日乘数法求出可能取得极值的点，然后比较这些可能取得极值的点上的函数值.

解 构造拉格朗日函数

$$F(x,y,z,\lambda,\mu) = x^2 + y^2 + z^2 + \lambda(x^2 + y^2 - z) + \mu(x + y + z - 4)$$

令
$$\begin{cases} F'_x = 2x + 2\lambda x + \mu = 0 & (4-8) \\ F'_y = 2y + 2\lambda y + \mu = 0 & (4-9) \\ F'_z = 2z - \lambda + \mu = 0 & (4-10) \\ F'_\lambda = x^2 + y^2 - z = 0 & (4-11) \\ F'_\mu = x + y + z - 4 = 0 & (4-12) \end{cases}$$

(4－9) 式减(4－8) 式得

$$(\lambda + 1)(y - x) = 0$$

则 $\lambda = -1$ 或 $y = x$，将 $\lambda = -1$ 代入(4－8) 式得 $\mu = 0$，将 $\lambda = -1, \mu = 0$ 代入(4－10) 式得 $z = -\frac{1}{2}$，这与(4－11) 式是矛盾的.

将 $y = x$ 与(4－11) 式和(4－12) 式联立解得

$$(x_1, y_1, z_1) = (1,1,2), (x_2, y_2, z_2) = (-2, -2, 8).$$

由于 $u(-2, -2, 8) = 72, u(1,1,2) = 6$

则所求最大值为 $u_{\max} = 72$，最小值为 $u_{\min} = 6$.

【评注】 本题给出了求解条件最值问题的一般方法.

九、多元函数的最值问题

这里有两种问题，一种是求连续函数 $f(x,y)$ 在有界闭区域 D 上的最值，此类问题应分以下三步进行：

(1) 求出 $f(x,y)$ 在 D 内可能取得极值点(驻点和一阶偏导不存在的点) 的函数值.

(2) 求出 $f(x,y)$ 在 D 的边界上的最大、最小值.

(3) 将上面求得的 D 内可能取得极值点上的函数值与 D 的边界上的最值进行比较，最大(小) 者为最大(小) 值.

另外一种问题是最大最小值的应用题，此类问题应首先建立目标函数，这样就把该问题化为第一种问题. 而对于应用问题，如果 $f(x,y)$ 可能取得极值的点只有一个，并根据问题本身知道所求最值存在，则可断言所求最值就在这个唯一可能取得极值的点上取得.

【例 47】 求函数 $z=x^2y(4-x-y)$ 在直线 $x+y=6$，x 轴和 y 轴所围成的区域 D 上的最大值和最小值.

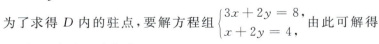

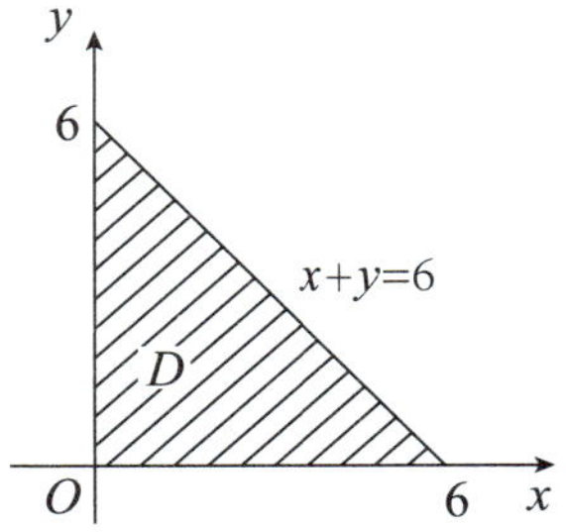

图 4-8

解 区域 D 如图 4-8 所示.

$$\frac{\partial z}{\partial x}=2xy(4-x-y)-x^2y=xy(8-3x-2y),$$

$$\frac{\partial z}{\partial y}=x^2(4-x-y)-x^2y=x^2(4-x-2y).$$

为了求得 D 内的驻点，要解方程组 $\begin{cases}3x+2y=8,\\x+2y=4,\end{cases}$ 由此可解得 $z(x,y)$ 在 D 内唯一驻点为 $(2,1)$，且 $z(2,1)=4$.

在 D 的边界 $y=0,0\leqslant x\leqslant 6$ 或 $x=0,0\leqslant y\leqslant 6$ 上 $z(x,y)=0$.

在边界 $x+y=6(0\leqslant x\leqslant 6)$ 上，将 $y=6-x$ 代入得

$$z(x,y)=2(x^3-6x^2)(0\leqslant x\leqslant 6).$$

令 $$\varphi(x)=2(x^3-6x^2),0\leqslant x\leqslant 6,$$

则 $$\varphi'(x)=6x^2-24x.$$

令 $\varphi'(x)=0$ 得 $x=4$.

$$\varphi(0)=0,\varphi(4)=-64,\varphi(6)=0.$$

则 $z(x,y)$ 在边界 $x+y=6(0\leqslant x\leqslant 6)$ 上的最大值为 0，最小值为 -64.

由此可知 $z(x,y)$ 在区域 D 上的最大值为 4，最小值为 -64.

【例 48】 求函数 $z=x^2+y^2-12x+16y$ 在 $x^2+y^2\leqslant 25$ 上的最大值与最小值.

解【方法一】 先求 $z(x,y)$ 在区域 $D:x^2+y^2\leqslant 25$ 内的驻点.

$$\text{令}\begin{cases}\dfrac{\partial z}{\partial x}=2x-12=0,\\[2mm]\dfrac{\partial z}{\partial y}=2y+16=0,\end{cases}\quad\text{得 } x=6,y=-8.$$

显然点 $(6,-8)$ 不在区域 D 内，即 $z(x,y)$ 在 D 内没有极值点，而 $z=x^2+y^2-12x+16y$ 是有界闭区域 D 上的连续函数，则它在区域 D 上有最大值和最小值，且 D 上的最大值和最小值都在 D 的边界上取得. 而求 $z(x,y)$ 在 D 的边界 $x^2+y^2=25$ 上的最大最小值实际是求函数 $z=x^2+y^2-12x+16y$ 在条件 $x^2+y^2=25$ 下的条件极值，因此构造拉格朗日函数

$$\begin{aligned}F(x,y,\lambda)&=x^2+y^2-12x+16y+\lambda(x^2+y^2-25)\\&=25-12x+16y+\lambda(x^2+y^2-25)\end{aligned}$$

$$\begin{cases}F'_x=-12+2\lambda x=0,\\F'_y=16+2\lambda y=0,\\F'_\lambda=x^2+y^2-25=0,\end{cases}\quad\text{解得}\begin{cases}x_1=3,\\y_1=-4,\end{cases}\quad\begin{cases}x_2=-3,\\y_2=4.\end{cases}$$

由前面的分析知，$z(x,y)$ 在边界 $x^2+y^2=25$ 上有最大值和最小值存在，且在边界上可能取得极值的点只有两个，则边界上的最大值和最小值应在这两个点上取得.

$$z(3,-4)=-75,z(-3,4)=125,$$

则 $z(x,y)$ 在 D 上最小值为 -75，最大值为 125.

【方法二】 由方法一开始的讨论知 $z(x,y)$ 在区域 $x^2+y^2\leqslant 25$ 的最大值和最小值应在该区域边界 $x^2+y^2=25$ 上取得，为了求得 $z(x,y)$ 在条件 $x^2+y^2=25$ 下的条件极值，方法一用的是拉格朗日乘数法，下面我们用化为无条件极值的方法求解，由于 $x^2+y^2=25$ 可改写成参数方

程$\begin{cases}x=5\cos\theta,\\ y=5\sin\theta,\end{cases}$$0\leqslant\theta\leqslant 2\pi$，将$x=5\cos\theta, y=5\sin\theta$代入$z=x^2+y^2-12x+16y$得

$$\begin{aligned}z&=25-60\cos\theta+80\sin\theta\\&=25-\sqrt{60^2+80^2}\left(\frac{60}{\sqrt{60^2+80^2}}\cos\theta-\frac{80}{\sqrt{60^2+80^2}}\sin\theta\right)\\&=25-\sqrt{60^2+80^2}\cos(\theta+\theta_0).\end{aligned}$$

则z的最小值为$25-\sqrt{60^2+80^2}=-75$，z的最大值为$25+\sqrt{60^2+80^2}=125$.

【方法三】　由于$z=x^2+y^2-12x+16y=(x-6)^2+(y+8)^2-100$，

注意到上式中的$(x-6)^2+(y+8)^2$在几何上表示平面上点(x,y)与点$(6,-8)$之间距离的平方.因此，从几何上看，求函数$z=x^2+y^2-12x+16y$在区域$x^2+y^2\leqslant 25$的最大值和最小值的问题就是在区域$x^2+y^2\leqslant 25$上找点(x,y)，使它到定点$(6,-8)$的距离最大或最小，显然，这两个点应为过原点和点$(6,-8)$的直线$y=-\frac{4}{3}x$与圆周$x^2+y^2=25$的两个交点.

由$\begin{cases}x^2+y^2=25,\\ y=-\frac{4}{3}x,\end{cases}$ 得$\begin{cases}x_1=3,\\ y_1=-4,\end{cases}$ $\begin{cases}x_2=-3,\\ y_2=4.\end{cases}$又

$$z(3,-4)=-75, z(-3,4)=125,$$

故$z(x,y)$在$x^2+y^2\leqslant 25$上的最大值为125，最小值为-75.

【例 49】　求中心在坐标原点的椭圆$x^2-4xy+5y^2=1$的长半轴长与短半轴长.

解题思路　显然，问题归结为求原点$(0,0)$到椭圆上点的距离的最大值(长半轴长)和最小值(短半轴长).

解　椭圆$x^2-4xy+5y^2=1$上点(x,y)到原点$(0,0)$距离平方$d^2=f(x,y)=x^2+y^2$.问题归结为求$f(x,y)=x^2+y^2$在条件$x^2-4xy+5y^2=1$下的最大值和最小值.

令$F(x,y,\lambda)=x^2+y^2+\lambda(x^2-4xy+5y^2-1)$，则

$$\begin{cases}F'_x=2x+\lambda(2x-4y)=0, & (4-13)\\ F'_y=2y+\lambda(-4x+10y)=0, & (4-14)\\ F'_\lambda=x^2-4xy+5y^2-1=0. & (4-15)\end{cases}$$

(4-13)式乘$\frac{x}{2}$加(4-14)式乘$\frac{y}{2}$得$x^2+y^2+\lambda(x^2-4xy+5y^2)=0$.

则$x^2+y^2+\lambda=0$，即$x^2+y^2=-\lambda$.

由(4-13)式和(4-14)式知$\begin{cases}(1+\lambda)x-2\lambda y=0,\\ -2\lambda x+(1+5\lambda)y=0.\end{cases}$

这是一个关于x,y的二元线性齐次方程组，由题意知它有非零解，则

$$\begin{vmatrix}1+\lambda & -2\lambda\\ -2\lambda & 1+5\lambda\end{vmatrix}=0，即\ \lambda^2+6\lambda+1=0\Rightarrow\lambda=-3\pm2\sqrt{2}.$$

故长半轴长$a=\sqrt{3+2\sqrt{2}}=1+\sqrt{2}$，短半轴长$b=\sqrt{3-2\sqrt{2}}=\sqrt{2}-1$.

【例 50】 已知 x,y,z 为实数，且 $e^x+y^2+|z|=3$，求证：$e^x y^2|z|\leqslant 1$.

解题思路 本题表面上看是证明不等式，实际上可以将其化为求在 $e^x+y^2+|z|=3$ 约束条件下函数 $u=e^x y^2|z|$ 极值的问题.

证明 【方法一】 本题可化为在 $e^x+y^2+|z|=3$ 约束条件下函数 $u=e^x y^2|z|$ 的最值问题，但由于 $|z|$ 求导不方便，故不用拉格朗日乘数法，而是转化为无条件极值 $u=e^x y^2(3-e^x-y^2)$.

令 $\frac{\partial u}{\partial x}=0,\frac{\partial u}{\partial y}=0$，得驻点 $(0,\pm 1)$、$(x,0)$，且 $u(0,\pm 1)=1$，$u(x,0)=0$. 由题意判断知 $u(0,\pm 1)=1$ 是最大值，于是 $e^x y^2|z|\leqslant 1$.

【方法二】 本题可化为以下等价的问题：已知 $X>0,Y\geqslant 0,Z\geqslant 0$，且 $X+Y+Z=3$，求证 $XYZ\leqslant 1$，事实上，只要令 $X=e^x,Y=y^2,Z=|z|$ 即可.

用拉格朗日乘数法求解上述条件极值

令 $$L=XYZ+\lambda(X+Y+Z-3),$$

解 $$\begin{cases}L'_X=YZ+\lambda=0,\\ L'_Y=XZ+\lambda=0,\\ L'_Z=XY+\lambda=0,\\ L'_\lambda=X+Y+Z-3=0,\end{cases}$$ 得 $X=3,Y=0,Z=0$ 和 $X=Y=Z=1$ 为可能极值点，由题意知最大值必存在，最大值为 $u(1,1,1)=1$，于是 $XYZ\leqslant 1$.

【例 51】 已知三角形的周长为 $2p$，求使它绕自己的一边旋转时所构成旋转体体积最大的三角形.

解 设三角形的三条边长分别为 x,y,z，转轴为 AC 边，AC 边上的高为 h，如图 4-9，则 $\triangle ABC$ 绕 AC 边旋转所得体积为 $V=\frac{\pi}{3}h^2 y$（两个锥体体积之和）. 又 $\triangle ABC$ 的面积

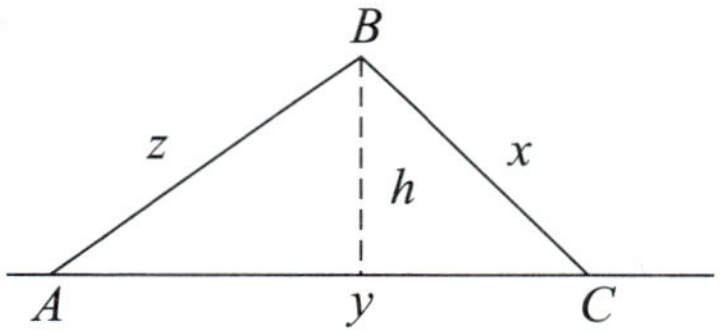

图 4-9

$$S=\sqrt{p(p-x)(p-y)(p-z)}=\frac{1}{2}yh,$$

则 $$V=\frac{4}{3}\pi p\frac{(p-x)(p-y)(p-z)}{y}，其中\ x+y+z=2p.$$

为了下面求条件极值方便，对 $\frac{(p-x)(p-y)(p-z)}{y}$ 取对数，得

$$\ln(p-x)+\ln(p-y)+\ln(p-z)-\ln y.$$

构造拉格朗日函数

$$F(x,y,z,\lambda)=\ln(p-x)+\ln(p-y)+\ln(p-z)-\ln y+\lambda(x+y+z-2p),$$

$$\begin{cases}F'_x=-\frac{1}{p-x}+\lambda=0, & (4-16)\\ F'_y=-\frac{1}{p-y}-\frac{1}{y}+\lambda=0, & (4-17)\\ F'_z=-\frac{1}{p-z}+\lambda=0, & (4-18)\\ F'_\lambda=x+y+z-2p=0, & (4-19)\end{cases}$$

由 (4-16) 式和 (4-18) 式知 $z=x$，由 (4-16) 式和 (4-17) 式知 $p(p-x)=y(p-y)$ 再利

用 $x+y+z=2p$ 可得，$x=z=\frac{3}{4}p, y=\frac{p}{2}$. 则点$\left(\frac{3p}{4},\frac{p}{2},\frac{3p}{4}\right)$是唯一可能取得极值的点，而根据问题本身知旋转体体积最大值存在，则 $x=z=\frac{3}{4}p, y=\frac{p}{2}$ 时，旋转体体积最大，最大体积为 $V=\frac{\pi}{12}p^3$.

十、计算二重积分

计算二重积分主要有三种方法，一般按下列步骤进行：

(1) 画出积分域 D 的草图，判定积分域是否有对称性，被积函数 $f(x,y)$ 是否有奇偶性，如果能用对称性、奇偶性计算或化简原积分就先进行计算或化简，否则进行下一步.

(2) 选择化为累次积分的坐标系（主要根据积分域的形状和被积函数的形式）.

(3) 选择累次积分的积分次序（主要根据积分域和被积函数）.

(4) 确定累次积分的积分限并计算累次积分.

【例 52】 计算积分 $\iint\limits_D (|x|+ye^{x^2})\mathrm{d}\sigma$，其中 D 由曲线 $|x|+|y|=1$ 所围成.

解题思路 先画积分域 D 如图 4-10，不难看出该积分域关于两个坐标轴都对称. 被积函数也有奇偶性，因此，应利用对称性和奇偶性计算.

解 由于 ye^{x^2} 关于 y 是奇函数，而积分域 D 关于 x 轴对称，则

$$\iint\limits_D ye^{x^2}\mathrm{d}\sigma=0.$$

而 $|x|$ 关于 x,y 都是偶函数，且积分域关于 x,y 轴都对称，则

$$\iint\limits_D |x|\mathrm{d}\sigma=4\iint\limits_{D_1}|x|\mathrm{d}\sigma=4\iint\limits_{D_1}x\mathrm{d}\sigma,$$

其中 D_1 为 D 在第一象限的部分.

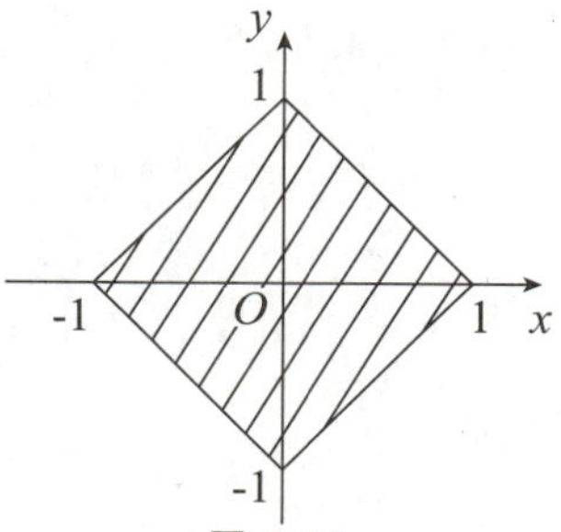

图 4-10

又

$$\iint\limits_{D_1}x\mathrm{d}\sigma=\int_0^1\mathrm{d}x\int_0^{1-x}x\mathrm{d}y=\frac{1}{6},$$

则

$$\iint\limits_D(|x|+ye^{x^2})\mathrm{d}\sigma=\frac{2}{3}.$$

【评注】 本题主要是利用函数的奇偶性和区域对称性进行计算.

【例 53】 设区域 $D=\{(x,y)\mid x^2+y^2\leqslant 4, x\geqslant 0, y\geqslant 0\}$，$f(x)$ 为 D 上正值连续函数，a,b 为常数，则 $\iint\limits_D \frac{a\sqrt{f(x)}+b\sqrt{f(y)}}{\sqrt{f(x)}+\sqrt{f(y)}}\mathrm{d}\sigma=$

(A) $ab\pi$.　　(B) $\frac{ab}{2}\pi$.　　(C) $(a+b)\pi$.　　(D) $\frac{a+b}{2}\pi$.

解题思路 本题要计算的重积分被积函数中出现了一般函数 $f(x)$，此时要计算出重积分，一般积分域有某种特殊性. 事实上不难看出本题中的积分域 D 关于 $y=x$ 对称，所以应用变量对称性计算.

解【方法一】（直接法）由于积分域 D 关于直线 $y=x$ 对称，则

$$\iint_D \frac{a\sqrt{f(x)}+b\sqrt{f(y)}}{\sqrt{f(x)}+\sqrt{f(y)}}\mathrm{d}\sigma=\iint_D \frac{a\sqrt{f(y)}+b\sqrt{f(x)}}{\sqrt{f(y)}+\sqrt{f(x)}}\mathrm{d}\sigma.$$

从而有

$$\iint_D \frac{a\sqrt{f(x)}+b\sqrt{f(y)}}{\sqrt{f(x)}+\sqrt{f(y)}}\mathrm{d}\sigma=\frac{1}{2}\left[\iint_D \frac{a\sqrt{f(x)}+b\sqrt{f(y)}}{\sqrt{f(x)}+\sqrt{f(y)}}\mathrm{d}\sigma+\iint_D \frac{a\sqrt{f(y)}+b\sqrt{f(x)}}{\sqrt{f(y)}+\sqrt{f(x)}}\mathrm{d}\sigma\right]$$

$$=\frac{1}{2}\iint_D (a+b)\mathrm{d}\sigma=\frac{a+b}{2}\pi.$$

故应选(D).

【方法二】（排除法）令 $f(x)=1$，显然符合题设条件，而

$$\iint_D \frac{a\sqrt{f(x)}+b\sqrt{f(y)}}{\sqrt{f(x)}+\sqrt{f(y)}}\mathrm{d}\sigma=\iint_D \frac{a+b}{2}\mathrm{d}\sigma=\frac{a+b}{2}\pi.$$

显然，选项(A)(B)(C) 都不正确，故应选(D).

【评注】 本题方法二简单.

【例 54】 计算二重积分 $\iint_D x[1+yf(x^2+y^2)]\mathrm{d}x\mathrm{d}y$. 其中 D 是由 $y=x^3$，$y=1$，$x=-1$ 围成的区域，$f(u)$ 为连续函数.

解题思路 本题要计算的二重积分被积函数中出现了一般函数 f，此时要能计算出积分值，往往被积函数和积分域有某种特殊性（被积函数奇偶性，积分域对称性）. 本题的被积函数关键是第二项 $xyf(x^2+y^2)$，显然它既是 x 的奇函数也是 y 的奇函数，但仅有函数奇偶性不行，还需有相应的积分域的对称性，画出积分域 D 如图 4-11，但 D 本身没有对称性，为此我们作曲线 $y=-x^3$ 将原积分域 D 分成两部分，分别记为 D_1 和 D_2，如图 4-11，此时的 D_1 关于 y 轴对称，D_2 关于 x 轴对称.

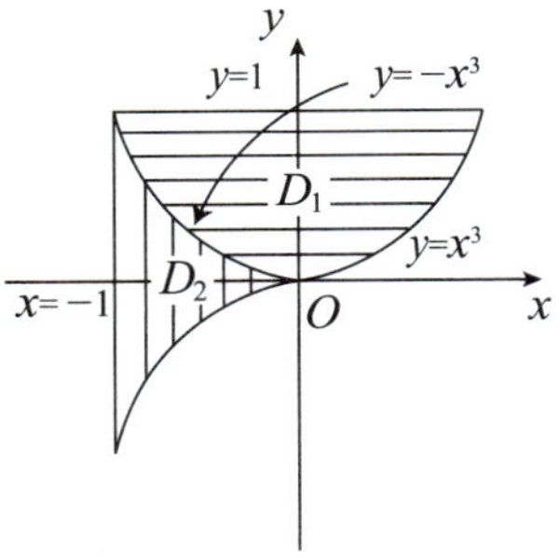

图 4-11

解 $\iint_D x[1+yf(x^2+y^2)]\mathrm{d}x\mathrm{d}y=\iint_D x\mathrm{d}x\mathrm{d}y+\iint_D xyf(x^2+y^2)\mathrm{d}x\mathrm{d}y.$

而

$$\iint_D x\mathrm{d}x\mathrm{d}y=\int_{-1}^{1}\mathrm{d}x\int_{x^3}^{1}x\mathrm{d}y=-\frac{2}{5},$$

$$\iint_D xyf(x^2+y^2)\mathrm{d}x\mathrm{d}y=\iint_{D_1} xyf(x^2+y^2)\mathrm{d}x\mathrm{d}y+\iint_{D_2} xyf(x^2+y^2)\mathrm{d}x\mathrm{d}y,$$

由于 $xyf(x^2+y^2)$ 既是 x 的奇函数也是 y 的奇函数，而 D_1 关于 y 轴对称，D_2 关于 x 轴对称，则

$$\iint_{D_1} xyf(x^2+y^2)\mathrm{d}x\mathrm{d}y=0,\quad \iint_{D_2} xyf(x^2+y^2)\mathrm{d}x\mathrm{d}y=0.$$

故

$$\iint_D x[1+yf(x^2+y^2)]\mathrm{d}x\mathrm{d}y=-\frac{2}{5}.$$

【评注】 前面三个二重积分计算中主要利用了对称性和奇偶性，这是二重积分计算中一种常用的技巧，须熟练掌握.

【例 55】 已知平面域 $D=\{(x,y)\mid x^2+y^2\leqslant 2y\}$，计算二重积分

$$I=\iint\limits_D (x+1)^2\mathrm{d}x\mathrm{d}y.$$

解题思路 积分域 $D=\{(x,y)\mid x^2+y^2\leqslant 2y\}$ 如图 4-12，关于 y 轴左、右对称，被积函数 $(x+1)^2=x^2+1+2x$，其中 $2x$ 是 x 的奇函数，x^2+1 是 x 的偶函数，先利用奇、偶性化简，然后再用极坐标计算.

解 $I=\iint\limits_D (x^2+2x+1)\mathrm{d}x\mathrm{d}y.$

由于 D 关于 y 轴对称，且函数 $2x$ 是 x 的奇函数，所以

$$\iint\limits_D 2x\mathrm{d}x\mathrm{d}y=0.$$

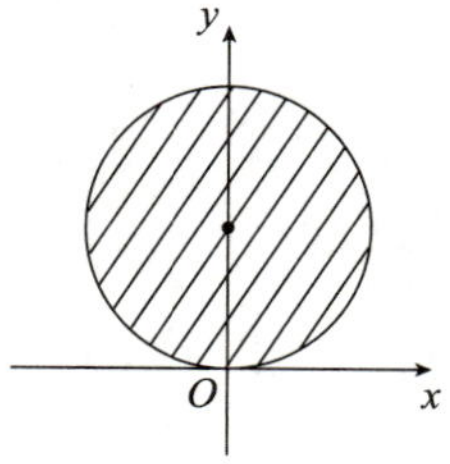

图 4-12

$$\begin{aligned}I&=\iint\limits_D (x^2+1)\mathrm{d}x\mathrm{d}y=2\int_0^{\frac{\pi}{2}}\mathrm{d}\theta\int_0^{2\sin\theta}r^2\cos^2\theta\cdot r\mathrm{d}r+\pi\\&=8\int_0^{\frac{\pi}{2}}\sin^4\theta\cos^2\theta\mathrm{d}\theta+\pi=8\int_0^{\frac{\pi}{2}}\sin^4\theta(1-\sin^2\theta)\mathrm{d}\theta+\pi\\&=8\left(\frac{3}{4}\times\frac{1}{2}\times\frac{\pi}{2}-\frac{5}{6}\times\frac{3}{4}\times\frac{1}{2}\times\frac{\pi}{2}\right)+\pi=\frac{5}{4}\pi.\end{aligned}$$

【例 56】 计算积分 $\iint\limits_D (x+y)\mathrm{d}\sigma$，其中 D 由不等式 $x^2+y^2\leqslant x+y$ 所确定.

解【方法一】

解题思路 画积分域草图，如图 4-13 所示，该积分域是一个圆域

$$\left(x-\frac{1}{2}\right)^2+\left(y-\frac{1}{2}\right)^2\leqslant\frac{1}{2},$$

因此，应在极坐标下化为累次积分.

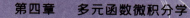

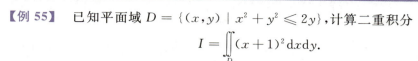

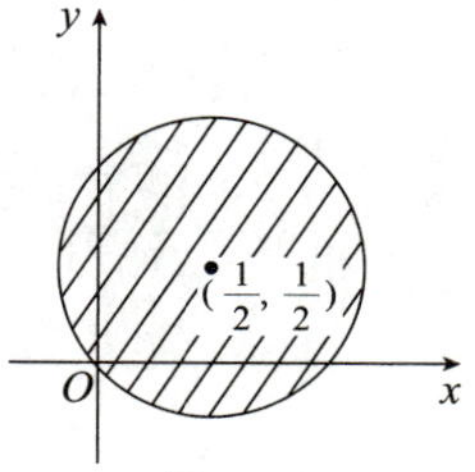

图 4-13

圆 $x^2+y^2=x+y$ 在极坐标下方程为 $r=\cos\theta+\sin\theta$，则

$$\begin{aligned}\iint\limits_D (x+y)\mathrm{d}\sigma&=\int_{-\frac{\pi}{4}}^{\frac{3\pi}{4}}\mathrm{d}\theta\int_0^{\cos\theta+\sin\theta}(\cos\theta+\sin\theta)r^2\mathrm{d}r\\&=\frac{1}{3}\int_{-\frac{\pi}{4}}^{\frac{3\pi}{4}}(\cos\theta+\sin\theta)^4\mathrm{d}\theta=\frac{4}{3}\int_{-\frac{\pi}{4}}^{\frac{3\pi}{4}}\sin^4\left(\theta+\frac{\pi}{4}\right)\mathrm{d}\theta\\&\xlongequal{\theta+\frac{\pi}{4}=t}\frac{4}{3}\int_0^{\pi}\sin^4t\mathrm{d}t=\frac{8}{3}\int_0^{\frac{\pi}{2}}\sin^4t\mathrm{d}t\\&=\frac{8}{3}\times\frac{3}{4}\times\frac{1}{2}\times\frac{\pi}{2}=\frac{\pi}{2}.\end{aligned}$$

【方法二】

解题思路 显然方法一直接用极坐标计算不方便，原因在于本题中积分域虽然是圆，但圆心既不在原点，也不在坐标轴，而在$\left(\frac{1}{2},\frac{1}{2}\right)$. 此时，若令$x-\frac{1}{2}=r\cos\theta$，$y-\frac{1}{2}=r\sin\theta$，相当于将极点移到$\left(\frac{1}{2},\frac{1}{2}\right)$，按此方法计算较为方便.

令$\begin{cases}x-\dfrac{1}{2}=r\cos\theta,\\ y-\dfrac{1}{2}=r\sin\theta,\end{cases}$ 此时 $d\sigma=r\,dr\,d\theta$，则

$$\iint_D(x+y)d\sigma=\int_0^{2\pi}d\theta\int_0^{\frac{1}{\sqrt{2}}}(r\cos\theta+r\sin\theta+1)r\,dr=\int_0^{2\pi}d\theta\int_0^{\frac{1}{\sqrt{2}}}r\,dr=2\pi\times\frac{1}{4}=\frac{\pi}{2}.$$

注意：$\int_0^{2\pi}\cos\theta d\theta=\int_0^{2\pi}\sin\theta d\theta=0$.

【方法三】

解题思路 本题的积分域$\left(x-\frac{1}{2}\right)^2+\left(y-\frac{1}{2}\right)^2\leqslant\frac{1}{2}$关于坐标轴不对称，但关于直线$x=\frac{1}{2}$、$y=\frac{1}{2}$都对称，则$\iint_D\left(x-\frac{1}{2}\right)d\sigma=\iint_D\left(y-\frac{1}{2}\right)d\sigma=0$. 事实上，

$$\iint_D\left(x-\frac{1}{2}\right)d\sigma\xlongequal[y-\frac{1}{2}=Y]{x-\frac{1}{2}=X}\iint_{X^2+Y^2\leqslant\frac{1}{2}}X\,d\sigma,$$

被积函数X是X的奇函数，积分域$X^2+Y^2\leqslant\frac{1}{2}$关于$Y$轴对称，则$\iint_{X^2+Y^2\leqslant\frac{1}{2}}X\,d\sigma=0$.

由于$\iint_D(x+y)d\sigma=\iint_D\left[\left(x-\frac{1}{2}\right)+\left(y-\frac{1}{2}\right)+1\right]d\sigma$，由以上分析知

$$\iint_D\left(x-\frac{1}{2}\right)d\sigma=\iint_D\left(y-\frac{1}{2}\right)d\sigma=0.$$

则
$$\iint_D(x+y)d\sigma=\iint_D d\sigma=\frac{\pi}{2}(\text{积分域面积}).$$

【方法四】

解题思路 由于积分域$\left(x-\frac{1}{2}\right)^2+\left(y-\frac{1}{2}\right)^2\leqslant\frac{1}{2}$关于直线$y=x$对称，则$\iint_D x\,d\sigma=\iint_D y\,d\sigma$. 从而有$\iint_D(x+y)d\sigma=2\iint_D x\,d\sigma$，右端积分可考虑用形心计算公式$\bar{x}=\dfrac{\iint_D x\,d\sigma}{S}$计算.

由以上分析知

$$\iint_D (x+y)\mathrm{d}\sigma = 2\iint_D x\,\mathrm{d}\sigma = 2\bar{x}S,$$

其中 $\bar{x}$ 为积分域 D 的形心的 x 坐标，应为 $\bar{x}=\frac{1}{2}$，S 为积分域 D 的面积，应为 $S=\frac{\pi}{2}$，则

$$\iint_D (x+y)\mathrm{d}\sigma = \frac{\pi}{2}.$$

【评注】 本题共用四种方法求解，显然方法二、三、四较好，方法一较烦琐.

【例 57】 计算二重积分 $\iint_D y^2\mathrm{d}\sigma$，其中 D 由 $\begin{cases}x=a(t-\sin t),\\ y=a(1-\cos t)\end{cases}(0\leqslant t\leqslant 2\pi)$ 与 $y=0$ 围成.

解 先画出积分域的草图，如图 4-14 所示. 本题积分域的边界曲线是用参数方程表示的，这类问题一般是在直角坐标下化为累次积分，为此不妨设边曲线 $\begin{cases}x=a(t-\sin t),\\ y=a(1-\cos t)\end{cases}$ 的直角坐标方程为 $y=y(x)$，则

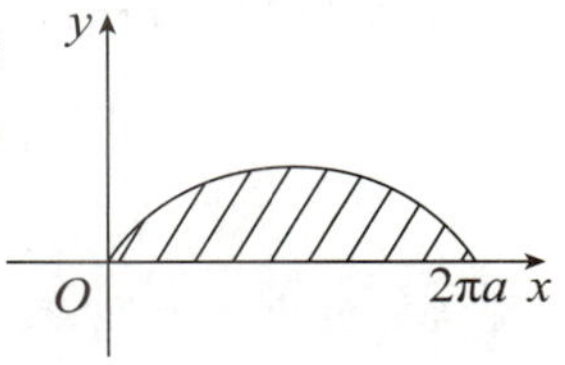

图 4-14

$$\begin{aligned}\iint_D y^2\mathrm{d}\sigma &= \int_0^{2\pi a}\mathrm{d}x\int_0^{y(x)} y^2\mathrm{d}y = \frac{1}{3}\int_0^{2\pi a} y^3(x)\mathrm{d}x\\ &= \frac{1}{3}\int_0^{2\pi} a^3(1-\cos t)^3 a(1-\cos t)\mathrm{d}t\\ &= \frac{16a^4}{3}\int_0^{2\pi}\sin^8\frac{t}{2}\mathrm{d}t \xlongequal{\text{令}\frac{t}{2}=u} \frac{32a^4}{3}\int_0^{\pi}\sin^8 u\mathrm{d}u\\ &= \frac{64a^4}{3}\int_0^{\frac{\pi}{2}}\sin^8 u\mathrm{d}u = \frac{64a^4}{3}\times\frac{7}{8}\times\frac{5}{6}\times\frac{3}{4}\times\frac{1}{2}\times\frac{\pi}{2} = \frac{35}{12}\pi a^4.\end{aligned}$$

【评注】 本题给出了计算积分域边界曲线为参数方程的二重积分的一种常用的思想方法.

【例 58】 计算二重积分 $\iint_D |x^2+y^2-2y|\mathrm{d}\sigma$，其中 D 由不等式 $x^2+y^2\leqslant 4$ 所确定.

解题思路 本题被积函数中带有绝对值. 此类问题处理的基本思想是根据绝对值内函数在积分域内的正负划分原积分域，去掉被积函数中的绝对值.

解 为了去掉被积函数中的绝对值，令 $x^2+y^2-2y=0$，即 $x^2+y^2=2y$，该曲线就将原积分域划分为两部分，如图 4-15 中的 D_1 和 D_2，在 D_1 上 x^2+y^2-2y 为负，在 D_2 上 x^2+y^2-2y 为正，则

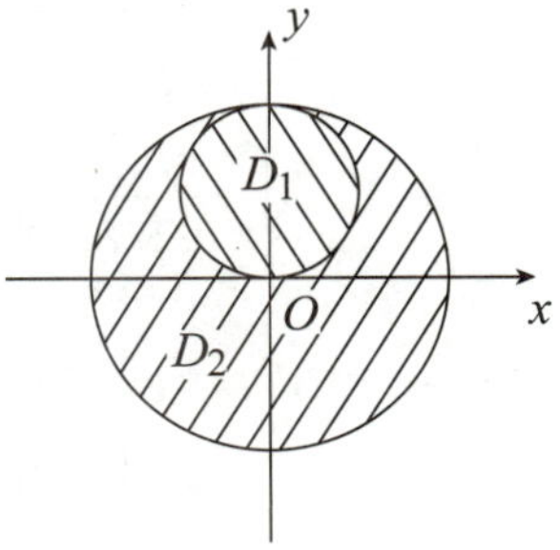

图 4-15

$$\begin{aligned}&\iint_D |x^2+y^2-2y|\mathrm{d}\sigma\\ &= \iint_{D_1}|x^2+y^2-2y|\mathrm{d}\sigma + \iint_{D_2}|x^2+y^2-2y|\mathrm{d}\sigma\\ &= \iint_{D_1}(2y-x^2-y^2)\mathrm{d}\sigma + \iint_{D_2}(x^2+y^2-2y)\mathrm{d}\sigma\end{aligned}$$

$$=\iint_{D_1}(2y-x^2-y^2)\mathrm{d}\sigma+\left[\iint_{D}(x^2+y^2-2y)\mathrm{d}\sigma-\iint_{D_1}(x^2+y^2-2y)\mathrm{d}\sigma\right]$$

$$=\iint_{D}(x^2+y^2-2y)\mathrm{d}\sigma+2\iint_{D_1}(2y-x^2-y^2)\mathrm{d}\sigma \qquad \left(\iint_{D}y\,\mathrm{d}\sigma=0\right)$$

$$=\int_0^{2\pi}\mathrm{d}\theta\int_0^2 r^3\mathrm{d}r+2\int_0^{\pi}\mathrm{d}\theta\int_0^{2\sin\theta}(2r\sin\theta-r^2)r\mathrm{d}r=9\pi.$$

【评注】 本题在计算中没有直接算区域 D_2 上的积分 $\iint_{D_2}(x^2+y^2-2y)\mathrm{d}\sigma$. 因为直接算很不方便，而采用 D 上的积分减去 D_1 上的积分，带来很大方便，这是一种常用的思想方法.

【例 59】 设平面域 $D=\{(x,y)\mid 1\leqslant x^2+y^2\leqslant 4,x\geqslant 0,y\geqslant 0\}$，计算

$$\iint_{D}\frac{x\sin(\pi\sqrt{x^2+y^2})}{x+y}\mathrm{d}x\mathrm{d}y.$$

解题思路 就本题的积分域而言很适合用极坐标计算，但就被积函数而言不适合用极坐标，主要是由于 $\dfrac{x}{x+y}$，但此时应注意积分域 D 关于 $y=x$ 对称，利用变量的对称性可解.

解 【方法一】 由于积分域 D 关于直线 $y=x$ 对称，则

$$\iint_{D}\frac{x\sin(\pi\sqrt{x^2+y^2})}{x+y}\mathrm{d}x\mathrm{d}y=\iint_{D}\frac{y\sin(\pi\sqrt{x^2+y^2})}{x+y}\mathrm{d}x\mathrm{d}y$$

$$=\frac{1}{2}\left[\iint_{D}\frac{x\sin(\pi\sqrt{x^2+y^2})}{x+y}\mathrm{d}x\mathrm{d}y+\iint_{D}\frac{y\sin(\pi\sqrt{x^2+y^2})}{x+y}\mathrm{d}x\mathrm{d}y\right]$$

$$=\frac{1}{2}\iint_{D}\sin(\pi\sqrt{x^2+y^2})\mathrm{d}x\mathrm{d}y$$

$$=\frac{1}{2}\int_0^{\frac{\pi}{2}}\mathrm{d}\theta\int_1^2\sin(\pi r)r\mathrm{d}r \qquad （在极坐标下化为累次积分）$$

$$=-\frac{1}{4}\int_1^2 r\mathrm{d}\cos(\pi r)=-\frac{3}{4}. \qquad （利用分部积分）$$

【方法二】 在极坐标下化为累次积分

$$\iint_{D}\frac{x\sin(\pi\sqrt{x^2+y^2})}{x+y}\mathrm{d}x\mathrm{d}y=\int_0^{\frac{\pi}{2}}\frac{\cos\theta}{\cos\theta+\sin\theta}\mathrm{d}\theta\cdot\int_1^2 r\sin(\pi r)\mathrm{d}r$$

由于 $$\int_0^{\frac{\pi}{2}}\frac{\cos\theta}{\cos\theta+\sin\theta}\mathrm{d}\theta\xlongequal{\theta=\frac{\pi}{2}-\beta}\int_0^{\frac{\pi}{2}}\frac{\sin\beta}{\cos\beta+\sin\beta}\mathrm{d}\beta$$

$$=\int_0^{\frac{\pi}{2}}\frac{\sin\theta}{\cos\theta+\sin\theta}\mathrm{d}\theta=\frac{1}{2}\int_0^{\frac{\pi}{2}}\frac{\cos\theta+\sin\theta}{\cos\theta+\sin\theta}\mathrm{d}\theta=\frac{\pi}{4},$$

$$\int_1^2 r\sin(\pi r)\mathrm{d}r=\frac{1}{\pi}\left(-r\cos(\pi r)+\frac{1}{\pi}\sin(\pi r)\right)\Big|_1^2=-\frac{3}{\pi}.$$

故 $$\iint_{D}\frac{x\sin(\pi\sqrt{x^2+y^2})}{x+y}\mathrm{d}x\mathrm{d}y=-\frac{3}{4}.$$

十一、累次积分交换次序及计算

(1) 累次积分交换次序.

① 由所给累次积分确定对应的积分域.

② 画出积分域草图.

③ 按另一种积分次序确定积分上下限.

(2) 累次积分计算.

一般来讲,如果题目要求计算累次积分,按题目所给累次积分次序一般不好算,所以通常通过交换累次积分次序进行计算.但有时还会出现,题目所给累次积分直接算不好算,但交换累次积分次序后仍然不好算,此时一般要换坐标系化为累次积分.

【例 60】 交换下列累次积分次序.

(1) $I=\int_0^1 \mathrm{d}y\int_{\sqrt{y}}^{\sqrt{2-y^2}} f(x,y)\mathrm{d}x$.

(2) $I=\int_0^1 \mathrm{d}x\int_0^{\sqrt{2x-x^2}} f(x,y)\mathrm{d}y+\int_1^2 \mathrm{d}x\int_0^{2-x} f(x,y)\mathrm{d}y$.

(3) $I=\int_0^2 \mathrm{d}x\int_{x^2}^{x} f(x,y)\mathrm{d}y$.

解 (1) 首先确定积分域并画出草图,因此,先画曲线

$$x=\sqrt{y},\quad x=\sqrt{2-y^2}.$$

再由 y 的积分限可知积分域 D 如图 4-16 所示,则

$$I=\int_0^1 \mathrm{d}x\int_0^{x^2} f(x,y)\mathrm{d}y+\int_1^{\sqrt{2}} \mathrm{d}x\int_0^{\sqrt{2-x^2}} f(x,y)\mathrm{d}y.$$

(2) 先画曲线 $y=\sqrt{2x-x^2}$,$y=2-x$.并由原积分式知积分域为 D(如图 4-17),则

$$I=\int_0^1 \mathrm{d}y\int_{1-\sqrt{1-y^2}}^{2-y} f(x,y)\mathrm{d}x.$$

(3) 先画曲线 $y=x^2$ 及 $y=x$,据原累次积分可确定积分域 D 如图 4-18 所示阴影部分,则

$$I=\int_0^1 \mathrm{d}y\int_y^{\sqrt{y}} f(x,y)\mathrm{d}x-\int_1^2 \mathrm{d}y\int_{\sqrt{y}}^{y} f(x,y)\mathrm{d}x-\int_2^4 \mathrm{d}y\int_{\sqrt{y}}^{2} f(x,y)\mathrm{d}x.$$

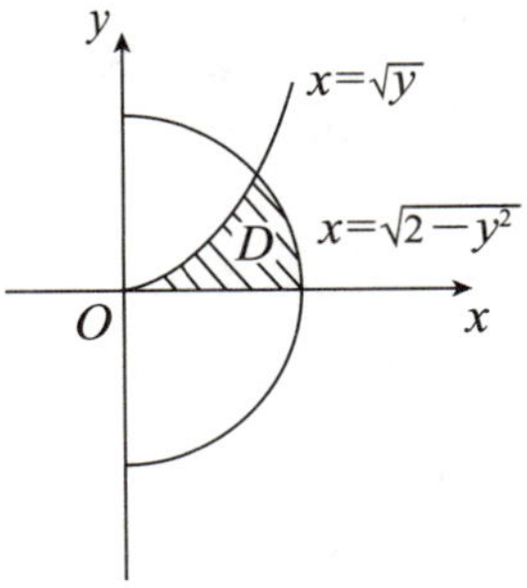

图 4-16

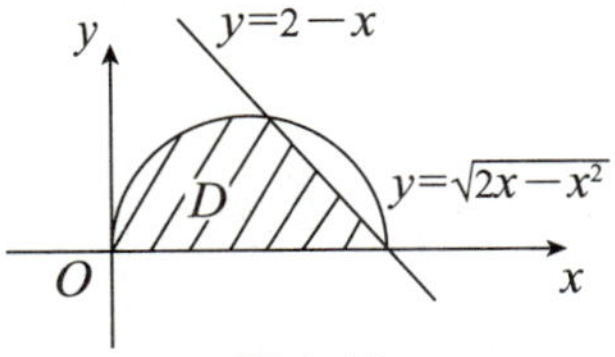

图 4-17

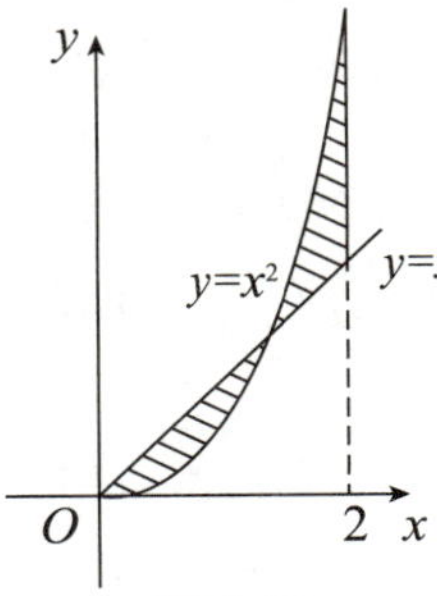

图 4-18

【例 61】 交换极坐标下累次积分 $I=\int_{-\frac{\pi}{4}}^{\frac{\pi}{2}}d\theta\int_0^{2a\cos\theta}f(r\cos\theta,r\sin\theta)rdr$ 的次序.$(a>0)$

解题思路 先确定并画出积分域 D,然后交换积分次序确定积分限.

解 $r=2a\cos\theta$ 是圆 $x^2+y^2=2ax$,即 $(x-a)^2+y^2=a^2$,由原积分式可知积分域 D 如图 4-19 所示,要将原积分化为先 θ 后 r 的积分,用 $r=C$(中心在原点的同心圆)穿过区域 D,当 $0\leqslant C\leqslant\sqrt{2}a$ 时,圆弧 $r=C$ 从 $\theta=-\frac{\pi}{4}$ 进入区域 D,从 $r=2a\cos\theta$ 穿出区域 D;当 $\sqrt{2}a\leqslant C\leqslant 2a$ 时,圆弧 $r=C$ 从 $r=2a\cos\theta(\theta<0)$ 进入区域 D,从 $r=2a\cos\theta(\theta>0)$ 穿出区域 D;则

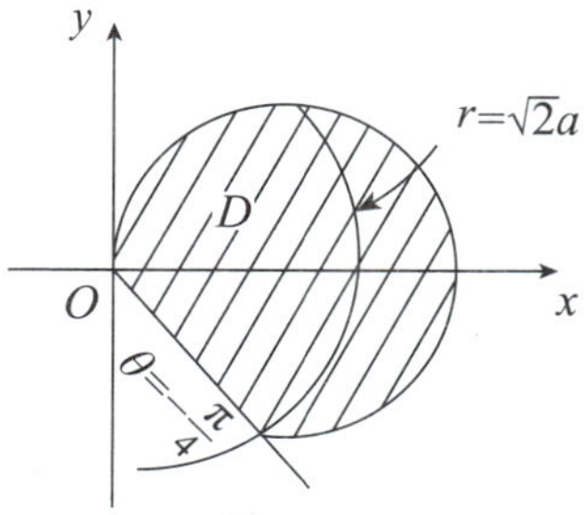

图 4-19

$$I=\int_0^{\sqrt{2}a}dr\int_{-\frac{\pi}{4}}^{\arccos\frac{r}{2a}}f(r\cos\theta,r\sin\theta)rd\theta+\int_{\sqrt{2}a}^{2a}dr\int_{-\arccos\frac{r}{2a}}^{\arccos\frac{r}{2a}}f(r\cos\theta,r\sin\theta)rd\theta.$$

【例 62】 累次积分 $\int_0^{\frac{\pi}{2}}d\theta\int_0^{\cos\theta}f(r\cos\theta,r\sin\theta)rdr$ 可写成

(A) $\int_0^1dy\int_0^{\sqrt{y-y^2}}f(x,y)dx$. (B) $\int_0^1dy\int_0^{\sqrt{1-y^2}}f(x,y)dx$.

(C) $\int_0^1dx\int_0^1f(x,y)dy$. (D) $\int_0^1dx\int_0^{\sqrt{x-x^2}}f(x,y)dy$.

解题思路 这是一个极坐标下累次积分化为直角坐标下累次积分的问题,首先还是根据题目所给积分确定积分域并画出草图,然后在直角坐标下化为累次积分.

解 $r=\cos\theta$ 表示圆 $x^2+y^2=x$.由原积分表达式知积分域 D 为半圆域如图 4-20,则

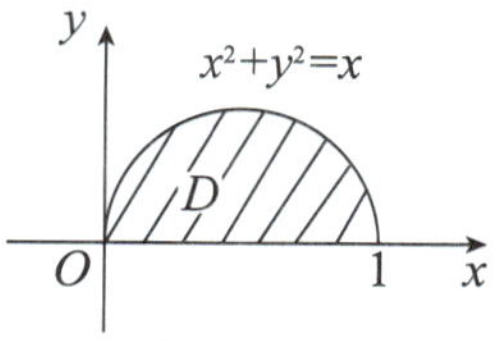

图 4-20

$$\int_0^{\frac{\pi}{2}}d\theta\int_0^{\cos\theta}f(r\cos\theta,r\sin\theta)rdr=\int_0^1dx\int_0^{\sqrt{x-x^2}}f(x,y)dy,$$

故应选(D).

【例 63】 计算下列累次积分:

(1) $\int_0^2dx\int_x^2e^{-y^2}dy$;

(2) $\int_{\frac{1}{4}}^{\frac{1}{2}}dy\int_{\frac{1}{2}}^{\sqrt{y}}e^{\frac{y}{x}}dx+\int_{\frac{1}{2}}^1dy\int_y^{\sqrt{y}}e^{\frac{y}{x}}dx$;

(3) $\int_1^2dx\int_{\sqrt{x}}^x\sin\frac{\pi x}{2y}dy+\int_2^4dx\int_{\sqrt{x}}^2\sin\frac{\pi x}{2y}dy$;

(4) $\int_0^adx\int_{-x}^{-a+\sqrt{a^2-x^2}}\frac{1}{\sqrt{4a^2-(x^2+y^2)}}dy\quad(a>0)$.

解题思路 本题中的(1)(2)(3)，如果直接积分，就会遇到$\int e^{-y^2}dy$，$\int e^{\frac{1}{x}}dx$，$\int \sin\frac{1}{y}dy$这三个积不出来的积分. 因此，应交换积分次序然后再积，(4) 中出现的积分能积出来，但直接积分不方便，交换次序仍然不方便，因此，应换坐标系，即应化为极坐标下的累次积分.

解 (1) 画积分域如图 4-21 所示，交换积分次序得

$$\int_0^2 dx\int_x^2 e^{-y^2}dy=\int_0^2 dy\int_0^y e^{-y^2}dx=\int_0^2 ye^{-y^2}dy$$

$$=-\frac{1}{2}e^{-y^2}\Big|_0^2=\frac{1}{2}(1-e^{-4}).$$

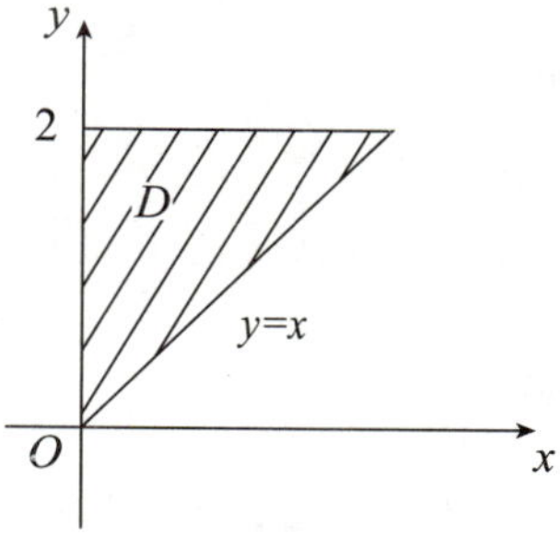

图 4-21

(2) 画积分域如图 4-22 所示，交换积分次序得

$$原式=\int_{\frac{1}{2}}^1 dx\int_{x^2}^x e^{\frac{y}{x}}dy=\int_{\frac{1}{2}}^1 x(e-e^x)dx=\frac{3}{8}e-\frac{1}{2}\sqrt{e}.$$

(3) 画积分域 D 如图 4-23 所示，交换积分次序得

$$原式=\int_1^2 dy\int_y^{y^2}\sin\frac{\pi x}{2y}dx=-\frac{2}{\pi}\int_1^2 y\cos\frac{\pi y}{2}dy=-\frac{4}{\pi^2}\int_1^2 yd\sin\frac{\pi y}{2}=\frac{4}{\pi^2}+\frac{8}{\pi^3}.$$

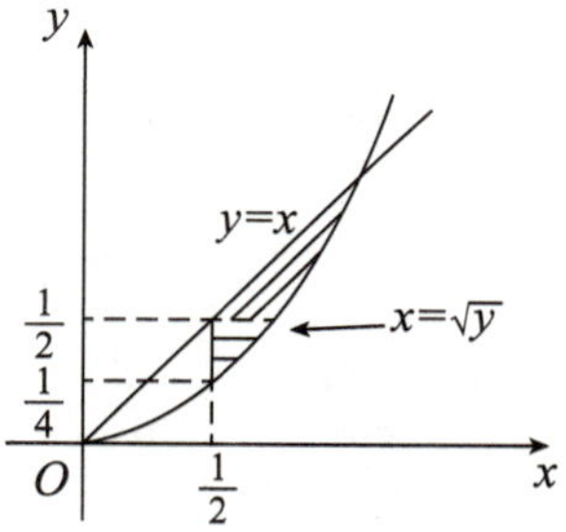

图 4-22

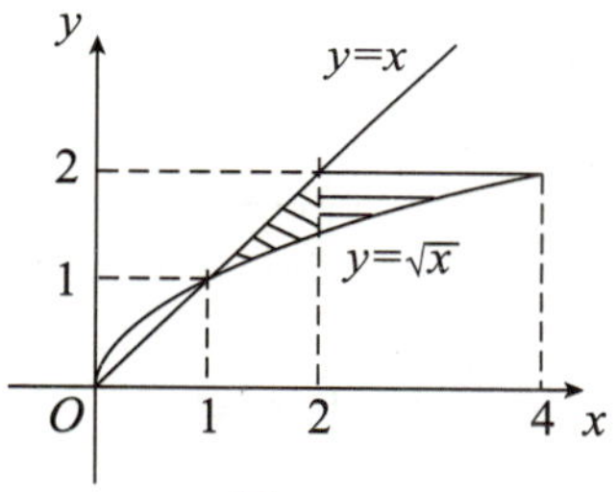

图 4-23

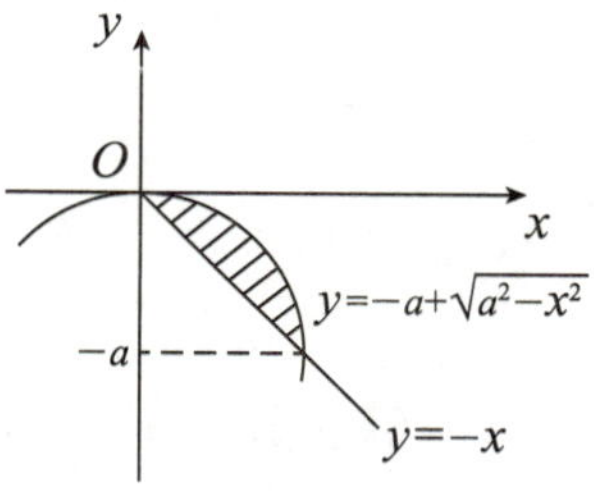

图 4-24

(4) 画积分域 D 如图 4-24 所示，并将原累次积分化为极坐标下先 r 后 θ 的累次积分得

$$原式=\int_{-\frac{\pi}{4}}^0 d\theta\int_0^{-2a\sin\theta}\frac{r}{\sqrt{4a^2-r^2}}dr=\frac{\pi-2\sqrt{2}}{2}a.$$

十二、与二重积分有关的综合题

【例 64】 设闭区域 $D:x^2+y^2\leqslant y,x\geqslant 0$，$f(x,y)$ 为 D 上的连续函数，且

$$f(x,y)=\sqrt{1-x^2-y^2}-\frac{8}{\pi}\iint\limits_D f(u,v)dudv,$$

求 $f(x,y)$.

解题思路 二重积分$\iint\limits_D f(u,v)dudv$是一个常数，令$\iint\limits_D f(u,v)dudv=A$，只要定出 A 即可，先画出积分域 D 的草图如图 4-25.

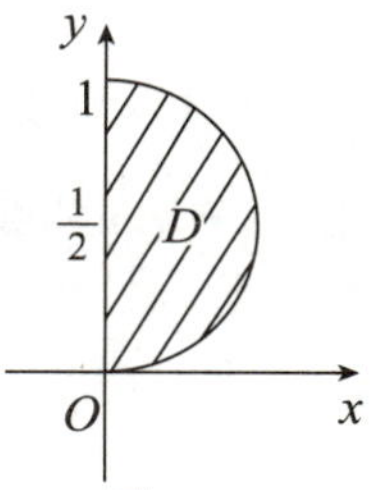

图 4-25

解 **【方法一】** 令$\iint\limits_D f(u,v)dudv=A$， (4 − 20)

则
$$f(x,y)=\sqrt{1-x^2-y^2}-\frac{8}{\pi}A.$$

将 $f(x,y)=\sqrt{1-x^2-y^2}-\frac{8}{\pi}A$ 代入(4-20)式得

$$\iint\limits_D\left(\sqrt{1-x^2-y^2}-\frac{8}{\pi}A\right)\mathrm{d}x\mathrm{d}y=A,$$

即
$$\iint\limits_D\sqrt{1-x^2-y^2}\,\mathrm{d}x\mathrm{d}y-A=A,$$

于是
$$A=\frac{1}{2}\iint\limits_D\sqrt{1-x^2-y^2}\,\mathrm{d}x\mathrm{d}y=\frac{1}{2}\int_0^{\frac{\pi}{2}}\mathrm{d}\theta\int_0^{\sin\theta}\sqrt{1-r^2}\,r\mathrm{d}r=\frac{1}{6}\left(\frac{\pi}{2}-\frac{2}{3}\right).$$

故
$$f(x,y)=\sqrt{1-x^2-y^2}-\frac{4}{3\pi}\left(\frac{\pi}{2}-\frac{2}{3}\right).$$

【方法二】 等式 $f(x,y)=\sqrt{1-x^2-y^2}-\frac{8}{\pi}\iint\limits_D f(u,v)\mathrm{d}u\mathrm{d}v$ 两端在区域 D 上作二重积分得

$$\iint\limits_D f(x,y)\mathrm{d}x\mathrm{d}y=\iint\limits_D\sqrt{1-x^2-y^2}\,\mathrm{d}x\mathrm{d}y-\iint\limits_D f(u,v)\mathrm{d}u\mathrm{d}v.$$

则 $\iint\limits_D f(x,y)\mathrm{d}x\mathrm{d}y=\frac{1}{2}\iint\limits_D\sqrt{1-x^2-y^2}\,\mathrm{d}x\mathrm{d}y=\frac{1}{6}\left(\frac{\pi}{2}-\frac{2}{3}\right)$. （方法一中已算过）

故
$$f(x,y)=\sqrt{1-x^2-y^2}-\frac{4}{3\pi}\left(\frac{\pi}{2}-\frac{2}{3}\right).$$

【例 65】 设 $f(t)$ 在 $[0,+\infty)$ 上连续，且满足

$$f(t)=\mathrm{e}^{4\pi t^2}+\iint\limits_{x^2+y^2\leqslant 4t^2}f\left(\frac{1}{2}\sqrt{x^2+y^2}\right)\mathrm{d}x\mathrm{d}y,$$

求 $f(t)$.

> **解题思路** 二重积分 $\iint\limits_{x^2+y^2\leqslant 4t^2}f\left(\frac{1}{2}\sqrt{x^2+y^2}\right)\mathrm{d}x\mathrm{d}y$ 可在极坐标下化为一元变上限定积分，因此，可将题设中等式变为带有变上限积分的等式，两端对 t 求导，解得 $f(t)$.

解 显然 $f(0)=1$，且

$$\iint\limits_{x^2+y^2\leqslant 4t^2}f\left(\frac{1}{2}\sqrt{x^2+y^2}\right)\mathrm{d}x\mathrm{d}y=\int_0^{2\pi}\mathrm{d}\theta\int_0^{2t}f\left(\frac{1}{2}r\right)r\mathrm{d}r=2\pi\int_0^{2t}rf\left(\frac{1}{2}r\right)\mathrm{d}r,$$

则
$$f(t)=\mathrm{e}^{4\pi t^2}+2\pi\int_0^{2t}rf\left(\frac{1}{2}r\right)\mathrm{d}r.$$

上式两端对 t 求导得 $\quad f'(t)=8\pi t\mathrm{e}^{4\pi t^2}+8\pi tf(t).$

由一阶线性微分方程通解公式得

$$f(t)=\mathrm{e}^{\int 8\pi t\mathrm{d}t}\left[\int 8\pi t\mathrm{e}^{4\pi t^2}\mathrm{e}^{-\int 8\pi t\mathrm{d}t}\mathrm{d}t+C\right]=(4\pi t^2+C)\mathrm{e}^{4\pi t^2}.$$

由 $f(0)=1$ 得 $C=1$，因此 $f(t)=(4\pi t^2+1)\mathrm{e}^{4\pi t^2}$.

【例 66】 设 $f(x,y)$ 是定义在 $0\leqslant x\leqslant 1,0\leqslant y\leqslant 1$ 上的连续函数，$f(0,0)=-1$. 求极限 $\lim\limits_{x\to 0^+}\dfrac{\int_0^{x^2}\mathrm{d}t\int_x^{\sqrt{t}}f(t,u)\mathrm{d}u}{1-\mathrm{e}^{-x^3}}$.

解题思路 本题是一个 $\dfrac{0}{0}$ 型极限，但不方便直接用洛必达法则，因为分子对 x 的导数不方便求，因此要将分子上的累次积分交换次序然后用洛必达法则.

解 【方法一】 先画积分域 D 的草图，如图 4-26 所示，则

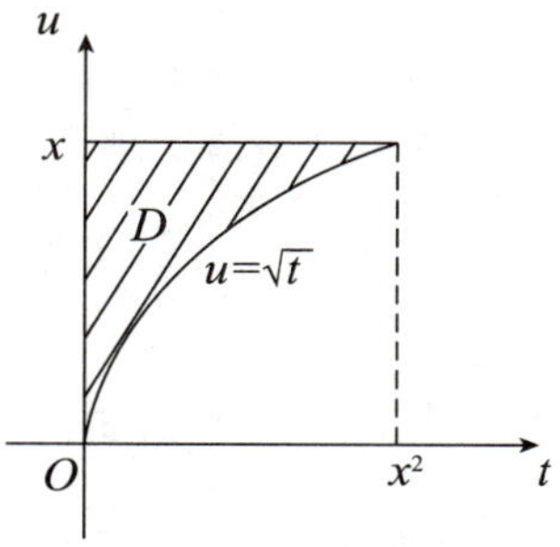

图 4-26

$$\lim_{x\to 0^+}\frac{\int_0^{x^2}\mathrm{d}t\int_x^{\sqrt{t}}f(t,u)\mathrm{d}u}{1-\mathrm{e}^{-x^3}}$$

$$=\lim_{x\to 0^+}\frac{-\int_0^{x}\mathrm{d}u\int_0^{u^2}f(t,u)\mathrm{d}t}{x^3}\quad (1-\mathrm{e}^{-x^3}\sim x^3)$$

$$=-\lim_{x\to 0^+}\frac{\int_0^{x^2}f(t,x)\mathrm{d}t}{3x^2}\quad（应用洛必达法则）$$

$$=-\lim_{x\to 0^+}\frac{x^2f(c,x)}{3x^2}\quad（0\leqslant c\leqslant x^2，这里应用了积分中值定理）$$

$$=-\frac{1}{3}f(0,0)=\frac{1}{3}.$$

【方法二】 由以上分析知

$$\int_0^{x^2}\mathrm{d}t\int_x^{\sqrt{t}}f(t,u)\mathrm{d}u=-\iint_D f(t,u)\mathrm{d}t\mathrm{d}u=-f(\xi,\eta)S，其中(\xi,\eta)\in D，S 为 D 的面积.$$

而
$$S=\int_0^{x^2}\mathrm{d}t\int_{\sqrt{t}}^{x}\mathrm{d}u=\int_0^{x^2}(x-\sqrt{t})\mathrm{d}t=x^3-\frac{2}{3}x^3=\frac{1}{3}x^3,$$

故
$$\lim_{x\to 0^+}\frac{\int_0^{x^2}\mathrm{d}t\int_x^{\sqrt{t}}f(t,u)\mathrm{d}u}{1-\mathrm{e}^{-x^3}}=-\lim_{x\to 0^+}\frac{f(\xi,\eta)\cdot\frac{1}{3}x^3}{x^3}=\frac{-f(0,0)}{3}=\frac{1}{3}.$$

【例 67】 设 $f(x,y)$ 在单位圆 $x^2+y^2\leqslant 1$ 上有连续一阶偏导数，且在边界上取值为零，证明：

$$f(0,0)=\lim_{\varepsilon\to 0^+}\frac{-1}{2\pi}\iint_D\frac{xf'_x+yf'_y}{x^2+y^2}\mathrm{d}x\mathrm{d}y,$$

其中 D 为圆环域 $\varepsilon^2\leqslant x^2+y^2\leqslant 1$.

证明 从积分域和被积函数不难看出，应在极坐标下将本题中的重积分化为累次积分.

$$\iint_D\frac{xf'_x+yf'_y}{x^2+y^2}\mathrm{d}x\mathrm{d}y=\int_0^{2\pi}\mathrm{d}\theta\int_\varepsilon^1[\cos\theta f'_x(r\cos\theta,r\sin\theta)+\sin\theta f'_y(r\cos\theta,r\sin\theta)]\mathrm{d}r$$

$$=\int_0^{2\pi}\left[f(r\cos\theta,r\sin\theta)\Big|_\varepsilon^1\right]\mathrm{d}\theta=-\int_0^{2\pi}f(\varepsilon\cos\theta,\varepsilon\sin\theta)\mathrm{d}\theta$$

$$=-2\pi f(\varepsilon\cos\bar{\theta},\varepsilon\sin\bar{\theta}),\quad \bar{\theta}\in[0,2\pi].$$

则
$$\lim_{\varepsilon\to0^+}\frac{-1}{2\pi}\iint\limits_D\frac{xf'_x+yf'_y}{x^2+y^2}\mathrm{d}x\mathrm{d}y=\lim_{\varepsilon\to0^+}f(\varepsilon\cos\bar\theta,\varepsilon\sin\bar\theta)=f(0,0).$$

【评注】 由以上几个例子不难看出，解决与重积分有关的综合问题的主要思考方法是，通过化累次积分转化为一元积分问题处理.

【例 68】 (1) 求极限 $\lim\limits_{t\to0}\dfrac{1}{\sin^2t}\int_0^t\mathrm{d}x\int_x^t\mathrm{e}^{-(x-y)^2}\mathrm{d}y$；

(2) 设连续函数 $f(x)$ 满足 $\lim\limits_{x\to0}\dfrac{f(x)}{x}=2$，求极限 $\lim\limits_{t\to0}\dfrac{\iint\limits_{x^2+y^2\leqslant t^2}f(t-\sqrt{x^2+y^2})\mathrm{d}\sigma}{t-\arctan t}$.

解 (1)**【方法一】** 记积分区域 $D=\{(x,y)\mid 0\leqslant x\leqslant t,x\leqslant y\leqslant t\}$.

由积分中值定理知

$$\int_0^t\mathrm{d}x\int_x^t\mathrm{e}^{-(x-y)^2}\mathrm{d}y=\mathrm{e}^{-(\xi-\eta)^2}\times D\text{ 的面积}=\frac12t^2\mathrm{e}^{-(\xi-\eta)^2}\text{，其中}(\xi,\eta)\in D.$$

当 $t\to0$ 时，有 $\xi\to0,\eta\to0$，故 $\lim\limits_{t\to0}\dfrac{\int_0^t\mathrm{d}x\int_x^t\mathrm{e}^{-(x-y)^2}\mathrm{d}y}{\sin^2t}=\lim\limits_{t\to0}\dfrac{\frac12t^2\mathrm{e}^{-(\xi-\eta)^2}}{t^2}=\dfrac12.$

【方法二】 交换积分次序，得 $\int_0^t\mathrm{d}x\int_x^t\mathrm{e}^{-(x-y)^2}\mathrm{d}y=\int_0^t\mathrm{d}y\int_0^y\mathrm{e}^{-(x-y)^2}\mathrm{d}x$，

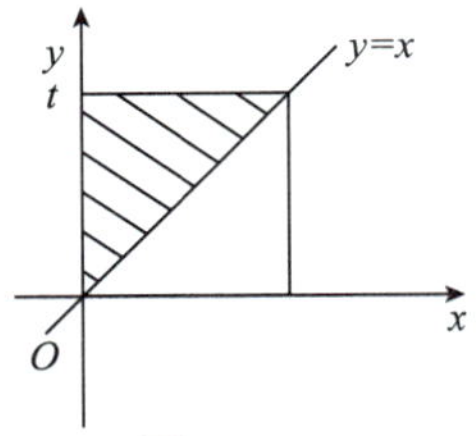

图 4-27

令 $x-y=u$，则 $\int_0^y\mathrm{e}^{-(x-y)^2}\mathrm{d}x=\int_{-y}^0\mathrm{e}^{-u^2}\mathrm{d}u$，

$$\text{原极限}=\lim_{t\to0}\frac{\int_0^t\mathrm{d}y\int_{-y}^0\mathrm{e}^{-u^2}\mathrm{d}u}{t^2}=\lim_{t\to0}\frac{\int_{-t}^0\mathrm{e}^{-u^2}\mathrm{d}u}{2t}=\lim_{t\to0}\frac{\mathrm{e}^{-(-t)^2}}{2}=\frac12.$$

(2) 当 $t\to0$ 时，$t-\arctan t\sim\dfrac13t^3$，

$$\iint\limits_{x^2+y^2\leqslant t^2}f(t-\sqrt{x^2+y^2})\mathrm{d}\sigma=\int_0^{2\pi}\mathrm{d}\theta\int_0^tf(t-r)\cdot r\mathrm{d}r=2\pi\cdot\int_0^t(t-u)f(u)\mathrm{d}u$$

$$\lim_{t\to0}\frac{\iint\limits_{x^2+y^2\leqslant t^2}f(t-\sqrt{x^2+y^2})\mathrm{d}\sigma}{t-\arctan t}=3\lim_{t\to0}\frac{2\pi\cdot\left[t\int_0^tf(u)\mathrm{d}u-\int_0^tuf(u)\mathrm{d}u\right]}{t^3}$$

$$=6\pi\cdot\lim_{t\to0}\frac{\int_0^tf(u)\mathrm{d}u}{3t^2}=2\pi.$$

【例 69】 设 $f(x,y)=\begin{cases}x+2x^2y, & 0\leqslant x\leqslant a,\ |y|\leqslant a\\ 0, & \text{其他}\end{cases}$，区域 $D=\{(x,y)\mid x^2+y^2\geqslant ax\}$，

$I(a)=\iint\limits_Df(x,y)\mathrm{d}x\mathrm{d}y.$

(Ⅰ) 计算积分 $I(a)$；

(Ⅱ) 求极限 $\lim\limits_{a\to0^+}\dfrac{\mathrm{e}^{I(a)}-1}{1-\cos\sqrt{a\ln(1+a^2)}}$.

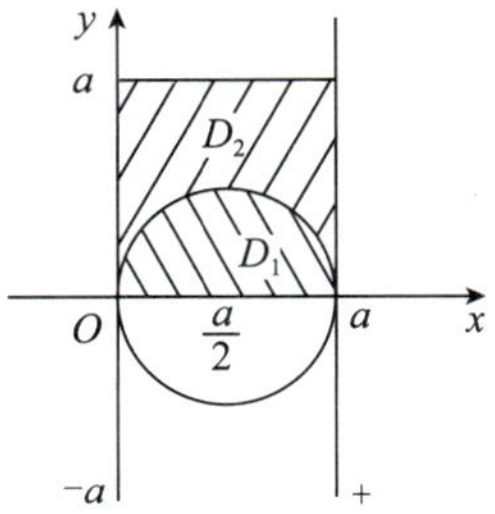

图 4-28

解 (Ⅰ) 设

$$D_1=\{(x,y)\mid x^2+y^2\leqslant ax,y\geqslant 0\},$$
$$D_2=\{(x,y)\mid 0\leqslant x\leqslant a,\sqrt{ax-x^2}\leqslant y\leqslant a\},$$

则

$$I(a)=2\iint\limits_{D_2}x\mathrm{d}x\mathrm{d}y=2\Big(\iint\limits_{D_1+D_2}x\mathrm{d}x\mathrm{d}y-\iint\limits_{D_1}x\mathrm{d}x\mathrm{d}y\Big)=2\Big(\int_0^a x\mathrm{d}x\int_0^a\mathrm{d}y-\int_0^{\frac{\pi}{2}}\mathrm{d}\theta\int_0^{a\cos\theta}r\cos\theta\cdot r\mathrm{d}r\Big)$$
$$=a^3-\frac{2}{3}a^3\int_0^{\frac{\pi}{2}}\cos^4\theta\mathrm{d}\theta=a^3-\frac{2}{3}a^3\cdot\frac{3}{4}\cdot\frac{1}{2}\cdot\frac{\pi}{2}=a^3-\frac{\pi}{8}a^3.$$

或

$$I(a)=2\iint\limits_{D_2}x\mathrm{d}x\mathrm{d}y=2\bar{x}S_{D_2}=2\cdot\frac{a}{2}\left[a^2-\frac{\pi}{2}\left(\frac{a}{2}\right)^2\right]=a^3-\frac{\pi}{8}a^3.$$

（Ⅱ）$\lim\limits_{a\to0^+}\dfrac{\mathrm{e}^{I(a)}-1}{1-\cos\sqrt{a\ln(1+a^2)}}=\lim\limits_{a\to0^+}\dfrac{I(a)}{\frac{1}{2}a\ln(1+a^2)}=\dfrac{a^3-\frac{\pi}{8}a^3}{\frac{a^3}{2}}=2-\dfrac{\pi}{4}.$

【例 70】 设 $f(x)$ 为连续的偶函数，证明 $\iint\limits_D f(x-y)\mathrm{d}x\mathrm{d}y=2\int_0^{2a}(2a-u)f(u)\mathrm{d}u\,(a>0)$，其中 $D=\{(x,y)\mid |x|\leqslant a,|y|\leqslant a\}$.

解　**【方法一】** $\iint\limits_D f(x-y)\mathrm{d}x\mathrm{d}y=\int_{-a}^a\mathrm{d}x\int_{-a}^a f(x-y)\mathrm{d}y$

$$\xlongequal{u=x-y}\int_{-a}^a\mathrm{d}x\int_{x+a}^{x-a}[-f(u)]\mathrm{d}u=\int_{-a}^a\mathrm{d}x\int_{x+a}^{x-a}f(u)\mathrm{d}u.$$

变换积分次序

$$\int_{-2a}^0\mathrm{d}u\int_{-a}^{u+a}f(u)\mathrm{d}x+\int_0^{2a}\mathrm{d}u\int_{u-a}^a f(u)\mathrm{d}x=\int_{-2a}^0 f(u)(u+2a)\mathrm{d}u+\int_0^{2a}f(u)(2a-u)\mathrm{d}u,$$
$$\int_{-2a}^0 f(u)(u+2a)\mathrm{d}u\xlongequal{u=-v}\int_0^{2a}f(-v)(2a-v)\mathrm{d}(-v)=\int_0^{2a}f(v)(2a-v)\mathrm{d}v$$
$$=\int_0^{2a}f(u)(2a-u)\mathrm{d}u.$$

综上即证 $\iint\limits_D f(x-y)\mathrm{d}x\mathrm{d}y=2\int_0^{2a}(2a-u)f(u)\mathrm{d}u.$

【方法二】 $u=x-y,v=x+y,x=\dfrac{u+v}{2},y=\dfrac{u-v}{2}$，雅可比行列式 $J=\dfrac{1}{2}$.

$$\iint\limits_D f(x-y)\mathrm{d}x\mathrm{d}y=\frac{1}{2}\iint\limits_{D'}f(u)\mathrm{d}u\mathrm{d}v,D'=\{(u,v)\mid |u+v|\leqslant 2a,|u-v|\leqslant 2a\}.$$
$$\iint\limits_D f(x-y)\mathrm{d}x\mathrm{d}y=\frac{1}{2}\iint\limits_{D'}f(u)\mathrm{d}u\mathrm{d}v=2\iint\limits_{D'_1}f(u)\mathrm{d}u\mathrm{d}v=2\int_0^{2a}\mathrm{d}u\int_0^{2a-u}f(u)\mathrm{d}v$$
$$=2\int_0^{2a}(2a-u)f(u)\mathrm{d}u.$$

十三、与二重积分有关的积分不等式问题

【例 71】 已知平面域 $D=\{(x,y)\mid |x|+|y|\leqslant\frac{\pi}{2}\}$，记 $I_1=\iint\limits_D(2x^2+\tan xy^2)\mathrm{d}x\mathrm{d}y$，

$I_2=\iint\limits_D(x^2y+2\tan y^2)\mathrm{d}x\mathrm{d}y, I_3=\iint\limits_D(|xy|+y^2)\mathrm{d}x\mathrm{d}y$,，则

(A) $I_3>I_2>I_1$.　　　　(B) $I_1>I_2>I_3$.

(C) $I_2>I_1>I_3$.　　　　(D) $I_3>I_1>I_2$.

解题思路 本题也是要比较同一区域上 3 个二重积分的大小，但要直接比较 3 个二重积分的被积函数的大小很困难. 此时要注意到其积分域有很好的对称性，既关于两个坐标轴对称，也关于直线 $y=x$ 对称.

解 由于 $\tan xy^2$ 是 x 的奇函数，x^2y 是 y 的奇函数，则

$$\iint\limits_D\tan xy^2\mathrm{d}x\mathrm{d}y=0,\iint\limits_D x^2y\mathrm{d}x\mathrm{d}y=0,$$

$$I_1=\iint\limits_D 2x^2\mathrm{d}x\mathrm{d}y, I_2=\iint\limits_D 2\tan y^2\mathrm{d}x\mathrm{d}y.$$

由于积分域 D 关于 $y=x$ 对称，则

$$I_2=\iint\limits_D 2\tan y^2\mathrm{d}x\mathrm{d}y=\iint\limits_D 2\tan x^2\mathrm{d}x\mathrm{d}y>\iint\limits_D 2x^2\mathrm{d}x\mathrm{d}y=I_1,$$

$$I_3=\iint\limits_D(|xy|+y^2)\mathrm{d}x\mathrm{d}y<\iint\limits_D\left(\frac{x^2+y^2}{2}+y^2\right)\mathrm{d}x\mathrm{d}y$$

$$=\iint\limits_D\left(\frac{x^2+x^2}{2}+x^2\right)\mathrm{d}x\mathrm{d}y=\iint\limits_D 2x^2\mathrm{d}x\mathrm{d}y=I_1,$$

则 $I_3<I_1<I_2$，故应选(C).

【例 72】 设函数 $f(x)$ 在区间$[a,b]$上连续，且恒大于零，证明：

$$\int_a^b f(x)\mathrm{d}x\cdot\int_a^b\frac{1}{f(x)}\mathrm{d}x\geqslant(b-a)^2.$$

解题思路 设法将左端两个定积分的乘积转化为重积分，通常是将其中一个定积分中积分变量改写为 y.

证明【方法一】 若记 $D=\{(x,y)\mid a\leqslant x\leqslant b,a\leqslant y\leqslant b\}$，则

$$\int_a^b f(x)\mathrm{d}x\cdot\int_a^b\frac{1}{f(x)}\mathrm{d}x=\int_a^b f(x)\mathrm{d}x\cdot\int_a^b\frac{1}{f(y)}\mathrm{d}y=\iint\limits_D\frac{f(x)}{f(y)}\mathrm{d}x\mathrm{d}y.$$

由于积分域 D 关于 $y=x$ 对称，则

$$\iint\limits_D\frac{f(x)}{f(y)}\mathrm{d}x\mathrm{d}y=\iint\limits_D\frac{f(y)}{f(x)}\mathrm{d}x\mathrm{d}y.$$

从而有

$$\int_a^b f(x)\mathrm{d}x\cdot\int_a^b\frac{1}{f(x)}\mathrm{d}x=\frac{1}{2}\left[\iint\limits_D\frac{f(x)}{f(y)}\mathrm{d}x\mathrm{d}y+\iint\limits_D\frac{f(y)}{f(x)}\mathrm{d}x\mathrm{d}y\right]=\frac{1}{2}\iint\limits_D\frac{f^2(x)+f^2(y)}{f(x)f(y)}\mathrm{d}x\mathrm{d}y$$

$$=\iint\limits_D\frac{f^2(x)+f^2(y)}{2f(x)f(y)}\mathrm{d}x\mathrm{d}y\geqslant\iint\limits_D 1\mathrm{d}x\mathrm{d}y=(b-a)^2.$$

【方法二】 由柯西-施瓦茨积分不等式

$$\left[\int_a^b f(x)g(x)\mathrm{d}x\right]^2\leqslant\int_a^b f^2(x)\mathrm{d}x\cdot\int_a^b g^2(x)\mathrm{d}x$$

知 $\int_a^b f(x)\mathrm{d}x \cdot \int_a^b \frac{1}{f(x)}\mathrm{d}x = \int_a^b (\sqrt{f(x)})^2\mathrm{d}x \cdot \int_a^b \left(\frac{1}{\sqrt{f(x)}}\right)^2\mathrm{d}x$

$$\geqslant \left(\int_a^b \sqrt{f(x)} \cdot \frac{1}{\sqrt{f(x)}}\mathrm{d}x\right)^2 = (b-a)^2.$$

原题得证.

【例 73】 设 $f(x)$ 是 $[0,1]$ 上单调减的正值函数，证明：

$$\frac{\int_0^1 xf^2(x)\mathrm{d}x}{\int_0^1 xf(x)\mathrm{d}x} \leqslant \frac{\int_0^1 f^2(x)\mathrm{d}x}{\int_0^1 f(x)\mathrm{d}x}.$$

解题思路 将原不等式改写成 $\int_0^1 xf^2(x)\mathrm{d}x \cdot \int_0^1 f(x)\mathrm{d}x \leqslant \int_0^1 f^2(x)\mathrm{d}x \cdot \int_0^1 xf(x)\mathrm{d}x$，只要证 $\int_0^1 f^2(x)\mathrm{d}x \cdot \int_0^1 xf(x)\mathrm{d}x - \int_0^1 xf^2(x)\mathrm{d}x \cdot \int_0^1 f(x)\mathrm{d}x \geqslant 0$. 此时需将左端出现的两个定积分相乘的形式改写成重积分.

证明 令 $I = \int_0^1 f^2(x)\mathrm{d}x \cdot \int_0^1 xf(x)\mathrm{d}x - \int_0^1 xf^2(x)\mathrm{d}x \cdot \int_0^1 f(x)\mathrm{d}x$，$D = \{(x,y) \mid 0 \leqslant x \leqslant 1, 0 \leqslant y \leqslant 1\}$，则

$$\begin{aligned} I &= \int_0^1 f^2(x)\mathrm{d}x \cdot \int_0^1 yf(y)\mathrm{d}y - \int_0^1 xf^2(x)\mathrm{d}x \cdot \int_0^1 f(y)\mathrm{d}y \\ &= \iint_D yf^2(x)f(y)\mathrm{d}x\mathrm{d}y - \iint_D xf^2(x)f(y)\mathrm{d}x\mathrm{d}y \\ &= \iint_D f^2(x)f(y)(y-x)\mathrm{d}x\mathrm{d}y. \end{aligned}$$

由于 D 关于 $y=x$ 对称，则

$$\iint_D f^2(x)f(y)(y-x)\mathrm{d}x\mathrm{d}y = \iint_D f^2(y)f(x)(x-y)\mathrm{d}x\mathrm{d}y,$$

$$\begin{aligned} I &= \frac{1}{2}\left[\iint_D f^2(x)f(y)(y-x)\mathrm{d}x\mathrm{d}y + \iint_D f^2(y)f(x)(x-y)\mathrm{d}x\mathrm{d}y\right] \\ &= \frac{1}{2}\iint_D f(x)f(y)(y-x)[f(x)-f(y)]\mathrm{d}x\mathrm{d}y. \end{aligned}$$

由于 $f(x)$ 单调减且大于零，则 $f(x)f(y)(y-x)[f(x)-f(y)] \geqslant 0$，故 $I \geqslant 0$. 原题得证.

【例 74】 求证 $\frac{\pi}{4}\left(1-\frac{1}{\mathrm{e}}\right) < \left[\int_0^1 \mathrm{e}^{-x^2}\mathrm{d}x\right]^2 < \frac{16}{25}$.

解题思路 $\left[\int_0^1 \mathrm{e}^{-x^2}\mathrm{d}x\right]^2$ 是两个定积分的乘积，应将其转化为重积分.

证明 $\left[\int_0^1 \mathrm{e}^{-x^2}\mathrm{d}x\right]^2 = \int_0^1 \mathrm{e}^{-x^2}\mathrm{d}x \cdot \int_0^1 \mathrm{e}^{-y^2}\mathrm{d}y = \iint\limits_{\substack{0\leqslant x\leqslant 1\\ 0\leqslant y\leqslant 1}} \mathrm{e}^{-(x^2+y^2)}\mathrm{d}x\mathrm{d}y$

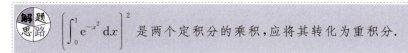

$$> \iint\limits_{D_1} e^{-(x^2+y^2)} \mathrm{d}x\mathrm{d}y = \int_0^{\frac{\pi}{2}} \mathrm{d}\theta \int_0^1 e^{-r^2} r\mathrm{d}r = \frac{\pi}{4}\left(1-\frac{1}{e}\right),$$

其中 $D_1: x^2+y^2 \leqslant 1, x \geqslant 0, y \geqslant 0$.

原不等式左端已证明，为证明右端，将 e^{-x^2} 展开为 x 的幂级数，由于

$$e^{-x^2} = 1 - x^2 + \frac{x^4}{2!} - \frac{x^6}{3!} + \cdots,$$

则

$$e^{-x^2} \leqslant 1 - x^2 + \frac{x^4}{2!}.$$

从而有

$$\int_0^1 e^{-x^2} \mathrm{d}x \leqslant \int_0^1 \left(1 - x^2 + \frac{x^4}{2!}\right) \mathrm{d}x = 1 - \frac{1}{3} + \frac{1}{10} = \frac{23}{30} < \frac{24}{30} = \frac{4}{5},$$

即

$$\left[\int_0^1 e^{-x^2} \mathrm{d}x\right]^2 < \left(\frac{4}{5}\right)^2 = \frac{16}{25}.$$

故原不等式得证.

扫码看专属视频课

第五章　常微分方程

考点与要求

理解 会用 变量可分离的微分方程与一阶线性微分方程以及它们的解法，二阶线性微分方程的性质及解的结构定理，二阶常系数齐次线性方程的解法.

了解 会求 微分方程及其解、阶、通解、初始条件和特解等概念，齐次微分方程，自由项为多项式 $p_m(x)$、指数函数 $p_0 e^{\alpha x}$、正弦函数 $p_0 \sin \beta x$ 型、余弦函数 $p_0 \cos \beta x$ 以及它们的和与积的二阶常系数非齐次线性微分方程，利用微分方程解决一些简单的应用问题，降阶法解下列可降阶的微分方程

$$y^{(n)} = f(x), y'' = f(x, y') \text{ 和 } y'' = f(y, y').$$

内容精讲

5.1　微分方程的基本概念

(1) **微分方程**　含有未知函数、未知函数的导数与自变量之间关系的方程，叫作微分方程，有时也简称方程.

(2) **微分方程的阶**　微分方程中未知函数导数的最高阶数.

(3) **微分方程的解**　代入微分方程能使方程成为恒等式的函数.

(4) **微分方程的通解**　含有与微分方程阶数相同个数的独立的任意常数的解.

(5) **微分方程的特解**　不含任意常数的解.

(6) **微分方程的定解条件**　用来确定通解中任意常数的条件称为微分方程的定解条件或初始条件.

(7) **微分方程的积分曲线**　微分方程的解 $y = y(x)$ 所表示的曲线.

5.2　可分离变量的方程

$$\frac{dy}{dx} = f(x)g(y).$$

求解该方程的方法是将原方程改写成

$$\frac{dy}{g(y)} = f(x)dx \quad (g(y) \neq 0),$$

然后两端积分 $\int \frac{dy}{g(y)} = \int f(x)dx$，求得原方程通解.

5.3 齐次方程

$$\frac{\mathrm{d}y}{\mathrm{d}x}=f\left(\frac{y}{x}\right).$$

求解该方程的方法是作变量代换$\frac{y}{x}=u$，则$y=xu$，$\frac{\mathrm{d}y}{\mathrm{d}x}=u+x\frac{\mathrm{d}u}{\mathrm{d}x}$，代入原方程可将原方程化为可分离变量的方程

$$\frac{\mathrm{d}u}{f(u)-u}=\frac{\mathrm{d}x}{x},$$

然后求解.

5.4 线性方程

$$\frac{\mathrm{d}y}{\mathrm{d}x}+P(x)y=Q(x).$$

线性方程的通解是

$$y=\mathrm{e}^{-\int P(x)\mathrm{d}x}\left(\int Q(x)\mathrm{e}^{\int P(x)\mathrm{d}x}\mathrm{d}x+C\right).$$

5.5 可降阶的高阶微分方程

(1) $y^{(n)}=f(x)$ 型的微分方程.

求解的方法是原方程两端反复对 x 积分，便可求得原方程的解.

(2) $y''=f(x,y')$ 型的微分方程（不显含 y）.

求解该方程的方法是作变换 $y'=p$，则 $y''=\frac{\mathrm{d}p}{\mathrm{d}x}$，代入原方程得以下一阶方程

$$\frac{\mathrm{d}p}{\mathrm{d}x}=f(x,p).$$

解此一阶方程便得到原方程的解.

(3) $y''=f(y,y')$ 型的微分方程（不显含 x）.

求解该方程的方法是作变换 $y'=p$，则 $y''=\frac{\mathrm{d}p}{\mathrm{d}y}\frac{\mathrm{d}y}{\mathrm{d}x}=p\frac{\mathrm{d}p}{\mathrm{d}y}$，代入原方程得一阶方程

$$p\frac{\mathrm{d}p}{\mathrm{d}y}=f(y,p).$$

解此一阶方程便得原方程的解.

5.6 线性方程解的结构

(1) 齐次方程解的结构.

齐次方程 $y''+P(x)y'+Q(x)y=0$ 的通解为 $y=C_1y_1(x)+C_2y_2(x)$，其中 $y_1(x)$ 和 $y_2(x)$ 为该齐次方程两个线性无关的特解，C_1 与 C_2 是两个任意常数.

(2) 非齐次方程解的结构.

非齐次方程 $y''+P(x)y'+Q(x)y=f(x)$ 的通解为

$$y=Y(x)+y^*(x),$$

其中 $Y(x)$ 是该非齐次方程对应的齐次方程的通解，$y^*(x)$ 为该非齐次方程的一个特解.

(3) 线性方程解的叠加原理.

若 $y_1^*(x)$ 和 $y_2^*(x)$ 分别是方程

$$y''+P(x)y'+Q(x)y=f_1(x)$$

与

$$y''+P(x)y'+Q(x)y=f_2(x)$$

的特解，那么，$y_1^*(x)+y_2^*(x)$ 就是方程

$$y''+P(x)y'+Q(x)y=f_1(x)+f_2(x)$$

的一个特解.

以上结论可以推广到 n 阶方程.

5.7　线性常系数微分方程求解

(1) 线性常系数齐次方程求解.

① 二阶常系数齐次线性方程求解. 二阶常系数齐次线性方程 $y''+py'+qy=0$ 的通解由下列表格给出

特征方程 $r^2+pr+q=0$ 的两个根 r_1, r_2	微分方程 $y''+py'+qy=0$ 的通解
两个不相等的实根 r_1, r_2	$y=C_1e^{r_1x}+C_2e^{r_2x}$
两个相等的实根 $r_1=r_2$	$y=(C_1+C_2x)e^{r_1x}$
一对共轭复根 $r_{1,2}=\alpha\pm i\beta$	$y=e^{\alpha x}(C_1\cos\beta x+C_2\sin\beta x)$

②n 阶常系数齐次线性方程求解. n 阶常系数齐次线性方程

$$y^{(n)}+p_1y^{(n-1)}+p_2y^{(n-2)}+\cdots+p_{n-1}y'+p_ny=0$$

的通解可由下列表格中给出的通解中的对应项求得

特征方程的根	微分方程通解中对应项
单实根 r	对应一项 Ce^{rx}
k 重实根 r	对应 k 项 $e^{rx}(C_1+C_2x+\cdots+C_kx^{k-1})$
一对单复根 $r_{1,2}=\alpha\pm i\beta$	对应两项 $e^{\alpha x}(C_1\cos\beta x+C_2\sin\beta x)$
一对 k 重复根 $r_{1,2}=\alpha\pm i\beta$	对应 $2k$ 项 $e^{\alpha x}[(C_1+C_2x+\cdots+C_kx^{k-1})\cos\beta x+(D_1+D_2x+\cdots+D_kx^{k-1})\sin\beta x]$

(2) 线性常系数非齐次方程求解.

二阶常系数非齐次线性方程的一般形式是

$$y''+py'+qy=f(x),$$

求其通解的关键是求得该非齐次方程的特解 y^*，对以下两种非齐次项可用待定系数法求得非齐次方程的一个特解.

①$f(x)=e^{\lambda x}P_m(x)$ 型(λ 为已知常数，$P_m(x)$ 为 x 的 m 次已知多项式). 其待定特解设为

$$y^*=x^ke^{\lambda x}Q_m(x),$$

其中 k 是特征方程根 λ 的重数，$Q_m(x)$ 为系数待定的 x 的 m 次多项式.

②$f(x)=e^{\lambda x}[P_l(x)\cos wx+P_n(x)\sin wx]$ 型(λ 为已知常数，$P_l(x)$ 与 $P_n(x)$ 分别为 x 的 l 次、x 的 n 次的已知多项式). 其待定特解设为

$$y^*=x^ke^{\lambda x}[R_m^{(1)}(x)\cos wx+R_m^{(2)}(x)\sin wx],$$

其中 k 是特征方程根 $\lambda+iw$(或 $\lambda-iw$) 的重数，$R_m^{(1)}(x)$ 与 $R_m^{(2)}(x)$ 为系数待定的 m 次多项式，$m=\max\{l,n\}$.

例题分析

一、微分方程求解

1. 一阶方程求解

求解一阶方程的关键是判别类型，如果方程属于我们学过的类型，直接求解. 如果方程不

直接属于我们学过的类型，常用的方法有两种．一种方法是将 x 看作未知函数、y 看作自变量求解，另一种方法是做适当的变量代换，目的都是要将原方程化成我们学过的类型，然后求解．

【例 1】 微分方程 $y'+xy^2-y^2=1-x$ 的通解为________．

解题思路 首先判别类型，该方程是一个可分离变量的方程，故按可分离变量方程的解法求解．

解 原方程 $y'+xy^2-y^2=1-x$ 可改写为 $y'=(1+y^2)(1-x)$，即

$$\frac{\mathrm{d}y}{1+y^2}=(1-x)\mathrm{d}x,$$

两端积分得

$$\arctan y=x-\frac{1}{2}x^2+C.$$

【例 2】 微分方程 $\dfrac{\mathrm{d}y}{\mathrm{d}x}=\dfrac{xy}{x^2-y^2}$ 满足条件 $y(0)=1$ 的特解为________．

解题思路 该方程是一个齐次方程，按齐次方程的方法求解．

解 令 $u=\dfrac{y}{x}$，则原方程变为 $u+x\dfrac{\mathrm{d}u}{\mathrm{d}x}=\dfrac{u}{1-u^2}$，即

$$x\frac{\mathrm{d}u}{\mathrm{d}x}=\frac{u^3}{1-u^2},$$

由此可得该方程通解为 $Cux=\mathrm{e}^{-\frac{1}{2u^2}}$ 即 $Cy=\mathrm{e}^{-\frac{x^2}{2y^2}}$．

由 $y(0)=1$ 知 $C=1$，则所求特解为 $y=\mathrm{e}^{-\frac{x^2}{2y^2}}$．

【例 3】 求方程 $\dfrac{\mathrm{d}y}{\mathrm{d}x}=\dfrac{y-x+1}{y+x+5}$ 的通解．

解题思路 作变换 $x=X+h$、$y=Y+k$，将原方程化为齐次方程求解．

解 令 $x=X+h,y=Y+k$，代入原方程得

$$\frac{\mathrm{d}Y}{\mathrm{d}X}=\frac{Y-X-h+k+1}{Y+X+h+k+5}.$$

令 $\begin{cases}-h+k+1=0,\\ h+k+5=0,\end{cases}$ 得 $h=-2,k=-3$．

原方程变为

$$\frac{\mathrm{d}Y}{\mathrm{d}X}=\frac{Y-X}{Y+X},$$

令 $\dfrac{Y}{X}=u$ 得

$$u+X\frac{\mathrm{d}u}{\mathrm{d}X}=\frac{u-1}{u+1}.$$

由此可得
$$\arctan u+\frac{1}{2}\ln(1+u^2)=-\ln|X|+C.$$

则原方程通解为
$$\arctan\frac{y+3}{x+2}+\frac{1}{2}\ln\left[1+\left(\frac{y+3}{x+2}\right)^2\right]=-\ln|x+2|+C.$$

【评注】 形如$\frac{\mathrm{d}y}{\mathrm{d}x}=f\left(\frac{a_1x+b_1y+c_1}{a_2x+b_2y+c_2}\right)$都可用本题中的思想方法化为齐次方程求解.

【例 4】 求方程 $y'=\frac{1}{xy+y^3}$ 的通解.

解题思路 本题不直接属于我们学过的类型,将 x 看作未知函数、y 看作自变量,原方程化为 x 关于 y 的线性方程$\frac{\mathrm{d}x}{\mathrm{d}y}=xy+y^3$,然后求解.

解 由 $y'=\frac{1}{xy+y^3}$ 得
$$\frac{\mathrm{d}x}{\mathrm{d}y}=xy+y^3,$$
即
$$\frac{\mathrm{d}x}{\mathrm{d}y}-yx=y^3.$$
由线性方程通解公式知,该方程通解为
$$x=\mathrm{e}^{\int y\mathrm{d}y}\left[\int y^3\mathrm{e}^{-\int y\mathrm{d}y}\mathrm{d}y+C\right]=C\mathrm{e}^{\frac{y^2}{2}}-y^2-2.$$

【评注】 当所求解方程不直接属于我们所学过的类型时,将 x 看作未知函数、y 看作自变量,化为我们学过的类型求解是一种常用的思想方法.

【例 5】 方程 $y'=\cos(x+y)$ 的通解为________.

解题思路 作变换 $x+y=u$,然后求解.

解 令 $x+y=u$,则 $1+y'=u'$,
$$\frac{\mathrm{d}u}{\mathrm{d}x}=1+\cos u.$$
$$\frac{\mathrm{d}u}{1+\cos u}=\mathrm{d}x.$$
即
$$\int\frac{\mathrm{d}u}{2\cos^2\frac{u}{2}}=\int\mathrm{d}x.$$
$$\tan\frac{u}{2}=x+C.$$
$$\tan\frac{x+y}{2}=x+C.$$

【评注】 当所求解方程不直接属于我们所学过的类型时，作适当的变量代换将其化为我们所学过的类型求解是一种常用的方法.

2. 二阶可降阶方程求解

【例 6】 求方程 $(x+1)y''+y'=\ln(x+1)$ 的通解.

解题思路 这是一个可降阶方程，不显含 y.

解【方法一】 令 $y'=p$，则 $y''=\dfrac{dp}{dx}$，代入原方程得

$$(x+1)\frac{dp}{dx}+p=\ln(x+1),$$

即
$$\frac{dp}{dx}+\frac{1}{x+1}p=\frac{\ln(x+1)}{x+1},$$

解此线性方程得

$$p=\ln(x+1)-\frac{x}{x+1}+\frac{C_1}{x+1},$$

$$y=(x+2+C_1)\ln(x+1)-2x+C_2.$$

【方法二】 由 $(x+1)y''+y'=\ln(x+1)$ 知

$$[(x+1)y']'=\ln(x+1),$$

则
$$(x+1)y'=\int\ln(x+1)dx=\int\ln(x+1)d(x+1)$$
$$=(x+1)\ln(x+1)-x+C_1,$$

由此可解得
$$y=(x+2+C_1)\ln(x+1)-2x+C_2.$$

【例 7】 求方程 $2yy''=y'^2+y^2$ 满足条件 $y(0)=1,y'(0)=-1$ 的特解.

解题思路 该方程是一个可降阶方程，不显含 x.

解 令 $y'=p,y''=\dfrac{dp}{dy}\dfrac{dy}{dx}=p\dfrac{dp}{dy}$，有

$$2yp\frac{dp}{dy}=p^2+y^2,$$

$$2\frac{p}{y}\frac{dp}{dy}=\left(\frac{p}{y}\right)^2+1,$$

令 $\dfrac{p}{y}=u,p=yu,\dfrac{dp}{dy}=u+y\dfrac{du}{dy}$，则

$$2u\left(u+y\frac{du}{dy}\right)=u^2+1,$$

$$2yu\frac{du}{dy}=1-u^2.$$

若 u 为常数，则 $\dfrac{du}{dy}=0$，显然 $u=1,u=-1$ 均为原方程解，但由 $y(0)=1,y'(0)=-1$ 知，$u=-1$，即 $\dfrac{p}{y}=-1$.

$$\frac{dy}{y}=-dx,\ln|y|=-x+C,y=Ce^{-x}.$$

由 $y(0)=1$ 知，$C=1,y=e^{-x}$.

3. 高阶线性常系数微分方程求解

【例 8】 方程 $y''-y=e^x+1$ 的特解形式可设为

(A) ae^x+b. (B) axe^x+b. (C) ae^x+bx. (D) axe^x+bx.

解 特征方程为 $r^2-1=0,r_{1,2}=\pm1$，

则方程 $y''-y=e^x$ 的特解应设为 $y_1^*=axe^x$.

方程 $y''-y=1$ 的特解应设为 $y_1^*=b$.

则原方程特定特解应设为 $y^*=axe^x+b$.

故应选(B).

【例 9】 方程 $y'''-y''=3x^2$ 的特解形式可设为

(A) ax^2+bx+C. (B) $x^2(ax^2+b)$.

(C) $x^2(ax^2+bx+C)$. (D) $x(ax^2+bx+C)$.

解 特征方程为 $r^3-r^2=0,r_{1,2}=0,r_3=1$，

其中 $x^2=e^{\lambda x}x^2\ (\lambda=0)$，则该方程特解应设为

$$y^*=x^2(ax^2+bx+C).$$

故应选(C).

【例 10】 方程 $y''+y=x^2+1+\sin x$ 的特解形式可设为

(A) $ax^2+bx+C+A\sin x$. (B) $ax^2+bx+C+B\cos x$.

(C) $ax^2+bx+C+A\sin x+B\cos x$. (D) $ax^2+bx+C+x(A\sin x+B\cos x)$.

解 特征方程为 $r^2+1=0,r_{1,2}=\pm i$，则方程 $y''+y=x^2+1$ 的特解应设为

$$y_1^*=ax^2+bx+C.$$

方程 $y''+y=\sin x$ 的特解应设为

$$y_2^*=x(A\sin x+B\cos x),$$

则原方程特解应设为

$$y=ax^2+bx+C+x(A\sin x+B\cos x).$$

【例 11】 设线性无关的函数 y_1,y_2,y_3 都是方程 $y''+p(x)y'+q(x)y=f(x)$ 的解，C_1，C_2 为任意常数，则该非齐次方程通解是

(A) $C_1y_1+C_2y_2+y_3$. (B) $C_1y_1+C_2y_2-(C_1+C_2)y_3$.

(C) $C_1y_1+C_2y_2+(1-C_1-C_2)y_3$. (D) $C_1y_1+C_2y_2-(1-C_1-C_2)y_3$.

解题思路 根据非齐次方程解的结构定理，非齐次通解为

$$y=C_1y_1+C_2y_2+y^*$$

其中 y_1,y_2 为齐次方程两个线性无关的解，y^* 为非齐次方程的一个解.

解 由于 $C_1y_1+C_2y_2+(1-C_1-C_2)y_3=C_1(y_1-y_3)+C_2(y_2-y_3)+y_3$

而 y_1-y_3 与 y_2-y_3 是齐次方程的两个线性无关的解，事实上，若

$$A(y_1-y_3)+B(y_2-y_3)=0,$$

则

$$Ay_1+By_2-(A+B)y_3=0.$$

由于 y_1,y_2,y_3 线性无关，则 $A=0,B=0$，而 y_3 为非齐次的一个解，则应选(C).

【评注】 本题考查线性方程解的结构.

【例 12】 已知 $y_1=xe^x+e^{2x},y_2=xe^x-e^{-x},y_3=xe^x+e^{2x}+e^{-x}$ 为某二阶线性常系数非齐次方程的特解，求此方程.

解题思路 第一种思路是设出所求方程的形式 $y''+ay'+by=f(x)$，将原题所给三个特解代入该方程求出 $a,b,f(x)$；第二种思路是由非齐次三个特解找出齐次方程两个线性无关的解，进而可知齐次方程特征方程的根，从而可知特征方程，进而可知齐次方程.

解 【方法一】 设所求的方程为

$$y''+ay'+by=f(x).$$

分别将 $y_1=xe^x+e^{2x},y_2=xe^x-e^{-x},y_3=xe^x+e^{2x}+e^{-x}$ 代入以上方程，解得

$$a=-1,b=-2,f(x)=e^x(1-2x).$$

【方法二】 $y_3-y_1=e^{-x}$ 应为齐次方程的解，而

$$y_2+e^{-x}=xe^x,$$

应为非齐次方程的解，则 $y_1-xe^x=e^{2x}$.

应为齐次方程的解，齐次方程的特征方程为

$$(r+1)(r-2)=0,$$

即

$$r^2-r-2=0,$$

则齐次方程为

$$y''-y'-2y=0,$$

设所求的非齐次方程为 $y''-y'-2y=f(x)$.

将 $y=xe^x$ 代入该方程得

$$f(x)=e^x(1-2x),$$

故所求方程为 $y''-y'-2y=e^x(1-2x)$.

【评注】 显然，方法二方便，而方法一较烦琐.

【例 13】 若 $y=e^{2x}+(x+1)e^x$ 是方程 $y''+ay'+by=ce^x$ 的解，求 a,b,c 及该方程通解.

解题思路 第一种思路是将 $y=e^{2x}+(x+1)e^x$ 代入方程 $y''+ay'+by=ce^x$ 求出 a,b,c；第二种思路是从解 $y=e^{2x}+(x+1)e^x$ 中分析出齐次方程两个线性无关的解，进一步求得两个特征根，便可求得 a 和 b，然后再求 c.

解 【方法一】 将 $y=e^{2x}+(x+1)e^x$ 代入方程

$$y''+ay'+by=ce^x,$$

比较系数得

$$a=-3,b=2,c=-1.$$

原方程为

$$y''-3y'+2y=-e^x,$$

特征方程为

$$r^2-3r+2=0,$$

由此解得

$$r_1=1,r_2=2.$$

设非齐次方程特解为 $y=Axe^x$，将其代入方程

$$y''-3y'+2y=-e^x.$$

得 $A=1$.

则原方程通解为 $$y=C_1e^x+C_2e^{2x}+xe^x.$$

【方法二】 由于 $y=e^{2x}+(1+x)e^x=e^{2x}+e^x+xe^x$ 为原方程的解，则 $y_1=e^{2x}$ 必为齐次的解.（由方程非齐次项知非齐次解中只会出现 e^x 而不会出现 e^{2x}）.

xe^x 与 e^x 中，$y_2=e^x$ 为齐次的解.（若 xe^x 是齐次的解，$r=1$ 为特征方程二重根，但 $r=2$ 已是一个根）

则齐次方程的特征方程为 $$(r-1)(r-2)=0,$$

即 $$r^2-3r+2=0,$$

齐次方程为 $$y''-3y'+2y=0,$$

于是 $$a=-3,b=2,$$

将 $y=xe^x$ 代入方程 $y''-3y'+2y=ce^x$ 得 $c=-1$，

则所求方程的通解为 $$y=C_1e^x+C_2e^{2x}+xe^x.$$

【例 14】 已知 $y_1=3,y_2=3+x^2,y_3=3+e^x$ 是某二阶线性非齐次方程的三个特解，求该微分方程及通解.

解题思路 利用线性方程的解的结构，先求出齐次方程两个线性无关的特解，进一步求得非齐次方程的通解，然后利用通解求得原方程.

解 $y_2-y_1=x^2,y_3-y_1=e^x$ 为齐次方程的两个线性无关的特解，则所求方程通解为 $y=C_1x^2+C_2e^x+3$.

$$y=C_1x^2+C_2e^x+3 \tag{5-1}$$

(5-1) 式求导得 $$y'=2C_1x+C_2e^x \tag{5-2}$$

再求导得 $$y''=2C_1+C_2e^x \tag{5-3}$$

(5-3) 式 − (5-2) 式得 $$y''-y'=2C_1(1-x) \tag{5-4}$$

(5-1) 式 − (5-2) 式得 $$y-y'=C_1(x^2-2x)+3 \tag{5-5}$$

联立(5-5)式和(5-4)式消去 C_1 得

$$(2x-x^2)y''+(x^2-2)y'+2(1-x)y=6(1-x).$$

【评注】 本题给出了已知方程的通解求方程的一般方法，即利用 y,y' 及 y'' 消去其中的任意常数 C_1 和 C_2 便可求得微分方程.

二、微分方程的综合题

【例 15】 求连续函数 $f(x)$，使它满足 $x\int_0^1 f(tx)\mathrm{d}t=f(x)+x$.

解题思路 这是一个积分方程，求解的思路是等式两端求导化为微分方程.

解 令 $tx=u$，则当 $x\neq 0$ 时，$\int_0^1 f(xt)\mathrm{d}t=\dfrac{\int_0^x f(u)\mathrm{d}u}{x}$，

$$\int_0^x f(u)\mathrm{d}u = f(x) + x,$$

等式两端求导得 $f(x) = f'(x) + 1,\quad f'(x) - f(x) = -1,$

由线性方程通解公式得 $f(x) = 1 + Ce^x$,（当 $x \neq 0$）.

另一方面，由题设可知 $0 \cdot \int_0^1 f(0)\mathrm{d}t = f(0) + 0$，所以 $f(0) = 0$. 由 $f(x)$ 的连续性可知

$$0 = f(0) = \lim_{x\to 0} f(x) = \lim_{x\to 0}(1 + Ce^x) = 1 + C,$$

所以 $C = -1$，故不论 $x = 0$ 还是 $x \neq 0$，均有 $f(x) = 1 - e^x$.

【评注】 本题中只假设了 $f(x)$ 连续，而在求解过程中出现了 $f'(x)$，这是因为从等式 $\int_0^x f(t)\mathrm{d}t = f(x) + x$ 可知 $f(x)$ 可导.

事实上，由 $f(x)$ 连续可知$\int_0^x f(t)\mathrm{d}t$ 可导，而 $f(x) = \int_0^x f(t)\mathrm{d}t - x$，则 $f(x)$ 可导.

【例 16】 设 $f(x)$ 可导，且满足 $x = \int_0^x f(t)\mathrm{d}t + \int_0^x tf(t-x)\mathrm{d}t$，求 $f(x)$.

解 在积分$\int_0^x tf(t-x)\mathrm{d}t$ 中，令 $t - x = u$，则有

$$x = \int_0^x f(t)\mathrm{d}t - \int_0^{-x} uf(u)\mathrm{d}u - x\int_0^{-x} f(u)\mathrm{d}u,$$

等式两端对 x 求导，整理得 $f(x) = 1 + \int_0^{-x} f(u)\mathrm{d}u.$

两端再对 x 求导得 $f'(x) = -f(-x).$ （5－6）

上式两端对 x 求导得 $f''(x) = f'(-x).$ （5－7）

又由（5－6）式得 $f'(-x) = -f(x)$，代入（5－7）式得 $f''(x) + f(x) = 0$，

解之得 $f(x) = C_1\cos x + C_2\sin x.$

注意到 $f(0) = 1, f'(0) = -1$ 得 $f(x) = \cos x - \sin x$.

【例 17】 设 $f(x)$ 在 $(-\infty, +\infty)$ 上有定义，$f'(0) = 2$，对任意的 x, y，$f(x+y) = e^x f(y) + e^y f(x)$，求 $f(x)$.

解题思路 这是一个函数方程，求解的思路是从导数定义出发，既可证明 $f(x)$ 可导，同时就可建立 $f(x)$ 应满足的微分方程，解方程便可求得 $f(x)$.

解 在等式 $f(x+y) = e^x f(y) + e^y f(x)$ 中令 $x = y = 0$ 得 $f(0) = 2f(0)$，则 $f(0) = 0$.

$$f'(x) = \lim_{\Delta x\to 0}\frac{f(x+\Delta x) - f(x)}{\Delta x} = \lim_{\Delta x\to 0}\frac{e^x f(\Delta x) + e^{\Delta x} f(x) - f(x)}{\Delta x}$$

$$= e^x \lim_{\Delta x\to 0}\frac{f(\Delta x)}{\Delta x} + f(x) = e^x f'(0) + f(x) = 2e^x + f(x),$$

解此线性方程得 $f(x) = e^x(2x + C),$

由 $f(0) = 0$ 知 $C = 0$，则 $f(x) = 2xe^x$.

【评注】 如果题设条件 $f(x)$ 在 $(-\infty, +\infty)$ 上有定义改为 $f(x)$ 在 $(-\infty, +\infty)$ 上可导，则本题有更简单解法，等式

$$f(x+y) = e^x f(y) + e^y f(x),$$

两端对 y 求导，然后令 $y=0$，便得 $f'(x)=2e^x+f(x)$.

【例 18】　设 $f(x)$ 有连续一阶导数，且设 $(xy-yf(x))dx+(f(x)+y^2)dy=du(x,y)$，求 $f(x)$ 及 $u(x,y)$，其中 $f(0)=-1$.

解题思路　利用以下结论建立微分方程，先求出 $f(x)$，然后再进一步求出 $u(x,y)$. 若 $P(x,y)$ 和 $Q(x,y)$ 有连续一阶偏导数，且 $P(x,y)dx+Q(x,y)dy=du(x,y)$，则由 $P=\frac{\partial u}{\partial x}$，$Q=\frac{\partial u}{\partial y}$，$\frac{\partial P}{\partial y}=\frac{\partial^2 u}{\partial x\partial y}=\frac{\partial^2 u}{\partial y\partial x}=\frac{\partial Q}{\partial x}$，可推出 $f(x)$ 应满足的微分方程.

解　由 $(xy-yf(x))dx+(f(x)+y^2)dy=du(x,y)$，则

$$\frac{\partial}{\partial y}(xy-yf(x))=\frac{\partial}{\partial x}(f(x)+y^2),$$

有

$$x-f(x)=f'(x),$$

即

$$f'(x)+f(x)=x.$$

解此线性方程得 $f(x)=(x-1)+Ce^{-x}$，由 $f(0)=-1$ 知，$C=0$，$f(x)=x-1$.

以此代入题设的表达式左侧

$$\begin{aligned}ydx+[(x-1)+y^2]dy&=ydx+(x-1)dy+y^2dy\\&=yd(x-1)+(x-1)dy+y^2dy\\&=d[y(x-1)]+d\left(\frac{1}{3}y^3\right)=d\left[y(x-1)+\frac{1}{3}y^3\right],\end{aligned}$$

所以 $u(x,y)=y(x-1)+\frac{1}{3}y^3+C$.

【例 19】　设函数 $f(u)$ 具有二阶连续导数，$z=f(e^x\cos y)$ 满足

$$\frac{\partial^2 z}{\partial x^2}+\frac{\partial^2 z}{\partial y^2}=(4z+e^x\cos y)e^{2x}.$$

若 $f(0)=0$，$f'(0)=0$，求 $f(u)$ 的表达式.

解　令 $e^x\cos y=u$，则

$$\frac{\partial z}{\partial x}=f'(u)e^x\cos y,\ \frac{\partial z}{\partial y}=-f'(u)e^x\sin y,$$

$$\frac{\partial^2 z}{\partial x^2}=f''(u)e^{2x}\cos^2 y+f'(u)e^x\cos y,$$

$$\frac{\partial^2 z}{\partial y^2}=f''(u)e^{2x}\sin^2 y-f'(u)e^x\cos y,$$

将以上后两个式子代入 $\frac{\partial^2 z}{\partial x^2}+\frac{\partial^2 z}{\partial y^2}=(4z+e^x\cos y)e^{2x}$ 得 $f''(u)=4f(u)+u$，

即 $f''(u)-4f(u)=u$，方程对应的齐次方程的特征方程为 $r^2-4=0$，特征根为 $r=\pm 2$，齐次方程的通解为

$$f(u)=C_1e^{2u}+C_2e^{-2u}.$$

设非齐次方程的特解为 $f^*=au+b$，代入非齐次方程得 $a=-\frac{1}{4}$，$b=0$.

则原方程的通解为 $f(u)=C_1e^{2u}+C_2e^{-2u}-\frac{1}{4}u$，

由 $f(0)=0,f'(0)=0$ 得 $C_1=\frac{1}{16},C_2=-\frac{1}{16}$，则 $f(u)=\frac{1}{16}(e^{2u}-e^{-2u}-4u)$.

【例 20】 设函数 $y=y(x)$ 在 $(-\infty,+\infty)$ 内具有二阶导数，且 $y'\neq 0$，$x=x(y)$ 是 $y=y(x)$ 的反函数.

(1) 试将 $x=x(y)$ 所满足的微分方程 $\frac{d^2x}{dy^2}+(y+\sin x)\left(\frac{dx}{dy}\right)^3=0$ 变换为 $y=y(x)$ 满足的微分方程；

(2) 求变换后的微分方程满足初始条件 $y(0)=0,y'(0)=\frac{3}{2}$ 的解.

解 (1) $\frac{dx}{dy}=\frac{1}{y'}$，

$$\frac{d^2x}{dy^2}=\frac{d}{dx}\left(\frac{1}{y'}\right)\frac{dx}{dy}=-\frac{y''}{y'^2}\frac{1}{y'}=-\frac{y''}{y'^3},$$

将以上两式代入原方程得 $y''-y=\sin x$.

(2) 方程 $y''-y=0$ 的特征方程为 $r^2-1=0,r=\pm 1$.

非齐次待定特解为 $y^*=A\cos x+B\sin x$.

代入 $y''-y=\sin x$ 得，$A=0,B=-\frac{1}{2}$.

则非齐次方程通解为 $y=C_1e^x+C_2e^{-x}-\frac{1}{2}\sin x$.

由 $y(0)=0,y'(0)=\frac{3}{2}$，可得 $C_1=1,C_2=-1$.

则所求特解为 $y=e^x-e^{-x}-\frac{1}{2}\sin x$.

【评注】 本题求解的关键是将 $\frac{d^2x}{dy^2}$ 用 y 对 x 的导数表示出来.

三、微分方程的应用

【例 21】 设 $f(x)$ 连续，曲线 $y=f(x)$ 为连结 $A(0,1)$ 与 $B(1,0)$ 的凸弧段(如图 5-1)，$P(x,y)$ 为其上任一点，线段 AP 与该曲线围成的面积为 x^3，求此曲线的方程.

解题思路 利用线段 AP 与该曲线围成的面积为 x^3 建立关系式，等式两端对 x 求导可得微分方程，解方程便可得曲线方程.

解 梯形 $OCPA$ 的面积为 $\frac{x}{2}[1+f(x)]$，则

$$\int_0^x f(t)dt-\frac{x}{2}[1+f(x)]=x^3.$$

等式两端对 x 求导，则得 $y=f(x)$ 所满足的微分方程为

$$f(x)-\frac{1}{2}[1+f(x)]-\frac{x}{2}f'(x)=3x^2,$$

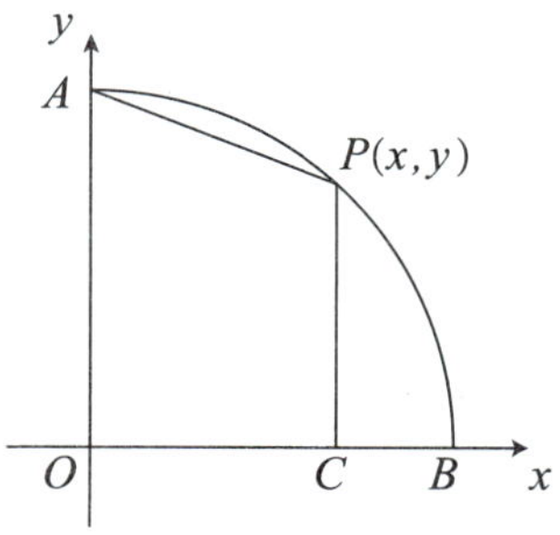

图 5-1

即
$$y'-\frac{1}{x}y=-6x-\frac{1}{x}(\text{其中 } y=f(x))$$

其通解为 $y=e^{\int\frac{1}{x}dx}\left[\int(-6x-\frac{1}{x})e^{-\int\frac{1}{x}dx}dx+C\right]=Cx-6x^2+1$.

由于曲线过 $B(1,0)$，则 $y(1)=0$，由此可得 $C=5$，即所求曲线为 $y=5x-6x^2+1$.

【例 22】 设曲线 $y=f(x)$，其中 $f(x)$ 是可导函数，且 $f(x)>0$. 已知曲线 $y=f(x)$ 与直线 $y=0, x=1$ 及 $x=t(t>1)$ 所围成的曲边梯形绕 x 轴旋转一周所得的立体体积值是曲边梯形面积值的 πt 倍，求该曲线方程.

解 由题设知旋转体体积为 $V=\pi\int_1^t f^2(x)dx$，曲边梯形的面积为 $S=\int_1^t f(x)dx$.

由题设可知
$$\pi\int_1^t f^2(x)dx=\pi t\int_1^t f(x)dx,$$

即
$$\int_1^t f^2(x)dx=t\int_1^t f(x)dx,$$

上式两端对 t 求导得
$$f^2(t)=\int_1^t f(x)dx+tf(t), \tag{5-8}$$

再对 t 求导得
$$2f(t)f'(t)=f(t)+f(t)+tf'(t).$$

即
$$(2y-t)\frac{dy}{dt}=2y,\quad(\text{其中 } y=f(t))$$
$$\frac{dt}{dy}+\frac{1}{2y}t=1.$$

由线性方程的通解公式得 $t=e^{-\int\frac{1}{2y}dy}\left[\int 1\cdot e^{\int\frac{1}{2y}dy}dy+C\right]=Cy^{-\frac{1}{2}}+\frac{2}{3}y$.

在(5-8)式中令 $t=1$ 得 $f^2(1)=f(1)$，即 $f(1)=1$ 或 $f(1)=0$，由题设知 $f(t)>0$，则 $f(1)=1$，代入 $t=Cy^{-\frac{1}{2}}+\frac{2}{3}y$ 知 $C=\frac{1}{3}$，即 $t=\frac{1}{3}\left(\frac{1}{\sqrt{y}}+2y\right)$.

则所求曲线方程为
$$2y+\frac{1}{\sqrt{y}}-3x=0.$$

【例 23】 设过(1,1)的曲线上任意一点横坐标，与该点处法线和 x 轴交点横坐标之乘积，等于该点纵坐标的平方，求该曲线的方程.

解 设该曲线的方程为 $y=y(x)$，则在 (x,y) 点处的法线方程为 $Y-y=-\frac{1}{y'(x)}(X-x)$.

该点处法线和 x 轴交点的横坐标为 $x+yy'$.

由题意，$x(x+yy')=y^2$. 有两个方法解这个方程：

【方法一】 $xyy'-y^2+x^2=0$，令 $z=y^2$，$z'-\frac{2}{x}z=-2x$.

这是一阶线性常微分方程，$z=y^2=-2x^2\ln x+Cx^2$.

【方法二】 $xyy'-y^2+x^2=0$，为齐次方程.

令 $u=\frac{y}{x}$，则 $x\frac{du}{dx}=-\frac{1}{u}$，$u^2=-2\ln x+C$，$y^2=-2x^2\ln x+Cx^2$.

曲线过(1,1)点，所以 $C=1$，曲线方程为 $y=x\sqrt{1-2\ln x}$.

【例 24】 一容器在开始时盛有水 100 升，其中含有净盐 10 千克，然后以每分钟 3 升的速率注入清水，同时又以每分钟 2 升的速率将冲淡的盐水排出，容器中装有搅拌器使容器中的溶液保持均匀，求过程开始后 1 小时溶液的含盐量.

解题思路 设 t 时刻容器中含盐量为 $x(t)$，先用微元法，求 t 时刻到 $t+\mathrm{d}t$ 时刻间容器中含盐量的改变量 $\Delta x(t)$ 的近似值 $\mathrm{d}x(t)$，即微元. 从而得到 $x(t)$ 应满足的微分方程.

解 设 t 时刻容器中的含盐量为 x，此时容器中的盐水为

$$100+3t-2t=100+t,$$

此时盐水的浓度为 $\frac{x}{100+t}$.

从 t 到 $t+\mathrm{d}t$ 这段时间内，容器中含盐量的改变量近似为

$$\mathrm{d}x=-\frac{x}{100+t}\cdot 2\mathrm{d}t, \tag{5-9}$$

解此可分离变量方程得 $x(t)=\frac{C}{(100+t)^2}$.

由题设知，$x(0)=10$，由此得 $C=10^5$，则 $x(t)=\frac{10^5}{(100+t)^2}$，

在此过程开始后 1 小时容器中的含盐量为 $x(60)=\frac{10^5}{(160)^2}\approx 3.9$(千克).

【评注】 由本题可知，当 t 增加时，容器中的含盐量在减少，则 $\mathrm{d}x<0$，从而本题(5-9)式右端要读者自动添负号，否则就错了.

扫码看专家视频课

第二篇

线性代数

第一章　行列式

考点与要求

了解　行列式的概念、方阵乘积.

掌握　行列式的性质.

会用　行列式的性质和行列式按行(列)展开定理计算行列式.

内容精讲

1.1　n 阶行列式的概念

n 阶行列式

$$\begin{vmatrix} a_{11} & a_{12} & \cdots & a_{1n} \\ a_{21} & a_{22} & \cdots & a_{2n} \\ \vdots & \vdots & & \vdots \\ a_{n1} & a_{n2} & \cdots & a_{nn} \end{vmatrix}$$

是所有取自不同行不同列的 n 个元素的乘积

$$a_{1j_1}a_{2j_2}\cdots a_{nj_n}$$

的代数和，这里 $j_1j_2\cdots j_n$ 元素的行下标为顺排，列下标是 $1,2,\cdots,n$ 的一个排列. 当 $j_1j_2\cdots j_n$ 是偶排列时，该项的前面带正号；当 $j_1j_2\cdots j_n$ 是奇排列时，该项的前面带负号，即

$$\begin{vmatrix} a_{11} & a_{12} & \cdots & a_{1n} \\ a_{21} & a_{22} & \cdots & a_{2n} \\ \vdots & \vdots & & \vdots \\ a_{n1} & a_{n2} & \cdots & a_{nn} \end{vmatrix} = \sum_{j_1j_2\cdots j_n}(-1)^{\tau(j_1j_2\cdots j_n)}a_{1j_1}a_{2j_2}\cdots a_{nj_n}. \tag{1.1}$$

$\sum\limits_{j_1j_2\cdots j_n}$ 表示对所有 n 阶排列求和. 式(1.1)称为 n 阶行列式的**完全展开式**.

【注】　所谓排列是指由 n 个数 $1,2,\cdots,n$ 所构成的一个有序数组，通常用 $j_1,j_2,\cdots,j_n$ 表示 n 阶排列，显然共有 $n!$ 个 n 阶排列.

一个排列中，如果一个大的数排在小的数之前，就称这两个数构成一个**逆序**. 一个排列的逆序总数称为这个排列的**逆序数**. 用 $\tau(j_1j_2\cdots j_n)$ 表示排列 $j_1j_2\cdots j_n$ 的逆序数.

如果一个排列的逆序数是偶数，则称这个排列为偶排列，否则称为奇排列.

特别地，二阶与三阶行列式的完全展开式：

$$\begin{vmatrix} a & b \\ c & d \end{vmatrix} = ad - bc,$$

$$\begin{vmatrix} a_{11} & a_{12} & a_{13} \\ a_{21} & a_{22} & a_{23} \\ a_{31} & a_{32} & a_{33} \end{vmatrix} = a_{11}a_{22}a_{33} + a_{12}a_{23}a_{31} + a_{13}a_{21}a_{32} - a_{13}a_{22}a_{31} - a_{12}a_{21}a_{33} - a_{11}a_{23}a_{32}.$$

1.2 行列式的性质

1. 经过转置行列式的值不变，即 $|\boldsymbol{A}^{\mathrm{T}}| = |\boldsymbol{A}|$.

$$\begin{vmatrix} a_1 & a_2 & a_3 \\ b_1 & b_2 & b_3 \\ c_1 & c_2 & c_3 \end{vmatrix} = \begin{vmatrix} a_1 & b_1 & c_1 \\ a_2 & b_2 & c_2 \\ a_3 & b_3 & c_3 \end{vmatrix}.$$

由此可知行列式行的性质与列的性质是对等的.

2. 两行（或列）互换位置，行列式的值变号.

特别地，两行（或列）相同，行列式的值为 0.

3. 某行（或列）如有公因子 k，则可把 k 提出行列式记号外.（亦即用数 k 乘行列式 $|\boldsymbol{A}|$ 等于用 k 乘它的某行（或列））

特别地：(1) 某行（或列）的元素全为 0，行列式的值为 0.

(2) 若两行（或列）的元素对应成比例，行列式的值为 0.

4. 如果行列式某行（或列）是两个元素之和，则可把行列式拆成两个行列式之和.

$$\begin{vmatrix} a_1+b_1 & a_2+b_2 & a_3+b_3 \\ c_1 & c_2 & c_3 \\ d_1 & d_2 & d_3 \end{vmatrix} = \begin{vmatrix} a_1 & a_2 & a_3 \\ c_1 & c_2 & c_3 \\ d_1 & d_2 & d_3 \end{vmatrix} + \begin{vmatrix} b_1 & b_2 & b_3 \\ c_1 & c_2 & c_3 \\ d_1 & d_2 & d_3 \end{vmatrix}.$$

5. 把某行（或列）的 k 倍加到另一行（或列），行列式的值不变.

$$\begin{vmatrix} a_1 & a_2 & a_3 \\ b_1 & b_2 & b_3 \\ c_1 & c_2 & c_3 \end{vmatrix} = \begin{vmatrix} a_1 & a_2 & a_3 \\ b_1+ka_1 & b_2+ka_2 & b_3+ka_3 \\ c_1 & c_2 & c_3 \end{vmatrix}.$$

1.3 行列式按行（或列）展开公式

n 阶行列式的值等于它的任何一行（列）元素，与其对应的代数余子式乘积之和，即

$$|\boldsymbol{A}| = a_{i1}A_{i1} + a_{i2}A_{i2} + \cdots + a_{in}A_{in} = \sum_{k=1}^{n} a_{ik}A_{ik}, \quad i = 1,2,\cdots,n. \quad (1.2)$$

$$|\boldsymbol{A}| = a_{1j}A_{1j} + a_{2j}A_{2j} + \cdots + a_{nj}A_{nj} = \sum_{k=1}^{n} a_{kj}A_{kj}, \quad j = 1,2,\cdots,n. \quad (1.2')$$

公式(1.2)称 $|\boldsymbol{A}|$ 按第 i 行展开的展开式，公式(1.2′)称 $|\boldsymbol{A}|$ 按第 j 列展开的展开式.

【注】 关于代数余子式的概念一定要搞清楚.

在 n 阶行列式

$$D = \begin{vmatrix} a_{11} & a_{12} & \cdots & a_{1n} \\ a_{21} & a_{22} & \cdots & a_{2n} \\ \vdots & \vdots & & \vdots \\ a_{n1} & a_{n2} & \cdots & a_{nn} \end{vmatrix}$$

中划去 a_{ij} 所在的第 i 行、第 j 列的元素，由剩下的元素按原来的位置排法构成的一个 $n-1$ 阶的行列式

$$\begin{vmatrix} a_{11} & \cdots & a_{1,j-1} & a_{1,j+1} & \cdots & a_{1n} \\ \vdots & & \vdots & \vdots & & \vdots \\ a_{i-1,1} & \cdots & a_{i-1,j-1} & a_{i-1,j+1} & \cdots & a_{i-1,n} \\ a_{i+1,1} & \cdots & a_{i+1,j-1} & a_{i+1,j+1} & \cdots & a_{i+1,n} \\ \vdots & & \vdots & \vdots & & \vdots \\ a_{n1} & \cdots & a_{n,j-1} & a_{n,j+1} & \cdots & a_{nn} \end{vmatrix}$$

称其为 a_{ij} 的**余子式**，记为 M_{ij}；称 $(-1)^{i+j}M_{ij}$ 为 a_{ij} 的**代数余子式**，记为 A_{ij}，即

$$A_{ij}=(-1)^{i+j}M_{ij}. \tag{1.3}$$

1.4　几个重要公式

1. 上(下)三角形行列式的值等于主对角线元素的乘积

$$\begin{vmatrix} a_{11} & a_{12} & \cdots & a_{1n} \\ & a_{22} & \cdots & a_{2n} \\ & & \ddots & \vdots \\ & & & a_{nn} \end{vmatrix}=\begin{vmatrix} a_{11} & & & \\ a_{21} & a_{22} & & \\ \vdots & \vdots & \ddots & \\ a_{n1} & a_{n2} & \cdots & a_{nn} \end{vmatrix}=a_{11}a_{22}\cdots a_{nn}. \tag{1.4}$$

2. 关于副对角线的行列式

$$\begin{vmatrix} a_{11} & a_{12} & \cdots & a_{1,n-1} & a_{1n} \\ a_{21} & a_{22} & \cdots & a_{2,n-1} & 0 \\ \vdots & \vdots & & \vdots & \vdots \\ a_{n1} & 0 & \cdots & 0 & 0 \end{vmatrix}=\begin{vmatrix} 0 & \cdots & 0 & a_{1n} \\ 0 & \cdots & a_{2,n-1} & a_{2n} \\ \vdots & & \vdots & \vdots \\ a_{n1} & \cdots & a_{n,n-1} & a_{nn} \end{vmatrix}=(-1)^{\frac{n(n-1)}{2}}a_{1n}a_{2,n-1}\cdots a_{n1}. \tag{1.5}$$

3. 两个特殊的拉普拉斯展开式

如果 $\boldsymbol{A}$ 和 $\boldsymbol{B}$ 分别是 m 阶和 n 阶矩阵，则

$$\begin{vmatrix} \boldsymbol{A} & * \\ \boldsymbol{O} & \boldsymbol{B} \end{vmatrix}=\begin{vmatrix} \boldsymbol{A} & \boldsymbol{O} \\ * & \boldsymbol{B} \end{vmatrix}=|\boldsymbol{A}|\cdot|\boldsymbol{B}|.$$

$$\begin{vmatrix} \boldsymbol{O} & \boldsymbol{A} \\ \boldsymbol{B} & * \end{vmatrix}=\begin{vmatrix} * & \boldsymbol{A} \\ \boldsymbol{B} & \boldsymbol{O} \end{vmatrix}=(-1)^{mn}|\boldsymbol{A}|\cdot|\boldsymbol{B}|. \tag{1.6}$$

4. 范德蒙行列式

$$\begin{vmatrix} 1 & 1 & \cdots & 1 \\ x_1 & x_2 & \cdots & x_n \\ x_1^2 & x_2^2 & \cdots & x_n^2 \\ \vdots & \vdots & & \vdots \\ x_1^{n-1} & x_2^{n-1} & \cdots & x_n^{n-1} \end{vmatrix}=\prod_{1\leqslant j<i\leqslant n}(x_i-x_j). \tag{1.7}$$

1.5　抽象 n 阶方阵行列式公式

1. 若 $\boldsymbol{A}$ 是 n 阶矩阵，$\boldsymbol{A}^{\mathrm{T}}$ 是 $\boldsymbol{A}$ 的转置矩阵，则 $|\boldsymbol{A}^{\mathrm{T}}|=|\boldsymbol{A}|$.　　(1.8)

2. 若 $\boldsymbol{A}$ 是 n 阶矩阵，则 $|k\boldsymbol{A}|=k^n|\boldsymbol{A}|$.　　(1.9)

3. (行列式乘法公式) 若 $\boldsymbol{A},\boldsymbol{B}$ 都是 n 阶矩阵，则 $|\boldsymbol{AB}|=|\boldsymbol{A}||\boldsymbol{B}|$.

特别地 $|\boldsymbol{A}^2|=|\boldsymbol{A}|^2$，$|\boldsymbol{A}^n|=|\boldsymbol{A}|^n$.　　(1.10)

4. 若 $\boldsymbol{A}$ 是 n 阶矩阵，$\boldsymbol{A}^*$ 是 $\boldsymbol{A}$ 的伴随矩阵，则 $|\boldsymbol{A}^*|=|\boldsymbol{A}|^{n-1}$.　　(1.11)

5. 若 $\boldsymbol{A}$ 是 n 阶可逆矩阵，$\boldsymbol{A}^{-1}$ 是 $\boldsymbol{A}$ 的逆矩阵，则 $|\boldsymbol{A}^{-1}|=|\boldsymbol{A}|^{-1}$.　　(1.12)

6. 若 $\boldsymbol{A}$ 是 n 阶矩阵，$\lambda_i(i=1,2,\cdots,n)$ 是 $\boldsymbol{A}$ 的特征值，则 $|\boldsymbol{A}|=\prod\limits_{i=1}^{n}\lambda_i$.　　(1.13)

7. 若矩阵 $\boldsymbol{A}$ 和 $\boldsymbol{B}$ 相似 $\boldsymbol{A}\sim\boldsymbol{B}$，则 $|\boldsymbol{A}|=|\boldsymbol{B}|$，$|\boldsymbol{A}+k\boldsymbol{E}|=|\boldsymbol{B}+k\boldsymbol{E}|$. (1.14)

【注】 一般情况下 $|\boldsymbol{A}+\boldsymbol{B}|\neq|\boldsymbol{A}|+|\boldsymbol{B}|$，$|\boldsymbol{A}-\boldsymbol{B}|\neq|\boldsymbol{A}|-|\boldsymbol{B}|$，$|k\boldsymbol{A}|\neq k|\boldsymbol{A}|$.

1.6 代数余子式性质的补充

1. 行列式的任一行（列）元素与另一行（列）元素的代数余子式乘积之和为 0，即

$$\sum_{k=1}^{n}a_{ik}A_{jk}=a_{i1}A_{j1}+a_{i2}A_{j2}+\cdots+a_{in}A_{jn}=0,\quad i\neq j.$$

$$\sum_{k=1}^{n}a_{ki}A_{kj}=a_{1i}A_{1j}+a_{2i}A_{2j}+\cdots+a_{ni}A_{nj}=0,\quad i\neq j.\tag{1.15}$$

2. 若 $\boldsymbol{A}$ 是 n 阶矩阵，$\boldsymbol{A}^*$ 是 $\boldsymbol{A}$ 的伴随矩阵，则

$$\boldsymbol{A}\boldsymbol{A}^*=\boldsymbol{A}^*\boldsymbol{A}=|\boldsymbol{A}|\boldsymbol{E}.\tag{1.16}$$

例题分析

一、数字型行列式的计算

计算行列式值的最基本方法是用按行（或列）展开公式，通过降阶来实现，但在用展开公式之前，为运算的简洁，往往先用行列式的性质，例如把某行（或列）的 k 倍加到另一行（或列），以期出现 0 或公因式，从而使计算量大为减少.

【例 1】 计算 $\begin{vmatrix}3&4&5&11\\2&5&4&9\\5&3&2&12\\14&-11&21&29\end{vmatrix}=$________.

分析 本题行列式元素中没有 ±1，若马上利用倍加性质直接消零计算会比较烦琐，故可先利用倍加性质，化出一个元素 1 或 -1，然后化零，然后用展开公式求值.

$$\begin{vmatrix}3&4&5&11\\2&5&4&9\\5&3&2&12\\14&-11&21&29\end{vmatrix}=\begin{vmatrix}1&-1&1&2\\2&5&4&9\\5&3&2&12\\14&-11&21&29\end{vmatrix}=\begin{vmatrix}1&0&0&0\\2&7&2&5\\5&8&-3&2\\14&3&7&1\end{vmatrix}$$

$$=\begin{vmatrix}7&2&5\\8&-3&2\\3&7&1\end{vmatrix}=\begin{vmatrix}-8&-33&0\\2&-17&0\\3&7&1\end{vmatrix}$$

$$=\begin{vmatrix}8&33\\-2&17\end{vmatrix}=136+66=202.$$

【例 2】 计算 $D_4=\begin{vmatrix}a+x&a&a&a\\a&a+x&a&a\\a&a&a+x&a\\a&a&a&a+x\end{vmatrix}=$________.

解题思路 根据行列式的结构，应有将其三角化的构思.

分析 【方法一】 由于每行元素之和均为 $x+4a$，故可把 2,3,4 列都加到第 1 列，提出公

因子 $x+4a$，再消 0，即有

$$D_4=\begin{vmatrix}a+x&a&a&a\\a&a+x&a&a\\a&a&a+x&a\\a&a&a&a+x\end{vmatrix}=(x+4a)\begin{vmatrix}1&a&a&a\\1&a+x&a&a\\1&a&a+x&a\\1&a&a&a+x\end{vmatrix}$$

$$=(x+4a)\begin{vmatrix}1&a&a&a\\0&x&0&0\\0&0&x&0\\0&0&0&x\end{vmatrix}=(x+4a)x^3.$$

【方法二】　三角化也可以用下面的方法进行，把第 1 行的 -1 倍分别加到其余各行，再把 2、3、4 列均加到第 1 列，即

$$D_4=\begin{vmatrix}a+x&a&a&a\\a&a+x&a&a\\a&a&a+x&a\\a&a&a&a+x\end{vmatrix}=\begin{vmatrix}a+x&a&a&a\\-x&x&0&0\\-x&0&x&0\\-x&0&0&x\end{vmatrix}$$

$$=\begin{vmatrix}4a+x&a&a&a\\0&x&0&0\\0&0&x&0\\0&0&0&x\end{vmatrix}=(4a+x)x^3.$$

【方法三】　利用行列式拆开的性质可知，应当为 2^4 个 4 阶行列式，但有 2 个或 2 个以上相同的列，其行列式值必为 0，不为 0 的只有 5 个，即

$$D_4=\begin{vmatrix}a+x&a+0&a+0&a+0\\a+0&a+x&a+0&a+0\\a+0&a+0&a+x&a+0\\a+0&a+0&a+0&a+x\end{vmatrix}$$

$$=\begin{vmatrix}a&0&0&0\\a&x&0&0\\a&0&x&0\\a&0&0&x\end{vmatrix}+\begin{vmatrix}x&a&0&0\\0&a&0&0\\0&a&x&0\\0&a&0&x\end{vmatrix}+\begin{vmatrix}x&0&a&0\\0&x&a&0\\0&0&a&0\\0&0&a&x\end{vmatrix}+\begin{vmatrix}x&0&0&a\\0&x&0&a\\0&0&x&a\\0&0&0&a\end{vmatrix}+\begin{vmatrix}x&0&0&0\\0&x&0&0\\0&0&x&0\\0&0&0&x\end{vmatrix}$$

$$=(x+4a)x^3.$$

【方法四】　用特征值(目前有困难可暂且先略过)

设　$\boldsymbol{A}=\begin{bmatrix}a+x&a&a&a\\a&a+x&a&a\\a&a&a+x&a\\a&a&a&a+x\end{bmatrix}=\begin{bmatrix}a&a&a&a\\a&a&a&a\\a&a&a&a\\a&a&a&a\end{bmatrix}+\begin{bmatrix}x&0&0&0\\0&x&0&0\\0&0&x&0\\0&0&0&x\end{bmatrix}=x\boldsymbol{E}+\boldsymbol{B}.$

由 $\boldsymbol{B}=\begin{bmatrix}a&a&a&a\\a&a&a&a\\a&a&a&a\\a&a&a&a\end{bmatrix}$是秩为 1 的矩阵，矩阵 $\boldsymbol{B}$ 的特征值为 $4a,0,0,0$.

所以矩阵 $\boldsymbol{A}=x\boldsymbol{E}+\boldsymbol{B}$ 的特征值为 $x+4a,x,x,x$，故 $D_4=|\boldsymbol{A}|=(x+4a)x^3$.

【例 3】 计算行列式的值

(1) $\begin{vmatrix} b+c & c+a & a+b \\ a & b & c \\ a^2 & b^2 & c^2 \end{vmatrix}=$________. (2) $\begin{vmatrix} a_1 & 0 & b_1 & 0 \\ 0 & c_1 & 0 & d_1 \\ b_2 & 0 & a_2 & 0 \\ 0 & d_2 & 0 & c_2 \end{vmatrix}=$________.

分析 (1) 本题符合范德蒙行列式的基本结构，可考虑用行列式性质将其转化，把第 2 行加至第 1 行，有

$$D=\begin{vmatrix} a+b+c & a+b+c & a+b+c \\ a & b & c \\ a^2 & b^2 & c^2 \end{vmatrix}=(a+b+c)\begin{vmatrix} 1 & 1 & 1 \\ a & b & c \\ a^2 & b^2 & c^2 \end{vmatrix}$$
$$=(a+b+c)(b-a)(c-a)(c-b).$$

(2) 如果能用行列式的性质把 0 对换到行列式的右上角，那么特殊的拉普拉斯展开式就可以套用了. 先 2,3 两行互换，再 2,3 两列互换

$$\begin{vmatrix} a_1 & 0 & b_1 & 0 \\ 0 & c_1 & 0 & d_1 \\ b_2 & 0 & a_2 & 0 \\ 0 & d_2 & 0 & c_2 \end{vmatrix}=-\begin{vmatrix} a_1 & 0 & b_1 & 0 \\ b_2 & 0 & a_2 & 0 \\ 0 & c_1 & 0 & d_1 \\ 0 & d_2 & 0 & c_2 \end{vmatrix}=\begin{vmatrix} a_1 & b_1 & 0 & 0 \\ b_2 & a_2 & 0 & 0 \\ 0 & 0 & c_1 & d_1 \\ 0 & 0 & d_2 & c_2 \end{vmatrix}$$
$$=(a_1a_2-b_1b_2)(c_1c_2-d_1d_2).$$

【例 4】 行列式 $\begin{vmatrix} 1 & a_1 & 0 & 0 \\ -1 & 1-a_1 & a_2 & 0 \\ 0 & -1 & 1-a_2 & a_3 \\ 0 & 0 & -1 & 1-a_3 \end{vmatrix}=$________.

分析 关于三对角线行列式，可以用逐行相加将其三角化. 本题可从第一行开始，依次把每一行加至下一行，有

$$D=\begin{vmatrix} 1 & a_1 & 0 & 0 \\ -1 & 1-a_1 & a_2 & 0 \\ 0 & -1 & 1-a_2 & a_3 \\ 0 & 0 & -1 & 1-a_3 \end{vmatrix}=\begin{vmatrix} 1 & a_1 & 0 & 0 \\ 0 & 1 & a_2 & 0 \\ 0 & -1 & 1-a_2 & a_3 \\ 0 & 0 & -1 & 1-a_3 \end{vmatrix}$$
$$=\begin{vmatrix} 1 & a_1 & 0 & 0 \\ 0 & 1 & a_2 & 0 \\ 0 & 0 & 1 & a_3 \\ 0 & 0 & -1 & 1-a_3 \end{vmatrix}=\begin{vmatrix} 1 & a_1 & 0 & 0 \\ 0 & 1 & a_2 & 0 \\ 0 & 0 & 1 & a_3 \\ 0 & 0 & 0 & 1 \end{vmatrix}=1.$$

【例 5】 计算行列式

$$D_n=\begin{vmatrix} a_1 & -1 & 0 & \cdots & 0 & 0 \\ a_2 & x & -1 & \cdots & 0 & 0 \\ a_3 & 0 & x & \cdots & 0 & 0 \\ \vdots & \vdots & \vdots & & \vdots & \vdots \\ a_{n-1} & 0 & 0 & \cdots & x & -1 \\ a_n & 0 & 0 & \cdots & 0 & x \end{vmatrix}.$$

解 本题可用逐行相加的技巧依次把 x 消去，把第 i 行的 x 倍加到第 $i+1$ 行，i 由 1 开始，即

$$D_n=\begin{vmatrix} a_1 & -1 & 0 & \cdots & 0 & 0 \\ a_2+a_1x & 0 & -1 & \cdots & 0 & 0 \\ a_3 & 0 & x & \cdots & 0 & 0 \\ \vdots & \vdots & \vdots & & \vdots & \vdots \\ a_{n-1} & 0 & 0 & \cdots & x & -1 \\ a_n & 0 & 0 & \cdots & 0 & x \end{vmatrix}=\begin{vmatrix} a_1 & -1 & 0 & \cdots & 0 & 0 \\ a_2+a_1x & 0 & -1 & \cdots & 0 & 0 \\ a_3+a_2x+a_1x^2 & 0 & 0 & \cdots & 0 & 0 \\ \vdots & \vdots & \vdots & & \vdots & \vdots \\ a_{n-1} & 0 & 0 & \cdots & x & -1 \\ a_n & 0 & 0 & \cdots & 0 & x \end{vmatrix}$$

$$=\cdots=\begin{vmatrix} a_1 & -1 & 0 & \cdots & 0 & 0 \\ a_2+a_1x & 0 & -1 & \cdots & 0 & 0 \\ a_3+a_2x+a_1x^2 & 0 & 0 & \cdots & 0 & 0 \\ \vdots & \vdots & \vdots & & \vdots & \vdots \\ a_{n-1}+a_{n-2}x+\cdots+a_1x^{n-2} & 0 & 0 & \cdots & 0 & -1 \\ a_n & 0 & 0 & \cdots & 0 & x \end{vmatrix}$$

$$=\begin{vmatrix} a_1 & -1 & 0 & \cdots & 0 & 0 \\ a_2+a_1x & 0 & -1 & \cdots & 0 & 0 \\ a_3+a_2x+a_1x^2 & 0 & 0 & \cdots & 0 & 0 \\ \vdots & \vdots & \vdots & & \vdots & \vdots \\ a_{n-1}+a_{n-2}x+\cdots+a_1x^{n-2} & 0 & 0 & \cdots & 0 & -1 \\ a_n+a_{n-1}x+\cdots+a_1x^{n-1} & 0 & 0 & \cdots & 0 & 0 \end{vmatrix}$$

$$=(a_1x^{n-1}+a_2x^{n-2}+\cdots+a_{n-1}x+a_n)\cdot(-1)^{n+1}\begin{vmatrix} -1 & & & \\ & -1 & & \\ & & \ddots & \\ & & & -1 \end{vmatrix}_{n-1}$$

$$=a_1x^{n-1}+a_2x^{n-2}+\cdots+a_{n-1}x+a_n.$$

【例 6】 (1990,4)* 设 $\boldsymbol{A}$ 为 10×10 矩阵

$$\boldsymbol{A}=\begin{bmatrix} 0 & 1 & 0 & \cdots & 0 & 0 \\ 0 & 0 & 1 & \cdots & 0 & 0 \\ \vdots & \vdots & \vdots & & \vdots & \vdots \\ 0 & 0 & 0 & \cdots & 0 & 1 \\ 10^{10} & 0 & 0 & \cdots & 0 & 0 \end{bmatrix},$$

$\boldsymbol{E}$ 为十阶单位矩阵，λ 为常数，则行列式 $|\boldsymbol{A}-\lambda\boldsymbol{E}|=$ ________.

分析 由于 $|\boldsymbol{A}-\lambda\boldsymbol{E}|=\begin{vmatrix} -\lambda & 1 & 0 & \cdots & 0 & 0 \\ 0 & -\lambda & 1 & \cdots & 0 & 0 \\ \vdots & \vdots & \vdots & & \vdots & \vdots \\ 0 & 0 & 0 & \cdots & -\lambda & 1 \\ 10^{10} & 0 & 0 & \cdots & 0 & -\lambda \end{vmatrix}$ 中有较多的 0，且有较好的规律，故可直接用展开公式.

---

* 本题是 1990 年数四的考题，后同.

例如，$|A-\lambda E|=a_{11}A_{11}+a_{12}A_{12}$ 或 $|A-\lambda E|=a_{11}A_{11}+a_{10,1}A_{10,1}$. 显然代数余子式 $A_{10,1}$ 比 A_{12} 好计算，故可按第 1 列展开，有

$$|A-\lambda E|=(-\lambda)\begin{vmatrix}-\lambda & 1 & 0 & \cdots & 0 & 0\\ 0 & -\lambda & 1 & \cdots & 0 & 0\\ \vdots & \vdots & \vdots & & \vdots & \vdots\\ 0 & 0 & 0 & \cdots & -\lambda & 1\\ 0 & 0 & 0 & \cdots & 0 & -\lambda\end{vmatrix}+10^{10}(-1)^{10+1}\begin{vmatrix}1 & 0 & 0 & \cdots & 0 & 0\\ -\lambda & 1 & 0 & \cdots & 0 & 0\\ \vdots & \vdots & \vdots & & \vdots & \vdots\\ 0 & 0 & 0 & \cdots & 1 & 0\\ 0 & 0 & 0 & \cdots & -\lambda & 1\end{vmatrix}$$

$$=(-\lambda)(-\lambda)^9-10^{10}=\lambda^{10}-10^{10}.$$

当然，本题也可考虑分别把第 2 列的 λ 倍，第 3 列的 λ^2 倍，…，第 10 列的 λ^9 倍分别加到第 1 列，再按第 1 列展开，有

$$|A-\lambda E|=\begin{vmatrix}-\lambda & 1 & 0 & \cdots & 0 & 0\\ 0 & -\lambda & 1 & \cdots & 0 & 0\\ 0 & 0 & -\lambda & \cdots & 0 & 0\\ \vdots & \vdots & \vdots & & \vdots & \vdots\\ 0 & 0 & 0 & \cdots & -\lambda & 1\\ 10^{10} & 0 & 0 & \cdots & 0 & -\lambda\end{vmatrix}=\begin{vmatrix}0 & 1 & 0 & \cdots & 0 & 0\\ -\lambda^2 & -\lambda & 1 & \cdots & 0 & 0\\ 0 & 0 & -\lambda & \cdots & 0 & 0\\ \vdots & \vdots & \vdots & & \vdots & \vdots\\ 0 & 0 & 0 & \cdots & -\lambda & 1\\ 10^{10} & 0 & 0 & \cdots & 0 & -\lambda\end{vmatrix}$$

$$=\begin{vmatrix}0 & 1 & 0 & \cdots & 0 & 0\\ 0 & -\lambda & 1 & \cdots & 0 & 0\\ -\lambda^3 & 0 & -\lambda & \cdots & 0 & 0\\ \vdots & \vdots & \vdots & & \vdots & \vdots\\ 0 & 0 & 0 & \cdots & -\lambda & 1\\ 10^{10} & 0 & 0 & \cdots & 0 & -\lambda\end{vmatrix}=\begin{vmatrix}0 & 1 & 0 & \cdots & 0 & 0\\ 0 & -\lambda & 1 & \cdots & 0 & 0\\ 0 & 0 & -\lambda & \cdots & 0 & 0\\ \vdots & \vdots & \vdots & & \vdots & \vdots\\ -\lambda^9 & 0 & 0 & \cdots & -\lambda & 1\\ 10^{10} & 0 & 0 & \cdots & 0 & -\lambda\end{vmatrix}$$

$$=\begin{vmatrix}0 & 1 & 0 & \cdots & 0 & 0\\ 0 & -\lambda & 1 & \cdots & 0 & 0\\ 0 & 0 & -\lambda & \cdots & 0 & 0\\ \vdots & \vdots & \vdots & & \vdots & \vdots\\ 0 & 0 & 0 & \cdots & -\lambda & 1\\ 10^{10}-\lambda^{10} & 0 & 0 & \cdots & 0 & -\lambda\end{vmatrix}$$

$$=(10^{10}-\lambda^{10})(-1)^{10+1}\begin{vmatrix}1 & 0 & \cdots & 0 & 0\\ -\lambda & 1 & \cdots & 0 & 0\\ \vdots & \vdots & & \vdots & \vdots\\ 0 & 0 & \cdots & -\lambda & 1\end{vmatrix}=\lambda^{10}-10^{10}.$$

【例 7】 (2020, $\frac{1}{2}\ \frac{}{3}$) 行列式 $\begin{vmatrix}a & 0 & -1 & 1\\ 0 & a & 1 & -1\\ -1 & 1 & a & 0\\ 1 & -1 & 0 & a\end{vmatrix}=$ ________.

分析 用行列式性质恒等变形，再用展开公式.

$$\begin{vmatrix}a & 0 & -1 & 1\\ 0 & a & 1 & -1\\ -1 & 1 & a & 0\\ 1 & -1 & 0 & a\end{vmatrix}=\begin{vmatrix}a & a & 0 & 0\\ 0 & a & 1 & -1\\ -1 & 1 & a & 0\\ 0 & 0 & a & a\end{vmatrix}=\begin{vmatrix}a & 0 & 0 & 0\\ 0 & a & 2 & -1\\ -1 & 2 & a & 0\\ 0 & 0 & 0 & a\end{vmatrix}$$

$$= a^2\begin{vmatrix} 1 & 0 & 0 & 0 \\ 0 & a & 2 & -1 \\ -1 & 2 & a & 0 \\ 0 & 0 & 0 & 1 \end{vmatrix} = a^2\begin{vmatrix} a & 2 & -1 \\ 2 & a & 0 \\ 0 & 0 & 1 \end{vmatrix}$$

$$= a^2\begin{vmatrix} a & 2 \\ 2 & a \end{vmatrix} = a^2(a^2-4).$$

或利用 $\begin{vmatrix} \boldsymbol{A} & \boldsymbol{B} \\ \boldsymbol{B} & \boldsymbol{A} \end{vmatrix} = |\boldsymbol{A}+\boldsymbol{B}|\cdot|\boldsymbol{A}-\boldsymbol{B}|$.

$$\begin{vmatrix} a & 0 & -1 & 1 \\ 0 & a & 1 & -1 \\ -1 & 1 & a & 0 \\ 1 & -1 & 0 & a \end{vmatrix} = \begin{vmatrix} a-1 & 1 \\ 1 & a-1 \end{vmatrix}\cdot\begin{vmatrix} a+1 & -1 \\ -1 & a+1 \end{vmatrix}$$

$$= [(a-1)^2-1][(a+1)^2-1]$$

$$= a^2(a^2-4).$$

本题考查的是用行列式的性质、展开公式计算行列式的能力，应该是很基本的吧，但计算上的各种失误、正负号使用的失误要引起大家足够的警觉，重视基本功！

【评注】 这些例题告诉我们，在计算行列式的过程中，先把某行（列）的 k 倍分别加到其余各行（列），或者先把每行（列）都加到同一行（列），或者先用逐行（列）相加化简，然后用展开公式. 这些方法是基本的也是重要的.

除此之外，数学归纳法、公式法也应该掌握.

数学归纳法 如果 n 阶行列式结构上有很好的规律且其值与 n 有关，可以考虑用数学归纳法.

数学归纳法有两种形式：

一、验证 $n=1$ 时命题正确；假设 $n=k$ 时，命题正确；证明 $n=k+1$ 时，命题正确.

二、验证 $n=1$ 和 $n=2$ 命题都正确，假设 $n<k$ 命题正确，证明 $n=k$ 命题正确.

【例 8】 已知 n 阶矩阵

$$\boldsymbol{A} = \begin{bmatrix} 5 & 3 & & & \\ 2 & 5 & 3 & & \\ & 2 & 5 & \ddots & \\ & & \ddots & \ddots & 3 \\ & & & 2 & 5 \end{bmatrix},$$

证明：$|\boldsymbol{A}| = 3^{n+1} - 2^{n+1}$.

解题思路 对于 n 阶的三对角线行列式，通常可用数学归纳法.

证明 记 n 阶行列式的值为 D_n.

(1) $n=1$ 时，$D_1 = 5 = 3^2 - 2^2$，命题正确.

$n=2$ 时，$D_2 = \begin{vmatrix} 5 & 3 \\ 2 & 5 \end{vmatrix} = 19 = 3^3 - 2^3$，命题正确.

(2) 设 $n<k$ 时，命题 $D_k = 3^{k+1} - 2^{k+1}$ 正确.

(3) 当 $n=k$ 时，对 $|\boldsymbol{A}|$ 按第 1 列展开，有

$$D_k = 5\begin{vmatrix} 5 & 3 & & \\ 2 & 5 & \ddots & \\ & \ddots & \ddots & 3 \\ & & 2 & 5 \end{vmatrix}_{k-1} + 2\cdot(-1)^{1+2}\begin{vmatrix} 3 & & & & \\ 2 & 5 & 3 & & \\ & 2 & 5 & \ddots & \\ & & \ddots & \ddots & 3 \\ & & & 2 & 5 \end{vmatrix}_{k-1}$$

$$= 5D_{k-1} + 2\cdot(-1)^{1+2}\cdot 3\begin{vmatrix} 5 & 3 & & & \\ 2 & 5 & 3 & & \\ & 2 & 5 & \ddots & \\ & & \ddots & \ddots & 3 \\ & & & 2 & 5 \end{vmatrix}_{k-2}$$

$$= 5D_{k-1} - 6D_{k-2} = 5(3^k - 2^k) - 6(3^{k-1} - 2^{k-1}) = 3^{k+1} - 2^{k+1}.$$

故命题正确.

二、抽象型行列式的计算

【例 9】 设四阶矩阵 $\boldsymbol{A} = [\boldsymbol{\alpha},\boldsymbol{\gamma}_1,\boldsymbol{\gamma}_2,\boldsymbol{\gamma}_3]$，$\boldsymbol{B} = [\boldsymbol{\beta},\boldsymbol{\gamma}_1,\boldsymbol{\gamma}_2,\boldsymbol{\gamma}_3]$，其中 $\boldsymbol{\alpha},\boldsymbol{\beta},\boldsymbol{\gamma}_1,\boldsymbol{\gamma}_2,\boldsymbol{\gamma}_3$ 是四维列向量，且 $|\boldsymbol{A}| = 3$，$|\boldsymbol{B}| = -1$，则 $|\boldsymbol{A} + 2\boldsymbol{B}| =$ ________.

解题思路 用行列式性质，把 $|\boldsymbol{A}+2\boldsymbol{B}|$ 化简，向已知条件 $|\boldsymbol{A}|$，$|\boldsymbol{B}|$ 靠拢.

分析 本题是在考查行列式的性质，矩阵的运算等基本知识.

由矩阵运算知 $\boldsymbol{A} + 2\boldsymbol{B} = [\boldsymbol{\alpha} + 2\boldsymbol{\beta}, 3\boldsymbol{\gamma}_1, 3\boldsymbol{\gamma}_2, 3\boldsymbol{\gamma}_3]$，那么

$$|\boldsymbol{A} + 2\boldsymbol{B}| = |\boldsymbol{\alpha} + 2\boldsymbol{\beta}, 3\boldsymbol{\gamma}_1, 3\boldsymbol{\gamma}_2, 3\boldsymbol{\gamma}_3| = 3^3\,|\boldsymbol{\alpha} + 2\boldsymbol{\beta}, \boldsymbol{\gamma}_1, \boldsymbol{\gamma}_2, \boldsymbol{\gamma}_3|$$
$$= 3^3(|\boldsymbol{\alpha},\boldsymbol{\gamma}_1,\boldsymbol{\gamma}_2,\boldsymbol{\gamma}_3| + 2\,|\boldsymbol{\beta},\boldsymbol{\gamma}_1,\boldsymbol{\gamma}_2,\boldsymbol{\gamma}_3|) = 27.$$

【评注】 $|k\boldsymbol{A}| = k^n|\boldsymbol{A}|$ 与 $|\boldsymbol{\alpha}, k\boldsymbol{\beta}, \boldsymbol{\gamma}| = k|\boldsymbol{\alpha},\boldsymbol{\beta},\boldsymbol{\gamma}|$ 不要混淆；$|\boldsymbol{A}+2\boldsymbol{B}| \neq |\boldsymbol{A}| + |2\boldsymbol{B}|$，这些容易出错的地方要搞清楚、搞仔细.

【例 10】 已知 $\boldsymbol{A}$ 是三阶矩阵，$\boldsymbol{A}^{\mathrm{T}}$ 是 $\boldsymbol{A}$ 的转置矩阵，$\boldsymbol{A}^*$ 是 $\boldsymbol{A}$ 的伴随矩阵，如果 $|\boldsymbol{A}| = \dfrac{1}{4}$，则 $\left|\left(\dfrac{2}{3}\boldsymbol{A}\right)^{-1} - 8\boldsymbol{A}^*\right| =$ ________.

解题思路 利用矩阵的公式、法则先化简，目标是已知条件 $|\boldsymbol{A}|$.

分析 本题是在考查抽象方阵行列式的性质、矩阵的运算. 要注意 $|\boldsymbol{A} - \boldsymbol{B}| \neq |\boldsymbol{A}| - |\boldsymbol{B}|$，由 $(k\boldsymbol{A})^{-1} = \dfrac{1}{k}\boldsymbol{A}^{-1}$，$\boldsymbol{A}^* = |\boldsymbol{A}|\boldsymbol{A}^{-1}$ 及 $|\boldsymbol{A}^{-1}| = \dfrac{1}{|\boldsymbol{A}|}$ 有

$$\left|\left(\frac{2}{3}\boldsymbol{A}\right)^{-1} - 8\boldsymbol{A}^*\right| = \left|\frac{3}{2}\boldsymbol{A}^{-1} - 2\boldsymbol{A}^{-1}\right| = \left|-\frac{1}{2}\boldsymbol{A}^{-1}\right| = \left(-\frac{1}{2}\right)^3|\boldsymbol{A}^{-1}| = -\frac{1}{2}.$$

【例 11】 已知 $\boldsymbol{A},\boldsymbol{B}$ 均为三阶矩阵，$|\boldsymbol{A}| = |\boldsymbol{B}| = 3$，$|\boldsymbol{A} + \boldsymbol{B}| = 30$，则 $|\boldsymbol{A}^{-1} + \boldsymbol{B}^{-1}| =$ ________.

分析
$$|\boldsymbol{A}^{-1} + \boldsymbol{B}^{-1}| = |\boldsymbol{E}\boldsymbol{A}^{-1} + \boldsymbol{B}^{-1}\boldsymbol{E}| = |\boldsymbol{B}^{-1}\boldsymbol{B}\boldsymbol{A}^{-1} + \boldsymbol{B}^{-1}\boldsymbol{A}\boldsymbol{A}^{-1}|$$
$$= |\boldsymbol{B}^{-1}(\boldsymbol{B}+\boldsymbol{A})\boldsymbol{A}^{-1}| = |\boldsymbol{B}^{-1}|\cdot|\boldsymbol{B}+\boldsymbol{A}|\cdot|\boldsymbol{A}^{-1}|$$
$$= \frac{10}{3}.$$

【评注】 对于 $|\boldsymbol{A}+\boldsymbol{B}|$ 没有运算法则和公式，要有单位矩阵恒等变形的构思.

本题也可：$|\boldsymbol{A}^{-1} + \boldsymbol{B}^{-1}| = |\boldsymbol{A}^{-1}\boldsymbol{E} + \boldsymbol{E}\boldsymbol{B}^{-1}| = \cdots$

【例 12】 已知 $A=\begin{bmatrix}1&1&-1\\-1&1&1\\1&-1&1\end{bmatrix}$，且 $A^*B=A^{-1}+2B$，则 $|B|=$ ________.

分析 利用 $AA^*=|A|E$ 先恒等变形，计算出

$$|A|=\begin{vmatrix}1&1&-1\\-1&1&1\\1&-1&1\end{vmatrix}=\begin{vmatrix}2&1&-1\\0&1&1\\0&-1&1\end{vmatrix}=4.$$

用 A 右乘 $A^*B=A^{-1}+2B$ 的两端，有

$$4B=E+2AB,$$

于是

$$(4E-2A)B=E,$$

$$|4E-2A|\cdot|B|=1,$$

而 $|4E-2A|=\begin{vmatrix}2&-2&2\\2&2&-2\\-2&2&2\end{vmatrix}=32$，

所以 $|B|=\dfrac{1}{32}$.

【例 13】 设四阶矩阵 A 和 B 相似，B^* 是 B 的伴随矩阵，若 B^* 的特征值是 $1,2,4,-1$，则 $|2A^{\mathrm{T}}|=$ ________.

分析 由 B^* 的特征值，知

$$|B^*|=1\times2\times4\times(-1)=-8.$$

又 $|B^*|=|B|^3$ 得 $|B|=-2$，因 $A\sim B$ 有 $|A|=-2$，

所以 $|2A^{\mathrm{T}}|=2^4|A^{\mathrm{T}}|=2^4|A|=-32$.

或由 $A\sim B\Rightarrow A^*\sim B^*\Rightarrow|A^*|=|B^*|$ 下略.

【例 14】 $\boldsymbol{\alpha}_1,\boldsymbol{\alpha}_2,\boldsymbol{\alpha}_3$ 是三维线性无关的列向量. 若 $A=[\boldsymbol{\alpha}_1,\boldsymbol{\alpha}_2,\boldsymbol{\alpha}_3]$，$B=[\boldsymbol{\alpha}_1+\boldsymbol{\alpha}_2+\boldsymbol{\alpha}_3,\boldsymbol{\alpha}_1-\boldsymbol{\alpha}_2+\boldsymbol{\alpha}_3,\boldsymbol{\alpha}_1+3\boldsymbol{\alpha}_2+9\boldsymbol{\alpha}_3]$，且 $|A|=1$. 那么 $|B|=$ ________.

分析 利用分块矩阵乘法，有

$$\begin{aligned}B&=[\boldsymbol{\alpha}_1+\boldsymbol{\alpha}_2+\boldsymbol{\alpha}_3,\boldsymbol{\alpha}_1-\boldsymbol{\alpha}_2+\boldsymbol{\alpha}_3,\boldsymbol{\alpha}_1+3\boldsymbol{\alpha}_2+9\boldsymbol{\alpha}_3]\\&=[\boldsymbol{\alpha}_1,\boldsymbol{\alpha}_2,\boldsymbol{\alpha}_3]\begin{bmatrix}1&1&1\\1&-1&3\\1&1&9\end{bmatrix}=A\begin{bmatrix}1&1&1\\1&-1&3\\1&1&9\end{bmatrix},\end{aligned}$$

$$|B|=|A|\begin{vmatrix}1&1&1\\1&-1&3\\1&1&9\end{vmatrix}=(-1-1)(3-1)(3-(-1))=-16.$$

或利用行列式性质恒等变形，有

$$\begin{aligned}|B|&=|\boldsymbol{\alpha}_1+\boldsymbol{\alpha}_2+\boldsymbol{\alpha}_3,\boldsymbol{\alpha}_1-\boldsymbol{\alpha}_2+\boldsymbol{\alpha}_3,\boldsymbol{\alpha}_1+3\boldsymbol{\alpha}_2+9\boldsymbol{\alpha}_3|\\&=|\boldsymbol{\alpha}_1+\boldsymbol{\alpha}_2+\boldsymbol{\alpha}_3,-2\boldsymbol{\alpha}_2,2\boldsymbol{\alpha}_2+8\boldsymbol{\alpha}_3|\\&=-2|\boldsymbol{\alpha}_1+\boldsymbol{\alpha}_2+\boldsymbol{\alpha}_3,\boldsymbol{\alpha}_2,2\boldsymbol{\alpha}_2+8\boldsymbol{\alpha}_3|\\&=-2|\boldsymbol{\alpha}_1+\boldsymbol{\alpha}_3,\boldsymbol{\alpha}_2,8\boldsymbol{\alpha}_3|\\&=-16|\boldsymbol{\alpha}_1,\boldsymbol{\alpha}_2,\boldsymbol{\alpha}_3|=-16.\end{aligned}$$

小结

在计算抽象行列式时，有可能要用到行列式的性质（如倍加、提公因数 k、拆项、…）来

恒等变形化简；有可能用到矩阵的运算、公式、法则来化简变形；也有可能利用特征值、相似来处理.

三、行列式 $|A|$ 是否为零的判定

基本思路　若 $A=[\alpha_1,\alpha_2,\cdots,\alpha_n]$ 是 n 阶矩阵，那么

行列式 $|A|=0 \Leftrightarrow$ 矩阵 A 不可逆

$\Leftrightarrow$ 秩 $r(A)<n$

$\Leftrightarrow$ $Ax=0$ 有非零解

$\Leftrightarrow$ 0 是矩阵 A 的特征值（$|A|=\prod\lambda_i$）

$\Leftrightarrow$ A 的列（行）向量线性相关.

因此，判断行列式是否为零，常用的思路有：用秩，用齐次方程组是否有非零解，用特征值能否为零，反证法……

因为行列式是一个数，若 $|A|=-|A|$，则 $|A|=0$.

【例 15】　满足 $A^T=-A$ 的矩阵称为反对称矩阵，证明：若 A 是奇数阶反对称阵，则 $|A|=0$.

证明（相反数）设 A 的阶数为 $2k+1$，k 为正整数.

由 $|A|=|A^T|=|-A|=(-1)^{2k+1}\cdot|A|=-|A|$，得 $2|A|=0$，$|A|=0$.

【例 16】　已知 A 和 B 都是 n 阶非零矩阵，满足 $AB=O$，证明：$|A|=0$.

证明（反证法）　如果 $|A|\neq 0$，则 A 可逆，那么对 $AB=O$ 两边左乘 A^{-1}，得

$$B=A^{-1}AB=A^{-1}O=O,$$

与 $B\neq O$ 矛盾.

（用秩）　由 $AB=O$ 有 $r(A)+r(B)\leqslant n$，

因为 $B\neq O\Rightarrow r(B)\geqslant 1\Rightarrow r(A)<n$，故 $|A|=0$.

（$Ax=0$ 有非零解）设 $B=(\beta_1,\beta_2,\cdots,\beta_n)$，又 $B\neq O$，不妨设 $\beta_1\neq 0$，

$$AB=A(\beta_1,\beta_2,\cdots,\beta_n)=(A\beta_1,A\beta_2,\cdots,A\beta_n)=(0,0,\cdots,0),$$

于是 $A\beta_1=0$，即 β_1 是 $Ax=0$ 的非零解，所以 $|A|=0$，

（0 是矩阵 A 的特征值）同上，有

$$A\beta_1=0=0\beta_1,\beta_1\neq 0,$$

即 $\lambda=0$ 是 A 的特征值，β_1 是特征向量，所以 $|A|=0$.

四、关于代数余子式求和

基本思路　在代数余子式求和的问题上，除了按代数余子式的定义直接计算再求和之外，大体的思路有：

(1) 利用行列式的按行或按列展开公式. 由于 A_{ij} 的值与 a_{ij} 等于几是没关系的，故可构造一个新的行列式 $|B|$，通过求新行列式的代数余子式间接求出原行列式的代数余子式.

(2) 利用第 i 行（或列）元素乘以第 j 行（或列）相应代数余子式乘积之和为 0 的性质(1.15).

(3) 根据伴随矩阵 A^* 的定义，通过求 A^* 再来求和.

【例 17】　已知 $|A|=\begin{vmatrix}1&0&3\\-1&2&4\\1&5&9\end{vmatrix}$，求

(1) $A_{12}-A_{22}+A_{32}$；

(2) $A_{31}+A_{32}+A_{33}$.

解 作为三阶行列式，我们当然可以按定义直接求出每个代数余子式的值然后求和. 但对复杂一点的行列式如果也按定义来求就不妥了. 要会用(1.2)或(1.15)来处理问题.

(1) 在本题中，若能注意到 $a_{11}=1, a_{21}=-1, a_{31}=1$，那么

$$A_{12}-A_{22}+A_{32}=a_{11}A_{12}+a_{21}A_{22}+a_{31}A_{32}$$

根据(1.15)，立即知其和为 0.

(2) 由于代数余子式 A_{ij} 的值与元素 a_{ij} 的数值无关，那么可构造一个新的行列式，令 $a_{31}=1, a_{32}=1, a_{33}=1$，即

$$|\boldsymbol{B}|=\begin{vmatrix}1 & 0 & 3\\ -1 & 2 & 4\\ \mathbf{1} & \mathbf{1} & \mathbf{1}\end{vmatrix}=\begin{vmatrix}1 & 0 & 0\\ -1 & 2 & 7\\ 1 & 1 & -2\end{vmatrix}=-11.$$

因为行列式 $|\boldsymbol{A}|$ 和 $|\boldsymbol{B}|$ 有相同的 A_{31}, A_{32}, A_{33}. 那么对 $|\boldsymbol{B}|$ 按第 3 行展开，就是

$$|\boldsymbol{B}|=\mathbf{1}\cdot A_{31}+\mathbf{1}\cdot A_{32}+\mathbf{1}\cdot A_{33},$$

所以 $A_{31}+A_{32}+A_{33}=-11$.

【例 18】 若 $\boldsymbol{A}=\begin{bmatrix}1 & 2 & 0 & 0\\ 3 & 5 & 0 & 0\\ 0 & 0 & 4 & -6\\ 0 & 0 & 0 & 1\end{bmatrix}$，则

(1) $A_{11}+A_{22}+A_{33}+A_{44}=$ ________；

(2) $A_{21}+A_{22}+A_{23}+A_{24}=$ ________.

分析 因为 $|\boldsymbol{A}|=\begin{vmatrix}1 & 2\\ 3 & 5\end{vmatrix}\cdot\begin{vmatrix}4 & -6\\ 0 & 1\end{vmatrix}=-4$，$\boldsymbol{A}^{-1}=\begin{bmatrix}-5 & 2 & 0 & 0\\ 3 & -1 & 0 & 0\\ 0 & 0 & \frac{1}{4} & \frac{3}{2}\\ 0 & 0 & 0 & 1\end{bmatrix}$，

所以

$$\boldsymbol{A}^{*}=|\boldsymbol{A}|\boldsymbol{A}^{-1}=\begin{bmatrix}20 & -8 & 0 & 0\\ -12 & 4 & 0 & 0\\ 0 & 0 & -1 & -6\\ 0 & 0 & 0 & -4\end{bmatrix},$$

故 (1) $A_{11}+A_{22}+A_{33}+A_{44}=20+4+(-1)+(-4)=19$，

(2) $A_{21}+A_{22}+A_{23}+A_{24}=-8+4+0+0=-4$.

【评注】 本题求 $|\boldsymbol{A}|$ 可用拉普拉斯(1.6)，求 $\boldsymbol{A}^{-1}$ 应当用 $\begin{bmatrix}\boldsymbol{A} & \boldsymbol{O}\\ \boldsymbol{O} & \boldsymbol{B}\end{bmatrix}^{-1}=\begin{bmatrix}\boldsymbol{A}^{-1} & \boldsymbol{O}\\ \boldsymbol{O} & \boldsymbol{B}^{-1}\end{bmatrix}$，当求出伴随矩阵 $\boldsymbol{A}^{*}$ 后，再按 $\boldsymbol{A}^{*}$ 的定义就可求所需代数余子式的和.

第二章　矩　　阵

考点与要求

了解　单位矩阵、数量矩阵、对角矩阵、三角矩阵、对称矩阵、反对称矩阵的定义及性质，方阵的幂与方阵乘积的行列式的性质，初等矩阵、矩阵等价，分块矩阵及其运算.

理解　矩阵的概念、逆矩阵、伴随矩阵、矩阵初等变换、矩阵的秩的概念.

掌握　矩阵的线性运算、乘法、转置及它们的运算规律，逆矩阵的性质、矩阵可逆的充分必要条件，用初等变换求矩阵的逆矩阵和秩的方法，分块矩阵的运算法则.

会用　伴随矩阵求逆矩阵.

内容精讲

§1　矩阵的概念及运算

2.1.1　矩阵的概念

定义　$m\times n$ 个数排成如下 m 行 n 列的一个表格

$$\begin{bmatrix} a_{11} & a_{12} & \cdots & a_{1n} \\ a_{21} & a_{22} & \cdots & a_{2n} \\ \vdots & \vdots & & \vdots \\ a_{m1} & a_{m2} & \cdots & a_{mn} \end{bmatrix}$$

称为是一个 $m\times n$ 矩阵，当 $m=n$ 时，矩阵 $\boldsymbol{A}$ 称为 n 阶矩阵或叫 n 阶方阵.

如果一个矩阵的所有元素都是 0，即

$$\begin{bmatrix} 0 & 0 & \cdots & 0 \\ 0 & 0 & \cdots & 0 \\ \vdots & \vdots & & \vdots \\ 0 & 0 & \cdots & 0 \end{bmatrix},$$

则称这个矩阵是零矩阵，可简记为 $\boldsymbol{O}$.

两个矩阵 $\boldsymbol{A}=[a_{ij}]_{m\times n}$，$\boldsymbol{B}=[b_{ij}]_{s\times t}$，如果 $m=s,n=t$，则称 $\boldsymbol{A}$ 与 $\boldsymbol{B}$ 是同型矩阵.

两个同型矩阵 $\boldsymbol{A}=[a_{ij}]_{m\times n}$，$\boldsymbol{B}=[b_{ij}]_{m\times n}$，如果对应的元素都相等，即 $a_{ij}=b_{ij}(i=1,2,\cdots,m;j=1,2,\cdots,n)$，则称矩阵 $\boldsymbol{A}$ 与 $\boldsymbol{B}$ 相等，记作 $\boldsymbol{A}=\boldsymbol{B}$.

n 阶方阵 $A = [a_{ij}]_{n \times n}$ 的元素所构成的行列式

$$\begin{vmatrix} a_{11} & a_{12} & \cdots & a_{1n} \\ a_{21} & a_{22} & \cdots & a_{2n} \\ \vdots & \vdots & & \vdots \\ a_{n1} & a_{n2} & \cdots & a_{nn} \end{vmatrix}$$

称为 n 阶矩阵 A 的行列式,记成 $|A|$ 或 $\det A$.

【注】 矩阵 A 是一个表格,而行列式 $|A|$ 是一个数,这里的概念与符号不要混淆. $A = O$ 与 $|A| = 0$ 是不同的,不能搞错. 当 $A \neq O$ 时可以有 $|A| = 0$,当然也可能有 $|A| \neq 0$. 这些基本常识要想清楚.

2.1.2 矩阵的运算

定义 (加法)两个同型矩阵可以相加,且
$$A + B = [a_{ij}]_{m \times n} + [b_{ij}]_{m \times n} = [a_{ij} + b_{ij}]_{m \times n}.$$

(数量乘法、简称数乘)设 k 是数,$A = [a_{ij}]_{m \times n}$ 是矩阵,则定义数与矩阵的乘法为
$$kA = k[a_{ij}]_{m \times n} = [ka_{ij}]_{m \times n}.$$

(乘法)设 A 是一个 $m \times s$ 矩阵,B 是一个 $s \times n$ 矩阵(A 的列数 $= B$ 的行数),则 A,B 可乘,且乘积 AB 是一个 $m \times n$ 矩阵. 记成 $C = AB = [c_{ij}]_{m \times n}$,其中 C 的第 i 行、第 j 列元素 c_{ij} 是 A 的第 i 行 s 个元素和 B 的第 j 列的 s 个对应元素两两乘积之和,即
$$c_{ij} = \sum_{k=1}^{s} a_{ik} b_{kj} = a_{i1}b_{1j} + a_{i2}b_{2j} + \cdots + a_{is}b_{sj}.$$

矩阵的乘法可图示如下:

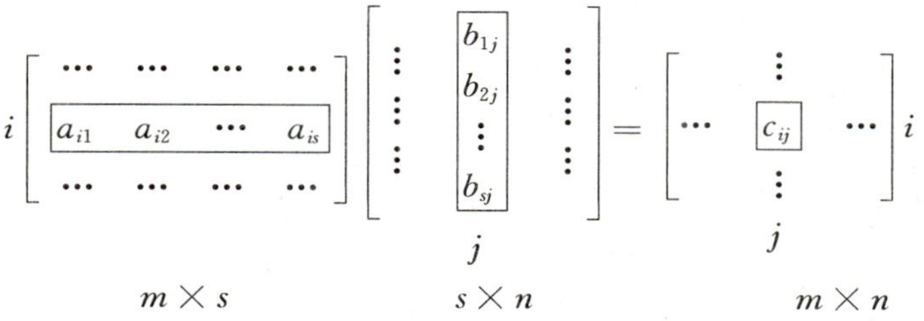

$$i\begin{bmatrix} \cdots & \cdots & \cdots & \cdots \\ \boxed{a_{i1} \quad a_{i2} \quad \cdots \quad a_{is}} \\ \cdots & \cdots & \cdots & \cdots \end{bmatrix} \begin{bmatrix} \vdots & \boxed{\begin{matrix} b_{1j} \\ b_{2j} \\ \vdots \\ b_{sj} \end{matrix}} & \vdots \\ & j & \end{bmatrix} = \begin{bmatrix} \cdots & \boxed{\begin{matrix} \vdots \\ c_{ij} \\ \vdots \end{matrix}} & \cdots \end{bmatrix}i$$

$$m \times s \qquad\qquad s \times n \qquad\qquad m \times n$$

特别地,设 A 是一个 n 阶方阵,则记 $\overbrace{A \cdot A \cdots A}^{k\text{个}} = A^k$ 称为 A 的 k 次幂.

(转置)将 $m \times n$ 型矩阵 $A = [a_{ij}]_{m \times n}$ 的行列互换得到的 $n \times m$ 矩阵 $[a_{ji}]_{n \times m}$ 称为 A 的转置矩阵,记为 A^T,即

$$\text{若 } A = \begin{bmatrix} a_{11} & a_{12} & \cdots & a_{1n} \\ a_{21} & a_{22} & \cdots & a_{2n} \\ \vdots & \vdots & & \vdots \\ a_{m1} & a_{m2} & \cdots & a_{mn} \end{bmatrix}, \text{则 } A^T = \begin{bmatrix} a_{11} & a_{21} & \cdots & a_{m1} \\ a_{12} & a_{22} & \cdots & a_{m2} \\ \vdots & \vdots & & \vdots \\ a_{1n} & a_{2n} & \cdots & a_{mn} \end{bmatrix}.$$

2.1.3 矩阵的运算规则

(1) 加法.

A, B, C 是同型矩阵,则

$$\begin{aligned} &A + B = B + A; &\text{交换律} \\ &(A + B) + C = A + (B + C); &\text{结合律} \\ &A + O = A; \quad \text{其中 } O \text{ 是元素全为零的同型矩阵} \\ &A + (-A) = O. \end{aligned}$$

(2) 数乘矩阵.

$$k(m\boldsymbol{A})=(km)\boldsymbol{A}=m(k\boldsymbol{A});\qquad (k+m)\boldsymbol{A}=k\boldsymbol{A}+m\boldsymbol{A};$$
$$k(\boldsymbol{A}+\boldsymbol{B})=k\boldsymbol{A}+k\boldsymbol{B};\qquad 1\boldsymbol{A}=\boldsymbol{A},0\boldsymbol{A}=\boldsymbol{O}.$$

(3) 乘法.

$\boldsymbol{A},\boldsymbol{B},\boldsymbol{C}$ 满足可乘条件

$$(\boldsymbol{AB})\boldsymbol{C}=\boldsymbol{A}(\boldsymbol{BC});$$
$$\boldsymbol{A}(\boldsymbol{B}+\boldsymbol{C})=\boldsymbol{AB}+\boldsymbol{AC};$$
$$(\boldsymbol{B}+\boldsymbol{C})\boldsymbol{A}=\boldsymbol{BA}+\boldsymbol{CA}.$$

注意一般情况 $\boldsymbol{AB}\neq\boldsymbol{BA}$.

(4) 转置.

$$(\boldsymbol{A}+\boldsymbol{B})^{\mathrm{T}}=\boldsymbol{A}^{\mathrm{T}}+\boldsymbol{B}^{\mathrm{T}};\qquad (k\boldsymbol{A})^{\mathrm{T}}=k\boldsymbol{A}^{\mathrm{T}};$$
$$(\boldsymbol{AB})^{\mathrm{T}}=\boldsymbol{B}^{\mathrm{T}}\boldsymbol{A}^{\mathrm{T}};\qquad (\boldsymbol{A}^{\mathrm{T}})^{\mathrm{T}}=\boldsymbol{A}.$$

(5) 方阵的幂.

$$(\boldsymbol{A}^k)^l=\boldsymbol{A}^{kl},\boldsymbol{A}^k\boldsymbol{A}^l=\boldsymbol{A}^{k+l}.$$

注意 $(\boldsymbol{AB})^2=(\boldsymbol{AB})(\boldsymbol{AB})\neq\boldsymbol{A}^2\boldsymbol{B}^2$.

$(\boldsymbol{A}+\boldsymbol{B})^2=\boldsymbol{A}^2+\boldsymbol{AB}+\boldsymbol{BA}+\boldsymbol{B}^2\neq\boldsymbol{A}^2+2\boldsymbol{AB}+\boldsymbol{B}^2$.

$(\boldsymbol{A}+\boldsymbol{B})(\boldsymbol{A}-\boldsymbol{B})=\boldsymbol{A}^2-\boldsymbol{AB}+\boldsymbol{BA}-\boldsymbol{B}^2\neq\boldsymbol{A}^2-\boldsymbol{B}^2$.

2.1.4 特殊矩阵

设 $\boldsymbol{A}$ 是 n 阶矩阵.

(1) 单位阵. 主对角元素为 1,其余元素为 0 的矩阵称为单位阵,记成 $\boldsymbol{E}_n$ (有时$\boldsymbol{E}$ 记为 $\boldsymbol{I}$).

(2) 数量阵. 数 k 与单位阵 $\boldsymbol{E}$ 的积 $k\boldsymbol{E}$ 称为数量阵.

(3) 对角阵. 非对角元素都是 0 的矩阵(即 $\forall i\neq j$ 恒有 $a_{ij}=0$) 称为对角阵,记成 $\boldsymbol{\Lambda}$.

$$\boldsymbol{\Lambda}=\mathrm{diag}[a_1,a_2,\cdots,a_n].$$

(4) 上(下) 三角阵. 当 $i>j(i<j)$ 时,有 $a_{ij}=0$ 的矩阵称为上(下) 三角阵.

(5) 对称阵. 满足 $\boldsymbol{A}^{\mathrm{T}}=\boldsymbol{A}$,即 $a_{ij}=a_{ji}$ 的矩阵称为对称阵.

(6) 反对称阵. 满足 $\boldsymbol{A}^{\mathrm{T}}=-\boldsymbol{A}$,即 $a_{ij}=-a_{ji},a_{ii}=0$ 的矩阵称为反对称阵.

(7) 正交阵. $\boldsymbol{A}^{\mathrm{T}}\boldsymbol{A}=\boldsymbol{AA}^{\mathrm{T}}=\boldsymbol{E}$ 的矩阵称为正交阵. 即 $\boldsymbol{A}^{\mathrm{T}}=\boldsymbol{A}^{-1}$.

(8) 初等矩阵. 单位矩阵经过一次初等变换所得到的矩阵.

设 $\boldsymbol{A}$ 是 $m\times n$ 矩阵.

(9) 行阶梯矩阵. 如果 ① 矩阵中有零行,则零行都在矩阵的底部.

② 每个非零行的主元(即该行最左边的第 1 个非 0 元素) 所在列位于前一行主元所在列右边.

③ 每个非零行的主元所在列的下面元素都是 0,称为行阶梯矩阵.

(10) 行最简矩阵. 一个行阶梯矩阵,进一步还满足:

非零行的主元都是 1,且主元所在列的其他元素都是 0,则称为行最简矩阵.

§2 伴随矩阵、可逆矩阵

2.2.1 主要定理

定理 若 $\boldsymbol{A}$ 可逆,则 $\boldsymbol{A}$ 的逆矩阵唯一.

定理 $\boldsymbol{A}$ 可逆 $\Leftrightarrow|\boldsymbol{A}|\neq 0$.

2.2.2 伴随矩阵

定义 矩阵 $\boldsymbol{A}$ 的行列式 $|\boldsymbol{A}|$ 所有的代数余子式所构成的形如

$$\begin{bmatrix} A_{11} & A_{21} & \cdots & A_{n1} \\ A_{12} & A_{22} & \cdots & A_{n2} \\ \vdots & \vdots & & \vdots \\ A_{1n} & A_{2n} & \cdots & A_{nn} \end{bmatrix}$$

的矩阵称为矩阵 $\boldsymbol{A}$ 的伴随矩阵,记为 $\boldsymbol{A}^*$.

2.2.3 逆矩阵

定义 设 $\boldsymbol{A}$ 是 n 阶矩阵,如果存在 n 阶矩阵 $\boldsymbol{B}$ 使得

$$\boldsymbol{AB} = \boldsymbol{BA} = \boldsymbol{E}(\text{单位矩阵})$$

成立,则称 $\boldsymbol{A}$ 是可逆矩阵或非奇异矩阵,$\boldsymbol{B}$ 是 $\boldsymbol{A}$ 的逆矩阵,记成 $\boldsymbol{A}^{-1} = \boldsymbol{B}$.

2.2.4 伴随矩阵重要公式

$$\boldsymbol{AA}^* = \boldsymbol{A}^*\boldsymbol{A} = |\boldsymbol{A}|\boldsymbol{E};$$

$$(\boldsymbol{A}^*)^{-1} = (\boldsymbol{A}^{-1})^* = \frac{1}{|\boldsymbol{A}|}\boldsymbol{A} \quad (|\boldsymbol{A}| \neq 0);$$

$$(\boldsymbol{A}^*)^{\mathrm{T}} = (\boldsymbol{A}^{\mathrm{T}})^*;$$

$$(k\boldsymbol{A})^* = k^{n-1}\boldsymbol{A}^*;$$

$$|\boldsymbol{A}^*| = |\boldsymbol{A}|^{n-1}; \quad (\boldsymbol{A}^*)^* = |\boldsymbol{A}|^{n-2}\boldsymbol{A} \quad (n \geqslant 2).$$

$$r(\boldsymbol{A}^*) = \begin{cases} n, & r(\boldsymbol{A}) = n, \\ 1, & r(\boldsymbol{A}) = n-1, \\ 0, & r(\boldsymbol{A}) < n-1. \end{cases}$$

2.2.5 n 阶矩阵 $\boldsymbol{A}$ 可逆的充分必要条件

(1) 存在 n 阶矩阵 $\boldsymbol{B}$,使 $\boldsymbol{AB} = \boldsymbol{E}$(或 $\boldsymbol{BA} = \boldsymbol{E}$).

(2) $|\boldsymbol{A}| \neq 0$,或秩 $r(\boldsymbol{A}) = n$,或 $\boldsymbol{A}$ 的列(行)向量线性无关.

(3) 齐次方程组 $\boldsymbol{Ax} = \boldsymbol{0}$ 只有零解.

(4) $\forall \boldsymbol{b}$,非齐次线性方程组 $\boldsymbol{Ax} = \boldsymbol{b}$ 总有唯一解.

(5) 矩阵 $\boldsymbol{A}$ 的特征值全不为 0.

2.2.6 逆矩阵的运算性质

若 $k \neq 0$,则 $(k\boldsymbol{A})^{-1} = \dfrac{1}{k}\boldsymbol{A}^{-1}$;若 $\boldsymbol{A},\boldsymbol{B}$ 可逆,则 $(\boldsymbol{AB})^{-1} = \boldsymbol{B}^{-1}\boldsymbol{A}^{-1}$,特别地 $(\boldsymbol{A}^2)^{-1} = (\boldsymbol{A}^{-1})^2$;

若 $\boldsymbol{A}^{\mathrm{T}}$ 可逆,则 $(\boldsymbol{A}^{\mathrm{T}})^{-1} = (\boldsymbol{A}^{-1})^{\mathrm{T}}$;$(\boldsymbol{A}^{-1})^{-1} = \boldsymbol{A}$;$|\boldsymbol{A}^{-1}| = \dfrac{1}{|\boldsymbol{A}|}$.

【注】 即使 $\boldsymbol{A},\boldsymbol{B}$ 和 $\boldsymbol{A}+\boldsymbol{B}$ 都可逆,一般地 $(\boldsymbol{A}+\boldsymbol{B})^{-1} \neq \boldsymbol{A}^{-1} + \boldsymbol{B}^{-1}$.

2.2.7 求逆矩阵的方法

方法 1 用公式,若 $|\boldsymbol{A}| \neq 0$,则

$$\boldsymbol{A}^{-1} = \frac{1}{|\boldsymbol{A}|}\boldsymbol{A}^*.$$

方法 2 初等变换法

$$(\boldsymbol{A} \mid \boldsymbol{E}) \xrightarrow{\text{初等行变换}} (\boldsymbol{E} \mid \boldsymbol{A}^{-1}).$$

方法 3 用定义求 $\boldsymbol{B}$,使 $\boldsymbol{AB} = \boldsymbol{E}$ 或 $\boldsymbol{BA} = \boldsymbol{E}$,则 $\boldsymbol{A}$ 可逆,且 $\boldsymbol{A}^{-1} = \boldsymbol{B}$.

方法 4 用分块矩阵.

设 $\boldsymbol{B},\boldsymbol{C}$ 都是可逆矩阵,则

$$\begin{bmatrix} \boldsymbol{B} & \boldsymbol{O} \\ \boldsymbol{O} & \boldsymbol{C} \end{bmatrix}^{-1} = \begin{bmatrix} \boldsymbol{B}^{-1} & \boldsymbol{O} \\ \boldsymbol{O} & \boldsymbol{C}^{-1} \end{bmatrix}; \begin{bmatrix} \boldsymbol{O} & \boldsymbol{B} \\ \boldsymbol{C} & \boldsymbol{O} \end{bmatrix}^{-1} = \begin{bmatrix} \boldsymbol{O} & \boldsymbol{C}^{-1} \\ \boldsymbol{B}^{-1} & \boldsymbol{O} \end{bmatrix}.$$

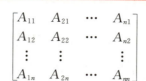

§3　初等变换、初等矩阵

主要结论：用初等矩阵 $\boldsymbol{P}$ 左乘 $\boldsymbol{A}$，所得 $\boldsymbol{PA}$ 矩阵就是矩阵 $\boldsymbol{A}$ 做了一次和矩阵 $\boldsymbol{P}$ 同样的行变换（若右乘就是相应的列变换）.

2.3.1　初等变换

定义　设 $\boldsymbol{A}$ 是 $m\times n$ 矩阵，

(1) 用某个非零常数 $k(k\neq 0)$ 乘 $\boldsymbol{A}$ 的某行（列）的每个元素.

(2) 互换 $\boldsymbol{A}$ 的某两行（列）的位置.

(3) 将 $\boldsymbol{A}$ 的某行（列）元素的 k 倍加到另一行（列），

称为矩阵的三种初等行（列）变换，且分别称为初等倍乘、互换、倍加行（列）变换，统称初等变换.

2.3.2　初等矩阵

定义　由单位矩阵经一次初等变换得到的矩阵称为初等矩阵，它们分别是（以三阶为例）

(1) 倍乘初等矩阵. 记

$$\boldsymbol{E}_2(k)=\begin{bmatrix}1&0&0\\0&k&0\\0&0&1\end{bmatrix},$$

$\boldsymbol{E}_2(k)$ 表示由单位阵 $\boldsymbol{E}$ 的第 2 行（或第 2 列）乘 $k(k\neq 0)$ 倍得到的矩阵.

(2) 互换初等矩阵. 记

$$\boldsymbol{E}_{12}=\begin{bmatrix}0&1&0\\1&0&0\\0&0&1\end{bmatrix},$$

$\boldsymbol{E}_{12}$ 表示由单位阵 $\boldsymbol{E}$ 的第 1,2 行（或 1,2 列）互换得到的矩阵.

(3) 倍加初等矩阵. 记

$$\boldsymbol{E}_{31}(k)=\begin{bmatrix}1&0&0\\0&1&0\\k&0&1\end{bmatrix},$$

$\boldsymbol{E}_{31}(k)$ 表示由单位阵 $\boldsymbol{E}$ 的第 1 行的 k 倍加到第 3 行得到的矩阵. 当看成列变换时，应是 $\boldsymbol{E}$ 的第 3 列的 k 倍加到第 1 列得到的矩阵.

【注】　初等矩阵的记号各教材不同.

2.3.3　等价矩阵

定义　矩阵 $\boldsymbol{A}$ 经过有限次初等变换变成矩阵 $\boldsymbol{B}$，则称 $\boldsymbol{A}$ 与 $\boldsymbol{B}$ 等价，记成 $\boldsymbol{A}\cong\boldsymbol{B}$.

若 $\boldsymbol{A}\cong\begin{bmatrix}\boldsymbol{E}_r&\boldsymbol{O}\\\boldsymbol{O}&\boldsymbol{O}\end{bmatrix}$，则后者称为 $\boldsymbol{A}$ 的等价标准形.（$\boldsymbol{A}$ 的等价标准形是与 $\boldsymbol{A}$ 等价的所有矩阵中的最简矩阵）.

2.3.4　初等矩阵与初等变换的性质

(1) 初等矩阵的转置仍是初等矩阵.

(2) 初等矩阵均是可逆阵，且其逆矩阵仍是同一类型的初等矩阵.

注意：$\begin{bmatrix}1&0&0\\0&3&0\\0&0&1\end{bmatrix}^{-1}=\begin{bmatrix}1&0&0\\0&\frac{1}{3}&0\\0&0&1\end{bmatrix}$，$\begin{bmatrix}0&1&0\\1&0&0\\0&0&1\end{bmatrix}^{-1}=\begin{bmatrix}0&1&0\\1&0&0\\0&0&1\end{bmatrix}$，$\begin{bmatrix}1&0&0\\0&1&0\\0&5&1\end{bmatrix}^{-1}=\begin{bmatrix}1&0&0\\0&1&0\\0&-5&1\end{bmatrix}$.

即 $E_i^{-1}(k)=E_i\left(\frac{1}{k}\right),E_{ij}^{-1}=E_{ij},E_{ij}^{-1}(k)=E_{ij}(-k)$.

(3) 初等矩阵左乘(右乘)A,相当于对 A 作相应的初等行(列)变换.

(4) 当 A 是可逆阵时,则 A 可作一系列初等行变换化成单位阵,即存在初等矩阵 $P_1,P_2,\cdots,P_N$,使得 $P_N\cdots P_2P_1A=E$.

§4 矩阵的秩

2.4.1 求秩主要方法

定理 经初等变换矩阵的秩不变.

定理 如果 A 可逆,则 $r(AB)=r(B),r(BA)=r(B)$.

2.4.2 矩阵秩的概念

定义 设 A 是 $m\times n$ 矩阵,若 A 中存在 r 阶子式不等于零,且所有 $r+1$ 阶子式(如果存在的话)均等于零,则称矩阵 A 的秩为 r,记成 $r(A)$,零矩阵的秩规定为 0.

【注】 在 $m\times n$ 矩阵 A 中,任取 k 行与 k 列($k\leqslant m,k\leqslant n$),位于这些行与列的交叉点上的 k^2 个元素按其在原来矩阵 A 中的次序可构成一个 k 阶行列式,称其为矩阵 A 的一个 k 阶子式.

$r(A)=r\Leftrightarrow$ 矩阵 A 中非零子式的最高阶数是 r.

$r(A)<r\Leftrightarrow A$ 中每一个 r 阶子式全为 0,

$r(A)\geqslant r\Leftrightarrow A$ 中有 r 阶子式不为 0,

特别地,$r(A)=0\Leftrightarrow A=O$,

$A\neq O\Leftrightarrow r(A)\geqslant 1$.

若 A 是 n 阶矩阵,$r(A)=n\Leftrightarrow|A|\neq 0\Leftrightarrow A$ 可逆,

$r(A)<n\Leftrightarrow|A|=0\Leftrightarrow A$ 不可逆.

若 A 是 $m\times n$ 矩阵,则 $r(A)\leqslant\min(m,n)$.

2.4.3 矩阵秩的公式

$r(A)=r(A^T);r(A^TA)=r(A)$.

当 $k\neq 0$ 时,$r(kA)=r(A);r(A+B)\leqslant r(A)+r(B)$,

$r(AB)\leqslant\min(r(A),r(B))$.

若 A 可逆,则 $r(AB)=r(B),r(BA)=r(B)$.

若 A 是 $m\times n$ 矩阵,B 是 $n\times s$ 矩阵,$AB=O$,则 $r(A)+r(B)\leqslant n$.

分块矩阵 $r\begin{pmatrix}A & O\\ O & B\end{pmatrix}=r(A)+r(B)$.

§5 分块矩阵

2.5.1 分块矩阵的概念

将矩阵用若干纵线和横线分成许多小块,每一小块称为原矩阵的子矩阵(或子块),把子块看成原矩阵的一个元素,则原矩阵叫分块矩阵.

由于不同的需要,同一个矩阵可以用不同的方法分块,构成不同的分块矩阵.

$$A=\begin{bmatrix}a_{11} & a_{12} & \cdots & a_{1n}\\ \hdashline a_{21} & a_{22} & \cdots & a_{2n}\\ \hdashline \vdots & \vdots & & \vdots\\ \hdashline a_{m1} & a_{m2} & \cdots & a_{mn}\end{bmatrix}=\begin{bmatrix}\boldsymbol{\alpha}_1\\ \boldsymbol{\alpha}_2\\ \vdots\\ \boldsymbol{\alpha}_m\end{bmatrix}.$$

其中 $\boldsymbol{\alpha}_i=[a_{i1},a_{i2},\cdots,a_{in}]$，$i=1,2,\cdots,m$，是 $\boldsymbol{A}$ 的子矩阵，$\boldsymbol{A}$ 是以行分块的分块阵.

$$\boldsymbol{B}=\begin{bmatrix} b_{11} & b_{12} & \cdots & b_{1n} \\ b_{21} & b_{22} & \cdots & b_{2n} \\ \vdots & \vdots & & \vdots \\ b_{m1} & b_{m2} & \cdots & b_{mn} \end{bmatrix}=[\boldsymbol{\beta}_1,\boldsymbol{\beta}_2,\cdots,\boldsymbol{\beta}_n],$$

其中 $\boldsymbol{\beta}_j=[b_{1j},b_{2j},\cdots,b_{mj}]^{\mathrm{T}}$，$j=1,2,\cdots,n$，是 $\boldsymbol{B}$ 的子矩阵，$\boldsymbol{B}$ 是以列分块的分块阵.

$$\boldsymbol{C}=\left[\begin{array}{cc|ccc} c_{11} & c_{12} & 0 & 0 & 0 \\ c_{21} & c_{22} & 0 & 0 & 0 \\ \hline c_{31} & c_{32} & c_{33} & c_{34} & c_{35} \\ c_{41} & c_{42} & c_{43} & c_{44} & c_{45} \end{array}\right]=\begin{bmatrix} \boldsymbol{C}_1 & \boldsymbol{O} \\ \boldsymbol{C}_3 & \boldsymbol{C}_4 \end{bmatrix},$$

其中 $\boldsymbol{C}_1=\begin{bmatrix} c_{11} & c_{12} \\ c_{21} & c_{22} \end{bmatrix}$，$\boldsymbol{O}=\begin{bmatrix} 0 & 0 & 0 \\ 0 & 0 & 0 \end{bmatrix}$，$\boldsymbol{C}_3=\begin{bmatrix} c_{31} & c_{32} \\ c_{41} & c_{42} \end{bmatrix}$，$\boldsymbol{C}_4=\begin{bmatrix} c_{33} & c_{34} & c_{35} \\ c_{43} & c_{44} & c_{45} \end{bmatrix}$是 $\boldsymbol{C}$ 的子矩阵.

2.5.2 分块矩阵的运算

对矩阵适当地分块处理（要保证相对应子块的运算能够合理进行），就会有如下运算法则：

$$\begin{bmatrix} \boldsymbol{A}_1 & \boldsymbol{A}_2 \\ \boldsymbol{A}_3 & \boldsymbol{A}_4 \end{bmatrix}+\begin{bmatrix} \boldsymbol{B}_1 & \boldsymbol{B}_2 \\ \boldsymbol{B}_3 & \boldsymbol{B}_4 \end{bmatrix}=\begin{bmatrix} \boldsymbol{A}_1+\boldsymbol{B}_1 & \boldsymbol{A}_2+\boldsymbol{B}_2 \\ \boldsymbol{A}_3+\boldsymbol{B}_3 & \boldsymbol{A}_4+\boldsymbol{B}_4 \end{bmatrix}.$$

$$\begin{bmatrix} \boldsymbol{A} & \boldsymbol{B} \\ \boldsymbol{C} & \boldsymbol{D} \end{bmatrix}\begin{bmatrix} \boldsymbol{X} & \boldsymbol{Y} \\ \boldsymbol{Z} & \boldsymbol{W} \end{bmatrix}=\begin{bmatrix} \boldsymbol{AX}+\boldsymbol{BZ} & \boldsymbol{AY}+\boldsymbol{BW} \\ \boldsymbol{CX}+\boldsymbol{DZ} & \boldsymbol{CY}+\boldsymbol{DW} \end{bmatrix}.$$

$$\begin{bmatrix} \boldsymbol{A} & \boldsymbol{B} \\ \boldsymbol{C} & \boldsymbol{D} \end{bmatrix}^{\mathrm{T}}=\begin{bmatrix} \boldsymbol{A}^{\mathrm{T}} & \boldsymbol{C}^{\mathrm{T}} \\ \boldsymbol{B}^{\mathrm{T}} & \boldsymbol{D}^{\mathrm{T}} \end{bmatrix}.$$

若 $\boldsymbol{B}$，$\boldsymbol{C}$ 分别是 m 阶与 s 阶矩阵，则

$$\begin{bmatrix} \boldsymbol{B} & \boldsymbol{O} \\ \boldsymbol{O} & \boldsymbol{C} \end{bmatrix}^n=\begin{bmatrix} \boldsymbol{B}^n & \boldsymbol{O} \\ \boldsymbol{O} & \boldsymbol{C}^n \end{bmatrix}.$$

若 $\boldsymbol{B}$，$\boldsymbol{C}$ 分别是 m 阶与 n 阶可逆矩阵，则

$$\begin{bmatrix} \boldsymbol{B} & \boldsymbol{O} \\ \boldsymbol{O} & \boldsymbol{C} \end{bmatrix}^{-1}=\begin{bmatrix} \boldsymbol{B}^{-1} & \boldsymbol{O} \\ \boldsymbol{O} & \boldsymbol{C}^{-1} \end{bmatrix},\begin{bmatrix} \boldsymbol{O} & \boldsymbol{B} \\ \boldsymbol{C} & \boldsymbol{O} \end{bmatrix}^{-1}=\begin{bmatrix} \boldsymbol{O} & \boldsymbol{C}^{-1} \\ \boldsymbol{B}^{-1} & \boldsymbol{O} \end{bmatrix}.$$

若 $\boldsymbol{A}$ 是 $m\times n$ 矩阵，$\boldsymbol{B}$ 是 $n\times s$ 矩阵且 $\boldsymbol{AB}=\boldsymbol{O}$，对 $\boldsymbol{B}$ 和 $\boldsymbol{O}$ 矩阵按列分块有

$$\boldsymbol{AB}=\boldsymbol{A}[\boldsymbol{\beta}_1,\boldsymbol{\beta}_2,\cdots,\boldsymbol{\beta}_s]=[\boldsymbol{A\beta}_1,\boldsymbol{A\beta}_2,\cdots,\boldsymbol{A\beta}_s]=[\boldsymbol{0},\boldsymbol{0},\cdots,\boldsymbol{0}].$$

$$\boldsymbol{A\beta}_i=\boldsymbol{0}\quad(i=1,2,\cdots,s).$$

即 $\boldsymbol{B}$ 的列向量是齐次方程组 $\boldsymbol{Ax}=\boldsymbol{0}$ 的解.

若 $\boldsymbol{AB}=\boldsymbol{C}$，其中 $\boldsymbol{A}$ 是 $m\times n$ 矩阵，$\boldsymbol{B}$ 是 $n\times s$ 矩阵，则对 $\boldsymbol{B}$，$\boldsymbol{C}$ 按行分块有

$$\begin{bmatrix} a_{11} & a_{12} & \cdots & a_{1n} \\ a_{21} & a_{22} & \cdots & a_{2n} \\ \vdots & \vdots & & \vdots \\ a_{m1} & a_{m2} & \cdots & a_{mn} \end{bmatrix}\begin{bmatrix} \boldsymbol{\beta}_1 \\ \boldsymbol{\beta}_2 \\ \vdots \\ \boldsymbol{\beta}_n \end{bmatrix}=\begin{bmatrix} \boldsymbol{\alpha}_1 \\ \boldsymbol{\alpha}_2 \\ \vdots \\ \boldsymbol{\alpha}_m \end{bmatrix},$$

即
$$\begin{cases} a_{11}\boldsymbol{\beta}_1+a_{12}\boldsymbol{\beta}_2+\cdots+a_{1n}\boldsymbol{\beta}_n=\boldsymbol{\alpha}_1, \\ a_{21}\boldsymbol{\beta}_1+a_{22}\boldsymbol{\beta}_2+\cdots+a_{2n}\boldsymbol{\beta}_n=\boldsymbol{\alpha}_2, \\ \qquad\vdots \\ a_{m1}\boldsymbol{\beta}_1+a_{m2}\boldsymbol{\beta}_2+\cdots+a_{mn}\boldsymbol{\beta}_n=\boldsymbol{\alpha}_m. \end{cases}$$

可见矩阵 $\boldsymbol{AB}$ 的行向量 $\boldsymbol{\alpha}_1,\boldsymbol{\alpha}_2,\cdots,\boldsymbol{\alpha}_m$ 可由 $\boldsymbol{B}$ 的行向量 $\boldsymbol{\beta}_1,\boldsymbol{\beta}_2,\cdots,\boldsymbol{\beta}_n$ 线性表出.

类似地，对矩阵 $\boldsymbol{A}$，$\boldsymbol{C}$ 按列分块，有

$$[\boldsymbol{\gamma}_1,\boldsymbol{\gamma}_2,\cdots,\boldsymbol{\gamma}_n]\begin{bmatrix} b_{11} & b_{12} & \cdots & b_{1s} \\ b_{21} & b_{22} & \cdots & b_{2s} \\ \vdots & \vdots & & \vdots \\ b_{n1} & b_{n2} & \cdots & b_{ns} \end{bmatrix}=[\boldsymbol{\delta}_1,\boldsymbol{\delta}_2,\cdots,\boldsymbol{\delta}_s].$$

由此得

$$\begin{cases} b_{11}\boldsymbol{\gamma}_1+b_{21}\boldsymbol{\gamma}_2+\cdots+b_{n1}\boldsymbol{\gamma}_n=\boldsymbol{\delta}_1, \\ b_{12}\boldsymbol{\gamma}_1+b_{22}\boldsymbol{\gamma}_2+\cdots+b_{n2}\boldsymbol{\gamma}_n=\boldsymbol{\delta}_2, \\ \qquad\vdots \\ b_{1s}\boldsymbol{\gamma}_1+b_{2s}\boldsymbol{\gamma}_2+\cdots+b_{ns}\boldsymbol{\gamma}_s=\boldsymbol{\delta}_s, \end{cases}$$

即矩阵 $\boldsymbol{AB}$ 的列向量可由 $\boldsymbol{A}$ 的列向量线性表出.

例题分析

一、矩阵的概念及运算

【例 1】 设 $\boldsymbol{A}=\begin{bmatrix} 0 & 0 \\ 0 & 1 \end{bmatrix}$,$\boldsymbol{B}=\begin{bmatrix} 0 & 1 \\ 0 & 0 \end{bmatrix}$,$\boldsymbol{\alpha}=\begin{bmatrix} 1 \\ 2 \end{bmatrix}$,$\boldsymbol{\beta}=\begin{bmatrix} 3 \\ 2 \end{bmatrix}$. 计算 $\boldsymbol{AB},\boldsymbol{BA},\boldsymbol{A\alpha},\boldsymbol{A\beta}$.

解 易见 $\boldsymbol{AB}=\begin{bmatrix} 0 & 0 \\ 0 & 1 \end{bmatrix}\begin{bmatrix} 0 & 1 \\ 0 & 0 \end{bmatrix}=\begin{bmatrix} 0 & 0 \\ 0 & 0 \end{bmatrix}=\boldsymbol{O}$,

$\boldsymbol{BA}=\begin{bmatrix} 0 & 1 \\ 0 & 0 \end{bmatrix}\begin{bmatrix} 0 & 0 \\ 0 & 1 \end{bmatrix}=\begin{bmatrix} 0 & 1 \\ 0 & 0 \end{bmatrix}=\boldsymbol{B}$,

$\boldsymbol{A\alpha}=\begin{bmatrix} 0 & 0 \\ 0 & 1 \end{bmatrix}\begin{bmatrix} 1 \\ 2 \end{bmatrix}=\begin{bmatrix} 0 \\ 2 \end{bmatrix}$,

$\boldsymbol{A\beta}=\begin{bmatrix} 0 & 0 \\ 0 & 1 \end{bmatrix}\begin{bmatrix} 3 \\ 2 \end{bmatrix}=\begin{bmatrix} 0 \\ 2 \end{bmatrix}$.

通过这个简单的例子,对于矩阵的乘法,我们要注意三个细节:

(1) 矩阵乘法没有交换律,一般情况 $\boldsymbol{AB}\neq\boldsymbol{BA}$.

(2) 本题 $\boldsymbol{AB}=\boldsymbol{O}$,不仅 $\boldsymbol{A}\neq\boldsymbol{O}$ 而且也有 $\boldsymbol{B}\neq\boldsymbol{O}$.

(3) 本题 $\boldsymbol{BA}=\boldsymbol{B},\boldsymbol{B}\neq\boldsymbol{O}$ 但 $\boldsymbol{A}\neq\boldsymbol{E},\boldsymbol{A\alpha}=\boldsymbol{A\beta},\boldsymbol{A}\neq\boldsymbol{O}$ 但 $\boldsymbol{\alpha}\neq\boldsymbol{\beta}$,即矩阵没有消去律.

【例 2】 设 $\boldsymbol{A}=\begin{bmatrix} a_1 & & \\ & a_2 & \\ & & a_3 \end{bmatrix}$,$\boldsymbol{B}=\begin{bmatrix} b_1 & & \\ & b_2 & \\ & & b_3 \end{bmatrix}$,计算 $\boldsymbol{AB}$.

解 易见 $\boldsymbol{AB}=\begin{bmatrix} a_1 & 0 & 0 \\ 0 & a_2 & 0 \\ 0 & 0 & a_3 \end{bmatrix}\begin{bmatrix} b_1 & 0 & 0 \\ 0 & b_2 & 0 \\ 0 & 0 & b_3 \end{bmatrix}=\begin{bmatrix} a_1b_1 & 0 & 0 \\ 0 & a_2b_2 & 0 \\ 0 & 0 & a_3b_3 \end{bmatrix}$.

要记住两个对角矩阵相乘的法则,引申一步有

$$\begin{bmatrix} a_1 & & \\ & a_2 & \\ & & a_3 \end{bmatrix}^n=\begin{bmatrix} a_1^n & & \\ & a_2^n & \\ & & a_3^n \end{bmatrix}.$$

如果 $a_1a_2a_3\neq 0$,则由

$$\begin{bmatrix} a_1 & & \\ & a_2 & \\ & & a_3 \end{bmatrix}\begin{bmatrix} \frac{1}{a_1} & & \\ & \frac{1}{a_2} & \\ & & \frac{1}{a_3} \end{bmatrix}=\begin{bmatrix} 1 & & \\ & 1 & \\ & & 1 \end{bmatrix}$$

可知对角矩阵逆矩阵的公式

$$\begin{bmatrix} a_1 & & \\ & a_2 & \\ & & a_3 \end{bmatrix}^{-1}=\begin{bmatrix} \frac{1}{a_1} & & \\ & \frac{1}{a_2} & \\ & & \frac{1}{a_3} \end{bmatrix}$$

【例 3】 已知 $\boldsymbol{\alpha}=(1,2,-1)^{\mathrm{T}},\boldsymbol{\beta}=(-1,4,5)^{\mathrm{T}},\boldsymbol{A}=\boldsymbol{\alpha}\boldsymbol{\beta}^{\mathrm{T}}$，

则(1)$\boldsymbol{A}=$ ________；

(2)$\boldsymbol{A}^3=$ ________.

分析 (1)$\boldsymbol{A}=\begin{bmatrix} 1 \\ 2 \\ -1 \end{bmatrix}(-1,4,5)=\begin{bmatrix} -1 & 4 & 5 \\ -2 & 8 & 10 \\ 1 & -4 & -5 \end{bmatrix}$.

(2)$\boldsymbol{\beta}^{\mathrm{T}}\boldsymbol{\alpha}=(-1,4,5)\begin{bmatrix} 1 \\ 2 \\ -1 \end{bmatrix}=-1+8+(-5)=2$.

$$\begin{aligned} \boldsymbol{A}^3 &= (\boldsymbol{\alpha}\boldsymbol{\beta}^{\mathrm{T}})(\boldsymbol{\alpha}\boldsymbol{\beta}^{\mathrm{T}})(\boldsymbol{\alpha}\boldsymbol{\beta}^{\mathrm{T}}) \\ &= \boldsymbol{\alpha}(\boldsymbol{\beta}^{\mathrm{T}}\boldsymbol{\alpha})(\boldsymbol{\beta}^{\mathrm{T}}\boldsymbol{\alpha})\boldsymbol{\beta}^{\mathrm{T}} \\ &= 2^2\boldsymbol{\alpha}\boldsymbol{\beta}^{\mathrm{T}} \\ &= 4\begin{bmatrix} -1 & 4 & 5 \\ -2 & 8 & 10 \\ 1 & -4 & -5 \end{bmatrix}. \end{aligned}$$

【评注】 本题考查矩阵的乘法运算，特别是考查符号 $\boldsymbol{\alpha}\boldsymbol{\beta}^{\mathrm{T}}$ 与 $\boldsymbol{\beta}^{\mathrm{T}}\boldsymbol{\alpha}$ 的区别. 一般地，若 $\boldsymbol{\alpha},\boldsymbol{\beta}$ 都是 n 维列向量，符号 $\boldsymbol{\alpha}\boldsymbol{\beta}^{\mathrm{T}}$ 与 $\boldsymbol{\beta}\boldsymbol{\alpha}^{\mathrm{T}}$ 都是秩为 1 的矩阵，而且 $(\boldsymbol{\alpha}\boldsymbol{\beta}^{\mathrm{T}})^{\mathrm{T}}=\boldsymbol{\beta}\boldsymbol{\alpha}^{\mathrm{T}}$，而符号 $\boldsymbol{\alpha}^{\mathrm{T}}\boldsymbol{\beta}$ 与 $\boldsymbol{\beta}^{\mathrm{T}}\boldsymbol{\alpha}$ 都是数，并且这两数相等 $\boldsymbol{\alpha}^{\mathrm{T}}\boldsymbol{\beta}=\boldsymbol{\beta}^{\mathrm{T}}\boldsymbol{\alpha}$，故它是矩阵 $\boldsymbol{\alpha}\boldsymbol{\beta}^{\mathrm{T}}$ 的迹(也就是矩阵主对角元素之和)，当然这也是矩阵 $\boldsymbol{\beta}\boldsymbol{\alpha}^{\mathrm{T}}$ 的迹.

【例 4】 已知 $\boldsymbol{A},\boldsymbol{B}$ 都是 n 阶矩阵，且 $\boldsymbol{AB}=\boldsymbol{A}+\boldsymbol{B}$，证明：$\boldsymbol{AB}=\boldsymbol{BA}$.

证明 由 $\boldsymbol{AB}=\boldsymbol{A}+\boldsymbol{B}$，得 $\boldsymbol{AB}-\boldsymbol{A}-\boldsymbol{B}+\boldsymbol{E}=\boldsymbol{E}$，即

$$(\boldsymbol{A}-\boldsymbol{E})(\boldsymbol{B}-\boldsymbol{E})=\boldsymbol{E}.$$

那么 $\boldsymbol{A}-\boldsymbol{E}$ 可逆，且 $(\boldsymbol{A}-\boldsymbol{E})^{-1}=\boldsymbol{B}-\boldsymbol{E}$.

于是 $\qquad (\boldsymbol{A}-\boldsymbol{E})(\boldsymbol{B}-\boldsymbol{E})=(\boldsymbol{B}-\boldsymbol{E})(\boldsymbol{A}-\boldsymbol{E})$，

即 $\qquad \boldsymbol{AB}-\boldsymbol{A}-\boldsymbol{B}+\boldsymbol{E}=\boldsymbol{BA}-\boldsymbol{B}-\boldsymbol{A}+\boldsymbol{E}$，

所以 $\boldsymbol{AB}=\boldsymbol{BA}$.

【评注】 这里用的是：如果 $\boldsymbol{A}$ 可逆，那么 $\boldsymbol{AA}^{-1}=\boldsymbol{A}^{-1}\boldsymbol{A}$.

【例 5】 (1)$\boldsymbol{A}$ 是 n 阶反对称矩阵,对任意的 $\boldsymbol{x}=(x_1,x_2,\cdots,x_n)^{\mathrm{T}}$,计算 $\boldsymbol{x}^{\mathrm{T}}\boldsymbol{A}\boldsymbol{x}$ 的值.

(2) 设 $\boldsymbol{A}$ 是三阶矩阵,若对任意的 $\boldsymbol{x}=(x_1,x_2,x_3)^{\mathrm{T}}$ 都有 $\boldsymbol{x}^{\mathrm{T}}\boldsymbol{A}\boldsymbol{x}=0$,证明:$\boldsymbol{A}$ 是反对称阵.

解 (1) 按定义,有 $\boldsymbol{A}^{\mathrm{T}}=-\boldsymbol{A}$,又对任意的 $\boldsymbol{x}$,$\boldsymbol{x}^{\mathrm{T}}\boldsymbol{A}\boldsymbol{x}$ 是一个数,那么

$$\boldsymbol{x}^{\mathrm{T}}\boldsymbol{A}\boldsymbol{x}=(\boldsymbol{x}^{\mathrm{T}}\boldsymbol{A}\boldsymbol{x})^{\mathrm{T}},$$

故

$$(\boldsymbol{x}^{\mathrm{T}}\boldsymbol{A}\boldsymbol{x})^{\mathrm{T}}=\boldsymbol{x}^{\mathrm{T}}\boldsymbol{A}^{\mathrm{T}}\boldsymbol{x}=-\boldsymbol{x}^{\mathrm{T}}\boldsymbol{A}\boldsymbol{x},$$

从而有 $2\boldsymbol{x}^{\mathrm{T}}\boldsymbol{A}\boldsymbol{x}=0$,即对任何 $\boldsymbol{x}$ 均有 $\boldsymbol{x}^{\mathrm{T}}\boldsymbol{A}\boldsymbol{x}=0$.

(2) 设 $\boldsymbol{A}=\begin{bmatrix}a_{11}&a_{12}&a_{13}\\a_{21}&a_{22}&a_{23}\\a_{31}&a_{32}&a_{33}\end{bmatrix}$,因已知对任意的 $\boldsymbol{x}=(x_1,x_2,x_3)^{\mathrm{T}}$,均有 $\boldsymbol{x}^{\mathrm{T}}\boldsymbol{A}\boldsymbol{x}=0$.

故取 $\boldsymbol{x}=(1,0,0)^{\mathrm{T}}$,有 $\boldsymbol{x}^{\mathrm{T}}\boldsymbol{A}\boldsymbol{x}=a_{11}=0$.

同理,取 $\boldsymbol{x}=(0,1,0)^{\mathrm{T}}$ 时得 $a_{22}=0$,取 $\boldsymbol{x}=(0,0,1)^{\mathrm{T}}$ 时得 $a_{33}=0$.

取 $\boldsymbol{x}=(1,1,0)^{\mathrm{T}}$,有 $\boldsymbol{x}^{\mathrm{T}}\boldsymbol{A}\boldsymbol{x}=a_{12}+a_{21}=0$,知 $a_{12}=-a_{21}$;取 $\boldsymbol{x}=(1,0,1)^{\mathrm{T}}$,可得 $a_{13}=-a_{31}$;再取 $\boldsymbol{x}=(0,1,1)^{\mathrm{T}}$,又得 $a_{23}=-a_{32}$,所以 $\boldsymbol{A}$ 是反对称阵.

小结

矩阵是一个表格,一方面它能描述很多东西,另一方面它能运算、能做初等变换,又能带来全新的信息.

矩阵的乘法是基本的也是重要的,注意不要和习惯的数字运算相混淆:矩阵的乘法一般没有交换律;矩阵有零因子,即当 $\boldsymbol{A}\neq\boldsymbol{O},\boldsymbol{B}\neq\boldsymbol{O}$ 时,有可能 $\boldsymbol{AB}=\boldsymbol{O}$(或者说当 $\boldsymbol{AB}=\boldsymbol{O}$ 时 $\nRightarrow\boldsymbol{A}=\boldsymbol{O}$ 或 $\boldsymbol{B}=\boldsymbol{O}$);矩阵没有消去律,即当 $\boldsymbol{AB}=\boldsymbol{AC},\boldsymbol{A}\neq\boldsymbol{O}$ 时 $\nRightarrow\boldsymbol{B}=\boldsymbol{C}$.

二、特殊方阵的幂

【例 6】 已知 $\boldsymbol{A}=\begin{bmatrix}2&1&-1\\6&3&-3\\-4&-2&2\end{bmatrix}$,则 $\boldsymbol{A}^n=$ ________.

分析 由于矩阵 $\boldsymbol{A}$ 的任何两行(列)都成比例,提出比例系数,矩阵 $\boldsymbol{A}$ 可分解为两个矩阵的乘积,例如

$$\boldsymbol{A}=\begin{bmatrix}1\\3\\-2\end{bmatrix}[2,1,-1],$$

那么 $\boldsymbol{A}^2=\begin{bmatrix}1\\3\\-2\end{bmatrix}\left([2,1,-1]\begin{bmatrix}1\\3\\-2\end{bmatrix}\right)[2,1,-1]=7\boldsymbol{A}$.

归纳得,$\boldsymbol{A}^3=\boldsymbol{A}^2\boldsymbol{A}=7\boldsymbol{A}^2=7^2\boldsymbol{A},\cdots$

所以 $\boldsymbol{A}^n=7^{n-1}\boldsymbol{A}=7^{n-1}\begin{bmatrix}2&1&-1\\6&3&-3\\-4&-2&2\end{bmatrix}$.

【评注】 本例具有代表性,其一般情况是:若秩 $r(\boldsymbol{A})=1$,则 $\boldsymbol{A}$ 可分解为两个矩阵的乘积,有 $\boldsymbol{A}^2=l\boldsymbol{A}$ 之规律,从而

$$\boldsymbol{A}^n=l^{n-1}\boldsymbol{A}.$$

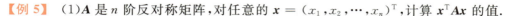

例如 $A=\begin{bmatrix}a_1b_1 & a_1b_2 & a_1b_3\\ a_2b_1 & a_2b_2 & a_2b_3\\ a_3b_1 & a_3b_2 & a_3b_3\end{bmatrix}=\begin{bmatrix}a_1\\ a_2\\ a_3\end{bmatrix}[b_1,b_2,b_3]=\alpha\beta^{\mathrm{T}}$，那么

$$A^2=(\alpha\beta^{\mathrm{T}})(\alpha\beta^{\mathrm{T}})=\alpha(\beta^{\mathrm{T}}\alpha)\beta^{\mathrm{T}}=l\alpha\beta^{\mathrm{T}}=lA,\cdots,A^n=l^{n-1}A,$$

其中 $l=\beta^{\mathrm{T}}\alpha=\alpha^{\mathrm{T}}\beta=a_1b_1+a_2b_2+a_3b_3$.

【例 7】 已知 $A=\begin{bmatrix}2 & -1 & 5\\ 0 & 2 & 3\\ 0 & 0 & 2\end{bmatrix}$，则 $A^n=$ ________.

分析 由于 $A=\begin{bmatrix}2 & 0 & 0\\ 0 & 2 & 0\\ 0 & 0 & 2\end{bmatrix}+\begin{bmatrix}0 & -1 & 5\\ 0 & 0 & 3\\ 0 & 0 & 0\end{bmatrix}=2E+B$，

又 $B^2=\begin{bmatrix}0 & -1 & 5\\ 0 & 0 & 3\\ 0 & 0 & 0\end{bmatrix}\begin{bmatrix}0 & -1 & 5\\ 0 & 0 & 3\\ 0 & 0 & 0\end{bmatrix}=\begin{bmatrix}0 & 0 & -3\\ 0 & 0 & 0\\ 0 & 0 & 0\end{bmatrix}$，$B^3=B^4=\cdots=O$，

所以 $A^n=(2E+B)^n=(2E)^n+n(2E)^{n-1}B+\dfrac{1}{2}n(n-1)(2E)^{n-2}B^2$

$$=\begin{bmatrix}2^n & 0 & 0\\ 0 & 2^n & 0\\ 0 & 0 & 2^n\end{bmatrix}+n\cdot 2^{n-1}\begin{bmatrix}0 & -1 & 5\\ 0 & 0 & 3\\ 0 & 0 & 0\end{bmatrix}+\frac{1}{2}n(n-1)\cdot 2^{n-2}\begin{bmatrix}0 & 0 & -3\\ 0 & 0 & 0\\ 0 & 0 & 0\end{bmatrix}$$

$$=\begin{bmatrix}2^n & -n\cdot 2^{n-1} & 5n\cdot 2^{n-1}-3n(n-1)2^{n-3}\\ 0 & 2^n & 3n\cdot 2^{n-1}\\ 0 & 0 & 2^n\end{bmatrix}.$$

【例 8】 设 $A=\begin{bmatrix}1 & 1 & 0 & 0\\ 1 & 1 & 0 & 0\\ 0 & 0 & 1 & 0\\ 0 & 0 & 1 & 1\end{bmatrix}$，则 $A^n=$ ________.

分析 利用分块矩阵 $\begin{bmatrix}B & O\\ O & C\end{bmatrix}^n=\begin{bmatrix}B^n & O\\ O & C^n\end{bmatrix}$.

现将 A 分块如下

$$A=\left[\begin{array}{cc:cc}1 & 1 & 0 & 0\\ 1 & 1 & 0 & 0\\ \hdashline 0 & 0 & 1 & 0\\ 0 & 0 & 1 & 1\end{array}\right]=\begin{bmatrix}B & O\\ O & C\end{bmatrix}，其中\ B=\begin{bmatrix}1 & 1\\ 1 & 1\end{bmatrix},C=\begin{bmatrix}1 & 0\\ 1 & 1\end{bmatrix},$$

由于

$$B^n=\begin{bmatrix}1 & 1\\ 1 & 1\end{bmatrix}^n=\left(\begin{bmatrix}1\\ 1\end{bmatrix}[1\quad 1]\right)^n=\begin{bmatrix}1\\ 1\end{bmatrix}\left([1\quad 1]\begin{bmatrix}1\\ 1\end{bmatrix}\right)^{n-1}[1\quad 1]=2^{n-1}B,$$

$$C^n=\left(\begin{bmatrix}1 & 0\\ 0 & 1\end{bmatrix}+\begin{bmatrix}0 & 0\\ 1 & 0\end{bmatrix}\right)^n=E^n+nE^{n-1}\begin{bmatrix}0 & 0\\ 1 & 0\end{bmatrix}+O+\cdots+O=\begin{bmatrix}1 & 0\\ n & 1\end{bmatrix},$$

故
$$A^n=\begin{bmatrix}B^n & O\\ O & C^n\end{bmatrix}=\begin{bmatrix}2^{n-1} & 2^{n-1} & 0 & 0\\ 2^{n-1} & 2^{n-1} & 0 & 0\\ 0 & 0 & 1 & 0\\ 0 & 0 & n & 1\end{bmatrix}.$$

【例 9】 已知 $A\sim B$ 相似，如 $B=\begin{bmatrix}6 & 0 & 0\\ 0 & 6 & 0\\ 0 & 0 & 0\end{bmatrix}$，则 $(A-3E)^{100}=$ ________.

分析 因 $A\sim B$，故存在可逆矩阵 P 使 $P^{-1}AP=B$，

那么 $P^{-1}(A-3E)P=B-3E$，

从而 $P^{-1}(A-3E)^{100}P=(B-3E)^{100}=3^{100}E$，

所以 $(A-3E)^{100}=P(3^{100}E)P^{-1}=3^{100}E$.

【例 10】 $(1999,\frac{3}{4})$ 设 $A=\begin{bmatrix}1 & 0 & 1\\ 0 & 2 & 0\\ 1 & 0 & 1\end{bmatrix}$，而 $n\geqslant 2$ 为正整数，则 $A^n-2A^{n-1}=$ ________.

分析 因为
$$A^2=\begin{bmatrix}1 & 0 & 1\\ 0 & 2 & 0\\ 1 & 0 & 1\end{bmatrix}\begin{bmatrix}1 & 0 & 1\\ 0 & 2 & 0\\ 1 & 0 & 1\end{bmatrix}=\begin{bmatrix}2 & 0 & 2\\ 0 & 4 & 0\\ 2 & 0 & 2\end{bmatrix}=2A.$$

所以有
$$A^n-2A^{n-1}=A^{n-2}(A^2-2A)=O.$$

或者
$$A^n-2A^{n-1}=A^{n-1}(A-2E).$$

由 $A-2E=\begin{bmatrix}-1 & 0 & 1\\ 0 & 0 & 0\\ 1 & 0 & -1\end{bmatrix}$，又 $A(A-2E)=\begin{bmatrix}1 & 0 & 1\\ 0 & 2 & 0\\ 1 & 0 & 1\end{bmatrix}\begin{bmatrix}-1 & 0 & 1\\ 0 & 0 & 0\\ 1 & 0 & -1\end{bmatrix}=\begin{bmatrix}0 & 0 & 0\\ 0 & 0 & 0\\ 0 & 0 & 0\end{bmatrix}$，

亦可知 $A^n-2A^{n-1}=O$.

本题难度系数 0.78.

小结

通过这几道例题，归纳一下求 A^n 的大体思路：

(1) 当秩 $r(A)=1$ 时，有 $A^2=lA$，$l=\sum a_{ii}$ 是矩阵 A 的迹.

(2) 特殊的二项式展开 $(E+B)^n$.

(3) 分块矩阵 $\begin{bmatrix}B & O\\ O & C\end{bmatrix}^n=\begin{bmatrix}B^n & O\\ O & C^n\end{bmatrix}$.

(4) 特征值、特征向量、相似.

(5) 简单试乘后如有规律可循，再用归纳法.

三、伴随矩阵的相关问题

核心公式 $AA^*=A^*A=|A|E$.

【例 11】 设 $A=\begin{bmatrix}0 & 2 & -1\\ 1 & 1 & 2\\ -1 & -1 & -1\end{bmatrix}$，则 (1) $A^*=$ ________；(2) $(A^{-1})^*=$ ________.

分析 (1) 按伴随矩阵定义，求出代数余子式.

$A_{11}=\begin{vmatrix}1&2\\-1&-1\end{vmatrix}=1,\quad A_{12}=-\begin{vmatrix}1&2\\-1&-1\end{vmatrix}=-1,\quad A_{13}=\begin{vmatrix}1&1\\-1&-1\end{vmatrix}=0,$

$A_{21}=3,\quad A_{22}=-1,\quad A_{23}=-2,$

$A_{31}=5,\quad A_{32}=-1,\quad A_{33}=-2.$

故
$$\boldsymbol{A}^*=\begin{bmatrix}A_{11}&A_{21}&A_{31}\\A_{12}&A_{22}&A_{32}\\A_{13}&A_{23}&A_{33}\end{bmatrix}=\begin{bmatrix}1&3&5\\-1&-1&-1\\0&-2&-2\end{bmatrix}.$$

(2) 因为$(\boldsymbol{A}^{-1})^*=(\boldsymbol{A}^*)^{-1}=\dfrac{1}{|\boldsymbol{A}|}\boldsymbol{A}$，

而
$$|\boldsymbol{A}|=\begin{vmatrix}0&2&-1\\1&1&2\\-1&-1&-1\end{vmatrix}=-2,$$

所以
$$(\boldsymbol{A}^{-1})^*=-\frac{1}{2}\begin{bmatrix}0&2&-1\\1&1&2\\-1&-1&-1\end{bmatrix}.$$

【评注】 在用定义法求伴随矩阵$\boldsymbol{A}^*$时，注意$\boldsymbol{A}^*$的元素是行列式$|\boldsymbol{A}|$的代数余子式，因此要小心正负号，在用A_{ij}构造伴随矩阵$\boldsymbol{A}^*$时，排列的次序不要出错.

对于二阶矩阵$\boldsymbol{A}=\begin{bmatrix}a&b\\c&d\end{bmatrix}$，由$|\boldsymbol{A}|=\begin{vmatrix}a&b\\c&d\end{vmatrix}$易见代数余子式$A_{11}=d,A_{22}=a,A_{12}=-c,A_{21}=-b$，故$\boldsymbol{A}^*=\begin{bmatrix}d&-b\\-c&a\end{bmatrix}$.

可知二阶矩阵的伴随矩阵有主对角线元素互换，副对角线元素变号的规则.

例 $\begin{bmatrix}1&2\\-3&4\end{bmatrix}^*=\begin{bmatrix}4&-2\\3&1\end{bmatrix}$.

【例 12】 设$\boldsymbol{A}=\begin{bmatrix}0&0&0&1&3\\0&0&0&-1&2\\1&1&1&0&0\\0&1&1&0&0\\0&0&1&0&0\end{bmatrix}$，则$\boldsymbol{A}$的伴随矩阵$\boldsymbol{A}^*=$________.

分析 本题当然可如上题那样按定义求出代数余子式再来构造$\boldsymbol{A}^*$，但这样计算是烦琐的. 因为本题通过分块$\boldsymbol{A}^{-1}$好求. 那么由$\boldsymbol{A}^*=|\boldsymbol{A}|\boldsymbol{A}^{-1}$来求$\boldsymbol{A}^*$就简便了.

解 由拉普拉斯展开式，知

$$|\boldsymbol{A}|=(-1)^{2\times3}\begin{vmatrix}1&3\\-1&2\end{vmatrix}\cdot\begin{vmatrix}1&1&1\\0&1&1\\0&0&1\end{vmatrix}=5,$$

矩阵$\boldsymbol{A}$可逆，由$\begin{bmatrix}\boldsymbol{O}&\boldsymbol{B}\\\boldsymbol{C}&\boldsymbol{O}\end{bmatrix}^{-1}=\begin{bmatrix}\boldsymbol{O}&\boldsymbol{C}^{-1}\\\boldsymbol{B}^{-1}&\boldsymbol{O}\end{bmatrix}$，

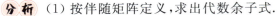

得 $A^{-1}=\begin{bmatrix}0&0&1&-1&0\\0&0&0&1&-1\\0&0&0&0&1\\\frac{2}{5}&-\frac{3}{5}&0&0&0\\\frac{1}{5}&\frac{1}{5}&0&0&0\end{bmatrix}$,故 $A^*=|A|A^{-1}=\begin{bmatrix}0&0&5&-5&0\\0&0&0&5&-5\\0&0&0&0&5\\2&-3&0&0&0\\1&1&0&0&0\end{bmatrix}$.

【评注】 要掌握求伴随矩阵的方法,上面的两道例题给出了求伴随矩阵的两种方法.一个是用定义,一个是在 A 可逆且 A^{-1} 便于计算时.通过 A^{-1} 来转换.

【例 13】 (2002,4) 设 A,B 为 n 阶矩阵,A^*,B^* 分别为 A,B 对应的伴随矩阵,分块矩阵 $C=\begin{bmatrix}A&O\\O&B\end{bmatrix}$,则 C 的伴随矩阵 $C^*=$

(A) $\begin{bmatrix}|A|A^*&O\\O&|B|B^*\end{bmatrix}$.　　(B) $\begin{bmatrix}|B|B^*&O\\O&|A|A^*\end{bmatrix}$.

(C) $\begin{bmatrix}|A|B^*&O\\O&|B|A^*\end{bmatrix}$.　　(D) $\begin{bmatrix}|B|A^*&O\\O&|A|B^*\end{bmatrix}$.

分析 由于对任何 n 阶矩阵 A,B 关系式都要成立.那么 A,B 可逆时关系式仍应当成立,故可加强条件来看 A,B 都可逆时应成立的关系式.

由 $$C^*=|C|C^{-1}=\begin{vmatrix}A&O\\O&B\end{vmatrix}\begin{bmatrix}A&O\\O&B\end{bmatrix}^{-1}$$
$$=|A||B|\begin{bmatrix}A^{-1}&O\\O&B^{-1}\end{bmatrix}=\begin{bmatrix}|A||B|A^{-1}&O\\O&|A||B|B^{-1}\end{bmatrix}$$
知应选(D).

【例 14】 已知 A,B 都是 n 阶可逆矩阵,证明:$(AB)^*=B^*A^*$.

证明 因为 A,B 都是 n 阶可逆矩阵,由 $|AB|=|A|\cdot|B|\neq 0$ 知 AB 是 n 阶可逆矩阵.所以
$$(AB)(AB)^*=|AB|E,$$
即有 $(AB)^*=|AB|(AB)^{-1}=|A||B|B^{-1}A^{-1}=(|B|B^{-1})(|A|A^{-1})=B^*A^*$.

【例 15】 设 A 是 n 阶矩阵,A^* 是 A 的伴随矩阵,证明:
$$r(A^*)=\begin{cases}n, & r(A)=n,\\1, & r(A)=n-1,\\0, & r(A)<n-1.\end{cases}$$

证明 若 $r(A)=n$,则 $|A|\neq 0$,由于 $|A^*|=|A|^{n-1}$,故 $|A^*|\neq 0$,所以 $r(A^*)=n$.

若 $r(A)<n-1$,则 A 中所有 $n-1$ 阶子式均为 0,即行列式 $|A|$ 的所有代数余子式均为 0,即 $A^*=O$,故 $r(A^*)=0$.

若 $r(A)=n-1$,则 $|A|=0$ 且 A 中存在 $n-1$ 阶子式不为 0.那么,由 $|A|=0$ 有
$$AA^*=|A|E=O,$$
从而 $r(A)+r(A^*)\leqslant n$,得 $r(A^*)\leqslant 1$.

又因 A 中有 $n-1$ 阶子式非零,知有 $A_{ij}\neq 0$,即 $A^*\neq O$,得 $r(A^*)\geqslant 1$,故 $r(A^*)=1$.

小结

伴随矩阵在考研线性代数中是重要的知识点，出现频率较高，应把握好代数余子式和伴随矩阵的定义，对核心公式 $AA^* = A^*A = |A|E$ 一定要会灵活变形.

四、可逆矩阵的相关问题

【例 16】 若 $A = \begin{bmatrix} 1 & 1 & -1 \\ 2 & 1 & 0 \\ 1 & -1 & 0 \end{bmatrix}$，则 $A^{-1} =$ ________.

分析 这是基础题，考场上虽不会有这种考题，但求逆技术必须要过硬. 因为求逆会出现在矩阵方程、相似等知识点中.

【方法一】（用伴随矩阵）

因 $|A| = \begin{vmatrix} 1 & 1 & -1 \\ 2 & 1 & 0 \\ 1 & -1 & 0 \end{vmatrix} = -\begin{vmatrix} 2 & 1 \\ 1 & -1 \end{vmatrix} = 3$，

又代数余子式 $A_{11} = \begin{vmatrix} 1 & 0 \\ -1 & 0 \end{vmatrix} = 0, A_{12} = -\begin{vmatrix} 2 & 0 \\ 1 & 0 \end{vmatrix} = 0, A_{13} = \begin{vmatrix} 2 & 1 \\ 1 & -1 \end{vmatrix} = -3$，

$A_{21} = -\begin{vmatrix} 1 & -1 \\ -1 & 0 \end{vmatrix} = 1, A_{22} = \begin{vmatrix} 1 & -1 \\ 1 & 0 \end{vmatrix} = 1, A_{23} = -\begin{vmatrix} 1 & 1 \\ 1 & -1 \end{vmatrix} = 2$，

$A_{31} = \begin{vmatrix} 1 & -1 \\ 1 & 0 \end{vmatrix} = 1, A_{32} = -\begin{vmatrix} 1 & -1 \\ 2 & 0 \end{vmatrix} = -2, A_{33} = \begin{vmatrix} 1 & 1 \\ 2 & 1 \end{vmatrix} = -1$，

故 $A^{-1} = \dfrac{1}{|A|}A^* = \dfrac{1}{3}\begin{bmatrix} 0 & 1 & 1 \\ 0 & 1 & -2 \\ -3 & 2 & -1 \end{bmatrix}$.

【方法二】（用初等行变换）

$$[A \vdots E] = \left[\begin{array}{ccc|ccc} 1 & 1 & -1 & 1 & 0 & 0 \\ 2 & 1 & 0 & 0 & 1 & 0 \\ 1 & -1 & 0 & 0 & 0 & 1 \end{array}\right] \to \left[\begin{array}{ccc|ccc} 1 & 1 & -1 & 1 & 0 & 0 \\ 0 & -1 & 2 & -2 & 1 & 0 \\ 0 & -2 & 1 & -1 & 0 & 1 \end{array}\right]$$

$$\to \left[\begin{array}{ccc|ccc} 1 & 1 & -1 & 1 & 0 & 0 \\ 0 & -1 & 2 & -2 & 1 & 0 \\ 0 & 0 & -3 & 3 & -2 & 1 \end{array}\right] \to \left[\begin{array}{ccc|ccc} 1 & 0 & 1 & -1 & 1 & 0 \\ 0 & -1 & 2 & -2 & 1 & 0 \\ 0 & 0 & -3 & 3 & -2 & 1 \end{array}\right]$$

$$\to \left[\begin{array}{ccc|ccc} 1 & 0 & 0 & 0 & \frac{1}{3} & \frac{1}{3} \\ 0 & -1 & 0 & 0 & -\frac{1}{3} & \frac{2}{3} \\ 0 & 0 & -3 & 3 & -2 & 1 \end{array}\right] \to \left[\begin{array}{ccc|ccc} 1 & 0 & 0 & 0 & \frac{1}{3} & \frac{1}{3} \\ 0 & 1 & 0 & 0 & \frac{1}{3} & -\frac{2}{3} \\ 0 & 0 & 1 & -1 & \frac{2}{3} & -\frac{1}{3} \end{array}\right],$$

故 $A^{-1} = \dfrac{1}{3}\begin{bmatrix} 0 & 1 & 1 \\ 0 & 1 & -2 \\ -3 & 2 & -1 \end{bmatrix}$.

【评注】 (1) 由于代数余子式的计算量较大，当 A 的阶数较高时一般不用 $A^{-1} = \dfrac{1}{|A|}A^*$ 这一方法. 假如用这一方法求 A^{-1}，那么求出 A^* 后不要忘记要除以 $|A|$，再有就是要小心正负

号与排序.

（2）用初等行变换求 A^{-1} 的常规步骤：

$$(A \quad E) \xrightarrow[\text{由上往下}]{} (\searrow \quad \approx) \xrightarrow[\text{由下往上}]{} (\diagdown \quad \diagup\!\!\!\times) \xrightarrow{\text{某行乘 }k} (E \quad A^{-1}).$$

【例 17】 设 n 阶矩阵 A 满足 $A^2 + 2A - 3E = O$，

（1）证明：$A, A + 2E$ 可逆，并求它们的逆；

（2）当 $A \neq E$ 时，判断 $A + 3E$ 是否可逆，并说明理由.

 用定义法求逆矩阵．例如要求 $A + 2E$ 的逆矩阵，那就由已知条件出发，经恒等变形构造出 $(A + 2E)B = E$ 的形式，那么 $(A + 2E)^{-1}$ 就是矩阵 B．

解 因 $A^2 + 2A - 3E = O$，故有

（1）$A(A + 2E) = 3E, A\dfrac{(A + 2E)}{3} = E, A$ 可逆，且 $A^{-1} = \dfrac{A + 2E}{3}$；

类似地，$\dfrac{1}{3}A(A + 2E) = E, (A + 2E)$ 可逆，且 $(A + 2E)^{-1} = \dfrac{1}{3}A$.

（2）当 $A \neq E$ 时，$A - E \neq O$，因 $A^2 + 2A - 3E = (A + 3E)(A - E) = O$，即齐次方程组 $(A + 3E)x = 0$ 有非零解，故有 $|A + 3E| = 0$，所以 $A + 3E$ 不可逆.

【例 18】 已知 α, β 是三维非零列向量，且相互正交，$A = E + 2\alpha\beta^{\mathrm{T}}$，证明：矩阵 A 可逆.

证明 记 $B = \alpha\beta^{\mathrm{T}}$，因 $\beta^{\mathrm{T}}\alpha = 0$，有 $B^2 = \alpha(\beta^{\mathrm{T}}\alpha)\beta^{\mathrm{T}} = O$，

于是 $(A - E)^2 = 4B^2 = O$，

故 $A(2E - A) = E$，

所以 A 可逆.

或由 $B = \alpha\beta^{\mathrm{T}}$，知 $r(B) = 1$，又 $\beta^{\mathrm{T}}\alpha = 0$，

于是 B 的特征值：$\beta^{\mathrm{T}}\alpha, 0, 0$（即 $0, 0, 0$），

从而 $A = E + 2B$ 的特征值：$1, 1, 1$，

所以 A 必可逆.

【注】 $B \neq O, 1 \leqslant r(B) = r(\alpha\beta^{\mathrm{T}}) \leqslant r(\alpha) = 1$.

【例 19】 设 $H = \begin{bmatrix} A & O \\ C & B \end{bmatrix}$，其中 A, B 分别是 m 阶和 n 阶可逆矩阵，证明矩阵 H 可逆，并求其逆.

解 因为 A, B 可逆，由拉普拉斯展开式（1.6）有

$$|H| = \begin{vmatrix} A & O \\ C & B \end{vmatrix} = |A||B| \neq 0,$$

所以矩阵 H 可逆.

设 $H^{-1} = \begin{bmatrix} X & Y \\ Z & W \end{bmatrix}$，则 $\begin{bmatrix} A & O \\ C & B \end{bmatrix}\begin{bmatrix} X & Y \\ Z & W \end{bmatrix} = \begin{bmatrix} E_m & O \\ O & E_n \end{bmatrix}$，即

$$\begin{cases} AX = E, \\ AY = O, \\ CX + BZ = O, \\ CY + BW = E, \end{cases} \quad \text{解出} \quad \begin{cases} X = A^{-1}, \\ Y = O, \\ Z = -B^{-1}CA^{-1}, \\ W = B^{-1}, \end{cases}$$

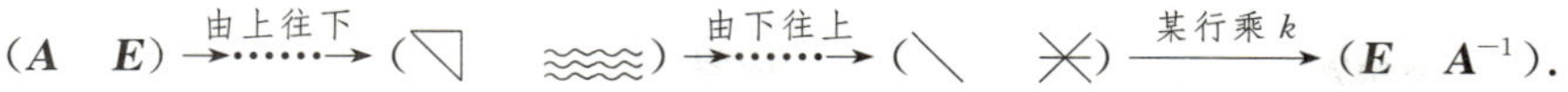

故 $$\begin{bmatrix} A & O \\ C & B \end{bmatrix}^{-1} = \begin{bmatrix} A^{-1} & O \\ -B^{-1}CA^{-1} & B^{-1} \end{bmatrix}.$$

【例 20】 已知 A 可逆，$(A+B)^2=E$，则 $(E+BA^{-1})^{-1}=$

(A) $A(A+B)$. (B) $(A+B)A$. (C) $B(A+B)$. (D) $(A+B)B$.

分析 因 $(A+B)^2=E$，有 $(A+B)^{-1}=A+B$，

于是 $$(E+BA^{-1})^{-1}=(AA^{-1}+BA^{-1})^{-1}=[(A+B)A^{-1}]^{-1}$$
$$=(A^{-1})^{-1}(A+B)^{-1}=A(A+B).$$ 选(A).

小结

复习可逆矩阵时，一要重视通过初等行变换和伴随矩阵求逆的基础计算，注意基本功；二要把握好用定义法求抽象矩阵的逆矩阵，特别要注意单位矩阵恒等变形的技巧；三要小心 $(A+B)^{-1}$ 是没有运算法则的.

五、初等变换、初等矩阵

基本思路 看清矩阵变换的情况，想清左乘还是右乘，记住初等矩阵逆矩阵的公式.

【例 21】 已知 $A=\begin{bmatrix} a_{11} & a_{12} & a_{13} \\ a_{21} & a_{22} & a_{23} \\ a_{31} & a_{32} & a_{33} \end{bmatrix}$ 且 $|A|=5$. 若 $A_1=\begin{bmatrix} a_{11} & a_{12} & a_{13} \\ 3a_{21} & 3a_{22} & 3a_{23} \\ a_{11}+a_{31} & a_{12}+a_{32} & a_{13}+a_{33} \end{bmatrix}$，则 $A_1A^*=$ ________.

分析 由下标观察出 A 经两次行变换得到 A_1，即 $P_2P_1A=A_1$，其中 $P_1=\begin{bmatrix} 1 & 0 & 0 \\ 0 & 1 & 0 \\ 1 & 0 & 1 \end{bmatrix}$，$P_2=\begin{bmatrix} 1 & 0 & 0 \\ 0 & 3 & 0 \\ 0 & 0 & 1 \end{bmatrix}$，于是

$$A_1A^*=P_2P_1AA^*=P_2P_1|A|E$$
$$=5P_2P_1=5\begin{bmatrix} 1 & 0 & 0 \\ 0 & 3 & 0 \\ 1 & 0 & 1 \end{bmatrix}.$$

【例 22】 设 A,P 均为三阶矩阵，P^T 为 P 的转置矩阵，且 $P^TAP=\begin{bmatrix} 1 & 2 & 3 \\ 4 & 5 & 6 \\ 7 & 8 & 9 \end{bmatrix}$，若 $P=[\alpha_1,\alpha_2,\alpha_3]$，$Q=[\alpha_1,\alpha_2-\alpha_1,2\alpha_3]$，则 $Q^TAQ=$ ________.

分析 观察下标可注意到矩阵 P 经过两次列变换可得到矩阵 Q，

$$Q=[\alpha_1,\alpha_2-\alpha_1,2\alpha_3]=[\alpha_1,\alpha_2,\alpha_3]\begin{bmatrix} 1 & -1 & 0 \\ 0 & 1 & 0 \\ 0 & 0 & 1 \end{bmatrix}\begin{bmatrix} 1 & 0 & 0 \\ 0 & 1 & 0 \\ 0 & 0 & 2 \end{bmatrix}=P\begin{bmatrix} 1 & -1 & 0 \\ 0 & 1 & 0 \\ 0 & 0 & 2 \end{bmatrix}.$$

于是 $Q^{T}AQ=\left(P\begin{bmatrix}1&-1&0\\0&1&0\\0&0&2\end{bmatrix}\right)^{T}A\left(P\begin{bmatrix}1&-1&0\\0&1&0\\0&0&2\end{bmatrix}\right)$

$$=\begin{bmatrix}1&-1&0\\0&1&0\\0&0&2\end{bmatrix}^{T}(P^{T}AP)\begin{bmatrix}1&-1&0\\0&1&0\\0&0&2\end{bmatrix}$$

$$=\begin{bmatrix}1&0&0\\-1&1&0\\0&0&2\end{bmatrix}\begin{bmatrix}1&2&3\\4&5&6\\7&8&9\end{bmatrix}\begin{bmatrix}1&-1&0\\0&1&0\\0&0&2\end{bmatrix}=\begin{bmatrix}1&1&6\\3&0&6\\14&2&36\end{bmatrix}.$$

【例 23】 $\begin{bmatrix}1&0&0\\0&1&0\\0&2&1\end{bmatrix}^{2000}\begin{bmatrix}1&2&3\\2&3&4\\3&4&5\end{bmatrix}\begin{bmatrix}0&0&1\\0&1&0\\1&0&0\end{bmatrix}^{2001}=$ ______.

分析 因为 $\begin{bmatrix}0&0&1\\0&1&0\\1&0&0\end{bmatrix}^{2}=\begin{bmatrix}1&&\\&1&\\&&1\end{bmatrix}$,

故 $\begin{bmatrix}0&0&1\\0&1&0\\1&0&0\end{bmatrix}^{2n}=\begin{bmatrix}1&0&0\\0&1&0\\0&0&1\end{bmatrix}$, $\begin{bmatrix}0&0&1\\0&1&0\\1&0&0\end{bmatrix}^{2n+1}=\begin{bmatrix}0&0&1\\0&1&0\\1&0&0\end{bmatrix}$.

因此 $AE_{1,3}^{2n}=A$,而 $AE_{1,3}^{2n+1}$ 是把 A 的 1,3 两列互换,

所以 $\begin{bmatrix}1&2&3\\2&3&4\\3&4&5\end{bmatrix}\begin{bmatrix}0&0&1\\0&1&0\\1&0&0\end{bmatrix}^{2001}=\begin{bmatrix}3&2&1\\4&3&2\\5&4&3\end{bmatrix}$.

又因 $\begin{bmatrix}1&0&0\\0&1&0\\0&2&1\end{bmatrix}^{2}=\begin{bmatrix}1&0&0\\0&1&0\\0&4&1\end{bmatrix}$, $\begin{bmatrix}1&0&0\\0&1&0\\0&2&1\end{bmatrix}^{3}=\begin{bmatrix}1&0&0\\0&1&0\\0&6&1\end{bmatrix}$,…

一般地 $\begin{bmatrix}1&0&0\\0&1&0\\0&2&1\end{bmatrix}^{n}=\begin{bmatrix}1&0&0\\0&1&0\\0&2n&1\end{bmatrix}$,

所以 $\begin{bmatrix}1&0&0\\0&1&0\\0&2&1\end{bmatrix}^{2000}\begin{bmatrix}3&2&1\\4&3&2\\5&4&3\end{bmatrix}=\begin{bmatrix}3&2&1\\4&3&2\\5+4000\cdot 4&4+4000\cdot 3&3+4000\cdot 2\end{bmatrix}$.

故本题答案是 $\begin{bmatrix}3&2&1\\4&3&2\\16005&12004&8003\end{bmatrix}$.

【例 24】 设 A 为三阶可逆矩阵,把 A 的第 2 行的 -3 倍加到第 1 行得 B,再将 B 的第 1 列的 3 倍加到第 2 列得 C. 记 $P=\begin{bmatrix}1&-3&0\\0&1&0\\0&0&1\end{bmatrix}$,则

(A) $C^{-1}=PA^{-1}P^{-1}$.　　(B) $C^{-1}=PA^{-1}P^{T}$.

(C) $C^{-1}=P^{-1}A^{-1}P$.　　(D) $C^{-1}=P^{T}A^{-1}P$.

分析 按已知条件，用初等矩阵描述有

$$\boldsymbol{B}=\begin{bmatrix}1&-3&0\\0&1&0\\0&0&1\end{bmatrix}\boldsymbol{A},\ \boldsymbol{C}=\boldsymbol{B}\begin{bmatrix}1&3&0\\0&1&0\\0&0&1\end{bmatrix},$$

那么 $\boldsymbol{C}=\begin{bmatrix}1&-3&0\\0&1&0\\0&0&1\end{bmatrix}\boldsymbol{A}\begin{bmatrix}1&3&0\\0&1&0\\0&0&1\end{bmatrix}$. 所以

$$\boldsymbol{C}^{-1}=\left(\begin{bmatrix}1&-3&0\\0&1&0\\0&0&1\end{bmatrix}\boldsymbol{A}\begin{bmatrix}1&3&0\\0&1&0\\0&0&1\end{bmatrix}\right)^{-1}=\begin{bmatrix}1&3&0\\0&1&0\\0&0&1\end{bmatrix}^{-1}\boldsymbol{A}^{-1}\begin{bmatrix}1&-3&0\\0&1&0\\0&0&1\end{bmatrix}^{-1}$$

$$=\begin{bmatrix}1&-3&0\\0&1&0\\0&0&1\end{bmatrix}\boldsymbol{A}^{-1}\begin{bmatrix}1&3&0\\0&1&0\\0&0&1\end{bmatrix}=\boldsymbol{P}\boldsymbol{A}^{-1}\boldsymbol{P}^{-1}.$$

故应选(A).

【评注】 关于矩阵的初等变换首先要看清是行变换还是列变换，这涉及初等矩阵是左乘还是右乘的问题. 关于初等矩阵的逆矩阵、初等矩阵的方幂等应当清晰.

【例 25】 设矩阵

$$\boldsymbol{A}=\begin{bmatrix}1&0&1\\-1&-1&1\\0&2&a\end{bmatrix},\quad \boldsymbol{B}=\begin{bmatrix}1&0&1\\0&1&2\\0&0&0\end{bmatrix}.$$

(1) 问 a 为何值时，矩阵 $\boldsymbol{A}$ 和 $\boldsymbol{B}$ 等价；

(2) 当矩阵 $\boldsymbol{A}$ 和 $\boldsymbol{B}$ 等价时，用初等变换把矩阵 $\boldsymbol{A}$ 化成矩阵 $\boldsymbol{B}$，写出所用的初等矩阵.

解题思路 矩阵 $\boldsymbol{A}$ 和 $\boldsymbol{B}$ 等价是指矩阵 $\boldsymbol{A}$ 经过初等变换可以变成 $\boldsymbol{B}$，而 $\boldsymbol{A}\cong\boldsymbol{B}\Leftrightarrow r(\boldsymbol{A})=r(\boldsymbol{B})$.

解 (1) $\boldsymbol{A},\boldsymbol{B}$ 同型，$\boldsymbol{A}$ 等价于 $\boldsymbol{B}\Leftrightarrow r(\boldsymbol{A})=r(\boldsymbol{B})$.

对于 $\boldsymbol{B}$，显然有 $r(\boldsymbol{B})=2$.

对于 $\boldsymbol{A}$，因 $\begin{vmatrix}1&0\\-1&-1\end{vmatrix}\neq 0$，要求 $r(\boldsymbol{A})=r(\boldsymbol{B})=2$，故应有

$$|\boldsymbol{A}|=\begin{vmatrix}1&0&1\\-1&-1&1\\0&2&a\end{vmatrix}=\begin{vmatrix}1&0&1\\0&-1&2\\0&2&a\end{vmatrix}=\begin{vmatrix}1&0&1\\0&-1&2\\0&0&a+4\end{vmatrix}$$

$$=-(a+4)=0,$$

得 $a=-4$. 因此，当 $a=-4$ 时，有 $r(\boldsymbol{A})=r(\boldsymbol{B})=2\Rightarrow\boldsymbol{A}\cong\boldsymbol{B}$.

(2) 当 $a=-4$ 时，$\boldsymbol{A}=\begin{bmatrix}1&0&1\\-1&-1&1\\0&2&-4\end{bmatrix}$ 先作行变换，有

$$\boldsymbol{A}=\begin{bmatrix}1&0&1\\-1&-1&1\\0&2&-4\end{bmatrix}\xrightarrow{\boldsymbol{P}_1}\begin{bmatrix}1&0&1\\0&-1&2\\0&2&-4\end{bmatrix}\xrightarrow{\boldsymbol{P}_2}\begin{bmatrix}1&0&1\\0&-1&2\\0&0&0\end{bmatrix}=\boldsymbol{B}_1,$$

其中 $P_1=\begin{bmatrix}1&0&0\\1&1&0\\0&0&1\end{bmatrix}$，$P_2=\begin{bmatrix}1&0&0\\0&1&0\\0&2&1\end{bmatrix}$.

对矩阵 B_1 作列变换可得矩阵 B.

$$B_1=\begin{bmatrix}1&0&1\\0&-1&2\\0&0&0\end{bmatrix}\xrightarrow{Q}\begin{bmatrix}1&0&1\\0&1&2\\0&0&0\end{bmatrix},$$

其中 $Q=\begin{bmatrix}1&0&0\\0&-1&0\\0&0&1\end{bmatrix}$.

于是 $P_2P_1AQ=B$.

六、矩阵方程

【例 26】　已知 $A=\begin{bmatrix}2&0&0\\0&0&1\\0&1&1\end{bmatrix}$，$B=\begin{bmatrix}1&0&0\\0&0&1\\0&1&0\end{bmatrix}$，又 $AXA+XA-AX-X=AB+B$，则 $X=$ ________.

分析　恒等变形，有

$$(A+E)XA-(A+E)X=(A+E)B.$$

易见 $A+E$ 可逆，于是左乘 $(A+E)^{-1}$，有

$$XA-X=B,$$

即 $X(A-E)=B$，故

$$\begin{aligned}X&=B(A-E)^{-1}\\&=\begin{bmatrix}1&0&0\\0&0&1\\0&1&0\end{bmatrix}\begin{bmatrix}1&0&0\\0&-1&1\\0&1&0\end{bmatrix}^{-1}=\begin{bmatrix}1&0&0\\0&0&1\\0&1&0\end{bmatrix}\begin{bmatrix}1&0&0\\0&0&1\\0&1&1\end{bmatrix}\\&=\begin{bmatrix}1&0&0\\0&1&1\\0&0&1\end{bmatrix}.\end{aligned}$$

【例 27】　(1998,3) 设矩阵 A,B 满足 $A^*BA=2BA-8E$，其中 $A=\begin{bmatrix}1&0&0\\0&-2&0\\0&0&1\end{bmatrix}$，则 $B=$ ________.

分析　先化简矩阵方程，左乘 A 右乘 A^{-1}，有

$$A(A^*BA)A^{-1}=A(2BA)A^{-1}-A(8E)A^{-1}.$$

利用 $AA^*=|A|E$，本题 $|A|=-2$，得

$$B+AB=4E.$$

$$B=4(A+E)^{-1}=4\begin{bmatrix}2&0&0\\0&-1&0\\0&0&2\end{bmatrix}^{-1}=\begin{bmatrix}2&0&0\\0&-4&0\\0&0&2\end{bmatrix}.$$

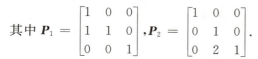

七、矩阵的秩

要把握好矩阵秩的概念和计算

【例 28】 判断下列命题是否正确.

(1) 若 $r(\boldsymbol{A})=r$,那么矩阵 $\boldsymbol{A}$ 中能否有 $r-1$ 阶子式为 0?能否有 $r-1$ 阶子式不为 0?

(2) 若 $r(\boldsymbol{A})=r$,那么矩阵 $\boldsymbol{A}$ 中能否有 r 阶子式为 0?能否有 $r+1$ 阶子式不为 0?

解 (1) 当 $r(\boldsymbol{A})=r$ 时,$\boldsymbol{A}$ 中可以有 $r-1$ 阶子式为 0(但不能所有的 $r-1$ 阶子式全为 0).必须有 $r-1$ 阶子式不为 0(否则 $\boldsymbol{A}$ 中 r 阶子式一定全为 0,那必有 $r(\boldsymbol{A})<r$).

(2) 当 $r(\boldsymbol{A})=r$ 时,$\boldsymbol{A}$ 中可以有 r 阶子式为 0(但不能所有的 r 阶子式全为 0),不能有 $r+1$ 阶子式不为 0(否则 $r(\boldsymbol{A})>r$).

【例 29】 设 $\boldsymbol{A}=\begin{bmatrix} a & b & b & b & b \\ b & a & b & b & b \\ b & b & a & b & b \\ b & b & b & a & b \\ b & b & b & b & a \end{bmatrix}$,则 $r(\boldsymbol{A})=$ ________.

分析 对 $\boldsymbol{A}$ 作初等变换,得

$$\boldsymbol{A}=\begin{bmatrix} a & b & b & b & b \\ b & a & b & b & b \\ b & b & a & b & b \\ b & b & b & a & b \\ b & b & b & b & a \end{bmatrix}\rightarrow\begin{bmatrix} a & b & b & b & b \\ b-a & a-b & 0 & 0 & 0 \\ b-a & 0 & a-b & 0 & 0 \\ b-a & 0 & 0 & a-b & 0 \\ b-a & 0 & 0 & 0 & a-b \end{bmatrix}$$

$$\rightarrow\begin{bmatrix} a+4b & b & b & b & b \\ 0 & a-b & 0 & 0 & 0 \\ 0 & 0 & a-b & 0 & 0 \\ 0 & 0 & 0 & a-b & 0 \\ 0 & 0 & 0 & 0 & a-b \end{bmatrix}.$$

由 $\boldsymbol{A}$ 的等价阶梯形矩阵知

当 $a=b=0$ 时,$\boldsymbol{A}=\boldsymbol{O}$,$r(\boldsymbol{A})=0$;当 $a=b\neq 0$ 时,$r(\boldsymbol{A})=1$;

当 $a+4b=0$ 时(此时 $a\neq b$),$r(\boldsymbol{A})=4$;当 $a\neq b$ 且 $a\neq -4b$ 时,$r(\boldsymbol{A})=5$.

【评注】 (1) 本题也可通过计算行列式的值用定义法来分析讨论矩阵 $\boldsymbol{A}$ 的秩.

计算出 $|\boldsymbol{A}|=(a+4b)(a-b)^4$ 之后,当 $a+4b\neq 0$ 且 $a-b\neq 0$ 时,$r(\boldsymbol{A})=5$;当 $a=b=0$ 时,$\boldsymbol{A}=\boldsymbol{O}$,此时 $r(\boldsymbol{A})=0$;当 $a=b\neq 0$ 时,易见 $r(\boldsymbol{A})=1$;当 $a=-4b$ 且 $b\neq 0$ 时,$|\boldsymbol{A}|=0$,但

$$\begin{vmatrix} -4b & b & b & b \\ b & -4b & b & b \\ b & b & -4b & b \\ b & b & b & -4b \end{vmatrix}=125b^4\neq 0,\text{知 } r(\boldsymbol{A})=4.$$

(2) 因为 $\boldsymbol{A}$ 是实对称矩阵,必有 $\boldsymbol{A}\sim\boldsymbol{\Lambda}$ 且 $r(\boldsymbol{A})=r(\boldsymbol{\Lambda})$.那么当把矩阵 $\boldsymbol{A}$ 的特征值求出来,得到 $\boldsymbol{\Lambda}$ 后,亦可用 $r(\boldsymbol{\Lambda})$ 来求 $r(\boldsymbol{A})$.

【例 30】 (1) 已知 $A=\begin{bmatrix}1&2&5\\2&a&7\\1&3&2\end{bmatrix}$，$B=\begin{bmatrix}1&0&4\\0&2&-1\\-3&0&5\end{bmatrix}$，且 $r(AB)=2$，则 $a=$ ________.

(2) 已知 A 是二阶非零矩阵且 $A^5=O$，则 $r(A)=$ ________.

分析 (1) 对行列式 $|B|$ 按第 2 列展开，易见 $|B|\neq 0$，所以 B 是可逆矩阵，那么 $r(AB)=r(A)=2$.

由于矩阵 A 中有二阶子式 $\begin{vmatrix}1&2\\1&3\end{vmatrix}\neq 0$，故 $r(A)=2\Leftrightarrow |A|=0$，

$$|A|=\begin{vmatrix}1&2&5\\2&a&7\\1&3&2\end{vmatrix}=3(5-a),$$

即当 $a=5$ 时 $r(AB)=2$.

(2) 因为 $A\neq O$，知 $r(A)\geqslant 1$. 由 $A^5=O\Rightarrow |A|^5=0\Rightarrow |A|=0$，所以 $r(A)=1$.

【例 31】 (2018 选择题改编) 设 A,B 是三阶矩阵.

(1) 证明：$r(A,AB)=r(A)$；

(2) 举例说明 $r(A,BA)=r(A)$ 是错误的.

解 (1) 设 $AB=C$，对矩阵 A,C 分别按列分块，记 $A=[\alpha_1,\alpha_2,\alpha_3]$，$C=[\gamma_1,\gamma_2,\gamma_3]$，记 $B=[b_{ij}]$. 那么由 $AB=C$，有

$$[\alpha_1,\alpha_2,\alpha_3]\begin{bmatrix}b_{11}&b_{12}&b_{13}\\b_{21}&b_{22}&b_{23}\\b_{31}&b_{32}&b_{33}\end{bmatrix}=[\gamma_1,\gamma_2,\gamma_3],$$

即

$$\begin{cases}\gamma_1=b_{11}\alpha_1+b_{21}\alpha_2+b_{31}\alpha_3,\\\gamma_2=b_{12}\alpha_1+b_{22}\alpha_2+b_{32}\alpha_3,\\\gamma_3=b_{13}\alpha_1+b_{23}\alpha_2+b_{33}\alpha_3,\end{cases}$$

即 AB 的列向量 $\gamma_1,\gamma_2,\gamma_3$ 可由 A 的列向量 $\alpha_1,\alpha_2,\alpha_3$ 线性表示.

又因 $r(A)=A$ 的列秩，故

$r(A,AB)=r(\alpha_1,\alpha_2,\alpha_3,\gamma_1,\gamma_2,\gamma_3)=r(\alpha_1,\alpha_2,\alpha_3)=r(A)$.

(2) 若 $A=\begin{bmatrix}1&0&0\\0&0&1\\0&0&0\end{bmatrix}$，$B=\begin{bmatrix}1&0&0\\0&0&1\\0&1&0\end{bmatrix}$，则 $BA=\begin{bmatrix}1&0&0\\0&0&1\\0&1&0\end{bmatrix}\begin{bmatrix}1&0&0\\0&0&1\\0&0&0\end{bmatrix}=\begin{bmatrix}1&0&0\\0&0&0\\0&0&1\end{bmatrix}$.

$r(A,BA)=r\begin{bmatrix}1&0&0&1&0&0\\0&0&1&0&0&0\\0&0&0&0&0&1\end{bmatrix}=3$，而 $r(A)=2$，所以 $r(A,BA)=r(A)$ 是错误的.

【例 32】 设 A 是 $m\times n$ 矩阵，B 是 $n\times s$ 矩阵，证明：

$$r(AB)\leqslant\min(r(A),r(B)).$$

证明【方法一】 对于齐次方程组

$$(\text{Ⅰ})ABx=0 \text{ 与}(\text{Ⅱ})Bx=0.$$

若 α 是方程组(Ⅱ)的任一个解，则由

$$(AB)\alpha=A(B\alpha)=A0=0$$

知 α 是方程组(Ⅰ)的解. 因此方程组(Ⅱ)的解集合是方程组(Ⅰ)的解集合的子集合.

又因（Ⅰ）的解向量的秩为 $s-r(\boldsymbol{AB})$，（Ⅱ）的解向量的秩为 $s-r(\boldsymbol{B})$，故有

$$s-r(\boldsymbol{B})\leqslant s-r(\boldsymbol{AB}),$$

即 $r(\boldsymbol{AB})\leqslant r(\boldsymbol{B})$.

另一方面，$r(\boldsymbol{AB})=r((\boldsymbol{AB})^{\mathrm{T}})=r(\boldsymbol{B}^{\mathrm{T}}\boldsymbol{A}^{\mathrm{T}})\leqslant r(\boldsymbol{A}^{\mathrm{T}})=r(\boldsymbol{A})$. 命题得证.

【方法二】 记 $\boldsymbol{AB}=\boldsymbol{C}$，并对 $\boldsymbol{A},\boldsymbol{C}$ 按列分块，有

$$[\boldsymbol{\alpha}_1,\boldsymbol{\alpha}_2,\cdots,\boldsymbol{\alpha}_n]\begin{bmatrix}b_{11}&b_{12}&\cdots&b_{1s}\\b_{21}&b_{22}&\cdots&b_{2s}\\\vdots&\vdots&&\vdots\\b_{n1}&b_{n2}&\cdots&b_{ns}\end{bmatrix}=[\boldsymbol{\gamma}_1,\boldsymbol{\gamma}_2,\cdots,\boldsymbol{\gamma}_s].$$

说明 $\boldsymbol{AB}$ 的列向量 $\boldsymbol{\gamma}_i(i=1,2,\cdots,s)$ 可由 $\boldsymbol{A}$ 的列向量 $\boldsymbol{\alpha}_1,\boldsymbol{\alpha}_2,\cdots,\boldsymbol{\alpha}_s$ 线性表出. 因此据定理 3.3.3(1) 与(2) 有

$$r(\boldsymbol{AB})=r(\boldsymbol{\gamma}_1,\boldsymbol{\gamma}_2,\cdots,\boldsymbol{\gamma}_s)\leqslant r(\boldsymbol{\alpha}_1,\boldsymbol{\alpha}_2,\cdots,\boldsymbol{\alpha}_n)=r(\boldsymbol{A}).$$

类似地，对 $\boldsymbol{B}$ 与 $\boldsymbol{C}$ 分别按行分块，有

$$\begin{bmatrix}a_{11}&a_{12}&\cdots&a_{1n}\\a_{21}&a_{22}&\cdots&a_{2n}\\\vdots&\vdots&&\vdots\\a_{m1}&a_{m2}&\cdots&a_{mn}\end{bmatrix}\begin{bmatrix}\boldsymbol{\beta}_1\\\boldsymbol{\beta}_2\\\vdots\\\boldsymbol{\beta}_n\end{bmatrix}=\begin{bmatrix}\boldsymbol{\delta}_1\\\boldsymbol{\delta}_2\\\vdots\\\boldsymbol{\delta}_m\end{bmatrix}.$$

说明 $\boldsymbol{AB}$ 的行向量 $\boldsymbol{\delta}_j(j=1,2,\cdots,m)$ 可由 $\boldsymbol{B}$ 的行向量 $\boldsymbol{\beta}_1,\boldsymbol{\beta}_2,\cdots,\boldsymbol{\beta}_n$ 线性表出，因此

$$r(\boldsymbol{AB})=r(\boldsymbol{\delta}_1,\boldsymbol{\delta}_2,\cdots,\boldsymbol{\delta}_m)\leqslant r(\boldsymbol{\beta}_1,\boldsymbol{\beta}_2,\cdots,\boldsymbol{\beta}_n)=r(\boldsymbol{B}).$$

【例 33】 若 $\boldsymbol{A}$ 为 n 阶矩阵，且 $\boldsymbol{A}^2=\boldsymbol{E}$，证明：$r(\boldsymbol{A}+\boldsymbol{E})+r(\boldsymbol{A}-\boldsymbol{E})=n$.

证明 由 $\boldsymbol{A}^2=\boldsymbol{E}$，得 $(\boldsymbol{A}+\boldsymbol{E})(\boldsymbol{A}-\boldsymbol{E})=\boldsymbol{O}$，故

$$r(\boldsymbol{A}+\boldsymbol{E})+r(\boldsymbol{A}-\boldsymbol{E})\leqslant n. \tag{2-1}$$

又 $r(\boldsymbol{A}-\boldsymbol{E})=r(\boldsymbol{E}-\boldsymbol{A})$，有

$$\begin{aligned}r(\boldsymbol{A}+\boldsymbol{E})+r(\boldsymbol{A}-\boldsymbol{E})&=r(\boldsymbol{A}+\boldsymbol{E})+r(\boldsymbol{E}-\boldsymbol{A})\\&\geqslant r[(\boldsymbol{A}+\boldsymbol{E})+(\boldsymbol{E}-\boldsymbol{A})]\\&=r(2\boldsymbol{E})=n.\end{aligned} \tag{2-2}$$

比较(2-1)，(2-2) 得证 $r(\boldsymbol{A}+\boldsymbol{E})+r(\boldsymbol{A}-\boldsymbol{E})=n$.

小结

矩阵的秩是一些同学感到困难的知识点，但矩阵的秩在线性代数里几乎无孔不入，希望同学在秩的概念上花一些时间，把它理解清楚. 有几个简单的问题：$\boldsymbol{A}$ 是 3×4 矩阵，那么秩 $r(\boldsymbol{A})$ 能为 4 吗？又若秩 $r(\boldsymbol{A})=2$，那么 $\boldsymbol{A}$ 中能否有某二阶子式为 0？能否有某三阶子式不为 0？又如，增广矩阵 $\overline{\boldsymbol{A}}=\left[\begin{array}{cccc:c}1&-1&2&3&6\\&1&0&4&0\\&&&5&0\end{array}\right]$，那么 $r(\boldsymbol{A})=?r(\overline{\boldsymbol{A}})=?$

在求矩阵秩时，基本方法是：经过初等变换矩阵的秩不变. 若 $\boldsymbol{A}$ 可逆，则 $r(\boldsymbol{AB})=r(\boldsymbol{B})$，$r(\boldsymbol{BA})=r(\boldsymbol{B})$.

第三章　向　量

考点与要求

了解　内积的概念，向量组的极大线性无关组的概念，向量组等价的概念，矩阵的秩与其行(列)向量组的秩之间的关系.

理解　n 维向量、向量的线性组合与线性表示、向量组线性相关、线性无关的概念.

掌握　向量的加法和数乘的运算法则，向量组线性相关、线性无关的有关性质及判别法，线性无关向量组正交规范化的施密特(Schmidt)方法.

会求　向量组的极大线性无关组及秩.

内容精讲

§1　n 维向量的概念与运算

3.1.1　n 维向量

定义　n 个数 $a_1,a_2,\cdots,a_n$ 所构成的一个有序数组称为 n 维向量. 记成 $(a_1,a_2,\cdots,a_n)$ 或 $(a_1,a_2,\cdots,a_n)^{\mathrm{T}}$，分别称为 n 维行向量或 n 维列向量，数 a_i 称为向量的第 i 个分量.

3.1.2　零向量

定义　所有分量都是 0 的向量称为零向量，记为 $\mathbf{0}$.

3.1.3　向量相等

n 维向量 $\boldsymbol{\alpha}=(a_1,a_2,\cdots,a_n)^{\mathrm{T}}$，$\boldsymbol{\beta}=(b_1,b_2,\cdots,b_n)^{\mathrm{T}}$ 相等，

$$\boldsymbol{\alpha}=\boldsymbol{\beta}\Leftrightarrow a_1=b_1,a_2=b_2,\cdots,a_n=b_n.$$

3.1.4　n 维向量的运算

定义　如 $\boldsymbol{\alpha}=(a_1,a_2,\cdots,a_n)^{\mathrm{T}}$，$\boldsymbol{\beta}=(b_1,b_2,\cdots,b_n)^{\mathrm{T}}$，则

(1) **加法**. $\boldsymbol{\alpha}+\boldsymbol{\beta}=(a_1+b_1,a_2+b_2,\cdots,a_n+b_n)^{\mathrm{T}}$.

(2) **数乘**. $k\boldsymbol{\alpha}=(ka_1,ka_2,\cdots,ka_n)^{\mathrm{T}}$.

(3) **内积**. $(\boldsymbol{\alpha},\boldsymbol{\beta})=a_1b_1+a_2b_2+\cdots+a_nb_n=\boldsymbol{\alpha}^{\mathrm{T}}\boldsymbol{\beta}=\boldsymbol{\beta}^{\mathrm{T}}\boldsymbol{\alpha}$.

特别地，如 $(\boldsymbol{\alpha},\boldsymbol{\beta})=0$，则称向量 $\boldsymbol{\alpha}$ 与 $\boldsymbol{\beta}$ 正交.

又 $(\boldsymbol{\alpha},\boldsymbol{\alpha})=\boldsymbol{\alpha}^{\mathrm{T}}\boldsymbol{\alpha}=a_1^2+a_2^2+\cdots+a_n^2$，称 $\sqrt{a_1^2+a_2^2+\cdots+a_n^2}$ 为向量 $\boldsymbol{\alpha}$ 的长度.

向量的加法、数乘满足：

$\boldsymbol{\alpha}+\boldsymbol{\beta}=\boldsymbol{\beta}+\boldsymbol{\alpha}$，$(\boldsymbol{\alpha}+\boldsymbol{\beta})+\boldsymbol{\gamma}=\boldsymbol{\alpha}+(\boldsymbol{\beta}+\boldsymbol{\gamma})$，$\boldsymbol{\alpha}+\mathbf{0}=\mathbf{0}+\boldsymbol{\alpha}=\boldsymbol{\alpha}$，$\boldsymbol{\alpha}+(-\boldsymbol{\alpha})=\mathbf{0}$，

$1\cdot\boldsymbol{\alpha}=\boldsymbol{\alpha}$，$k(l\boldsymbol{\alpha})=(kl)\boldsymbol{\alpha}$，$(k+l)\boldsymbol{\alpha}=k\boldsymbol{\alpha}+l\boldsymbol{\alpha}$，$k(\boldsymbol{\alpha}+\boldsymbol{\beta})=k\boldsymbol{\alpha}+k\boldsymbol{\beta}$.

向量内积满足：

$(\boldsymbol{\alpha},\boldsymbol{\beta})=(\boldsymbol{\beta},\boldsymbol{\alpha}),k(\boldsymbol{\alpha},\boldsymbol{\beta})=(k\boldsymbol{\alpha},\boldsymbol{\beta})=(\boldsymbol{\alpha},k\boldsymbol{\beta})$，

$(\boldsymbol{\alpha}+\boldsymbol{\beta},\boldsymbol{\gamma})=(\boldsymbol{\alpha},\boldsymbol{\gamma})+(\boldsymbol{\beta},\boldsymbol{\gamma}),(\boldsymbol{\alpha},\boldsymbol{\alpha})\geqslant 0$，等号成立当且仅当 $\boldsymbol{\alpha}=\mathbf{0}$.

§2 线性表出、线性相关

3.2.1 线性组合

定义 m 个 n 维向量 $\boldsymbol{\alpha}_1,\boldsymbol{\alpha}_2,\cdots,\boldsymbol{\alpha}_m$ 及 m 个数 $k_1,k_2,\cdots,k_m$ 所构成的向量

$$k_1\boldsymbol{\alpha}_1+k_2\boldsymbol{\alpha}_2+\cdots+k_m\boldsymbol{\alpha}_m$$

称为向量组 $\boldsymbol{\alpha}_1,\boldsymbol{\alpha}_2,\cdots,\boldsymbol{\alpha}_m$ 的一个线性组合，数 $k_1,k_2,\cdots,k_m$ 称为组合系数.

3.2.2 线性表出的概念

定义 对 n 维向量 $\boldsymbol{\alpha}_1,\boldsymbol{\alpha}_2,\cdots,\boldsymbol{\alpha}_s$ 和 $\boldsymbol{\beta}$，如果存在实数 $k_1,k_2,\cdots,k_s$ 使得

$$k_1\boldsymbol{\alpha}_1+k_2\boldsymbol{\alpha}_2+\cdots+k_s\boldsymbol{\alpha}_s=\boldsymbol{\beta},$$

则称向量 $\boldsymbol{\beta}$ 是向量 $\boldsymbol{\alpha}_1,\boldsymbol{\alpha}_2,\cdots,\boldsymbol{\alpha}_s$ 的线性组合，或者说向量 $\boldsymbol{\beta}$ 可由 $\boldsymbol{\alpha}_1,\boldsymbol{\alpha}_2,\cdots,\boldsymbol{\alpha}_s$ 线性表出（示）.

3.2.3 向量组等价

定义 设有两个 n 维向量组（Ⅰ）$\boldsymbol{\alpha}_1,\boldsymbol{\alpha}_2,\cdots,\boldsymbol{\alpha}_s$；（Ⅱ）$\boldsymbol{\beta}_1,\boldsymbol{\beta}_2,\cdots,\boldsymbol{\beta}_t$；如果（Ⅰ）中每个向量 $\boldsymbol{\alpha}_i(i=1,2,\cdots,s)$ 都可由（Ⅱ）中的向量 $\boldsymbol{\beta}_1,\boldsymbol{\beta}_2,\cdots,\boldsymbol{\beta}_t$ 线性表出，则称向量组（Ⅰ）可由向量组（Ⅱ）线性表出.

如果（Ⅰ）（Ⅱ）这两个向量组可以互相线性表出，则称这两个向量组等价.

【注】（1）等价向量组具有传递性、对称性、反身性.

（2）向量组和它的极大线性无关组是等价向量组.

（3）向量组的任意两个极大线性无关组是等价向量组.

（4）等价的向量组有相同的秩，但秩相等的向量组不一定等价.

3.2.4 线性相关、线性无关的概念

定义 对于 n 维向量 $\boldsymbol{\alpha}_1,\boldsymbol{\alpha}_2,\cdots,\boldsymbol{\alpha}_s$，如果存在不全为零的数 $k_1,k_2,\cdots,k_s$ 使得

$$k_1\boldsymbol{\alpha}_1+k_2\boldsymbol{\alpha}_2+\cdots+k_s\boldsymbol{\alpha}_s=\mathbf{0},$$

则称向量组 $\boldsymbol{\alpha}_1,\boldsymbol{\alpha}_2,\cdots,\boldsymbol{\alpha}_s$ 线性相关，否则称它线性无关.

所谓线性无关，应当理解清晰：

只要 $k_1,k_2,\cdots,k_s$ 不全为零，必有 $k_1\boldsymbol{\alpha}_1+k_2\boldsymbol{\alpha}_2+\cdots+k_s\boldsymbol{\alpha}_s\neq\mathbf{0}$.

或者，当且仅当 $k_1=k_2=\cdots=k_s=0$ 时，才有 $k_1\boldsymbol{\alpha}_1+k_2\boldsymbol{\alpha}_2+\cdots+k_s\boldsymbol{\alpha}_s=\mathbf{0}$.

显然，含有零向量、相等向量、坐标成比例的向量组都是线性相关的，而阶梯形向量组一定是线性无关的.

3.2.5 线性表出、线性相关的重要定理

（1）**定理** n 维向量组 $\boldsymbol{\alpha}_1,\boldsymbol{\alpha}_2,\cdots,\boldsymbol{\alpha}_s$ 线性相关

$$\Leftrightarrow \text{齐次方程组}(\boldsymbol{\alpha}_1,\boldsymbol{\alpha}_2,\cdots,\boldsymbol{\alpha}_s)\begin{bmatrix}x_1\\x_2\\\vdots\\x_s\end{bmatrix}=\mathbf{0}\text{ 有非零解}$$

$\Leftrightarrow$ 秩 $r(\boldsymbol{\alpha}_1,\boldsymbol{\alpha}_2,\cdots,\boldsymbol{\alpha}_s)<s$.

推论 ①n 个 n 维向量 $\boldsymbol{\alpha}_1,\boldsymbol{\alpha}_2,\cdots,\boldsymbol{\alpha}_n$ 线性相关 $\Leftrightarrow$ 行列式 $|\boldsymbol{\alpha}_1,\boldsymbol{\alpha}_2,\cdots,\boldsymbol{\alpha}_n|=0$.

②$n+1$ 个 n 维向量必线性相关.

③ 如果 $\boldsymbol{\alpha}_1,\boldsymbol{\alpha}_2,\cdots,\boldsymbol{\alpha}_r$ 线性相关，则 $\boldsymbol{\alpha}_1,\boldsymbol{\alpha}_2,\cdots,\boldsymbol{\alpha}_r,\boldsymbol{\alpha}_{r+1},\cdots,\boldsymbol{\alpha}_s$ 必线性相关.

④ 如果 n 维向量组 $\boldsymbol{\alpha}_1,\boldsymbol{\alpha}_2,\cdots,\boldsymbol{\alpha}_s$ 线性无关，则它的延伸组 $\begin{pmatrix}\boldsymbol{\alpha}_1\\ \boldsymbol{\beta}_1\end{pmatrix},\begin{pmatrix}\boldsymbol{\alpha}_2\\ \boldsymbol{\beta}_2\end{pmatrix},\cdots,\begin{pmatrix}\boldsymbol{\alpha}_s\\ \boldsymbol{\beta}_s\end{pmatrix}$ 必线性无关.

(2) 定理　n 维向量 $\boldsymbol{\beta}$ 可由 $\boldsymbol{\alpha}_1,\boldsymbol{\alpha}_2,\cdots,\boldsymbol{\alpha}_m$ 线性表出

$\Leftrightarrow$ 非齐次方程组 $x_1\boldsymbol{\alpha}_1+x_2\boldsymbol{\alpha}_2+\cdots+x_m\boldsymbol{\alpha}_m=\boldsymbol{\beta}$ 有解

$\Leftrightarrow$ 秩 $r(\boldsymbol{\alpha}_1,\boldsymbol{\alpha}_2,\cdots,\boldsymbol{\alpha}_m)=r(\boldsymbol{\alpha}_1,\boldsymbol{\alpha}_2,\cdots,\boldsymbol{\alpha}_m,\boldsymbol{\beta})$.

(3) 定理　向量组 $\boldsymbol{\alpha}_1,\boldsymbol{\alpha}_2,\cdots,\boldsymbol{\alpha}_s$ 线性相关 $\Leftrightarrow$ 至少有一个向量 $\boldsymbol{\alpha}_i$ 可以由其余 $s-1$ 个向量线性表出.

(4) 定理　向量组 $\boldsymbol{\alpha}_1,\boldsymbol{\alpha}_2,\cdots,\boldsymbol{\alpha}_s$ 线性无关，而向量组 $\boldsymbol{\alpha}_1,\boldsymbol{\alpha}_2,\cdots,\boldsymbol{\alpha}_s,\boldsymbol{\beta}$ 线性相关，则向量 $\boldsymbol{\beta}$ 可以由 $\boldsymbol{\alpha}_1,\boldsymbol{\alpha}_2,\cdots,\boldsymbol{\alpha}_s$ 线性表出，且表示法唯一.

(5) 定理　设有两个 n 维向量组(Ⅰ)$\boldsymbol{\alpha}_1,\boldsymbol{\alpha}_2,\cdots,\boldsymbol{\alpha}_s$，(Ⅱ)$\boldsymbol{\beta}_1,\boldsymbol{\beta}_2,\cdots,\boldsymbol{\beta}_t$，

如果(Ⅰ)能由(Ⅱ)线性表出，且 $s>t$，则 $\boldsymbol{\alpha}_1,\boldsymbol{\alpha}_2,\cdots,\boldsymbol{\alpha}_s$ 必线性相关.

推论　若 n 维向量组 $\boldsymbol{\alpha}_1,\boldsymbol{\alpha}_2,\cdots,\boldsymbol{\alpha}_s$ 可由 $\boldsymbol{\beta}_1,\boldsymbol{\beta}_2,\cdots,\boldsymbol{\beta}_t$ 线性表出，且 $\boldsymbol{\alpha}_1,\boldsymbol{\alpha}_2,\cdots,\boldsymbol{\alpha}_s$ 线性无关，则 $s\leqslant t$.

§3　极大线性无关组、秩

3.3.1　极大线性无关组的概念

定义　设向量组 $\boldsymbol{\alpha}_1,\boldsymbol{\alpha}_2,\cdots,\boldsymbol{\alpha}_s$ 中，有一个部分组 $\boldsymbol{\alpha}_{i_1},\boldsymbol{\alpha}_{i_2},\cdots,\boldsymbol{\alpha}_{i_r}$ $(1\leqslant r\leqslant s)$，满足条件

(1)$\boldsymbol{\alpha}_{i_1},\boldsymbol{\alpha}_{i_2},\cdots,\boldsymbol{\alpha}_{i_r}$ 线性无关.

(2) 再添加任一向量 $\boldsymbol{\alpha}_j(1\leqslant j\leqslant s)$，向量组 $\boldsymbol{\alpha}_{i_1},\boldsymbol{\alpha}_{i_2},\cdots,\boldsymbol{\alpha}_{i_r},\boldsymbol{\alpha}_j$ 必线性相关，

则称向量组 $\boldsymbol{\alpha}_{i_1},\boldsymbol{\alpha}_{i_2},\cdots,\boldsymbol{\alpha}_{i_r}$ 是向量组 $\boldsymbol{\alpha}_1,\boldsymbol{\alpha}_2,\cdots,\boldsymbol{\alpha}_s$ 的一个极大线性无关组.

【注】　只有一个零向量构成的向量组没有极大线性无关组.

一个线性无关的向量组的极大线性无关组是该向量组本身.

向量组的极大线性无关组一般不唯一，但其极大线性无关组的向量个数是一样的.

条件(2)的等价说法是：向量组 $\boldsymbol{\alpha}_1,\boldsymbol{\alpha}_2,\cdots,\boldsymbol{\alpha}_s$ 中任一个向量 $\boldsymbol{\alpha}_j(1\leqslant j\leqslant s)$ 必可由 $\boldsymbol{\alpha}_{i_1},\boldsymbol{\alpha}_{i_2},\cdots,\boldsymbol{\alpha}_{i_r}$ 线性表出.

3.3.2　向量组的秩

定义　向量 $\boldsymbol{\alpha}_1,\boldsymbol{\alpha}_2,\cdots,\boldsymbol{\alpha}_s$ 的极大线性无关组中所含向量的个数 r 称为向量组的秩. 记为 $r(\boldsymbol{\alpha}_1,\boldsymbol{\alpha}_2,\cdots,\boldsymbol{\alpha}_s)=r$.

【注】　$r(\boldsymbol{\alpha}_1,\boldsymbol{\alpha}_2,\cdots,\boldsymbol{\alpha}_s)\leqslant r(\boldsymbol{\alpha}_1,\boldsymbol{\alpha}_2,\cdots,\boldsymbol{\alpha}_s,\boldsymbol{\alpha}_{s+1})$.

3.3.3　有关秩的定理

(1) 定理　如果向量组(Ⅰ)$\boldsymbol{\alpha}_1,\boldsymbol{\alpha}_2,\cdots,\boldsymbol{\alpha}_s$ 可由(Ⅱ)$\boldsymbol{\beta}_1,\boldsymbol{\beta}_2,\cdots,\boldsymbol{\beta}_t$ 线性表出.

则 r(Ⅰ)$\leqslant r$(Ⅱ).

推论　如果向量组(Ⅰ)和(Ⅱ)等价，则 r(Ⅰ)$=r$(Ⅱ).

(2) 定理　$r(\boldsymbol{A})=\boldsymbol{A}$ 的行秩(矩阵 $\boldsymbol{A}$ 的行向量组的秩)

$=\boldsymbol{A}$ 的列秩(矩阵 $\boldsymbol{A}$ 的列向量组的秩).

(3) 定理　经初等变换向量组的秩不变.

§4 Schmidt 正交化、正交矩阵

3.4.1 Schmidt 正交化（正交规范化方法）

设向量组 $\boldsymbol{\alpha}_1,\boldsymbol{\alpha}_2,\boldsymbol{\alpha}_3$ 线性无关，其正交规范化方法步骤如下：

令 $\boldsymbol{\beta}_1=\boldsymbol{\alpha}_1$，

$$\boldsymbol{\beta}_2=\boldsymbol{\alpha}_2-\frac{(\boldsymbol{\alpha}_2,\boldsymbol{\beta}_1)}{(\boldsymbol{\beta}_1,\boldsymbol{\beta}_1)}\boldsymbol{\beta}_1,$$

$$\boldsymbol{\beta}_3=\boldsymbol{\alpha}_3-\frac{(\boldsymbol{\alpha}_3,\boldsymbol{\beta}_1)}{(\boldsymbol{\beta}_1,\boldsymbol{\beta}_1)}\boldsymbol{\beta}_1-\frac{(\boldsymbol{\alpha}_3,\boldsymbol{\beta}_2)}{(\boldsymbol{\beta}_2,\boldsymbol{\beta}_2)}\boldsymbol{\beta}_2,$$

则 $\boldsymbol{\beta}_1,\boldsymbol{\beta}_2,\boldsymbol{\beta}_3$ 两两正交.

再将 $\boldsymbol{\beta}_1,\boldsymbol{\beta}_2,\boldsymbol{\beta}_3$ 单位化，取

$$\boldsymbol{\gamma}_1=\frac{\boldsymbol{\beta}_1}{|\boldsymbol{\beta}_1|},\boldsymbol{\gamma}_2=\frac{\boldsymbol{\beta}_2}{|\boldsymbol{\beta}_2|},\boldsymbol{\gamma}_3=\frac{\boldsymbol{\beta}_3}{|\boldsymbol{\beta}_3|},$$

则 $\boldsymbol{\gamma}_1,\boldsymbol{\gamma}_2,\boldsymbol{\gamma}_3$ 是正交规范向量组（即两两正交且均是单位向量）.

3.4.2 正交矩阵

设 $\boldsymbol{A}$ 是 n 阶矩阵，满足 $\boldsymbol{A}\boldsymbol{A}^{\mathrm{T}}=\boldsymbol{A}^{\mathrm{T}}\boldsymbol{A}=\boldsymbol{E}$，则 $\boldsymbol{A}$ 是正交矩阵.

$\boldsymbol{A}$ 是正交矩阵 $\Leftrightarrow \boldsymbol{A}^{\mathrm{T}}=\boldsymbol{A}^{-1}$.

$\Leftrightarrow \boldsymbol{A}$ 的列（行）向量组是正交规范向量组.

如 $\boldsymbol{A}$ 是正交矩阵，则行列式 $|\boldsymbol{A}|=1$ 或 -1.

例题分析

一、线性相关性判别

【例 1】 (1) 若 $\boldsymbol{\alpha}_1=(1,0,5,2)^{\mathrm{T}},\boldsymbol{\alpha}_2=(3,-2,3,-4)^{\mathrm{T}},\boldsymbol{\alpha}_3=(-1,1,t,3)^{\mathrm{T}}$ 线性相关，则 $t=$ ________.

(2) 若 $\boldsymbol{\alpha}_1=(1,0,2,3)^{\mathrm{T}},\boldsymbol{\alpha}_2=(1,1,3,5)^{\mathrm{T}},\boldsymbol{\alpha}_3=(1,-1,a+2,1)^{\mathrm{T}},\boldsymbol{\alpha}_4=(1,2,4,a+9)^{\mathrm{T}}$ 线性无关，则 a ________.

解题思路 已知向量的坐标，要判断相关、无关，应转化为考查齐次方程组是否有非零解.

分析 (1) $\boldsymbol{\alpha}_1,\boldsymbol{\alpha}_2,\boldsymbol{\alpha}_3$ 线性相关 $\Leftrightarrow$ 齐次方程组 $x_1\boldsymbol{\alpha}_1+x_2\boldsymbol{\alpha}_2+x_3\boldsymbol{\alpha}_3=\boldsymbol{0}$ 有非零解.

代入分量有

$$x_1\begin{bmatrix}1\\0\\5\\2\end{bmatrix}+x_2\begin{bmatrix}3\\-2\\3\\-4\end{bmatrix}+x_3\begin{bmatrix}-1\\1\\t\\3\end{bmatrix}=\begin{bmatrix}0\\0\\0\\0\end{bmatrix},$$

即 $\begin{cases}x_1+3x_2-x_3=0,\\ -2x_2+x_3=0,\\ 5x_1+3x_2+tx_3=0,\\ 2x_1-4x_2+3x_3=0\end{cases}$ 有非零解，

$$[\boldsymbol{\alpha}_1,\boldsymbol{\alpha}_2,\boldsymbol{\alpha}_3]=\begin{bmatrix}1&3&-1\\0&-2&1\\5&3&t\\2&-4&3\end{bmatrix}\to\begin{bmatrix}1&3&-1\\0&-2&1\\0&-12&t+5\\0&-10&5\end{bmatrix}\to\begin{bmatrix}1&3&-1\\0&-2&1\\0&0&t-1\\0&0&0\end{bmatrix}.$$

由 $\boldsymbol{A}\boldsymbol{x}=\boldsymbol{0}$ 有非零解 $\Leftrightarrow r(\boldsymbol{A})<n$. 可见 $t=1$.

(2)4 个四维向量线性无关 $\Leftrightarrow |\boldsymbol{\alpha}_1,\boldsymbol{\alpha}_2,\boldsymbol{\alpha}_3,\boldsymbol{\alpha}_4|\neq 0$.

由 $\begin{vmatrix}1&1&1&1\\0&1&-1&2\\2&3&a+2&4\\3&5&1&a+9\end{vmatrix}=(a+1)(a+2)$.

从而 $\boldsymbol{\alpha}_1,\boldsymbol{\alpha}_2,\boldsymbol{\alpha}_3,\boldsymbol{\alpha}_4$ 线性无关 $\Leftrightarrow a\neq -1$ 且 $a\neq -2$.

【注】 对于(2) 当然也可用(1) 的方法通过解齐次方程组来分析判断.

【例 2】 (1) 已知向量组 $\boldsymbol{\alpha}_1,\boldsymbol{\alpha}_2,\boldsymbol{\alpha}_3,\boldsymbol{\alpha}_4$ 线性无关,则正确的命题是

(A)$\boldsymbol{\alpha}_1+\boldsymbol{\alpha}_2,\boldsymbol{\alpha}_2+\boldsymbol{\alpha}_3,\boldsymbol{\alpha}_3+\boldsymbol{\alpha}_4,\boldsymbol{\alpha}_4+\boldsymbol{\alpha}_1$ 线性无关.

(B)$\boldsymbol{\alpha}_1-\boldsymbol{\alpha}_2,\boldsymbol{\alpha}_2-\boldsymbol{\alpha}_3,\boldsymbol{\alpha}_3-\boldsymbol{\alpha}_4,\boldsymbol{\alpha}_4-\boldsymbol{\alpha}_1$ 线性无关.

(C)$\boldsymbol{\alpha}_1+\boldsymbol{\alpha}_2,\boldsymbol{\alpha}_2+\boldsymbol{\alpha}_3,\boldsymbol{\alpha}_3-\boldsymbol{\alpha}_4,\boldsymbol{\alpha}_4-\boldsymbol{\alpha}_1$ 线性无关.

(D)$\boldsymbol{\alpha}_1-\boldsymbol{\alpha}_2,\boldsymbol{\alpha}_2+\boldsymbol{\alpha}_3,\boldsymbol{\alpha}_3-\boldsymbol{\alpha}_4,\boldsymbol{\alpha}_4-\boldsymbol{\alpha}_1$ 线性无关.

(2) 已知向量组 $\boldsymbol{\alpha}_1,\boldsymbol{\alpha}_2,\boldsymbol{\alpha}_3$ 线性无关,那么线性无关的向量组是

(A)$\boldsymbol{\alpha}_1+3\boldsymbol{\alpha}_2,\boldsymbol{\alpha}_2+\boldsymbol{\alpha}_3,\boldsymbol{\alpha}_1-2\boldsymbol{\alpha}_2+5\boldsymbol{\alpha}_3,\boldsymbol{\alpha}_1+\boldsymbol{\alpha}_2+\boldsymbol{\alpha}_3$.

(B)$\boldsymbol{\alpha}_1+\boldsymbol{\alpha}_2,\boldsymbol{\alpha}_2+3\boldsymbol{\alpha}_3,\boldsymbol{\alpha}_1+2\boldsymbol{\alpha}_2+3\boldsymbol{\alpha}_3$.

(C)$\boldsymbol{\alpha}_1-\boldsymbol{\alpha}_2+\boldsymbol{\alpha}_3,\boldsymbol{\alpha}_1+2\boldsymbol{\alpha}_2+4\boldsymbol{\alpha}_3,\boldsymbol{\alpha}_1+3\boldsymbol{\alpha}_2+9\boldsymbol{\alpha}_3$.

(D)$\boldsymbol{\alpha}_1-\boldsymbol{\alpha}_2,\boldsymbol{\alpha}_1+\boldsymbol{\alpha}_2+2\boldsymbol{\alpha}_3,2\boldsymbol{\alpha}_1-5\boldsymbol{\alpha}_2-3\boldsymbol{\alpha}_3$.

解题思路 在向量坐标未知的情况下,应考虑用观察法(用定义). 或 $(\boldsymbol{\beta}_1,\boldsymbol{\beta}_2,\boldsymbol{\beta}_3)=(\boldsymbol{\alpha}_1,\boldsymbol{\alpha}_2,\boldsymbol{\alpha}_3)\boldsymbol{C}$ 的技巧.

分析 (1) 由观察法可知:

$(\boldsymbol{\alpha}_1+\boldsymbol{\alpha}_2)-(\boldsymbol{\alpha}_2+\boldsymbol{\alpha}_3)+(\boldsymbol{\alpha}_3+\boldsymbol{\alpha}_4)-(\boldsymbol{\alpha}_4+\boldsymbol{\alpha}_1)=\boldsymbol{0}$,

$(\boldsymbol{\alpha}_1-\boldsymbol{\alpha}_2)+(\boldsymbol{\alpha}_2-\boldsymbol{\alpha}_3)+(\boldsymbol{\alpha}_3-\boldsymbol{\alpha}_4)+(\boldsymbol{\alpha}_4-\boldsymbol{\alpha}_1)=\boldsymbol{0}$,

$(\boldsymbol{\alpha}_1+\boldsymbol{\alpha}_2)-(\boldsymbol{\alpha}_2+\boldsymbol{\alpha}_3)+(\boldsymbol{\alpha}_3-\boldsymbol{\alpha}_4)+(\boldsymbol{\alpha}_4-\boldsymbol{\alpha}_1)=\boldsymbol{0}$,

可见(A)(B)(C) 均线性相关,故应选(D).

(2) 如令 $\boldsymbol{\beta}_1=\boldsymbol{\alpha}_1+3\boldsymbol{\alpha}_2,\boldsymbol{\beta}_2=\boldsymbol{\alpha}_2+\boldsymbol{\alpha}_3,\boldsymbol{\beta}_3=\boldsymbol{\alpha}_1-2\boldsymbol{\alpha}_2+5\boldsymbol{\alpha}_3,\boldsymbol{\beta}_4=\boldsymbol{\alpha}_1+\boldsymbol{\alpha}_2+\boldsymbol{\alpha}_3$.

即 $\boldsymbol{\beta}_1,\boldsymbol{\beta}_2,\boldsymbol{\beta}_3,\boldsymbol{\beta}_4$ 可由 $\boldsymbol{\alpha}_1,\boldsymbol{\alpha}_2,\boldsymbol{\alpha}_3$ 线性表出,所以 $\boldsymbol{\beta}_1,\boldsymbol{\beta}_2,\boldsymbol{\beta}_3,\boldsymbol{\beta}_4$ 必线性相关[定理 3.2.5(5)],所以(A) 必线性相关.

易见 $(\boldsymbol{\alpha}_1+\boldsymbol{\alpha}_2)+(\boldsymbol{\alpha}_2+3\boldsymbol{\alpha}_3)-(\boldsymbol{\alpha}_1+2\boldsymbol{\alpha}_2+3\boldsymbol{\alpha}_3)=\boldsymbol{0}$ 可知(B) 必线性相关.

关于(C),若令 $\boldsymbol{\beta}_1=\boldsymbol{\alpha}_1-\boldsymbol{\alpha}_2+\boldsymbol{\alpha}_3,\boldsymbol{\beta}_2=\boldsymbol{\alpha}_1+2\boldsymbol{\alpha}_2+4\boldsymbol{\alpha}_3,\boldsymbol{\beta}_3=\boldsymbol{\alpha}_1+3\boldsymbol{\alpha}_2+9\boldsymbol{\alpha}_3$,则有

$$[\boldsymbol{\beta}_1,\boldsymbol{\beta}_2,\boldsymbol{\beta}_3]=[\boldsymbol{\alpha}_1,\boldsymbol{\alpha}_2,\boldsymbol{\alpha}_3]\begin{bmatrix}1&1&1\\-1&2&3\\1&4&9\end{bmatrix},$$

由于 $\boldsymbol{\alpha}_1,\boldsymbol{\alpha}_2,\boldsymbol{\alpha}_3$ 线性无关且 $\begin{vmatrix}1&1&1\\-1&2&3\\1&4&9\end{vmatrix}\neq 0$. 所以 $\boldsymbol{\beta}_1,\boldsymbol{\beta}_2,\boldsymbol{\beta}_3$ 必线性无关,故应选(C).

至于(D)，当然也可用(C)的方法. 由 $\begin{vmatrix} 1 & 1 & 2 \\ -1 & 1 & -5 \\ 0 & 2 & -3 \end{vmatrix} = \begin{vmatrix} 1 & 1 & 2 \\ 0 & 2 & -3 \\ 0 & 2 & -3 \end{vmatrix} = 0$ 知必线性相关.

【例 3】 (1988,1) n 维向量组 $\boldsymbol{\alpha}_1,\boldsymbol{\alpha}_2,\cdots,\boldsymbol{\alpha}_s(3 \leqslant s \leqslant n)$ 线性无关的充分必要条件是

(A) 存在一组不全为 0 的数 $k_1,k_2,\cdots,k_s$，使 $k_1\boldsymbol{\alpha}_1 + k_2\boldsymbol{\alpha}_2 + \cdots + k_s\boldsymbol{\alpha}_s \neq \mathbf{0}$.

(B) $\boldsymbol{\alpha}_1,\boldsymbol{\alpha}_2,\cdots,\boldsymbol{\alpha}_s$ 中任意两个向量都线性无关.

(C) $\boldsymbol{\alpha}_1,\boldsymbol{\alpha}_2,\cdots,\boldsymbol{\alpha}_s$ 中存在一个向量，它不能由其余向量线性表出.

(D) $\boldsymbol{\alpha}_1,\boldsymbol{\alpha}_2,\cdots,\boldsymbol{\alpha}_s$ 中任意一个向量都不能用其余向量线性表出.

分析 (A) 一个向量组中只要有非零向量，就一定有不全为零的 $k_1,k_2,\cdots,k_s$，使 $k_1\boldsymbol{\alpha}_1 + k_2\boldsymbol{\alpha}_2 + \cdots + k_s\boldsymbol{\alpha}_s \neq \mathbf{0}$，而线性无关是要求对任意一组不全为 0 的 $k_1,k_2,\cdots,k_s$，必有 $k_1\boldsymbol{\alpha}_1 + k_2\boldsymbol{\alpha}_2 + \cdots + k_s\boldsymbol{\alpha}_s \neq \mathbf{0}$. 即(A) 只是必要条件.

(B) $\boldsymbol{\alpha}_1,\boldsymbol{\alpha}_2,\cdots,\boldsymbol{\alpha}_s$ 线性无关时，其任意一个子集合必线性无关，从而任意两个向量必线性无关. 但子集合线性无关不能保证整体一定线性无关，例如

$$(1,0,0)^{\mathrm{T}},(0,1,0)^{\mathrm{T}},(1,1,0)^{\mathrm{T}}.$$

因而(B) 只是必要条件.

(C) 当某一个向量不能由其他向量线性表出时，不能保证这个向量组一定线性无关，例如

$$\boldsymbol{\alpha}_1 = (1,0,0)^{\mathrm{T}},\boldsymbol{\alpha}_2 = (2,0,0)^{\mathrm{T}},\boldsymbol{\alpha}_3 = (0,1,0)^{\mathrm{T}},$$

虽然 $\boldsymbol{\alpha}_3$ 不能由 $\boldsymbol{\alpha}_1,\boldsymbol{\alpha}_2$ 线性表出，但 $2\boldsymbol{\alpha}_1 - \boldsymbol{\alpha}_2 + 0\boldsymbol{\alpha}_3 = \mathbf{0}$，$\boldsymbol{\alpha}_1,\boldsymbol{\alpha}_2,\boldsymbol{\alpha}_3$ 线性相关. (C) 仍然是必要条件.

线性无关 $\Leftrightarrow$ 每一个向量都不能由其他向量线性表出，故应选(D).

二、向量的线性表示、向量组等价

【例 4】 (1) 若向量 $\boldsymbol{\beta} = (1,2,t)^{\mathrm{T}}$ 可由 $\boldsymbol{\alpha}_1 = (2,1,1)^{\mathrm{T}},\boldsymbol{\alpha}_2 = (-1,2,7)^{\mathrm{T}},\boldsymbol{\alpha}_3 = (1,-1,-4)^{\mathrm{T}}$ 线性表出，则 $t =$ ________.

(2) 已知 $\boldsymbol{\alpha}_1 = (1,0,1)^{\mathrm{T}},\boldsymbol{\alpha}_2 = (2,1,2)^{\mathrm{T}},\boldsymbol{\alpha}_3 = (1,3,a)^{\mathrm{T}}$，如果向量 $\boldsymbol{\beta} = (1,2,6)^{\mathrm{T}}$ 不能由 $\boldsymbol{\alpha}_1,\boldsymbol{\alpha}_2,\boldsymbol{\alpha}_3$ 线性表出，则 $a =$ ________.

解题思路 已知向量的坐标，可以将线性表出的问题转化为方程组 $x_1\boldsymbol{\alpha}_1 + x_2\boldsymbol{\alpha}_2 + x_3\boldsymbol{\alpha}_3 = \boldsymbol{\beta}$ 是否有解的问题.

分析 (1) 代入分量，有

$$x_1(2,1,1)^{\mathrm{T}} + x_2(-1,2,7)^{\mathrm{T}} + x_3(1,-1,-4)^{\mathrm{T}} = (1,2,t)^{\mathrm{T}},$$

即方程组 $\begin{cases} 2x_1 - x_2 + x_3 = 1, \\ x_1 + 2x_2 - x_3 = 2, \\ x_1 + 7x_2 - 4x_3 = t \end{cases}$ 有解.

对方程组 $x_1\boldsymbol{\alpha}_1 + x_2\boldsymbol{\alpha}_2 + x_3\boldsymbol{\alpha}_3 = \boldsymbol{\beta}$ 的增广矩阵做行变换，有

$$\left[\begin{array}{ccc:c} 2 & -1 & 1 & 1 \\ 1 & 2 & -1 & 2 \\ 1 & 7 & -4 & t \end{array}\right] \to \left[\begin{array}{ccc:c} 1 & 2 & -1 & 2 \\ 2 & -1 & 1 & 1 \\ 1 & 7 & -4 & t \end{array}\right] \to \left[\begin{array}{ccc:c} 1 & 2 & -1 & 2 \\ 0 & -5 & 3 & -3 \\ 0 & 0 & 0 & t-5 \end{array}\right].$$

方程组 $\boldsymbol{A}\boldsymbol{x} = \boldsymbol{b}$ 有解 $\Leftrightarrow r(\boldsymbol{A}) = r(\overline{\boldsymbol{A}})$. 可见 $t = 5$.

(2) $\boldsymbol{\alpha}_1,\boldsymbol{\alpha}_2,\boldsymbol{\alpha}_3,\boldsymbol{\beta}$ 是 4 个三维向量，必线性相关. 如果 $\boldsymbol{\alpha}_1,\boldsymbol{\alpha}_2,\boldsymbol{\alpha}_3$ 线性无关，则 $\boldsymbol{\beta}$ 必可由 $\boldsymbol{\alpha}_1,\boldsymbol{\alpha}_2$，

$\boldsymbol{\alpha}_3$ 线性表出，现在 $\boldsymbol{\beta}$ 不能由 $\boldsymbol{\alpha}_1,\boldsymbol{\alpha}_2,\boldsymbol{\alpha}_3$ 线性表出，知 $\boldsymbol{\alpha}_1,\boldsymbol{\alpha}_2,\boldsymbol{\alpha}_3$ 必线性相关，由行列式

$$|\boldsymbol{\alpha}_1,\boldsymbol{\alpha}_2,\boldsymbol{\alpha}_3|=\begin{vmatrix}1&2&1\\0&1&3\\1&2&a\end{vmatrix}=a-1=0$$

求出 $a=1$.

【注】 关于(2)，亦可如同(1)一样通过解方程组来分析. 假如 $\boldsymbol{\beta}=(1,2,b)^{\mathrm{T}}$，对 b 有什么要求？

【例 5】 已知 $\boldsymbol{\alpha}_1=(1,-1,1)^{\mathrm{T}},\boldsymbol{\alpha}_2=(1,a,-1)^{\mathrm{T}},\boldsymbol{\alpha}_3=(a,1,2)^{\mathrm{T}},\boldsymbol{\beta}=(4,a^2,-4)^{\mathrm{T}}$.

(1) 当 a 为何值时，向量 $\boldsymbol{\beta}$ 不能由 $\boldsymbol{\alpha}_1,\boldsymbol{\alpha}_2,\boldsymbol{\alpha}_3$ 线性表出？

(2) 当 a 为何值时，向量 $\boldsymbol{\beta}$ 可由 $\boldsymbol{\alpha}_1,\boldsymbol{\alpha}_2,\boldsymbol{\alpha}_3$ 线性表出，且表示法不唯一？写出此时 $\boldsymbol{\beta}$ 的表达式.

解 设 $x_1\boldsymbol{\alpha}_1+x_2\boldsymbol{\alpha}_2+x_3\boldsymbol{\alpha}_3=\boldsymbol{\beta}$，对增广矩阵作初等行变换，有

$$\overline{\boldsymbol{A}}=\left[\begin{array}{ccc:c}1&1&a&4\\-1&a&1&a^2\\1&-1&2&-4\end{array}\right]\to\left[\begin{array}{ccc:c}1&-1&2&-4\\1&1&a&4\\-1&a&1&a^2\end{array}\right]$$

$$\to\left[\begin{array}{ccc:c}1&-1&2&-4\\0&2&a-2&8\\0&0&(a+1)(4-a)&2a(a-4)\end{array}\right].$$

(1) 当 $a=-1$ 时，$r(\boldsymbol{A})=2,r(\overline{\boldsymbol{A}})=3$，方程组 $\boldsymbol{Ax}=\boldsymbol{b}$ 无解.

向量 $\boldsymbol{\beta}$ 不能由 $\boldsymbol{\alpha}_1,\boldsymbol{\alpha}_2,\boldsymbol{\alpha}_3$ 线性表出.

(2) 当 $a=4$ 时，$r(\boldsymbol{A})=r(\overline{\boldsymbol{A}})=2<3$，方程组有无穷多解.

$$\overline{\boldsymbol{A}}\to\left[\begin{array}{ccc:c}1&-1&2&-4\\0&2&2&8\\0&0&0&0\end{array}\right]\to\left[\begin{array}{ccc:c}1&0&3&0\\0&1&1&4\\0&0&0&0\end{array}\right].$$

令 $x_3=k$，解出 $x_2=4-k,x_1=-3k$.

从而 $\boldsymbol{\beta}=-3k\boldsymbol{\alpha}_1+(4-k)\boldsymbol{\alpha}_2+k\boldsymbol{\alpha}_3$，$k$ 为任意常数.

【注】 建议大家把表示法唯一的条件和表示法写出来.

【例 6】 (2003,4) 设向量组(Ⅰ)：$\boldsymbol{\alpha}_1=(1,0,2)^{\mathrm{T}},\boldsymbol{\alpha}_2=(1,1,3)^{\mathrm{T}},\boldsymbol{\alpha}_3=(1,-1,a+2)^{\mathrm{T}}$ 和向量组(Ⅱ)：$\boldsymbol{\beta}_1=(1,2,a+3)^{\mathrm{T}},\boldsymbol{\beta}_2=(2,1,a+6)^{\mathrm{T}},\boldsymbol{\beta}_3=(2,1,a+4)^{\mathrm{T}}$. 试问当 a 为何值时，向量组(Ⅰ)和(Ⅱ)等价？当 a 为何值时，向量组(Ⅰ)与(Ⅱ)不等价？

分析 向量组(Ⅰ)与(Ⅱ)等价，即(Ⅰ)与(Ⅱ)可以互相线性表出.

$$(\text{Ⅰ})(\text{Ⅱ})\text{等价}\Leftrightarrow r(\text{Ⅰ})=r(\text{Ⅱ})=r(\text{Ⅰ},\text{Ⅱ}).$$

解 【方法一】 (用秩)

由于
$$|\boldsymbol{\alpha}_1,\boldsymbol{\alpha}_2,\boldsymbol{\alpha}_3|=\begin{vmatrix}1&1&1\\0&1&-1\\2&3&a+2\end{vmatrix}=a+1,$$

$$|\boldsymbol{\beta}_1,\boldsymbol{\beta}_2,\boldsymbol{\beta}_3|=\begin{vmatrix}1&2&2\\2&1&1\\a+3&a+6&a+4\end{vmatrix}=6.$$

当 $a\neq-1$ 时，(Ⅰ)与(Ⅱ)等价；

当 $a=-1$ 时，(Ⅰ)与(Ⅱ)不等价.

【方法二】（用线性表出）

对 $[\boldsymbol{\alpha}_1,\boldsymbol{\alpha}_2,\boldsymbol{\alpha}_3 \mid \boldsymbol{\beta}_1,\boldsymbol{\beta}_2,\boldsymbol{\beta}_3]$ 作初等行变换

$$[\boldsymbol{\alpha}_1,\boldsymbol{\alpha}_2,\boldsymbol{\alpha}_3 \mid \boldsymbol{\beta}_1,\boldsymbol{\beta}_2,\boldsymbol{\beta}_3]=\left[\begin{array}{ccc|ccc}1&1&1&1&2&2\\0&1&-1&2&1&1\\2&3&a+2&a+3&a+6&a+4\end{array}\right]$$
$$\to\left[\begin{array}{ccc|ccc}1&1&1&1&2&2\\0&1&-1&2&1&1\\0&0&a+1&a-1&a+1&a-1\end{array}\right].$$

当 $a\neq-1$ 时，方程组 $x_1\boldsymbol{\alpha}_1+x_2\boldsymbol{\alpha}_2+x_3\boldsymbol{\alpha}_3=\boldsymbol{\beta}_j(j=1,2,3)$ 均有解，即(Ⅱ)可由(Ⅰ)线性表出. 又

$$|\boldsymbol{\beta}_1,\boldsymbol{\beta}_2,\boldsymbol{\beta}_3|=\begin{vmatrix}1&2&2\\2&1&1\\a+3&a+6&a+4\end{vmatrix}=6\neq0,$$

$\forall a$，$x_1\boldsymbol{\beta}_1+x_2\boldsymbol{\beta}_2+x_3\boldsymbol{\beta}_3=\boldsymbol{\alpha}_i(i=1,2,3)$ 均有解，即(Ⅰ)可由(Ⅱ)线性表出.

所以 $a\neq-1$ 时，(Ⅰ)与(Ⅱ)等价.

当 $a=-1$ 时，由

$$[\boldsymbol{\alpha}_1,\boldsymbol{\alpha}_2,\boldsymbol{\alpha}_3 \mid \boldsymbol{\beta}_1,\boldsymbol{\beta}_2,\boldsymbol{\beta}_3]\to\left[\begin{array}{ccc|ccc}1&1&1&1&2&2\\0&1&-1&2&1&1\\0&0&0&-2&0&-2\end{array}\right],$$

知 $\boldsymbol{\beta}_1$ 不能由 $\boldsymbol{\alpha}_1,\boldsymbol{\alpha}_2,\boldsymbol{\alpha}_3$ 线性表出，于是(Ⅰ)与(Ⅱ)不等价.

三、线性相关与线性无关的证明

基本思路 证明线性无关的通常思路是：用定义法（同乘或拆项重组），用秩（等于向量个数），齐次方程组只有零解或反证法.

【例 7】 已知 n 维向量 $\boldsymbol{\alpha}_1,\boldsymbol{\alpha}_2,\boldsymbol{\alpha}_3,\cdots,\boldsymbol{\alpha}_n$ 线性无关.

(1) 证明：$\boldsymbol{\alpha}_1-\boldsymbol{\alpha}_2,\boldsymbol{\alpha}_2-\boldsymbol{\alpha}_3,\cdots,\boldsymbol{\alpha}_{n-1}-\boldsymbol{\alpha}_n,\boldsymbol{\alpha}_n-\boldsymbol{\alpha}_1$ 线性相关；

(2) 证明：$\boldsymbol{\alpha}_1-\boldsymbol{\alpha}_2,\boldsymbol{\alpha}_2-\boldsymbol{\alpha}_3,\cdots,\boldsymbol{\alpha}_{n-1}-\boldsymbol{\alpha}_n$ 线性无关.

证明 (1)（用定义）

由于 $$(\boldsymbol{\alpha}_1-\boldsymbol{\alpha}_2)+(\boldsymbol{\alpha}_2-\boldsymbol{\alpha}_3)+\cdots+(\boldsymbol{\alpha}_{n-1}-\boldsymbol{\alpha}_n)+(\boldsymbol{\alpha}_n-\boldsymbol{\alpha}_1)=\mathbf{0},$$

组合系数 1,1,…,1 不全为 0.

故向量组 $\boldsymbol{\alpha}_1-\boldsymbol{\alpha}_2,\boldsymbol{\alpha}_2-\boldsymbol{\alpha}_3,\cdots,\boldsymbol{\alpha}_n-\boldsymbol{\alpha}_1$ 线性相关.

或者，（由秩）由于

$$[\boldsymbol{\alpha}_1-\boldsymbol{\alpha}_2,\boldsymbol{\alpha}_2-\boldsymbol{\alpha}_3,\cdots,\boldsymbol{\alpha}_{n-1}-\boldsymbol{\alpha}_n,\boldsymbol{\alpha}_n-\boldsymbol{\alpha}_1]=[\boldsymbol{\alpha}_1,\boldsymbol{\alpha}_2,\cdots,\boldsymbol{\alpha}_n]\begin{bmatrix}1&0&\cdots&0&-1\\-1&1&\cdots&0&0\\0&-1&\cdots&0&0\\\vdots&\vdots&&\vdots&\vdots\\0&0&\cdots&1&0\\0&0&\cdots&-1&1\end{bmatrix},$$

因 $\boldsymbol{\alpha}_1,\boldsymbol{\alpha}_2,\cdots,\boldsymbol{\alpha}_n$ 线性无关，矩阵 $[\boldsymbol{\alpha}_1,\boldsymbol{\alpha}_2,\cdots,\boldsymbol{\alpha}_n]$ 为 n 阶可逆矩阵.

而行列式 $|\boldsymbol{A}|=\begin{vmatrix}1&0&\cdots&0&-1\\-1&1&\cdots&0&0\\0&-1&\cdots&0&0\\\vdots&\vdots&&\vdots&\vdots\\0&0&\cdots&1&0\\0&0&\cdots&-1&1\end{vmatrix}=0$,即 $r(\boldsymbol{A})<n$,

所以 $r(\boldsymbol{\alpha}_1-\boldsymbol{\alpha}_2,\boldsymbol{\alpha}_2-\boldsymbol{\alpha}_3,\cdots,\boldsymbol{\alpha}_n-\boldsymbol{\alpha}_1)=r(\boldsymbol{A})<n$.

故向量组 $\boldsymbol{\alpha}_1-\boldsymbol{\alpha}_2,\boldsymbol{\alpha}_2-\boldsymbol{\alpha}_3,\cdots,\boldsymbol{\alpha}_n-\boldsymbol{\alpha}_1$ 线性相关.

【注】 n 个 n 维向量用行列式更简单.

(2)(用定义)

设 $k_1(\boldsymbol{\alpha}_1-\boldsymbol{\alpha}_2)+k_2(\boldsymbol{\alpha}_2-\boldsymbol{\alpha}_3)+\cdots+k_{n-1}(\boldsymbol{\alpha}_{n-1}-\boldsymbol{\alpha}_n)=\boldsymbol{0}$, (3-1)

即 $k_1\boldsymbol{\alpha}_1+(-k_1+k_2)\boldsymbol{\alpha}_2+\cdots+(-k_{n-2}+k_{n-1})\boldsymbol{\alpha}_{n-1}-k_{n-1}\boldsymbol{\alpha}_n=\boldsymbol{0}$, (3-2)

$\boldsymbol{\alpha}_1,\boldsymbol{\alpha}_2,\cdots,\boldsymbol{\alpha}_n$ 线性无关,那么(3-2)成立的充分必要条件是

$$\begin{cases}k_1=0,\\-k_1+k_2=0,\\\quad\vdots\\-k_{n-2}+k_{n-1}=0,\\k_{n-1}=0,\end{cases}\tag{3-3}$$

由于齐次方程组(3-3)只有零解

$$k_1=0,k_2=0,\cdots,k_{n-1}=0,$$

故向量组 $\boldsymbol{\alpha}_1-\boldsymbol{\alpha}_2,\boldsymbol{\alpha}_2-\boldsymbol{\alpha}_3,\cdots,\boldsymbol{\alpha}_{n-1}-\boldsymbol{\alpha}_n$ 必线性无关.

或(用秩).因为

$$[\boldsymbol{\alpha}_1-\boldsymbol{\alpha}_2,\boldsymbol{\alpha}_2-\boldsymbol{\alpha}_3,\cdots,\boldsymbol{\alpha}_{n-1}-\boldsymbol{\alpha}_n]=[\boldsymbol{\alpha}_1,\boldsymbol{\alpha}_2,\cdots,\boldsymbol{\alpha}_n]\begin{bmatrix}1&0&\cdots&0\\-1&1&\cdots&0\\0&-1&\cdots&0\\\vdots&\vdots&&\vdots\\0&0&\cdots&1\\0&0&\cdots&-1\end{bmatrix},$$

因 $\boldsymbol{\alpha}_1,\boldsymbol{\alpha}_2,\cdots,\boldsymbol{\alpha}_n$ 线性无关,矩阵$[\boldsymbol{\alpha}_1,\boldsymbol{\alpha}_2,\cdots,\boldsymbol{\alpha}_n]$为 n 阶可逆矩阵.

而矩阵 $\boldsymbol{A}_1=\begin{bmatrix}1&0&\cdots&0\\-1&1&\cdots&0\\0&-1&\cdots&0\\\vdots&\vdots&&\vdots\\0&0&\cdots&1\\0&0&\cdots&-1\end{bmatrix}$是秩为 $n-1$ 的 $n\times(n-1)$ 矩阵,

所以秩 $r(\boldsymbol{\alpha}_1-\boldsymbol{\alpha}_2,\boldsymbol{\alpha}_2-\boldsymbol{\alpha}_3,\cdots,\boldsymbol{\alpha}_{n-1}-\boldsymbol{\alpha}_n)=r(\boldsymbol{A}_1)=n-1$,

故向量组 $\boldsymbol{\alpha}_1-\boldsymbol{\alpha}_2,\boldsymbol{\alpha}_2-\boldsymbol{\alpha}_3,\cdots,\boldsymbol{\alpha}_{n-1}-\boldsymbol{\alpha}_n$ 必线性无关.

【例 8】 已知 n 维向量 $\boldsymbol{\alpha}_1,\boldsymbol{\alpha}_2,\boldsymbol{\alpha}_3$ 线性无关.

证明:$2\boldsymbol{\alpha}_1+3\boldsymbol{\alpha}_2,\boldsymbol{\alpha}_2-\boldsymbol{\alpha}_3,\boldsymbol{\alpha}_1-\boldsymbol{\alpha}_2+\boldsymbol{\alpha}_3$ 线性无关.

证明 【方法一】 (用定义法)

设 $k_1(2\boldsymbol{\alpha}_1+3\boldsymbol{\alpha}_2)+k_2(\boldsymbol{\alpha}_2-\boldsymbol{\alpha}_3)+k_3(\boldsymbol{\alpha}_1-\boldsymbol{\alpha}_2+\boldsymbol{\alpha}_3)=\mathbf{0}$，

即 $(2k_1+k_3)\boldsymbol{\alpha}_1+(3k_1+k_2-k_3)\boldsymbol{\alpha}_2+(-k_2+k_3)\boldsymbol{\alpha}_3=\mathbf{0}$，

由于 $\boldsymbol{\alpha}_1,\boldsymbol{\alpha}_2,\boldsymbol{\alpha}_3$ 线性无关，故组合系数必全为 0，即

$$\begin{cases}2k_1+k_3=0,\\3k_1+k_2-k_3=0,\\-k_2+k_3=0,\end{cases}\tag{3-4}$$

因系数行列式

$$\begin{vmatrix}2&0&1\\3&1&-1\\0&-1&1\end{vmatrix}=\begin{vmatrix}2&0&1\\3&1&0\\0&-1&0\end{vmatrix}=-3\neq0,$$

故齐次方程组(3-4)只有零解.

即必有 $k_1=0,k_2=0,k_3=0$，从而向量组 $2\boldsymbol{\alpha}_1+3\boldsymbol{\alpha}_2,\boldsymbol{\alpha}_2-\boldsymbol{\alpha}_3,\boldsymbol{\alpha}_1-\boldsymbol{\alpha}_2+\boldsymbol{\alpha}_3$ 线性无关.

【方法二】（用秩）

令 $\boldsymbol{\beta}_1=2\boldsymbol{\alpha}_1+3\boldsymbol{\alpha}_2,\boldsymbol{\beta}_2=\boldsymbol{\alpha}_2-\boldsymbol{\alpha}_3,\boldsymbol{\beta}_3=\boldsymbol{\alpha}_1-\boldsymbol{\alpha}_2+\boldsymbol{\alpha}_3$，

有 $[\boldsymbol{\beta}_1,\boldsymbol{\beta}_2,\boldsymbol{\beta}_3]=[2\boldsymbol{\alpha}_1+3\boldsymbol{\alpha}_2,\boldsymbol{\alpha}_2-\boldsymbol{\alpha}_3,\boldsymbol{\alpha}_1-\boldsymbol{\alpha}_2+\boldsymbol{\alpha}_3]=[\boldsymbol{\alpha}_1,\boldsymbol{\alpha}_2,\boldsymbol{\alpha}_3]\begin{bmatrix}2&0&1\\3&1&-1\\0&-1&1\end{bmatrix}$，

由 $\begin{vmatrix}2&0&1\\3&1&-1\\0&-1&1\end{vmatrix}=-3\neq0$，知矩阵 $\begin{bmatrix}2&0&1\\3&1&-1\\0&-1&1\end{bmatrix}$ 可逆.

从而 $r(\boldsymbol{\beta}_1,\boldsymbol{\beta}_2,\boldsymbol{\beta}_3)=r(\boldsymbol{\alpha}_1,\boldsymbol{\alpha}_2,\boldsymbol{\alpha}_3)$.

又因 $\boldsymbol{\alpha}_1,\boldsymbol{\alpha}_2,\boldsymbol{\alpha}_3$ 线性无关，秩 $r(\boldsymbol{\alpha}_1,\boldsymbol{\alpha}_2,\boldsymbol{\alpha}_3)=3$.

故 $r(\boldsymbol{\beta}_1,\boldsymbol{\beta}_2,\boldsymbol{\beta}_3)=3$，从而向量组 $2\boldsymbol{\alpha}_1+3\boldsymbol{\alpha}_2,\boldsymbol{\alpha}_2-\boldsymbol{\alpha}_3,\boldsymbol{\alpha}_1-\boldsymbol{\alpha}_2+\boldsymbol{\alpha}_3$ 线性无关.

【例 9】（1993，1）设 $\boldsymbol{A}$ 是 $n\times m$ 矩阵，$\boldsymbol{B}$ 是 $m\times n$ 矩阵，其中 $n<m$，若 $\boldsymbol{AB}=\boldsymbol{E}$，证明 $\boldsymbol{B}$ 的列向量线性无关.

证明 【方法一】（定义法，同乘） 对矩阵 $\boldsymbol{B}$ 按列分块，记 $\boldsymbol{B}=(\boldsymbol{\beta}_1,\boldsymbol{\beta}_2,\cdots,\boldsymbol{\beta}_n)$，如 $x_1\boldsymbol{\beta}_1+x_2\boldsymbol{\beta}_2+\cdots+x_n\boldsymbol{\beta}_n=\mathbf{0}$，用分块矩阵可写成

$$(\boldsymbol{\beta}_1,\boldsymbol{\beta}_2,\cdots,\boldsymbol{\beta}_n)\begin{bmatrix}x_1\\x_2\\\vdots\\x_n\end{bmatrix}=\mathbf{0},\quad 即\ \boldsymbol{Bx}=\mathbf{0}.$$

用矩阵 $\boldsymbol{A}$ 左乘上式，并代入 $\boldsymbol{AB}=\boldsymbol{E}$，得 $\boldsymbol{x}=\boldsymbol{Ex}=\boldsymbol{ABx}=\boldsymbol{A0}=\mathbf{0}$. 所以 $\boldsymbol{B}$ 的列向量 $\boldsymbol{\beta}_1,\boldsymbol{\beta}_2,\cdots,\boldsymbol{\beta}_n$ 线性无关.

【方法二】（用秩） 因为 $\boldsymbol{B}$ 是 $m\times n$ 矩阵，且 $n<m$，从矩阵秩的定义知：$r(\boldsymbol{B})\leqslant n$. 又因

$$r(\boldsymbol{B})\geqslant r(\boldsymbol{AB})=r(\boldsymbol{E})=n,$$

所以 $r(\boldsymbol{B})=n$，那么 $\boldsymbol{B}$ 的列向量组的秩是 n，即其线性无关.

【例 10】 如果向量 $\boldsymbol{\beta}$ 可以由 $\boldsymbol{\alpha}_1,\boldsymbol{\alpha}_2,\cdots,\boldsymbol{\alpha}_s$ 线性表出，证明：表示法唯一的充分必要条件是 $\boldsymbol{\alpha}_1,\boldsymbol{\alpha}_2,\cdots,\boldsymbol{\alpha}_s$ 线性无关.

证明 ⇒必要性（反证法） 若 $\boldsymbol{\alpha}_1,\boldsymbol{\alpha}_2,\cdots,\boldsymbol{\alpha}_s$ 线性相关，则存在不全为 0 的数 $l_1,l_2,\cdots,l_s$，

使

$$l_1\boldsymbol{\alpha}_1+l_2\boldsymbol{\alpha}_2+\cdots+l_s\boldsymbol{\alpha}_s=\mathbf{0}.$$

因已知 $\boldsymbol{\beta}$ 可由 $\boldsymbol{\alpha}_1,\boldsymbol{\alpha}_2,\cdots,\boldsymbol{\alpha}_s$ 线性表出，设 $\boldsymbol{\beta}=k_1\boldsymbol{\alpha}_1+k_2\boldsymbol{\alpha}_2+\cdots+k_s\boldsymbol{\alpha}_s$.

两式相加，可得到

$$\boldsymbol{\beta}=(k_1+l_1)\boldsymbol{\alpha}_1+(k_2+l_2)\boldsymbol{\alpha}_2+\cdots+(k_s+l_s)\boldsymbol{\alpha}_s.$$

由于 l_i 不全为 0，故 $k_1+l_1,k_2+l_2,\cdots,k_s+l_s$ 与 $k_1,k_2,\cdots,k_s$ 是两组不同的数，即 $\boldsymbol{\beta}$ 有两种不同的表示法，与已知矛盾.

$\Leftarrow$ 充分性(反证法)　若 $\boldsymbol{\beta}$ 有两种不同的表达式，设为

$$\boldsymbol{\beta}=x_1\boldsymbol{\alpha}_1+x_2\boldsymbol{\alpha}_2+\cdots+x_s\boldsymbol{\alpha}_s,\boldsymbol{\beta}=y_1\boldsymbol{\alpha}_1+y_2\boldsymbol{\alpha}_2+\cdots+y_s\boldsymbol{\alpha}_s.$$

两式相减，得 $(x_1-y_1)\boldsymbol{\alpha}_1+(x_2-y_2)\boldsymbol{\alpha}_2+\cdots+(x_s-y_s)\boldsymbol{\alpha}_s=\mathbf{0}$,

由于 $x_1-y_1,x_2-y_2,\cdots,x_s-y_s$ 不全为 0(否则是一种表示法)，得 $\boldsymbol{\alpha}_1,\boldsymbol{\alpha}_2,\cdots,\boldsymbol{\alpha}_s$ 线性相关，与已知矛盾.

【例 11】　设 n 维列向量 $\boldsymbol{\alpha}_1,\boldsymbol{\alpha}_2,\cdots,\boldsymbol{\alpha}_{n-1}$ 线性无关，且与非零向量 $\boldsymbol{\beta}_1,\boldsymbol{\beta}_2$ 都正交. 证明：$\boldsymbol{\beta}_1,\boldsymbol{\beta}_2$ 线性相关，$\boldsymbol{\alpha}_1,\boldsymbol{\alpha}_2,\cdots,\boldsymbol{\alpha}_{n-1},\boldsymbol{\beta}_1$ 线性无关.

证明　用 $\boldsymbol{\alpha}_1,\boldsymbol{\alpha}_2,\cdots,\boldsymbol{\alpha}_{n-1}$ 构造 $(n-1)\times n$ 矩阵：$\boldsymbol{A}=\begin{bmatrix}\boldsymbol{\alpha}_1^{\mathrm{T}}\\ \boldsymbol{\alpha}_2^{\mathrm{T}}\\ \vdots\\ \boldsymbol{\alpha}_{n-1}^{\mathrm{T}}\end{bmatrix}$.

因为 $\boldsymbol{\beta}_1$ 与每个 $\boldsymbol{\alpha}_i$ 都正交，有 $\boldsymbol{\alpha}_i^{\mathrm{T}}\boldsymbol{\beta}_1=0$，进而 $\boldsymbol{A\beta}_1=\mathbf{0}$，即 $\boldsymbol{\beta}_1$ 是齐次方程组 $\boldsymbol{Ax}=\mathbf{0}$ 的非零解. 同理 $\boldsymbol{\beta}_2$ 也是 $\boldsymbol{Ax}=\mathbf{0}$ 的解.

又因 $r(\boldsymbol{A})=r(\boldsymbol{\alpha}_1,\boldsymbol{\alpha}_2,\cdots,\boldsymbol{\alpha}_{n-1})=n-1$，齐次方程组 $\boldsymbol{Ax}=\mathbf{0}$ 的基础解系仅由 $n-r(\boldsymbol{A})=1$ 个解向量构成，从而 $\boldsymbol{\beta}_1,\boldsymbol{\beta}_2$ 线性相关. 如果

$$k_1\boldsymbol{\alpha}_1+k_2\boldsymbol{\alpha}_2+\cdots+k_{n-1}\boldsymbol{\alpha}_{n-1}+l\boldsymbol{\beta}_1=\mathbf{0},\qquad(3-5)$$

那么，用 $\boldsymbol{\beta}_1$ 做内积，有 $k_1(\boldsymbol{\beta}_1,\boldsymbol{\alpha}_1)+k_2(\boldsymbol{\beta}_1,\boldsymbol{\alpha}_2)+\cdots+k_{n-1}(\boldsymbol{\beta}_1,\boldsymbol{\alpha}_{n-1})+l(\boldsymbol{\beta}_1,\boldsymbol{\beta}_1)=0$.

因为 $(\boldsymbol{\beta}_1,\boldsymbol{\alpha}_i)=0(i=1,2,\cdots,n-1)$，及 $\|\boldsymbol{\beta}_1\|\neq0$，有 $l(\boldsymbol{\beta}_1,\boldsymbol{\beta}_1)=l\|\boldsymbol{\beta}_1\|^2=0$,

得到 $l=0$. 将 $l=0$ 代入(3-5)式，有 $k_1\boldsymbol{\alpha}_1+k_2\boldsymbol{\alpha}_2+\cdots+k_{n-1}\boldsymbol{\alpha}_{n-1}=\mathbf{0}$.

由于 $\boldsymbol{\alpha}_1,\boldsymbol{\alpha}_2,\cdots,\boldsymbol{\alpha}_{n-1}$ 线性无关，得 $k_1=k_2=\cdots=k_{n-1}=0$，所以(3-5)中组合系数必全是零，即 $\boldsymbol{\alpha}_1,\boldsymbol{\alpha}_2,\cdots,\boldsymbol{\alpha}_{n-1},\boldsymbol{\beta}_1$ 线性无关.

【例 12】　证明定理：设 $\boldsymbol{A}$ 是 n 阶矩阵，λ_1,λ_2 是 $\boldsymbol{A}$ 的不同的特征值，对应的特征向量分别是 $\boldsymbol{\alpha}_1,\boldsymbol{\alpha}_2$. 证明 $\boldsymbol{\alpha}_1,\boldsymbol{\alpha}_2$ 线性无关.

证明　按特征值、特征向量定义，有 $\boldsymbol{A\alpha}_1=\lambda_1\boldsymbol{\alpha}_1,\boldsymbol{A\alpha}_2=\lambda_2\boldsymbol{\alpha}_2$.

设

$$k_1\boldsymbol{\alpha}_1+k_2\boldsymbol{\alpha}_2=\mathbf{0},\qquad(3-6)$$

用 $\boldsymbol{A}$ 左乘(3-6)式，有

$$k_1\lambda_1\boldsymbol{\alpha}_1+k_2\lambda_2\boldsymbol{\alpha}_2=\mathbf{0},\qquad(3-7)$$

$(3-6)\times\lambda_2-(3-7)$ 得

$$k_1(\lambda_2-\lambda_1)\boldsymbol{\alpha}_1=\mathbf{0}.\qquad(3-8)$$

因 $\boldsymbol{\alpha}_1$ 是特征向量，知 $\boldsymbol{\alpha}_1\neq\mathbf{0}$，又 $\lambda_1\neq\lambda_2$. 故由(3-8)知必有 $k_1=0$,

把 $k_1=0$ 代入(3-6)，又 $\boldsymbol{\alpha}_2\neq\mathbf{0}$，得必有 $k_2=0$，从而 $\boldsymbol{\alpha}_1,\boldsymbol{\alpha}_2$ 线性无关.

【注】　利用数学归纳法，可知若 $\lambda_1,\lambda_2,\cdots,\lambda_m$ 是矩阵 $\boldsymbol{A}$ 的各不相等的特征值，那么它们所

对应的特征向量 $\boldsymbol{\alpha}_1,\boldsymbol{\alpha}_2,\cdots,\boldsymbol{\alpha}_m$ 必线性无关.

【例 13】 设 $\boldsymbol{\alpha}_1,\boldsymbol{\alpha}_2,\boldsymbol{\beta}_1,\boldsymbol{\beta}_2$ 都是三维列向量，且 $\boldsymbol{\alpha}_1,\boldsymbol{\alpha}_2$ 线性无关、$\boldsymbol{\beta}_1,\boldsymbol{\beta}_2$ 线性无关. 证明：存在非零向量 $\boldsymbol{\gamma}$，使得 $\boldsymbol{\gamma}$ 既可由 $\boldsymbol{\alpha}_1,\boldsymbol{\alpha}_2$ 线性表示也可由 $\boldsymbol{\beta}_1,\boldsymbol{\beta}_2$ 线性表示.

证明 因 $\boldsymbol{\alpha}_1,\boldsymbol{\alpha}_2,\boldsymbol{\beta}_1,\boldsymbol{\beta}_2$ 是 4 个三维向量，必线性相关，故存在不全为 0 的 k_1,k_2,l_1,l_2 使得

$$k_1\boldsymbol{\alpha}_1+k_2\boldsymbol{\alpha}_2+l_1\boldsymbol{\beta}_1+l_2\boldsymbol{\beta}_2=\mathbf{0}.$$

移项并令 $\boldsymbol{\gamma}=k_1\boldsymbol{\alpha}_1+k_2\boldsymbol{\alpha}_2=-l_1\boldsymbol{\beta}_1-l_2\boldsymbol{\beta}_2$，

那么必有 $\boldsymbol{\gamma}\neq\mathbf{0}$，否则

$$k_1\boldsymbol{\alpha}_1+k_2\boldsymbol{\alpha}_2=\mathbf{0},\ -l_1\boldsymbol{\beta}_1-l_2\boldsymbol{\beta}_2=\mathbf{0}.$$

因 $\boldsymbol{\alpha}_1,\boldsymbol{\alpha}_2$ 线性无关，必有 $k_1=0,k_2=0$，由 $\boldsymbol{\beta}_1,\boldsymbol{\beta}_2$ 线性无关又有 $l_1=0,l_2=0$. 从而 k_1,k_2,l_1,l_2 全为 0. 与 k_1,k_2,l_1,l_2 不全为 0 相矛盾，从而 $\boldsymbol{\gamma}\neq\mathbf{0}$.

于是 $\boldsymbol{\gamma}=k_1\boldsymbol{\alpha}_1+k_2\boldsymbol{\alpha}_2,\boldsymbol{\gamma}=-l_1\boldsymbol{\beta}_1-l_2\boldsymbol{\beta}_2$ 非 $\mathbf{0}$，既可由 $\boldsymbol{\alpha}_1,\boldsymbol{\alpha}_2$ 线性表示，也可由 $\boldsymbol{\beta}_1,\boldsymbol{\beta}_2$ 线性表示.

四、秩与极大线性无关组

【例 14】 求向量组 $\boldsymbol{\alpha}_1=(1,2,1,3)^{\mathrm T},\boldsymbol{\alpha}_2=(1,1,-1,1)^{\mathrm T},\boldsymbol{\alpha}_3=(1,3,3,5)^{\mathrm T},\boldsymbol{\alpha}_4=(4,5,-2,6)^{\mathrm T},\boldsymbol{\alpha}_5=(-3,-5,-1,-7)^{\mathrm T}$ 的秩、极大线性无关组，并将其余的向量用极大无关组线性表出.

解 用列向量组作初等行变换，因初等行变换将方程组变成同解方程组，故变换前后的任何相应的部分（或全部）列向量组成的方程组仍同解，故它们具有相同的线性相关性.

$$\begin{array}{c}\boldsymbol{\alpha}_1\quad\boldsymbol{\alpha}_2\quad\boldsymbol{\alpha}_3\quad\boldsymbol{\alpha}_4\quad\boldsymbol{\alpha}_5\\ \begin{bmatrix}1&1&1&4&-3\\2&1&3&5&-5\\1&-1&3&-2&-1\\3&1&5&6&-7\end{bmatrix}\end{array}\xrightarrow[r_4-3r_1]{\substack{r_2-2r_1\\ r_3-r_1}}\begin{bmatrix}1&1&1&4&-3\\0&-1&1&-3&1\\0&-2&2&-6&2\\0&-2&2&-6&2\end{bmatrix}$$

$$\xrightarrow[r_4-2r_2]{r_3-2r_2}\begin{bmatrix}1&1&1&4&-3\\0&-1&1&-3&1\\0&0&0&0&0\\0&0&0&0&0\end{bmatrix}\xrightarrow[(-1)r_2]{r_1+r_2}\begin{array}{c}\boldsymbol{\beta}_1\quad\boldsymbol{\beta}_2\quad\boldsymbol{\beta}_3\quad\boldsymbol{\beta}_4\quad\boldsymbol{\beta}_5\\ \begin{bmatrix}1&0&2&1&-2\\0&1&-1&3&-1\\0&0&0&0&0\\0&0&0&0&0\end{bmatrix}\end{array}.$$

由右端阶梯形矩阵知 $r(\boldsymbol{\alpha}_1,\boldsymbol{\alpha}_2,\boldsymbol{\alpha}_3,\boldsymbol{\alpha}_4,\boldsymbol{\alpha}_5)=2$，由 $\boldsymbol{\beta}_1,\boldsymbol{\beta}_2$ 线性无关知 $\boldsymbol{\alpha}_1,\boldsymbol{\alpha}_2$ 线性无关，是向量组的极大无关组，且 $\boldsymbol{\alpha}_3,\boldsymbol{\alpha}_4,\boldsymbol{\alpha}_5$ 可由 $\boldsymbol{\alpha}_1,\boldsymbol{\alpha}_2$ 线性表出，由列向量组成的方程组

$$\boldsymbol{\beta}_3=2\boldsymbol{\beta}_1-\boldsymbol{\beta}_2,\boldsymbol{\beta}_4=\boldsymbol{\beta}_1+3\boldsymbol{\beta}_2,\boldsymbol{\beta}_5=-2\boldsymbol{\beta}_1-\boldsymbol{\beta}_2,$$

即有

$$\boldsymbol{\alpha}_3=2\boldsymbol{\alpha}_1-\boldsymbol{\alpha}_2,\boldsymbol{\alpha}_4=\boldsymbol{\alpha}_1+3\boldsymbol{\alpha}_2,\boldsymbol{\alpha}_5=-2\boldsymbol{\alpha}_1-\boldsymbol{\alpha}_2.$$

【例 15】 设 $\boldsymbol{A}=\begin{bmatrix}1&1&1&1\\0&1&-1&b\\2&3&a&3\\3&5&1&5\end{bmatrix}$，$\boldsymbol{A}^*$ 是 $\boldsymbol{A}$ 的伴随矩阵，求 $r(\boldsymbol{A}),r(\boldsymbol{A}^*)$ 和 $\boldsymbol{A}$ 的列向量的极大线性无关组.

解 记 $\boldsymbol{A}=[\boldsymbol{\alpha}_1,\boldsymbol{\alpha}_2,\boldsymbol{\alpha}_3,\boldsymbol{\alpha}_4]$ 并对 $\boldsymbol{A}$ 作初等行变换，有

$$A=\begin{bmatrix}1&1&1&1\\0&1&-1&b\\2&3&a&3\\3&5&1&5\end{bmatrix}\rightarrow\begin{bmatrix}1&1&1&1\\0&1&-1&b\\0&1&a-2&1\\0&2&-2&2\end{bmatrix}\rightarrow\begin{bmatrix}1&1&1&1\\0&1&-1&b\\0&0&a-1&1-b\\0&0&0&2-2b\end{bmatrix}.$$

当 $a\neq1$ 且 $b\neq1$ 时，

$r(\boldsymbol{A})=4, r(\boldsymbol{A}^*)=4$，极大线性无关组：$\boldsymbol{\alpha}_1,\boldsymbol{\alpha}_2,\boldsymbol{\alpha}_3,\boldsymbol{\alpha}_4$；

当 $a=1$ 且 $b\neq1$ 时，

$r(\boldsymbol{A})=3, r(\boldsymbol{A}^*)=1$，极大线性无关组：$\boldsymbol{\alpha}_1,\boldsymbol{\alpha}_2,\boldsymbol{\alpha}_4$；

当 $a\neq1$ 且 $b=1$ 时，

$r(\boldsymbol{A})=3, r(\boldsymbol{A}^*)=1$，极大线性无关组：$\boldsymbol{\alpha}_1,\boldsymbol{\alpha}_2,\boldsymbol{\alpha}_3$；

当 $a=1$ 且 $b=1$ 时，

$r(\boldsymbol{A})=2, r(\boldsymbol{A}^*)=0$，极大线性无关组：$\boldsymbol{\alpha}_1,\boldsymbol{\alpha}_2,\boldsymbol{\alpha}_3$ 中任意两个（此时 $\boldsymbol{\alpha}_2=\boldsymbol{\alpha}_4$）.

【例 16】 已知向量组（Ⅰ）$\boldsymbol{\alpha}_1,\boldsymbol{\alpha}_2,\boldsymbol{\alpha}_3$；（Ⅱ）$\boldsymbol{\alpha}_1,\boldsymbol{\alpha}_2,\boldsymbol{\alpha}_3,\boldsymbol{\alpha}_4$；（Ⅲ）$\boldsymbol{\alpha}_1,\boldsymbol{\alpha}_2,\boldsymbol{\alpha}_3,\boldsymbol{\alpha}_5$. 如果它们的秩分别为 $r(\text{Ⅰ})=r(\text{Ⅱ})=3, r(\text{Ⅲ})=4$，求 $r(\boldsymbol{\alpha}_1,\boldsymbol{\alpha}_2,\boldsymbol{\alpha}_3,\boldsymbol{\alpha}_4+\boldsymbol{\alpha}_5)$.

> **解题思路** 由于 $r(\text{Ⅰ})=3$，得 $\boldsymbol{\alpha}_1,\boldsymbol{\alpha}_2,\boldsymbol{\alpha}_3$ 线性无关，那么向量组 $\boldsymbol{\alpha}_1,\boldsymbol{\alpha}_2,\boldsymbol{\alpha}_3,\boldsymbol{\alpha}_4+\boldsymbol{\alpha}_5$ 的秩至少是 3，能否是 4？关键就看 $\boldsymbol{\alpha}_4+\boldsymbol{\alpha}_5$ 能否用 $\boldsymbol{\alpha}_1,\boldsymbol{\alpha}_2,\boldsymbol{\alpha}_3$ 线性表出，或者看向量组 $\boldsymbol{\alpha}_1,\boldsymbol{\alpha}_2,\boldsymbol{\alpha}_3,\boldsymbol{\alpha}_4+\boldsymbol{\alpha}_5$ 是线性相关还是线性无关.

解 **【方法一】** 由 $r(\text{Ⅰ})=r(\text{Ⅱ})=3$，知 $\boldsymbol{\alpha}_1,\boldsymbol{\alpha}_2,\boldsymbol{\alpha}_3$ 线性无关，$\boldsymbol{\alpha}_1,\boldsymbol{\alpha}_2,\boldsymbol{\alpha}_3,\boldsymbol{\alpha}_4$ 线性相关，故 $\boldsymbol{\alpha}_4$ 可由 $\boldsymbol{\alpha}_1,\boldsymbol{\alpha}_2,\boldsymbol{\alpha}_3$ 线性表出. 设 $\boldsymbol{\alpha}_4=l_1\boldsymbol{\alpha}_1+l_2\boldsymbol{\alpha}_2+l_3\boldsymbol{\alpha}_3$.

如果 $\boldsymbol{\alpha}_4+\boldsymbol{\alpha}_5$ 能由 $\boldsymbol{\alpha}_1,\boldsymbol{\alpha}_2,\boldsymbol{\alpha}_3$ 线性表出，设 $\boldsymbol{\alpha}_4+\boldsymbol{\alpha}_5=k_1\boldsymbol{\alpha}_1+k_2\boldsymbol{\alpha}_2+k_3\boldsymbol{\alpha}_3$，则

$$\boldsymbol{\alpha}_5=(k_1-l_1)\boldsymbol{\alpha}_1+(k_2-l_2)\boldsymbol{\alpha}_2+(k_3-l_3)\boldsymbol{\alpha}_3.$$

于是 $\boldsymbol{\alpha}_5$ 可由 $\boldsymbol{\alpha}_1,\boldsymbol{\alpha}_2,\boldsymbol{\alpha}_3$ 线性表出，即 $\boldsymbol{\alpha}_1,\boldsymbol{\alpha}_2,\boldsymbol{\alpha}_3,\boldsymbol{\alpha}_5$ 线性相关，与已知 $r(\text{Ⅲ})=4$ 相矛盾.

所以 $\boldsymbol{\alpha}_4+\boldsymbol{\alpha}_5$ 不能用 $\boldsymbol{\alpha}_1,\boldsymbol{\alpha}_2,\boldsymbol{\alpha}_3$ 线性表出，由秩的定义知 $r(\boldsymbol{\alpha}_1,\boldsymbol{\alpha}_2,\boldsymbol{\alpha}_3,\boldsymbol{\alpha}_4+\boldsymbol{\alpha}_5)=4$.

【方法二】 如果 $x_1\boldsymbol{\alpha}_1+x_2\boldsymbol{\alpha}_2+x_3\boldsymbol{\alpha}_3+x_4(\boldsymbol{\alpha}_4+\boldsymbol{\alpha}_5)=\boldsymbol{0}$，把 $\boldsymbol{\alpha}_4=l_1\boldsymbol{\alpha}_1+l_2\boldsymbol{\alpha}_2+l_3\boldsymbol{\alpha}_3$（理由同前，略）代入有

$$(x_1+l_1x_4)\boldsymbol{\alpha}_1+(x_2+l_2x_4)\boldsymbol{\alpha}_2+(x_3+l_3x_4)\boldsymbol{\alpha}_3+x_4\boldsymbol{\alpha}_5=\boldsymbol{0}.$$

由 $r(\text{Ⅲ})=4$，知 $\boldsymbol{\alpha}_1,\boldsymbol{\alpha}_2,\boldsymbol{\alpha}_3,\boldsymbol{\alpha}_5$ 线性无关，从而

$$\begin{cases}x_1+l_1x_4=0,\\x_2+l_2x_4=0,\\x_3+l_3x_4=0,\\x_4=0\end{cases}\Rightarrow\quad x_1=x_2=x_3=x_4=0，\text{下略.}$$

【方法三】 同前，设 $\boldsymbol{\alpha}_4=l_1\boldsymbol{\alpha}_1+l_2\boldsymbol{\alpha}_2+l_3\boldsymbol{\alpha}_3$，构造矩阵 $(\boldsymbol{\alpha}_1,\boldsymbol{\alpha}_2,\boldsymbol{\alpha}_3,\boldsymbol{\alpha}_5)$ 作初等列变换.

$$(\boldsymbol{\alpha}_1,\boldsymbol{\alpha}_2,\boldsymbol{\alpha}_3,\boldsymbol{\alpha}_5)\xrightarrow{\substack{l_1c_1+c_4\\l_2c_2+c_4\\l_3c_3+c_4}}(\boldsymbol{\alpha}_1,\boldsymbol{\alpha}_2,\boldsymbol{\alpha}_3,\boldsymbol{\alpha}_5+l_1\boldsymbol{\alpha}_1+l_2\boldsymbol{\alpha}_2+l_3\boldsymbol{\alpha}_3),$$

即

$$(\boldsymbol{\alpha}_1,\boldsymbol{\alpha}_2,\boldsymbol{\alpha}_3,\boldsymbol{\alpha}_5)\xrightarrow{\text{列变换}}(\boldsymbol{\alpha}_1,\boldsymbol{\alpha}_2,\boldsymbol{\alpha}_3,\boldsymbol{\alpha}_5+\boldsymbol{\alpha}_4).$$

由于初等变换不改变秩，故

$$r(\boldsymbol{\alpha}_1,\boldsymbol{\alpha}_2,\boldsymbol{\alpha}_3,\boldsymbol{\alpha}_5+\boldsymbol{\alpha}_4)=r(\boldsymbol{\alpha}_1,\boldsymbol{\alpha}_2,\boldsymbol{\alpha}_3,\boldsymbol{\alpha}_5)=4.$$

【例 17】 证明定理：如果向量组（Ⅰ）$\boldsymbol{\alpha}_1,\boldsymbol{\alpha}_2,\cdots,\boldsymbol{\alpha}_s$ 可由向量组（Ⅱ）$\boldsymbol{\beta}_1,\boldsymbol{\beta}_2,\cdots,\boldsymbol{\beta}_t$ 线性表示，则秩 $r(\text{Ⅰ})\leqslant r(\text{Ⅱ})$.

证明 【方法一】 向量组（Ⅰ）可由（Ⅱ）线性表示

$\Leftrightarrow$ 方程组 $(\boldsymbol{\beta}_1,\boldsymbol{\beta}_2,\cdots,\boldsymbol{\beta}_t)\boldsymbol{x}=\boldsymbol{\alpha}_1,(\boldsymbol{\beta}_1,\boldsymbol{\beta}_2,\cdots,\boldsymbol{\beta}_t)\boldsymbol{x}=\boldsymbol{\alpha}_2,\cdots,(\boldsymbol{\beta}_1,\boldsymbol{\beta}_2,\cdots,\boldsymbol{\beta}_t)\boldsymbol{x}=\boldsymbol{\alpha}_s$ 都有解

$\Leftrightarrow$ 矩阵方程 $(\boldsymbol{\beta}_1,\boldsymbol{\beta}_2,\cdots,\boldsymbol{\beta}_t)\boldsymbol{X}=(\boldsymbol{\alpha}_1,\boldsymbol{\alpha}_2,\cdots,\boldsymbol{\alpha}_s)$ 有解

$\Leftrightarrow r(\boldsymbol{\beta}_1,\boldsymbol{\beta}_2,\cdots,\boldsymbol{\beta}_t)=r(\boldsymbol{\beta}_1,\boldsymbol{\beta}_2,\cdots,\boldsymbol{\beta}_t,\boldsymbol{\alpha}_1,\boldsymbol{\alpha}_2,\cdots,\boldsymbol{\alpha}_s)$.

所以 $r(\boldsymbol{\alpha}_1,\boldsymbol{\alpha}_2,\cdots,\boldsymbol{\alpha}_s)\leqslant r(\boldsymbol{\beta}_1,\boldsymbol{\beta}_2,\cdots,\boldsymbol{\beta}_t)$，即 $r(\text{Ⅰ})\leqslant r(\text{Ⅱ})$.

【方法二】 设 $r(\text{Ⅰ})=r,r(\text{Ⅱ})=p$.

并设 $\boldsymbol{\alpha}_{i_1},\boldsymbol{\alpha}_{i_2},\cdots,\boldsymbol{\alpha}_{i_r}$ 是（Ⅰ）的极大线性无关组，$\boldsymbol{\beta}_{j_1},\boldsymbol{\beta}_{j_2},\cdots,\boldsymbol{\beta}_{j_p}$ 是（Ⅱ）的极大线性无关组.

由于 $\boldsymbol{\alpha}_{i_1},\boldsymbol{\alpha}_{i_2},\cdots,\boldsymbol{\alpha}_{i_r}$ 可由（Ⅰ）线性表示，而（Ⅰ）可由（Ⅱ）线性表示，又（Ⅱ）可由 $\boldsymbol{\beta}_{j_1},\boldsymbol{\beta}_{j_2},\cdots,\boldsymbol{\beta}_{j_t}$ 线性表示，从而 $\boldsymbol{\alpha}_{i_1},\boldsymbol{\alpha}_{i_2},\cdots,\boldsymbol{\alpha}_{i_r}$ 可由 $\boldsymbol{\beta}_{j_1},\boldsymbol{\beta}_{j_2},\cdots,\boldsymbol{\beta}_{j_t}$ 线性表示.

又因 $\boldsymbol{\alpha}_{i_1},\boldsymbol{\alpha}_{i_2},\cdots,\boldsymbol{\alpha}_{i_r}$ 是极大线性无关组，必线性无关. 那么按定理 3.2.5 推论得 $r\leqslant t$，即 $r(\text{Ⅰ})\leqslant r(\text{Ⅱ})$.

【例 18】 设 $\boldsymbol{A}$ 和 $\boldsymbol{B}$ 都是 $m\times n$ 矩阵，证明秩 $r(\boldsymbol{A}+\boldsymbol{B})\leqslant r(\boldsymbol{A})+r(\boldsymbol{B})$.

> **解题思路** 由三秩相等，即 $r(\boldsymbol{A})=\boldsymbol{A}$ 的列秩 $=\boldsymbol{A}$ 的行秩，通过向量组的极大线性无关组转换出矩阵秩的信息.

证明 设 $r(\boldsymbol{A})=r,\boldsymbol{\alpha}_{i_1},\boldsymbol{\alpha}_{i_2},\cdots,\boldsymbol{\alpha}_{i_r}$ 是 $\boldsymbol{A}$ 的列向量组的一个极大线性无关组，设 $r(\boldsymbol{B})=t$，$\boldsymbol{\beta}_{j_1},\boldsymbol{\beta}_{j_2},\cdots,\boldsymbol{\beta}_{j_t}$ 是 $\boldsymbol{B}$ 的列向量组成的一个极大线性无关组.

那么 $\boldsymbol{A}=(\boldsymbol{\alpha}_1,\boldsymbol{\alpha}_2,\cdots,\boldsymbol{\alpha}_n)$ 的每一个列向量 $\boldsymbol{\alpha}_k(k=1,2,\cdots,n)$ 均可由 $\boldsymbol{\alpha}_{i_1},\boldsymbol{\alpha}_{i_2},\cdots,\boldsymbol{\alpha}_{i_r}$ 线性表出，同样地，$\boldsymbol{B}=(\boldsymbol{\beta}_1,\boldsymbol{\beta}_2,\cdots,\boldsymbol{\beta}_n)$ 的每一个列向量 $\boldsymbol{\beta}_k(k=1,2,\cdots,n)$ 也均可由 $\boldsymbol{\beta}_{j_1},\boldsymbol{\beta}_{j_2},\cdots,\boldsymbol{\beta}_{j_t}$ 线性表出. 于是 $\boldsymbol{A}+\boldsymbol{B}$ 的每一个列向量 $\boldsymbol{\alpha}_k+\boldsymbol{\beta}_k(k=1,2,\cdots,n)$ 都能由 $\boldsymbol{\alpha}_{i_1},\boldsymbol{\alpha}_{i_2},\cdots,\boldsymbol{\alpha}_{i_r},\boldsymbol{\beta}_{j_1},\boldsymbol{\beta}_{j_2},\cdots,\boldsymbol{\beta}_{j_t}$ 线性表出.

因此，向量组 $\boldsymbol{\alpha}_1+\boldsymbol{\beta}_1,\boldsymbol{\alpha}_2+\boldsymbol{\beta}_2,\cdots,\boldsymbol{\alpha}_n+\boldsymbol{\beta}_n$ 的极大线性无关组中向量的个数不大于向量组 $\boldsymbol{\alpha}_{i_1},\boldsymbol{\alpha}_{i_2},\cdots,\boldsymbol{\alpha}_{i_r},\boldsymbol{\beta}_{j_1},\boldsymbol{\beta}_{j_2},\cdots,\boldsymbol{\beta}_{j_t}$ 中向量的个数.

即 $r(\boldsymbol{A}+\boldsymbol{B})\leqslant r+t=r(\boldsymbol{A})+r(\boldsymbol{B})$.

【注】 $\boldsymbol{\alpha}_1+\boldsymbol{\beta}_1,\boldsymbol{\alpha}_2+\boldsymbol{\beta}_2,\cdots,\boldsymbol{\alpha}_n+\boldsymbol{\beta}_n$ 可由 $\boldsymbol{\alpha}_{i_1},\boldsymbol{\alpha}_{i_2},\cdots,\boldsymbol{\alpha}_{i_r},\boldsymbol{\beta}_{j_1},\boldsymbol{\beta}_{j_2},\cdots,\boldsymbol{\beta}_{j_t}$ 线性表示，$r(\boldsymbol{\alpha}_1+\boldsymbol{\beta}_1,\boldsymbol{\alpha}_2+\boldsymbol{\beta}_2,\cdots,\boldsymbol{\alpha}_n+\boldsymbol{\beta}_n)\leqslant r(\boldsymbol{\alpha}_{i_1},\cdots,\boldsymbol{\alpha}_{i_r},\boldsymbol{\beta}_{j_1},\cdots,\boldsymbol{\beta}_{j_t})\leqslant r+t$，亦即 $r(\boldsymbol{A}+\boldsymbol{B})\leqslant r(\boldsymbol{A})+r(\boldsymbol{B})$.

五、正交化、正交矩阵

【例 19】 与 $\boldsymbol{\xi}_1=(1,1,-1,1)^{\mathrm{T}},\boldsymbol{\xi}_2=(1,-1,-1,1)^{\mathrm{T}},\boldsymbol{\xi}_3=(2,1,1,3)^{\mathrm{T}}$ 都正交的向量是________.

分析 设所求向量为 $\boldsymbol{\alpha}=(x_1,x_2,x_3,x_4)^{\mathrm{T}}$. 则由 $\boldsymbol{\alpha}$ 与 $\boldsymbol{\xi}_1,\boldsymbol{\xi}_2,\boldsymbol{\xi}_3$ 都正交得

$$\begin{cases}(\boldsymbol{\xi}_1,\boldsymbol{\alpha})=x_1+x_2-x_3+x_4=0,\\(\boldsymbol{\xi}_2,\boldsymbol{\alpha})=x_1-x_2-x_3+x_4=0,\text{系数矩阵}\\(\boldsymbol{\xi}_3,\boldsymbol{\alpha})=2x_1+x_2+x_3+3x_4=0,\end{cases}$$

$$\begin{bmatrix}1&1&-1&1\\1&-1&-1&1\\2&1&1&3\end{bmatrix}\to\begin{bmatrix}1&1&-1&1\\0&-2&0&0\\0&-1&3&1\end{bmatrix}\to\begin{bmatrix}1&0&-4&0\\0&1&0&0\\0&0&3&1\end{bmatrix}$$

得通解为 $k(4,0,1,-3)^T$，其中 k 是任意常数. 通解即所求向量.

【例 20】 已知 $A=[\boldsymbol{\alpha}_1,\boldsymbol{\alpha}_2,\boldsymbol{\alpha}_3]$ 是三阶正交矩阵. 若 $\boldsymbol{\alpha}_1=\left(\frac{1}{\sqrt{2}},0,-\frac{1}{\sqrt{2}}\right)^T$，$\boldsymbol{\alpha}_2=(0,1,0)^T$，则 $\boldsymbol{\alpha}_3=$ ________.

分析 按正交矩阵的几何意义，列向量要两两正交且都是单位向量.

设 $\boldsymbol{\alpha}_3=(x_1,x_2,x_3)^T$，则有

$$\begin{cases}(\boldsymbol{\alpha}_1,\boldsymbol{\alpha}_3)=\frac{1}{\sqrt{2}}x_1-\frac{1}{\sqrt{2}}x_3=0,\\(\boldsymbol{\alpha}_2,\boldsymbol{\alpha}_3)=x_2=0,\\x_1^2+x_2^2+x_3^2=1,\end{cases}$$

故 $\boldsymbol{\alpha}_3=\pm\frac{1}{\sqrt{2}}(1,0,1)^T$.

【例 21】 设 $\boldsymbol{\alpha}$ 为 n 维非零列向量，$\boldsymbol{E}$ 为 n 阶单位矩阵. 证明：$\boldsymbol{A}=\boldsymbol{E}-\frac{2}{\boldsymbol{\alpha}^T\boldsymbol{\alpha}}\boldsymbol{\alpha}\boldsymbol{\alpha}^T$ 是正交矩阵.

解题思路 按正交矩阵定义，证出 $\boldsymbol{A}\boldsymbol{A}^T=\boldsymbol{A}^T\boldsymbol{A}=\boldsymbol{E}$ 即可.

证明 因
$$\boldsymbol{A}^T=\left(\boldsymbol{E}-\frac{2}{\boldsymbol{\alpha}^T\boldsymbol{\alpha}}\boldsymbol{\alpha}\boldsymbol{\alpha}^T\right)^T=\boldsymbol{E}^T-\left(\frac{2}{\boldsymbol{\alpha}^T\boldsymbol{\alpha}}\boldsymbol{\alpha}\boldsymbol{\alpha}^T\right)^T=\boldsymbol{E}-\frac{2}{\boldsymbol{\alpha}^T\boldsymbol{\alpha}}(\boldsymbol{\alpha}\boldsymbol{\alpha}^T)^T$$
$$=\boldsymbol{E}-\frac{2}{\boldsymbol{\alpha}^T\boldsymbol{\alpha}}\boldsymbol{\alpha}\boldsymbol{\alpha}^T=\boldsymbol{A},$$

故
$$\boldsymbol{A}\boldsymbol{A}^T=\boldsymbol{A}^T\boldsymbol{A}=\boldsymbol{A}^2=\left(\boldsymbol{E}-\frac{2}{\boldsymbol{\alpha}^T\boldsymbol{\alpha}}\boldsymbol{\alpha}\boldsymbol{\alpha}^T\right)^2=\boldsymbol{E}-\frac{4}{\boldsymbol{\alpha}^T\boldsymbol{\alpha}}\boldsymbol{\alpha}\boldsymbol{\alpha}^T+\left(\frac{2}{\boldsymbol{\alpha}^T\boldsymbol{\alpha}}\right)^2(\boldsymbol{\alpha}\boldsymbol{\alpha}^T)(\boldsymbol{\alpha}\boldsymbol{\alpha}^T)$$
$$=\boldsymbol{E}-\frac{4}{\boldsymbol{\alpha}^T\boldsymbol{\alpha}}\boldsymbol{\alpha}\boldsymbol{\alpha}^T+\frac{4}{(\boldsymbol{\alpha}^T\boldsymbol{\alpha})^2}\boldsymbol{\alpha}(\boldsymbol{\alpha}^T\boldsymbol{\alpha})\boldsymbol{\alpha}^T=\boldsymbol{E},$$

所以 $\boldsymbol{A}$ 是正交矩阵.

【评注】 $\boldsymbol{\alpha}^T\boldsymbol{\alpha}$ 是一个数，$\boldsymbol{\alpha}\boldsymbol{\alpha}^T$ 是 n 阶矩阵. $\boldsymbol{\alpha}(\boldsymbol{\alpha}^T\boldsymbol{\alpha})\boldsymbol{\alpha}^T=(\boldsymbol{\alpha}^T\boldsymbol{\alpha})\boldsymbol{\alpha}\boldsymbol{\alpha}^T$.

小结

向量是初学线性代数时的一个难点，主要表现在对定义的理解、语言的表述、逻辑推理的正确等方面. 当然也是考研的重点.

首先应理解线性相关、线性无关的概念，会利用定义推导论证某向量组的线性相关性，掌握线性相关的判别定理.

其次是理解向量组极大线性无关组、秩、等价向量组等概念，搞清矩阵的秩（行列式秩）及其按列（行）分块后的列（行）向量组的秩的联系，两组向量间有表出关系时，它们秩之间的制约关系、等价向量组与等价矩阵的联系与区别、等价向量组必要条件等，会求向量组的极大线性无关组及秩，并会灵活应用有关秩的等式和不等式.

第四章　线性方程组

考点与要求

理解　齐次线性方程组有非零解的充分必要条件及非齐次线性方程组有解的充分必要条件．齐次线性方程组的基础解系、通解及解空间的概念．非齐次方程组解的结构及通解的概念．

掌握　齐次线性方程组的基础解系和通解的求法，用初等行变换求解线性方程组的方法．

会用　克拉默法则．

内容精讲

§1　克拉默法则

克拉默法则

若 n 个方程 n 个未知量构成的非齐次线性方程组

$$\begin{cases} a_{11}x_1 + a_{12}x_2 + \cdots + a_{1n}x_n = b_1, \\ a_{21}x_1 + a_{22}x_2 + \cdots + a_{2n}x_n = b_2, \\ \cdots\cdots \\ a_{n1}x_1 + a_{n2}x_2 + \cdots + a_{nn}x_n = b_n \end{cases}$$

的系数行列式 $|\boldsymbol{A}| \neq 0$，则方程组有唯一解，且唯一解为

$$x_i = \frac{|\boldsymbol{A}_i|}{|\boldsymbol{A}|}, i = 1,2,\cdots,n.$$

其中 $|\boldsymbol{A}_i|$ 是 $|\boldsymbol{A}|$ 中第 i 列元素(即 x_i 的系数)替换成方程组右端的常数项 $b_1, b_2, \cdots, b_n$ 所构成的行列式．

推论　若包含 n 个方程 n 个未知量的齐次线性方程组

$$\begin{cases} a_{11}x_1 + a_{12}x_2 + \cdots + a_{1n}x_n = 0, \\ a_{21}x_1 + a_{22}x_2 + \cdots + a_{2n}x_n = 0, \\ \cdots\cdots \\ a_{n1}x_1 + a_{n2}x_2 + \cdots + a_{nn}x_n = 0 \end{cases}$$

的系数行列式 $|\boldsymbol{A}| \neq 0$ 的充要条件是方程组有唯一零解．

反之,若齐次线性方程组有非零解,充要条件是其系数行列式 $|\boldsymbol{A}|=0$.

§2　齐次线性方程组

4.2.1　齐次线性方程组的表达形式

n 个未知量,m 个方程组成的方程组

$$\begin{cases} a_{11}x_1+a_{12}x_2+\cdots+a_{1n}x_n=0, \\ a_{21}x_1+a_{22}x_2+\cdots+a_{2n}x_n=0, \\ \cdots\cdots \\ a_{m1}x_1+a_{m2}x_2+\cdots+a_{mn}x_n=0, \end{cases} \tag{4.1}$$

称为**齐次线性方程组**,(4.1) 式称为齐次线性方程组的**一般形式**.

方程组(4.1) 写成**向量形式**,则是

$$\boldsymbol{\alpha}_1x_1+\boldsymbol{\alpha}_2x_2+\cdots+\boldsymbol{\alpha}_nx_n=\boldsymbol{0}, \tag{4.2}$$

其中 $\boldsymbol{\alpha}_j=(a_{1j},a_{2j},\cdots,a_{mj})^{\mathrm{T}},j=1,2,\cdots,n,\boldsymbol{0}=(0,0,\cdots,0)^{\mathrm{T}}$.

写成**矩阵形式**,则是

$$\boldsymbol{A}_{m\times n}\boldsymbol{x}=\boldsymbol{0}, \tag{4.3}$$

其中

$$\boldsymbol{A}=\begin{bmatrix} a_{11} & a_{12} & \cdots & a_{1n} \\ a_{21} & a_{22} & \cdots & a_{2n} \\ \vdots & \vdots & & \vdots \\ a_{m1} & a_{m2} & \cdots & a_{mn} \end{bmatrix},\quad \boldsymbol{x}=\begin{bmatrix} x_1 \\ x_2 \\ \vdots \\ x_n \end{bmatrix},\quad \boldsymbol{0}=\begin{bmatrix} 0 \\ 0 \\ \vdots \\ 0 \end{bmatrix}.$$

4.2.2　齐次线性方程组的解

若将有序数组 $c_1,c_2,\cdots,c_n$ 分别代入方程组的未知量 $x_1,x_2,\cdots,x_n$,使每个方程等式成立,则称$(c_1,c_2,\cdots,c_n)^{\mathrm{T}}$ 为方程组的一个解(或解向量),记成 $\boldsymbol{\xi}=(c_1,c_2,\cdots,c_n)^{\mathrm{T}}$,即 $\boldsymbol{\alpha}_1c_1+\boldsymbol{\alpha}_2c_2+\cdots+\boldsymbol{\alpha}_nc_n=\boldsymbol{0}$ 或 $\boldsymbol{A\xi}=\boldsymbol{0}$,即齐次方程组(4.1) 的解是使 $\boldsymbol{A}$ 的列向量线性组合为零的线性组合系数.

若方程组(4.1) 只有零解 $\Leftrightarrow\boldsymbol{\alpha}_1,\boldsymbol{\alpha}_2,\cdots,\boldsymbol{\alpha}_n$ 线性无关.

4.2.3　齐次线性方程组的基础解系

设 $\boldsymbol{\xi}_1,\boldsymbol{\xi}_2,\cdots,\boldsymbol{\xi}_{n-r}$ 是 $\boldsymbol{Ax}=\boldsymbol{0}$ 的解向量,若满足

(1)$\boldsymbol{\xi}_1,\boldsymbol{\xi}_2,\cdots,\boldsymbol{\xi}_{n-r}$ 线性无关.

(2)$\boldsymbol{Ax}=\boldsymbol{0}$ 的任一解向量 $\boldsymbol{\xi}$ 均可由 $\boldsymbol{\xi}_1,\boldsymbol{\xi}_2,\cdots,\boldsymbol{\xi}_{n-r}$ 线性表出,则称向量组 $\boldsymbol{\xi}_1,\boldsymbol{\xi}_2,\cdots,\boldsymbol{\xi}_{n-r}$ 是 $\boldsymbol{Ax}=\boldsymbol{0}$ 的基础解系.

条件(2)"$\boldsymbol{Ax}=\boldsymbol{0}$ 的任一解向量 $\boldsymbol{\xi}$ 均可由 $\boldsymbol{\xi}_1,\boldsymbol{\xi}_2,\cdots,\boldsymbol{\xi}_{n-r}$ 线性表出"等价于"加入任一解向量 $\boldsymbol{\xi}$,使得 $\boldsymbol{\xi}_1,\boldsymbol{\xi}_2,\cdots,\boldsymbol{\xi}_{n-r},\boldsymbol{\xi}$ 线性相关",等价于"$r(\boldsymbol{A})=r$",即线性无关解向量的个数为 $n-r$,满足 $r(\boldsymbol{A})+$线性无关解的个数 $=n$ (n 是未知量个数).

4.2.4　$\boldsymbol{Ax}=\boldsymbol{0}$ 的解的性质

若 $\boldsymbol{\xi}_1$ 是齐次线性方程组 $\boldsymbol{Ax}=\boldsymbol{0}$ 的解,则 $k_1\boldsymbol{\xi}_1$ 仍是$\boldsymbol{Ax}=\boldsymbol{0}$ 的解,其中 k_1 是任意常数.

同样,若 $\boldsymbol{\xi}_1,\boldsymbol{\xi}_2,\cdots,\boldsymbol{\xi}_s$ 均是$\boldsymbol{Ax}=\boldsymbol{0}$ 的解,则 $k_1\boldsymbol{\xi}_1+k_2\boldsymbol{\xi}_2+\cdots+k_s\boldsymbol{\xi}_s$ 仍是$\boldsymbol{Ax}=\boldsymbol{0}$ 的解,其中 $k_1,k_2,\cdots,k_s$ 均是任意常数.

4.2.5　$\boldsymbol{Ax}=\boldsymbol{0}$ 的有解条件

齐次线性方程组 $\boldsymbol{Ax}=\boldsymbol{0}$ 一定有解,至少有零解.

齐次线性方程组 $\boldsymbol{A}_{m\times n}\boldsymbol{x}=[\boldsymbol{\alpha}_1,\boldsymbol{\alpha}_2,\cdots,\boldsymbol{\alpha}_n]\boldsymbol{x}=\boldsymbol{\alpha}_1x_1+\boldsymbol{\alpha}_2x_2+\cdots+\boldsymbol{\alpha}_nx_n=\boldsymbol{0}$ 只有零解(有非零解)

$\Leftrightarrow\boldsymbol{\alpha}_1,\boldsymbol{\alpha}_2,\cdots,\boldsymbol{\alpha}_n$(方程组的列向量组,即 $\boldsymbol{A}$ 的列向量组) 线性无关(线性相关)

$\Leftrightarrow r(\boldsymbol{\alpha}_1,\boldsymbol{\alpha}_2,\cdots,\boldsymbol{\alpha}_n)=r(\boldsymbol{A}_{m\times n})=n\ (r(\boldsymbol{\alpha}_1,\boldsymbol{\alpha}_2,\cdots,\boldsymbol{\alpha}_n)=r(\boldsymbol{A}_{m\times n})<n)$.

4.2.6 基础解系向量个数与 $r(\boldsymbol{A})$ 的关系

若 $\boldsymbol{A}$ 是 $m\times n$ 矩阵，$r(\boldsymbol{A})=r<n$，则齐次线性方程组 $\boldsymbol{Ax}=\boldsymbol{0}$ 存在基础解系，且基础解系有 $n-r$ 个线性无关解向量组成. 故

$$\text{基础解系向量个数}+r(\boldsymbol{A})=n\ (\text{未知量个数}).$$

4.2.7 $\boldsymbol{Ax}=\boldsymbol{0}$ 的通解

若 $\boldsymbol{\xi}_1,\boldsymbol{\xi}_2,\cdots,\boldsymbol{\xi}_{n-r}$ 是 $\boldsymbol{Ax}=\boldsymbol{0}$ 的基础解系. 则

$$k_1\boldsymbol{\xi}_1+k_2\boldsymbol{\xi}_2+\cdots+k_{n-r}\boldsymbol{\xi}_{n-r}$$

是 $\boldsymbol{Ax}=\boldsymbol{0}$ 的通解(或称一般解)，其中 $k_1,k_2,\cdots,k_{n-r}$ 是任意常数.

4.2.8 基础解系和通解的求法

利用初等行变换不改变线性方程组的解，将 $\boldsymbol{A}$ 作初等行变换化成阶梯形矩阵，可具体求得基础解系.

设
$$\boldsymbol{A}\xrightarrow{\text{初等行变换}}\begin{bmatrix} c_{11} & c_{12} & \cdots & c_{1r} & c_{1,r+1} & \cdots & c_{1n} \\ 0 & c_{22} & \cdots & c_{2r} & c_{2,r+1} & \cdots & c_{2n} \\ \vdots & \vdots & & \vdots & \vdots & & \vdots \\ 0 & 0 & \cdots & c_{rr} & c_{r,r+1} & \cdots & c_{rn} \\ 0 & 0 & \cdots & 0 & 0 & \cdots & 0 \\ \vdots & \vdots & & \vdots & \vdots & & \vdots \\ 0 & 0 & \cdots & 0 & 0 & \cdots & 0 \end{bmatrix}=\boldsymbol{B}, \tag{4.4}$$

则 $\boldsymbol{Ax}=\boldsymbol{0}$ 和 $\boldsymbol{Bx}=\boldsymbol{0}$ 是同解方程组，即

$$\begin{cases} c_{11}x_1+c_{12}x_2+\cdots+c_{1r}x_r+c_{1,r+1}x_{r+1}+\cdots+c_{1n}x_n=0, \\ \qquad c_{22}x_2+\cdots+c_{2r}x_r+c_{2,r+1}x_{r+1}+\cdots+c_{2n}x_n=0, \\ \qquad\qquad \cdots\cdots \\ \qquad\qquad c_{rr}x_r+c_{r,r+1}x_{r+1}+\cdots+c_{rn}x_n=0, \end{cases} \tag{4.5}$$

阶梯形方程的每行中第一个系数不为零的 r 个未知量 $x_1,x_2,\cdots,x_r$ 称为独立未知量，而后面的 $n-r$ 个未知量 $x_{r+1},\cdots,x_n$ 称为自由未知量，将自由未知量 $x_{r+1},\cdots,x_n$ 分别赋下列 $n-r$ 组值

$$(1,0,\cdots,0)^{\mathrm{T}},(0,1,0,\cdots,0)^{\mathrm{T}},\cdots,(0,0,\cdots,1)^{\mathrm{T}}$$

代入方程，求出相应的独立未知量 $x_1,x_2,\cdots,x_r$，并得到 $n-r$ 个解.

$$\boldsymbol{\xi}_1=(d_{11},d_{12},\cdots,d_{1r},1,0,\cdots,0)^{\mathrm{T}},$$
$$\boldsymbol{\xi}_2=(d_{21},d_{22},\cdots,d_{2r},0,1,0,\cdots,0)^{\mathrm{T}},$$
$$\cdots\cdots$$
$$\boldsymbol{\xi}_{n-r}=(d_{n-r,1},d_{n-r,2},\cdots d_{n-r,r},0,\cdots,0,1)^{\mathrm{T}},$$

可以证明，$\boldsymbol{\xi}_1,\boldsymbol{\xi}_2,\cdots,\boldsymbol{\xi}_{n-r}$ 即是方程组 $\boldsymbol{Ax}=\boldsymbol{0}$ 的基础解系(证明参见教材)，所以方程组的通解为 $k_1\boldsymbol{\xi}_1+k_2\boldsymbol{\xi}_2+\cdots+k_{n-r}\boldsymbol{\xi}_{n-r}$，其中 $k_i(i=1,2,\cdots,n-r)$ 是任意常数.

【注】 初等行变换化阶梯形的过程不同，自由未知量的选择和赋值方法不同，基础解系表示法不唯一，但所含线性无关解向量个数一样，故全体解的解集合是一样的.

§3 非齐次线性方程组

4.3.1 非齐次线性方程组的表达形式

n 个未知量、m 个方程组成的方程组

$$\begin{cases} a_{11}x_1 + a_{12}x_2 + \cdots + a_{1n}x_n = b_1, \\ a_{21}x_1 + a_{22}x_2 + \cdots + a_{2n}x_n = b_2, \\ \cdots\cdots \\ a_{m1}x_1 + a_{m2}x_2 + \cdots + a_{mn}x_n = b_m \end{cases} \tag{4.6}$$

称为非齐次线性方程组,(4.6) 式称为非齐次线性方程组的一般形式,其中右端常数项 b_1, b_2, $\cdots$, b_m 不全为零.

方程组(4.6) 写成向量形式则是

$$\boldsymbol{\alpha}_1 x_1 + \boldsymbol{\alpha}_2 x_2 + \cdots + \boldsymbol{\alpha}_n x_n = \boldsymbol{b}, \tag{4.7}$$

其中 $\boldsymbol{\alpha}_j = (a_{1j}, a_{2j}, \cdots, a_{mj})^{\mathrm{T}} (j = 1, 2, \cdots, n)$, $\boldsymbol{b} = (b_1, b_2, \cdots, b_m)^{\mathrm{T}}$.

方程组(4.6) 写成矩阵形式则是

$$\boldsymbol{A}_{m\times n}\boldsymbol{x} = \boldsymbol{b}, \tag{4.8}$$

其中

$$\boldsymbol{A} = \begin{bmatrix} a_{11} & a_{12} & \cdots & a_{1n} \\ a_{21} & a_{22} & \cdots & a_{2n} \\ \vdots & \vdots & & \vdots \\ a_{m1} & a_{m2} & \cdots & a_{mn} \end{bmatrix}, \quad \boldsymbol{x} = \begin{bmatrix} x_1 \\ x_2 \\ \vdots \\ x_n \end{bmatrix}, \quad \boldsymbol{b} = \begin{bmatrix} b_1 \\ b_2 \\ \vdots \\ b_m \end{bmatrix}.$$

4.3.2　非齐次线性方程组的解

若将有序数组 $c_1, c_2, \cdots, c_n$ 分别代入方程组(4.6) 的未知量 $x_1, x_2, \cdots, x_n$,使得每个方程等式成立,则称 $(c_1, c_2, \cdots, c_n)^{\mathrm{T}}$ 为方程组(4.6) 的一个解(或解向量),记成 $\boldsymbol{\eta} = (c_1, c_2, \cdots, c_n)^{\mathrm{T}}$,即 $c_1\boldsymbol{\alpha}_1 + c_2\boldsymbol{\alpha}_2 + \cdots + c_n\boldsymbol{\alpha}_n = \boldsymbol{b}$,或 $\boldsymbol{A\eta} = \boldsymbol{b}$,即非齐次方程组(4.7) 的解是 $\boldsymbol{b}$ 可由 $\boldsymbol{A}$ 的列向量线性表出的表出系数.

4.3.3　$\boldsymbol{Ax} = \boldsymbol{b}$ 的解的性质

设 $\boldsymbol{\eta}_1, \boldsymbol{\eta}_2$ 是 $\boldsymbol{Ax} = \boldsymbol{b}$ 的两个解. $\boldsymbol{\xi}$ 是对应齐次方程组 $\boldsymbol{Ax} = \boldsymbol{0}$ 的解,则

$$\boldsymbol{A}(\boldsymbol{\eta}_1 - \boldsymbol{\eta}_2) = \boldsymbol{0}, \boldsymbol{A}(\boldsymbol{\eta}_1 + k\boldsymbol{\xi}) = \boldsymbol{b}(\text{其中 } k \text{ 是任意常数}).$$

4.3.4　$\boldsymbol{Ax} = \boldsymbol{b}$ 的有解条件

$\boldsymbol{A}_{m\times n}\boldsymbol{x} = \boldsymbol{b}$ 无解 $\Leftrightarrow$ $\boldsymbol{b}$ 不能由 $\boldsymbol{A}$ 的列向量组 $\boldsymbol{\alpha}_1, \boldsymbol{\alpha}_2, \cdots, \boldsymbol{\alpha}_n$ 线性表出

$\Leftrightarrow r(\boldsymbol{A}) \neq r(\boldsymbol{A} \mid \boldsymbol{b}) \quad (r(\boldsymbol{A}) + 1 = r(\boldsymbol{A} \mid \boldsymbol{b}))$.

$\boldsymbol{A}_{m\times n}\boldsymbol{x} = \boldsymbol{b}$ 有解 $\Leftrightarrow$ $\boldsymbol{b}$ 可由 $\boldsymbol{A}$ 的列向量组 $\boldsymbol{\alpha}_1, \boldsymbol{\alpha}_2, \cdots, \boldsymbol{\alpha}_n$ 线性表出

$\Leftrightarrow r(\boldsymbol{A}) = r(\boldsymbol{A} \mid \boldsymbol{b})$,即 $r(\boldsymbol{\alpha}_1, \boldsymbol{\alpha}_2, \cdots, \boldsymbol{\alpha}_n) = r(\boldsymbol{\alpha}_1, \boldsymbol{\alpha}_2, \cdots, \boldsymbol{\alpha}_n, \boldsymbol{b})$

$\Leftrightarrow \{\boldsymbol{\alpha}_1, \boldsymbol{\alpha}_2, \cdots, \boldsymbol{\alpha}_n\} \cong \{\boldsymbol{\alpha}_1, \boldsymbol{\alpha}_2, \cdots, \boldsymbol{\alpha}_n, \boldsymbol{b}\}$.

若 $r(\boldsymbol{\alpha}_1, \boldsymbol{\alpha}_2, \cdots, \boldsymbol{\alpha}_n) = n = r(\boldsymbol{\alpha}_1, \boldsymbol{\alpha}_2, \cdots, \boldsymbol{\alpha}_n, \boldsymbol{b}) \Leftrightarrow \boldsymbol{\alpha}_1, \boldsymbol{\alpha}_2, \cdots, \boldsymbol{\alpha}_n$ 线性无关,$\boldsymbol{\alpha}_1, \boldsymbol{\alpha}_2, \cdots, \boldsymbol{\alpha}_n, \boldsymbol{b}$ 线性相关 $\Leftrightarrow$ $\boldsymbol{b}$ 可由 $\boldsymbol{\alpha}_1, \boldsymbol{\alpha}_2, \cdots, \boldsymbol{\alpha}_n$ 线性表出,且表出法唯一 $\Leftrightarrow$ $\boldsymbol{Ax} = \boldsymbol{b}$ 有唯一解.

若 $r(\boldsymbol{\alpha}_1, \boldsymbol{\alpha}_2, \cdots, \boldsymbol{\alpha}_n) = r(\boldsymbol{\alpha}_1, \boldsymbol{\alpha}_2, \cdots, \boldsymbol{\alpha}_n, \boldsymbol{b}) = r < n \Leftrightarrow \boldsymbol{\alpha}_1, \boldsymbol{\alpha}_2, \cdots, \boldsymbol{\alpha}_n$ 线性相关,$\boldsymbol{b}$ 可由 $\boldsymbol{\alpha}_1, \boldsymbol{\alpha}_2, \cdots, \boldsymbol{\alpha}_n$ 线性表出,且表出法不唯一 $\Leftrightarrow$ $\boldsymbol{Ax} = \boldsymbol{b}$ 有无穷多解.

4.3.5　$\boldsymbol{Ax} = \boldsymbol{b}$ 的通解结构

设 $\boldsymbol{A}_{m\times n}\boldsymbol{x} = \boldsymbol{b}$ 有特解 $\boldsymbol{\eta}$,对应的齐次线性方程组 $\boldsymbol{Ax} = \boldsymbol{0}$ 有基础解系 $\boldsymbol{\xi}_1, \boldsymbol{\xi}_2, \cdots, \boldsymbol{\xi}_{n-r}$,则 $\boldsymbol{Ax} = \boldsymbol{b}$ 的通解为

$$k_1\boldsymbol{\xi}_1 + k_2\boldsymbol{\xi}_2 + \cdots + k_{n-r}\boldsymbol{\xi}_{n-r} + \boldsymbol{\eta},$$

其中 $k_1, k_2, \cdots, k_{n-r}$ 是任意常数.

4.3.6　非齐次线性方程组 $\boldsymbol{Ax} = \boldsymbol{b}$ 通解的求法

用高斯消元法,将增广矩阵 $(\boldsymbol{A} \mid \boldsymbol{b})$ 作初等行变换化成阶梯形矩阵,先求出对应齐次线性方程组的基础解系 $\boldsymbol{\xi}_1, \boldsymbol{\xi}_2, \cdots, \boldsymbol{\xi}_{n-r}$ $(r(\boldsymbol{A}) = r)$(见本章 §2),再求一个非齐次特解设为 $\boldsymbol{\eta}$(求 $\boldsymbol{\eta}$ 时,可取自由未知量为任意值),为使计算简单,一般将自由未知量均取零值,代入方程,求得独

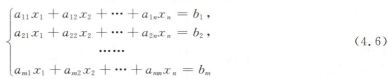

立未知量，并得 $\boldsymbol{\eta}$，则 $\boldsymbol{A}\boldsymbol{x}=\boldsymbol{b}$ 的通解为

$$k_1\boldsymbol{\xi}_1+k_2\boldsymbol{\xi}_2+\cdots+k_{n-r}\boldsymbol{\xi}_{n-r}+\boldsymbol{\eta},$$

其中 $k_1\boldsymbol{\xi}_1+k_2\boldsymbol{\xi}_2+\cdots+k_{n-r}\boldsymbol{\xi}_{n-r}$ 是对应齐次方程组的通解，$k_1,k_2,\cdots,k_{n-r}$ 是任意常数，$\boldsymbol{\eta}$ 是非齐次方程组的一个特解.

例题分析

一、$\boldsymbol{A}\boldsymbol{x}=\boldsymbol{0}$，基础解系，$n-r(\boldsymbol{A})$

【例 1】 已知 $\boldsymbol{A}=\begin{bmatrix}1&3&2\\-1&2&3\\2&1&a\\-2&-1&1\end{bmatrix}$，若 $\boldsymbol{A}\boldsymbol{x}=\boldsymbol{0}$ 有非零解，则其基础解系是________.

分析 $\boldsymbol{A}\boldsymbol{x}=\boldsymbol{0}$ 有非零解 $\Leftrightarrow r(\boldsymbol{A})<n$.

$$\boldsymbol{A}=\begin{bmatrix}1&3&2\\-1&2&3\\2&1&a\\-2&-1&1\end{bmatrix}\rightarrow\begin{bmatrix}1&3&2\\0&5&5\\0&-5&a-4\\0&5&5\end{bmatrix}\rightarrow\begin{bmatrix}1&3&2\\0&1&1\\0&0&a+1\\0&0&0\end{bmatrix}.$$

$$r(\boldsymbol{A})<3\Leftrightarrow a=-1.$$

$$\boldsymbol{A}\rightarrow\begin{bmatrix}1&0&-1\\0&1&1\\0&0&0\\0&0&0\end{bmatrix}.$$

由 $n-r(\boldsymbol{A})=3-2=1$，令 $x_3=1$，得基础解系是 $(1,-1,1)^{\mathrm{T}}$.

【例 2】 齐次方程组

$$\begin{cases}x_1+3x_2-x_3-2x_4=0,\\2x_1+9x_2+4x_3+5x_4=0,\\x_1+4x_2+x_3+x_4=0\end{cases}$$

的通解为________.

分析 对系数矩阵作初等行变换

$$\boldsymbol{A}=\begin{bmatrix}1&3&-1&-2\\2&9&4&5\\1&4&1&1\end{bmatrix}\rightarrow\begin{bmatrix}1&3&-1&-2\\0&3&6&9\\0&1&2&3\end{bmatrix}\rightarrow\begin{bmatrix}1&3&-1&-2\\0&1&2&3\\0&0&0&0\end{bmatrix}\rightarrow\begin{bmatrix}1&0&-7&-11\\0&1&2&3\\0&0&0&0\end{bmatrix}.$$

$$n-r(\boldsymbol{A})=4-2=2.$$

得同解方程组

$$\begin{cases}x_1-7x_3-11x_4=0,\\x_2+2x_3+3x_4=0.\end{cases}$$

【方法一】 令 $x_3=1,x_4=0$ 及 $x_3=0,x_4=1$，

得基础解系

$$\boldsymbol{\eta}_1=(7,-2,1,0)^{\mathrm{T}},\boldsymbol{\eta}_2=(11,-3,0,1)^{\mathrm{T}},$$

故通解为 $k_1\boldsymbol{\eta}_1+k_2\boldsymbol{\eta}_2$，$k_1,k_2$ 是任意常数.

【方法二】 令 $x_3=t,x_4=u$，则 $x_1=7t+11u,x_2=-2t-3u$.

从而 $x = t\begin{bmatrix}7\\-2\\1\\0\end{bmatrix}+u\begin{bmatrix}11\\-3\\0\\1\end{bmatrix}$，$t,u$ 是任意常数.

【例 3】 设 $\boldsymbol{\xi}_1=(1,2,-1,3)^{\mathrm{T}}$，$\boldsymbol{\xi}_2=(2,1,4,-3)^{\mathrm{T}}$ 是齐次线性方程组 $\boldsymbol{A}_{3\times4}\boldsymbol{x}=\boldsymbol{0}$ 的基础解系，则下列向量中是 $\boldsymbol{Ax}=\boldsymbol{0}$ 的解向量的是

(A) $\boldsymbol{\alpha}_1=(1,0,0,1)^{\mathrm{T}}$.　　(B) $\boldsymbol{\alpha}_2=(1,3,5,2)^{\mathrm{T}}$.

(C) $\boldsymbol{\alpha}_3=(1,0,3,-3)^{\mathrm{T}}$.　　(D) $\boldsymbol{\alpha}_4=(-2,1,3,0)^{\mathrm{T}}$.

解题思路 若方程组 $\boldsymbol{Ax}=\boldsymbol{0}$ 已经具体给出，或可以求出，则问 $\boldsymbol{\alpha}_1,\boldsymbol{\alpha}_2,\boldsymbol{\alpha}_3,\boldsymbol{\alpha}_4$ 中哪个向量是方程组的解向量，只需逐个代入验算即可得出结论. 现给出的是基础解系，若 $\boldsymbol{\alpha}_i$ 可由基础解系线性表出，则 $\boldsymbol{\alpha}_i$ 是解向量.

分析 应选(C).

现题设条件给出的是方程组的基础解系，则可有

【方法一】 由 $\boldsymbol{\xi}_1,\boldsymbol{\xi}_2$ 反求出方程组，再逐个验算 $\boldsymbol{\alpha}_1,\boldsymbol{\alpha}_2,\boldsymbol{\alpha}_3,\boldsymbol{\alpha}_4$ 中哪个是方程组的解. 请读者计算.

【方法二】 向量 $\boldsymbol{\alpha}_i$ 是齐次方程组 $\boldsymbol{Ax}=\boldsymbol{0}$ 的解 $\Leftrightarrow$ 向量 $\boldsymbol{\alpha}_i$ 应属于通解 $k_1\boldsymbol{\xi}_1+k_2\boldsymbol{\xi}_2 \Leftrightarrow \boldsymbol{\alpha}_i$ 可由基础解系线性表出 $\Leftrightarrow$ 方程组 $x_1\boldsymbol{\xi}_1+x_2\boldsymbol{\xi}_2=\boldsymbol{\alpha}_i$ 有解. 逐个检查即可. 为计算方便，可一起检查，将增广矩阵合并成 $[\boldsymbol{\xi}_1,\boldsymbol{\xi}_2 \mid \boldsymbol{\alpha}_1,\boldsymbol{\alpha}_2,\boldsymbol{\alpha}_3,\boldsymbol{\alpha}_4]$ 一起作初等行变换，得

$$[\boldsymbol{\xi}_1,\boldsymbol{\xi}_2 \mid \boldsymbol{\alpha}_1,\boldsymbol{\alpha}_2,\boldsymbol{\alpha}_3,\boldsymbol{\alpha}_4]=\left[\begin{array}{cc|cccc}1&2&1&1&1&-2\\2&1&0&3&0&1\\-1&4&0&5&3&3\\3&-3&1&2&-3&0\end{array}\right]$$

$$\to\left[\begin{array}{cc|cccc}1&2&1&1&1&-2\\0&-3&-2&1&-2&5\\0&0&-3&8&0&11\\0&0&4&-4&0&-9\end{array}\right].$$

由阶梯形矩阵知 $r(\boldsymbol{\xi}_1,\boldsymbol{\xi}_2)=r(\boldsymbol{\xi}_1,\boldsymbol{\xi}_2,\boldsymbol{\alpha}_3)=2$. 故 $\boldsymbol{\alpha}_3$ 可由 $\boldsymbol{\xi}_1,\boldsymbol{\xi}_2$ 线性表出，故 $\boldsymbol{\alpha}_3$ 是 $\boldsymbol{Ax}=\boldsymbol{0}$ 的解向量，故应选(C).

或因 $r(\boldsymbol{\xi}_1,\boldsymbol{\xi}_2)=2$，$r(\boldsymbol{\xi}_1,\boldsymbol{\xi}_2,\boldsymbol{\alpha}_1)=r(\boldsymbol{\xi}_1,\boldsymbol{\xi}_2,\boldsymbol{\alpha}_2)=r(\boldsymbol{\xi}_1,\boldsymbol{\xi}_2,\boldsymbol{\alpha}_4)=3\neq2$，故 $\boldsymbol{\alpha}_1,\boldsymbol{\alpha}_2,\boldsymbol{\alpha}_4$ 均不能由 $\boldsymbol{\xi}_1,\boldsymbol{\xi}_2$ 线性表出，故 $\boldsymbol{\alpha}_1,\boldsymbol{\alpha}_2,\boldsymbol{\alpha}_4$ 不是 $\boldsymbol{Ax}=\boldsymbol{b}$ 的解. 由排除法应选(C).

【评注】 若已知非齐次线性方程 $\boldsymbol{Ax}=\boldsymbol{b}$ 有通解 $k_1\boldsymbol{\xi}_1+k_2\boldsymbol{\xi}_2+\boldsymbol{\eta}$，问 $\boldsymbol{\alpha}_1$ 是否是 $\boldsymbol{Ax}=\boldsymbol{b}$ 的解，如何判别？

【例 4】 设 $\boldsymbol{\xi}_1,\boldsymbol{\xi}_2,\boldsymbol{\xi}_3$ 是方程组 $\boldsymbol{Ax}=\boldsymbol{0}$ 的基础解系，则下列向量组中也是方程组 $\boldsymbol{Ax}=\boldsymbol{0}$ 的基础解系的是

(A) $\boldsymbol{\xi}_1-\boldsymbol{\xi}_2,\boldsymbol{\xi}_2-\boldsymbol{\xi}_3,\boldsymbol{\xi}_3-\boldsymbol{\xi}_1$.　　(B) $\boldsymbol{\xi}_1+\boldsymbol{\xi}_2,\boldsymbol{\xi}_2-\boldsymbol{\xi}_3,\boldsymbol{\xi}_3+\boldsymbol{\xi}_1$.

(C) $\boldsymbol{\xi}_1+\boldsymbol{\xi}_2-\boldsymbol{\xi}_3,\boldsymbol{\xi}_1+2\boldsymbol{\xi}_2+\boldsymbol{\xi}_3,2\boldsymbol{\xi}_1+3\boldsymbol{\xi}_2$.　　(D) $\boldsymbol{\xi}_1+\boldsymbol{\xi}_2,\boldsymbol{\xi}_2+\boldsymbol{\xi}_3,\boldsymbol{\xi}_3+\boldsymbol{\xi}_1$.

解题思路 本题基础解系应由三个线性无关解向量组成，题设的四个选项均是三个向量，且由解的性质知，三个向量均是解向量，故关键是看哪个选项是线性无关向量组.

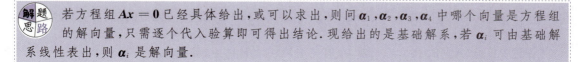

分析 应选(D).

因(A) 有$(\xi_1-\xi_2)+(\xi_2-\xi_3)+(\xi_3-\xi_1)=\mathbf{0}$,

(B) 有$-(\xi_1+\xi_2)+(\xi_2-\xi_3)+(\xi_3+\xi_1)=\mathbf{0}$,

(C) 有$(\xi_1+\xi_2-\xi_3)+(\xi_1+2\xi_2+\xi_3)-(2\xi_1+3\xi_2)=\mathbf{0}$,

故(A)(B)(C) 中向量组都是线性相关的，由排除法，应选(D).

或(D) 当 ξ_1,ξ_2,ξ_3 线性无关时，

$$[\xi_1+\xi_2,\xi_2+\xi_3,\xi_3+\xi_1]=[\xi_1,\xi_2,\xi_3]\begin{bmatrix}1&0&1\\1&1&0\\0&1&1\end{bmatrix}\xlongequal{\text{记}}(\xi_1,\xi_2,\xi_3)\boldsymbol{C},$$

其中 $|\boldsymbol{C}|=\begin{vmatrix}1&0&1\\1&1&0\\0&1&1\end{vmatrix}=2\neq0$，知 $\xi_1+\xi_2,\xi_2+\xi_3,\xi_3+\xi_1$ 是线性无关的. 故应选(D).

【评注】 对(A)(B)(C) 的判别，也可用对(D) 的判别法，如(A)，

$$[\xi_1-\xi_2,\xi_2-\xi_3,\xi_3-\xi_1]=[\xi_1,\xi_2,\xi_3]\begin{bmatrix}1&0&-1\\-1&1&0\\0&-1&1\end{bmatrix}=(\xi_1,\xi_2,\xi_3)\boldsymbol{C},$$

其中 $|\boldsymbol{C}|=\begin{vmatrix}1&0&-1\\-1&1&0\\0&-1&1\end{vmatrix}=0$，知 $\xi_1-\xi_2,\xi_2-\xi_3,\xi_3-\xi_1$ 线性相关.

【例 5】 设 $\boldsymbol{\alpha}_1,\boldsymbol{\alpha}_2,\cdots,\boldsymbol{\alpha}_n$ 是 n 个 n 维的列向量，已知齐次线性方程组 $\boldsymbol{\alpha}_1x_1+\boldsymbol{\alpha}_2x_2+\cdots+\boldsymbol{\alpha}_nx_n=\mathbf{0}$ 只有零解，问齐次线性方程组

$$(\boldsymbol{\alpha}_1+\boldsymbol{\alpha}_2)x_1+(\boldsymbol{\alpha}_2+\boldsymbol{\alpha}_3)x_2+\cdots+(\boldsymbol{\alpha}_{n-1}+\boldsymbol{\alpha}_n)x_{n-1}+(\boldsymbol{\alpha}_n+\boldsymbol{\alpha}_1)x_n=\mathbf{0}\qquad(4-1)$$

是否有非零解，若没有，说明理由；若有，求出方程组(4－1) 的通解.

解题思路 $\boldsymbol{Ax}=\mathbf{0}$ 有非零解，(只有零解) $\Leftrightarrow r(\boldsymbol{A})<n$，$(r(\boldsymbol{A})=n)$，其中 n 是 $\boldsymbol{A}$ 的列数.

解 因方程组

$$\boldsymbol{\alpha}_1x_1+\boldsymbol{\alpha}_2x_2+\cdots+\boldsymbol{\alpha}_nx_n=\mathbf{0}$$

只有零解，故 $\boldsymbol{A}=[\boldsymbol{\alpha}_1,\boldsymbol{\alpha}_2,\cdots,\boldsymbol{\alpha}_n]$ 的秩 $r(\boldsymbol{A})=n$. $\boldsymbol{A}$ 是可逆矩阵.

方程组(4－1) 的系数矩阵记成 $\boldsymbol{B}$，$\boldsymbol{B}$ 和 $\boldsymbol{A}$ 有关系

$$\boldsymbol{B}=[\boldsymbol{\alpha}_1+\boldsymbol{\alpha}_2,\cdots,\boldsymbol{\alpha}_{n-1}+\boldsymbol{\alpha}_n,\boldsymbol{\alpha}_n+\boldsymbol{\alpha}_1]=[\boldsymbol{\alpha}_1,\boldsymbol{\alpha}_2,\cdots,\boldsymbol{\alpha}_n]\begin{bmatrix}1&0&0&\cdots&0&1\\1&1&0&\cdots&0&0\\0&1&1&\cdots&0&0\\\vdots&\vdots&\vdots&&\vdots&\vdots\\0&0&0&\cdots&1&0\\0&0&0&\cdots&1&1\end{bmatrix}\xlongequal{\text{记}}\boldsymbol{AC}.$$

因 $\boldsymbol{A}$ 可逆，故 $r(\boldsymbol{B})=r(\boldsymbol{C})$，而

$$|\boldsymbol{C}|=\begin{vmatrix}1&0&0&\cdots&0&1\\1&1&0&\cdots&0&0\\0&1&1&\cdots&0&0\\\vdots&\vdots&\vdots&&\vdots&\vdots\\0&0&0&\cdots&1&0\\0&0&0&\cdots&1&1\end{vmatrix}=1+(-1)^{1+n},$$

当 $n=2k+1$ 时，$|\boldsymbol{C}|=2\neq0$，$r(\boldsymbol{B})=r(\boldsymbol{C})=n$，方程组(4-1)只有零解；

当 $n=2k$ 时，$|\boldsymbol{C}|=0$，$r(\boldsymbol{B})=r(\boldsymbol{C})<n$，方程组(4-1)有非零解，此时将 $\boldsymbol{C}$ 的第 $1,3,\cdots,2k-1$ 行乘 -1，第 $2,4,\cdots,2k-2$ 行乘 1 加到第 $n=2k$ 行，则第 n 行全部消成零，即

$$\boldsymbol{C}=\begin{bmatrix}1&0&0&\cdots&0&0&1\\1&1&0&\cdots&0&0&0\\0&1&1&\cdots&0&0&0\\\vdots&\vdots&\vdots&&&\vdots&\vdots\\0&0&0&\cdots&1&1&0\\0&0&0&\cdots&0&1&1\end{bmatrix}\to\begin{bmatrix}1&0&0&\cdots&0&0&1\\1&1&0&\cdots&0&0&0\\0&1&1&\cdots&0&0&0\\\vdots&\vdots&\vdots&&&\vdots&\vdots\\0&0&0&\cdots&1&1&0\\0&0&0&\cdots&0&0&0\end{bmatrix}\xlongequal{\text{记}}\boldsymbol{C}',$$

故知 $r(\boldsymbol{B})=r(\boldsymbol{C})=r(\boldsymbol{C}')=n-1$. 方程组的通解形式为 $k\boldsymbol{\xi}$.

因 $$(\boldsymbol{\alpha}_1+\boldsymbol{\alpha}_2)-(\boldsymbol{\alpha}_2+\boldsymbol{\alpha}_3)+(\boldsymbol{\alpha}_3+\boldsymbol{\alpha}_4)-\cdots+(\boldsymbol{\alpha}_{n-1}+\boldsymbol{\alpha}_n)-(\boldsymbol{\alpha}_n+\boldsymbol{\alpha}_1)=\boldsymbol{0},$$

故 $\boldsymbol{\xi}=(1,-1,1,\cdots,1,-1)^{\mathrm{T}}$，方程组(4-1)的通解为

$$k(1,-1,1,\cdots,1,-1)^{\mathrm{T}}\text{，其中 } k \text{ 是任意常数.}$$

【评注】 (1) 本题说明当向量组 $\boldsymbol{\alpha}_1,\boldsymbol{\alpha}_2,\cdots,\boldsymbol{\alpha}_n$ 线性无关时，向量组 $\boldsymbol{\alpha}_1+\boldsymbol{\alpha}_2,\boldsymbol{\alpha}_2+\boldsymbol{\alpha}_3,\cdots,\boldsymbol{\alpha}_{n-1}+\boldsymbol{\alpha}_n,\boldsymbol{\alpha}_n+\boldsymbol{\alpha}_1$ 只当 $n=2k+1$ 时是线性无关的，而当 $n=2k$ 时则是线性相关的.

(2) 当 $n=2k$ 时，因 $\boldsymbol{Bx}=\boldsymbol{ACx}=\boldsymbol{0}$，$\boldsymbol{A}$ 可逆，$\boldsymbol{Bx}=\boldsymbol{0}$ 和 $\boldsymbol{Cx}=\boldsymbol{0}$ 是同解方程组，所以方程组(4-1)的基础解系也可由 $\boldsymbol{Cx}=\boldsymbol{0}$，即 $\boldsymbol{C}'\boldsymbol{x}=\boldsymbol{0}$ 解得.

(3) 已知 $\boldsymbol{\alpha}_1x_1+\boldsymbol{\alpha}_2x_2+\cdots+\boldsymbol{\alpha}_nx_n=\boldsymbol{0}$ 只有零解. 问齐次线性方程组

$$(\boldsymbol{\alpha}_1-\boldsymbol{\alpha}_2)x_1+(\boldsymbol{\alpha}_2-\boldsymbol{\alpha}_3)x_2+\cdots+(\boldsymbol{\alpha}_{n-1}-\boldsymbol{\alpha}_n)x_{n-1}+(\boldsymbol{\alpha}_n-\boldsymbol{\alpha}_1)x_n=\boldsymbol{0}$$

是否有非零解，你能得出什么结论呢？若有非零解，求出其通解.(通解为 $k(1,1,\cdots,1)^{\mathrm{T}}$)

【例 6】 已知 $\boldsymbol{\alpha}_1,\boldsymbol{\alpha}_2,\boldsymbol{\alpha}_3$ 是齐次方程组 $\boldsymbol{Ax}=\boldsymbol{0}$ 的基础解系，证明：$\boldsymbol{\alpha}_1+\boldsymbol{\alpha}_2,\boldsymbol{\alpha}_2-\boldsymbol{\alpha}_3,\boldsymbol{\alpha}_1+3\boldsymbol{\alpha}_2+5\boldsymbol{\alpha}_3$ 也是 $\boldsymbol{Ax}=\boldsymbol{0}$ 的基础解系.

证明 由已知条件，有 $\boldsymbol{A\alpha}_i=\boldsymbol{0}(i=1,2,3)$，$\boldsymbol{\alpha}_1,\boldsymbol{\alpha}_2,\boldsymbol{\alpha}_3$ 线性无关且 $n-r(\boldsymbol{A})=3$.

据齐次方程组解的性质，$\boldsymbol{\beta}_1=\boldsymbol{\alpha}_1+\boldsymbol{\alpha}_2,\boldsymbol{\beta}_2=\boldsymbol{\alpha}_2-\boldsymbol{\alpha}_3,\boldsymbol{\beta}_3=\boldsymbol{\alpha}_1+3\boldsymbol{\alpha}_2+5\boldsymbol{\alpha}_3$ 是 $\boldsymbol{Ax}=\boldsymbol{0}$ 的解.

又 $$[\boldsymbol{\beta}_1,\boldsymbol{\beta}_2,\boldsymbol{\beta}_3]=[\boldsymbol{\alpha}_1+\boldsymbol{\alpha}_2,\boldsymbol{\alpha}_2-\boldsymbol{\alpha}_3,\boldsymbol{\alpha}_1+3\boldsymbol{\alpha}_2+5\boldsymbol{\alpha}_3]=[\boldsymbol{\alpha}_1,\boldsymbol{\alpha}_2,\boldsymbol{\alpha}_3]\begin{bmatrix}1&0&1\\1&1&3\\0&-1&5\end{bmatrix}.$$

因 $\boldsymbol{\alpha}_1,\boldsymbol{\alpha}_2,\boldsymbol{\alpha}_3$ 线性无关，有 $r(\boldsymbol{\alpha}_1,\boldsymbol{\alpha}_2,\boldsymbol{\alpha}_3)=3$，而 $|\boldsymbol{C}|=\begin{vmatrix}1&0&1\\1&1&3\\0&-1&5\end{vmatrix}=7\neq0$，矩阵 $\boldsymbol{C}$ 可逆，

于是 $r(\boldsymbol{\beta}_1,\boldsymbol{\beta}_2,\boldsymbol{\beta}_3)=r(\boldsymbol{\alpha}_1,\boldsymbol{\alpha}_2,\boldsymbol{\alpha}_3)=3$，

故 $\boldsymbol{\alpha}_1+\boldsymbol{\alpha}_2,\boldsymbol{\alpha}_2-\boldsymbol{\alpha}_3,\boldsymbol{\alpha}_1+3\boldsymbol{\alpha}_2+5\boldsymbol{\alpha}_3$ 线性无关，且向量个数满足 $n-r(\boldsymbol{A})=3$，

所以 $\boldsymbol{\alpha}_1+\boldsymbol{\alpha}_2,\boldsymbol{\alpha}_2-\boldsymbol{\alpha}_3,\boldsymbol{\alpha}_1+3\boldsymbol{\alpha}_2+5\boldsymbol{\alpha}_3$ 是 $\boldsymbol{Ax}=\boldsymbol{0}$ 的基础解系.

二、$\boldsymbol{Ax}=\boldsymbol{b}$ 有解判定，解的结构

【例 7】 解方程组

$$\begin{cases}2x_1-x_2+4x_3-3x_4=-4,\\x_1+x_3-x_4=-3,\\3x_1+x_2+x_3=1,\\7x_1+7x_3-3x_4=3.\end{cases}$$

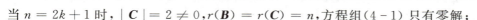

解 对增广矩阵作初等行变换，有

$$\overline{\boldsymbol{A}}=\left[\begin{array}{cccc:c}2&-1&4&-3&-4\\1&0&1&-1&-3\\3&1&1&0&1\\7&0&7&-3&3\end{array}\right]\to\left[\begin{array}{cccc:c}1&0&1&-1&-3\\2&-1&4&-3&-4\\3&1&1&0&1\\7&0&7&-3&3\end{array}\right]$$

$$\to\left[\begin{array}{cccc:c}1&0&1&-1&-3\\0&-1&2&-1&2\\0&1&-2&3&10\\0&0&0&4&24\end{array}\right]\to\left[\begin{array}{cccc:c}1&0&1&-1&-3\\0&1&-2&1&-2\\0&0&0&1&6\\0&0&0&0&0\end{array}\right]\text{（行阶梯）}$$

$$\to\left[\begin{array}{cccc:c}1&0&1&0&3\\0&1&-2&0&-8\\0&0&0&1&6\\0&0&0&0&0\end{array}\right]\text{（行最简）}.$$

$$r(\boldsymbol{A})=r(\overline{\boldsymbol{A}})=3,n-r(\boldsymbol{A})=4-3=1.$$

令 $x_3=0$，得方程组特解 $\boldsymbol{\alpha}=(3,-8,0,6)^{\mathrm{T}}$，

令 $x_3=1$，得 $\boldsymbol{Ax}=\boldsymbol{0}$ 的基础解系 $\boldsymbol{\eta}=(-1,2,1,0)^{\mathrm{T}}$，

故方程组通解为

$$\boldsymbol{x}=\boldsymbol{\alpha}+k\boldsymbol{\eta},k\text{ 为任意常数}.$$

【注】 基础题基本功，要认真对待.

【例 8】 已知方程组

$$\begin{cases}x_1+x_2+ax_3=a+1,\\x_1+2x_2+x_3=a+2,\\x_1+ax_2-x_3=4a\end{cases}$$

有无穷多解，求其通解.

解 $\boldsymbol{Ax}=\boldsymbol{b}$ 有无穷多解 $\Leftrightarrow r(\boldsymbol{A})=r(\overline{\boldsymbol{A}})<n$.

对增广矩阵作初等行变换，有

$$\overline{\boldsymbol{A}}=\left[\begin{array}{ccc:c}1&1&a&a+1\\1&2&1&a+2\\1&a&-1&4a\end{array}\right]\to\left[\begin{array}{ccc:c}1&1&a&a+1\\0&1&1-a&1\\0&a-1&-1-a&3a-1\end{array}\right]$$

$$\to\left[\begin{array}{ccc:c}1&1&a&a+1\\0&1&1-a&1\\0&0&a(a-3)&2a\end{array}\right].$$

由 $r(\boldsymbol{A})=r(\overline{\boldsymbol{A}})<n\Leftrightarrow a=0$.

$$\overline{\boldsymbol{A}}\to\left[\begin{array}{ccc:c}1&0&-1&0\\0&1&1&1\\0&0&0&0\end{array}\right].$$

因 $n-r(\boldsymbol{A})=3-2=1$，取 x_3 为自由变量，得方程组通解

$$\boldsymbol{x}=(0,1,0)^{\mathrm{T}}+k(1,-1,1)^{\mathrm{T}},k\text{ 为任意常数}.$$

【例 9】　线性方程组

$$\begin{cases}\lambda x_1 + x_2 + x_3 = 1, \\ x_1 + \lambda x_2 + x_3 = \lambda, \\ x_1 + x_2 + \lambda x_3 = \lambda^2.\end{cases}$$

λ 为何值时，方程组无解？λ 为何值时，方程组有解？方程组有解时，求其全部解.

解【方法一】　将增广矩阵用高斯消元法化成阶梯形矩阵：

$$[\boldsymbol{A} \mid \boldsymbol{b}] \longrightarrow \left[\begin{array}{ccc:c}\lambda & 1 & 1 & 1 \\ 1 & \lambda & 1 & \lambda \\ 1 & 1 & \lambda & \lambda^2\end{array}\right] \xrightarrow{*} \left[\begin{array}{ccc:c}1 & 1 & \lambda & \lambda^2 \\ 1 & \lambda & 1 & \lambda \\ \lambda & 1 & 1 & 1\end{array}\right]$$

$$\longrightarrow \left[\begin{array}{ccc:c}1 & 1 & \lambda & \lambda^2 \\ 0 & \lambda-1 & 1-\lambda & \lambda(1-\lambda) \\ 0 & 1-\lambda & 1-\lambda^2 & 1-\lambda^3\end{array}\right]$$

$$\longrightarrow \left[\begin{array}{ccc:c}1 & 1 & \lambda & \lambda^2 \\ 0 & \lambda-1 & 1-\lambda & \lambda(1-\lambda) \\ 0 & 0 & (1-\lambda)(2+\lambda) & (1-\lambda)(1+\lambda)^2\end{array}\right].$$

(1) 当 $\lambda \neq 1$ 且 $\lambda \neq -2$ 时，$r(\boldsymbol{A}) = r(\boldsymbol{A} \mid \boldsymbol{b}) = 3$，方程组有唯一解. 回代方程得唯一解

$$\left(-\frac{\lambda+1}{\lambda+2}, \frac{1}{\lambda+2}, \frac{(\lambda+1)^2}{\lambda+2}\right)^{\mathrm{T}}.$$

(2) 当 $\lambda = 1$ 时，方程组有无穷多解. 由于 $r(\boldsymbol{A}) = r(\boldsymbol{A} \mid \boldsymbol{b}) = 1$，故方程组有两个($n-1 = 2$) 自由未知量 x_2, x_3，赋值(1,0)，(0,1)，得齐次方程组的基础解系为 $\boldsymbol{\xi}_1 = (-1,1,0)^{\mathrm{T}}$，$\boldsymbol{\xi}_2 = (-1,0,1)^{\mathrm{T}}$，非齐次方程组的一个特解为 $\boldsymbol{\eta} = (1,0,0)^{\mathrm{T}}$，故 $\lambda = 1$ 时，非齐次方程组的通解为 $k_1\boldsymbol{\xi}_1 + k_2\boldsymbol{\xi}_2 + \boldsymbol{\eta}$，其中 k_1, k_2 是任意常数.

(3) $\lambda = -2$ 时，$r(\boldsymbol{A}) = 2 \neq r(\boldsymbol{A} \mid \boldsymbol{b}) = 3$，方程组无解.

【方法二】　方程组的系数矩阵是三阶方阵，故可利用克拉默法则，先讨论方程组何时有唯一解，何时无解，何时有无穷多解. 请读者自行计算.（＊）处首先将 1,3 行互换，会方便许多.

【方法三】　请读者用爪型消元来处理.

【例 10】　已知 $\boldsymbol{A}$ 是秩为 r 的 $m \times n$ 矩阵，对于非齐次线性方程组 $\boldsymbol{Ax} = \boldsymbol{b}$，正确的命题是

(A) 当 $r = m$ 时，$\boldsymbol{Ax} = \boldsymbol{b}$ 必有解.

(B) 当 $r = m$ 时，$\boldsymbol{Ax} = \boldsymbol{0}$ 必有非零解.

(C) 当 $r = n$ 时，$\boldsymbol{Ax} = \boldsymbol{b}$ 必有唯一解.

(D) 当 $r < n$ 时，$\boldsymbol{Ax} = \boldsymbol{b}$ 必有无穷多解.

分析　关于(A)，若 $r = m$，则

$$m = r(\boldsymbol{A}) \leqslant r(\overline{\boldsymbol{A}}) \leqslant m.$$

从而 $r(\boldsymbol{A}) = r(\overline{\boldsymbol{A}})$，故 $\boldsymbol{Ax} = \boldsymbol{b}$ 必有解，所以(A) 正确. 或因 $r(\boldsymbol{A}) = m = \boldsymbol{A}$ 的行数，即 $\boldsymbol{A}$ 的行向量组线性无关，又 $\overline{\boldsymbol{A}}$ 的行向量是 $\boldsymbol{A}$ 的行向量的延伸(增加一个分量)，于是仍线性无关. 那么 $\overline{\boldsymbol{A}}$ 的行向量组的秩仍是 m，即 $r(\boldsymbol{A}) = r(\overline{\boldsymbol{A}})$，亦知(A) 正确.

关于(B)，若 $m = n$，则 $r(\boldsymbol{A}) = r = n$，那么 $\boldsymbol{Ax} = \boldsymbol{0}$ 只有零解.

关于(C)，若 $m > n$，则当 $r(\boldsymbol{A}) = n$ 时，不能保证必有 $r(\overline{\boldsymbol{A}}) = n$. 即 $\boldsymbol{Ax} = \boldsymbol{b}$ 有可能无解.

关于(D)，当 $r(\boldsymbol{A}) = r < n$ 时，不能保证必有 $r(\overline{\boldsymbol{A}}) = r$. 此时 $\boldsymbol{Ax} = \boldsymbol{b}$ 一定没有唯一解(可能无解，也可能有无穷多解).

【例 11】 设 A 是四阶矩阵，$r(A)=2$，η_1,η_2,η_3 是 $Ax=b$ 的三个线性无关解，其中

$$\eta_1+\eta_2=(-1,2,5,1)^T,$$
$$\eta_2-2\eta_3=(2,1,3,-3)^T,$$
$$5\eta_3+3\eta_1=(1,-2,1,-1)^T,$$

求方程组 $Ax=b$ 的通解.

解题思路 A 是四阶方阵，$r(A)=2$，故 $Ax=b$ 的通解结构为 $k_1\xi_1+k_2\xi_2+\eta$. 只需求出 $Ax=0$ 的基础解系及一个非齐次方程 $Ax=b$ 的特解，即可得到非齐次方程组 $Ax=b$ 的通解.

解 因 $A(\eta_2-2\eta_3)=A\eta_2-2A\eta_3=b-2b=-b$，
故知 $\eta=-(\eta_2-2\eta_3)=(-2,-1,-3,3)^T$ 是 $Ax=b$ 的一个特解.

因 $A(\eta_1+\eta_2+2(\eta_2-2\eta_3))=A\eta_1+A\eta_2+2A\eta_2-4A\eta_3=b+b+2b-4b=0$，
故
$$\begin{aligned}\xi_1&=\eta_1+\eta_2+2(\eta_2-2\eta_3)=(-1,2,5,1)^T+2(2,1,3,-3)^T\\&=(3,4,11,-5)^T\end{aligned}$$
是 $Ax=0$ 的一个非零解.
$$\begin{aligned}A[8(\eta_2-2\eta_3)+(5\eta_3+3\eta_1)]&=8A\eta_2-16A\eta_3+5A\eta_3+3A\eta_1\\&=8b-16b+5b+3b=0,\end{aligned}$$
故
$$\begin{aligned}\xi_2&=8(\eta_2-2\eta_3)+5\eta_3+3\eta_1=(16,8,24,-24)^T+(1,-2,1,-1)^T\\&=(17,6,25,-25)^T\end{aligned}$$
是 $Ax=0$ 的一个非零解，且 ξ_1,ξ_2 线性无关.

故由 $Ax=b$ 的通解结构知，$Ax=b$ 的通解为
$$k_1\xi_1+k_2\xi_2+\eta=k_1\begin{pmatrix}3\\4\\11\\-5\end{pmatrix}+k_2\begin{pmatrix}17\\6\\25\\-25\end{pmatrix}+\begin{pmatrix}-2\\-1\\-3\\3\end{pmatrix}，其中 k_1,k_2 为任意常数.$$

【评注】 (1) 答案的表达式不唯一.
(2) 因 $A\eta_1=b,A\eta_2=b,A\eta_3=b$，故 $A(k_1\eta_1+k_2\eta_2+k_3\eta_3)=(k_1+k_2+k_3)b$，
若 $k_1+k_2+k_3=1$，则 $k_1\eta_1+k_2\eta_2+k_3\eta_3$ 是 $Ax=b$ 的解；
若 $k_1+k_2+k_3=0$，则 $k_1\eta_1+k_2\eta_2+k_3\eta_3$ 是 $Ax=0$ 的解.

(3) 因 $[\eta_1+\eta_2,\eta_2-2\eta_3,5\eta_3+3\eta_1]=[\eta_1,\eta_2,\eta_3]\begin{bmatrix}1&0&3\\1&1&0\\0&-2&5\end{bmatrix}=[\eta_1,\eta_2,\eta_3]C$，其中
$$|C|=\begin{vmatrix}1&0&3\\1&1&0\\0&-2&5\end{vmatrix}=-1\neq0，C 可逆，$$
故 $[\eta_1,\eta_2,\eta_3]=[\eta_1+\eta_2,\eta_2-2\eta_3,5\eta_3+3\eta_1]C^{-1}$ 可直接求得方程组 $Ax=b$ 的三个线性无关的解 η_1,η_2,η_3，从而求得 $Ax=b$ 的通解
$$k_1(\eta_1-\eta_2)+k_2(\eta_2-\eta_3)+\eta_1，其中 k_1,k_2 是任意常数.$$

【例 12】 (2002,1,2) 已知四阶矩阵 $A=[\alpha_1,\alpha_2,\alpha_3,\alpha_4]$，$\alpha_1,\alpha_2,\alpha_3,\alpha_4$ 均为四维列向量，其中 $\alpha_2,\alpha_3,\alpha_4$ 线性无关，$\alpha_1=2\alpha_2-\alpha_3$，如果 $\beta=\alpha_1+\alpha_2+\alpha_3+\alpha_4$，求方程组 $Ax=\beta$ 的通解.

解 因 $\alpha_2,\alpha_3,\alpha_4$ 线性无关，故 $r(A)=r(\alpha_1,\alpha_2,\alpha_3,\alpha_4)\geqslant3$. (4-2)

由 $\alpha_1=2\alpha_2-\alpha_3$ 知 $\alpha_1,\alpha_2,\alpha_3$ 线性相关. 于是 $\alpha_1,\alpha_2,\alpha_3,\alpha_4$ 必线性相关，那么 $r(A)=r(\alpha_1,$

$\boldsymbol{\alpha}_2,\boldsymbol{\alpha}_3,\boldsymbol{\alpha}_4) < 4.$ (4-3)

由(4-2)(4-3)得 $r(\boldsymbol{A})=3$,从而 $n-r(\boldsymbol{A})=1$.

因 $$\boldsymbol{A}\begin{bmatrix}1\\-2\\1\\0\end{bmatrix}=(\boldsymbol{\alpha}_1,\boldsymbol{\alpha}_2,\boldsymbol{\alpha}_3,\boldsymbol{\alpha}_4)\begin{bmatrix}1\\-2\\1\\0\end{bmatrix}=\boldsymbol{\alpha}_1-2\boldsymbol{\alpha}_2+\boldsymbol{\alpha}_3=\boldsymbol{0},$$

$(1,-2,1,0)^{\mathrm{T}}$ 是 $\boldsymbol{Ax}=\boldsymbol{0}$ 的解,是基础解系.

又 $$\boldsymbol{A}\begin{bmatrix}1\\1\\1\\1\end{bmatrix}=(\boldsymbol{\alpha}_1,\boldsymbol{\alpha}_2,\boldsymbol{\alpha}_3,\boldsymbol{\alpha}_4)\begin{bmatrix}1\\1\\1\\1\end{bmatrix}=\boldsymbol{\alpha}_1+\boldsymbol{\alpha}_2+\boldsymbol{\alpha}_3+\boldsymbol{\alpha}_4=\boldsymbol{\beta},$$

$(1,1,1,1)^{\mathrm{T}}$ 是 $\boldsymbol{Ax}=\boldsymbol{\beta}$ 的解,据解的结构方程组 $\boldsymbol{Ax}=\boldsymbol{\beta}$ 的通解为

$$(1,1,1,1)^{\mathrm{T}}+k(1,-2,1,0)^{\mathrm{T}},k\text{ 是任意常数}.$$

三、两个方程组的公共解

方程组 $\boldsymbol{A}_{m\times n}\boldsymbol{x}=\boldsymbol{0}$ 和 $\boldsymbol{B}_{s\times n}\boldsymbol{x}=\boldsymbol{0}$ 的公共解是满足方程组 $\begin{bmatrix}\boldsymbol{A}\\\boldsymbol{B}\end{bmatrix}\boldsymbol{x}=\boldsymbol{0}$ 的解.

【例 13】 设线性方程组

$$(\text{Ⅰ})\begin{cases}x_1+x_2=0,\\x_2-x_4=0.\end{cases}\qquad(\text{Ⅱ})\begin{cases}x_1-x_2+x_3=0,\\x_2-x_3+x_4=0.\end{cases}$$

(1) 分别求方程组(Ⅰ),(Ⅱ)的基础解系;

(2) 求方程组(Ⅰ),(Ⅱ)的公共解.

解 (1) 由方程组即得

(Ⅰ)$\boldsymbol{A}=\begin{bmatrix}1&1&0&0\\0&1&0&-1\end{bmatrix}$,基础解系为 $\boldsymbol{\xi}_1=(0,0,1,0)^{\mathrm{T}},\boldsymbol{\xi}_2=(-1,1,0,1)^{\mathrm{T}}$;

(Ⅱ)$\boldsymbol{B}=\begin{bmatrix}1&-1&1&0\\0&1&-1&1\end{bmatrix}$,基础解系为 $\boldsymbol{\eta}_1=(0,1,1,0)^{\mathrm{T}},\boldsymbol{\eta}_2=(-1,-1,0,1)^{\mathrm{T}}$.

(2)**【方法一】** 直接解(Ⅰ)(Ⅱ)的联立方程组,即解 $\begin{bmatrix}\boldsymbol{A}\\\boldsymbol{B}\end{bmatrix}\boldsymbol{x}=\boldsymbol{0}$. 因

$$\begin{bmatrix}\boldsymbol{A}\\\boldsymbol{B}\end{bmatrix}=\begin{bmatrix}1&1&0&0\\0&1&0&-1\\1&-1&1&0\\0&1&-1&1\end{bmatrix}\to\begin{bmatrix}1&1&0&0\\0&1&0&-1\\0&-2&1&0\\0&0&-1&2\end{bmatrix}$$
$$\to\begin{bmatrix}1&1&0&0\\0&1&0&-1\\0&0&1&-2\\0&0&-1&2\end{bmatrix}\to\begin{bmatrix}1&1&0&0\\0&1&0&-1\\0&0&1&-2\\0&0&0&0\end{bmatrix},$$

故得公共解为 $k(-1,1,2,1)^{\mathrm{T}}$,其中 k 是任意常数.

【方法二】 在方程组(Ⅰ)或(Ⅱ)的通解中找出满足方程组(Ⅱ)或(Ⅰ)的解,即是(Ⅰ)(Ⅱ)的公共解.

方程组(Ⅰ)的通解为 $k_1\boldsymbol{\xi}_1+k_2\boldsymbol{\xi}_2=(-k_2,k_2,k_1,k_2)^{\mathrm{T}}$,代入方程组(Ⅱ),得

$$\begin{cases}-k_2-k_2+k_1=0,\\k_2-k_1+k_2=0.\end{cases}$$

解得 $k_1=2k_2$，代入方程组（Ⅰ）的通解，得方程组（Ⅰ）（Ⅱ）的公共解是 $(-k_2,k_2,2k_2,k_2)^{\mathrm{T}}=k_2(-1,1,2,1)^{\mathrm{T}}$，其中 k_2 是任意常数.

【方法三】 从方程组（Ⅰ）（Ⅱ）的通解中求出公共解.

求法 1 （Ⅰ）的通解为 $k_1\boldsymbol{\xi}_1+k_2\boldsymbol{\xi}_2$，（Ⅱ）的通解为 $\lambda_1\boldsymbol{\eta}_1+\lambda_2\boldsymbol{\eta}_2$，则公共解应满足

$$k_1\boldsymbol{\xi}_1+k_2\boldsymbol{\xi}_2=\lambda_1\boldsymbol{\eta}_1+\lambda_2\boldsymbol{\eta}_2,$$

即

$$k_1\begin{bmatrix}0\\0\\1\\0\end{bmatrix}+k_2\begin{bmatrix}-1\\1\\0\\1\end{bmatrix}=\lambda_1\begin{bmatrix}0\\1\\1\\0\end{bmatrix}+\lambda_2\begin{bmatrix}-1\\-1\\0\\1\end{bmatrix}. \tag{4-4}$$

由上式对应分量相等可得 $k_2=\lambda_2$； $k_2=\lambda_1-\lambda_2$； $k_1=\lambda_1$； $k_2=\lambda_2$.

故 $$k_2=\lambda_1-\lambda_2=k_1-k_2,\quad 得\ 2k_2=k_1;$$

或 $$k_2=\lambda_2=\lambda_1-\lambda_2,\quad 得\ \lambda_1=2\lambda_2.$$

因此，公共解为 $2k_2\boldsymbol{\xi}_1+k_2\boldsymbol{\xi}_2=k_2(2\boldsymbol{\xi}_1+\boldsymbol{\xi}_2)=k_2(-1,1,2,1)^{\mathrm{T}}$，其中 k_2 是任意常数；或 $2\lambda_2\boldsymbol{\eta}_1+\lambda_2\boldsymbol{\eta}_2=\lambda_2(2\boldsymbol{\eta}_1+\boldsymbol{\eta}_2)=\lambda_2(-1,1,2,1)^{\mathrm{T}}$，其中 λ_2 是任意常数.

求法 2 利用解方程.

由(4-4)式得

$$k_1\begin{bmatrix}0\\0\\1\\0\end{bmatrix}+k_2\begin{bmatrix}-1\\1\\0\\1\end{bmatrix}+\lambda_1\begin{bmatrix}0\\-1\\-1\\0\end{bmatrix}+\lambda_2\begin{bmatrix}1\\1\\0\\-1\end{bmatrix}=\begin{bmatrix}0&-1&0&1\\0&1&-1&1\\1&0&-1&0\\0&1&0&-1\end{bmatrix}\begin{bmatrix}k_1\\k_2\\\lambda_1\\\lambda_2\end{bmatrix}=\mathbf{0}.$$

因 $$\begin{bmatrix}0&-1&0&1\\0&1&-1&1\\1&0&-1&0\\0&1&0&-1\end{bmatrix}\to\begin{bmatrix}1&0&-1&0\\0&-1&0&1\\0&0&-1&2\\0&0&0&0\end{bmatrix},$$

解得 $(k_1,k_2,\lambda_1,\lambda_2)=t(2,1,2,1)$，$t$ 是任意常数，故公共解为 $t(2\boldsymbol{\xi}_1+\boldsymbol{\xi}_2)=t\begin{bmatrix}-1\\1\\2\\1\end{bmatrix}$ 或 $t(2\boldsymbol{\eta}_1+\boldsymbol{\eta}_2)$，其中 t 是任意常数.

【评注】 本题除给出两个方程组，求其公共解之外，还可转化成给出一个方程组和另一个方程组的通解（或基础解），然后求公共解（见方法二），或者给出两个方程组的通解（或基础解系），然后求公共解（见方法三）. 当然也可将一个方程组改成满足某个（或某些）条件（其实满足另一个方程组就是满足某些条件）.

四、同解方程组

两个方程组 $\boldsymbol{A}_{m\times n}\boldsymbol{x}=\mathbf{0}$ 和 $\boldsymbol{B}_{m\times n}\boldsymbol{x}=\mathbf{0}$ 有完全相同的解，则称为同解方程组.

【例 14】 设线性方程组

$$(\mathrm{I})\begin{cases}x_1\qquad\ \ +3x_3+5x_4=0,\\x_1-x_2-2x_3+2x_4=0,\\2x_1-x_2\ +x_3\ +3x_4=0\end{cases}$$

在线性方程组（Ⅰ）的基础上，添加一个方程 $ax_1+bx_2+cx_3+dx_4=0$，得方程组

$$(\text{Ⅱ})\begin{cases} x_1 + 3x_3 + 5x_4 = 0, \\ x_1 - x_2 - 2x_3 + 2x_4 = 0, \\ 2x_1 - x_2 + x_3 + 3x_4 = 0, \\ ax_1 + bx_2 + cx_3 + dx_4 = 0. \end{cases}$$

问 a,b,c,d 满足什么条件时，方程组（Ⅰ）（Ⅱ）是同解方程组.

解 当新添的方程是多余方程时，方程组（Ⅰ）（Ⅱ）是同解方程组，即新添方程可由原方程组线性表出，设为

$$ax_1 + bx_2 + cx_3 + dx_4 = k_1(x_1 + 3x_3 + 5x_4) + k_2(x_1 - x_2 - 2x_3 + 2x_4) + k_3(2x_1 - x_2 + x_3 + 3x_4),$$

对应系数相等，得 $a = k_1 + k_2 + 2k_3, b = -k_2 - k_3, c = 3k_1 - 2k_2 + k_3, d = 5k_1 + 2k_2 + 3k_3$，表示成向量形式为

$$\begin{bmatrix} a \\ b \\ c \\ d \end{bmatrix} = \begin{bmatrix} k_1 + k_2 + 2k_3 \\ 0k_1 - k_2 - k_3 \\ 3k_1 - 2k_2 + k_3 \\ 5k_1 + 2k_2 + 3k_3 \end{bmatrix} = k_1\begin{bmatrix} 1 \\ 0 \\ 3 \\ 5 \end{bmatrix} + k_2\begin{bmatrix} 1 \\ -1 \\ -2 \\ 2 \end{bmatrix} + k_3\begin{bmatrix} 2 \\ -1 \\ 1 \\ 3 \end{bmatrix}, k_1, k_2, k_3 \text{ 为任意常数.}$$

即新添方程的系数行向量可由原方程组系数矩阵的行向量组线性表出时，方程组(Ⅰ)(Ⅱ)同解.

【评注】 新添方程可由原方程组线性表出，即是新添方程的系数行向量 $\boldsymbol{\beta} = (a,b,c,d)$ 可由原方程组系数行向量，

$$\boldsymbol{\alpha}_1 = (1,0,3,5), \boldsymbol{\alpha}_2 = (1,-1,-2,2), \boldsymbol{\alpha}_3 = (2,-1,1,3)$$

线性表出，将 $\boldsymbol{\alpha}_1, \boldsymbol{\alpha}_2, \boldsymbol{\alpha}_3, \boldsymbol{\beta}$ 处理成列向量，即是指方程组

$$\boldsymbol{\alpha}_1^{\mathrm{T}} x_1 + \boldsymbol{\alpha}_2^{\mathrm{T}} x_2 + \boldsymbol{\alpha}_3^{\mathrm{T}} x_3 = \boldsymbol{\beta}^{\mathrm{T}}$$

有解. 看 $\boldsymbol{\beta}$ 的分量 a,b,c,d 满足什么条件上述方程组有解也是一样.

【例 15】 设 $\boldsymbol{A}$ 是 n 阶实矩阵，$\boldsymbol{A}^{\mathrm{T}}$ 是 $\boldsymbol{A}$ 的转置矩阵.

证明：(1) 方程组（Ⅰ）$\boldsymbol{Ax} = \boldsymbol{0}$ 和（Ⅱ）$\boldsymbol{A}^{\mathrm{T}}\boldsymbol{Ax} = \boldsymbol{0}$ 是同解方程组.

(2) $r(\boldsymbol{A}) = r(\boldsymbol{A}^{\mathrm{T}}\boldsymbol{A}) = r(\boldsymbol{AA}^{\mathrm{T}})$.

证明 (1) 若存在 $\boldsymbol{x}$，使 $\boldsymbol{Ax} = \boldsymbol{0}$，则两边左乘 $\boldsymbol{A}^{\mathrm{T}}$，得 $\boldsymbol{A}^{\mathrm{T}}\boldsymbol{Ax} = \boldsymbol{0}$，故方程组（Ⅰ）的解必是方程组（Ⅱ）的解.

若存在 $\boldsymbol{x}$，使 $\boldsymbol{A}^{\mathrm{T}}\boldsymbol{Ax} = \boldsymbol{0}$，则两边左乘 $\boldsymbol{x}^{\mathrm{T}}$，得 $\boldsymbol{x}^{\mathrm{T}}\boldsymbol{A}^{\mathrm{T}}\boldsymbol{Ax} = (\boldsymbol{Ax})^{\mathrm{T}}\boldsymbol{Ax} = \boldsymbol{0}$.

因 $\boldsymbol{A}$ 是实矩阵，$\boldsymbol{Ax}$ 是实向量，设 $\boldsymbol{Ax} = (a_1, a_2, \cdots, a_n)^{\mathrm{T}}$，则 $(\boldsymbol{Ax})^{\mathrm{T}}\boldsymbol{Ax} = \sum_{i=1}^{n} a_i^2 = 0$，得 $a_i = 0\ (i = 1,2,\cdots,n)$，故 $\boldsymbol{Ax} = \boldsymbol{0}$，从而知方程组（Ⅱ）的解必是方程组（Ⅰ）的解.

方程组（Ⅰ）（Ⅱ）是同解方程组.

(2) 因 $\boldsymbol{Ax} = \boldsymbol{0}$ 和 $\boldsymbol{A}^{\mathrm{T}}\boldsymbol{Ax} = \boldsymbol{0}$ 是同解方程组，它们有相同的基础解系，故

$$r(\boldsymbol{A}) = r(\boldsymbol{A}^{\mathrm{T}}\boldsymbol{A}),$$

又因 $r(\boldsymbol{A}) = r(\boldsymbol{A}^{\mathrm{T}}) = r((\boldsymbol{A}^{\mathrm{T}})^{\mathrm{T}}\boldsymbol{A}^{\mathrm{T}}) = r(\boldsymbol{AA}^{\mathrm{T}})$，从而得 $r(\boldsymbol{A}) = r(\boldsymbol{A}^{\mathrm{T}}\boldsymbol{A}) = r(\boldsymbol{AA}^{\mathrm{T}})$.

【评注】 (1) 若 $\boldsymbol{A}$ 是 $m \times n$ 实矩阵，$\boldsymbol{Ax} = \boldsymbol{0}$ 和 $\boldsymbol{A}^{\mathrm{T}}\boldsymbol{Ax} = \boldsymbol{0}$ 也是同解方程组.

(2) 当 $\boldsymbol{A}$ 是 $m \times n$ 实矩阵时，同样有

$$r(\boldsymbol{A}) = r(\boldsymbol{A}^{\mathrm{T}}\boldsymbol{A}) = r(\boldsymbol{AA}^{\mathrm{T}}).$$

五、方程组的应用

【例 16】 求与矩阵 $\boldsymbol{A} = \begin{bmatrix} 1 & 2 \\ 0 & 3 \end{bmatrix}$ 可以交换的矩阵.

解题思路 矩阵的乘法没有交换律，一般情况 $AB \neq BA$. 若 $AB = BA$，则称 A 与 B 可交换，为了求与 A 可交换的矩阵，通常是按定义设未知数、构造方程组，然后求解得所需矩阵.

解 设 $X = \begin{bmatrix} x_1 & x_2 \\ x_3 & x_4 \end{bmatrix}$ 与矩阵 A 可交换，即 $AX = XA$，即

$$\begin{bmatrix} 1 & 2 \\ 0 & 3 \end{bmatrix}\begin{bmatrix} x_1 & x_2 \\ x_3 & x_4 \end{bmatrix} = \begin{bmatrix} x_1 & x_2 \\ x_3 & x_4 \end{bmatrix}\begin{bmatrix} 1 & 2 \\ 0 & 3 \end{bmatrix} \Rightarrow \begin{bmatrix} x_1+2x_3 & x_2+2x_4 \\ 3x_3 & 3x_4 \end{bmatrix} = \begin{bmatrix} x_1 & 2x_1+3x_2 \\ x_3 & 2x_3+3x_4 \end{bmatrix}$$

即 $\begin{cases} x_1+2x_3 = x_1 \\ x_2+2x_4 = 2x_1+3x_2 \\ 3x_3 = x_3 \\ 3x_4 = 2x_3+3x_4 \end{cases} \Rightarrow \begin{cases} x_1+x_2-x_4 = 0 \\ x_3 = 0 \end{cases} \Rightarrow \begin{cases} x_1 = -t+u, \\ x_2 = t, \\ x_3 = 0, \\ x_4 = u. \end{cases}$

所以和 A 可以交换的矩阵是 $\begin{bmatrix} -t+u & t \\ 0 & u \end{bmatrix}$，$t,u$ 为任意常数.

【例 17】 已知 $\begin{bmatrix} 1 & 3 & 2 \\ 2 & 6 & 5 \\ -1 & -3 & 1 \end{bmatrix} X = \begin{bmatrix} 4 & -1 \\ 7 & 3 \\ -7 & 16 \end{bmatrix}$，则 $X =$ ________.

分析 因 $A = \begin{bmatrix} 1 & 3 & 2 \\ 2 & 6 & 5 \\ -1 & -3 & 1 \end{bmatrix}$ 不可逆. 设 $X = \begin{bmatrix} x_1 & y_1 \\ x_2 & y_2 \\ x_3 & y_3 \end{bmatrix}$，

则由 $\begin{bmatrix} 1 & 3 & 2 \\ 2 & 6 & 5 \\ -1 & -3 & 1 \end{bmatrix}\begin{bmatrix} x_1 & y_1 \\ x_2 & y_2 \\ x_3 & y_3 \end{bmatrix} = \begin{bmatrix} 4 & -1 \\ 7 & 3 \\ -7 & 16 \end{bmatrix}$，有

$$\begin{cases} x_1+3x_2+2x_3 = 4 \\ 2x_1+6x_2+5x_3 = 7 \\ -x_1-3x_2+x_3 = -7 \end{cases} \text{和} \begin{cases} y_1+3y_2+2y_3 = -1 \\ 2y_1+6y_2+5y_3 = 3 \\ -y_1-3y_2+y_3 = 16 \end{cases}$$

两个方程组系数矩阵一样.

$$\left[\begin{array}{ccc|cc} 1 & 3 & 2 & 4 & -1 \\ 2 & 6 & 5 & 7 & 3 \\ -1 & -3 & 1 & -7 & 16 \end{array}\right] \to \left[\begin{array}{ccc|cc} 1 & 3 & 2 & 4 & -1 \\ 0 & 0 & 1 & -1 & 5 \\ 0 & 0 & 0 & 0 & 0 \end{array}\right] \to \left[\begin{array}{ccc|cc} 1 & 3 & 0 & 6 & -11 \\ 0 & 0 & 1 & -1 & 5 \\ 0 & 0 & 0 & 0 & 0 \end{array}\right]$$

解出 $x_1 = 6-3t, x_2 = t, x_3 = -1$ 和 $y_1 = -11-3u, y_2 = u, y_3 = 5$.

所以 $X = \begin{bmatrix} 6-3t & -11-3u \\ t & u \\ -1 & 5 \end{bmatrix}$，$t,u$ 是任意常数.

【例 18】 已知两个方程四个未知量的齐次线性方程组的通解为 $x = k_1(1,0,2,3)^{T} + k_2(0,1,-1,1)^{T}$，求原齐次线性方程组.

解 设两个方程四个未知量的齐次线性方程组为

$$A_{2\times4}x = 0,$$

其通解 $x = k_1(1,0,2,3)^{T} + k_2(0,1,-1,1)^{T} \xlongequal{\text{记为}} k_1\xi_1 + k_2\xi_2$，则有 $A[\xi_1,\xi_2] = O$.

两边转置，得 $\begin{bmatrix} \xi_1^{T} \\ \xi_2^{T} \end{bmatrix} A^{T} = O$. 即以原方程组的基础解系作新的方程组的系数矩阵的行向量，求解

新的方程组，则新方程组的基础解系即是原方程组系数矩阵的行向量.

作方程组$\begin{bmatrix}\boldsymbol{\xi}_1^{\mathrm{T}}\\ \boldsymbol{\xi}_2^{\mathrm{T}}\end{bmatrix}\boldsymbol{y}=\boldsymbol{0}$，即
$$\begin{cases}y_1+2y_3+3y_4=0,\\ y_2-y_3+y_4=0.\end{cases}\tag{4-5}$$

方程组(4-5)的系数矩阵为 $\boldsymbol{B}=\begin{bmatrix}1&0&2&3\\0&1&-1&1\end{bmatrix}$，

求得方程组(4-5)的基础解系为 $\boldsymbol{\eta}_1=(-2,1,1,0)^{\mathrm{T}}$，$\boldsymbol{\eta}_2=(-3,-1,0,1)^{\mathrm{T}}$，故原方程组为
$$\begin{cases}-2x_1+x_2+x_3=0,\\ -3x_1-x_2+x_4=0.\end{cases}$$

【评注】 所求方程组表达式不唯一，但均是同解方程组.

【例 19】 (2018，$\frac{1}{2,3}$) 已知 a 是常数，且矩阵 $\boldsymbol{A}=\begin{bmatrix}1&2&a\\1&3&0\\2&7&-a\end{bmatrix}$ 可经初等列变换化为矩阵 $\boldsymbol{B}=\begin{bmatrix}1&a&2\\0&1&1\\-1&1&1\end{bmatrix}$.

(1) 求 a；

(2) 求满足 $\boldsymbol{AP}=\boldsymbol{B}$ 的可逆矩阵 $\boldsymbol{P}$.

解 (1) 矩阵 $\boldsymbol{A}$ 和 $\boldsymbol{B}$ 等价 $\Leftrightarrow r(\boldsymbol{A})=r(\boldsymbol{B})$.

因 $|\boldsymbol{A}|=\begin{vmatrix}1&2&a\\1&3&0\\2&7&-a\end{vmatrix}=\begin{vmatrix}1&2&a\\1&3&0\\3&9&0\end{vmatrix}=0$，$\boldsymbol{A}$ 中存在二阶子式 $\begin{vmatrix}1&2\\1&3\end{vmatrix}=1\neq 0$，故 $\forall a$，恒有 $r(\boldsymbol{A})=2$.

又 $|\boldsymbol{B}|=\begin{vmatrix}1&a&2\\0&1&1\\-1&1&1\end{vmatrix}=2-a$，$\boldsymbol{B}$ 中有二阶子式 $\begin{vmatrix}0&1\\-1&1\end{vmatrix}\neq 0$，

所以 $r(\boldsymbol{B})=2\Leftrightarrow|\boldsymbol{B}|=0\Leftrightarrow a=2$.

(2) 满足 $\boldsymbol{AP}=\boldsymbol{B}$ 的 $\boldsymbol{P}$ 就是 $\boldsymbol{AX}=\boldsymbol{B}$ 的解.

$$[\boldsymbol{A}\mid\boldsymbol{B}]=\left[\begin{array}{ccc|ccc}1&2&2&1&2&2\\1&3&0&0&1&1\\2&7&-2&-1&1&1\end{array}\right]\rightarrow\left[\begin{array}{ccc|ccc}1&0&6&3&4&4\\0&1&-2&-1&-1&-1\\0&0&0&0&0&0\end{array}\right],$$

故 $\boldsymbol{P}=\begin{bmatrix}3-6k_1&4-6k_2&4-6k_3\\-1+2k_1&-1+2k_2&-1+2k_3\\k_1&k_2&k_3\end{bmatrix}$，

$$|\boldsymbol{P}|=\begin{vmatrix}3-6k_1&4-6k_2&4-6k_3\\-1+2k_1&-1+2k_2&-1+2k_3\\k_1&k_2&k_3\end{vmatrix}=\begin{vmatrix}3&4&4\\-1&-1&-1\\k_1&k_2&k_3\end{vmatrix}=k_3-k_2\neq 0.$$

【例 20】 已知 $\boldsymbol{\alpha}_1=(1,2,-3,1)^{\mathrm{T}}$，$\boldsymbol{\alpha}_2=(5,-5,a,11)^{\mathrm{T}}$，$\boldsymbol{\alpha}_3=(1,-3,6,3)^{\mathrm{T}}$ 和 $\boldsymbol{\beta}=(2,-1,3,b)^{\mathrm{T}}$，问当 a,b 为何值时 $\boldsymbol{\beta}$ 不能由 $\boldsymbol{\alpha}_1,\boldsymbol{\alpha}_2,\boldsymbol{\alpha}_3$ 线性表示，何时 $\boldsymbol{\beta}$ 可由 $\boldsymbol{\alpha}_1,\boldsymbol{\alpha}_2,\boldsymbol{\alpha}_3$ 线性表示并写出其表达式.

解 设 $x_1\boldsymbol{\alpha}_1+x_2\boldsymbol{\alpha}_2+x_3\boldsymbol{\alpha}_3=\boldsymbol{\beta}$，

对 $\overline{\boldsymbol{A}}=[\boldsymbol{\alpha}_1,\boldsymbol{\alpha}_2,\boldsymbol{\alpha}_3\mid\boldsymbol{\beta}]$ 作初等行变换，有

$$\overline{\boldsymbol{A}}=\left[\begin{array}{ccc:c}1&5&1&2\\2&-5&-3&-1\\-3&a&6&3\\1&11&3&b\end{array}\right]\rightarrow\left[\begin{array}{ccc:c}1&5&1&2\\0&3&1&1\\0&a-12&0&0\\0&0&0&b-4\end{array}\right].$$

$\forall a,b\neq 4$ 时，$r(\boldsymbol{A})\neq r(\overline{\boldsymbol{A}})$，方程组无解，$\boldsymbol{\beta}$ 不能由 $\boldsymbol{\alpha}_1,\boldsymbol{\alpha}_2,\boldsymbol{\alpha}_3$ 线性表示.

当 $a=12,b=4$ 时，$r(\boldsymbol{A})=r(\overline{\boldsymbol{A}})=2<3$，

$$\overline{\boldsymbol{A}}\rightarrow\left[\begin{array}{ccc:c}1&5&1&2\\0&3&1&1\\0&0&0&0\\0&0&0&0\end{array}\right]\rightarrow\left[\begin{array}{ccc:c}1&2&0&1\\0&3&1&1\\0&0&0&0\\0&0&0&0\end{array}\right].$$

令 $x_2=t$ 解出 $x_1=1-2t,x_3=1-3t$，

有 $\boldsymbol{\beta}=(1-2t)\boldsymbol{\alpha}_1+t\boldsymbol{\alpha}_2+(1-3t)\boldsymbol{\alpha}_3$，$t$ 为任意常数.

当 $a\neq 12,b=4$ 时

$$\overline{\boldsymbol{A}}\rightarrow\left[\begin{array}{ccc:c}1&5&1&2\\0&a-12&0&0\\0&3&1&1\\0&0&0&0\end{array}\right]\rightarrow\left[\begin{array}{ccc:c}1&0&0&1\\0&1&0&0\\0&0&1&1\\0&0&0&0\end{array}\right],$$

$r(\boldsymbol{A})=r(\overline{\boldsymbol{A}})=3$，方程组有唯一解 $(1,0,1)^{\mathrm{T}}$，

于是 $\boldsymbol{\beta}=\boldsymbol{\alpha}_1+\boldsymbol{\alpha}_3$.

小结

线性方程组是线性代数的基础内容之一，有广泛的实际应用.

首先要会解线性方程组.解线性方程组的主要方法是高斯消元法，即利用初等行变换，因初等行变换不改变方程组的解.特别是含有参数的方程组的求解，有关参数的讨论不能遗漏，应培养良好的计算习惯.特殊情况下可考虑用克拉默法则.

齐次线性方程组 $\boldsymbol{Ax}=\boldsymbol{0}$ 总是有解的，至少有零解，问题是何时有非零解，有多少非零解，如何表达这些非零解.关键是理解基础解系的概念，并掌握基础解系的求法.掌握 $\boldsymbol{Ax}=\boldsymbol{0}$ 中未知量的个数，$r(\boldsymbol{A})$ 及基础解系中线性无关解向量的个数三者之间的关系.

非齐次线性方程组 $\boldsymbol{Ax}=\boldsymbol{b}$，要会利用 $r(\boldsymbol{A})$ 与 $r(\boldsymbol{A}\mid\boldsymbol{b})$ 的关系判别无解、唯一解、无穷多解，掌握解的结构.

线性方程组有三种表示形式，应利用向量的表示形式，理解 $\boldsymbol{Ax}=\boldsymbol{0}$ 的解与 $\boldsymbol{A}$ 的列向量的关系，$\boldsymbol{Ax}=\boldsymbol{b}$ 的解与 $\boldsymbol{b}$ 及 $\boldsymbol{A}$ 的列向量的关系，利用向量的内积运算理解 $\boldsymbol{A}$ 的行向量与 $\boldsymbol{Ax}=\boldsymbol{0}$ 的解向量的关系.在证明某些有关方程组的命题时，利用方程组的向量形式或矩阵形式是方便的.

求两个方程组的公共解、同解方程组是方程组问题的推广.

第五章　特征值、特征向量、相似矩阵

考点与要求

理解　矩阵的特征值和特征向量的概念及性质. 相似矩阵的概念、性质及矩阵可相似对角化的充分必要条件.

掌握　将矩阵化为相似对角阵的方法，实对称矩阵的特征值和特征向量的性质.

会求　矩阵的特征值和特征向量.

内容精讲

§1　特征值、特征向量

5.1.1　特征值，特征向量

$\boldsymbol{A}$ 是 n 阶方阵，如果对于数 λ，存在 n 维非零向量 $\boldsymbol{\alpha}$，使得

$$\boldsymbol{A\alpha} = \lambda\boldsymbol{\alpha} \quad (\boldsymbol{\alpha} \neq \boldsymbol{0}) \tag{5.1}$$

成立，则称 λ 是 $\boldsymbol{A}$ 的**特征值**，$\boldsymbol{\alpha}$ 是 $\boldsymbol{A}$ 的对应于 λ 的**特征向量**.

5.1.2　特征方程、特征多项式、特征矩阵

由式(5.1)得，$(\lambda\boldsymbol{E}-\boldsymbol{A})\boldsymbol{\alpha}=\boldsymbol{0}$，因 $\boldsymbol{\alpha}\neq\boldsymbol{0}$，故

$$|\lambda\boldsymbol{E}-\boldsymbol{A}| = \begin{vmatrix} \lambda-a_{11} & -a_{12} & \cdots & -a_{1n} \\ -a_{21} & \lambda-a_{22} & \cdots & -a_{2n} \\ \vdots & \vdots & & \vdots \\ -a_{n1} & -a_{n2} & \cdots & \lambda-a_{nn} \end{vmatrix} = 0. \tag{5.2}$$

式(5.2)称为 $\boldsymbol{A}$ 的**特征方程**，是未知元素 λ 的 n 次方程，在复数域内有 n 个根，式(5.2)的左端多项式称为 $\boldsymbol{A}$ 的**特征多项式**，矩阵 $\lambda\boldsymbol{E}-\boldsymbol{A}$ 称为**特征矩阵**.

5.1.3　特征值的性质

设 $\boldsymbol{A}=[a_{ij}]_{n\times n}$，$\lambda_i(i=1,2,\cdots,n)$ 是 $\boldsymbol{A}$ 的特征值，则

(1) $\sum\limits_{i=1}^{n}\lambda_i=\sum\limits_{i=1}^{n}a_{ii}$；

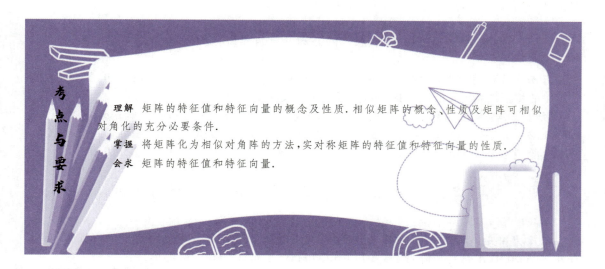

(2) $\prod_{i=1}^{n}\lambda_i = |\boldsymbol{A}|$.

5.1.4　求特征值、特征向量的方法

方法1　设$\boldsymbol{A}=[a_{ij}]_{n\times n}$，则由$|\lambda\boldsymbol{E}-\boldsymbol{A}|=0$求出$\boldsymbol{A}$的全部特征值$\lambda_i$，再由齐次线性方程组

$$(\lambda_i\boldsymbol{E}-\boldsymbol{A})\boldsymbol{x}=\boldsymbol{0}$$

求出$\boldsymbol{A}$的对应于特征值λ_i的特征向量. 基础解系即是$\boldsymbol{A}$的对应于λ_i的线性无关特征向量，通解即是$\boldsymbol{A}$的对应于λ_i的全体特征向量(除$\boldsymbol{0}$向量).

【注】　例如，对角阵$\boldsymbol{\Lambda}=\begin{bmatrix}a&0&0\\0&b&0\\0&0&c\end{bmatrix}$、上(下)三角阵的特征值，即是主对角元素.

方法2　利用定义，凡满足关系式$\boldsymbol{A\alpha}=\lambda\boldsymbol{\alpha}$的数$\lambda$即是$\boldsymbol{A}$的特征值，$\boldsymbol{\alpha}(\boldsymbol{\alpha}\neq\boldsymbol{0})$即是$\boldsymbol{A}$的对应于$\lambda$的特征向量. 一般用于抽象矩阵或元素为文字的矩阵.

【注】　例如，若齐次线性方程组$\boldsymbol{Ax}=\boldsymbol{0}$有基础解系$\boldsymbol{\alpha}_1,\boldsymbol{\alpha}_2,\cdots,\boldsymbol{\alpha}_{n-r}$，因$\boldsymbol{A\alpha}_i=\boldsymbol{0}=0\boldsymbol{\alpha}_i$ $(i=1,2,\cdots,n-r)$，故$\boldsymbol{\alpha}_1,\boldsymbol{\alpha}_2,\cdots,\boldsymbol{\alpha}_{n-r}$是$\boldsymbol{A}$的对应于$\lambda=0$的线性无关特征向量. 故当$|\boldsymbol{A}|=0$时，$\boldsymbol{A}$有特征值$\lambda=0$.

§2　相似矩阵、矩阵的相似对角化

5.2.1　相似矩阵

设$\boldsymbol{A},\boldsymbol{B}$都是$n$阶矩阵，若存在可逆矩阵$\boldsymbol{P}$，使得$\boldsymbol{P}^{-1}\boldsymbol{AP}=\boldsymbol{B}$，则称$\boldsymbol{A}$相似于$\boldsymbol{B}$，记成$\boldsymbol{A}\sim\boldsymbol{B}$. 若$\boldsymbol{A}\sim\boldsymbol{\Lambda}$，其中$\boldsymbol{\Lambda}$是对角阵，则称$\boldsymbol{A}$可相似对角化，$\boldsymbol{\Lambda}$是$\boldsymbol{A}$的相似标准形.

5.2.2　矩阵可相似对角化的充分必要条件

(1) 定理　n阶矩阵$\boldsymbol{A}$可对角化$\Leftrightarrow\boldsymbol{A}$有$n$个线性无关的特征向量.

(2) 定理　$\lambda_1\neq\lambda_2$是$\boldsymbol{A}$的特征值$\Rightarrow\boldsymbol{A}$的对应于$\lambda_1,\lambda_2$的特征向量$\boldsymbol{\alpha}_1,\boldsymbol{\alpha}_2$线性无关.

推论　n阶矩阵$\boldsymbol{A}$有n个互不相同的特征值$\lambda_1\neq\lambda_2\neq\cdots\neq\lambda_n\Rightarrow\boldsymbol{A}$有$n$个线性无关特征向量$\boldsymbol{\alpha}_1,\boldsymbol{\alpha}_2,\cdots,\boldsymbol{\alpha}_n\Leftrightarrow\boldsymbol{A}$可相似于对角矩阵.

取$\boldsymbol{P}=[\boldsymbol{\alpha}_1,\boldsymbol{\alpha}_2,\cdots,\boldsymbol{\alpha}_n]$，则有$\boldsymbol{P}^{-1}\boldsymbol{AP}=\boldsymbol{\Lambda}$，其中$\boldsymbol{\Lambda}=\begin{bmatrix}\lambda_1&0&\cdots&0\\0&\lambda_2&\cdots&0\\\vdots&\vdots&&\vdots\\0&0&\cdots&\lambda_n\end{bmatrix}$，注意$\boldsymbol{P}$中$\boldsymbol{\alpha}_1,\boldsymbol{\alpha}_2,\cdots,\boldsymbol{\alpha}_n$的排列次序应与$\boldsymbol{\Lambda}$中$\lambda_1,\lambda_2,\cdots,\lambda_n$的排列次序一致.

(3) 定理　λ_i是n阶矩阵$\boldsymbol{A}$的r_i重特征值，则其对应的线性无关特征向量个数小于或等于r_i个.

推论　n阶矩阵$\boldsymbol{A}$可相似对角化$\Leftrightarrow\boldsymbol{A}$的每一个$r_i$重特征值对应的线性无关特征向量个数等于该特征值的重数r_i.

当$\boldsymbol{A}$的r_i重特征值λ_i对应的线性无关特征向量个数少于特征值的重数r_i时，$\boldsymbol{A}$不能相似于对角阵.

例如$\boldsymbol{A}=\begin{bmatrix}1&1\\0&1\end{bmatrix}$，$|\lambda\boldsymbol{E}-\boldsymbol{A}|=(\lambda-1)^2=0$，$\lambda=1$是$\boldsymbol{A}$的二重特征值，但由于$r(\boldsymbol{E}-\boldsymbol{A})=r\begin{bmatrix}0&-1\\0&0\end{bmatrix}=1$，$(\boldsymbol{E}-\boldsymbol{A})\boldsymbol{x}=\boldsymbol{0}$只有一个线性无关解，即对应于$\lambda=1$(二重根)只有一个线性无关特征向量. 故$\boldsymbol{A}=\begin{bmatrix}1&1\\0&1\end{bmatrix}$不能与对角矩阵相似.

5.2.3　相似矩阵的性质及相似矩阵的必要条件

1. 性质

(1) 反身性. $\boldsymbol{A} \sim \boldsymbol{A}$.

(2) 对称性. $\boldsymbol{A} \sim \boldsymbol{B} \Rightarrow \boldsymbol{B} \sim \boldsymbol{A}$.

(3) 传递性. $\boldsymbol{A} \sim \boldsymbol{B}, \boldsymbol{B} \sim \boldsymbol{C} \Rightarrow \boldsymbol{A} \sim \boldsymbol{C}$.

2. 两个矩阵相似的必要条件

$$\boldsymbol{A} \sim \boldsymbol{B}\begin{cases} \Rightarrow (1)\ |\lambda\boldsymbol{E}-\boldsymbol{A}| = |\lambda\boldsymbol{E}-\boldsymbol{B}|. \\ \Rightarrow (2)\ r(\boldsymbol{A}) = r(\boldsymbol{B}). \\ \Rightarrow (3)\ \boldsymbol{A},\boldsymbol{B}\text{ 有相同的特征值}. \\ \Rightarrow (4)\ |\boldsymbol{A}| = |\boldsymbol{B}| = \prod_{i=1}^{n}\lambda_i. \\ \Rightarrow (5)\ \sum_{i=1}^{n}a_{ii} = \sum_{i=1}^{n}b_{ii} = \sum_{i=1}^{n}\lambda_i.\ (\text{即 } \mathrm{tr}\boldsymbol{A} = \mathrm{tr}\boldsymbol{B} = \mathrm{tr}\boldsymbol{\Lambda}) \end{cases}$$

§3　实对称矩阵的相似对角化

5.3.1　实对称阵

元素 a_{ij} 都是实数的对称矩阵称为实对称矩阵，a_{ij} 是实数 $\Leftrightarrow a_{ij} = \overline{a}_{ij}$（$\overline{a}_{ij}$ 是 a_{ij} 的共轭）. 记 $\overline{\boldsymbol{A}} = [\overline{a}_{ij}]$，则 $\boldsymbol{A}$ 是实对称阵 $\Leftrightarrow \boldsymbol{A}^{\mathrm{T}} = \boldsymbol{A}$，且 $\overline{\boldsymbol{A}} = \boldsymbol{A}$.

5.3.2　实对称阵的特征值，特征向量及相似对角化

(1) **定理**　实对称矩阵的特征值全部是实数.

(2) **定理**　实对称矩阵的属于不同特征值对应的特征向量相互正交.

(3) **定理**　实对称矩阵必相似于对角矩阵，即必存在可逆矩阵 $\boldsymbol{P}$，使得 $\boldsymbol{P}^{-1}\boldsymbol{AP} = \boldsymbol{\Lambda}$. 且存在正交矩阵 $\boldsymbol{Q}$，使得 $\boldsymbol{Q}^{-1}\boldsymbol{AQ} = \boldsymbol{Q}^{\mathrm{T}}\boldsymbol{AQ} = \boldsymbol{\Lambda}$.

5.3.3　实对称矩阵正交相似于对角矩阵的步骤

(1) 解特征方程 $|\lambda\boldsymbol{E}-\boldsymbol{A}| = 0$，求出全部特征值：$\lambda_1, \lambda_2, \cdots, \lambda_r$（均为实数）（若求得的是特征值的取值范围，则 λ 的取值范围应限于实数，去除复数）.

(2) $(\lambda_i\boldsymbol{E}-\boldsymbol{A})\boldsymbol{x} = \boldsymbol{0}$ 的基础解系 $\boldsymbol{\alpha}_{i1}, \boldsymbol{\alpha}_{i2}, \cdots, \boldsymbol{\alpha}_{ik_i}$，$i = 1, 2, \cdots, r$，即是 $\boldsymbol{A}$ 的属于特征值 λ_i 的线性无关的特征向量. 若 λ_i 是 k_i 重根，则必有 k_i 个线性无关特征向量（若求解方程 $(\lambda_i\boldsymbol{E}-\boldsymbol{A})\boldsymbol{x} = \boldsymbol{0}$ 的基础解系时，使 $\boldsymbol{\alpha}_{i1}, \boldsymbol{\alpha}_{i2}, \cdots, \boldsymbol{\alpha}_{ik_i}$ 能相互正交更好，可免去下一步将 $\boldsymbol{\alpha}_{i1}, \boldsymbol{\alpha}_{i2}, \cdots, \boldsymbol{\alpha}_{ik_i}$ 正交化的工作）.

(3) 将每个属于 λ_i 的特征向量 $\boldsymbol{\alpha}_{i1}, \boldsymbol{\alpha}_{i2}, \cdots, \boldsymbol{\alpha}_{ik_i}$ 正交化.（不同特征值对应的特征向量已相互正交）正交后的向量组记成 $\boldsymbol{\beta}_{i1}, \boldsymbol{\beta}_{i2}, \cdots, \boldsymbol{\beta}_{ik_i}$.

(4) 将全部特征向量单位化，得标准正交向量组，记为

$$\boldsymbol{\beta}_{11}^{\circ}, \boldsymbol{\beta}_{12}^{\circ}, \cdots, \boldsymbol{\beta}_{1k_1}^{\circ}, \boldsymbol{\beta}_{21}^{\circ}, \boldsymbol{\beta}_{22}^{\circ}, \cdots, \boldsymbol{\beta}_{2k_2}^{\circ}, \cdots, \boldsymbol{\beta}_{r1}^{\circ}, \boldsymbol{\beta}_{r2}^{\circ}, \cdots, \boldsymbol{\beta}_{rk_r}^{\circ}.$$

(5) 将 n 个单位正交特征向量合并成正交矩阵，记为

$$\boldsymbol{Q} = [\boldsymbol{\beta}_{11}^{\circ}, \boldsymbol{\beta}_{12}^{\circ}, \cdots, \boldsymbol{\beta}_{1k_1}^{\circ}, \boldsymbol{\beta}_{21}^{\circ}, \boldsymbol{\beta}_{22}^{\circ}, \cdots, \boldsymbol{\beta}_{2k_2}^{\circ}, \cdots, \boldsymbol{\beta}_{r1}^{\circ}, \boldsymbol{\beta}_{r2}^{\circ}, \cdots, \boldsymbol{\beta}_{rk_r}^{\circ}]$$

此即是所求的正交矩阵，且有

$$\boldsymbol{Q}^{-1}\boldsymbol{AQ} = \boldsymbol{Q}^{\mathrm{T}}\boldsymbol{AQ} = \boldsymbol{\Lambda}$$

其中 $\boldsymbol{\Lambda}$ 是由 $\boldsymbol{A}$ 的全部特征值组成的对角阵（注意 λ_i 和 $\boldsymbol{\beta}_{ik_i}^{\circ}$ 的排列次序要求一致）.

本节内容与下一章“二次型”有紧密关系，请注意两者的联系.

例题分析

一、特征值，特征向量的求法

1. 数值矩阵的特征值、特征向量的求法

【例 1】 求 $A=\begin{bmatrix}-3&1&-1\\-7&5&-1\\-6&6&-2\end{bmatrix}$ 的特征值、特征向量.

解 由特征多项式

$$|\lambda E-A|=\begin{vmatrix}\lambda+3&-1&1\\7&\lambda-5&1\\6&-6&\lambda+2\end{vmatrix}=\begin{vmatrix}\lambda+2&-1&1\\\lambda+2&\lambda-5&1\\0&-6&\lambda+2\end{vmatrix}$$

$$=\begin{vmatrix}\lambda+2&-1&1\\0&\lambda-4&0\\0&-6&\lambda+2\end{vmatrix}=(\lambda-4)(\lambda+2)^2=0$$

得 A 的特征值：$4,-2,-2$.

对 $\lambda=4$，由 $(4E-A)x=0$，

$$4E-A=\begin{bmatrix}7&-1&1\\7&-1&1\\6&-6&6\end{bmatrix}\to\begin{bmatrix}1&0&0\\0&1&-1\\0&0&0\end{bmatrix},$$

基础解系 $\alpha_1=(0,1,1)^T$.

对 $\lambda=-2$，由 $(-2E-A)x=0$，

$$-2E-A=\begin{bmatrix}1&-1&1\\7&-7&1\\6&-6&0\end{bmatrix}\to\begin{bmatrix}1&-1&0\\0&0&1\\0&0&0\end{bmatrix},$$

基础解系 $\alpha_2=(1,1,0)^T$.

故 $\lambda=4$ 的特征向量为 $k_1\alpha_1,k_1\neq0$，

$\lambda=-2$ 的特征向量为 $k_2\alpha_2,k_2\neq0$.

【例 2】 求矩阵 $A=\begin{bmatrix}1&-1&1\\2&-2&2\\-1&1&-1\end{bmatrix}$ 的特征值和特征向量.

解 由特征多项式

$$|\lambda E-A|=\begin{vmatrix}\lambda-1&1&-1\\-2&\lambda+2&-2\\1&-1&\lambda+1\end{vmatrix}=\begin{vmatrix}\lambda-1&1&-1\\-2&\lambda+2&-2\\\lambda&0&\lambda\end{vmatrix}=\begin{vmatrix}\lambda&1&-1\\0&\lambda+2&-2\\0&0&\lambda\end{vmatrix}$$

$$=\lambda^2(\lambda+2)=0$$

得特征值 $\lambda_1=\lambda_2=0$（二重根），$\lambda_3=-2$（单根）.

当 $\lambda_1=\lambda_2=0$ 时，由 $(0E-A)x=0$，

$$\begin{bmatrix}-1&1&-1\\-2&2&-2\\1&-1&1\end{bmatrix}\to\begin{bmatrix}1&-1&1\\0&0&0\\0&0&0\end{bmatrix},$$

解得基础解系 $\boldsymbol{\alpha}_1=(-1,0,1)^{\mathrm{T}}$，$\boldsymbol{\alpha}_2=(1,1,0)^{\mathrm{T}}$（全体特征向量是 $k_1\boldsymbol{\alpha}_1+k_2\boldsymbol{\alpha}_2$，其中 k_1,k_2 是不同时为 0 的任意常数）.

当 $\lambda_3=-2$ 时，由 $(-2\boldsymbol{E}-\boldsymbol{A})\boldsymbol{x}=\boldsymbol{0}$，

$$\begin{bmatrix}-3&1&-1\\-2&0&-2\\1&-1&-1\end{bmatrix}\to\begin{bmatrix}1&0&1\\0&1&2\\0&0&0\end{bmatrix},$$

解得基础解系 $\boldsymbol{\alpha}_3=(1,2,-1)^{\mathrm{T}}$（全体特征向量为 $k(1,2,-1)^{\mathrm{T}}$，其中 k 是不为 0 的任意常数）.

【例 3】 求矩阵 $\boldsymbol{A}=\begin{bmatrix}2&-1&2\\5&-3&3\\-1&0&-2\end{bmatrix}$ 的特征值和特征向量.

解 由特征多项式

$$|\lambda\boldsymbol{E}-\boldsymbol{A}|=\begin{vmatrix}\lambda-2&1&-2\\-5&\lambda+3&-3\\1&0&\lambda+2\end{vmatrix}\xlongequal{c_1+c_2-c_3}\begin{vmatrix}\lambda+1&1&-2\\\lambda+1&\lambda+3&-3\\-\lambda-1&0&\lambda+2\end{vmatrix}$$

$$=(\lambda+1)\begin{vmatrix}1&1&-2\\1&\lambda+3&-3\\-1&0&\lambda+2\end{vmatrix}=(\lambda+1)\begin{vmatrix}1&1&-2\\0&\lambda+2&-1\\0&1&\lambda\end{vmatrix}$$

$$=(\lambda+1)(\lambda^2+2\lambda+1)=(\lambda+1)^3$$

得特征值 $\lambda_1=\lambda_2=\lambda_3=-1$.

对 $\lambda=-1$，由 $(-\boldsymbol{E}-\boldsymbol{A})\boldsymbol{x}=\boldsymbol{0}$，

$$\begin{bmatrix}-3&1&-2\\-5&2&-3\\1&0&1\end{bmatrix}\to\begin{bmatrix}1&0&1\\0&1&1\\0&0&0\end{bmatrix},$$

得基础解系 $\boldsymbol{\alpha}=(1,1,-1)^{\mathrm{T}}$，

所有特征向量：$k\boldsymbol{\alpha}$，$k\neq 0$.

解得全部特征向量为 $k(1,1,-1)^{\mathrm{T}}$，其中 k 为任意非零常数.

---

2. 抽象矩阵特征值、特征向量的求法

【例 4】 设 n 阶矩阵 $\boldsymbol{A}$ 有特征值 λ，对应的特征向量为 $\boldsymbol{\alpha}$. 求 $k\boldsymbol{A}$，$\boldsymbol{A}^2$，$\boldsymbol{A}^k$，$f(\boldsymbol{A})$ 的特征值和特征向量，其中 $f(x)$ 是多项式，$f(x)=a_0+a_1x+\cdots+a_nx^n$.

解 利用定义，由题设条件，$\boldsymbol{A}$ 有特征值 λ，对应的特征向量为 $\boldsymbol{\alpha}$，即

$$\boldsymbol{A}\boldsymbol{\alpha}=\lambda\boldsymbol{\alpha}，(\boldsymbol{\alpha}\neq\boldsymbol{0}). \tag{5-1}$$

式(5-1)两边乘 k，得

$$k\boldsymbol{A}\boldsymbol{\alpha}=k\lambda\boldsymbol{\alpha}， \tag{5-2}$$

故由式(5－2)知，$k\boldsymbol{A}$ 有特征值 $k\lambda$，特征向量仍是 $\boldsymbol{\alpha}$.

式(5－1)两边左乘 $\boldsymbol{A}$，并代入式(5－1)，得

$$\boldsymbol{A}^2\boldsymbol{\alpha}=\lambda\boldsymbol{A}\boldsymbol{\alpha}=\lambda^2\boldsymbol{\alpha}. \tag{5-3}$$

由式(5－3)知，$\boldsymbol{A}^2$ 有特征值 λ^2，特征向量仍是 $\boldsymbol{\alpha}$.

式(5－1)两边连乘 $k-1$ 个 $\boldsymbol{A}$，并逐个代入式(5－1)，得

$$\boldsymbol{A}^k\boldsymbol{\alpha}=\lambda\boldsymbol{A}^{k-1}\boldsymbol{\alpha}=\lambda^2\boldsymbol{A}^{k-2}\boldsymbol{\alpha}=\cdots=\lambda^k\boldsymbol{\alpha}. \tag{5-4}$$

由式(5－4)知，$\boldsymbol{A}^k$ 有特征值 λ^k，特征向量仍是 $\boldsymbol{\alpha}$.

由式(5－1)，(5－2)，(5－3)，(5－4)得

$$\begin{aligned} f(\boldsymbol{A})\boldsymbol{\alpha}&=(a_0\boldsymbol{E}+a_1\boldsymbol{A}+a_2\boldsymbol{A}^2+\cdots+a_n\boldsymbol{A}^n)\boldsymbol{\alpha}\\ &=a_0\boldsymbol{\alpha}+a_1\boldsymbol{A}\boldsymbol{\alpha}+a_2\boldsymbol{A}^2\boldsymbol{\alpha}+\cdots+a_n\boldsymbol{A}^n\boldsymbol{\alpha}\\ &=a_0\boldsymbol{\alpha}+a_1\lambda\boldsymbol{\alpha}+a_2\lambda^2\boldsymbol{\alpha}+\cdots+a_n\lambda^n\boldsymbol{\alpha}\\ &=f(\lambda)\boldsymbol{\alpha}. \end{aligned} \tag{5-5}$$

由式(5－5)知，$f(\boldsymbol{A})$ 有特征值 $f(\lambda)$，特征向量仍是 $\boldsymbol{\alpha}$.

【评注】 已知 $\boldsymbol{A}$ 的 λ、$\boldsymbol{\alpha}$，则与 $\boldsymbol{A}$ 有关矩阵的 λ、$\boldsymbol{\alpha}$ 列表如下，在其他问题中可直接使用.

矩阵	$\boldsymbol{A}$	$k\boldsymbol{A}$	$\boldsymbol{A}^k$	$f(\boldsymbol{A})$	$\boldsymbol{A}^{-1}$	$\boldsymbol{A}^*$	$\boldsymbol{A}^{-1}+f(\boldsymbol{A})$
特征值	λ	$k\lambda$	λ^k	$f(\lambda)$	λ^{-1}	$\dfrac{\lvert\boldsymbol{A}\rvert}{\lambda}$	$\dfrac{1}{\lambda}+f(\lambda)$
对应特征向量	$\boldsymbol{\alpha}$	$\boldsymbol{\alpha}$	$\boldsymbol{\alpha}$	$\boldsymbol{\alpha}$	$\boldsymbol{\alpha}$	$\boldsymbol{\alpha}$	$\boldsymbol{\alpha}$

【例 5】 设 $\boldsymbol{A}$ 是 n 阶矩阵，且满足 $\boldsymbol{A}^2=\boldsymbol{A}$(此时 $\boldsymbol{A}$ 称为幂等阵)，

(1) 求 $\boldsymbol{A}$ 的特征值的取值范围；

(2) 证明：$\boldsymbol{E}+\boldsymbol{A}$ 是可逆矩阵.

解 (1)【方法一】 用定义.

设 $\boldsymbol{A}$ 有特征值 λ，其对应的特征向量为 $\boldsymbol{\alpha}$，则

$$\boldsymbol{A}\boldsymbol{\alpha}=\lambda\boldsymbol{\alpha},$$

两边左乘 $\boldsymbol{A}$，得

$$\boldsymbol{A}^2\boldsymbol{\alpha}=\lambda\boldsymbol{A}\boldsymbol{\alpha}=\lambda^2\boldsymbol{\alpha},$$

又 $\boldsymbol{A}^2=\boldsymbol{A}$，故得

$$\boldsymbol{A}^2\boldsymbol{\alpha}=\boldsymbol{A}\boldsymbol{\alpha}=\lambda\boldsymbol{\alpha},$$

$$\lambda^2\boldsymbol{\alpha}=\lambda\boldsymbol{\alpha},(\lambda^2-\lambda)\boldsymbol{\alpha}=\boldsymbol{0},\boldsymbol{\alpha}\neq\boldsymbol{0},$$

$$\lambda^2-\lambda=\lambda(\lambda-1)=0,$$

得 $\boldsymbol{A}$ 的特征值的取值范围是 1 或 0.

【方法二】 用特征方程.

由题设条件，$\boldsymbol{A}^2=\boldsymbol{A}$，故 $\boldsymbol{A}-\boldsymbol{A}^2=\boldsymbol{A}(\boldsymbol{E}-\boldsymbol{A})=\boldsymbol{O}$. 两边取行列式，得

$$|\boldsymbol{A}(\boldsymbol{E}-\boldsymbol{A})|=|\boldsymbol{A}|\cdot|\boldsymbol{E}-\boldsymbol{A}|=0,\text{即 }|\boldsymbol{A}|=0\text{ 或 }|\boldsymbol{E}-\boldsymbol{A}|=0,$$

故 $\boldsymbol{A}$ 的特征值的取值范围为 0 或 1.

(2) 由(1)知，满足 $\boldsymbol{A}^2=\boldsymbol{A}$ 的矩阵 $\boldsymbol{A}$ 的特征值的取值范围是 0 或 1，$\boldsymbol{E}+\boldsymbol{A}$ 的特征值的取值范围是 1 或 2，均不为 0，故 $|\boldsymbol{E}+\boldsymbol{A}|\neq0$，得证 $\boldsymbol{E}+\boldsymbol{A}$ 是可逆阵(或假设 $|\boldsymbol{E}+\boldsymbol{A}|=0$，则 -1 是 $\boldsymbol{A}$ 的特征值，这和(1)中结论矛盾，故 $\boldsymbol{E}+\boldsymbol{A}$ 是可逆矩阵).

【评注】 (1) 这是满足某些条件的矩阵 $\boldsymbol{A}$ 的特征值的求法. 满足条件 $\boldsymbol{A}^2=\boldsymbol{A}$ 的矩阵很多，

例如 $\boldsymbol{A}=\begin{bmatrix}1&0\\0&1\end{bmatrix}$ 或 $\begin{bmatrix}1&0\\0&0\end{bmatrix}$ 或 $\begin{bmatrix}0&0\\0&0\end{bmatrix}$，均有 $\boldsymbol{A}^2=\boldsymbol{A}$，而它们的特征值分别是 1，1；1，0；0，0. 由此可知，满足条件 $\boldsymbol{A}^2=\boldsymbol{A}$ 的矩阵的特征值的取值范围为 0 或 1，但不能具体确定.

(2) 类似的，若 $\boldsymbol{A}^2=\boldsymbol{O}$（幂零阵）或 $\boldsymbol{A}^2=\boldsymbol{E}$（幂幺阵），$\boldsymbol{A}$ 的特征值的取值范围是什么？若 $\boldsymbol{A}^2-2\boldsymbol{A}-3\boldsymbol{E}=\boldsymbol{O}$ 呢？注意，给出了矩阵满足的某些条件，实际上在给出特征值的取值范围.

(3) 当 $\boldsymbol{A}^2=\boldsymbol{A}$（或 $\boldsymbol{A}^2=\boldsymbol{O}$，或 $\boldsymbol{A}^2=\boldsymbol{E}$）时，问 k 为何值时，矩阵 $k\boldsymbol{E}+\boldsymbol{A}$ 为可逆矩阵？

二、两个矩阵有相同的特征值的证明

【例 6】 证明：(1) $\boldsymbol{A}$ 和 $\boldsymbol{A}^{\mathrm{T}}$ 有相同的特征值；(2) 若 $\boldsymbol{A}\sim\boldsymbol{B}$，则 $\boldsymbol{A},\boldsymbol{B}$ 有相同的特征值.

证明 (1) 因 $|\lambda\boldsymbol{E}-\boldsymbol{A}|=|(\lambda\boldsymbol{E}-\boldsymbol{A})^{\mathrm{T}}|=|(\lambda\boldsymbol{E})^{\mathrm{T}}-\boldsymbol{A}^{\mathrm{T}}|=|\lambda\boldsymbol{E}-\boldsymbol{A}^{\mathrm{T}}|$，$\boldsymbol{A},\boldsymbol{A}^{\mathrm{T}}$ 有相同的特征方程，故 $\boldsymbol{A}$ 和 $\boldsymbol{A}^{\mathrm{T}}$ 有相同的特征值.

(2) 由 $\boldsymbol{A}\sim\boldsymbol{B}$ 知，存在可逆矩阵 $\boldsymbol{P}$，使得 $\boldsymbol{P}^{-1}\boldsymbol{A}\boldsymbol{P}=\boldsymbol{B}$，且

$$\begin{aligned}|\lambda\boldsymbol{E}-\boldsymbol{B}|&=|\lambda\boldsymbol{E}-\boldsymbol{P}^{-1}\boldsymbol{A}\boldsymbol{P}|=|\lambda\boldsymbol{P}^{-1}\boldsymbol{P}-\boldsymbol{P}^{-1}\boldsymbol{A}\boldsymbol{P}|\\&=|\boldsymbol{P}^{-1}(\lambda\boldsymbol{E}-\boldsymbol{A})\boldsymbol{P}|=|\boldsymbol{P}^{-1}||\lambda\boldsymbol{E}-\boldsymbol{A}||\boldsymbol{P}|\\&=|\lambda\boldsymbol{E}-\boldsymbol{A}|,\end{aligned}$$

故 $\boldsymbol{A},\boldsymbol{B}$ 有相同的特征值.

【评注】 (1) 证明两个矩阵有相同的特征值，只要证明它们有相同的特征方程即可. 当然也可以用定义求，如(2)，因 $\boldsymbol{P}^{-1}\boldsymbol{A}\boldsymbol{P}=\boldsymbol{B}$，设 $\boldsymbol{B}\boldsymbol{\alpha}=\lambda_0\boldsymbol{\alpha}$，则有 $\boldsymbol{P}^{-1}\boldsymbol{A}\boldsymbol{P}\boldsymbol{\alpha}=\lambda_0\boldsymbol{\alpha}$，$\boldsymbol{A}(\boldsymbol{P}\boldsymbol{\alpha})=\lambda_0(\boldsymbol{P}\boldsymbol{\alpha})$，$\boldsymbol{P}$ 可逆，$\boldsymbol{\alpha}\neq\boldsymbol{0}$，故 $\boldsymbol{P}\boldsymbol{\alpha}\neq\boldsymbol{0}$，知 $\boldsymbol{A}$ 也有特征值 λ_0（特征向量为 $\boldsymbol{P}\boldsymbol{\alpha}$）.

(2) $\boldsymbol{A}\sim\boldsymbol{B}$ 的必要条件是 $\boldsymbol{A},\boldsymbol{B}$ 有相同的特征值，反之不成立. 即 $\boldsymbol{A},\boldsymbol{B}$ 有相同的特征值，$\boldsymbol{A},\boldsymbol{B}$ 不一定相似.

例如，$\boldsymbol{A}=\begin{bmatrix}0&0\\0&0\end{bmatrix}$，$\boldsymbol{B}=\begin{bmatrix}0&1\\0&0\end{bmatrix}$，$\boldsymbol{A},\boldsymbol{B}$ 有相同的二重特征值 $\lambda=0$，但 $\boldsymbol{A},\boldsymbol{B}$ 不相似，因对任何可逆矩阵 $\boldsymbol{P}$，均有 $\boldsymbol{P}^{-1}\boldsymbol{A}\boldsymbol{P}=\boldsymbol{O}\neq\boldsymbol{B}$.

举反例应举有重特征值的例子. 若 $\boldsymbol{A},\boldsymbol{B}$ 有相同的且均单根的特征值，则必有 $\boldsymbol{A}\sim\boldsymbol{B}$.

【例 7】 设 $\boldsymbol{A},\boldsymbol{B}$ 是 n 阶矩阵，

(1) $\boldsymbol{A},\boldsymbol{B}$ 均是对称阵，证明：$\boldsymbol{AB}$ 和 $\boldsymbol{BA}$ 有相同的特征值；

(2) $\boldsymbol{A}$ 是可逆矩阵（或 $\boldsymbol{B}$ 是可逆矩阵），证明：$\boldsymbol{AB}$ 和 $\boldsymbol{BA}$ 有相同的特征值；

(3) $\boldsymbol{A},\boldsymbol{B}$ 均是 n 阶矩阵，证明：$\boldsymbol{AB},\boldsymbol{BA}$ 有相同的特征值.

证明 (1)【方法一】 由题设 $\boldsymbol{A}^{\mathrm{T}}=\boldsymbol{A},\boldsymbol{B}^{\mathrm{T}}=\boldsymbol{B}$，故 $(\boldsymbol{AB})^{\mathrm{T}}=\boldsymbol{B}^{\mathrm{T}}\boldsymbol{A}^{\mathrm{T}}=\boldsymbol{BA}$. 故由上题知 $\boldsymbol{AB}$ 和 $(\boldsymbol{AB})^{\mathrm{T}}=\boldsymbol{BA}$ 有相同的特征值.

【方法二】 因 $\boldsymbol{A}^{\mathrm{T}}=\boldsymbol{A},\boldsymbol{B}^{\mathrm{T}}=\boldsymbol{B}$，故有

$$\begin{aligned}|\lambda\boldsymbol{E}-\boldsymbol{AB}|&=|(\lambda\boldsymbol{E}-\boldsymbol{AB})^{\mathrm{T}}|=|\lambda\boldsymbol{E}-(\boldsymbol{AB})^{\mathrm{T}}|\\&=|\lambda\boldsymbol{E}-\boldsymbol{B}^{\mathrm{T}}\boldsymbol{A}^{\mathrm{T}}|=|\lambda\boldsymbol{E}-\boldsymbol{BA}|.\end{aligned}$$

从而知，$\boldsymbol{AB}$ 和 $\boldsymbol{BA}$ 的特征方程一样，故 $\boldsymbol{AB}$ 和 $\boldsymbol{BA}$ 有相同的特征值.

(2)【方法一】 由题设条件，$\boldsymbol{A}$ 可逆，故有

$$\boldsymbol{A}^{-1}(\boldsymbol{AB})\boldsymbol{A}=(\boldsymbol{A}^{-1}\boldsymbol{A})\boldsymbol{BA}=\boldsymbol{BA},$$

故 $\boldsymbol{AB}\sim\boldsymbol{BA}$. 由上题知，相似矩阵有相同的特征值，得证 $\boldsymbol{AB}$ 和 $\boldsymbol{BA}$ 有相同的特征值.

【方法二】 因 $|A^{-1}||\lambda E-AB||A|=|A^{-1}(\lambda E-AB)A|=|\lambda E-BA|$，
A 可逆，$|A|\neq 0$，且 $|A^{-1}|=|A|^{-1}$，故 $|\lambda E-BA|=|\lambda E-AB|$，
AB 和 BA 有相同的特征值.

(3) 用定义：设 $AB\alpha=\lambda_0\alpha$，其中 $\alpha\neq 0$. 两边左乘 B，得

$$BA(B\alpha)=\lambda_0(B\alpha).$$

若 $B\alpha\neq 0$，则 λ_0 也是 BA 的特征值，对应的特征向量为 $B\alpha$.

若 $B\alpha=0$，则有 $AB\alpha=\lambda_0\alpha=A(B\alpha)$，知 $\lambda_0\alpha=0$，$\alpha\neq 0$，得 $\lambda_0=0$.

$\lambda_0=0$ 是 AB 的特征值，因 $|AB|=|BA|=0$，故 $\lambda_0=0$ 也是 BA 的特征值.

从而得出 AB 和 BA 有相同的特征值.

三、关于特征向量

【例 8】 设 n 阶矩阵 A 有特征值 λ_0，对应的特征向量为 α.

(1) 证明：α 也是 A^2 的对应于 λ_0^2 的特征向量.

(2) 反之，A^2 有特征向量 α，问 A 是否必有特征向量 α？

(3) 设 A 是 n 阶可逆矩阵，满足 $A^3\alpha=\lambda\alpha$，$A^5\alpha=\mu\alpha$，证明：α 也是 A 的特征向量.

证明 (1) 由题设 $A\alpha=\lambda_0\alpha$. 两边左乘 A，得 $A^2\alpha=\lambda_0A\alpha=\lambda_0^2\alpha$，故 α 是 A^2 的对应于 λ_0^2 的特征向量.

(2) 反之不成立. 例如，$A=\begin{bmatrix}0&1\\0&0\end{bmatrix}$，$A^2=\begin{bmatrix}0&0\\0&0\end{bmatrix}$，$A^2$ 有特征值 $\lambda=0$，对应的特征向量为 $\alpha_1=\begin{bmatrix}1\\0\end{bmatrix}$，$\alpha_2=\begin{bmatrix}0\\1\end{bmatrix}$，但 α_2 不是 A 的特征向量，因为对于任何 λ，

$$A\alpha_2=\begin{bmatrix}0&1\\0&0\end{bmatrix}\begin{bmatrix}0\\1\end{bmatrix}=\begin{bmatrix}1\\0\end{bmatrix}\neq\lambda\begin{bmatrix}0\\1\end{bmatrix}=\lambda\alpha_2.$$

(3) 若 $A^3\alpha=\lambda\alpha$，则由 (1) 知，$A^6\alpha=\lambda^2\alpha=AA^5\alpha$. 代入 $A^5\alpha=\mu\alpha$，得 $A\mu\alpha=\lambda^2\alpha$. 因 A 可逆，A^5 可逆，$\mu\neq 0$，故 $A\alpha=\dfrac{\lambda^2}{\mu}\alpha$. 从而知 α 是 A 的对应于特征值 $\dfrac{\lambda^2}{\mu}$ 的特征向量.

【例 9】 (1) 设 λ_1,λ_2 是 A 的两个不同的特征值，α 是对应于 λ_1 的特征向量，证明：α 不是 λ_2 的特征向量(即一个特征向量不能属于两个不同的特征值).

(2) 设 α_1,α_2 是 A 的分别对应于不同特征值 λ_1,λ_2 的特征向量，证明：$\alpha_1+\alpha_2$ 不是 A 的特征向量.

解 (1) 用反证法

若 α 也是 A 的对应于 λ_2 的特征向量，则有 $A\alpha=\lambda_2\alpha$，由题设知 $A\alpha=\lambda_1\alpha$. 即得 $\lambda_1\alpha=\lambda_2\alpha$. 即 $(\lambda_1-\lambda_2)\alpha=0$. 由于 $\alpha\neq 0$，故 $\lambda_1=\lambda_2$，这和已知 $\lambda_1\neq\lambda_2$ 矛盾，故一个特征向量不能属于两个不同的特征值.

(2) 用反证法

假设 $\alpha_1+\alpha_2$ 是 A 的特征向量，设其对应的特征值是 μ，则有

$$A(\alpha_1+\alpha_2)=\mu(\alpha_1+\alpha_2),$$

而由题设知

$$A\alpha_1=\lambda_1\alpha_1,\quad A\alpha_2=\lambda_2\alpha_2,$$

故

$$A(\alpha_1+\alpha_2)=A\alpha_1+A\alpha_2=\lambda_1\alpha_1+\lambda_2\alpha_2=\mu\alpha_1+\mu\alpha_2,$$

从而有

$$(\lambda_1-\mu)\alpha_1+(\lambda_2-\mu)\alpha_2=0.$$

因不同特征值对应的特征向量线性无关，故有$\lambda_1=\mu=\lambda_2$，这与$\lambda_1\neq\lambda_2$矛盾，故不同特征值对应的特征向量之和不再是$\boldsymbol{A}$的特征向量.

四、矩阵是否相似于对角矩阵的判别

【例 10】　下列矩阵中不能相似对角化的矩阵是

(A) $\begin{bmatrix}1&1&1\\1&1&1\\1&1&1\end{bmatrix}$.　(B) $\begin{bmatrix}1&0&0\\2&2&0\\3&3&3\end{bmatrix}$.　(C) $\begin{bmatrix}1&0&0\\2&1&0\\3&3&3\end{bmatrix}$.　(D) $\begin{bmatrix}1&0&2\\0&1&2\\0&0&3\end{bmatrix}$.

分析　(A) 对称矩阵必可相似对角化.

(B) 矩阵有 3 个不同的特征值必可相似对角化.

(C) 矩阵的特征值 1,1,3 有重根.

而
$$r(\boldsymbol{E}-\boldsymbol{A})=r\begin{bmatrix}0&0&0\\-2&0&0\\-3&-3&-2\end{bmatrix}=2,$$
$$n-r(\boldsymbol{E}-\boldsymbol{A})=3-2=1,$$

齐次方程组$(\boldsymbol{E}-\boldsymbol{A})\boldsymbol{x}=\boldsymbol{0}$只有1个线性无关的解，即$\lambda=1$只有一个线性无关的特征向量，故不能对角化，应选(C).

至于(D)，特征值 1,1,3 有重根.

而
$$r(\boldsymbol{E}-\boldsymbol{A})=r\begin{bmatrix}0&0&-2\\0&0&-2\\0&0&-2\end{bmatrix}=1,$$

齐次方程组$(\boldsymbol{E}-\boldsymbol{A})\boldsymbol{x}=\boldsymbol{0}$有两个线性无关的解，即$\lambda=1$有两个线性无关的特征向量，故必可对角化.

【例 11】　已知$\boldsymbol{A}=\begin{bmatrix}2&-1&5\\4&-3&a\\0&0&-2\end{bmatrix}$和对角矩阵相似，求$a$和可逆矩阵$\boldsymbol{P}$使$\boldsymbol{P}^{-1}\boldsymbol{A}\boldsymbol{P}=\boldsymbol{\Lambda}$.

解　由特征多项式
$$|\lambda\boldsymbol{E}-\boldsymbol{A}|=\begin{vmatrix}\lambda-2&1&-5\\-4&\lambda+3&-a\\0&0&\lambda+2\end{vmatrix}=(\lambda+2)\begin{vmatrix}\lambda-2&1\\-4&\lambda+3\end{vmatrix}=(\lambda-1)(\lambda+2)^2$$

得$\boldsymbol{A}$的特征值：$1,-2,-2$.

因$\boldsymbol{A}\sim\boldsymbol{\Lambda}\Leftrightarrow\lambda=-2$有两个线性无关的特征向量

$\Leftrightarrow(-2\boldsymbol{E}-\boldsymbol{A})\boldsymbol{x}=\boldsymbol{0}$有两个无关的解

$\Leftrightarrow r(-2\boldsymbol{E}-\boldsymbol{A})=1$.

$$-2\boldsymbol{E}-\boldsymbol{A}=\begin{bmatrix}-4&1&-5\\-4&1&-a\\0&0&0\end{bmatrix}\to\begin{bmatrix}4&-1&5\\0&0&a-5\\0&0&0\end{bmatrix},$$

$\therefore a=5$.

对$\lambda=1$，由$(\boldsymbol{E}-\boldsymbol{A})\boldsymbol{x}=\boldsymbol{0}$，

$$\begin{bmatrix}-1 & 1 & -5\\ -4 & 4 & -5\\ 0 & 0 & 3\end{bmatrix}\to\begin{bmatrix}1 & -1 & 0\\ 0 & 0 & 1\\ 0 & 0 & 0\end{bmatrix},$$

得 $\boldsymbol{\alpha}_1=(1,1,0)^{\mathrm{T}}$.

对 $\lambda=-2$，由 $(-2\boldsymbol{E}-\boldsymbol{A})\boldsymbol{x}=\boldsymbol{0}$，

$$\begin{bmatrix}-4 & 1 & -5\\ -4 & 1 & -5\\ 0 & 0 & 0\end{bmatrix}\to\begin{bmatrix}-4 & 1 & -5\\ 0 & 0 & 0\\ 0 & 0 & 0\end{bmatrix},$$

得 $\boldsymbol{\alpha}_2=(1,4,0)^{\mathrm{T}},\boldsymbol{\alpha}_3=(0,5,1)^{\mathrm{T}}$.

令 $\boldsymbol{P}=(\boldsymbol{\alpha}_1,\boldsymbol{\alpha}_2,\boldsymbol{\alpha}_3)=\begin{bmatrix}1 & 1 & 0\\ 1 & 4 & 5\\ 0 & 0 & 1\end{bmatrix}$，有

$$\boldsymbol{P}^{-1}\boldsymbol{AP}=\boldsymbol{\Lambda}=\begin{bmatrix}1 & & \\ & -2 & \\ & & -2\end{bmatrix}.$$

【例 12】 设 $\boldsymbol{A}=[a_{ij}]_{n\times n}$，$\boldsymbol{A}$ 的每行元素之和为 k，且 $r(\boldsymbol{A})=1$.

(1) 证 $k\neq 0$ 时，$\boldsymbol{A}$ 能相似于对角阵，并求可逆阵 $\boldsymbol{P}$，使得 $\boldsymbol{P}^{-1}\boldsymbol{AP}=\boldsymbol{\Lambda}$.

(2) 问 $k=0$ 时，$\boldsymbol{A}$ 能否相似于对角阵，说明理由.

解题思路 $\boldsymbol{A}\sim\boldsymbol{\Lambda}\Leftrightarrow\boldsymbol{A}$ 有 n 个线性无关特征向量，应判别 k 为何值时，$\boldsymbol{A}$ 有 n 个线性无关特征向量；k 为何值时，$\boldsymbol{A}$ 没有 n 个线性无关特征向量即可.

解 因 $r(\boldsymbol{A})=1<n$，齐次线性方程组 $\boldsymbol{Ax}=\boldsymbol{0}$ 有 $n-1$ 个线性无关解向量组成基础解系，设为 $\boldsymbol{\alpha}_1,\boldsymbol{\alpha}_2,\cdots,\boldsymbol{\alpha}_{n-1}$，它们即是 $\boldsymbol{A}$ 的对应于特征值 $\lambda=0$ 的 $n-1$ 个线性无关的特征向量.

又 $\boldsymbol{A}$ 的每行元素之和为 k，故有

$$\begin{bmatrix}a_{11} & a_{12} & \cdots & a_{1n}\\ a_{21} & a_{22} & \cdots & a_{2n}\\ \vdots & \vdots & & \vdots\\ a_{n1} & a_{n2} & \cdots & a_{nn}\end{bmatrix}\begin{bmatrix}1\\ 1\\ \vdots\\ 1\end{bmatrix}=\begin{bmatrix}k\\ k\\ \vdots\\ k\end{bmatrix}=k\begin{bmatrix}1\\ 1\\ \vdots\\ 1\end{bmatrix}$$

由定义知，k 是 $\boldsymbol{A}$ 的特征值，$\boldsymbol{\alpha}_n=(1,1,\cdots,1)^{\mathrm{T}}$ 是对应于 $\lambda=k$ 的特征向量.

(1) 当 $k\neq 0$ 时，$\boldsymbol{\alpha}_n$ 和 $\boldsymbol{\alpha}_1,\boldsymbol{\alpha}_2,\cdots,\boldsymbol{\alpha}_{n-1}$ 是属于不同特征值对应的特征向量，$\boldsymbol{\alpha}_1,\boldsymbol{\alpha}_2,\cdots,\boldsymbol{\alpha}_{n-1},\boldsymbol{\alpha}_n$ 线性无关，故存在可逆阵 $\boldsymbol{P}=[\boldsymbol{\alpha}_1,\boldsymbol{\alpha}_2,\cdots,\boldsymbol{\alpha}_{n-1},\boldsymbol{\alpha}_n]$，使得

$$\boldsymbol{P}^{-1}\boldsymbol{AP}=\begin{bmatrix}0 & 0 & \cdots & 0\\ 0 & 0 & \cdots & 0\\ \vdots & \vdots & & \vdots\\ 0 & 0 & \cdots & k\end{bmatrix}=\boldsymbol{\Lambda}.$$

(2) 当 $k=0$ 时，$\boldsymbol{A}$ 可能相似于对角阵，也可能不相似于对角阵.

例如 $\boldsymbol{A}=\begin{bmatrix}1 & -2 & 1\\ 1 & -2 & 1\\ 1 & -2 & 1\end{bmatrix}$，满足题设条件 $r(\boldsymbol{A})=1$，且 $\sum\limits_{j=1}^{3}a_{ij}=0(i=1,2,3)$. 显然 $\boldsymbol{\alpha}_1=(2,1,0)^{\mathrm{T}},\boldsymbol{\alpha}_2=(-1,0,1)^{\mathrm{T}}$ 是 $\boldsymbol{A}$ 的对应 $\lambda=0$ 的两个线性无关特征向量（$\boldsymbol{Ax}=\boldsymbol{0}$ 的基础解系），

$\lambda=0$ 至少是二重特征值. 又因

$$\sum_{i=1}^{3}a_{ii}=\sum_{i=1}^{3}\lambda_i=0,\text{可得 }\lambda_1+\lambda_2+\lambda_3=0,\text{即 }\lambda_3=0.$$

故 $\lambda=0$ 是 $\boldsymbol{A}$ 的三重特征值,线性无关特征向量只有两个. 故 $\boldsymbol{A}$ 不相似对角阵.

又如 $\boldsymbol{B}=\begin{bmatrix}1&-2&1\\1&-2&1\\2&-4&2\end{bmatrix}$,满足题设条件 $r(\boldsymbol{B})=1,\sum_{j=1}^{3}b_{ij}=0(i=1,2,3)$.

同样,$\boldsymbol{\alpha}_1=(2,1,0)^{\mathrm{T}},\boldsymbol{\alpha}_2=(-1,0,1)^{\mathrm{T}}$ 是 $\boldsymbol{B}$ 的对应 $\lambda=0$ 的两个线性无关特征向量,又

$$\sum_{i=1}^{3}a_{ii}=\sum_{i=1}^{3}\lambda_i=1,$$

可得 $\lambda_3=1$,由 $(\lambda\boldsymbol{E}-\boldsymbol{B})\boldsymbol{x}=\boldsymbol{0}$ 即

$$\begin{bmatrix}0&2&-1\\-1&3&-1\\-2&4&-1\end{bmatrix}\begin{bmatrix}x_1\\x_2\\x_3\end{bmatrix}=\boldsymbol{0},$$

解得 $\boldsymbol{\alpha}_3=(1,1,2)^{\mathrm{T}}$,故有 $\boldsymbol{P}=[\boldsymbol{\alpha}_1,\boldsymbol{\alpha}_2,\boldsymbol{\alpha}_3]$,使 $\boldsymbol{P}^{-1}\boldsymbol{BP}=\begin{bmatrix}0&0&0\\0&0&0\\0&0&1\end{bmatrix}$,所以 $\boldsymbol{B}$ 能相似于对角阵.

【评注】 判别 n 阶矩阵 $\boldsymbol{A}$ 是否相似于对角阵的步骤如下:

(1) 看 $\boldsymbol{A}$ 是否是实对称阵,实对称阵必相似于对角阵.

(2) $\boldsymbol{A}$ 不是实对称阵时,看 $\boldsymbol{A}$ 是否有 n 个互不相同的特征值,若有 n 个互不相同的特征值,则 $\boldsymbol{A}$ 相似于对角阵.

(3) 若 $\boldsymbol{A}$ 有 $r(r\geqslant 2)$ 重根的特征值,对应有 r 个线性无关特征向量,则 $\boldsymbol{A}$ 相似于对角阵,否则 $\boldsymbol{A}$ 不能相似于对角阵.

五、利用特征值、特征向量及相似矩阵确定参数

【例 13】 设 $\boldsymbol{A}=\begin{bmatrix}2&1&1\\1&2&1\\1&1&2\end{bmatrix}$,已知 $\boldsymbol{\alpha}=(1,k,1)^{\mathrm{T}}$ 是 $\boldsymbol{A}^{-1}$ 的特征向量,求 k 及 $\boldsymbol{A}^{-1}$ 的特征向量 $\boldsymbol{\alpha}$ 所对应的特征值.

解 $\boldsymbol{\alpha}$ 是 $\boldsymbol{A}^{-1}$ 的特征向量,也是 $\boldsymbol{A}$ 的特征向量. 设 $\boldsymbol{A}$ 与之对应的特征值为 μ,则有

$$\begin{bmatrix}2&1&1\\1&2&1\\1&1&2\end{bmatrix}\begin{bmatrix}1\\k\\1\end{bmatrix}=\mu\begin{bmatrix}1\\k\\1\end{bmatrix},$$

对应分量相等,得

$$\begin{cases}3+k=\mu, & (5-6)\\2+2k=k\mu, & (5-7)\\3+k=\mu, & (5-8)\end{cases}$$

将式(5-6)代入式(5-7)得 $2+2k=k(3+k),k^2+k-2=0$,得 $k=1$ 或 $k=-2$.

当 $k=1$ 时,$\boldsymbol{\alpha}=(1,1,1)^{\mathrm{T}},\mu=4$,则 $\boldsymbol{A}^{-1}$ 的特征向量 $\boldsymbol{\alpha}$ 所对应的特征值为 $\lambda=\dfrac{1}{\mu}=\dfrac{1}{4}$.

当 $k=-2$ 时,$\boldsymbol{\alpha}=(1,-2,1)^{\mathrm{T}},\mu=1$,则 $\boldsymbol{A}^{-1}$ 的特征向量 $\boldsymbol{\alpha}$ 所对应的特征值为 $\lambda=\dfrac{1}{\mu}=1$.

【评注】 已知 A^{-1} 的特征向量，因 A,A^{-1} 有相同的特征向量，故不必求出 A^{-1}.

【例 14】 设 $A=\begin{bmatrix}1&-1&1\\2&4&-2\\-3&-3&a\end{bmatrix}$，$B=\begin{bmatrix}2&0&0\\0&2&0\\0&0&b\end{bmatrix}$，且已知 $A\sim B$，求可逆阵 P，使得 $P^{-1}AP=B$.

解题思路 先利用 $A\sim B$ 的必要条件，确定 A,B 中的参数 a,b，再通过求 A 的特征值、特征向量求出可逆阵 P.

解 因 $A\sim B$，故有 $\sum_{i=1}^{3}a_{ii}=\sum_{i=1}^{3}b_{ii}$，及 $|A|=|B|$，即有

$$\begin{cases}\sum_{i=1}^{3}a_{ii}=1+4+a=2+2+b=\sum_{i=1}^{3}b_{ii},\\|A|=6a-6=4b=|B|,\end{cases}$$

解得 $a=5,b=6$，

$A\sim B=\begin{bmatrix}2&0&0\\0&2&0\\0&0&6\end{bmatrix}$，知 A 有特征值 $\lambda_1=\lambda_2=2,\lambda_3=6$.

当 $\lambda_1=\lambda_2=2$ 时，由 $(2E-A)x=\begin{bmatrix}1&1&-1\\-2&-2&2\\3&3&-3\end{bmatrix}\begin{bmatrix}x_1\\x_2\\x_3\end{bmatrix}=\mathbf{0}$，

解得对应线性无关特征向量为 $\alpha_1=(1,-1,0)^T,\alpha_2=(1,0,1)^T$.

当 $\lambda_3=6$ 时，由 $(6E-A)x=\begin{bmatrix}5&1&-1\\-2&2&2\\3&3&1\end{bmatrix}\begin{bmatrix}x_1\\x_2\\x_3\end{bmatrix}=\mathbf{0}$，

解得对应线性无关特征向量为 $\alpha_3=(1,-2,3)^T$.

令 $P=[\alpha_1,\alpha_2,\alpha_3]=\begin{bmatrix}1&1&1\\-1&0&-2\\0&1&3\end{bmatrix}$，则 P 即为所求，且有

$$P^{-1}AP=B.$$

【例 15】 设矩阵 $A=\begin{bmatrix}3&2&-2\\-k&-1&k\\4&2&-3\end{bmatrix}$，问 k 为何值时，存在可逆矩阵 P，使得 $P^{-1}AP$ 为对角阵，并求出 P 和相应的对角阵.

解 A 能相似于对角阵 $\Leftrightarrow A$ 应有三个线性无关的特征向量. 由

$$|\lambda E-A|=\begin{vmatrix}\lambda-3&-2&2\\k&\lambda+1&-k\\-4&-2&\lambda+3\end{vmatrix}=\begin{vmatrix}\lambda-1&-2&2\\0&\lambda+1&-k\\\lambda-1&-2&\lambda+3\end{vmatrix}$$

$$=\begin{vmatrix}\lambda-1 & -2 & 2\\ 0 & \lambda+1 & -k\\ 0 & 0 & \lambda+1\end{vmatrix}=(\lambda-1)(\lambda+1)^2$$

得，$\boldsymbol{A}$ 有特征值 $\lambda_1=\lambda_2=-1,\lambda_3=1$.

$\boldsymbol{A}\sim\boldsymbol{\Lambda}\Leftrightarrow$ 对应特征值 $\lambda_1=\lambda_2=-1$ 应有两个线性无关的特征向量 $\Leftrightarrow$

$$r(-\boldsymbol{E}-\boldsymbol{A})=1.$$

由

$$r(-\boldsymbol{E}-\boldsymbol{A})=r\left(\begin{bmatrix}-4 & -2 & 2\\ k & 0 & -k\\ -4 & -2 & 2\end{bmatrix}\right)=r\left(\begin{bmatrix}-4 & -2 & 2\\ k & 0 & -k\\ 0 & 0 & 0\end{bmatrix}\right)=1$$

知 $k=0$.

当 $\lambda_1=\lambda_2=-1$ 时，有 $(-\boldsymbol{E}-\boldsymbol{A})\boldsymbol{x}=\boldsymbol{0}$，即

$$\begin{bmatrix}-4 & -2 & 2\\ 0 & 0 & 0\\ -4 & -2 & 2\end{bmatrix}\begin{bmatrix}x_1\\ x_2\\ x_3\end{bmatrix}=\begin{bmatrix}0\\ 0\\ 0\end{bmatrix},$$

得线性无关特征向量为 $\boldsymbol{\alpha}_1=(-1,2,0)^{\mathrm{T}},\boldsymbol{\alpha}_2=(0,1,1)^{\mathrm{T}}$.

当 $\lambda_3=1$ 时，有 $(\boldsymbol{E}-\boldsymbol{A})\boldsymbol{x}=\boldsymbol{0}$，即

$$\begin{bmatrix}-2 & -2 & 2\\ 0 & 2 & 0\\ -4 & -2 & 4\end{bmatrix}\begin{bmatrix}x_1\\ x_2\\ x_3\end{bmatrix}=\boldsymbol{0}$$

得 $\boldsymbol{A}$ 的属于 $\lambda_3=1$ 的特征向量为 $\boldsymbol{\alpha}_3=(1,0,1)^{\mathrm{T}}$（只要解前两个方程即可，为什么？）

令 $\boldsymbol{P}=[\boldsymbol{\alpha}_1,\boldsymbol{\alpha}_2,\boldsymbol{\alpha}_3]=\begin{bmatrix}-1 & 0 & 1\\ 2 & 1 & 0\\ 0 & 1 & 1\end{bmatrix}$，有

$$\boldsymbol{P}^{-1}\boldsymbol{A}\boldsymbol{P}=\boldsymbol{\Lambda}=\begin{bmatrix}-1 & & \\ & -1 & \\ & & 1\end{bmatrix}.$$

六、由特征值、特征向量反求 A

【例 16】　设 $\boldsymbol{A}$ 是三阶矩阵，3 个特征值分别是 $\lambda_1=1,\lambda_2=2,\lambda_3=3$，其对应的特征向量分别为 $\boldsymbol{\alpha}_1=(0,0,1)^{\mathrm{T}},\boldsymbol{\alpha}_2=(0,1,1)^{\mathrm{T}},\boldsymbol{\alpha}_3=(1,1,1)^{\mathrm{T}}$，求 $\boldsymbol{A}$.

解题思路　若三阶矩阵 $\boldsymbol{A}$ 有 $\boldsymbol{A}\boldsymbol{\alpha}_1=\lambda_1\boldsymbol{\alpha}_1,\boldsymbol{A}\boldsymbol{\alpha}_2=\lambda_2\boldsymbol{\alpha}_2,\boldsymbol{A}\boldsymbol{\alpha}_3=\lambda_3\boldsymbol{\alpha}_3$，则合并成矩阵形式有 $[\boldsymbol{A}\boldsymbol{\alpha}_1,\boldsymbol{A}\boldsymbol{\alpha}_2,\boldsymbol{A}\boldsymbol{\alpha}_3]=[\lambda_1\boldsymbol{\alpha}_1,\lambda_2\boldsymbol{\alpha}_2,\lambda_3\boldsymbol{\alpha}_3]$，即

$$\boldsymbol{A}[\boldsymbol{\alpha}_1,\boldsymbol{\alpha}_2,\boldsymbol{\alpha}_3]=[\boldsymbol{\alpha}_1,\boldsymbol{\alpha}_2,\boldsymbol{\alpha}_3]\begin{bmatrix}\lambda_1 & & \\ & \lambda_2 & \\ & & \lambda_3\end{bmatrix}.$$

当 $\boldsymbol{\alpha}_1,\boldsymbol{\alpha}_2,\boldsymbol{\alpha}_3$ 线性无关时，记 $[\boldsymbol{\alpha}_1,\boldsymbol{\alpha}_2,\boldsymbol{\alpha}_3]=\boldsymbol{P}$，则 $\boldsymbol{P}$ 可逆，且有 $\boldsymbol{P}^{-1}\boldsymbol{A}\boldsymbol{P}=\boldsymbol{\Lambda}$，（即 $\boldsymbol{A}\sim\boldsymbol{\Lambda}$）及 $\boldsymbol{A}=\boldsymbol{P}\boldsymbol{\Lambda}\boldsymbol{P}^{-1}$（即反求 $\boldsymbol{A}$）.

解 由题设条件知，$\lambda_1 \neq \lambda_2 \neq \lambda_3$，$\boldsymbol{\alpha}_1,\boldsymbol{\alpha}_2,\boldsymbol{\alpha}_3$ 线性无关，则存在可逆阵$\boldsymbol{P}=[\boldsymbol{\alpha}_1,\boldsymbol{\alpha}_2,\boldsymbol{\alpha}_3]$，使得

$$\boldsymbol{P}^{-1}\boldsymbol{AP}=\boldsymbol{\Lambda}=\begin{bmatrix}\lambda_1 & & \\ & \lambda_2 & \\ & & \lambda_3\end{bmatrix},$$

从而有
$$\boldsymbol{A}=\boldsymbol{P\Lambda P}^{-1}=\begin{bmatrix}0&0&1\\0&1&1\\1&1&1\end{bmatrix}\begin{bmatrix}1&&\\&2&\\&&3\end{bmatrix}\begin{bmatrix}0&-1&1\\-1&1&0\\1&0&0\end{bmatrix}=\begin{bmatrix}3&0&0\\1&2&0\\1&1&1\end{bmatrix}.$$

【例 17】 设 $\boldsymbol{A}$ 是三阶实对称矩阵，$\lambda_1=-1$，$\lambda_2=\lambda_3=1$ 是 $\boldsymbol{A}$ 的特征值，对应于 $\lambda_1=-1$ 的特征向量为 $\boldsymbol{\alpha}_1=(0,1,1)^{\mathrm{T}}$，求 $\boldsymbol{A}$.

解题思路 $\boldsymbol{A}$ 是实对称阵，$\boldsymbol{A}$ 必相似于对角阵，对应 $\lambda_2=\lambda_3=1$ 二重特征值，必有两个线性无关特征向量，且必与 $\boldsymbol{\alpha}_1$ 正交，利用在三维空间中任意与 $\boldsymbol{\alpha}_1$ 正交的非零向量均是$\lambda_2=\lambda_3=1$ 的特征向量，求出 $\boldsymbol{\alpha}_2,\boldsymbol{\alpha}_3$，从而求得可逆阵 $\boldsymbol{P}$(或正交阵 $\boldsymbol{Q}$)，最后求出矩阵 $\boldsymbol{A}$.

解【方法一】 利用相似对角阵反求 $\boldsymbol{A}$.

设对应于 $\lambda_2=\lambda_3=1$ 的特征向量为$\boldsymbol{\alpha}=(x_1,x_2,x_3)^{\mathrm{T}}$，$\boldsymbol{\alpha}_1$ 与 $\boldsymbol{\alpha}$ 正交，故 $\boldsymbol{\alpha}$ 应满足

$$\boldsymbol{\alpha}_1^{\mathrm{T}}\boldsymbol{\alpha}=x_2+x_3=0,$$

解得
$$\boldsymbol{\alpha}_2=(1,0,0)^{\mathrm{T}},\quad \boldsymbol{\alpha}_3=(0,1,-1)^{\mathrm{T}},$$

得可逆矩阵 $\boldsymbol{P}=[\boldsymbol{\alpha}_1,\boldsymbol{\alpha}_2,\boldsymbol{\alpha}_3]$，使得

$$\boldsymbol{P}^{-1}\boldsymbol{AP}=\boldsymbol{\Lambda}=\begin{bmatrix}-1&0&0\\0&1&0\\0&0&1\end{bmatrix},$$

其中
$$\boldsymbol{P}=\begin{bmatrix}0&1&0\\1&0&1\\1&0&-1\end{bmatrix},\quad \boldsymbol{P}^{-1}=\frac{1}{2}\begin{bmatrix}0&1&1\\2&0&0\\0&1&-1\end{bmatrix},$$

$$\boldsymbol{A}=\boldsymbol{P\Lambda P}^{-1}=\begin{bmatrix}0&1&0\\1&0&1\\1&0&-1\end{bmatrix}\begin{bmatrix}-1&0&0\\0&1&0\\0&0&1\end{bmatrix}\frac{1}{2}\begin{bmatrix}0&1&1\\2&0&0\\0&1&-1\end{bmatrix}=\begin{bmatrix}1&0&0\\0&0&-1\\0&-1&0\end{bmatrix}.$$

【方法二】 利用正交相似于对角矩阵，反求 $\boldsymbol{A}$.

由方法一解得 $\boldsymbol{\alpha}_2=(1,0,0)^{\mathrm{T}}$，$\boldsymbol{\alpha}_3=(0,1,-1)^{\mathrm{T}}$，因 $\boldsymbol{\alpha}_2,\boldsymbol{\alpha}_3$ 已经正交，$\boldsymbol{\alpha}_2,\boldsymbol{\alpha}_3$ 与 $\boldsymbol{\alpha}_1$ 必正交，只需将 $\boldsymbol{\alpha}_1,\boldsymbol{\alpha}_2,\boldsymbol{\alpha}_3$ 单位化，得 $\boldsymbol{\alpha}_1^{\circ}=\left(0,\frac{1}{\sqrt{2}},\frac{1}{\sqrt{2}}\right)^{\mathrm{T}}$，$\boldsymbol{\alpha}_2^{\circ}=(1,0,0)^{\mathrm{T}}$，$\boldsymbol{\alpha}_3^{\circ}=\left(0,\frac{1}{\sqrt{2}},\frac{-1}{\sqrt{2}}\right)^{\mathrm{T}}$，即可合并成正交阵

$$\boldsymbol{Q}=[\boldsymbol{\alpha}_1^{\circ},\boldsymbol{\alpha}_2^{\circ},\boldsymbol{\alpha}_3^{\circ}]=\begin{bmatrix}0&1&0\\\frac{1}{\sqrt{2}}&0&\frac{1}{\sqrt{2}}\\\frac{1}{\sqrt{2}}&0&-\frac{1}{\sqrt{2}}\end{bmatrix}=\frac{1}{\sqrt{2}}\begin{bmatrix}0&\sqrt{2}&0\\1&0&1\\1&0&-1\end{bmatrix},$$

且有
$$\boldsymbol{Q}^{-1}\boldsymbol{AQ}=\boldsymbol{Q}^{\mathrm{T}}\boldsymbol{AQ}=\boldsymbol{\Lambda},$$

$$A=Q\Lambda Q^{\mathrm{T}}=\frac{1}{\sqrt{2}}\begin{bmatrix}0&\sqrt{2}&0\\1&0&1\\1&0&-1\end{bmatrix}\begin{bmatrix}-1&0&0\\0&1&0\\0&0&1\end{bmatrix}\frac{1}{\sqrt{2}}\begin{bmatrix}0&1&1\\\sqrt{2}&0&0\\0&1&-1\end{bmatrix}=\begin{bmatrix}1&0&0\\0&0&-1\\0&-1&0\end{bmatrix}.$$

【评注】 (1) 实对称矩阵，不同特征值对应的特征向量相互正交，从而反求 A 时，不必给出全部特征向量，这里实对称的条件是重要的.

(2) 方法二中用正交相似于 Λ 来反求 A，由于正交矩阵 Q 满足 $Q^{\mathrm{T}}=Q^{-1}$，用转置来实现求逆，减少了求逆计算工作量，是方便的.

七、矩阵相似及相似标准形

1. 矩阵的相似标准形

【例 18】 已知 $A=\begin{bmatrix}2&-1&2\\5&-3&3\\-1&1&-1\end{bmatrix}$，$B=(E+A^*)^2$，求可逆矩阵 W，使得 $W^{-1}BW=\Lambda$，其中 Λ 是对角矩阵.

解 由 $|\lambda E-A|=\begin{vmatrix}\lambda-2&1&-2\\-5&\lambda+3&-3\\1&-1&\lambda+1\end{vmatrix}=\begin{vmatrix}\lambda-2&1&-2\\-5&\lambda+3&-3\\\lambda-1&0&\lambda-1\end{vmatrix}$

$$=\begin{vmatrix}\lambda&1&-2\\-2&\lambda+3&-3\\0&0&\lambda-1\end{vmatrix}=(\lambda-1)(\lambda^2+3\lambda+2)$$

$$=(\lambda-1)(\lambda+1)(\lambda+2)$$

得 A 的特征值为 $\lambda_1=1,\lambda_2=-1,\lambda_3=-2$.

由 $(\lambda_1E-A)x=\begin{bmatrix}-1&1&-2\\-5&4&-3\\1&-1&2\end{bmatrix}\begin{bmatrix}x_1\\x_2\\x_3\end{bmatrix}=\mathbf{0}$，解得 $\boldsymbol{\alpha}_1=(5,7,1)^{\mathrm{T}}$；

由 $(\lambda_2E-A)x=\begin{bmatrix}-3&1&-2\\-5&2&-3\\1&-1&0\end{bmatrix}\begin{bmatrix}x_1\\x_2\\x_3\end{bmatrix}=\mathbf{0}$，解得 $\boldsymbol{\alpha}_2=(1,1,-1)^{\mathrm{T}}$；

由 $(\lambda_3E-A)x=\begin{bmatrix}-4&1&-2\\-5&1&-3\\1&-1&-1\end{bmatrix}\begin{bmatrix}x_1\\x_2\\x_3\end{bmatrix}=\mathbf{0}$，解得 $\boldsymbol{\alpha}_3=(1,2,-1)^{\mathrm{T}}$.

且 A^* 有特征值 $2,-2,-1$.

$E+A^*$ 有特征值 $3,-1,0$.

$(E+A^*)^2$ 有特征值 $9,1,0$.

又 A 和 $B=(E+A^*)^2$ 有相同的特征向量，故 $(E+A^*)^2$ 对应的特征向量，依次是 $\boldsymbol{\alpha}_1,\boldsymbol{\alpha}_2,\boldsymbol{\alpha}_3$，取 $W=P$，则 $W=P=[\boldsymbol{\alpha}_1,\boldsymbol{\alpha}_2,\boldsymbol{\alpha}_3]=\begin{bmatrix}5&1&1\\7&1&2\\1&-1&-1\end{bmatrix}$，使得

$$W^{-1}BW=P^{-1}BP=P^{-1}(E+A^*)^2P=\Lambda=\begin{bmatrix}9&&\\&1&\\&&0\end{bmatrix}.$$

2. 实对称矩阵的正交相似对角矩阵

【例 19】 已知 $A=\begin{bmatrix}1 & b & 0\\ b & 0 & -1\\ 0 & -1 & a\end{bmatrix}$ 和 $B=\begin{bmatrix}a+1 & 0 & 0\\ 0 & 1 & 2\\ 0 & 0 & a-1\end{bmatrix}$ 相似.

(1) 求 a,b 的值；

(2) 求正交矩阵 Q 使 $Q^{-1}AQ=\Lambda$.

解 (1) 因 $A\sim B$, $\sum a_{ii}=\sum b_{ii}$,

$$a+1=2a+1,$$

所以 $a=0$.

由 B 的特征值 1,1,−1.

有 $$|E-A|=\begin{vmatrix}0 & -b & 0\\ -b & 1 & 1\\ 0 & 1 & 1\end{vmatrix}=-b^2=0,$$

所以 $b=0$.

(2) 对 $\lambda=1$,由 $(E-A)x=0$,

$$E-A=\begin{bmatrix}0 & 0 & 0\\ 0 & 1 & 1\\ 0 & 1 & 1\end{bmatrix}\to\begin{bmatrix}0 & 1 & 1\\ 0 & 0 & 0\\ 0 & 0 & 0\end{bmatrix}$$

得基础解系 $\alpha_1=(1,0,0)^{\mathrm T}$, $\alpha_2=(0,-1,1)^{\mathrm T}$.

对 $\lambda=-1$,由 $(-E-A)x=0$,

$$-E-A=\begin{bmatrix}-2 & 0 & 0\\ 0 & -1 & 1\\ 0 & 1 & -1\end{bmatrix}\to\begin{bmatrix}1 & 0 & 0\\ 0 & 1 & -1\\ 0 & 0 & 0\end{bmatrix}$$

得基础解系 $\alpha_3=(0,1,1)^{\mathrm T}$.

特征向量已相互正交,单位化得

$$\gamma_1=(1,0,0)^{\mathrm T},\gamma_2=\frac{1}{\sqrt{2}}(0,-1,1)^{\mathrm T},\gamma_3=\frac{1}{\sqrt{2}}(0,1,1)^{\mathrm T}.$$

令 $$Q=(\gamma_1,\gamma_2,\gamma_3)=\begin{bmatrix}1 & 0 & 0\\ 0 & -\frac{1}{\sqrt{2}} & \frac{1}{\sqrt{2}}\\ 0 & \frac{1}{\sqrt{2}} & \frac{1}{\sqrt{2}}\end{bmatrix},$$

则 $$Q^{-1}AQ=\Lambda=\begin{bmatrix}1 & & \\ & 1 & \\ & & -1\end{bmatrix}.$$

八、相似对角矩阵的应用

【例 20】 已知 $A\sim B$,其中 $B=\begin{bmatrix}0 & 1 & 1\\ 2 & -2 & 3\\ 4 & 1 & 8\end{bmatrix}$,则 $|A+E|=$ ________.

分析 因 $A \sim B$，有 $A+E \sim B+E$，于是

$$|A+E| = |B+E| = \begin{vmatrix} 1 & 1 & 1 \\ 2 & -1 & 3 \\ 4 & 1 & 9 \end{vmatrix}$$
$$= (-1-2)(3-2)(3-(-1)) = -12.$$

【例21】 已知 A 是二阶矩阵，$\boldsymbol{\alpha}_1,\boldsymbol{\alpha}_2$ 是二维线性无关的列向量，且 $A\boldsymbol{\alpha}_1 = 2\boldsymbol{\alpha}_1 + 4\boldsymbol{\alpha}_2, A\boldsymbol{\alpha}_2 = 5\boldsymbol{\alpha}_1 + 3\boldsymbol{\alpha}_2$. 求 A 的特征值、特征向量.

解 由 $A\boldsymbol{\alpha}_1 = 2\boldsymbol{\alpha}_1 + 4\boldsymbol{\alpha}_2, A\boldsymbol{\alpha}_2 = 5\boldsymbol{\alpha}_1 + 3\boldsymbol{\alpha}_2$ 有

$$A(\boldsymbol{\alpha}_1,\boldsymbol{\alpha}_2) = (2\boldsymbol{\alpha}_1 + 4\boldsymbol{\alpha}_2, 5\boldsymbol{\alpha}_1 + 3\boldsymbol{\alpha}_2) = (\boldsymbol{\alpha}_1,\boldsymbol{\alpha}_2)\begin{bmatrix} 2 & 5 \\ 4 & 3 \end{bmatrix}.$$

记 $P = (\boldsymbol{\alpha}_1,\boldsymbol{\alpha}_2)$. 由 $\boldsymbol{\alpha}_1,\boldsymbol{\alpha}_2$ 线性无关可知 P 为可逆矩阵，

$$AP = PB, B = \begin{bmatrix} 2 & 5 \\ 4 & 3 \end{bmatrix},$$

即 $P^{-1}AP = B$.

如 $B\boldsymbol{\beta} = \lambda\boldsymbol{\beta}$，则 $P^{-1}AP\boldsymbol{\beta} = B\boldsymbol{\beta} = \lambda\boldsymbol{\beta}$，于是 $A(P\boldsymbol{\beta}) = \lambda(P\boldsymbol{\beta})$.

对 B，$|\lambda E - B| = \begin{vmatrix} \lambda-2 & -5 \\ -4 & \lambda-3 \end{vmatrix} = \lambda^2 - 5\lambda - 14 = (\lambda-7)(\lambda+2)$，

B 的特征值：$7, -2$.

由 $7E - B = \begin{bmatrix} 5 & -5 \\ -4 & 4 \end{bmatrix} \to \begin{bmatrix} 1 & -1 \\ 0 & 0 \end{bmatrix}$，

解出 $\boldsymbol{\beta}_1 = (1,1)^{\mathrm{T}}$.

于是 A 关于 $\lambda = 7$ 的特征向量为

$$P\boldsymbol{\beta}_1 = (\boldsymbol{\alpha}_1,\boldsymbol{\alpha}_2)\begin{bmatrix} 1 \\ 1 \end{bmatrix} = \boldsymbol{\alpha}_1 + \boldsymbol{\alpha}_2.$$

由于 $-2E - B = \begin{bmatrix} -4 & -5 \\ -4 & -5 \end{bmatrix} \to \begin{bmatrix} 4 & 5 \\ 0 & 0 \end{bmatrix}$.

解出 $\boldsymbol{\beta}_2 = (5,-4)^{\mathrm{T}}$.

于是 A 关于 $\lambda = -2$ 的特征向量为

$$P\boldsymbol{\beta}_2 = (\boldsymbol{\alpha}_1,\boldsymbol{\alpha}_2)\begin{bmatrix} 5 \\ -4 \end{bmatrix} = 5\boldsymbol{\alpha}_1 - 4\boldsymbol{\alpha}_2,$$

从而 A 的特征值：$7, -2$.

$\lambda = 7$ 的特征向量为 $k_1(\boldsymbol{\alpha}_1 + \boldsymbol{\alpha}_2), k_1 \neq 0$，

$\lambda = -2$ 的特征向量为 $k_2(5\boldsymbol{\alpha}_1 - 4\boldsymbol{\alpha}_2), k_2 \neq 0$.

【例22】 已知 $A = \begin{bmatrix} 1 & 0 & 2 \\ 0 & 3 & 0 \\ 2 & 0 & 1 \end{bmatrix}$ 和 $\boldsymbol{\beta} = \begin{bmatrix} -1 \\ 3 \\ 3 \end{bmatrix}$.

(1) 求 A 的特征值，求可逆矩阵 P 使 $P^{-1}AP = \Lambda$.

(2) 求 A^n 和 $A^{100}\boldsymbol{\beta}$.

解 (1) 由特征多项式

$$|\lambda E-A|=\begin{vmatrix}\lambda-1 & 0 & -2\\ 0 & \lambda-3 & 0\\ -2 & 0 & \lambda-1\end{vmatrix}=(\lambda+1)(\lambda-3)^2.$$

$\boldsymbol{A}$ 的特征值：$3,3,-1$.

对 $\lambda=3$，由 $(3\boldsymbol{E}-\boldsymbol{A})\boldsymbol{x}=\boldsymbol{0}$，
求出基础解系为 $\boldsymbol{\alpha}_1=(1,0,1)^{\mathrm{T}},\boldsymbol{\alpha}_2=(0,1,0)^{\mathrm{T}}$.

对 $\lambda=-1$，由 $(-\boldsymbol{E}-\boldsymbol{A})\boldsymbol{x}=\boldsymbol{0}$，
求出基础解系为 $\boldsymbol{\alpha}_3=(-1,0,1)^{\mathrm{T}}$.

令 $\boldsymbol{P}=[\boldsymbol{\alpha}_1,\boldsymbol{\alpha}_2,\boldsymbol{\alpha}_3]=\begin{bmatrix}1 & 0 & -1\\ 0 & 1 & 0\\ 1 & 0 & 1\end{bmatrix}$，

得 $\boldsymbol{P}^{-1}\boldsymbol{A}\boldsymbol{P}=\boldsymbol{\Lambda}=\begin{bmatrix}3 & & \\ & 3 & \\ & & -1\end{bmatrix}$.

(2) 由 $\boldsymbol{P}^{-1}\boldsymbol{A}\boldsymbol{P}=\boldsymbol{\Lambda}$ 得 $\boldsymbol{P}^{-1}\boldsymbol{A}^n\boldsymbol{P}=\boldsymbol{\Lambda}^n$，

$$\begin{aligned}\boldsymbol{A}^n&=\boldsymbol{P}\boldsymbol{\Lambda}^n\boldsymbol{P}^{-1}\\&=\begin{bmatrix}1 & 0 & -1\\ 0 & 1 & 0\\ 1 & 0 & 1\end{bmatrix}\begin{bmatrix}3^n & & \\ & 3^n & \\ & & (-1)^n\end{bmatrix}\frac{1}{2}\begin{bmatrix}1 & 0 & 1\\ 0 & 2 & 0\\ -1 & 0 & 1\end{bmatrix}\\&=\frac{1}{2}\begin{bmatrix}3^n+(-1)^{n+2} & 0 & 3^n+(-1)^{n+1}\\ 0 & 2\cdot3^n & 0\\ 3^n+(-1)^{n+1} & 0 & 3^n+(-1)^n\end{bmatrix}.\end{aligned}$$

$$\boldsymbol{A}^{100}\boldsymbol{\beta}=\frac{1}{2}\begin{bmatrix}3^{100}+1 & 0 & 3^{100}-1\\ 0 & 2\cdot3^{100} & 0\\ 3^{100}-1 & 0 & 3^{100}+1\end{bmatrix}\begin{bmatrix}-1\\ 3\\ 3\end{bmatrix}=\begin{bmatrix}3^{100}-2\\ 3^{101}\\ 3^{100}+2\end{bmatrix}.$$

【注】 如果(2)只是求 $\boldsymbol{A}^{100}\boldsymbol{\beta}$，可以不去求 $\boldsymbol{A}^{100}$，而是将 $\boldsymbol{\beta}$ 用 $\boldsymbol{A}$ 的特征向量线性表示，再利用 $\boldsymbol{A}\boldsymbol{\alpha}=\lambda\boldsymbol{\alpha}$，则 $\boldsymbol{A}^n\boldsymbol{\alpha}=\lambda^n\boldsymbol{\alpha}$ 来计算 $\boldsymbol{A}^{100}\boldsymbol{\beta}$.

设 $x_1\boldsymbol{\alpha}_1+x_2\boldsymbol{\alpha}_2+x_3\boldsymbol{\alpha}_3=\boldsymbol{\beta}$，

$$\left[\begin{array}{ccc|c}1 & 0 & -1 & -1\\ 0 & 1 & 0 & 3\\ 1 & 0 & 1 & 3\end{array}\right]\to\left[\begin{array}{ccc|c}1 & 0 & 0 & 1\\ 0 & 1 & 0 & 3\\ 0 & 0 & 1 & 2\end{array}\right],$$

即 $\boldsymbol{\beta}=\boldsymbol{\alpha}_1+3\boldsymbol{\alpha}_2+2\boldsymbol{\alpha}_3$，那么

$$\begin{aligned}\boldsymbol{A}^{100}\boldsymbol{\beta}&=\boldsymbol{A}^{100}\boldsymbol{\alpha}_1+3\boldsymbol{A}^{100}\boldsymbol{\alpha}_2+2\boldsymbol{A}^{100}\boldsymbol{\alpha}_3\\&=3^{100}\boldsymbol{\alpha}_1+3\cdot3^{100}\boldsymbol{\alpha}_2+2(-1)^{100}\boldsymbol{\alpha}_3\\&=\begin{bmatrix}3^{100}-2\\ 3^{101}\\ 3^{100}+2\end{bmatrix}.\end{aligned}$$

【例 23】 已知 $\boldsymbol{A}$ 是 n 阶矩阵，$\boldsymbol{A}^2=\boldsymbol{A}$ 且 $r(\boldsymbol{A})=r$，求 $|\boldsymbol{A}-2\boldsymbol{E}|$.

解 因 $\boldsymbol{A}^2=\boldsymbol{A}$，即 $\boldsymbol{A}(\boldsymbol{E}-\boldsymbol{A})=\boldsymbol{0}$，所以

$$r(\boldsymbol{A})+r(\boldsymbol{E}-\boldsymbol{A})\leqslant n.$$

又 $$r(\boldsymbol{A})+r(\boldsymbol{E}-\boldsymbol{A})\geqslant r[\boldsymbol{A}+(\boldsymbol{E}-\boldsymbol{A})]=r(\boldsymbol{E})=n.$$

从而 $$r(\boldsymbol{A})+r(\boldsymbol{E}-\boldsymbol{A})=n.$$

由 $r(\boldsymbol{A})=r,\boldsymbol{Ax}=\boldsymbol{0}$ 有 $n-r$ 个线性无关的解.
亦即 $\lambda=0$ 有 $n-r$ 个线性无关的特征向量.

又 $r(\boldsymbol{E}-\boldsymbol{A})=n-r,(\boldsymbol{E}-\boldsymbol{A})\boldsymbol{x}=\boldsymbol{0}$ 有 $n-(n-r)=r$ 个线性无关的解. 亦即 $\lambda=1$ 有 r 个线性无关的特征向量.

从而 $\boldsymbol{A}$ 有 n 个线性无关的特征向量,且 $r(\boldsymbol{A})=r$,故 $\boldsymbol{A}\sim\boldsymbol{\Lambda}=\begin{bmatrix}\boldsymbol{E}_r & \boldsymbol{O}\\ \boldsymbol{O} & \boldsymbol{O}\end{bmatrix}$.
于是$\boldsymbol{A}$ 的特征值:1(r 重根),0($n-r$ 重根).

$\boldsymbol{A}-2\boldsymbol{E}$ 的特征值:-1(r 重根),-2($n-r$ 重根).

所以 $|\boldsymbol{A}-2\boldsymbol{E}|=(-1)^r(-2)^{n-r}=(-1)^n\cdot 2^{n-r}$.

小结

本章只讨论方阵,方阵的特征值、特征向量问题是研究生数学入学考试命题中线性代数的重点章节. 应引起考生的特别关注.

首先要会求特征值、特征向量,对具体的数值矩阵,一般先由特征方程 $|\lambda\boldsymbol{E}-\boldsymbol{A}|=0$ 求出特征值 λ($|\lambda\boldsymbol{E}-\boldsymbol{A}|=0$ 是一元 n 次方程,应有 n 个根,含重根,复根. 实对称阵只有实根,一般矩阵可能有复根,复根尚未考过,一般不会考). 再由齐次线性方程组 $(\lambda\boldsymbol{E}-\boldsymbol{A})\boldsymbol{x}=\boldsymbol{0}$ 求解 λ 对应的特征向量,因 $|\lambda\boldsymbol{E}-\boldsymbol{A}|=0$,故 $(\lambda\boldsymbol{E}-\boldsymbol{A})\boldsymbol{x}=\boldsymbol{0}$ 必有非零解,该非零解即是特征向量,其基础解系即是 $\boldsymbol{A}$ 的对应于 λ 的线性无关特征向量,除零向量之外的通解即是 λ 对应的全体特征向量. 对抽象矩阵要会利用定义 $\boldsymbol{A\alpha}=\lambda\boldsymbol{\alpha}$、$\boldsymbol{\alpha}\neq\boldsymbol{0}$ 求解,若 $\boldsymbol{A}$ 有特征值,则 $k\boldsymbol{A},\boldsymbol{A}^k,f(\boldsymbol{A})$($f(x)$ 是多项式)的特征值应可直接得到. 若 $\boldsymbol{A}$ 可逆,则 $\boldsymbol{A}^{-1},\boldsymbol{A}^*,f(\boldsymbol{A}^{-1}),f(\boldsymbol{A}^*)$($f(x)$ 是多项式)的特征值应可直接得到. 若 $\boldsymbol{A}$ 满足某个条件,应联想到 λ 满足的条件,可求得 $\boldsymbol{A}$ 的 λ 的取值范围,有关特征值、特征向量的性质应会灵活应用.

矩阵相似对角化是重点,要掌握能对角化的充要条件,会判别 $\boldsymbol{A}$ 能否相似于对角矩阵,注意一般矩阵和实对称矩阵在对角化方面的联系和区别. 若 $\boldsymbol{A}$ 可对角化,应会求可逆阵 $\boldsymbol{P}$,使得 $\boldsymbol{P}^{-1}\boldsymbol{AP}=\boldsymbol{\Lambda}$. 若 $\boldsymbol{A}=\boldsymbol{A}^{\mathrm{T}}$,应会求正交矩阵 $\boldsymbol{Q}$,使得 $\boldsymbol{Q}^{-1}\boldsymbol{AQ}=\boldsymbol{Q}^{\mathrm{T}}\boldsymbol{AQ}=\boldsymbol{\Lambda}$,也应会用特征值、特征向量、相似、可对角化等确定参数,乃至反求 $\boldsymbol{A}$,会利用相似对角矩阵求 $\boldsymbol{A}^n$ 等应用问题.

扫码看专属视频课

第六章　二次型

考点与要求

了解　二次型秩的概念，合同变换与合同矩阵的概念，二次型的标准形、规范形等概念，惯性定理.

理解　正定二次型、正定矩阵的概念.

掌握　二次型及其矩阵表示，用正交变换化二次型为标准形的方法，正定二次型、正定矩阵的判别法.

会用　配方法化二次型为标准形.

内容精讲

§1　二次型的概念、矩阵表示

6.1.1　二次型概念

定义　n 个变量的一个二次齐次多项式

$$\begin{aligned} f(x_1,x_2,\cdots,x_n) = {} & a_{11}x_1^2 + 2a_{12}x_1x_2 + 2a_{13}x_1x_3 + \cdots + 2a_{1n}x_1x_n \\ & + a_{22}x_2^2 + 2a_{23}x_2x_3 + \cdots + 2a_{2n}x_2x_n \\ & + \cdots \\ & + a_{nn}x_n^2 \end{aligned} \tag{6.1}$$

称为 n 个变量的二次型，系数均为实数时，称为 n 元实二次型.

例如：$f(x_1,x_2,x_3) = x_1^2 + 2x_1x_2 + 4x_1x_3 + 2x_2^2 + 6x_2x_3 + x_3^2$ 是一个三元二次齐次多项式，称为三元二次型.

6.1.2　二次型的矩阵表示

为了用矩阵研究二次型，首先将二次型表示成矩阵形式，因 $x_ix_j = x_jx_i$，具有对称性，若令 $a_{ij} = a_{ji}$，$i < j$，则 $2a_{ij}x_ix_j = a_{ij}x_ix_j + a_{ji}x_jx_i$，则二次型(6.1) 可以写成矩阵形式：

$$f(x_1,x_2,\cdots,x_n) = \sum_{i=1}^{n}\sum_{j=1}^{n} a_{ij}x_ix_j$$

$$=[x_1,x_2,\cdots,x_n]\begin{bmatrix}a_{11}&a_{12}&\cdots&a_{1n}\\a_{21}&a_{22}&\cdots&a_{2n}\\\vdots&\vdots&&\vdots\\a_{n1}&a_{n2}&\cdots&a_{nn}\end{bmatrix}\begin{bmatrix}x_1\\x_2\\\vdots\\x_n\end{bmatrix}=\boldsymbol{x}^{\mathrm T}\boldsymbol{A}\boldsymbol{x}. \tag{6.2}$$

其中 $\boldsymbol{A}^{\mathrm T}=\boldsymbol{A}$ 是对称矩阵，称为二次型 f 的对应矩阵.

例如：$f(x_1,x_2,x_3)=x_1^2+2x_1x_2+4x_1x_3+2x_2^2+6x_2x_3+x_3^2$

$$=[x_1,x_2,x_3]\begin{bmatrix}1&1&2\\1&2&3\\2&3&1\end{bmatrix}\begin{bmatrix}x_1\\x_2\\x_3\end{bmatrix}=\boldsymbol{x}^{\mathrm T}\boldsymbol{A}\boldsymbol{x}.$$

$$\boldsymbol{A}=\begin{bmatrix}1&1&2\\1&2&3\\2&3&1\end{bmatrix},\quad \boldsymbol{A}^{\mathrm T}=\boldsymbol{A},\quad \boldsymbol{x}=\begin{bmatrix}x_1\\x_2\\x_3\end{bmatrix}.$$

【注】(1) 当 $\boldsymbol{A}$ 是对称阵时，二次型 $f(x_1,x_2,\cdots,x_n)=\boldsymbol{x}^{\mathrm T}\boldsymbol{A}\boldsymbol{x}$ 和 $\boldsymbol{A}$ 一一对应. 若 $\boldsymbol{A},\boldsymbol{B}$ 是两个 n 阶对称阵，$f=\boldsymbol{x}^{\mathrm T}\boldsymbol{A}\boldsymbol{x}$，$g=\boldsymbol{x}^{\mathrm T}\boldsymbol{B}\boldsymbol{x}$ 是两个二次型，

$\boldsymbol{A}=\boldsymbol{B}\Leftrightarrow f=g$；

$\boldsymbol{A}\simeq\boldsymbol{B}\Leftrightarrow f$ 合同于 g；

$r(\boldsymbol{A})=r\Leftrightarrow r(f)=r$；

$\boldsymbol{A}$ 正定 $\Leftrightarrow f$ 正定.

故在研究二次型和研究其对应的对称矩阵之间是可以相互转化的.

(2) 二次型的对应矩阵必须是对称矩阵，只有对应矩阵是对称矩阵时，二次型的对应矩阵才是唯一确定的. 若不要求 $\boldsymbol{A}$ 是对称矩阵，那么同一个二次型将有无穷多种矩阵的表示方法，例如：

$$f(x_1,x_2)=x_1^2-2x_1x_2+3x_2^2=[x_1,x_2]\begin{bmatrix}1&-1\\-1&3\end{bmatrix}\begin{bmatrix}x_1\\x_2\end{bmatrix}\ \text{（唯一正确表示法）}$$

$$\text{（以下均不正确）}=[x_1,x_2]\begin{bmatrix}1&-2\\0&3\end{bmatrix}\begin{bmatrix}x_1\\x_2\end{bmatrix}=[x_1,x_2]\begin{bmatrix}1&1\\-3&3\end{bmatrix}\begin{bmatrix}x_1\\x_2\end{bmatrix}=\cdots$$

$$=[x_1,x_2]\begin{bmatrix}1&n-2\\-n&3\end{bmatrix}\begin{bmatrix}x_1\\x_2\end{bmatrix}=\cdots$$

§2　化二次型为标准形、规范形，合同二次型

6.2.1　二次型的标准形，规范形

定义　若二次型 $f(x_1,x_2,\cdots,x_n)$ 只有平方项，没有混合项（即混合项的系数全为零），即

$$f(x_1,x_2,\cdots,x_n)=\boldsymbol{x}^{\mathrm T}\boldsymbol{A}\boldsymbol{x}=d_1x_1^2+\cdots+d_px_p^2-d_{p+1}x_{p+1}^2-\cdots-d_{p+q}x_{p+q}^2 \tag{6.3}$$

其中 $d_i>0,i=1,2,\cdots,p+q$. $p+q=r\leqslant n$. 则称二次型为**标准形**（又称平方和）.

在二次型的标准形中，若平方项的系数 d_i 只是 $1,-1,0$，即

$$f(x_1,x_2,\cdots,x_n)=\boldsymbol{x}^{\mathrm T}\boldsymbol{A}\boldsymbol{x}=x_1^2+x_2^2+\cdots+x_p^2-x_{p+1}^2-\cdots-x_{p+q}^2 \tag{6.4}$$

则称为二次型的**规范形**（(6.4) 式中平方项系数是 1 的个数是 p 个，平方项系数是 -1 的个数是 q 个，平方项系数是 0 的个数是 $n-(p+q)$ 个）.

6.2.2 化二次型为标准形，规范形

（1）定理　对任意一个 n 元二次型 $f(x_1,x_2,\cdots,x_n)=\boldsymbol{x}^{\mathrm{T}}\boldsymbol{A}\boldsymbol{x}$，必存在正交变换 $\boldsymbol{x}=\boldsymbol{Q}\boldsymbol{y}$，其中 $\boldsymbol{Q}$ 是正交阵，化二次型为标准形．即

$$f(x_1,x_2,\cdots,x_n)=\boldsymbol{x}^{\mathrm{T}}\boldsymbol{A}\boldsymbol{x}\xlongequal{\boldsymbol{x}=\boldsymbol{Q}\boldsymbol{y}}\boldsymbol{y}^{\mathrm{T}}\boldsymbol{Q}^{\mathrm{T}}\boldsymbol{A}\boldsymbol{Q}\boldsymbol{y}=\lambda_1y_1^2+\lambda_2y_2^2+\cdots+\lambda_ny_n^2,$$

其中 $\lambda_1,\lambda_2,\cdots,\lambda_n$ 是 $\boldsymbol{A}$ 的 n 个特征值．λ_i 是 r 重特征值，则计为 r 个特征值．

用矩阵的语言表达，即（见第五章）

对任意一个 n 阶实对称阵 $\boldsymbol{A}$，必存在正交阵 $\boldsymbol{Q}$，使得

$$\boldsymbol{Q}^{-1}\boldsymbol{A}\boldsymbol{Q}=\boldsymbol{Q}^{\mathrm{T}}\boldsymbol{A}\boldsymbol{Q}=\boldsymbol{\Lambda},$$

其中 $\boldsymbol{\Lambda}=\begin{bmatrix}\lambda_1&0&\cdots&0\\0&\lambda_2&\cdots&0\\\vdots&\vdots&&\vdots\\0&0&\cdots&\lambda_n\end{bmatrix}$，$\lambda_i(i=1,2,\cdots,n)$ 是 $\boldsymbol{A}$ 的特征值，即 $\boldsymbol{A}$ 必既相似又合同于对角阵．

【注】　正交变换法只能化二次型为标准形，平方项的系数即是特征值．一般不能化规范形．（除非 $\boldsymbol{A}$ 的特征值的取值范围为 $\{1,-1,0\}$．）

（2）定理　对任一个 n 元二次型 $f(x_1,x_2,\cdots,x_n)=\boldsymbol{x}^{\mathrm{T}}\boldsymbol{A}\boldsymbol{x}$，都可以通过（配方法）可逆线性变换 $\boldsymbol{x}=\boldsymbol{C}\boldsymbol{y}$，其中 $\boldsymbol{C}$ 是可逆阵，化成标准形．即

$$f(x_1,x_2,\cdots,x_n)=\boldsymbol{x}^{\mathrm{T}}\boldsymbol{A}\boldsymbol{x}\xlongequal{\boldsymbol{x}=\boldsymbol{C}\boldsymbol{y}}\boldsymbol{y}^{\mathrm{T}}\boldsymbol{C}^{\mathrm{T}}\boldsymbol{A}\boldsymbol{C}\boldsymbol{y}=d_1y_1^2+d_2y_2^2+\cdots+d_ny_n^2.$$

用矩阵的语言表达，即

对任意一个 n 阶实对称阵 $\boldsymbol{A}$，一定存在可逆阵 $\boldsymbol{C}$，使得 $\boldsymbol{C}^{\mathrm{T}}\boldsymbol{A}\boldsymbol{C}=\boldsymbol{\Lambda}$．其中

$$\boldsymbol{\Lambda}=\begin{bmatrix}d_1&0&\cdots&0\\0&d_2&\cdots&0\\\vdots&\vdots&&\vdots\\0&0&\cdots&d_n\end{bmatrix}.$$

即实对称阵必合同于对角阵．

6.2.3 合同矩阵，合同二次型

定义　设 $\boldsymbol{A},\boldsymbol{B}$ 是两个 n 阶方阵，若存在可逆阵 $\boldsymbol{C}$，使得 $\boldsymbol{C}^{\mathrm{T}}\boldsymbol{A}\boldsymbol{C}=\boldsymbol{B}$，则称 $\boldsymbol{A}$ 合同于 $\boldsymbol{B}$，记成 $\boldsymbol{A}\simeq\boldsymbol{B}$．

合同矩阵有如下性质

（1）反身性：$\boldsymbol{A}\simeq\boldsymbol{A}$．

（2）对称性：若 $\boldsymbol{A}\simeq\boldsymbol{B}$，则 $\boldsymbol{B}\simeq\boldsymbol{A}$．

（3）传递性：若 $\boldsymbol{A}\simeq\boldsymbol{B},\boldsymbol{B}\simeq\boldsymbol{C}$，则 $\boldsymbol{A}\simeq\boldsymbol{C}$．

一个二次型 $f=\boldsymbol{x}^{\mathrm{T}}\boldsymbol{A}\boldsymbol{x}$，经过可逆线性变换 $\boldsymbol{x}=\boldsymbol{C}\boldsymbol{y}$，其中 $\boldsymbol{C}$ 是可逆阵，得

$$f(x_1,x_2,\cdots,x_n)=\boldsymbol{x}^{\mathrm{T}}\boldsymbol{A}\boldsymbol{x}\xlongequal{\boldsymbol{x}=\boldsymbol{C}\boldsymbol{y}}(\boldsymbol{C}\boldsymbol{y})^{\mathrm{T}}\boldsymbol{A}\boldsymbol{C}\boldsymbol{y}=\boldsymbol{y}^{\mathrm{T}}\boldsymbol{C}^{\mathrm{T}}\boldsymbol{A}\boldsymbol{C}\boldsymbol{y}$$

$$\xlongequal{\text{记}}\boldsymbol{y}^{\mathrm{T}}\boldsymbol{B}\boldsymbol{y}\xlongequal{\text{记}}g(y_1,y_2,\cdots,y_n)$$

其中 $\boldsymbol{B}=\boldsymbol{C}^{\mathrm{T}}\boldsymbol{A}\boldsymbol{C}$，且 $\boldsymbol{B}$ 仍是对称阵．此时称 $\boldsymbol{A}$ 和 $\boldsymbol{B}$ 是合同矩阵，二次型 f 和 g 称为合同二次型．

显然合同矩阵（合同二次型）有相同的秩．

6.2.4　惯性定理

定理　对于某个二次型,作可逆线性变换化成标准形(或规范形).所作的可逆线性变换不唯一,标准形也不唯一,但其标准形中正平方项的项数 p、负平方项的项数 q 都是由所给二次型唯一确定的.

正平方项的项数 p 称为**正惯性指数**,负平方项的项数 q 称为**负惯性指数**,$p+q=r$ 是二次型对应矩阵的**秩**,$p-q$ 称为**符号差**.

6.2.5　矩阵合同的必要条件

定理　实对称阵 $\boldsymbol{A}\simeq\boldsymbol{B}\Leftrightarrow \boldsymbol{x}^{\mathrm{T}}\boldsymbol{A}\boldsymbol{x}$ 与 $\boldsymbol{x}^{\mathrm{T}}\boldsymbol{B}\boldsymbol{x}$ 有相同的正、负惯性指数,且

$$\boldsymbol{A}\simeq\boldsymbol{B}\Rightarrow r(\boldsymbol{A})=r(\boldsymbol{B}).$$

§3　正定二次型、正定矩阵

6.3.1　正定

定义　若对于任意的非零向量 $\boldsymbol{x}=(x_1,x_2,\cdots,x_n)^{\mathrm{T}}$,恒有

$$f(x_1,x_2,\cdots,x_n)=\sum_{i=1}^{n}\sum_{j=1}^{n}a_{ij}x_ix_j=\boldsymbol{x}^{\mathrm{T}}\boldsymbol{A}\boldsymbol{x}>0,$$

则称二次型 f 为正定二次型,对应矩阵为正定矩阵.

例如:$f(x_1,x_2,\cdots,x_n)=d_1x_1^2+d_2x_2^2+\cdots+d_nx_n^2$,其中 $d_i>0,i=1,2,\cdots,n$.因其对任意的非零向量$\boldsymbol{x}=(x_1,x_2,\cdots,x_n)^{\mathrm{T}}\neq\boldsymbol{0}$,均有

$$f(x_1,x_2,\cdots,x_n)=d_1x_1^2+d_2x_2^2+\cdots+d_nx_n^2>0,$$

故 f 是正定二次型,其对应矩阵(对角元素都大于零的对角阵)是正定矩阵.

显然当 $d_i=1(i=1,2,\cdots,n)$ 时,即

$$f(x_1,x_2,\cdots,x_n)=x_1^2+x_2^2+\cdots+x_n^2$$

(规范形中系数都是 1,没有 0 和 -1)对应矩阵是单位阵,也是正定二次型.

反之,只有平方项的二次型正定,则其系数 $d_i>0,i=1,2,\cdots,n$(请用反证法证之),故

$f(x_1,x_2,\cdots,x_n)=d_1x_1^2+d_2x_2^2+\cdots+d_nx_n^2$ 正定$\Leftrightarrow d_i>0,i=1,2,\cdots,n$.即正惯性指数 $p=r=n$.

6.3.2　二次型的正定性与可逆线性变换

定理　可逆线性变换不改变二次型的正定性.

由定理可知,对一般的二次型(或对称阵)应设法作可逆线性变换化成标准形(或规范形),看 d_i 是否均大于零来判别其正定性.

6.3.3　二次型 $f=\boldsymbol{x}^{\mathrm{T}}\boldsymbol{A}\boldsymbol{x}$ 正定的充要条件

定理　$f(x_1,x_2,\cdots,x_n)=\boldsymbol{x}^{\mathrm{T}}\boldsymbol{A}\boldsymbol{x}$ 正定 $\Leftrightarrow\boldsymbol{A}$ 的正惯性指数 $p=r=n$(r 是 $\boldsymbol{A}$ 的秩,n 是未知量个数)$\Leftrightarrow\boldsymbol{A}\simeq\boldsymbol{E}$,即存在可逆阵 $\boldsymbol{C}$,使得 $\boldsymbol{C}^{\mathrm{T}}\boldsymbol{A}\boldsymbol{C}=\boldsymbol{E}\Leftrightarrow\boldsymbol{A}=\boldsymbol{D}^{\mathrm{T}}\boldsymbol{D}$,其中 $\boldsymbol{D}$ 是可逆阵 $\Leftrightarrow\boldsymbol{A}$ 的全部特征值 $\lambda_i>0,i=1,2,\cdots,n$,$\Leftrightarrow\boldsymbol{A}$ 的全部顺序主子式大于零,即

$$\boldsymbol{A}=\begin{bmatrix}a_{11}&a_{12}&\cdots&a_{1n}\\a_{12}&a_{22}&\cdots&a_{2n}\\\vdots&\vdots&&\vdots\\a_{1n}&a_{2n}&\cdots&a_{nn}\end{bmatrix}\text{正定}\Leftrightarrow a_{11}>0,\begin{vmatrix}a_{11}&a_{12}\\a_{12}&a_{22}\end{vmatrix}>0,\cdots,|\boldsymbol{A}|>0.$$

6.3.4 二次型 $f=\boldsymbol{x}^{\mathrm{T}}\boldsymbol{A}\boldsymbol{x}$ 正定的必要条件

定理 若二次型 $f(x_1,x_2,\cdots,x_n)=\boldsymbol{x}^{\mathrm{T}}\boldsymbol{A}\boldsymbol{x}$ 正定，则

(1)$\boldsymbol{A}$ 的主对角元素 $a_{ii}>0$.

(2)$\boldsymbol{A}$ 的行列式 $|\boldsymbol{A}|>0$.

例题分析

一、二次型的矩阵表示

【例 1】 将二次型 $f(x_1,x_2,x_3)=(ax_1+bx_2+cx_3)^2$ 表示成矩阵形式. 其中 a,b,c 不全为 0，并求 $r(f)$.

解【方法一】 将 $f(x_1,x_2,x_3)$ 展开，利用展开式中系数与对应矩阵的元素之间的关系，写出对应矩阵及二次型的矩阵形式.

$$\begin{aligned}f(x_1,x_2,x_3)&=(ax_1+bx_2+cx_3)^2\\&=a^2x_1^2+2abx_1x_2+2acx_1x_3+b^2x_2^2+2bcx_2x_3+c^2x_3^2.\end{aligned}$$

$$a_{11}=a^2,a_{22}=b^2,a_{33}=c^2,$$

$$a_{12}=a_{21}=ab,a_{13}=a_{31}=ac,a_{23}=a_{32}=bc,$$

故
$$\boldsymbol{A}=\begin{bmatrix}a^2&ab&ac\\ab&b^2&bc\\ac&bc&c^2\end{bmatrix},f=[x_1,x_2,x_3]\begin{bmatrix}a^2&ab&ac\\ab&b^2&bc\\ac&bc&c^2\end{bmatrix}\begin{bmatrix}x_1\\x_2\\x_3\end{bmatrix}.$$

已知 a,b,c 不全为零，设 $a\neq0$，得

$$r(f)=r(\boldsymbol{A})=r\left(\begin{bmatrix}a^2&ab&ac\\ab&b^2&bc\\ac&bc&c^2\end{bmatrix}\right)=r\left(\begin{bmatrix}a&b&c\\0&0&0\\0&0&0\end{bmatrix}\right)=1.$$

【方法二】 利用两两乘积的和，可以表示成两个向量的内积，再利用乘法的结合律.

$$\begin{aligned}f(x_1,x_2,x_3)&=(ax_1+bx_2+cx_3)^2\\&=(ax_1+bx_2+cx_3)(ax_1+bx_2+cx_3)\\&\xlongequal{(*)}[x_1,x_2,x_3]\begin{bmatrix}a\\b\\c\end{bmatrix}[a,b,c]\begin{bmatrix}x_1\\x_2\\x_3\end{bmatrix}\\&\xlongequal{(**)}[x_1,x_2,x_3]\left(\begin{bmatrix}a\\b\\c\end{bmatrix}[a,b,c]\right)\begin{bmatrix}x_1\\x_2\\x_3\end{bmatrix}\\&=[x_1,x_2,x_3]\begin{bmatrix}a^2&ab&ac\\ab&b^2&bc\\ac&bc&c^2\end{bmatrix}\begin{bmatrix}x_1\\x_2\\x_3\end{bmatrix},\end{aligned}$$

令 $\boldsymbol{A}=\begin{bmatrix} a^2 & ab & ac \\ ab & b^2 & bc \\ ac & bc & c^2 \end{bmatrix}$，且 $\boldsymbol{A}^{\mathrm{T}}=\boldsymbol{A}$. 故 $\boldsymbol{A}$ 是 $f(x_1,x_2,x_3)$ 的对应矩阵.

二、化二次型为标准形

1. 用正交变换化二次型为标准形

用正交变换化二次型为标准形的解题步骤为：

(1) 把二次型表示成矩阵形式 $\boldsymbol{x}^{\mathrm{T}}\boldsymbol{A}\boldsymbol{x}$.

(2) 求 $\boldsymbol{A}$ 的特征值及对应的特征向量.

(3) 对重根对应的特征向量作 Schmidt 正交化(不同特征值对应的特征向量已正交，要验算).

(4) 全体特征向量单位化，得 $\boldsymbol{\alpha}_1^\circ,\boldsymbol{\alpha}_2^\circ,\cdots,\boldsymbol{\alpha}_n^\circ$.

(5) 将正交单位特征向量合并成正交阵，令 $\boldsymbol{Q}=[\boldsymbol{\alpha}_1^\circ,\boldsymbol{\alpha}_2^\circ,\cdots,\boldsymbol{\alpha}_n^\circ]$.

(6) 令 $\boldsymbol{x}=\boldsymbol{Q}\boldsymbol{y}$，得 $\boldsymbol{x}^{\mathrm{T}}\boldsymbol{A}\boldsymbol{x}=(\boldsymbol{Q}\boldsymbol{y})^{\mathrm{T}}\boldsymbol{A}(\boldsymbol{Q}\boldsymbol{y})=\boldsymbol{y}^{\mathrm{T}}\boldsymbol{Q}^{\mathrm{T}}\boldsymbol{A}\boldsymbol{Q}\boldsymbol{y}=\lambda_1 y_1^2+\lambda_2 y_2^2+\cdots+\lambda_n y_n^2$.

实对称矩阵必可用正交变换化对角阵，实二次型必可用正交变换化成标准形.

【例 2】 用正交变换化二次型 $f(x_1,x_2,x_3)=2x_1^2+5x_2^2+5x_3^2+4x_1x_2-4x_1x_3-8x_2x_3$ 为标准形.

解 二次型的对应矩阵为

$$\boldsymbol{A}=\begin{bmatrix} 2 & 2 & -2 \\ 2 & 5 & -4 \\ -2 & -4 & 5 \end{bmatrix},$$

其特征多项式

$$|\lambda\boldsymbol{E}-\boldsymbol{A}|=\begin{vmatrix} \lambda-2 & -2 & 2 \\ -2 & \lambda-5 & 4 \\ 2 & 4 & \lambda-5 \end{vmatrix}=\begin{vmatrix} \lambda-2 & -2 & 0 \\ -2 & \lambda-5 & \lambda-1 \\ 2 & 4 & \lambda-1 \end{vmatrix}$$

$$=\begin{vmatrix} \lambda-2 & -2 & 0 \\ -4 & \lambda-9 & 0 \\ 2 & 4 & \lambda-1 \end{vmatrix}=(\lambda-1)(\lambda^2-11\lambda+18-8)$$

$$=(\lambda-1)^2(\lambda-10).$$

则 $\boldsymbol{A}$ 的特征值为 $\lambda_1=1,\lambda_2=1,\lambda_3=10$.

$\lambda_1=\lambda_2=1$ 时，由方程组

$$(\boldsymbol{E}-\boldsymbol{A})\boldsymbol{x}=\begin{bmatrix} -1 & -2 & 2 \\ -2 & -4 & 4 \\ 2 & 4 & -4 \end{bmatrix}\begin{bmatrix} x_1 \\ x_2 \\ x_3 \end{bmatrix}=\begin{bmatrix} 0 \\ 0 \\ 0 \end{bmatrix}$$

得线性无关的特征向量 $\boldsymbol{\alpha}_1=(-2,1,0)^{\mathrm{T}},\boldsymbol{\alpha}_2=(2,0,1)^{\mathrm{T}}$；

$\lambda_3=10$ 时，由方程组

$$(10\boldsymbol{E}-\boldsymbol{A})\boldsymbol{x}=\begin{bmatrix} 8 & -2 & 2 \\ -2 & 5 & 4 \\ 2 & 4 & 5 \end{bmatrix}\begin{bmatrix} x_1 \\ x_2 \\ x_3 \end{bmatrix}=\begin{bmatrix} 0 \\ 0 \\ 0 \end{bmatrix}$$

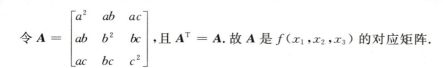

得特征向量 $\boldsymbol{\alpha}_3=(1,2,-2)^{\mathrm{T}}$.

将对应于二重特征值$\lambda_1=\lambda_2=1$的两个特征向量$\boldsymbol{\alpha}_1,\boldsymbol{\alpha}_2$用施密特正交化方法作标准正交化.

$$\boldsymbol{\beta}_1=\boldsymbol{\alpha}_1=(-2,1,0)^{\mathrm{T}},$$

$$\boldsymbol{\beta}_2=\boldsymbol{\alpha}_2-\frac{(\boldsymbol{\alpha}_2,\boldsymbol{\beta}_1)}{(\boldsymbol{\beta}_1,\boldsymbol{\beta}_1)}\boldsymbol{\beta}_1=(2,0,1)^{\mathrm{T}}-\frac{-4}{5}(-2,1,0)^{\mathrm{T}}$$

$$=\left(\frac{2}{5},\frac{4}{5},1\right)^{\mathrm{T}}，取整为(2,4,5)^{\mathrm{T}}.$$

再将 $\boldsymbol{\beta}_1,\boldsymbol{\beta}_2,\boldsymbol{\alpha}_3$ 单位化，得正交阵 $\boldsymbol{Q}$,

$$\boldsymbol{\beta}_1^\circ=\frac{1}{\sqrt{5}}(-2,1,0)^{\mathrm{T}},\boldsymbol{\beta}_2^\circ=\frac{1}{\sqrt{45}}(2,4,5)^{\mathrm{T}},\boldsymbol{\alpha}_3^\circ=\frac{1}{3}(1,2,-2)^{\mathrm{T}}$$

$$\boldsymbol{Q}=\begin{bmatrix}\frac{-2}{\sqrt{5}} & \frac{2}{\sqrt{45}} & \frac{1}{3}\\ \frac{1}{\sqrt{5}} & \frac{4}{\sqrt{45}} & \frac{2}{3}\\ 0 & \frac{5}{\sqrt{45}} & -\frac{2}{3}\end{bmatrix},$$

则
$$\boldsymbol{Q}^{-1}\boldsymbol{A}\boldsymbol{Q}=\boldsymbol{Q}^{\mathrm{T}}\boldsymbol{A}\boldsymbol{Q}=\begin{bmatrix}1 & & \\ & 1 & \\ & & 10\end{bmatrix}.$$

令 $\boldsymbol{x}=\boldsymbol{Q}\boldsymbol{y}$，原二次型化成标准形，即

$$f(x_1,x_2,x_3)=\boldsymbol{x}^{\mathrm{T}}\boldsymbol{A}\boldsymbol{x}\xlongequal{\boldsymbol{x}=\boldsymbol{Q}\boldsymbol{y}}\boldsymbol{y}^{\mathrm{T}}(\boldsymbol{Q}^{\mathrm{T}}\boldsymbol{A}\boldsymbol{Q})\boldsymbol{y}=y_1^2+y_2^2+10y_3^2.$$

【评注】 (1)λ 是实对称阵 $\boldsymbol{A}$ 的 r 重根时，一定有 r 个线性无关的特征向量，也一定有 r 个两两正交的特征向量. 为免去正交化的运算，在求对应特征向量时，可预先考虑求正交特征向量. 如本题 $\lambda=1$(二重根) 时，对应特征向量应满足

$$-x_1-2x_2+2x_3=0.$$

取一个特征向量为 $\boldsymbol{\alpha}_1=(-2,1,0)^{\mathrm{T}}$ 后，再求 $\boldsymbol{\alpha}_2$ 时，可使 $\boldsymbol{\alpha}_2$ 和 $\boldsymbol{\alpha}_1$ 正交，这只要取 $\boldsymbol{\alpha}_2=(1,2,a)^{\mathrm{T}}$，其中 a 待定，让 $\boldsymbol{\alpha}_2$ 满足方程 $-x_1-2x_2+2x_3=0$，得

$$-1-4+2a=0,a=\frac{5}{2},$$

即得 $\boldsymbol{\alpha}_2=\left(1,2,\frac{5}{2}\right)^{\mathrm{T}}$，也可取整为$(2,4,5)^{\mathrm{T}}$.

(2) 正交变换不唯一，但正交变换得到的标准形是唯一的(不考虑对角元素的次序时). 只要求出了 $\boldsymbol{A}$ 的特征值，二次型在正交变换下的标准形即被确定是 $\lambda_1y_1^2+\lambda_2y_2^2+\cdots+\lambda_ny_n^2$，其中 $\lambda_i(i=1,2,\cdots,n)$ 是 $\boldsymbol{A}$ 的全部特征值.

(3) 正交变换只能化二次型为标准形，一般不能化成规范形(除非特征值均属于$\{1,-1,0\}$).

(4) 计算过程的正确性可用下列各条验算：① 特征值之和应等于主对角线元素之和(特征值之积应等于 $\boldsymbol{A}$ 的行列式)；② 不同特征值对应的特征向量应相互正交；③ 正交化后特征向量应仍满足$(\lambda\boldsymbol{E}-\boldsymbol{A})\boldsymbol{x}=\boldsymbol{0}$；④$\boldsymbol{Q}^{\mathrm{T}}\boldsymbol{A}\boldsymbol{Q}=\boldsymbol{Q}^{-1}\boldsymbol{A}\boldsymbol{Q}=\begin{bmatrix}\lambda_1 & & & \\ & \lambda_2 & & \\ & & \ddots & \\ & & & \lambda_n\end{bmatrix}$.

【例 3】　三元二次型 $\boldsymbol{x}^{\mathrm{T}}\boldsymbol{A}\boldsymbol{x}=3x_1^2+ax_2^2+3x_3^2+2x_1x_2+2x_2x_3$，已知 $\lambda=1$ 是 $\boldsymbol{A}$ 的一个特征值.

(1) 求 a 的值；

(2) 求正交变换 $\boldsymbol{x}=\boldsymbol{Q}\boldsymbol{y}$，化二次型为标准形；

(3) 如 $\boldsymbol{x}^{\mathrm{T}}(\boldsymbol{A}+k\boldsymbol{E})\boldsymbol{x}$ 的规范形是 $y_1^2-y_2^2-y_3^2$，求 k 的取值范围.

解　(1) 二次型矩阵 $\boldsymbol{A}=\begin{bmatrix}3&1&0\\1&a&1\\0&1&3\end{bmatrix}$，由于 $\lambda=1$ 是特征值，有

$$|\boldsymbol{E}-\boldsymbol{A}|=\begin{vmatrix}-2&-1&0\\-1&1-a&-1\\0&-1&-2\end{vmatrix}=4(2-a)=0,$$

所以 $a=2$.

(2) 由特征多项式

$$|\lambda\boldsymbol{E}-\boldsymbol{A}|=\begin{vmatrix}\lambda-3&-1&0\\-1&\lambda-2&-1\\0&-1&\lambda-3\end{vmatrix}=\begin{vmatrix}\lambda-3&-1&0\\0&\lambda-2&-1\\3-\lambda&-1&\lambda-3\end{vmatrix}=(\lambda-1)(\lambda-3)(\lambda-4).$$

$\boldsymbol{A}$ 的特征值：1，3，4.

由 $(\boldsymbol{E}-\boldsymbol{A})\boldsymbol{x}=\boldsymbol{0}$ 解出基础解系 $\boldsymbol{\alpha}_1=(1,-2,1)^{\mathrm{T}}$.

由 $(3\boldsymbol{E}-\boldsymbol{A})\boldsymbol{x}=\boldsymbol{0}$ 解出基础解系 $\boldsymbol{\alpha}_2=(-1,0,1)^{\mathrm{T}}$.

由 $(4\boldsymbol{E}-\boldsymbol{A})\boldsymbol{x}=\boldsymbol{0}$ 解出基础解系 $\boldsymbol{\alpha}_3=(1,1,1)^{\mathrm{T}}$.

特征值不同特征向量已正交，单位化有

$$\boldsymbol{\gamma}_1=\frac{1}{\sqrt{6}}\begin{bmatrix}1\\-2\\1\end{bmatrix},\boldsymbol{\gamma}_2=\frac{1}{\sqrt{2}}\begin{bmatrix}-1\\0\\1\end{bmatrix},\boldsymbol{\gamma}_3=\frac{1}{\sqrt{3}}\begin{bmatrix}1\\1\\1\end{bmatrix}.$$

令 $\boldsymbol{Q}=(\boldsymbol{\gamma}_1,\boldsymbol{\gamma}_2,\boldsymbol{\gamma}_3)$，

则经 $\begin{bmatrix}x_1\\x_2\\x_3\end{bmatrix}=\begin{bmatrix}\frac{1}{\sqrt{6}}&-\frac{1}{\sqrt{2}}&\frac{1}{\sqrt{3}}\\-\frac{2}{\sqrt{6}}&0&\frac{1}{\sqrt{3}}\\\frac{1}{\sqrt{6}}&\frac{1}{\sqrt{2}}&\frac{1}{\sqrt{3}}\end{bmatrix}\begin{bmatrix}y_1\\y_2\\y_3\end{bmatrix}$，

$$\boldsymbol{x}^{\mathrm{T}}\boldsymbol{A}\boldsymbol{x}=\boldsymbol{y}^{\mathrm{T}}\boldsymbol{\Lambda}\boldsymbol{y}=y_1^2+3y_2^2+4y_3^2.$$

(3) $\boldsymbol{A}$ 的特征值：1，3，4.

$\boldsymbol{A}+k\boldsymbol{E}$ 的特征值：$k+1,k+3,k+4$.

$\boldsymbol{x}^{\mathrm{T}}(\boldsymbol{A}+k\boldsymbol{E})\boldsymbol{x}$ 的规范形为 $y_1^2-y_2^2-y_3^2$.

$$p=1,q=2.$$

$$\begin{cases}k+4>0,\\k+3<0,\\k+1<0,\end{cases}$$

所以 $k\in(-4,-3)$.

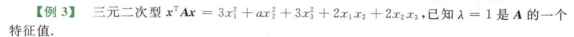

2. 用配方法化二次型为标准形

方法如下：

（1）若二次型中有平方项，不妨设 $a_{11} \neq 0$，则对所有含 x_1 的项配完全平方.（经配方后，使所余各项中不再含有 x_1），再配第二个平方项……直至配成完全平方之和（完全平方的项数 $\leqslant n$）令 $\boldsymbol{x} = \boldsymbol{C}\boldsymbol{y}$，得标准形 $\boldsymbol{x}^{\mathrm{T}}\boldsymbol{A}\boldsymbol{x} = d_1 y_1^2 + d_2 y_2^2 + \cdots + d_n y_n^2$.

（2）若二次型中没有平方项，只有混合项，不妨设 $a_{12} \neq 0$，则令 $x_1 = y_1 + y_2$，$x_2 = y_1 - y_2$，$x_3 = y_3$，…，$x_n = y_n$. 使二次型中出现 $a_{12} y_1^2 - a_{12} y_2^2$，再按（1）进行配方，连续使用（1）（2），则可将任一二次型配成完全平方之和，且所作变换为可逆线性变换.

【例 4】 用配方法化二次型 $f(x_1,x_2,x_3) = x_1^2 + 2x_2^2 + 5x_3^2 + 2x_1x_2 + 2x_1x_3 + 8x_2x_3$ 为标准形，并将二次型表示成矩阵形式，写出标准形相应的对角阵 $\boldsymbol{\Lambda}$ 及所作可逆线性变换矩阵 $\boldsymbol{C}$，验证 $\boldsymbol{C}^{\mathrm{T}}\boldsymbol{A}\boldsymbol{C} = \boldsymbol{\Lambda}$.

解 $$\begin{aligned} f(x_1,x_2,x_3) &= x_1^2 + 2x_2^2 + 5x_3^2 + 2x_1x_2 + 2x_1x_3 + 8x_2x_3 \\ &= (x_1 + x_2 + x_3)^2 + x_2^2 + 4x_3^2 + 6x_2x_3 \\ &= (x_1 + x_2 + x_3)^2 + (x_2 + 3x_3)^2 - 5x_3^2. \end{aligned}$$

令$\begin{cases} y_1 = x_1 + x_2 + x_3, \\ y_2 = \qquad x_2 + 3x_3, \\ y_3 = \qquad\qquad x_3, \end{cases}$ 即$\begin{cases} x_1 = y_1 - y_2 + 2y_3, \\ x_2 = \qquad y_2 - 3y_3, \\ x_3 = \qquad\qquad y_3, \end{cases}$ 得二次型的标准形为

$$f(x_1,x_2,x_3) = y_1^2 + y_2^2 - 5y_3^2.$$

二次型的矩阵形式为

$$f(x_1,x_2,x_3) = [x_1,x_2,x_3]\begin{bmatrix} 1 & 1 & 1 \\ 1 & 2 & 4 \\ 1 & 4 & 5 \end{bmatrix}\begin{bmatrix} x_1 \\ x_2 \\ x_3 \end{bmatrix}, \boldsymbol{\Lambda} = \begin{bmatrix} 1 & & \\ & 1 & \\ & & -5 \end{bmatrix},$$

所作可逆线性变换为 $\begin{bmatrix} x_1 \\ x_2 \\ x_3 \end{bmatrix} = \begin{bmatrix} 1 & -1 & 2 \\ 0 & 1 & -3 \\ 0 & 0 & 1 \end{bmatrix}\begin{bmatrix} y_1 \\ y_2 \\ y_3 \end{bmatrix}$，且

$$\begin{aligned} \boldsymbol{C}^{\mathrm{T}}\boldsymbol{A}\boldsymbol{C} &= \begin{bmatrix} 1 & 0 & 0 \\ -1 & 1 & 0 \\ 2 & -3 & 1 \end{bmatrix}\begin{bmatrix} 1 & 1 & 1 \\ 1 & 2 & 4 \\ 1 & 4 & 5 \end{bmatrix}\begin{bmatrix} 1 & -1 & 2 \\ 0 & 1 & -3 \\ 0 & 0 & 1 \end{bmatrix} \\ &= \begin{bmatrix} 1 & 1 & 1 \\ 0 & 1 & 3 \\ 0 & 0 & -5 \end{bmatrix}\begin{bmatrix} 1 & -1 & 2 \\ 0 & 1 & -3 \\ 0 & 0 & 1 \end{bmatrix} = \begin{bmatrix} 1 & 0 & 0 \\ 0 & 1 & 0 \\ 0 & 0 & -5 \end{bmatrix} = \boldsymbol{\Lambda}. \end{aligned}$$

【评注】 当配方后完全平方项的项数少于变量个数时，作变换时应补充所缺的平方项，使变换成为可逆线性变换. 如本题二次型中，将 $5x_3^2$ 改为 $10x_3^2$，则

$$\begin{aligned} f(x_1,x_2,x_3) &= x_1^2 + 2x_2^2 + 10x_3^2 + 2x_1x_2 + 2x_1x_3 + 8x_2x_3 \\ &= (x_1 + x_2 + x_3)^2 + (x_2 + 3x_3)^2, \end{aligned}$$

则仍旧应令

$$\begin{cases} y_1 = x_1 + x_2 + x_3, \\ y_2 = x_2 + 3x_3, \\ y_3 = x_3. \end{cases} \quad \text{即} \begin{cases} x_1 = y_1 - y_2 + 2y_3, \\ x_2 = y_2 - 3y_3, \\ x_3 = y_3. \end{cases}$$

若只令$\begin{cases} y_1 = x_1 + x_2 + x_3, \\ y_2 = x_2 + 3x_3, \end{cases}$这个变换是不可逆的. 无法求得 $\boldsymbol{x} = \boldsymbol{C}\boldsymbol{y}$ 中的可逆阵 $\boldsymbol{C}$.

【例 5】　用配方法将二次型 $f(x_1,x_2,x_3) = x_1x_2 + 2x_1x_3 + 4x_2x_3$ 化成标准形、规范形，并写出所作的可逆线性变换.

解　令$\begin{cases} x_1 = y_1 + y_2, \\ x_2 = y_1 - y_2, \\ x_3 = y_3, \end{cases}$则

$$\begin{aligned} f(x_1,x_2,x_3) &= y_1^2 - y_2^2 + 2y_1y_3 + 2y_2y_3 + 4y_1y_3 - 4y_2y_3 \\ &= (y_1 + 3y_3)^2 - 9y_3^2 - 2y_2y_3 - y_2^2 \\ &= (y_1 + 3y_3)^2 - (y_2 + y_3)^2 - 8y_3^2. \end{aligned}$$

令$\begin{cases} z_1 = y_1 + 3y_3, \\ z_2 = y_2 + y_3, \\ z_3 = y_3, \end{cases}$ 即$\begin{cases} y_1 = z_1 - 3z_3, \\ y_2 = z_2 - z_3, \\ y_3 = z_3, \end{cases}$ 且$\begin{cases} x_1 = y_1 + y_2 = z_1 + z_2 - 4z_3, \\ x_2 = y_1 - y_2 = z_1 - z_2 - 2z_3, \\ x_3 = y_3 = z_3. \end{cases}$

得二次型的标准形为 $f(x_1,x_2,x_3) = z_1^2 - z_2^2 - 8z_3^2$.

再令$\begin{cases} z_1 = u_1, \\ z_2 = u_2, \\ z_3 = \dfrac{1}{\sqrt{8}}u_3, \end{cases}$ 即令$\begin{cases} x_1 = u_1 + u_2 - \dfrac{4}{\sqrt{8}}u_3, \\ x_2 = u_1 - u_2 - \dfrac{2}{\sqrt{8}}u_3, \\ x_3 = \dfrac{1}{\sqrt{8}}u_3, \end{cases}$

得二次型的规范形为 $f(x_1,x_2,x_3) = u_1^2 - u_2^2 - u_3^2$.

【评注】　在配方法中所作可逆线性变换不唯一，标准形不唯一，但规范形是唯一的(在不计较1，−1，0 的排列次序时)，即正惯性指数、负惯性指数、二次型的秩是可逆线性变换中的不变量.

三、合同矩阵、合同二次型

【例 6】　已知 $\boldsymbol{A} = \begin{bmatrix} 2 & 1 & 0 \\ 1 & 2 & 0 \\ 0 & 0 & 2 \end{bmatrix}$，与 $\boldsymbol{A}$ 合同但不相似的矩阵是

(A) $\begin{bmatrix} 1 & 0 & 0 \\ 0 & 2 & 0 \\ 0 & 0 & 3 \end{bmatrix}$.　(B) $\begin{bmatrix} 1 & 0 & 0 \\ 0 & 2 & 0 \\ 0 & 0 & -3 \end{bmatrix}$.　(C) $\begin{bmatrix} 1 & 0 & 0 \\ 0 & 3 & 0 \\ 0 & 0 & 5 \end{bmatrix}$.　(D) $\begin{bmatrix} 1 & 0 & 0 \\ 0 & 8 & 0 \\ 0 & 0 & -3 \end{bmatrix}$.

分析　$\boldsymbol{A} \simeq \boldsymbol{B} \Leftrightarrow p_{\boldsymbol{A}} = p_{\boldsymbol{B}}, q_{\boldsymbol{A}} = q_{\boldsymbol{B}}$.

由 $|\lambda\boldsymbol{E} - \boldsymbol{A}| = \begin{vmatrix} \lambda - 2 & -1 & 0 \\ -1 & \lambda - 2 & 0 \\ 0 & 0 & \lambda - 2 \end{vmatrix} = (\lambda - 1)(\lambda - 2)(\lambda - 3)$，

$\boldsymbol{A}$ 的特征值：1，2，3.

即 $p = 3, q = 0$.

于是(A)(C) 选项均与 $\boldsymbol{A}$ 合同，(A) 矩阵的特征值是 1，2，3，不仅与矩阵 $\boldsymbol{A}$ 合同也相似，但

(C) 矩阵迹为 9，与矩阵 A 不相似，故应选(C).

【例 7】 设 $A=\begin{bmatrix}a_1&&\\&a_2&\\&&a_3\end{bmatrix}$，$B=\begin{bmatrix}a_3&&\\&a_1&\\&&a_2\end{bmatrix}$，问 A，B 是否合同，若合同，求可逆阵 C，使得 $C^TAC=B$.

解 A，B 均为对角阵，它们对应的二次型有相同的正、负惯性指数，故 $A\simeq B$，下面求可逆阵 C，使 $C^TAC=B$.

【方法一】 作可逆线性变换将 A 对应的二次型化成 B 对应的二次型

$$f=x^TAx=a_1x_1^2+a_2x_2^2+a_3x_3^2=[x_1,x_2,x_3]\begin{bmatrix}a_1&&\\&a_2&\\&&a_3\end{bmatrix}\begin{bmatrix}x_1\\x_2\\x_3\end{bmatrix}.$$

令 $\begin{cases}x_1=y_2,\\x_2=y_3,\\x_3=y_1,\end{cases}$ 即 $\begin{bmatrix}x_1\\x_2\\x_3\end{bmatrix}=\begin{bmatrix}0&1&0\\0&0&1\\1&0&0\end{bmatrix}\begin{bmatrix}y_1\\y_2\\y_3\end{bmatrix}=Cy$，

得 $f=x^TAx=(Cy)^TACy=y^T(C^TAC)y=a_3y_1^2+a_1y_2^2+a_2y_3^2$，

其中 $C=\begin{bmatrix}0&1&0\\0&0&1\\1&0&0\end{bmatrix}$ 且有

$$C^TAC=\begin{bmatrix}0&0&1\\1&0&0\\0&1&0\end{bmatrix}\begin{bmatrix}a_1&&\\&a_2&\\&&a_3\end{bmatrix}\begin{bmatrix}0&1&0\\0&0&1\\1&0&0\end{bmatrix}=\begin{bmatrix}a_3&&\\&a_1&\\&&a_2\end{bmatrix}=B.$$

【方法二】 作正交变换. 显然 A 有特征值 $\lambda_1=a_1$，$\lambda_2=a_2$，$\lambda_3=a_3$，其对应的特征向量分别是 $\alpha_1^\circ=(1,0,0)^T$，$\alpha_2^\circ=(0,1,0)^T$，$\alpha_3^\circ=(0,0,1)^T$，且是标准正交特征向量，取正交阵

$$C=[\alpha_3^\circ,\ \alpha_1^\circ,\alpha_2^\circ]=\begin{bmatrix}0&1&0\\0&0&1\\1&0&0\end{bmatrix}，则有$$

$$C^TAC=C^{-1}AC=\begin{bmatrix}a_3&&\\&a_1&\\&&a_2\end{bmatrix}=B.$$

【例 8】 二次型 $f(x_1,x_2,x_3)=2x_1^2+x_2^2-4x_3^2-4x_1x_2-2x_2x_3$ 的标准形是

(A) $3y_1^2-y_2^2-2y_3^3$.　　(B) $-3y_1^2-y_2^2-2y_3^2$.

(C) $-2y_1^2+y_2^2$.　　(D) $2y_1^2+y_2^2+3y_3^2$.

分析 应选(A).

【方法一】 用配方法把二次型化成标准形：

$$\begin{aligned}f(x_1,x_2,x_3)&=2x_1^2+x_2^2-4x_3^2-4x_1x_2-2x_2x_3\\&=2(x_1-x_2)^2-x_2^2-2x_2x_3-4x_3^2\end{aligned}$$

$$= 2(x_1 - x_2)^2 - (x_2 + x_3)^2 - 3x_3^2.$$

由标准形中正惯性指数 $p = 1$,负惯性指数 $q = 2$ 知选项(A) 的正负惯性指数与此结果一致,(与具体数值大小无关),应选(A).

【方法二】 用特征值来判别. 设 f 对应矩阵 $\boldsymbol{A}$ 的特征值为 $\lambda_1, \lambda_2, \lambda_3$,因

$$\boldsymbol{A} = \begin{bmatrix} 2 & -2 & 0 \\ -2 & 1 & -1 \\ 0 & -1 & -4 \end{bmatrix}.$$

故
$$\lambda_1 \cdot \lambda_2 \cdot \lambda_3 = |\boldsymbol{A}| = \begin{vmatrix} 2 & -2 & 0 \\ -2 & 1 & -1 \\ 0 & -1 & -4 \end{vmatrix} = \begin{vmatrix} 2 & -2 & 0 \\ 0 & -1 & -1 \\ 0 & -1 & -4 \end{vmatrix} = 6 > 0, \qquad (6-1)$$

$$\lambda_1 + \lambda_2 + \lambda_3 = a_{11} + a_{22} + a_{33} = 2 + 1 - 4 = -1 < 0. \qquad (6-2)$$

由式(6-1) 知,$\lambda_i \neq 0$,若有负特征值,则应有两个;由(6-2) 知,应有负特征值,故知正惯性指数 $p = 1$,负惯性指数 $q = 2$,应选(A).

【方法三】 用排除法. 显然,因 $f(1,0,0) = 2 > 0$,$f(0,0,1) = -4 < 0$,故 f 是不定的,故排除(B)(负定),(D)(正定);又由于

$$\boldsymbol{A} = \begin{bmatrix} 2 & -2 & 0 \\ -2 & 1 & -1 \\ 0 & -1 & -4 \end{bmatrix} \to \begin{bmatrix} 2 & -2 & 0 \\ 0 & -1 & -1 \\ 0 & -1 & -4 \end{bmatrix} \to \begin{bmatrix} 2 & -2 & 0 \\ 0 & -1 & -1 \\ 0 & 0 & 3 \end{bmatrix},$$

f 的秩,即对应矩阵的秩 $r(\boldsymbol{A}) = 3$,故排除(C)($r(\boldsymbol{C}) = 2$),因此应选(A).

【评注】 二次型是否合同于标准形,只需看秩和正惯性指数是否一致(或者看正、负惯性指数是否一致),而可不管具体数值大小.

四、正定性的判别与证明

【例 9】 下列矩阵中,正定矩阵是

(A) $\begin{bmatrix} 1 & 2 & -3 \\ 2 & 7 & 5 \\ -3 & 5 & 0 \end{bmatrix}$.　　(B) $\begin{bmatrix} 1 & 2 & 3 \\ 2 & 4 & 5 \\ 3 & 5 & 7 \end{bmatrix}$.

(C) $\begin{bmatrix} 5 & -2 & 0 \\ -2 & 6 & -2 \\ 0 & -2 & 4 \end{bmatrix}$.　　(D) $\begin{bmatrix} 1 & 2 & 0 \\ 2 & -3 & 5 \\ 0 & 5 & 7 \end{bmatrix}$.

分析 正定的必要条件:$a_{ii} > 0$.

排除(A)$a_{33} = 0$,(D)$a_{22} = -3 < 0$.

正定的充要条件:顺序主子式全大于 0.

(B) 中,$\Delta_2 = \begin{vmatrix} 1 & 2 \\ 2 & 4 \end{vmatrix} = 0$,排除(B).

所以选(C).

或直接检查(C) 的顺序主子式.

$$\Delta_1 = 5, \Delta_2 = \begin{vmatrix} 5 & -2 \\ -2 & 6 \end{vmatrix} = 26,$$

$$\Delta_3=|\boldsymbol{A}|=\begin{vmatrix}5&-2&0\\-2&6&-2\\0&-2&4\end{vmatrix}=84,$$

均大于 0.

【例 10】 判别二次型

$$f(x_1,x_2,x_3)=2x_1^2+2x_2^2+2x_3^2-2x_1x_2+2x_1x_3-2x_2x_3$$

的正定性.

解【方法一】 写出 f 的对应矩阵 $\boldsymbol{A}$，并用 $\boldsymbol{A}$ 的全部顺序主子式大于 0 判别.

$f(x_1,x_2,x_3)$ 的对应矩阵为 $\boldsymbol{A}=\begin{bmatrix}2&-1&1\\-1&2&-1\\1&-1&2\end{bmatrix}$.

因其顺序主子式 $2>0$,

$$\begin{vmatrix}2&-1\\-1&2\end{vmatrix}=3>0,$$

$$|\boldsymbol{A}|=\begin{vmatrix}2&-1&1\\-1&2&-1\\1&-1&2\end{vmatrix}=\begin{vmatrix}2&-1&0\\-1&2&1\\1&-1&1\end{vmatrix}=\begin{vmatrix}2&-1&0\\-2&3&0\\1&-1&1\end{vmatrix}=4>0.$$

故 $\boldsymbol{A}$ 是正定矩阵，f 是正定二次型.

【方法二】 f 正定 $\Leftrightarrow \boldsymbol{A}$ 的全部特征值 $\lambda_i>0$. 求出 $\boldsymbol{A}$ 的全部特征值判别.

由 $|\lambda\boldsymbol{E}-\boldsymbol{A}|=\begin{vmatrix}\lambda-2&1&-1\\1&\lambda-2&1\\-1&1&\lambda-2\end{vmatrix}=(\lambda-4)(\lambda-1)^2$.

$\boldsymbol{A}$ 的特征值 $\lambda_1=4,\lambda_2=\lambda_3=1$ 全部大于零，故 $\boldsymbol{A}$ 正定，f 是正定二次型.

【方法三】 f 正定 $\Leftrightarrow f$ 的标准形的正惯性指数 $p=r=n$（r 是 $\boldsymbol{A}$ 的秩，n 是未知量个数）. 将 f 用配方法化标准形

$$f(x_1,x_2,x_3)=2\left(x_1-\frac{x_2}{2}+\frac{x_3}{2}\right)^2+\frac{3}{2}\left(x_2-\frac{1}{3}x_3\right)^2+\frac{4}{3}x_3^2.$$

f 的正惯性指数 $p=r=3$. 故 f 是正定二次型.

【例 11】 已知 n 阶矩阵 $\boldsymbol{A}$ 是正定矩阵，证明：$\boldsymbol{A}$ 的伴随矩阵 $\boldsymbol{A}^*$ 也是正定矩阵.

证明 $\boldsymbol{A}$ 是正定阵 $\Rightarrow \boldsymbol{A}$ 对称、可逆 $\Rightarrow$ 因 $\boldsymbol{A}^*=|\boldsymbol{A}|\boldsymbol{A}^{-1}$，$\boldsymbol{A}^*$ 可逆，且 $(\boldsymbol{A}^*)^{\mathrm{T}}=(|\boldsymbol{A}|\boldsymbol{A}^{-1})^{\mathrm{T}}=|\boldsymbol{A}|(\boldsymbol{A}^{\mathrm{T}})^{-1}=|\boldsymbol{A}|\boldsymbol{A}^{-1}=\boldsymbol{A}^*$，所以 $\boldsymbol{A}^*$ 对称.

又 $\boldsymbol{A}$ 是正定阵 $\Leftrightarrow \boldsymbol{A}$ 的全部特征值 $\lambda_i>0,i=1,2,\cdots,n$. $\boldsymbol{A}^*$ 的全部特征值为 $\dfrac{|\boldsymbol{A}|}{\lambda_i}>0$（其中 $|\boldsymbol{A}|>0,\lambda_i>0,i=1,2,\cdots,n$），故 $\boldsymbol{A}^*$ 也正定.

【评注】 (1) 已知 $\boldsymbol{A}$ 正定，即已知由定义对任意的 $\boldsymbol{x}=(x_1,x_2,\cdots,x_n)^{\mathrm{T}}\neq\boldsymbol{0}$，均有 $\boldsymbol{x}^{\mathrm{T}}\boldsymbol{A}\boldsymbol{x}>0$，且所有有关正定的充要条件全部成立，要证 $\boldsymbol{A}^*$ 也正定，只要证明正定的定义或任一条充要条件成立即可，本证明选择了证特征值大于零. 其余方法请读者证明.

(2) 同理可以证明:n 阶矩阵 $\boldsymbol{A}$ 正定时,与 $\boldsymbol{A}$ 有关的矩阵 $k\boldsymbol{A}(k>0),\boldsymbol{A}^{\mathrm{T}},\boldsymbol{A}^{k},\boldsymbol{A}^{-1},\boldsymbol{A}^{*}$,$f(\boldsymbol{A})$(其中 $f(x)=a_0+a_1x_1+a_2x^2+\cdots+a_nx^n$ 是多项式,且 $a_i>0,i=0,1,2,\cdots,n$) 等均是正定矩阵,请读者证明.

【例 12】 设 $\boldsymbol{A}$ 是 n 阶实对称矩阵,满足 $\boldsymbol{A}^2=2\boldsymbol{A},r(\boldsymbol{A})=r$. 证明:$\boldsymbol{A}+\boldsymbol{E}$ 是正定阵,并计算 $|\boldsymbol{E}+\boldsymbol{A}+\boldsymbol{A}^2|$.

证明 设 $\boldsymbol{A\xi}=\lambda\boldsymbol{\xi}$,则 $2\boldsymbol{A\xi}=2\lambda\boldsymbol{\xi}$.

因 $\boldsymbol{A}^2=2\boldsymbol{A}$,两边右乘 $\boldsymbol{\xi}$,得 $\boldsymbol{A}^2\boldsymbol{\xi}=2\boldsymbol{A\xi}=2\lambda\boldsymbol{\xi}=\lambda^2\boldsymbol{\xi}$,$(\boldsymbol{A}^2-2\boldsymbol{A})\boldsymbol{\xi}=(\lambda^2-2\lambda)\boldsymbol{\xi}=\boldsymbol{0}$,$\boldsymbol{\xi}\neq\boldsymbol{0}$,得 $\lambda=0$ 或 $\lambda=2$,即 $\boldsymbol{A}$ 的特征值的取值范围是 0 或 2,从而知 $\boldsymbol{A}+\boldsymbol{E}$ 的特征值的取值范围是 1 或 3. 故知 $\boldsymbol{A}+\boldsymbol{E}$ 的全部特征值大于零,$\boldsymbol{A}+\boldsymbol{E}$ 正定.

(因 $r(\boldsymbol{A})=r$,故 2 是 $\boldsymbol{A}$ 的 r 重特征值,0 是 $\boldsymbol{A}$ 的 $n-r$ 重特征值,从而 3 是 $\boldsymbol{A}+\boldsymbol{E}$ 的 r 重特征值,1 是 $\boldsymbol{A}+\boldsymbol{E}$ 的 $n-r$ 重特征值.)

因 $\boldsymbol{A}^2=2\boldsymbol{A}$,故 $|\boldsymbol{E}+\boldsymbol{A}+\boldsymbol{A}^2|=|\boldsymbol{E}+3\boldsymbol{A}|$. $\boldsymbol{E}+3\boldsymbol{A}$ 的特征值的取值范围是 1 与 7,且 7 是 r 重特征值,1 是 $n-r$ 重特征值,故 $|\boldsymbol{E}+\boldsymbol{A}+\boldsymbol{A}^2|=7^r$.

【例 13】 已知二次型

$$f(x_1,x_2,x_3)=(x_1+2x_2)^2+(ax_1-x_2+x_3)^2+(2x_1+ax_2-5x_3)^2$$

是正定二次型,则 a 的取值为________.

分析 f 是平方和,$\forall\,\boldsymbol{x}\neq\boldsymbol{0}$ 恒有 $f\geqslant 0$.

$\forall\,\boldsymbol{x}\neq\boldsymbol{0},f>0\Leftrightarrow x_1+2x_2,ax_1-x_2+x_3,2x_1+ax_2-5x_3$ 不全为 0

$$\Leftrightarrow\begin{cases}x_1+2x_2=0\\ax_1-x_2+x_3=0\\2x_1+ax_2-5x_3=0\end{cases}\text{只有零解}$$

$$\Leftrightarrow\begin{vmatrix}1&2&0\\a&-1&1\\2&a&-5\end{vmatrix}=9a+9\neq 0,$$

所以 $a\neq-1$.

或 $f=(x_1+2x_2)^2+(ax_1-x_2+x_3)^2+(2x_1+ax_2-5x_3)^2$

$$=(x_1+2x_2,ax_1-x_2+x_3,2x_1+ax_2-5x_3)\begin{bmatrix}x_1+2x_2\\ax_1-x_2+x_3\\2x_1+ax_2-5x_3\end{bmatrix}$$

$$=(x_1,x_2,x_3)\begin{bmatrix}1&a&2\\2&-1&a\\0&1&-5\end{bmatrix}\begin{bmatrix}1&2&0\\a&-1&1\\2&a&-5\end{bmatrix}\begin{bmatrix}x_1\\x_2\\x_3\end{bmatrix}$$

$$\xlongequal{\text{记}}\boldsymbol{x}^{\mathrm{T}}\boldsymbol{C}^{\mathrm{T}}\boldsymbol{C}\boldsymbol{x}=\boldsymbol{x}^{\mathrm{T}}\boldsymbol{A}\boldsymbol{x},$$

其中 $\boldsymbol{A}=\boldsymbol{C}^{\mathrm{T}}\boldsymbol{C}$.

利用定理 $\boldsymbol{A}$ 正定 $\Leftrightarrow\boldsymbol{A}$ 与 $\boldsymbol{E}$ 合同,

即 $\boldsymbol{A}=\boldsymbol{C}^{\mathrm{T}}\boldsymbol{E}\boldsymbol{C}$,$\boldsymbol{C}$ 可逆.

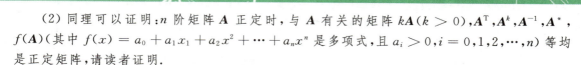

$$|C|=\begin{vmatrix}1 & 2 & 0\\ a & -1 & 1\\ 2 & a & -5\end{vmatrix}=9a+9\neq 0.\text{所以 } a\neq -1.$$

【例 14】 A 是 n 阶正定阵，

(1)B 是 n 阶可逆矩阵，证明：B^TAB 也是正定阵；

(2)C 是 $n\times m$ 矩阵，且 $r(C)=m$，证明：C^TAC 也是正定阵.

证明 (1) 因$(B^TAB)^T=B^TA^T(B^T)^T=B^TAB$，故 B^TAB 也是对称阵.

设$B^TAB=W$，其中 B 是可逆矩阵，故 $W\simeq A$. 又 A 是正定阵，$A\simeq E$，从而有 $W\simeq A\simeq E$，故 $W=B^TAB$ 也是正定阵.

(2) 因$(C^TAC)^T=C^TA^T(C^T)^T=C^TAC$，故 C^TAC 也是对称阵. 又 $r(C_{n\times m})=m$，将 C 按列分块设为 $C=[\gamma_1,\gamma_2,\cdots,\gamma_m]$，则 $\gamma_1,\gamma_2,\cdots,\gamma_m$ 线性无关. 对任给 $x=(x_1,x_2,\cdots,x_m)^T\neq 0$，有

$$Cx=(\gamma_1,\gamma_2,\cdots,\gamma_m)\begin{bmatrix}x_1\\ x_2\\ \vdots\\ x_m\end{bmatrix}=x_1\gamma_1+x_2\gamma_2+\cdots+x_m\gamma_m\neq 0,$$

而 A 是正定矩阵，故对任意的 $x=(x_1,x_2,\cdots,x_m)^T\neq 0$，有 $Cx\neq 0$ 恒有

$$x^T(C^TAC)x=(Cx)^TA(Cx)>0,$$

故 C^TAC 是正定矩阵.

【评注】 在证明正定阵之前，先证明是对称阵.

小结

二次型与实对称矩阵一一对应，这样二次型的问题可以用矩阵的理论与方法来研究；另一方面实对称矩阵的问题也可以转化成二次型的思想方法来解决.

二次型的中心问题主要有两个：

(1) 化标准形. 二次型化标准形是通过作可逆线性变换实现的. 它有三种具体办法：

① 配方法. 即特殊要求下配完全平方，以保证所作线性变换是可逆的. 配方法化标准形，对矩阵而言是实对称阵合同于对角阵. ② 正交变换法. 这和实对称矩阵正交相似于对角阵是同一个问题，对矩阵是实对称阵既相似又合同于对角阵. ③ 初等变换. 它不属于大纲范围.

(2) 是判别二次型或实对称矩阵的正定性问题. 一般数值矩阵（数值二次型矩阵）用顺序主子式全部大于零判别较方便，应会应用正定的定义及充分必要条件来判别或证明正定性，注意若已知（或要证）A 正定. 即已知（或要证）$\forall x\neq 0$，有 $x^TAx>0$；$p=n=r$；有可逆阵 C，使 $C^TAC=E$；有可逆阵 D，$A=D^TD$；$\lambda_i>0$，$i=1,2,\cdots,n$，A 的顺序主子式全部大于零.

要说明不正定，则利用不满足正定的必要条件或不满足正定的定义是方便的.

金榜时代图书·书目

考研数学系列

书名	作者	预计上市时间
数学公式的奥秘	刘喜波等	2021 年 3 月
数学复习全书·基础篇(数学一、二、三通用)	李永乐等	2022 年 7 月
数学基础过关 660 题(数学一/数学二/数学三)	李永乐等	2022 年 8 月
数学历年真题全精解析·基础篇(数学一/数学二/数学三)	李永乐等	2022 年 8 月
数学复习全书·提高篇(数学一/数学二/数学三)	李永乐等	2023 年 1 月
数学历年真题全精解析·提高篇(数学一/数学二/数学三)	李永乐等	2023 年 1 月
数学强化通关 330 题(数学一/数学二/数学三)	李永乐等	2023 年 3 月
高等数学辅导讲义	刘喜波	2023 年 2 月
高等数学辅导讲义	武忠祥	2023 年 2 月
线性代数辅导讲义	李永乐	2023 年 2 月
概率论与数理统计辅导讲义	王式安	2023 年 2 月
考研数学经典易错题	吴紫云	2023 年 3 月
高等数学基础篇	武忠祥	2022 年 9 月
数学真题真练 8 套卷	李永乐等	2022 年 10 月
真题同源压轴 150	姜晓千	2023 年 10 月
数学核心知识点乱序高效记忆手册	宋浩	2022 年 12 月
数学决胜冲刺 6 套卷(数学一/数学二/数学三)	李永乐等	2023 年 10 月
数学临阵磨枪(数学一/数学二/数学三)	李永乐等	2023 年 10 月
考研数学最后 3 套卷·名校冲刺版(数学一/数学二/数学三)	武忠祥 刘喜波 宋浩等	2023 年 11 月
考研数学最后 3 套卷·过线急救版(数学一/数学二/数学三)	武忠祥 刘喜波 宋浩等	2023 年 11 月
经济类联考数学复习全书	李永乐等	2023 年 4 月
经济类联考数学通关无忧 985 题	李永乐等	2023 年 4 月
农学门类联考数学复习全书	李永乐等	2023 年 4 月
考研数学真题真刷(数学一/数学二/数学三)	金榜时代考研数学命题研究组	2023 年 2 月
高等数学考研高分领跑计划(十七堂课)	武忠祥	2023 年 8 月
线性代数考研高分领跑计划(九堂课)	申亚男	2023 年 8 月
概率论与数理统计考研高分领跑计划(七堂课)	硕哥	2023 年 8 月
高等数学解题密码·选填题	武忠祥	2023 年 9 月
高等数学解题密码·解答题	武忠祥	2023 年 9 月

大学数学系列

书名	作者	预计上市时间
大学数学线性代数辅导	李永乐	2018 年 12 月
大学数学高等数学辅导	宋浩 刘喜波等	2023 年 8 月

大学数学概率论与数理统计辅导	刘喜波	2023 年 8 月
线性代数期末高效复习笔记	宋浩	2023 年 3 月
高等数学期末高效复习笔记	宋浩	2023 年 3 月
概率论期末高效复习笔记	宋浩	2023 年 3 月
统计学期末高效复习笔记	宋浩	2023 年 3 月

考研政治系列

书名	作者	预计上市时间
考研政治闪学:图谱+笔记	金榜时代考研政治教研中心	2023 年 5 月
考研政治高分字帖	金榜时代考研政治教研中心	2023 年 5 月
考研政治高分模板	金榜时代考研政治教研中心	2023 年 10 月
考研政治秒背掌中宝	金榜时代考研政治教研中心	2023 年 10 月
考研政治密押十页纸	金榜时代考研政治教研中心	2023 年 11 月

考研英语系列

书名	作者	预计上市时间
考研英语核心词汇源来如此	金榜时代考研英语教研中心	已上市
考研英语语法和长难句快速突破 18 讲	金榜时代考研英语教研中心	已上市
英语语法二十五页	靳行凡	已上市
考研英语翻译四步法	别凡英语团队	已上市
考研英语阅读新思维	靳行凡	已上市
考研英语(一)真题真刷	金榜时代考研英语教研中心	2023 年 2 月
考研英语(二)真题真刷	金榜时代考研英语教研中心	2023 年 2 月
考研英语(一)真题真刷详解版(三)	金榜时代考研英语教研中心	2023 年 3 月
大雁带你记单词	金榜晓艳英语研究组	已上市
大雁教你语法长难句	金榜晓艳英语研究组	已上市
大雁精讲 58 篇基础阅读	金榜晓艳英语研究组	2023 年 3 月
大雁带你刷真题·英语一	金榜晓艳英语研究组	2023 年 6 月
大雁带你刷真题·英语二	金榜晓艳英语研究组	2023 年 6 月
大雁带你写高分作文	金榜晓艳英语研究组	2023 年 5 月

英语考试系列

书名	作者	预计上市时间
大雁趣讲专升本单词	金榜晓艳英语研究组	2023 年 1 月
大雁趣讲专升本语法	金榜晓艳英语研究组	2023 年 8 月
大雁带你刷四级真题	金榜晓艳英语研究组	2023 年 2 月
大雁带你刷六级真题	金榜晓艳英语研究组	2023 年 2 月
大雁带你记六级单词	金榜晓艳英语研究组	2023 年 2 月

以上图书书名及预计上市时间仅供参考,以实际出版物为准,均属金榜时代(北京)教育科技有限公司!